中国国家标准汇编

409

GB 23147～23201

（2008 年制定）

中国标准出版社 编

中国标准出版社

北京

图书在版编目（CIP）数据

中国国家标准汇编：2008 年制定．409：GB 23147～23201/中国标准出版社编．—北京：中国标准出版社，2009

ISBN 978-7-5066-5388-6

Ⅰ．中…　Ⅱ．中…　Ⅲ．国家标准-汇编-中国-2008　Ⅳ．T-652.1

中国版本图书馆 CIP 数据核字（2009）第 107704 号

中国标准出版社出版发行
北京复兴门外三里河北街 16 号
邮政编码：100045

网址 www.spc.net.cn
电话：68523946　68517548
中国标准出版社秦皇岛印刷厂印刷
各地新华书店经销

*

开本 880×1230　1/16　印张 38.75　字数 1 137 千字
2009 年 8 月第一版　2009 年 8 月第一次印刷

*

定价 200.00 元

出 版 说 明

1.《中国国家标准汇编》是一部大型综合性国家标准全集。自1983年起,按国家标准顺序号以精装本、平装本两种装帧形式陆续分册汇编出版。它在一定程度上反映了我国建国以来标准化事业发展的基本情况和主要成就,是各级标准化管理机构,工矿企事业单位,农林牧副渔系统,科研、设计、教学等部门必不可少的工具书。

2.《中国国家标准汇编》收入我国每年正式发布的全部国家标准,分为"制定"卷和"修订"卷两种编辑版本。

"制定"卷收入上年度我国发布的、新制定的国家标准,顺延前年度标准编号分成若干分册,封面和书脊上注明"20××年制定"字样及分册号,分册号一直连续。各分册中的标准是按照标准编号大小连续排列的,如有标准顺序号缺号的,除特殊情况注明外,暂为空号。

"修订"卷收入上一年度我国发布的、被修订的国家标准,视篇幅分设若干分册,但与"制定"卷分册号无关联,仅在封面和书脊上注明"20××年修订-1,-2,-3,……"字样。"修订"卷各分册中的标准,仍按标准顺序编号由小到大排列(但不连续);如有遗漏的,均在当年最后一分册中补齐。需提请读者注意的是,个别非顺延上年度标准编号的新制定的国家标准没有收入在"制定"卷中,而是收入在"修订"卷中。

读者配套购买《中国国家标准汇编》"制定"卷和"修订"卷则可收齐上一年度我国制定和修订的全部国家标准。

3. 由于读者需求的变化,自1996年起,《中国国家标准汇编》仅出版精装本。

4. 2008年我国制修订国家标准共5 946项。本分册为"2008年制定"卷第409分册,收入国家标准GB 23147～23201的最新版本。

中国标准出版社
2009年5月

目　　录

ICS 97.180
Y 89

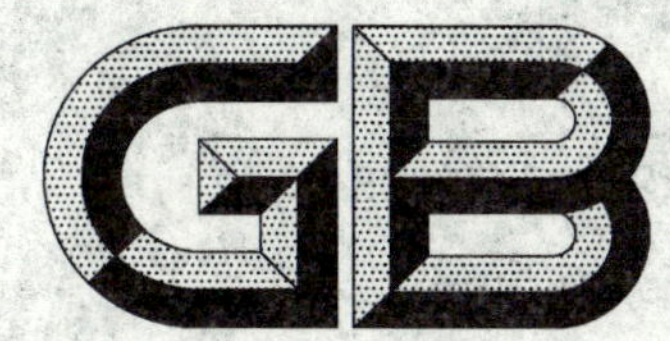

中华人民共和国国家标准

GB/T 23147—2008

晴雨伞

Umbrella

2008-12-30 发布　　2009-09-01 实施

中华人民共和国国家质量监督检验检疫总局
中国国家标准化管理委员会　发布

前　言

本标准的附录A为规范性附录。

本标准由中国轻工业联合会提出。

本标准由全国日用杂品标准化中心归口。

本标准主要起草单位:北京市轻工产品质量监督检验一站、杭州天堂伞业集团有限公司、梅花伞业股份有限公司、绍兴市金鼎伞业有限公司、福建雨丝梦洋伞实业有限公司、厦门福太洋伞有限公司、太阳城(厦门)雨具有限公司、富隆(福建)洋伞有限公司、日信纺织有限公司、浙江红叶制伞有限公司、晋江鸿盛雨具有限公司、温州海螺集团有限公司。

本标准主要起草人:李传和、王奇伟、陈晓雷、王安邦、吕信苗、刘基山、陈正敦、蔡荣湍、王清卷、吕世良、虞成荣、王清鸿、陈海和、杨颖梅、程小虎。

晴 雨 伞

1 范围

本标准规定了晴雨伞的术语和定义、产品分类、要求、试验方法、检验规则及标志、包装、运输、贮存。

本标准适用于纺织面料、塑料伞面及不同材料伞架制作的晴雨伞。

2 规范性引用文件

下列文件中的条款通过本标准的引用而成为本标准的条款。凡是注日期的引用文件，其随后所有的修改单(不包括勘误的内容)或修订版均不适用于本标准，然而，鼓励根据本标准达成协议的各方研究是否可使用这些文件的最新版本。凡是不注日期的引用文件，其最新版本适用于本标准。

GB 250 评定变色用灰色样卡(GB 250—1995,idt ISO 105/A02-1993)

GB/T 251 评定沾色用灰色样卡(GB/T 251—2008,ISO 105-A03:1993,IDT)

GB/T 1733 漆膜耐水性测定法

GB/T 2828.1 计数抽样检验程序 第1部分:按接收质量限(AQL)检索的逐批检验抽样计划(GB/T 2828.1—2003,ISO 2859-1:1999,IDT)

GB/T 2829 周期检验计数抽样程序及表(适用于对过程稳定性的检验)

GB/T 5713 纺织品 色牢度试验 耐水色牢度(GB/T 5713—1997,eqv ISO 105-E01:1994)

GB/T 18830 纺织品 防紫外线性能的评定

QB/T 3826 轻工产品金属镀层和化学处理层的耐腐蚀试验方法 中性盐雾试验(NSS)法

QB/T 3832 轻工产品金属镀层腐蚀试验结果的评价

3 术语和定义

下列术语和定义适用于本标准。

3.1

自动开伞力 automatic openning force

为使下盘能在开伞弹簧的作用下开始向伞顶方向移动，按下按键或按钮所需的力。

3.2

童伞 child's umbrella

50 cm以下供儿童使用的伞。

4 产品分类

4.1 按开关伞形式可划分为手开伞、自开伞、自开自收伞。

4.2 按伞骨结构分为直骨伞、缩折伞。

5 要求

5.1 外观

外观清洁无污渍、锈迹。

5.2 缝制

伞面接缝不应脱离、露边，不得有跳针、断线等缺陷，其针距密度为5 cm内不少于15针。伞面上的图案不应有明显错位。

5.3 伞面

5.3.1 伞面不应有破洞,纺织面料不应有跳纱且同一点断经线和纬线总和不得大于4根。

5.3.2 塑料伞面抗拉强度须经6.3.2试验后,不应断裂、破损。

5.4 规格尺寸

伞的尺寸应明示在产品上,其偏差为±8 mm。

5.5 产品完整性

产品应完整,不允许零部件缺装、脱落(见附录A)。

5.6 自开伞、自开自收伞中盘稳定性

开伞后中盘与缓冲簧(圈)定位可靠,手感不窜动。

5.7 使用安全

5.7.1 在使用过程中可接触的部位不应有伤害人体的锐角、快口、毛刺,铁丝头不得外露。

5.7.2 童伞的伞骨伸入珠尾内的尺寸不小于15 mm。

5.8 开关性能

开伞关伞灵活轻便。开伞后上跳簧(定位装置)应起到定位作用,自动伞应关伞可靠,不应失控。

5.9 自开伞、自开自收伞的开、关伞力

按钮最大力值应不大于70 N,最小力值应不小于10 N。

5.10 部件结合牢度

5.10.1 伞杆与伞杆,伞杆与手柄之间均应承受150 N静拉力不移位。

5.10.2 直骨伞的伞杆与伞帽之间应承受70 N静拉力不移位。

5.11 伞杆抗风强度

经6.11规定的试验后,伞杆、伞骨不应有明显变形、弯曲及影响正常使用的损坏。

5.12 无故障连续开关次数

手开直骨伞开关600次,自开直骨伞开关400次,手开缩折伞开关400次,自开缩折伞开关400次,自开自收伞开关400次后,不应发生铆钉脱落、夹码、夹子移位、串盘丝断裂、松散、伞盘缺损、弹簧失灵、伞骨折断、接缝脱离、缝眼脱线、柄移位、镀涂层剥落现象。

5.13 防雨性能

经6.13规定的模拟试验后,伞杆不淌水,伞面内不得有滴水与明显的雾状漏水现象。不具备防雨性能的须在产品上明示。

5.14 染色牢度

伞面耐水色牢度不得低于GB 250和GB/T 251规定的三级。

5.15 伞骨

5.15.1 伞骨弹性(只对直骨伞要求)

长骨弯曲成弧状,两端间距离比长骨长度缩短20%,卸荷后的弦高不大于10 mm。

5.15.2 伞骨抗风强度

经6.15.2规定的试验后,伞骨允许翻顶,但不应有影响正常使用的损坏。

5.16 耐腐蚀

5.16.1 金属电镀件按QB/T 3826规定,伞杆经4 h,其他零件经2 h中性盐雾试验后,耐腐蚀要求不低于QB/T 3832中规定的4级。

5.16.2 涂漆、喷涂件按GB/T 1733规定,经8 h试验后漆膜不起皱、不脱落、无生锈现象。

5.17 伞面防紫外线

防紫外线产品,应明示在产品上,应达到UPF>40,且$T(UVA)_{AV}<5\%$。

6 试验方法

6.1 外观

目测。

6.2 缝制

用钢板尺 0 mm～150 mm 测量。

6.3 伞面

6.3.1 伞面破洞

目测。

6.3.2 塑料伞面抗拉强度

从塑料伞面上取三个试验片，将顶端固定，在另一端悬挂 1 kg 的砝码(包含砝码方向固定器具的质量)保持 1 min(见图 1)。

单位为毫米

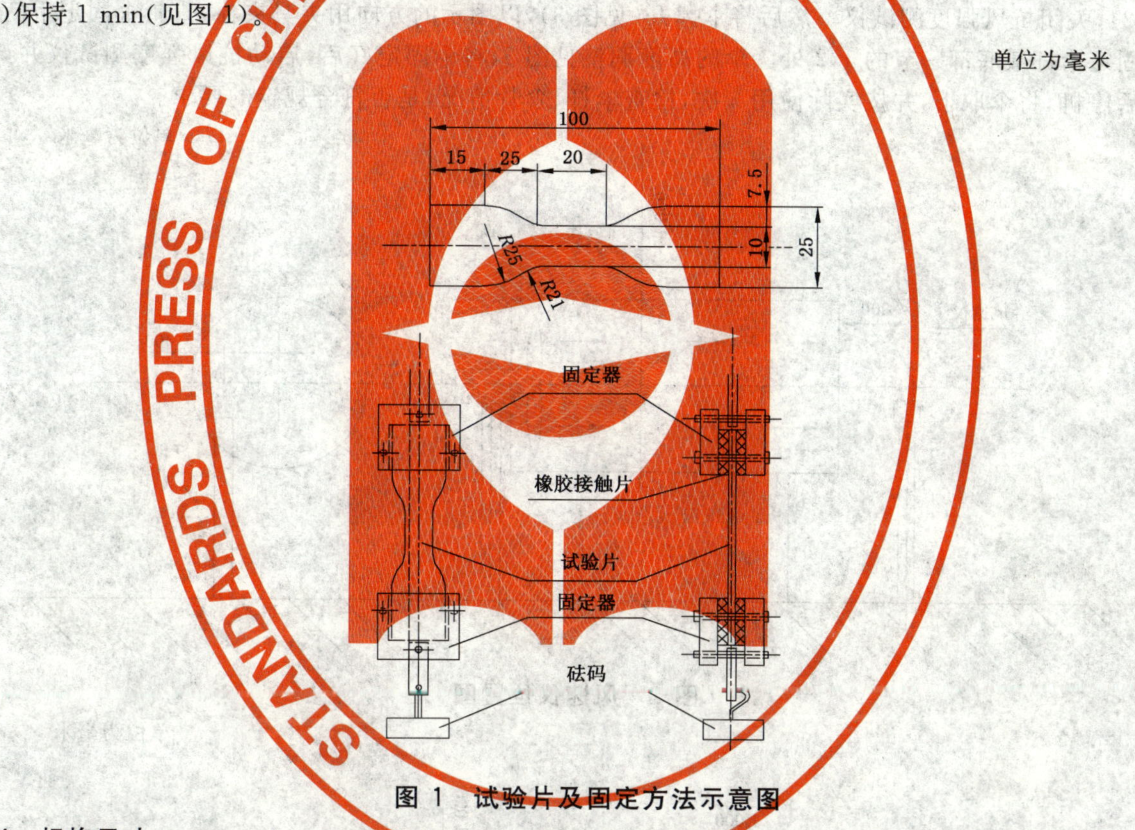

图 1 试验片及固定方法示意图

6.4 规格尺寸

用钢卷尺 0 mm～2 000 mm 测量，从伞帽中心位置到伞面珠尾孔(槽)中心。

6.5 产品完整性

目测。

6.6 自开伞、自开自收伞中盘稳定性

将伞撑开后，手握手柄，垂直上下约 300 mm 的高度来回运动三次，伞的中盘与缓冲簧(圈)应无明显窜动。

6.7 使用安全

6.7.1 目测并以手感不刺痛、不损伤皮肤为准。

6.7.2 用卡尺测量。

6.8 开关性能

手握手柄来回转动三次(自开伞、自开自收伞按钮未按，伞不能打开)，然后开关伞五次。

6.9　自开伞、自开自收伞的开、关伞力

用测力计测量。

6.10　部件结合牢度

6.10.1　伞杆与手柄

固定伞杆，在手柄上挂重或用测力器械，沿伞杆轴向施以 150 N 拉力。

6.10.2　伞杆与伞杆

固定伞杆，在手柄上挂重或用测力器械，沿伞杆轴向施以 150 N 拉力。

6.10.3　伞杆与伞帽

伞杆与伞帽之间沿伞杆轴向施以 70 N 静拉力不移位。

6.11　伞杆抗风强度

试验前先将抗风强度测试仪的速度用风速仪进行调整，直到风速达 10 m/s 为止（风速仪放置位置见图 2），关闭抗风强度测试仪。然后将伞撑开（见图 3），以图示的方向用夹具夹住，直骨伞固定手柄；缩折伞固定伞杆最底部一节的 1/2 处。伞的高度调整见图 3，将伞固定好后，启动抗风强度测试仪并计时 30 s 后停机，将伞取下，并按实际使用 3 次，检查伞杆、伞骨情况，是否符合规定的要求。

单位为毫米

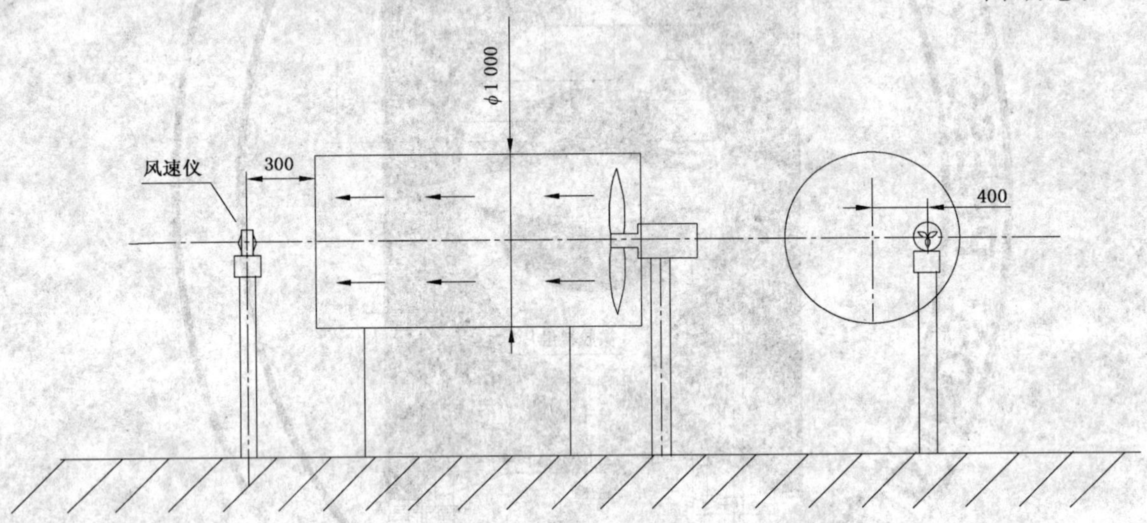

图 2　风速仪位置图

单位为毫米

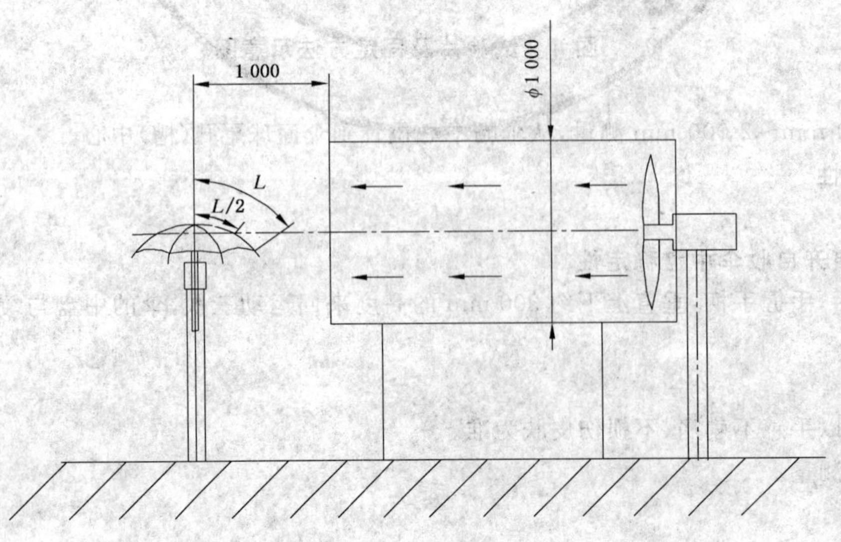

图 3　抗风强度测试仪

6.12 无故障连续开关次数

在室内手工或模拟开伞机进行开关试验，一开一关为一次。频率 10 次/min～20 次/min，以 5.12 中所列的任何一个故障出现的次数为实测值。

6.13 防雨性能

6.13.1 防雨性能装置见图 4 所示。

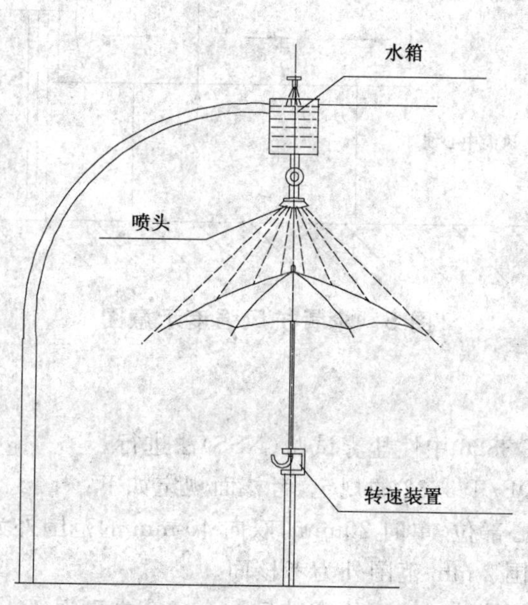

图 4 淋雨装置示意图

6.13.2 淋雨试验程序

先将伞撑开，使伞杆与地面垂直，并使伞面 5 r/min 的转速绕伞杆旋转，喷水量应达(3.6±0.5)L/min，并使整个伞面均在淋雨范围内，在 2 min 内观察伞面内情况，是否符合 5.13 的要求。若采用其他装置测试，伞面转速、喷水量、淋雨范围均应满足本标准规定。

6.14 染色牢度

按照 GB/T 5713 的方法检验，按 GB 250 和 GB 251 规定的等级判定。

6.15 伞骨

6.15.1 伞骨弹性(只限于直骨伞)

将 1 000 mm 的钢尺固定，以钢尺边为基准，使每根长骨弯曲，两端间距离沿钢尺边缩短，使缩短部分等于长骨长度的 20%，30 s 后卸载，立即测量其弦高，取最大值(弦高测量时应减去长骨自然弯曲量)。

6.15.2 伞骨抗风强度

试验前先将抗风强度测试仪的速度用风速仪进行调整，直到风速达 10 m/s 为止(风速仪放置位置见图 2)，关闭抗风强度测试仪，然后将伞撑开，以图示的方向用夹具夹住(夹住部位见图 5)，此时启动抗风强度测试仪并计时 30 s 后停机，将伞取下，并按实际使用 3 次，检查是否符合规定的要求。

单位为毫米

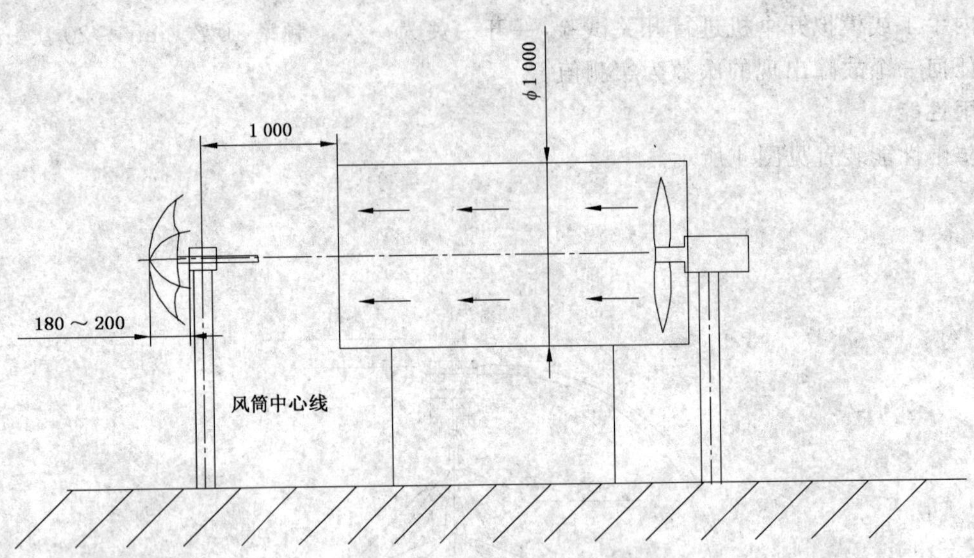

图5 伞骨抗风强度示意图

6.16 耐腐蚀

6.16.1 金属电镀件

6.16.1.1 金属镀层按 QB/T 3826 中性盐雾试验(NSS)法进行。

6.16.1.2 评定方法应符合 QB/T 3832 的规定,考核面规定如下:

a) 伞骨:在活动关节中心部位,单向 20 mm,双向 40 mm 的范围外为考核面,槽骨里面不考核。

b) 伞杆:圆孔和槽口周围 2 mm 范围外为考核面。

c) 伞骨:伞杆及其他零部件的考核面均需满足 0.01 m^2 方可评级。

6.16.1.3 检查腐蚀点:计算腐蚀率和评级按 QB/T 3832 规定进行。

6.16.2 涂漆、喷涂件

6.16.2.1 试验取样

在受检的成品上随机抽取三件同样涂漆、喷涂件,长度适宜,将试样上的截口和特殊部位用 1∶1 石蜡和松香混合物或用防水胶粘带封闭。

6.16.2.2 试验设备与器材

a) 恒温设备;

b) 玻璃容器;

c) 蒸馏水。

6.16.2.3 试验程序

将蒸馏水倒入玻璃容器内,利用恒温设备,使蒸馏水保持在(25±1)℃,然后将试样 2/3 的长度浸在蒸馏水中,试样之间的间距,试样与容器壁的间距应大于 30 mm,保持 8 h 后取出试样目测。

6.16.2.4 评价方法

完成 6.16.2.3 的程序后,立即检查每件试样的表面,如三件试样中的两件涂漆、喷塑有起皱,剥落及生锈现象即为不合格。

6.17 伞面防紫外线

按 GB/T 18830 中规定的方法试验。

7 检验规则

7.1 产品检验

产品应经生产厂质量检验部门按本标准检验合格后方能出厂,并附有检验合格证。

7.2 检验分类

7.2.1 出厂检验

出厂检验采用 GB/T 2828.1 一般检验水平 I 正常检查一次抽样方案，检验项目、要求、试验方法、接收质量限 AQL 值见表 1。

表 1

序 号	检验项目	要 求	试验方法	AQL
1	外观	5.1	6.1	10
2	缝制	5.2	6.2	
3	伞面	5.3	6.3	
4	产品完整性	5.5	6.5	
5	自开伞、自开自收伞中盘稳定性	5.6	6.6	
6	使用安全	5.7	6.7	
7	开关性能	5.8	6.8	

7.2.2 型式检验

7.2.2.1 有下列情况之一时，应进行型式检验：

a) 新产品或老产品转厂生产的试制定型鉴定；

b) 正式生产后，如结构、材料、工艺有较大变动，可能影响产品性能时；

c) 正常生产后，对批量产品进行抽样检查，每年至少一次；

d) 产品停产半年后，恢复生产时；

e) 出厂检验结果与上次型式检验有较大差异时；

f) 国家产品质量监督机构提出进行型式检验要求时。

7.2.2.2 型式检验的样本应从经过出厂检验的合格批中抽取 8 把检验，型式检验的评定以不合格把数计算。

7.2.2.3 型式检验采用 GB/T 2829 判别水平 I 的一次抽样方案，检验项目、要求、试验方法、RQL 值样本大小及判定数组见表 2。一项不合格即判定为不合格。

表 2

检验项目	要求	试验方法	RQL 值	样本大小	判定数组	
					Ac	Re
外观	5.1	6.1	65	3	1	2
缝制	5.2	6.2				
伞面	5.3	6.3				
规格尺寸	5.4	6.4				
产品完整性	5.5	6.5				
自开伞、自开自收伞中盘稳定性	5.6	6.6				
使用安全	5.7	6.7				
开关性能	5.8	6.8				
自开伞、自开自收伞的开、关伞力	5.9	6.9				
部件结合牢度	5.10	6.10				

表 2（续）

检验项目		要求	试验方法	RQL 值	样本大小	判定数组	
						Ac	Re
伞杆抗风强度		5.11	6.11	40	2	0	1
无故障连续开关次数		5.12	6.12				
防雨性能		5.13	6.13				
染色牢度		5.14	6.14				
伞骨弹性		5.15.1	6.15.1				
伞骨抗风强度		5.15.2	6.15.2				
耐腐蚀	电镀件	5.16.1	6.16.1				
	涂漆、喷涂件	5.16.2	6.16.2				
伞面防紫外线		5.17	6.17	50	1	0	1

8 标志、包装、运输、贮存

8.1 标志

8.1.1 每把伞应有如下中文内容：

a) 产品名称；

b) 制造厂名、厂址；

c) 产品质量检验合格证；

d) 产品执行标准编号；

e) 商标；

f) 规格尺寸。

8.1.2 产品包装箱应有以下中文内容：

a) 产品名称；

b) 制造厂名、厂址；

c) 商标

d) 产品型号；

e) 规格尺寸、数量。

8.2 包装

包装应牢固，无破损，防挤压、防潮。

8.3 运输

产品搬运时应轻装轻卸，切勿重压。

8.4 贮存

存放在干燥、通风的仓库内。

附 录 A
（规范性附录）
雨伞结构示意图

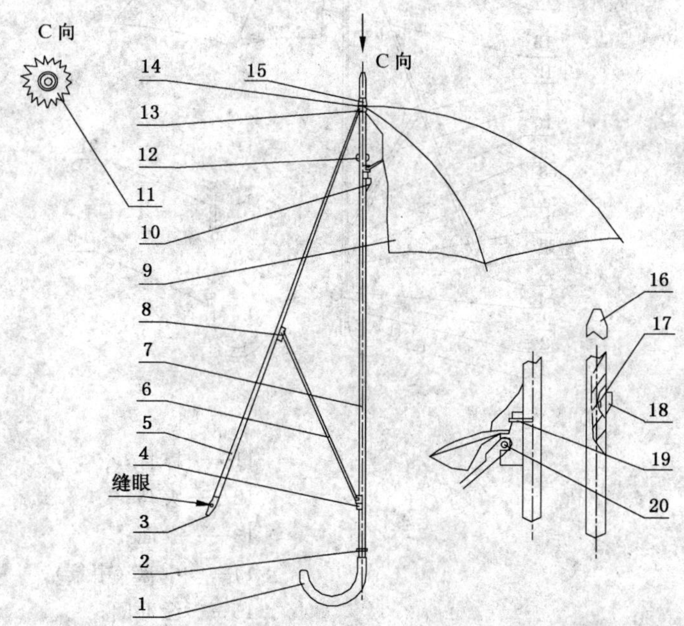

1——手柄；
2——珠套；
3——珠尾；
4——下盘(下巢)；
5——长骨；
6——撑骨；
7——伞杆；
8——夹马；
9——伞面；
10——上跳簧；
11——伞帽垫圈；
12——限位销；
13——上盘(上巢)；
14——衬垫；
15——伞帽；
16——顶套；
17——上、下线簧钉；
18——上线弹簧；
19——销钉；
20——串盘丝。

图 A.1 手开直骨伞结构示意图

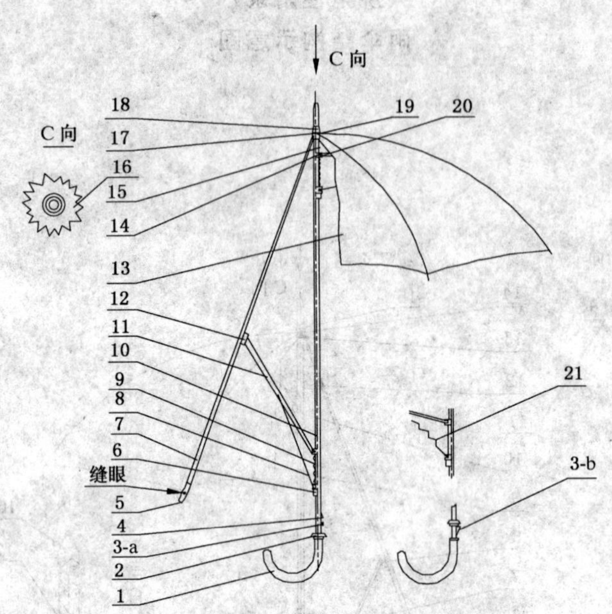

1——手柄；
2——珠套；
3-a——按钮；
3-b——按键；
4——下片弹簧；
5——珠尾；
6——下盘(下巢)；
7——长骨；
8——拉骨；
9——开伞压缩弹簧；
10——伞杆；
11——撑骨；
12——夹马；
13——伞面；
14——中盘（中巢）；
15——缓冲圈；
16——伞帽垫圈；
17——上盘(上巢)；
18——伞帽；
19——衬垫；
20——串盘丝；
21——开伞拉伸弹簧。

图 A.2 自开直骨伞结构示意图

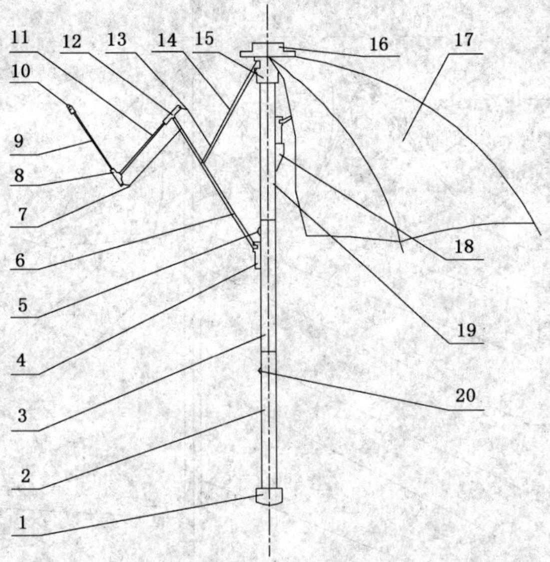

1——手柄；
2——下杆；
3——中杆；
4——下盘(下巢)；
5——中锁珠；
6——二档骨(长槽)；
7——拉骨；
8——中马鞍；
9——一档骨(尾骨)；
10——珠尾；
11——单孔档骨(中槽)；
12——大马鞍；
13——四档骨（短骨)；
14——三档骨（短槽)；
15——上盘(上巢)；
16——伞帽；
17——伞面；
18——上跳簧；
19——上杆；
20——下锁珠。

图 A.3 手开缩折伞结构示意图(外翻式)

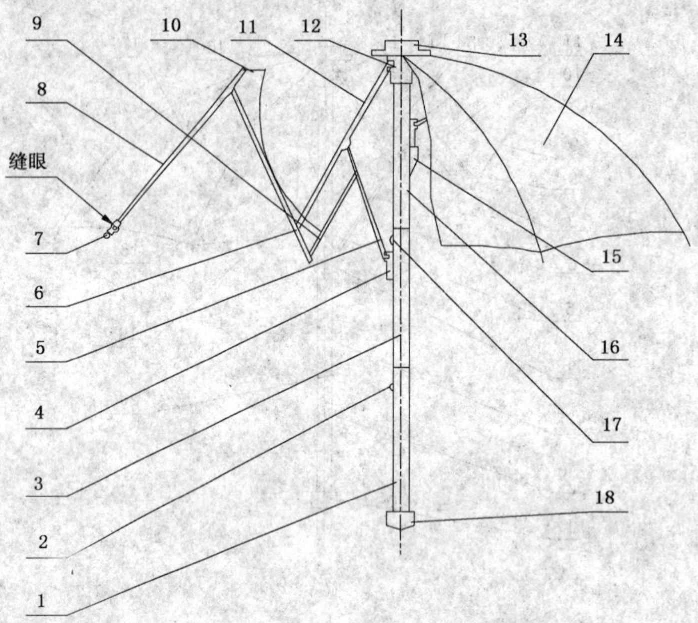

1——下杆；
2——下锁珠；
3——中杆；
4——下盘(下巢)；
5——三档骨（短槽）；
6——五档骨（中槽）；
7——珠尾；
8——一档骨(尾骨)；
9——四档骨(短骨)；
10——拉骨；
11——二档骨(长槽)；
12——上盘(上巢)；
13——伞帽；
14——伞面；
15——上跳簧；
16——上杆；
17——中锁珠；
18——手柄。

图 A.4　手开缩折伞结构示意图(内翻式)

1——手柄；
2——按钮；
3——钩簧；
4——下杆；
5——锁珠；
6——下盘(下巢)；
7——外压簧；
8——拉簧钩；
9——珠尾；
10——二档骨(长槽)；
11——一档骨(尾骨)；
12——大马鞍；
13——小马鞍；
14——四档(短骨)；
15——三档(短槽)；
16——中盘(中巢)；
17——伞帽；
18——伞面；
19——上盘(上巢)；
20——缓冲套；
21——上杆；
22——内压簧。

图 A.5 二折自开缩折伞结构示意图(一)

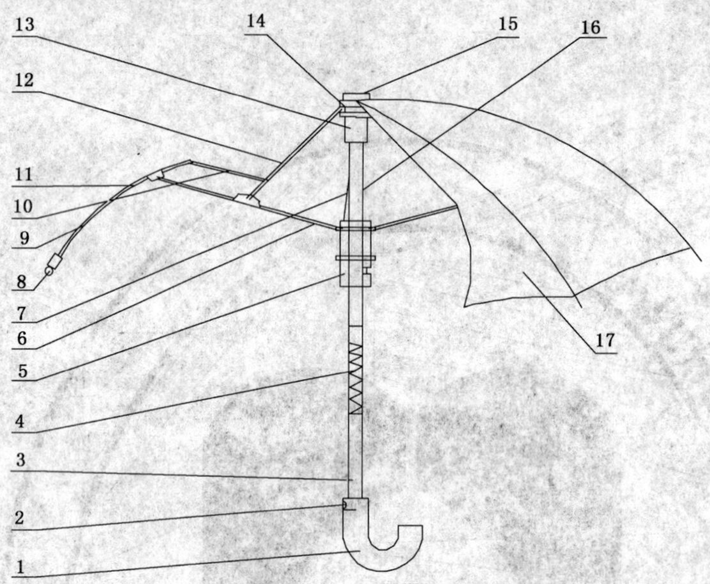

1——手柄；
2——按钮；
3——下杆；
4——内压簧；
5——下盘(下巢)；
6——二档(长槽)；
7——拉索；
8——珠尾；
9——一档(尾骨)；
10——拉簧钩；
11——大马鞍；
12——三档(短槽)；
13——上盘(上巢)；
14——滑轮；
15——伞帽；
16——上杆；
17——伞面。

图 A.6　二折自开缩折伞结构示意图(二)

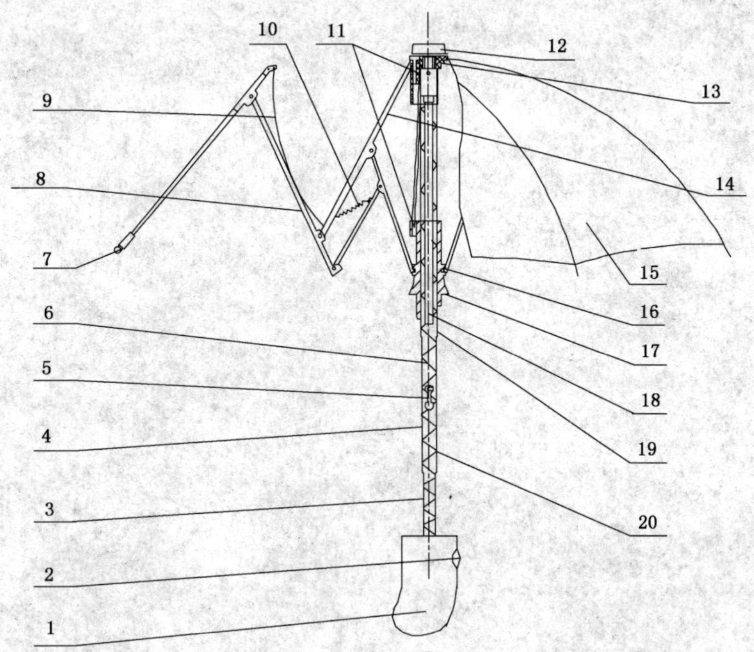

1——手柄；
2——按钮；
3——内管；
4——中管；
5——扣头；
6——连线；
7——尾骨及珠尾；
8——长材；
9——拉线；
10——收伞弹簧；
11——上、下滑轮；
12——伞帽；
13——上盘(上巢)；
14——主材；
15——伞面；
16——短材；
17——下盘(下巢)；
18——线管；
19——外管；
20——内弹簧。

图 A.7 自开自收伞示意图

ICS 97.180
Y 89

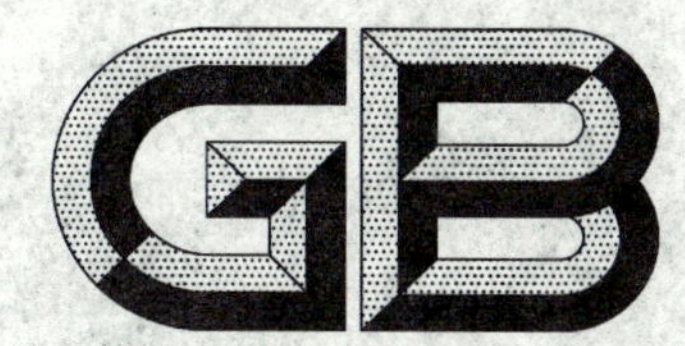

中华人民共和国国家标准

GB/T 23148—2008

民用装饰镜

Civil ornamental mirror

2008-12-30 发布　　　　2009-09-01 实施

中华人民共和国国家质量监督检验检疫总局
中国国家标准化管理委员会　发布

前言

本标准由中国轻工业联合会提出并归口。

本标准主要起草单位:和合科技集团有限公司、沈阳耀隆玻璃有限公司、江苏柏鹤涂料有限公司、河北廊坊市新华玻璃实业有限公司、山东烟台民兴玻璃有限公司、温州合鼎镜业有限公司、浙江日升卫浴洁具有限公司、中山市迪威机械制造有限公司、北京市轻工产品质量监督检验一站。

本标准主要起草人:李传和、赵建杨、耿振福、包柏青、侯殿荣、赵忠民、汤胜竣、吴建光、何军、魏晓英、杨颖梅、程小虎、张国林、张荣华、王昕瑶。

民用装饰镜

1 范围

本标准规定了民用装饰镜产品的术语和定义、产品分类、要求、试验方法、检验规则以及标志、包装、运输、贮存。

本标准适用于以玻璃为基片，镀覆金属膜和保护漆层或经加工后带有结构配件的室内民用装饰镜。

2 规范性引用文件

下列文件中的条款通过本标准的引用而成为本标准的条款。凡是注日期的引用文件，其随后所有的修改单(不包括勘误的内容)或修订版均不适用于本标准，然而，鼓励根据本标准达成协议的各方研究是否可使用这些文件的最新版本。凡是不注日期的引用文件，其最新版本适用于本标准。

GB/T 2828.1—2003 计数抽样检验程序 第1部分：按接收质量限(AQL)检索的逐批检验抽样计划(ISO 2859-1:1999,IDT)

GB/T 2829—2002 周期检验计数抽样程序及表(适用于对过程稳定性的检验)

GB/T 9286—1998 色漆和清漆 漆膜的划格试验(eqv ISO 2409:1992)

GB/T 10125—1997 人造气氛腐蚀试验 盐雾试验(eqv ISO 9227:1990)

GB 11614—1999 浮法玻璃

GB/T 13452.2—2008 色漆和清漆 漆膜厚度的测定(ISO 2808:2007,IDT)

QB/T 3826—1999 轻工产品金属镀层和化学处理层的耐腐蚀试验 中性盐雾试验(NSS)法

3 术语和定义

下列术语和定义适用于本标准。

3.1

结构配件 structural fittings

与镜片配合组成的部件，如：框、架、座、链、板、钉等。

3.2

波纹 ripple

玻璃本身存在的波浪状、无色透明脉络。

3.3

气泡 bubble

在玻璃制造过程中，由于存在气体而形成的点状或泡状体。

3.4

砂粒 grain

玻璃制造过程中存有不溶物所形成的硬块，如颜色及形状各异的不透明体。

3.5

疙瘩 transparent crystal grain

玻璃本身存在的结状透明颗粒。

3.6

划伤 scratch

玻璃表面或膜层被划、刮、磨出的痕迹。

3.7

线道　thread

玻璃制造过程中形成的透明或半透明线。

3.8

污迹　dirty trace

玻璃的镀覆面由于处理不净或吸附在上面的异物，如溅油点、铝点、黑点、透漆点和手痕等。

3.9

彩底　tinted back

玻璃发霉、黑黄痕蓝色阴底锡印、指印、吸盘印等在膜层与底背漆之间形成的在镜面呈现的灰色、黄色、蓝色的覆盖层。

3.10

变质　metamorphism

膜层被氧化变质或加工过程的缺陷造成膜层或边部发霉出现侵蚀斑痕。

3.11

对角线偏移量　deviation quantity of diagonal

镜面经磨削后，两磨边形成的棱与顶点的偏移量。

3.12

崩边　edge damage

镜面在加工过程中，造成边部残缺。

3.13

麻点　mottling

镜面所磨边部呈现不规则的细点。

3.14

白角　white angle

镜面所磨边部的夹角呈现的白痕。

3.15

蚀边　corroded edge

所磨边，其边部呈现漆膜部分脱落、露底。

3.16

磨痕　grinding mark

抛光后留有的磨轮痕迹。

3.17

端面漏磨　boundary surface leak grind

镜子端面未磨到的部位。

3.18

定位孔崩边　orientation bore edge damage

在加工过程中造成的孔边部残缺。

4　产品分类

按镀层材质分为镀银镜、镀铝镜。

按加工工艺分为切割、磨边、刻花、磨砂等。

5 要求

5.1 材料

采用 GB 11614—1999 中规定的浮法玻璃制镜级或相当于浮法玻璃制镜级的玻璃原片。

5.2 镜面缺陷

5.2.1 镜面缺陷应符合表 1 及 5.2.2 的规定，镜面外观部位划分见图 1、图 2、图 3，异形镜以镜面宽度的 1/4 沿边缘向内做相似形，相似形内为中部，相似形外为边部。

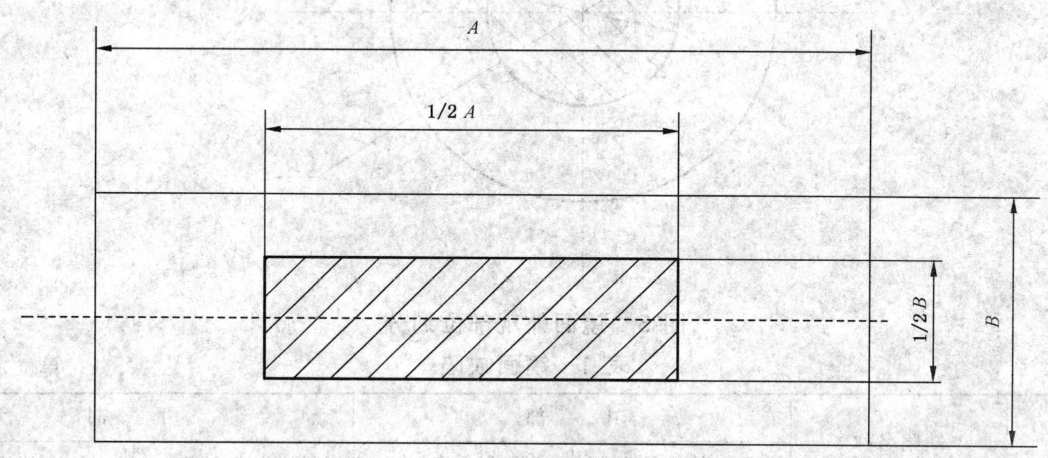

图 1 镜面外观部位划分

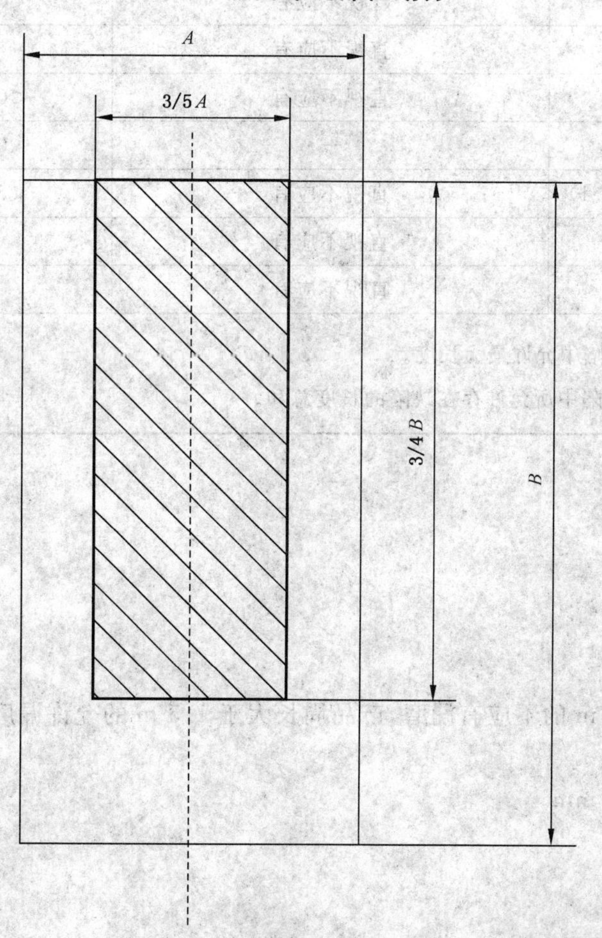

图 2 镜面外观部位划分

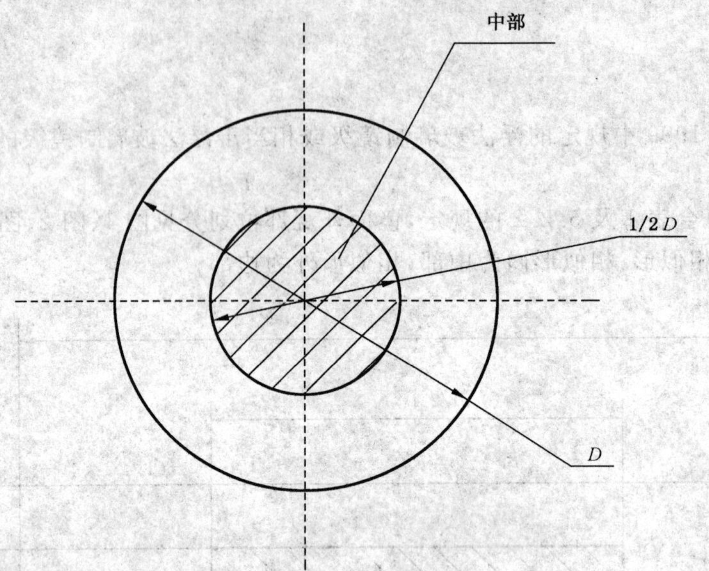

图 3　镜面外观部位划分

表 1　镜面缺陷

单位为毫米

序　号	缺陷名称	中　　部		边　　部	
		最大单位长度[a]	最大总长度[b]	最大单位长度[a]	最大总长度[b]
1	气泡	直视不应有		<0.4	<1.0
2	波纹	直视不应有		直视不明显	
3	砂粒	直视不应有		<0.4	<1.0
4	麻点	—		<0.4	<2.0
5	划伤(宽度≤0.1)	直视不应有		<5.0	<10.0
6	线道	直视不应有		直视不明显	
7	污迹	直视不应有		直视不明显	

a　最大单位长度一项缺陷中允许最大长度。

b　最大总长度指一项缺陷中所允许存在缺陷的长度总和。

5.2.2　镜面其他缺陷

5.2.2.1　崩边

加工过程中不应有。

5.2.2.2　磨痕

直视应不明显。

5.2.2.3　端面漏磨

产品周长不大于 1.5 m 的不应有漏磨,产品周长大于 1.5 m 的允许漏磨长度为周长的 5%。

5.2.2.4　定位孔崩边

最大长度不大于 2.0 mm。

5.2.2.5　白角

直视不明显。

5.2.2.6　彩底

直视不应有。

5.2.2.7 **变质**

直视不应有。

5.2.2.8 **蚀边**

直视不应有。

5.2.2.9 **疙瘩**

直视不应有。

5.3 **尺寸偏差(见表2)**

表2 尺寸偏差

单位为毫米

序号	项目名称		要求
1	对角线偏移量 X(以斜边宽度划分)	$X<15$	≤1.0
		$15\leqslant X<26$	≤1.5
		$26\leqslant X<40$	≤2.0
2	直线斜边宽度偏差		≤1.0
3	异形斜边宽度偏差		≤1.5
4	两斜面相贯线不直度(见图4)		≤0.5
5	外形尺寸偏差		有配合尺寸的±1.0;无配合尺寸的±2.0

图4 两斜面相贯线不直度

5.4 **结构件外观**

5.4.1 **电镀件**

5.4.1.1 不应有起皮、毛刺、皱褶、生锈、起泡、露底,在组合部位弯曲和扁孔处允许发白。

5.4.1.2 经6.13.2试验后,电镀件不应有生锈、起泡、露底等现象。

5.4.2 **铝氧化件**

表面光滑,色泽一致,不应有斑点、生锈、机械损伤和未氧化部分。

5.4.3 **不锈钢件**

表面光滑,色泽一致,不应有焊接缝隙。

5.4.4 **塑料件**

表面光亮平滑不应有裂缝、毛边,正面不应有缩瘪、缩印。

5.4.5 **木质件**

涂漆均匀,不得发黏,色泽一致。

5.5 **挂件拉力**

与镜面连接的挂件拉力经6.4试验后,应无开裂、损坏现象。

5.6 漆膜附着力

测试后不大于1级。

5.7 漆膜厚度

镀铝镜不小于30 μm；镀银镜单层漆膜不小于45 μm；镀银镜双层漆膜不小于45 μm，其中底漆不小于25 μm。

5.8 抗剪切强度

镀层与涂层及镀层与玻璃间的抗剪切强度不小于16 N/cm^2。

5.9 反射率

镀银镜反射率不小于85%，镀铝镜反射率不小于75%。

5.10 透孔

产品上不应有透孔。

5.11 镀银层

银层中的银用量不小于700 mg/m^2。

5.12 耐温变性

试验后，反射镀层的反射率应符合5.9的要求。涂层不起泡、不脱落、不开裂。

5.13 耐湿热性

试验后，反射镀层的反射率应符合5.9的要求，边缘侵蚀不小于0.2 mm，斑点大小(ϕ)，ϕ≤0.3 mm的斑点数1个。涂层表面允许变色，但不应有气泡。

5.14 耐中性盐雾性能

试验后，反射镀层的反射率应符合5.9的要求。反射镀层的边缘腐蚀不小于1.5 mm，斑点大小(ϕ)，ϕ≤0.3 mm的斑点数不超过3个，0.3 mm<ϕ≤3 mm的斑点数不超过2个。涂层表面允许变色，但不应有气泡。

5.15 耐铜加速的醋酸-盐雾性能

试验后，反射镀层的反射率应符合5.9的要求。反射镀层的边缘腐蚀不小于2.5 mm，斑点大小(ϕ)，ϕ≤0.3 mm的斑点数不超过3个，0.3 mm<ϕ≤3 mm的斑点数不超过2个。涂层表面允许变色，但不应有气泡。

5.16 明示

生产企业应按产品分类，在产品上应明示镀银镜或镀铝镜。

6 试验方法

6.1 镜面缺陷

在较好的自然光或散射光条件下，距试样500 mm直视，并用钢直尺、游标卡尺、外径千分尺进行测量，或用尘埃图比较。

6.2 尺寸检查

用钢直尺、游标卡尺进行测量。

6.3 结构件外观

在较好的自然光或散射光条件下，距试样表面500 mm目测。

6.4 挂件拉力

6.4.1 粘接挂件

按使用说明的方法，将挂件用适合的胶粘接在镜片有背漆的一面，室温下放置72 h后开始做测试。先将样品放在−30 ℃低温箱中6 h，取出后再放入60 ℃高温箱中6 h，取出后将样品固定在检验支架上(如图5所示)，在悬挂的小盘中放砝码，砝码质量的大小是1 m^2 镜子质量的10倍，将砝码放入后开始记时，1 min后取下砝码，检查试样是否符合5.5的要求。

6.4.2 其他形式的挂件

将样品固定在检验支架上(如图5所示),并且让挂件与悬挂的小盘相连接。在悬挂的小盘中放砝码,砝码质量的大小是其产品质量的5倍,将砝码放入后开始记时,1 min后取下砝码,检查试样是否符合5.5的要求。

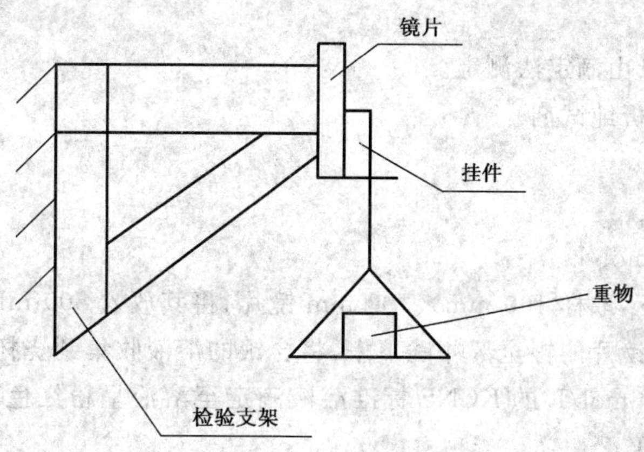

图5 粘接挂件

6.5 漆膜附着力

按GB/T 9286—1998中规定的方法进行测试。

6.6 漆膜厚度

按GB/T 13452.2—2008中方法2进行测试。测试时镀铝、镀银镜金属镀层的厚度可以忽略不计。

6.7 抗剪切强度

在镜片有背漆的一面,用粘合剂粘接一片100 mm×100 mm×3 mm的金属固化后,将镜片固定在检验支架上(如图6所示),在悬挂的金属盘中放置20 kg的重物,每隔24 h增加5 kg的质量,直到发现涂层、银层和玻璃有分离、剥落现象,则根据此时所加重物的总质量按式(1)计算剪切强度。若达到剪切强度值而涂层、银层和玻璃未发现有分离、剥落现象,则停止试验。

涂层、镀层剪切强度(N/cm^2)按式(1)进行计算。

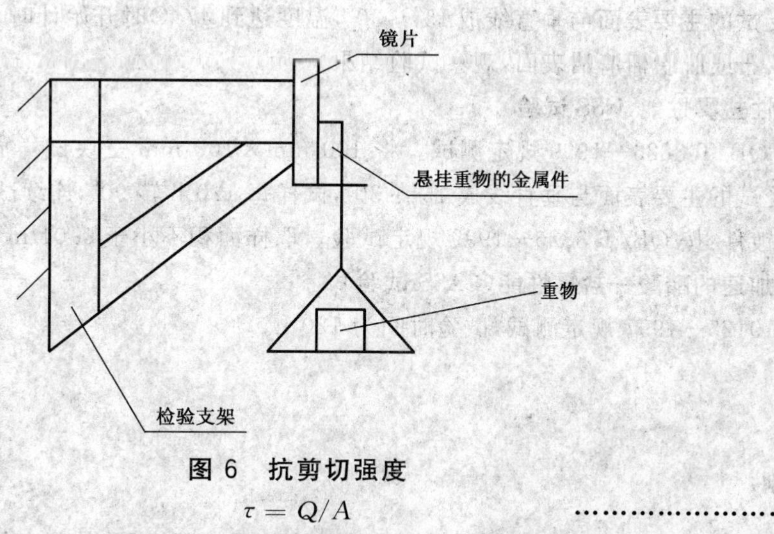

图6 抗剪切强度

$$\tau = Q/A \qquad (1)$$

式中:

τ——涂层、镀层剪切强度,单位为牛每平方厘米(N/cm^2);

Q——悬挂重物的重力,单位为牛(N);

A——悬挂金属与镜片的接触面积,单位为平方厘米(cm^2)。

6.8　**反射率**

用透光率测定仪测试。

6.9　**透孔**

用装有 60 W 白炽灯的灯箱一个，其被测物距灯具 120 mm，进行目测。

6.10　**镀银层**

镜子单位面积银的含量由滴定法测定。

6.10.1　所用试剂(均为分析纯试剂)：

a)　浓硝酸；

b)　硫酸铁氨溶液；

c)　c(KCNS)＝0.01 mol/L。

6.10.2　具体操作步骤如下：取样 100 mm×100 mm 镜片，将其放入 500 mL 陶瓷皿中，用浓硝酸将银膜溶解，然后用去离子水将镜片的银全部冲洗下来，将含银的溶液收集到烧杯中，然后滴入 10 滴硫酸铁氨溶液并搅拌均匀，用 0.01 mol/L 的 KCNS 标准溶液滴定至溶液呈粉红色，并可保持 1 min～2 min，记录所用的滴定溶液的值 W。

银层中的银含量按式(2)进行计算：

$$m = V \times 108 \quad \cdots\cdots(2)$$

式中：

m ——银层中的银含量，单位为毫克每平方米(mg/m^2)；

V——滴定时所消耗的 KCNS 标准溶液的体积，单位为毫升(mL)；

108——计算常数。

6.11　**耐温变性**

取试样 100 mm×100 mm 三块，放入已调至(80±2)℃的调温调湿箱中 4 h，取出后在室温环境下放置 1 h，再放入已调至(－30±3)℃的低温箱中 4 h，再于室温环境下放置 1 h，连续两个循环。

6.12　**耐湿热性**

将 100 mm×100 mm 三块试样放置于恒温恒湿箱中，调节温度为(47±2)℃，湿度为 90％时，将涂层面朝上，受试的主要表面与垂直线成 15°～30°，温度达到 47 ℃时开始计时，试样每 120 h 转 90°，480 h 后取出，用软布或脱脂棉清洁表面，观察试验结果。

6.13　**耐中性盐雾性能(NSS 试验)**

6.13.1　按 QB/T 3826—1999 规定测试。将 100 mm×100 mm 三块试样放置于盐雾试验箱中，将涂层面朝上，受试的主要表面与垂直线成 15°～30°，试样每 120 h 转 90°，连续试验 480 h。

6.13.2　电镀件：按 QB/T 3826—1999 规定试验。取样面积不小于 0.01 m^2，试验时间为 4 h。

6.14　**耐铜加速的醋酸—盐雾性能(CASS 试验)**

按 GB 10125—1997 规定测试，试验时间为 120 h。

6.15　**明示**

目测。

7　检验规则

7.1　产品应经生产厂质量检验部门按本标准检验合格后方可出厂，并附有使用说明和检验合格证。

7.2　**检验分类**

7.2.1　**出厂检验**

出厂检验按 GB/T 2828.1—2003 一般检验水平Ⅰ正常检查一次抽样方案，其检验项目、要求、试验方法、接收质量限 AQL 值见表 3。

表 3　出厂检验

<table>
<tr><th>序　　号</th><th>检验项目</th><th>要　　求</th><th>试验方法</th><th>AQL 值</th></tr>
<tr><td>1</td><td>镜面缺陷</td><td>5.2</td><td>6.1</td><td rowspan="4">6.5</td></tr>
<tr><td>2</td><td>尺寸偏差</td><td>5.3</td><td>6.2</td></tr>
<tr><td>3</td><td>结构件外观</td><td>5.4</td><td>6.3</td></tr>
<tr><td>4</td><td>明示</td><td>5.16</td><td>6.15</td></tr>
</table>

7.2.2　型式检验

7.2.2.1　有下列情况之一时，应进行型式检验：

a)　新产品或老产品转厂生产的试制定型鉴定；

b)　正式生产后，如结构、材料、工艺有较大改变，可能影响产品性能时；

c)　正常生产时，对批量产品进行抽样检查，每年至少一次；

d)　产品停产半年以上，恢复生产时；

e)　出厂检验结果与上次型式检验有较大差异时；

f)　国家质量监督检验机构提出进行型式检验要求时。

7.2.2.2　型式检验按 GB/T 2829—2002 判别水平Ⅱ的一次抽样方案，其检验项目、要求、试验方法、不合格分类、样本数、RQL 值及判定数组见表 4，一项不合格即判为型式检验不合格。

表 4　型式检验

<table>
<tr><th rowspan="2">序号</th><th rowspan="2" colspan="2">检验项目</th><th rowspan="2">要求</th><th rowspan="2">试验方法</th><th rowspan="2">不合格分类</th><th rowspan="2">样本数</th><th rowspan="2">RQL 值</th><th colspan="2">判定数组</th></tr>
<tr><th>Ac</th><th>Re</th></tr>
<tr><td>1</td><td colspan="2">材料</td><td>5.1</td><td>—</td><td>A</td><td>1</td><td>80</td><td>0</td><td>1</td></tr>
<tr><td rowspan="3">2</td><td rowspan="3">镜面缺陷</td><td>表 1 中中部</td><td rowspan="3">5.2</td><td rowspan="3">6.1</td><td>A</td><td rowspan="3">3</td><td>50</td><td>0</td><td>1</td></tr>
<tr><td>表 1 中边部</td><td>B</td><td>100</td><td>1</td><td>2</td></tr>
<tr><td>其他项</td><td>A</td><td>50</td><td>0</td><td>1</td></tr>
<tr><td>3</td><td colspan="2">尺寸偏差</td><td>5.3</td><td>6.2</td><td rowspan="2">B</td><td rowspan="2">3</td><td rowspan="2">100</td><td rowspan="2">1</td><td rowspan="2">2</td></tr>
<tr><td>4</td><td colspan="2">结构外观</td><td>5.4</td><td>6.3</td></tr>
<tr><td>5</td><td colspan="2">挂件拉力</td><td>5.5</td><td>6.4</td><td rowspan="5">A</td><td rowspan="5">2</td><td rowspan="5">65</td><td rowspan="5">0</td><td rowspan="5">1</td></tr>
<tr><td>6</td><td colspan="2">漆膜附着力</td><td>5.6</td><td>6.5</td></tr>
<tr><td>7</td><td colspan="2">漆膜厚度</td><td>5.7</td><td>6.6</td></tr>
<tr><td>8</td><td colspan="2">抗剪切强度</td><td>5.8</td><td>6.7</td></tr>
<tr><td>9</td><td colspan="2">反射率</td><td>5.9</td><td>6.8</td></tr>
<tr><td>10</td><td colspan="2">透孔</td><td>5.10</td><td>6.9</td><td>A</td><td>3</td><td>50</td><td>0</td><td>1</td></tr>
<tr><td>11</td><td colspan="2">镀银层</td><td>5.11</td><td>6.10</td><td>B</td><td>2</td><td>120</td><td>1</td><td>2</td></tr>
<tr><td>12</td><td colspan="2">耐温变性</td><td>5.12</td><td>6.11</td><td rowspan="5">A</td><td rowspan="5">3</td><td rowspan="5">50</td><td rowspan="5">0</td><td rowspan="5">1</td></tr>
<tr><td>13</td><td colspan="2">耐湿热性</td><td>5.13</td><td>6.12</td></tr>
<tr><td>14</td><td colspan="2">耐中性盐雾性能</td><td>5.14</td><td>6.13</td></tr>
<tr><td>15</td><td colspan="2">耐铜加速的醋酸-盐雾性能</td><td>5.15</td><td>6.14</td></tr>
<tr><td>16</td><td colspan="2">明示</td><td>5.16</td><td>6.15</td></tr>
</table>

8 标志、包装、运输、贮存

8.1 标志

8.1.1 产品上应有如下中文标志：

a) 产品名称；

b) 生产厂厂名、厂址；

c) 产品质量检验合格证；

d) 产品执行的标准编号；

e) 商标；

f) 明示镀层类别。

8.1.2 产品包装箱应有如下中文内容：

a) 产品名称；

b) 制造厂名、厂址；

c) 产品型号；

d) 商标；

e) 规格尺寸、数量。

8.2 包装

包装应牢固，无破损，防挤压、防潮、防震。

8.3 运输

产品搬运时应轻装轻卸，不应重压。

8.4 贮存

存放在干燥、通风的仓库内，应与酸碱腐蚀物品隔离。

ICS 97.060
Y 62

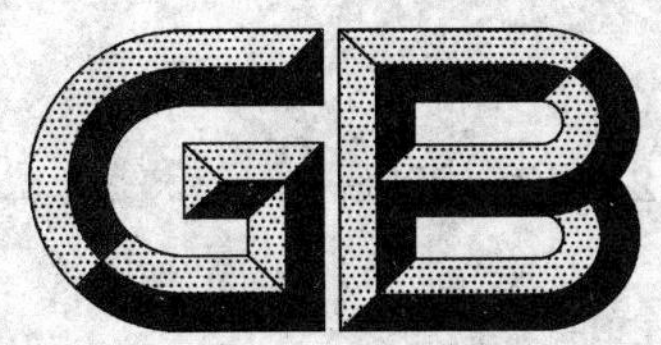

中华人民共和国国家标准

GB/T 23149—2008

洗衣机牵引器技术要求

Technical requirements of tractor for washing machines

2008-12-30 发布　　2009-09-01 实施

中华人民共和国国家质量监督检验检疫总局
中国国家标准化管理委员会　发布

前　言

本标准由中国轻工业联合会提出。

本标准由全国家用电器标准化技术委员会(SAC/TC 46)归口。

本标准起草单位:中国家用电器研究院、国家家用电器质量监督检验中心、青岛海尔洗衣机有限公司、宁波贞观电器有限公司。

本标准主要起草人:鲁建国、朱焰、张惠玉、唐建军、孙鹏。

洗衣机牵引器技术要求

1 范围

本标准规定了洗衣机牵引器(以下简称牵引器)的术语和定义、产品分类、技术要求和试验方法。

本标准适用于在家用和类似用途电动洗衣机中驱动部件(如排水阀、离合器等)作直线运动的牵引装置,其单相交流额定电压不大于250 V。

2 术语和定义

下列术语和定义适用本标准。

2.1

洗衣机牵引器 tractor of washing machine

使洗衣机部件作直线运动的驱动装置。

2.2

牵引行程 space of traction

牵引器驱动机构一次牵引动作移动的直线距离。

2.3

牵引力 tractive force

牵引器能够拉动重物的力。

2.4

行程时间 tractive time

牵引器完成移动行程所需要的时间。

3 产品分类

3.1 型式

3.1.1 按牵引方式分:

a) 电机型牵引器(以汉语拼音字母J表示);

b) 电磁型牵引器(以汉语拼音字母C表示)。

3.1.2 按行程方式分:

a) 单行程牵引器(以汉语拼音字母D表示);

b) 多行程牵引器(以汉语拼音字母S表示)。

3.2 规格

牵引器的规格在型号中以额定牵引力(N)表示。

3.3 型号

牵引器的型号及其含义如下:

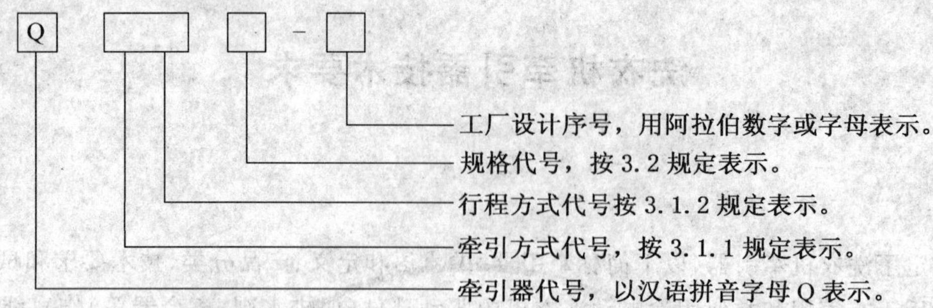

型号示例：

QJD80-1　电机型单行程牵引器，规格 80 N，第 1 次设计。

4　技术要求

4.1　起动电压

牵引器应能够在 0.85 倍和 1.25 倍额定电压下正常启动。

4.2　牵引力

牵引器的实测牵引力应不小于额定值。

4.3　回复力

牵引器回复力不应大于标称值。

4.4　牵引行程

牵引器的实测牵引行程与明示值的偏差应不大于±5.0%。

4.5　行程时间

牵引器动作一次的行程时间应不大于 8 s。

4.6　复位时间

牵引器复位动作一次的时间应小于 1 s。

4.7　寿命

牵引器在使用说明书规定的工作状态下连续工作应不小于 30 000 次。

5　试验方法

5.1　试验条件

除对试验环境条件另作具体规定的试验外，试验应在环境温度为(23±2)℃，其相对湿度为(60～70)%，无外界气流，无强烈阳光和其他热辐射作用的室内进行。

5.2　检测仪器设备

5.2.1　用于试验的电工测量仪表，除已具体规定的仪表外，其精度应不低于 0.5 级，出厂检验应不低于 1.0 级。

5.2.2　测量温度用的温度计，其精度应在 0.5 ℃。

5.2.3　测量负载质量的衡器以 kg 计，精确至 5 g。

5.2.4　拉力计以 N 计，精确至 0.1 N。

5.2.5　测量时间用电秒表，精确至 0.01 s。

5.2.6　测量行程用钢直尺准确度 1 mm。

5.3　启动电压试验

按使用说明书要求将牵引器安装固定，如图 1 所示，将其输入电源电压分别调整到 0.85 倍和 1.25 倍额定电压，检查在 0.85 倍和 1.25 倍额定电压下的工作状态，确认牵引器是否能够拉起等于额定牵引力的砝码，试验分别进行 3 次，均应能够正常工作。

5.4 牵引行程试验

按使用说明书要求将牵引器安装固定，如图 1 所示，将其输入电源电压调整到额定电压。如果牵引器行程能够调整，按使用说明书要求调整，待负载挂好后用直尺测量负载底面离地面的高度 h_2，然后接通牵引器电源，待运行停止后测量负载底面离试验台的高度 h_1，按式(1)计算牵引行程，牵引行程应符合 4.4 的要求。

$$D = h_1 - h_2 \qquad (1)$$

式中：

D——牵引行程，单位为毫米(mm)；

h_2——试验前负载底面离地面的高度，单位为毫米(mm)；

h_1——试验后负载底面离地面的高度，单位为毫米(mm)。

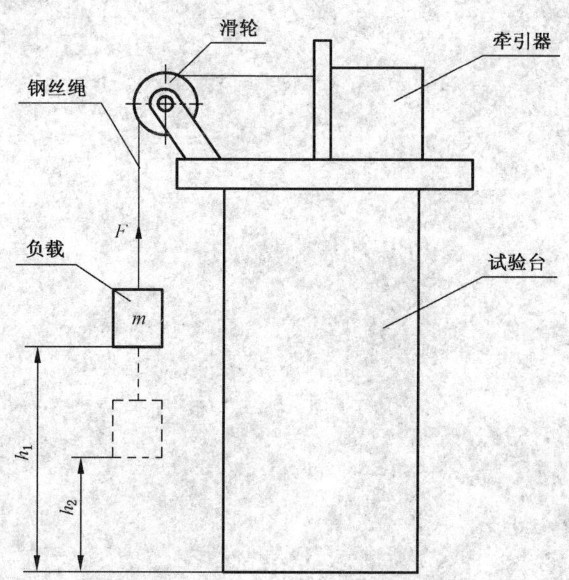

F=mg；

g=9.8 m/s²；

m——负载质量(kg)。

图 1

5.5 牵引力试验

按使用说明书要求将牵引器安装固定，如图 1 所示，将其输入电源电压调整到额定电压。将牵引器输入电源电压调整到额定电压，牵引器挂上等于额定牵引力的砝码后接通电源进行试验，如 3 次试验均能正常工作，则判定该产品符合标准要求。

5.6 回复力试验

牵引器接通额定电源后，将与回复力负载标称值相等的砝码挂到牵引器上，断开电源后，砝码应能够回到初始位置，如 3 次试验均能正常工作，则判定该产品符合标准要求。

5.7 行程时间试验

在牵引行程试验同时测量行程时间，在接通电源同时用电秒表开始计时，牵引器负载到位后停止计时，其所用时间即为行程时间，行程时间应符合 4.5 的要求。

5.8 复位时间

在牵引行程试验后进行复位时间的测试，在牵引器到达设计位置测量完成后，断开牵引器电源，同时用电秒表开始计时，砝码回复到初始位置后停止计时，其所用时间即为复位时间，复位时间应符合4.6 的要求。

5.9 使用寿命试验

按使用说明书要求将牵引器安装固定，如图 1 所示。牵引器在额定工作状态下工作。砝码达到最高位置时保持 4 s 后回到初始位置为 1 次试验，2 s 后进行下一次试验，试验进行 30 000 次，试验后牵引器应符合 4.1～4.7 的要求。

ICS 97.100.10
Y 63

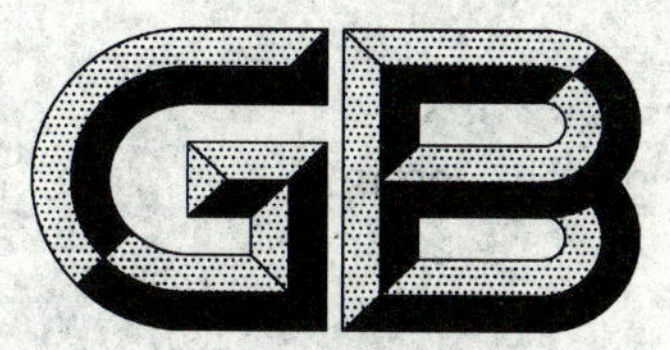

中华人民共和国国家标准

GB/T 23150—2008

热水器用管状加热器

Tubular heating element for water heater

2008-12-30 发布　　　　2009-09-01 实施

中华人民共和国国家质量监督检验检疫总局
中国国家标准化管理委员会　发布

前言

本标准由中国轻工业联合会提出。

本标准由全国家用电器标准化技术委员会(SAC/TC 46)归口。

本标准起草单位:常州西玛特电器有限公司、艾默生家电应用技术(深圳)有限公司、佛山市顺德区北滘镇恒美电热器具有限公司、中国家用电器研究院、广东美的厨卫电器制造有限公司、艾欧史密斯(中国)热水器有限公司、默洛尼卫生洁具(中国)有限公司、浙江康泉电器有限公司、法罗力比力奇(鹤山)水暖设备有限公司、中山汉诺威电器有限公司。

本标准主要起草人:凌峰、杨智慧、林东旭、周立国、万华新、钱佳杰、徐忠、张兆明、韩宝东、陈苏。

热水器用管状加热器

1 范围

本标准规定了热水器用管状加热器(以下简称电热管)的技术要求、试验方法、检验规则、标志、包装、运输及储存。

本标准适用于家用和类似用途热水器用管状加热器。

本标准不适用于空调、洗衣机、洗碗机、微波炉、烤箱等用管状加热器。

2 规范性引用文件

下列文件中的条款通过本标准的引用而成为本标准的条款。凡是注日期的引用文件,其随后所有的修改单(不包括勘误的内容)或修订版均不适用于本标准,然而,鼓励根据本标准达成协议的各方研究是否可使用这些文件的最新版本。凡是不注日期的引用文件,其最新版本适用于本标准。

GB/T 2828.1　计数抽样检验程序　第1部分:按接收质量限(AQL)检索的逐批检验抽样计划(GB/T 2828.1—2003,ISO 2859-1:1999,IDT)

GB/T 2829　周期检验计数抽样程序及表(适用于对过程稳定性的检验)

GB 4706.1—2005　家用和类似用途电器的安全　第1部分:通用要求(IEC 60335-1:2001,IDT)

GB/T 10125　人造气氛腐蚀试验　盐雾试验(GB/T 10125—1997,eqv ISO 9227:1990)

JB/T 4088—1999　日用管状电热元件

3 术语和定义

下列术语和定义适用于本标准。

3.1

电热管　heating element

具有金属外壳,且加热元件与金属外壳绝缘的管状电加热器。

3.2

发热体　heater

是一种合金电热丝,元件的发热源。

3.3

引出棒　lead-out rod

是导电的金属零件且与发热体有良好的连接,供元件与电源连接用。

3.4

展开长度　unfolding length

元件金属管的直线与弯曲部分长度的总和。

3.5

发热长度　heating length

元件图样上安装发热体部分的长度。

3.6

发热表面　heating surface

发热长度上金属管表面。

3.7

表面负荷 surface load

发热表面上单位面积的功率,单位 W/cm^2。

3.8

充分放热条件 conditions of adequate heat discharge

元件在正常使用条件下的工作状态。

3.9

工作温度 working temperature

在额定输入功率且在充分放热条件下,发热表面的平均温度。

3.10

损坏 damage

元件有下列情况之一即被认为损坏:

a) 元件电气强度低于允许值;

b) 元件泄漏电流大于 3.5 mA;

c) 元件外壳有火焰发射及熔融物或其他不允许修复的损坏。

3.11

工作寿命 life

元件在充分放热条件下工作至损坏的累计工作时间。

4 技术要求

4.1 外观

4.1.1 电热管的所有构成部分不应有局部膨胀及锈蚀等现象。

4.1.2 电热管的折弯部位应呈光滑弧面,除工艺要求外,不应有扭曲、皱纹凹凸等现象。

4.1.3 电热管的外露部分,不应有锐边、锐角及毛刺。

4.1.4 电热管应无明显的机械伤痕。

4.1.5 电热管上的螺纹、接线插片应完整,并采用标准螺纹和标准插片,绝缘子应无裂纹、破碎现象,并胶结牢固。若有轻微缺陷,应不影响使用。

4.2 焊接

电热管的所有焊接应牢固、圆滑、整洁,不应出现松动、虚焊、脱焊现象,电热管经水压试验后,应不出现渗漏现象。

4.3 安全性能

4.3.1 电热管的冷态电气强度在 1 500 V 基本正弦波的电压下,历时 1 min,不应发生闪络和击穿现象,泄漏电流不应超过 5 mA。

4.3.2 电热管在正常工作条件下的泄漏电流不应超过 0.3 mA/kW,最大值不应超过 3 mA。

4.3.3 电热管的输入功率应在额定功率的 90%～105%范围内。

4.4 电热管经 48 h 的湿热试验后,应能承受测试电压为 1 500 V,历时 1 min 的电气强度试验,泄漏电流不应超过 5 mA。

4.5 电热管在额定电压工作条件下空烧 30 min,不应变形及释放火焰、金属溶液和有害气体。电热管试验后应冷却至室温,然后将除法兰外的管体部分浸入水中,经过 24 h 后,应能承受测试电压为 1 250 V,历时 1 min 的电气强度试验,泄漏电流不应超过 5 mA。

注:表面负荷>11 W/cm^2 的产品不作此项要求,铜管和铝管不适用。

4.6 机械强度

电热管中的接线引出棒,应能承受 980 N 的拉力试验,历时 3 min,不得有位移、断裂等现象,接线片与引出棒的焊接应能承受纵横 200 N 以上的拉力,应无断裂、脱落等现象。

4.7 高低温冲击

按 5.10 进行试验后,应能承受测试电压为 1 500 V,历时 1 min 的电气强度试验,泄漏电流不应超过 5 mA。

4.8 电热管应能经受 24 h 的中性盐雾试验,在热水器使用中电热管接触水部分不应有较严重的锈蚀现象。

4.9 电热管的工作寿命不低于 4 000 h。

4.10 非金属材料要求

非金属材料按照 GB 4706.1—2005 中第 30 章的要求。

5 试验方法

5.1 试验条件

5.1.1 试验环境条件

试验应在光线充足、环境温度为 20 ℃±5 ℃,湿度为 85%±5%,风速小于 0.5 m/s 的室内进行。

5.1.2 试验所用计量器具应在使用有效期内,其中长度计量器具的精度不低于 0.02 mm,计时仪表精度不低于 0.5 s/h,电气、热工测量仪表精度不低于 1.0 级。

5.2 目测并用游标卡尺进行测试,应达到 4.1 的要求。

5.3 电热管水压试验方法:将电热管装入试压工装并密封安装好,将水压调定在 1.2 MPa,保持压力 10 min 后,取出擦干,按 GB 4706.1—2005 中 16.3 及第 13 章进行电气强度、泄漏电流的试验,应达到 4.2、4.3.1 和 4.3.2 的要求。

5.4 按 GB 4706.1—2005 中 16.3 进行电气强度试验,应达到 4.3.1 的要求。

5.5 按 GB 4706.1—2005 中第 10 章规定,将电热管浸入水中测量输入功率,应达到 4.3.3 的要求。

5.6 泄漏电流

电热管(浸入水中)在充分放热的条件下工作,试验电压调整到使输入功率等于额定输入功率的 1.15 倍,在电热管达到工作温度后,测量泄漏电流,测量方法见 GB 4706.1—2005 中 13.2。测量结果应符合 4.3.2 的要求。

5.7 湿热试验

按 GB 4706.1—2005 中 15.3 规定进行试验,试验后应符合 4.4 的要求。

5.8 空烧试验

在 5.1.1 所确定的试验环境条件下,电热管在额定电压工作条件下空烧 30 min,试验后应达到 4.5 的要求。

5.9 接线引出棒的拉力试验按 JB/T 4088—1999 中 6.9 进行,用拉力计测试接线插片的两个承受力,应符合 4.6 的要求。

5.10 高低温冲击试验

放置在－20 ℃的环境中保持 1 h 后,在 5 min 内转入 120 ℃环境中保持 1 h,为一个周期,经连续 5 个周期后,应符合 4.7 的要求。

5.11 按 GB/T 10125 对电热管进行 24 h 的中性盐雾试验,对试验结果进行评价,应符合 4.8 的要求。

5.12 工作寿命试验按 JB/T 4088—1999 中 6.10 进行,结果应符合 4.9 的要求。

6 检验规则

6.1 电热管的检验分为出厂检验和型式试验。

6.1.1 电热管必须经出厂检验合格后方可出厂。

6.1.2 出厂检验按 GB/T 2828.1 正常检查一次抽样方案进行,其检验项目、质量不合格特性、检查水平及 AQL 值按照表 1 执行。

表 1

序号	技术要求	项目	试验方法	不合格分类			逐批检查		备注
				A	B	C	检查水平	AQL	
1	4.1	外观	5.2			√	S-4	6.5	
2	4.2	焊接	5.3	√			S-4	1.5	视用途试验
3	4.3.1	电气强度	5.4				—	—	致命
4	4.3.3	功率	5.5				—	—	致命

6.2 型式试验

6.2.1 有下列情况之一时，应进行型式试验。

a) 试生产或转厂生产时；

b) 当结构、材料、工艺有重大改变，影响产品性能时；

c) 停产一年以上，再恢复生产时；

d) 正常生产时，每年至少定期抽检一次；

e) 使用单位或质量监督部门认为有必要时。

6.2.2 型式试验应在入厂检验合格的电热管中进行随机抽样，$n=3$，结果若有一项不符合要求，则判该批不合格。

6.2.3 型式试验按 GB/T 2829 正常检查一次抽样方案进行，其检验项目、质量不合格特性、判别水平及 RQL 值按照表 2 执行。

6.2.4 型式试验应在有关质量监督部门认可的质量监督检验机构进行。

6.2.5 对不合格批应由制造厂进行处理后，重新提交型式试验，至合格后方可投入生产。

6.2.6 型式试验中的工作寿命项目由供需双方协商而定。

6.3 安装前检验

安装前必须逐只对电热管进行检验，合格后方可进行安装，安装前检验可按照表 1 执行。

6.4 若对检验结论有争议时，应由市级以上产品质量监督部门按照本标准进行仲裁检验。

6.5 本标准 4.8 盐雾试验除按时进行型式试验外，应每月进行一次抽检，抽检数量每次不低于 3 支，检查水平按照表 2 执行。

表 2

序号	技术要求	项目	试验方法	不合格分类			周期检查		备注
				A	B	C	判别水平	RQL	
1	4.1	外观	5.2			√	I	30	
2	4.2	焊接	5.3	√			I	30	视用途试验
3	4.3.1	电气强度	5.4				—	—	致命
4	4.3.2	泄漏电流	5.6				—	—	致命 视用途试验
5	4.3.3	功率	5.5				—	—	致命
6	4.4	湿热	5.7				—	—	致命
7	4.5	空烧	5.8				—	—	致命 视用途试验

表 2（续）

序号	技术要求	项目	试验方法	不合格分类			周期检查		备注
				A	B	C	判别水平	RQL	
8	4.6	拉力	5.9		√		Ⅰ	30	
9	4.7	高低温冲击	5.10	√			Ⅰ	30	
10	4.8	盐雾试验	5.11		√		Ⅰ	30	
11	4.9	工作寿命	5.12		√		Ⅰ	30	

7 标志、包装、运输及储存

7.1 每支电热管上应有制造厂代号、生产年月或批号、额定电压、额定输入功率等永久性标志。

7.2 电热管的包装应保证不使电热管因挤压、码垛而引起损坏和变形。

7.3 在运输中应避免摔、碰撞和雨、雪侵袭。

7.4 电热管应储存在干燥、通风、无腐蚀性气体干扰的仓库中。

ICS 97.200.20
Y 58

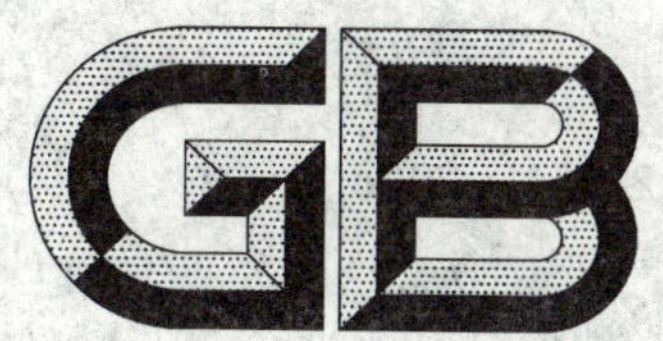

中华人民共和国国家标准

GB/T 23151—2008

乐器产品使用说明的编制原则

Compiling regulation of the instructions of musical instruments

2008-12-30 发布　　2009-09-01 实施

中华人民共和国国家质量监督检验检疫总局
中国国家标准化管理委员会　发布

前　　言

本标准由中国轻工业联合会提出。

本标准由全国乐器标准化技术委员会归口。

本标准由宁波森隆乐器股份有限公司、北京乐器研究所、全国乐器标准化中心起草。

本标准主要起草人：罗建峰、张振启、王伟。

乐器产品使用说明的编制原则

1 范围

本标准规定了乐器产品使用说明的基本要求和标注内容。

本标准适用于乐器产品使用说明的编制。

2 规范性引用文件

下列文件中的条款通过本标准的引用而成为本标准的条款。凡是注日期的引用文件，其随后所有的修改单(不包括勘误的内容)或修订版均不适用于本标准，然而，鼓励根据本标准达成协议的各方研究是否可使用这些文件的最新版本。凡是不注日期的引用文件，其最新版本适用于本标准。

GB/T 191　包装储运图示标志(GB/T 191—2008，ISO 780：1997，MOD)

GB 5296.1—1997　消费品使用说明　总则

GB/T 19678—2005　说明书的编制、构成、内容和表示方法(IEC 62079：2001，IDT)

3 术语和定义

GB/T 19678—2005 中确立的以及下列术语和定义适用于本标准。

3.1

乐器　musical instruments

用于创造音乐艺术的工具。

3.2

使用说明　instruction for use

向使用者传达如何正确、安全使用产品及相关信息的工具。它通常以使用说明书、标签、标志等形式表达。它可以采取单独或组合的方法，使用文件、词语、标牌、符号、图表、图示以及听觉或视觉信息。这些信息可以用于产品上、包装上，也可作为随同资料，如：活页资料、手册、录音带、录像带以及计算机用资料交付。

[GB 5296.1—1997，定义 3.2]

4 基本要求

4.1　乐器产品使用说明是交付乐器产品的组成部分。

4.2　乐器产品使用说明的内容应符合国家有关法律和法规的规定。

4.3　乐器使用说明应有助于乐器产品使用者正确使用乐器产品，并能有效地帮助使用者避免可能导致的错误使用。

4.4　乐器使用说明应如实介绍乐器产品，不应有夸大和虚假的内容，也不能用于弥补设计上的缺陷。

4.5　乐器使用说明应明确给出乐器产品的用途和适用范围，并根据产品的特点和需要给出乐器结构的图解说明；音域范围；更换零件的规格标识，给出性能、规格以及该产品的正确放置、使用、维护保养和贮存的方法。

4.6　当产品结构、性能等发生改动时，使用说明的相关内容须按规定程序及时做出相应修改，制造商应向用户提供与产品相对应的使用说明。

4.7　使用说明可按产品规格与型号编制，也可按产品系列编制。按系列编制时，应对其中内容和参数不同的部分进行明确指示和区分。

5 使用说明的标注内容

5.1 产品的标注

5.1.1 产品名称

产品名称标注应与国家、行业、地方、企业标准的产品名称相一致，且能表明产品的真实属性。

5.1.2 产品规格和型号

产品标注的规格、型号应能体现产品特征并与产品相一致，不应有夸大和虚假的内容。

5.1.3 功能操作

用于明示产品操作的技术性能和使用功能的图形、符号应清晰，便于识别和理解。

5.1.4 安全警示

对需要有安全警示标志或说明的应予以标明。

5.1.5 制造商名称

产品上应标明制造商依法登记注册的名称与品牌名称。

5.1.6 产品质量声明

每件产品均应附有经出厂检验质量合格的证明。

5.1.7 产品质量标志

每件产品可附有所获得的质量标志(如获得)。

5.1.8 产地证明

每件产品均应注明产品的原产地。

5.1.9 生产日期

应标明产品的生产日期或生产批号。

5.2 包装的标注

5.2.1 产品名称

应符合 5.1.1 的规定。

5.2.2 产品规格和型号

应符合 5.1.2 的规定。

5.2.3 色别

应注明色别(如需要)。

5.2.4 尺寸、重量、开启

大型产品应标明外形尺寸、毛重、净重、开启指示。

5.2.5 图示标志

应符合 GB/T 191 中规定的要求。

5.2.6 制造商名称和地址

应标明制造商依法登记注册的名称；地址及联系方式应详细、准确。

5.2.7 生产日期

应符合 5.1.9 的规定。

5.2.8 执行标准

应标明产品所执行有关标准的编号。

5.2.9 贮存条件

应标明符合产品标准中的有关规定。

5.3 说明书的标注

5.3.1 提示

应标注有“使用前请仔细阅读”的字样。

5.3.2 产品名称

应符合5.1.1的规定。

5.3.3 产品规格和型号

除应符合5.1.2的规定外，对不同规格、不同型号的产品使用同一说明书时，不同之处应予以分开表述。多次出现的功能、部件名称应始终保持规范和一致，不应有夸大和虚假的内容。

5.3.4 产品主要技术特性

应标明产品主要技术特性和功能，不应有夸大和虚假的内容。

5.3.5 产品等级

如有质量等级划分的产品，应标明质量等级，不应有夸大和虚假的内容。

5.3.6 主要材料

应标明所使用的材料符合有关的国家标准、行业标准、地方标准、企业标准的规定，还应标明国家对有害物质限量的符合性说明，不应有夸大和虚假的内容。

5.3.7 产品主要技术特性

应完整、准确概述产品的技术特性和功能，不应有夸大和虚假的内容。

5.3.8 主要部件名称

主要部件的名称应规范，前后应一致。

5.3.9 图示和符号

所采用的图表、图示和符号，应易于理解，且能清楚地指明和解释出现在产品上的图表、图示和符号所代表的产品技术特性和功能。

5.3.10 使用年限

对有使用年龄限制的产品应予以标明。

5.3.11 使用方法

应按步骤或程序标明正确和详细的使用方法，必要时可采用图解的方式。

5.3.12 注意事项

标注的内容应确保达到提示的作用，它包含：

a) 使用环境要求；

b) 避免错误操作的提示；

c) 可能会出现的异常及处理方法(含自行解决的维修)；

d) 防潮措施；

e) 保管要求；

f) 售后服务声明；

g) 其他事项。

5.3.13 维护和保养

应标明可能出现的故障种类，维修和保养的专业和非专业项目；可能更换零部件的规格、型号；维修和保养的注意事项。

5.3.14 安装和安放

5.3.14.1 对安装步骤或程序有要求的产品应有正确和详细的文字及图示说明。

5.3.14.2 对环境条件和存放位置有要求的产品应有文字及图示说明。

5.3.15 制造商名称和地址

应符合5.2.6的规定。

5.3.16 执行标准

应符合5.2.8的规定。

5.3.17 **产品质量标志**

应有获得产品质量标志或产品质量认证的文字或图示说明(如获得)。

5.3.18 **贮存条件**

应符合5.2.9的规定。

6 形式

6.1 根据乐器产品的特性,使用说明采用以下方式:

a) 直接压印或粘贴在产品上;

b) 采用标签或标牌悬挂在产品上;

c) 随产品提供的使用说明书。

6.2 因受产品外形、结构和尺寸的限制,不便附在产品上的,可置于产品包装上或随产品提供。

6.3 当同时采用多种形式时,应保证其内容的一致性。

7 放置位置

7.1 使用说明应置于产品和包装上易于识别的部位。

7.2 使用说明书应置于产品包装中。

8 编辑要求

8.1 文字

国内销售的产品,应使用规范的简体汉字。也可同时使用汉字和汉语拼音,还可提供有与汉语对照的少数民族文字及其他外国语种。当使用说明(书)同时翻译成其他几种语言文字时,应相互区分,译文应准确。

8.2 图、表、符号、术语、计量单位

图、表、符号应与正文相对应,并按顺序标注和指明。公式、计量单位应符合最新发布的国家法令、法规和有关标准的规定,并保持前后一致。需要解释的术语应给出定义。

8.3 字体和字号

使用说明书的文字、数字、字母应采用宋体,字号应采用不小于五号的字体。有警示内容的字体允许采用黑色粗体。

8.4 出版

8.4.1 应标明使用说明书的出版日期。

8.4.2 使用说明(书)应与制造商、生产商、经销商印制的有关同种产品的资料内容相一致。

9 耐久性

应符合GB 5296.1—1997中第12章的规定。

10 评价

使用说明(书)的评定,按GB 5296.1—1997附录A中相关内容及要求进行编制。

ICS 97.100.01
Y 63

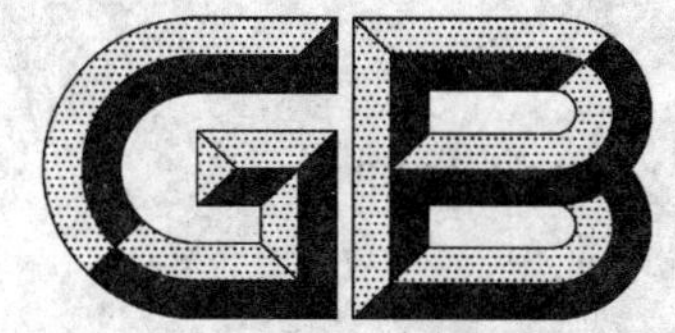

中华人民共和国国家标准

GB/T 23152—2008

家用微波炉用磁控管

Magnetron in household microwave oven

2008-12-30 发布 2009-09-01 实施

中华人民共和国国家质量监督检验检疫总局
中国国家标准化管理委员会 发布

前　言

本标准是参照 GB/T 12852—2001《磁控管总规范》制定的。

本标准及本标准规范性附录 A 规定的磁控管产品详细规范(或称产品规格书)共同构成家用微波炉用磁控管产品标准。磁控管产品详细规范由制造商编制。

本标准的附录 A 为规范性附录。

本标准由中国轻工业联合会提出。

本标准由全国家用电器标准化技术委员会(SAC/TC 46)归口。

本标准主要起草单位:广东威特真空电子制造有限公司、广东格兰仕集团有限公司、上海松下磁控管有限公司。

本标准主要起草人:王贤友、张晋林、沈庚麟、张文亮、鲁俊。

家用微波炉用磁控管

1 范围

本标准规定了家用微波炉用磁控管(简称磁控管)的术语和定义、符号、性能要求、试验方法、质量评定程序、标志、包装和贮存等。

本标准适用于家用微波炉所使用的频率为2.45 GHz的连续波磁控管。

2 规范性引用文件

下列文件中的条款通过本标准的引用而成为本标准的条款。凡是注日期的引用文件,其随后所有的修改单(不包括勘误的内容)或修订版均不适用于本标准,然而,鼓励根据本标准达成协议的各方研究是否可使用这些文件的最新版本。凡是不注日期的引用文件,其最新版本适用于本标准。

GB/T 2423.1 电工电子产品环境试验 第2部分:试验方法 试验A:低温(GB/T 2423.1—2001,idt IEC 60068-2-1:1990)

GB/T 2423.2 电工电子产品环境试验 第2部分:试验方法 试验B:高温(GB/T 2423.2—2001,idt IEC 60068-2-2:1974)

GB/T 2423.3 电工电子产品环境试验 第2部分:试验方法 试验Cab:恒定湿热试验(GB/T 2423.3—2006,IEC 60068-2-78:2001,IDT)

GB/T 2423.17 电工电子产品环境试验 第2部分:试验方法 试验Ka:盐雾(GB/T 2423.17—2008,IEC 60068-2-11:1981,IDT)

GB/T 2423.22 电工电子产品环境试验 第2部分:试验方法 试验N:温度变化(GB/T 2423.22—2002,IEC 60068-2-14:1984,IDT)

GB/T 2828.1 计数抽样检验程序 第1部分:按接收质量限(AQL)检索的逐批检验抽样计划(GB/T 2828.1—2003,ISO 2859-1:1999,IDT)

GB/T 2829—2002 周期检验计数抽样程序及表(适用于对过程稳定性的检验)

GB/T 2987 电子管参数符号

GB 3100 国际单位制及其应用(GB 3100—1993,eqv ISO 1000:1992)

GB/T 4597 电子管词汇(GB/T 4597—1996,eqv IEC 60531:1974)

GB/T 4728.5 电气简图用图形符号 第5部分:半导体管和电子管(GB/T 4728.5—2005,IEC 60617,IDT)

GB/T 4857.5 包装 运输包装件 跌落试验方法

GB/T 12852—2001 磁控管总规范

SJ/T 11363 电子信息产品中有毒有害物质的限量要求

SJ/T 11365 电子信息产品中有毒有害物质的检测方法

3 术语和定义

GB/T 4597确立的以及下列术语和定义适用于本标准。

3.1

峰值阳极电压 peak anode voltage

阳极对阴极的最大瞬时电压。

3.2

平均输出功率　average output power

磁控管在规定条件下工作时,通过参考平面输出的微波功率的平均值。

3.3

效率　efficiency

磁控管在规定条件下工作时,测定的平均输出功率与平均阳极电流和峰值阳极电压乘积的比值。

3.4

振荡频率　frequency

磁控管在规定条件下工作时的频率值。

3.5

频率牵引系数　frequency pulling figure

失配负载驻波比为规定值,负载的相位在 $\lambda g/2$ 变化时产生的振荡频率最大变化量。

3.6

发射稳定性　emission stability

灯丝加热功率降低时,磁控管继续在所需模式上振荡的能力。

3.7

模式稳定性　mode stability

在规定的负载条件下,磁控管的峰值阳极电压、平均阳极电流、平均输出功率、频率数值无显著变化。

3.8

下沉相位　sink phase

磁控管在规定的条件下工作,保持平均阳极电流和负载驻波比为规定值,在 $\lambda g/2$ 距离内改变相位,在相位移动过程中得出频率变化最大时的相位值。

3.9

工作特性　performance characteristic

磁控管在匹配负载条件下,保持磁场恒定时,峰值阳极电压、平均阳极电流、振荡频率、输出功率、效率之间相互关系的特性。

3.10

负载特性　load characteristic

当磁场和阳极电流恒定时磁控管振荡频率和输出功率随负载变化的特性。

4　符号和单位

除非另有规定,单位符号应符合 GB 3100 的规定,参数符号应符合 GB/T 2987 的规定,图形符号应符合 GB/T 4728.5 的规定或根据上述列出的标准原则导出,并加以说明,为便于参考,在表 1 中列出常用的术语、符号和单位。

表 1　术语、符号和单位对照表

序号	术语	符号	单位	序号	术语	符号	单位	序号	术语	符号	单位
1	灯丝电压	U_f	V	7	输入功率	P_i	W	13	频率牵引	Δf_{OL}	MHz
2	灯丝电流	I_f	A	8	平均输出功率	$\bar{P}_o$	W	14	负载驻波比	S_L	—
3	灯丝预热时间	t_{kyr}	s	9	击穿电压	U_j	kV	15	阳极温度	T_a	℃
4	峰值阳极电压	$\hat{U}_a$	kV	10	效率	η	%	16	绝缘电阻	R	MΩ
5	峰值阳极电流	$\hat{I}_a$	A	11	振荡频率	f_z	MHz	17	微波泄漏功率	SI	mW/cm^2
6	平均阳极电流	$\bar{I}_a$	mA	12	跳模电压	U_{fm}	V				
注:灯丝预热时间 t_{kyr} 和跳模电压 U_{fm} 为导出符号。											

5 性能要求

5.1 电性能要求

5.1.1 灯丝电流

灯丝电流标称值应由磁控管产品详细规范给出，其容许差不超过±20%。

5.1.2 峰值阳极电压

峰值阳极电压标称值应由磁控管产品详细规范给出，其容许差不超过±5%。

5.1.3 平均输出功率

平均输出功率标称值应由磁控管产品详细规范给出，功率不小于标称值的95%。

5.1.4 振荡频率

振荡频率标称值应由磁控管产品详细规范给出，其容许变化值为±10 MHz。

5.1.5 效率

在规定条件下测试时，磁控管效率应≥72%。

5.1.6 频率牵引系数

在规定条件下测试时，磁控管的频率牵引系数≤15 MHz。

5.1.7 下沉相位

下沉相位参数应由详细规范给出。

5.1.8 稳定性

5.1.8.1 模式稳定性

磁控管在规定的失配负载条件下工作时，不应有模式变化现象。

5.1.8.2 发射稳定性

灯丝电压降至详细规范规定的值时，磁控管工作时不应有跳模现象。

5.1.9 耐电压性

磁控管的阴极和阳极间，加直流电压10 kV或交流电压(频率50 Hz)7.1 kV,60 s无闪络，无击穿，且击穿电流不超过5 mA。

5.1.10 绝缘电阻

磁控管的阴极和阳极间，加直流1 kV时，绝缘电阻≥1 000 MΩ。

5.1.11 微波泄漏

磁控管在规定条件下试验，其微波泄漏功率密度≤1 mW/cm^2。

5.2 机械性能要求

5.2.1 外观要求

外观及外形尺寸应符合详细规范的要求。

5.2.2 电极强度

沿电极端子轴向能承受的推拉力应≥98 N，不得有机械损坏和结构松动且电参数符合表7要求。

5.2.3 振动性能

5.2.3.1 低频振动

磁控管按规定试验条件进行试验后，不得有机械损坏和结构松动且电性能参数符合表7要求。

5.2.3.2 高频振动

磁控管按规定试验条件进行试验后，不得有机械损坏和结构松动且电性能参数符合表7要求。

5.2.3.3 扫频振动

磁控管按规定试验条件进行试验后，不得有机械损坏和结构松动且电性能参数符合表7要求。

5.3 环境适应性要求

5.3.1 低温

按规定条件试验后，磁控管电性能参数应符合表7要求。

5.3.2 高温

按规定要求试验后，磁控管的电性能参数应符合表7要求。

5.3.3 耐湿热性

按规定要求试验后，金属表面不应有严重锈蚀，标志不能脱落且字迹清楚，磁控管的电性能参数应符合表7要求。

5.3.4 耐盐雾

磁控管按规定要求试验后，不应有漏气及影响磁控管安装的现象，磁控管的电性能参数应符合表7要求。

5.4 有毒有害物质的限值要求

磁控管整体及组成件的有毒有害物质限值应满足SJ/T 11363的要求。

5.5 寿命要求

磁控管在规定的寿命试验条件下进行，连续试验时间为500 h，寿命试验结束时，在规定条件下，测试模式稳定性和耐电压、绝缘电阻、微波泄漏性能应符合要求，输出功率不低于标准(起始)输出功率的80%。

6 试验方法

6.1 电性能试验

6.1.1 测试条件

6.1.1.1 阳极电压测试参考点

磁控管测试时，阳极电压相对于参考点来测量，其参考点按表2规定。

表2 阳极电压参考点

加热电源	参考点
直流	灯丝负端
交流	灯丝变压器次级中心抽头
	灯丝(灯丝变压器次级无中心抽头时)

6.1.1.2 工作状态下的灯丝电压或灯丝电流

磁控管工作时，应按规定的加热规范调整灯丝电压或灯丝电流，灯丝电压变化不应超过规定值的±5%或灯丝电流变化不应超过标称值的±3%。

6.1.1.3 阳极电压

加到磁控管阳极上的电压为单相全波整流无滤波电压。

6.1.1.4 平均阳极电流

磁控管的平均阳极电流由详细规范规定。

6.1.1.5 磁场

微波炉用磁控管采用包装式磁场，为避免磁场畸变和退磁，或磁场影响测量仪器的精度，磁控管测试安装和放置应与其他含铁磁性材料物体的距离大于3 cm。

6.1.1.6 负载

各项试验的负载条件需按表3规定。

表3 试验系统的负载驻波比

序号	试验项目	负载驻波比	序号	试验项目	负载驻波比
1	峰值阳极电压	≤1.1	6	模式稳定性	2、3、4
2	平均输出功率	≤1.1	7	发射稳定性	≤1.1
3	振荡频率	≤1.1	8	下沉相位	1.5
4	效率	≤1.1	9	微波泄漏	4
5	频率牵引系数	1.5	10	寿命	3～4

6.1.1.7 **冷却**

磁控管的冷却应符合详细规范要求。

6.1.1.8 **测量仪表、仪器的精度要求**

阳极电流表精度规定用 0.5 级表，功率计、频率计和微波泄漏仪按表 4 所示要求，其他测量仪器、仪表按国家规定。

表 4 测量仪器精度要求

仪器名称	应用仪器形式	容许误差
频率计	数字频率计	±0.05%
功率计	热敏电阻或热耦式	±3%
微波泄漏仪	—	±3%

6.1.1.9 **电源电压和频率的稳定性**

测试用电源采用交流电源，频率为 50 Hz±1 Hz，电源谐波在 5%以内。

6.1.1.10 **环境条件**

除非另有规定，所有试验应在环境温度为 25 ℃±5 ℃，相对湿度≤85%，气压 86 kPa～106 kPa，无外界电磁场干扰和影响的条件下进行。

6.1.1.11 **测试波导和激励器**

测试用波导和激励器应由详细规范中给出。

6.1.1.12 **其他**

除非另有规定，电性能试验时都应在磁控管工作稳定后进行。

6.1.2 **测试系统方框图**

除非另有规定，电性能参数测试时需采用图 1 所示要求的测试系统，且测试前需进行测试系统的校准。

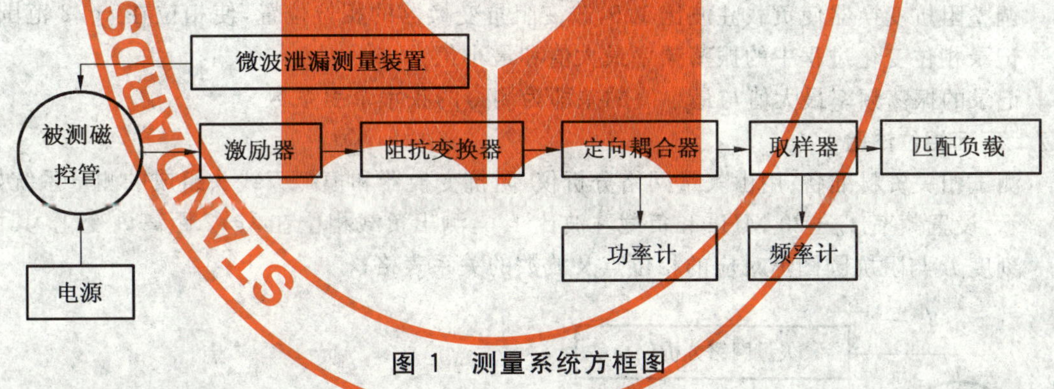

图 1 测量系统方框图

6.1.3 **电性能试验方法**

6.1.3.1 **灯丝电压或灯丝电流试验**

在灯丝两端加上规定的电压(电流)，再测定其电流(电压)。除非另有规定，预热时间为 60 s，灯丝电流或灯丝电压的测试需在这个间隔时间之后。测试过程中，其他电极保持断开状态。

6.1.3.2 **峰值阳极电压试验**

磁控管在规定的操作条件下，测定峰值阳极电压。峰值阳极电压的测量需使用峰值电压表或同等仪器。测量是在磁控管与规定的环境温度达到平衡后，在开启阳极电压后 15 s 内进行测定。

当测定值与温度有关时，通常应将测得的读数，按详细规范中规定的温度系数转换为 25 ℃时的峰值阳极电压的数值。

6.1.3.3 **平均输出功率试验**

a) 测试系统方框图如图 1；

b) 磁控管在 6.1.1.10 所述环境条件下放置，使之达到热平衡；

c) 磁控管安装在规定的测试系统上：测试系统的负载驻波比≤1.1；

d) 施加磁控管产品详细规范中要求的灯丝电压，预热 60 s，再开启阳极电压，调整阳极电流至详细规范中的规定值；

e) 在开启阳极电压后 15 s 内完成测试，并记录功率计上显示的数值；

f) 当测定值与温度有关时，通常应将测得的读数，按详细规范规定的温度转换系数转换为 25 ℃ 的功率值。

6.1.3.4 振荡频率试验

a) 测试系统方框图如图 1；

b) 将磁控管安装在规定的测试系统上：测试系统的负载驻波比≤1.1；

c) 施加产品详细规格书中要求的灯丝电压，预热 60 s，再开启阳极电压，调整阳极电流至详细规范中的规定值；

d) 在开启阳极电压后 15 s 内完成测试，并记录频率计上显示的数值。

6.1.3.5 效率试验

a) 测试方法按照 6.1.3.2～6.1.3.4；

b) 磁控管效率按式(1)进行计算：

$$\eta = \frac{\overline{P}_{o}}{\hat{U}_{a} \times \overline{I}_{a}} \times 100\% \quad \cdots\cdots (1)$$

6.1.3.6 频率牵引系数测试

a) 测试系统方框图如图 1；

b) 磁控管安装在规定的测试系统上，测试系统负载驻波比≤1.1；

c) 施加磁控管产品详细规范中要求的灯丝电压，预热 60 s，再开启阳极电压，调整阳极电流至详细规范中的规定值；

d) 调整阻抗变换器使负载驻波比 1.5，改变阻抗变换器的相位位置，使相位在 $\lambda g/2$ 范围内变化，记录相位变化过程中的振荡频率最大值和最小值；

e) 记录的振荡频率最大值与最小值的差即为测得的频率牵引系数。

6.1.3.7 下沉相位试验

a) 测试相关资料准备：用由矢量网络分析仪、阻抗变换器和模拟天线头组成的测量系统如图 2 所示，设置频率 $f_Z \pm 20$ MHz 和负载驻波比 1.5，测出负载相位在 $\lambda g/2$ 距离内变化，其机械标尺刻度 L 与阻抗圆图上对应的相位点及波数的关系表格；

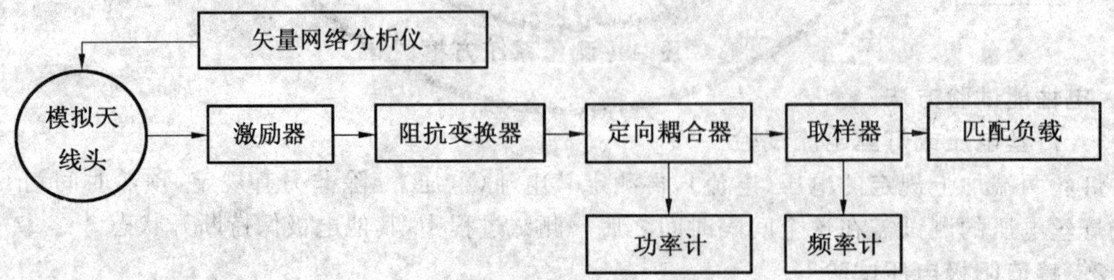

图 2 下沉相位测试方框图

b) 下沉相位测试方框图如图 2 所示；

c) 磁控管安装在规定的测试系统上，调整阻抗变换器，使负载驻波比≤1.1；

d) 施加磁控管产品详细规范中要求的灯丝电压，预热 60 s，再开启阳极电压，调整阳极电流至磁控管产品详细规范中的规定值，工作 5 min 后读出工作频率 f_Z 值；

e) 调整阻抗变换器使负载驻波比为 1.5，移动阻抗变换器改变相位，在频率变化最为显著的相位移动区间内，读出与 f_Z 相同的频率值所对应的阻抗变换器标尺刻度。用此标尺点查 6.1.3.7 中 a)的关系表格，得到对应于阻抗圆图上的一点，将圆心点与此点相连并延伸与阻抗圆图的波数圆相交的点，即为下沉相位点。

6.1.3.8 稳定性试验

6.1.3.8.1 模式稳定性试验

磁控管安装在图 1 所示的测试系统上，负载驻波比分别保持为 2、3、4，相位调整到对应负载驻波比的平均输出功率最大点，在规定时间间隔 60 s 内，观察峰值阳极电压、阳极平均电流、频率或平均输出功率是否出现突然变化。

6.1.3.8.2 发射稳定性试验

磁控管安装在图 1 所示的测试系统上，测试系统负载驻波比≤1.1，将灯丝电压降低到磁控管产品详细规范中的规定值，在规定时间 5 s 内，观察峰值阳极电压、阳极平均电流、频率或平均输出功率是否出现突然变化的现象。

6.1.3.9 耐电压试验

在阴极和阳极两端施加规定的电压值，在规定的时间内，观察闪络、击穿及漏电流情况。

6.1.3.10 绝缘电阻试验

在阴极和阳极两端施加规定的电压值，读取绝缘电阻数值。

6.1.3.11 微波泄漏试验

a) 测试系统方框图如图 1 所示，测试系统负载驻波比≤1.1；

b) 将磁控管安装在规定的测试系统上，接通电源，使磁控管在规定条件下工作 2 min；

c) 调整阻抗变换器使测试系统负载驻波比为 4，改变阻抗变换器位置，使负载相位在 $\lambda g/2$ 范围内变化，用微波泄漏仪或其他等效装置测量距离磁控管表面 5 cm 处周边的微波泄漏功率密度，其最大值即为微波泄漏功率密度。

6.1.3.12 工作特性试验

a) 测试系统方框图如图 1 所示，测试系统负载驻波比≤1.1；

b) 磁控管安装在规定的测试系统上；

c) 根据具体条件选定磁控管的工作范围，并将平均阳极电流范围按等差数列进行均分，如 50 mA、100 mA、150 mA、200 mA……；

d) 灯丝电压加到规定值，预热 60 s；

e) 开启阳极电压开关，调整平均阳极电流，记录不同阳极电流下对应的峰值阳极电压、平均输出功率、振荡频率，并计算出各对应点的效率；

f) 对应每个平均阳极电流值为一次测试，每次测试须在加高压后 15 s 内完成，并将磁控管充分冷却后才可进行下一个平均阳极电流值时的测试；

g) 在坐标纸上绘出随平均阳极电流变化相对应的阳极电压线、功率线、频率线、效率线，即得到工作特性曲线。

6.1.3.13 负载特性的测试方法

a) 测试系统方框图如图 1，测试系统负载驻波比≤1.1；

b) 磁控管安装在规定的测试系统上，灯丝电压加到规定值，预热 60 s，开启阳极电压，调整阳极电流至磁控管产品详细规范中的规定值；

c) 磁控管在保持阳极电流为规定值条件下工作 10 min，达到稳定状态后，记录峰值阳极电压、输出功率、频率；

d) 调整阻抗变换器到各指定的负载驻波比下，改变阻抗变换器的相位，测量不同相位点上的功率和频率；

e) 在阻抗圆图上绘出等功率线和等频率线，即得到负载特性曲线；

f) 根据具体条件选定磁控管的工作范围，在整个测试过程中保持阳极电流和磁场不变，并且磁控管阳极温度尽可能保持恒定。

6.2 机械性能试验

6.2.1 外观检测

观察磁控管外观是否有异常。

6.2.2 外形尺寸试验

按磁控管产品详细规范中的要求对规定的尺寸进行测量。

6.2.3 电极强度试验

按规定要求的力逐渐地施加至磁控管的电极端子，观察其接合处有无机械损伤。

6.2.4 振动试验

6.2.4.1 试验方法

a) 将非工作状态下的磁控管安放在正弦曲线振动测试台上，按规定试验条件进行试验；

b) 振动方向应在 3 个互相垂直的方向上进行；

c) 观察有无振动损伤；

d) 需在相同操作条件下，对振动前后的磁控管进行测试，对比振动测试前后的磁控管特性参数的差异性。

6.2.4.2 试验条件

6.2.4.2.1 低频率振动试验

按以下的条件进行试验：

a) 振动频率：25 Hz±2 Hz；

b) 振幅：1 mm，误差为±10%（全振幅为 2 mm，误差为±10%），加速度为 2.5 g；

c) 振动时间：每个方向振动时间为 60 s（除非另有规定）。

6.2.4.2.2 高频率振动测试

按以下条件进行试验：

a) 振动频率：50 Hz±2 Hz；

b) 振幅：1 mm，误差为±10%（全振幅为 2 mm，误差为±10%），加速度为 10 g；

c) 振动时间：每个方向振动时间为 60 s（除非另有规定）。

注：振动的频率与振幅、加速度的关系，按式(2)计算：

$$g = Af^2/25 \qquad (2)$$

式中：

g——重力加速度（通常为 9.8 m/s^2）；

A——振幅；

f——振动频率。

6.2.4.2.3 扫描频率振动试验

扫描频率范围为 10 Hz～2 000 Hz，按以下测试条件：

a) 加速度：范围为 10 Hz～50 Hz 时，全振幅保持在 0.5 mm。

范围为 50 Hz～2 000 Hz 时，加速度为 2.5 g。

b) 扫描时间：10 Hz 至 50 Hz 至 10 Hz 一个循环为 3 min 周期。

50 Hz 至 2 000 Hz 至 50 Hz 一个循环为 6 min 周期。

或 10 Hz 至 2 000 至 10 Hz 一个循环为 9 min 周期。

c) 扫描循环次数：10 Hz 至 50 Hz 至 10 Hz 和 50 Hz 至 2 000 Hz 至 50 Hz 为一个循环。

或 10 Hz 至 2 000 Hz 至 10 Hz 为一个循环。

6.3 环境适应性试验

6.3.1 低温试验

磁控管置于温度为－30 ℃±3 ℃容器里 12 h，然后取出置于常温下 6 h，测试规定的特性参数，比较试验前后的变化，试验方法按照 GB/T 2423.1。

6.3.2 高温试验

磁控管置于温度为 60 ℃±2 ℃容器里 12 h，然后取出置于常温下 6 h，测试规定的电性能参数，比较试验前后的变化，试验方法按照 GB/T 2423.2。

6.3.3 温度周期试验

磁控管置于高温 50 ℃±3 ℃和低温－10 ℃±2 ℃交替的容器里，交替时间为 3 h，循环 4 个周期取出，置于常温下 6 h，观察试验前后规定的特性变化，试验方法按 GB/T 2423.22。

6.3.4 湿热试验

磁控管置于温度为 40 ℃±2 ℃、相对湿度 90%～95%的环境条件容器里，放置 96 h 之后，观察有无影响性能的电镀腐烂、标签脱落及其他损伤。置于常温下 6 h，观察试验前后的规定的特性变化，试验方法按照 GB/T 2423.3。

6.3.5 盐雾试验

磁控管置于规定的容器里，温度为 35 ℃±2 ℃，盐水浓度为 5%±0.1%，进行 48 h 连续喷雾试验后，检测是否有漏气及影响磁控管的安装。置于常温下 6 h，观察试验前后的规定的特性变化，试验方法按照 GB/T 2423.17。

6.4 有毒有害物质检测

按 SJ/T 11365 要求进行检测。

6.5 寿命试验

6.5.1 试验条件

寿命试验按表 5 的条件进行。

表 5 寿命试验条件

装置	与磁控管匹配的微波炉或等效试验装置
电源	单相半波整流非滤波电源或指定电源
输入功率	相关规范规定的功率
负载	电压驻波比在 3～4 以内变化
工作方式	连续或间断，若无特殊要求，按 120 s 接通，60 s 断开重复工作

6.5.2 试验方法

按表 5 规定进行试验，在试验开始和试验过程中，分别在累计通电工作时间 100 h、300 h、500 h，按寿命要求考核的项目进行检验。如有需要继续试验，每隔 500 h 检验一次。测试点时间误差不超过 10 h。

7 质量评定程序

本标准规定了磁控管生产过程的质量评定程序。如有需要，磁控管的设计、鉴定、首批检验和鉴定批准程序等，参照 GB/T 12582—2001，由磁控管产品详细规范给出。

7.1 质量评定的分类

质量一致性检验：指连续批量生产的产品，全部组装检查工序完成后，移交给客户之前或入库之前的抽样检验，旨在证明产品能够持续保证客户要求质量水平的能力。

初期寿命检验：指检查磁控管是否能使所安装的微波炉正常工作的一种抽样检验，每隔规定的周期（不超过一个月）从正常生产的合格品中随机抽取不少于 10 个磁控管安装到相应的微波炉上进行初期寿命检验。

周期检验：指针对于产品设计结构及材料有关特性所进行的周期性抽样试验，其中包括破坏性试验和要消耗全部设计寿命的长时间试验，旨在检查正常生产的磁控管能否保持批量生产的合格性，每6个月至12个月生产周期构成一个检验周期。

7.2 质量一致性检验

7.2.1 组批规则

在同一时间内（如一个班、1 d、一周等），由同一生产线上采用相同的设计、材料和工艺制造出来的同一型号的最小独立外包装的磁控管为一个检验批。

7.2.2 抽样方案

检验按 GB/T 2828.1 的一次抽样方案进行，抽样要求按表6。

表6 质量一致性检验抽样方案

检验或试验项目		抽样要求	
		检查水平 IL	AQL
外观	轻微缺陷	I	2.5
	严重缺陷	I	1.0
电性能		I	2.5

7.2.3 检验项目

质量评定检验项目按表7。

表7 质量评定检验项目

类别	项目	标准
1) 外观	标识，变形，生锈	符合产品详细规范要求
2) 电性能	灯丝电流	符合 5.1.1 要求
	峰值阳极电压	符合 5.1.2 要求
	平均输出功率	符合 5.1.3 要求
	振荡频率	符合 5.1.4 要求
	效率	符合 5.1.5 要求
	频率牵引系数	符合 5.1.6 要求
	模式稳定性	符合 5.1.8.1 要求
	发射稳定性	符合 5.1.8.2 要求
	耐电压	符合 5.1.9 要求
	绝缘电阻	符合 5.1.10 要求
	微波泄漏	符合 5.1.11 要求
3) 其他	其他规定的特殊项目	符合产品详细规范要求

7.2.4 不合格批的再次提交

在质量一致性检验中，对不合格批，由制造厂进行返工和（或）按缺陷项目对全部磁控管进行检验并剔除不合格品之后，按规定的程序，再提交一次。必要时对再次提交批，采用加严检查一次抽样方案。

7.3 初期寿命检验

7.3.1 检验步骤

磁控管安装到客户相应的微波炉或等效装置上，按以下步骤检验：

a) 空载运行 10 min，记录最终输入功率值；

b) 给微波炉加上 1 L 水的负载，最大火力工作 50 min；

c) 给微波炉加上 1 L 水的负载，中火力工作 60 min。

以上检验连续进行，过程中每 10 min 记录输入功率值，记录的微波炉的输入功率不得低于初始值的 80%。

7.3.2 不合格处理

在初期寿命检验中，对发现不合格的样品，制造厂应该分析造成不合格的具体原因，制定和实施适当的纠正预防措施，同时需要对已生产的产品做出是否停止发货的风险评估。

7.4 周期检验

7.4.1 检验项目，周期和抽样要求

除非另有规定，周期检验按 GB/T 2829—2002 的一次抽样方案，参照表 8 的规定进行。

表 8 周期检验抽样要求

检验或试验项目	周　期	抽样要求
机械性能	6 个月	n=10，Ac=0
寿命	6 个月	n=2，Ac=0
环境适应性	12 个月	n=2，Ac=0
包装	12 个月	n=1，Ac=0

7.4.2 周期检验后的处置

按 GB/T 2829—2002 中的 5.12 执行。

7.5 合格试验记录

以上检验，均应该保存每一次合格的试验记录，保存期为 3 年。

8 标志、包装、贮存

8.1 标志

磁控管上应有符合下列内容的标志：

a) 型号；

b) 制造厂商标或代号；

c) 制造编号和制造年月；

d) 合格标志或认证合格标志(如需要)；

e) 其他。

8.2 包装

8.2.1 包装要求

除非另有规定，包装应符合下列要求：

a) 应牢固可靠，能有效保护产品；

b) 应具有可靠的防湿、防锈保护和密封性；

c) 磁控管之间的距离，应不小于影响磁性能要求的最小距离；

d) 包装箱应考虑集装箱空间的最有效利用和装卸。

8.2.2 装箱内容

包装箱内应附有产品合格证、出厂检验单、装箱清单(必要时)、使用说明书(必要时)。

8.2.3 包装检验

8.2.3.1 外观和尺寸检验

检验项目：包装材料符合要求；保护膜没有破裂；防护方法正确；每个包装单元数量正确；防护材料

应用正确；封箱正确。外形尺寸符合要求。

8.2.3.2 跌落试验

按 GB/T 4857.5 的规定进行，跌落面和高度在磁控管产品详细规范中规定。

8.2.3.3 运输试验

磁控管于包装箱内，选择下列任一种方法进行试验：

a) 跑车试验，三级路面，车速 30 km/h～40 km/h，行程 300 km；

b) 颠簸试验，在汽车颠簸模拟试验台或类似设备上进行，包装件水平位置固定在试验台上，模拟车速 30 km/h～40 km/h，行程 300 km；

c) 振动试验，非工作状态，振动频率、加速度、振动方向和时间在磁控管产品详细规范中规定。

8.2.3.4 合格判定

试验结束后，应符合下列规定：

a) 包装箱不得损坏，不得有影响装箱效果的错位现象；

b) 磁控管不应有机械损伤；

c) 性能参数应符合表 6 的要求。

8.3 贮存

按 GB/T 12852—2001 中的 3.8。

8.4 延期交货

按 GB/T 12852—2001 中的 3.9。

附　录　A
（规范性附录）
磁控管产品详细规范编写规定

磁控管产品详细规范应包含（不限于）以下内容：

A.1　一般要求

A.1.1　磁控管的外形尺寸：含外形图

A.1.2　安装方式

A.1.3　接线端连接图

A.1.4　输出耦合方式图

A.1.5　输出结合器结构图

A.1.6　冷却方式：强迫风冷的风量、净压降

A.1.7　温度测试点示意图

A.1.8　电极强度

A.2　典型电性能

A.2.1　灯丝电流

A.2.2　灯丝电压

A.2.3　峰值阳极电压

A.2.4　平均阳极电流

A.2.5　平均输出功率

A.2.6　振荡频率

A.2.7　效率

A.2.8　频率牵引系数

A.2.9　模式稳定性

A.2.10　发射稳定性

A.2.11　下沉相位

A.2.12　耐电压

A.2.13　绝缘电阻

A.2.14　微波泄漏

A.2.15　寿命

A.3　绝对额定值

A.3.1　灯丝电压

A.3.2　灯丝预热时间

A.3.3　峰值阳极电压

A.3.4　平均阳极电流

A.3.5　峰值阳极电流

A.3.6　输入功率

A.3.7　负载驻波比

A.3.8　阳极温度

A.3.9 天线帽温度

A.3.10 电容温度

A.4 工作特性

A.5 负载特性

A.5.1 下沉相位点

A.5.2 负载特性图

ICS 29.140.01
K 70

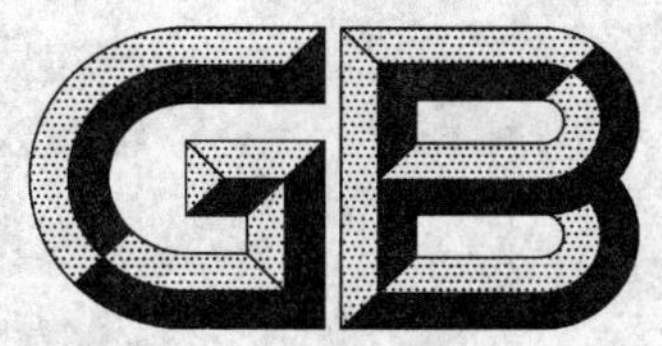

中华人民共和国国家标准化指导性技术文件

GB/Z 23153—2008

照明电器产品中有害物质检测样品拆分要求

Disassembly requirements for testing hazardous substances in lighing equipment

2008-12-30 发布　　2009-09-01 实施

中华人民共和国国家质量监督检验检疫总局
中国国家标准化管理委员会　发布

前　言

本指导性技术文件是针对照明电器产品拆分要求制定的。

本指导性技术文件的附录A为规范性附录。

本指导性技术文件由中国轻工业联合会提出。

本指导性技术文件由全国照明电器标准化技术委员会归口。

本指导性技术文件起草单位:北京电光源研究所、浙江阳光集团股份有限公司。

本指导性技术文件主要起草人:屈素辉、道德宁、杨小平、吴国明。

引　言

在照明设备有害物质的检测中，样品拆分过程对于检测结果具有直接的影响。本指导性技术文件根据通用要求关于均质材料的定义对样品进行拆分，将样品拆分成最终提交检测的单元，然后再进行检测。本指导性技术文件按照明电器产品的分类，如白炽灯、荧光灯、镇流器、灯具等，分别采用举例和图示的方法对拆分的方法和步骤进行说明。

制定本指导性技术文件的目的是为检测机构及企业在对照明电器产品进行检测拆分时提供依据。

照明电器产品中有害物质检测样品拆分要求

1 范围

本指导性技术文件规定了照明电器产品及其部件和材料拆分的原则和方法。

本指导性技术文件适用产品范围为照明电器产品及其部件和材料。

2 规范性引用文件

下列文件中的条款通过本指导性技术文件的引用而成为本指导性技术文件的条款。凡是注日期的引用文件，其随后所有的修改单(不包括勘误的内容)或修订版均不适用于本指导性技术文件。然而，鼓励根据本指导性技术文件达成协议的各方研究是否可使用这些文件的最新版本。凡是不注日期的引用文件，其最新版本适用于本指导性技术文件。

GB/Z 20288—2006 电子电气产品中有害物质检测样品拆分通用要求

3 术语和定义

GB/Z 20288—2006 中确定的术语和定义，以及下述术语和定义适用于本指导性技术文件。

3.1

液汞 liquid mercury

室温下的汞。

3.2

汞丸、汞齐 amalgam

汞和锌等其他金属的合金。

3.3

汞包 mercury package

内部包有汞的金属包。

3.4

汞珠 mercury drop

内部包有汞的玻璃珠或玻璃柱。

4 拆分原则

4.1 拆分的目标是通过适当的拆分手段来获得构成照明电器产品的均质材料。需采取适当的拆分手段来获得均质材料，以确保拆分结果用于后续测试时，不会因为拆分不当而产生错误判断。

4.2 同一生产厂生产的相同功能、相同规格(参数)的多个模块、部件或元器件可以归为一类，从中选取代表性的样品进行拆分，使用相同的材料(包括基材和添加剂)生产的不同部件可视为一个检测单元。

4.3 颜色不同的材料应拆分为不同的检测单元。

4.4 对于相关法律法规中规定的豁免清单中完全豁免的项目或材料，不再进行拆分。若必须拆分的，在拆分时应予以识别。

4.5 当拆分对象难以进一步拆分且质量≤10 mg 时，不必拆分，作为非均质检测单元，直接提交检测。

4.6 当拆分对象难以进一步拆分且体积≤1.2 mm^3 时，不必拆分，可以整体制样作为非均质检测单元，直接提交检测。

4.7 表面处理层应尽量与本体分离(如涂层)；对于确实无法分离的(如镀层)，可对表面处理层进行初筛(如使用X射线荧光光谱仪(XRF)等手段),筛选合格则不拆分;筛选不合格,可使用非机械方法分离(如使用能溶解表面处理层而不能溶解本体材料的化学溶液溶解提取)。

4.8 在满足检测结果有效性的前提下,对于经拆分后样品无法满足检测需求量时,可采取适当归类,一同制样,直接提交检测;必要时,可要求提交使用的原材料。

5 取样

5.1 获得均质检测单元提交检测时,应选择远离连接部位取样,并尽可能选取本体较大的检测单元样品取样。

5.2 对于质量大于100 g或面积大于100 mm×100 mm的检测单元须在多个不同位置进行取样,至少应包括一个几何中心点和两个对角边缘点。

5.3 获得非均质检测单元提交检测时,尽可能全部取样。

6 拆分步骤及方法

6.1 白炽灯

6.1.1 典型结构

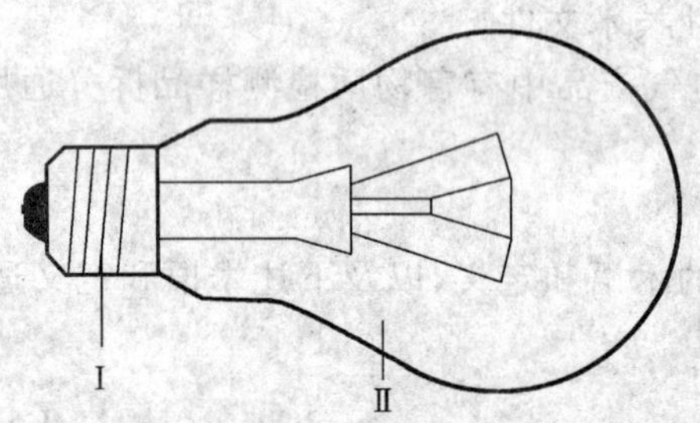

Ⅰ——灯头;
Ⅱ——灯泡。

6.1.2 拆分部件

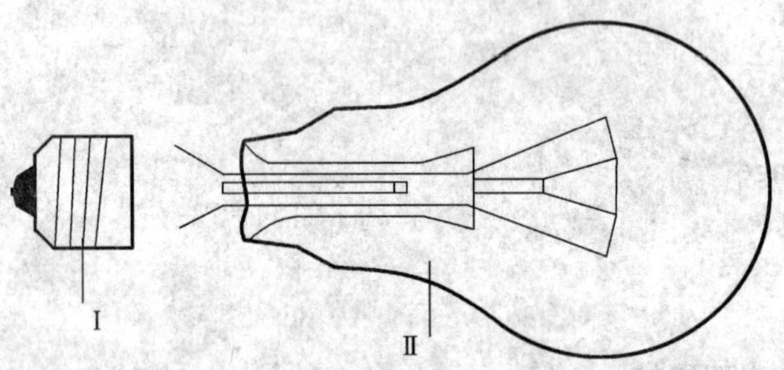

Ⅰ——灯头;
Ⅱ——灯泡。

1——焊锡;
2——铜片;
3——绝缘子;
4——灯头基质;
5——焊泥。

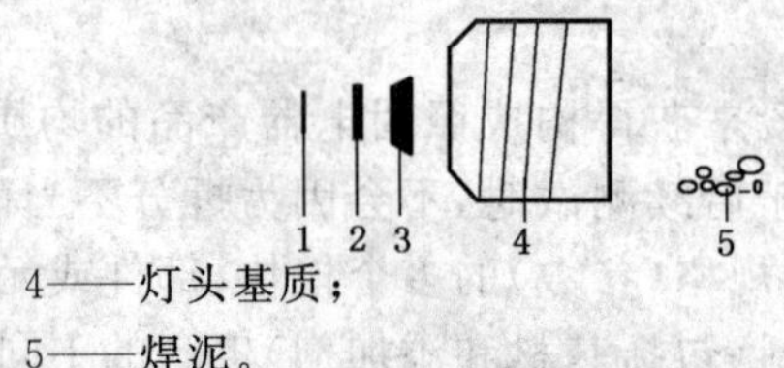

1——灯丝;
2——支撑丝;
3——吸气剂;
4——芯柱玻璃;
5——排气管;
6——支撑玻璃杆;
7——导丝。

1——内导线；
2——封接线；
3——引出线。

1——玻壳；
2——商标印；
3——内涂层。

6.1.3 拆分顺序

按拆分部件图编号顺序拆分。

6.1.4 拆分要求

a) 玻壳部分不应有芯柱的玻璃；

b) 芯柱玻璃、排气管用机械方法取样；

c) 灯丝、支撑丝、内导线、封接线、引出线用剪切方法分离；

d) 焊锡、铜片、绝缘子、焊泥、内涂层用机械方法取样；

e) 吸气剂、商标印用化学方法分离。

6.2 卤钨灯

6.2.1 典型结构

Ⅰ——卤钨灯泡；
Ⅱ——反射碗；
Ⅲ——玻璃前盖。

6.2.2 拆分部件

1——介质膜；
2——商标印；
3——胶泥；
4——反光碗。

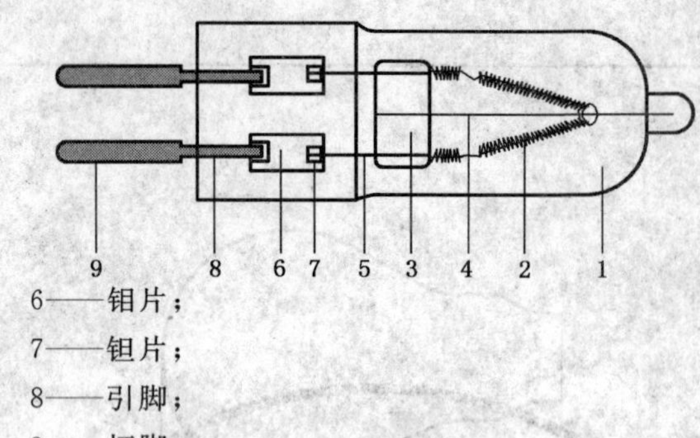

1——玻壳；
2——灯丝；
3——玻珠；
4——支架；
5——引线；
6——钼片；
7——钼片；
8——引脚；
9——灯脚。

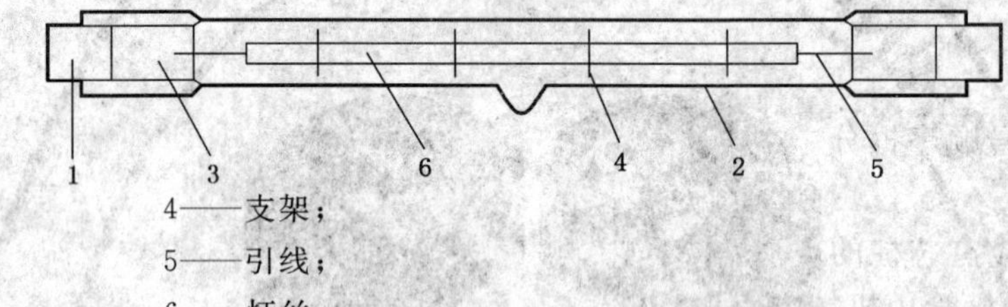

1——灯头；
2——玻壳；
3——钼片；
4——支架；
5——引线；
6——灯丝。

6.2.3 拆分顺序

按拆分部件图的顺序进行。

6.2.4 拆分要求

a) 卤钨灯玻壳在小心放气后用机械方法取样；

b) 玻珠、反光碗、玻璃前盖、反光碗和玻璃前盖的粘结剂用机械方法取样；

c) 金属部件剪切取样；

d) 商标印、介质膜用化学方法。

6.3 双端荧光灯

6.3.1 典型结构

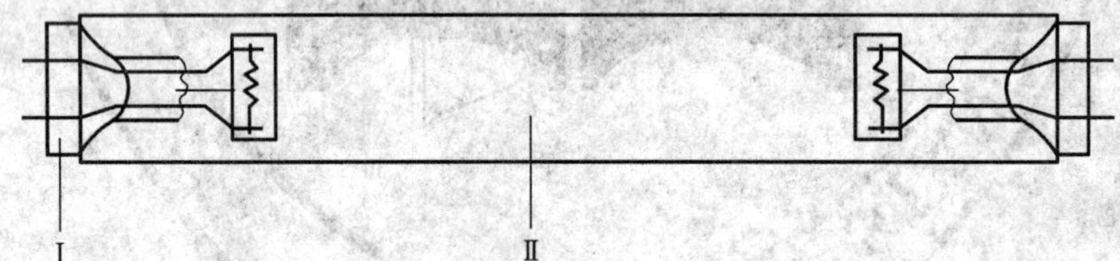

Ⅰ——灯头；
Ⅱ——灯管。

6.3.2 拆分部件

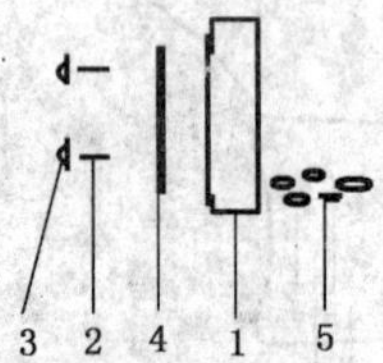

1——灯头基质；
2——灯脚；
3——焊锡；
4——绝缘片；
5——焊泥。

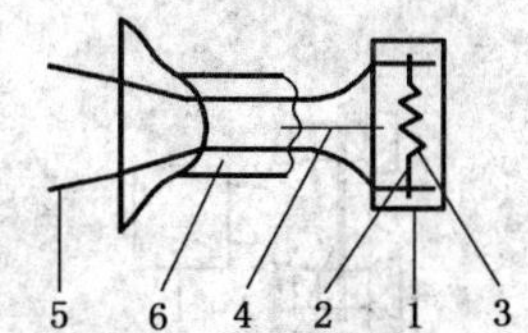

1——电极罩；

2——灯丝；

3——电子粉；

4——第三导丝；

5——导丝；

6——芯柱玻璃。

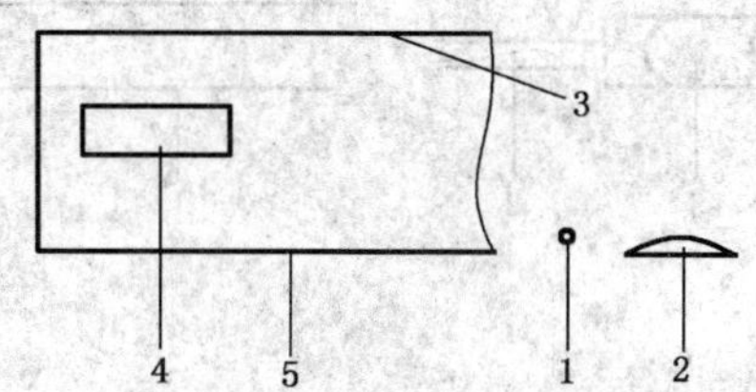

1——汞；

2——荧光粉；

3——保护膜；

4——商标印；

5——玻管。

6.3.3 拆分顺序

a) 因为汞容易跑逸，因此拆分需要用两个样品；

b) 一支样品将灯头分离后，用于收集液汞和汞丸或汞齐、汞包或汞珠；

c) 另一支样品按拆分部件图编号顺序进行。

6.3.4 拆分要求

a) 汞的分离应在低于 25 ℃的环境下进行，将排气管小心切断缓慢放气后用化学方法取样；

b) 如使用汞丸或汞齐、汞包或汞珠的，应将其另行取出；

c) 玻壳部分不应有芯柱的玻璃；

d) 荧光粉可用机械方法刮离；

e) 灯脚、灯丝、支撑丝、引线、电极罩等可用剪切方法分离；

f) 导丝按 6.1.4 要求；

g) 商标印、保护膜用化学方法分离。

6.4 启动器

6.4.1 典型结构

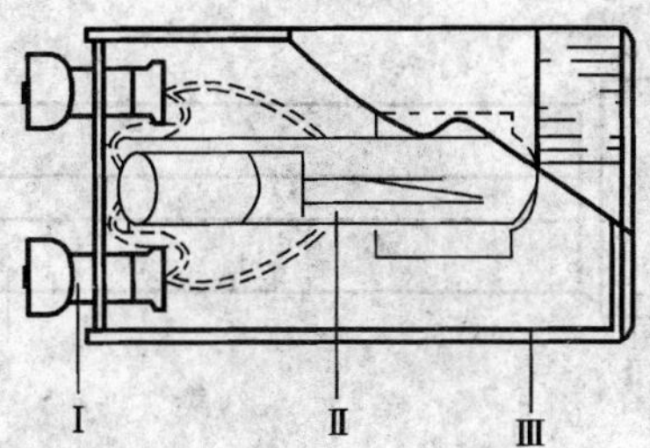

Ⅰ——底座；

Ⅱ——跳泡；

Ⅲ——外壳。

6.4.2 拆分部件

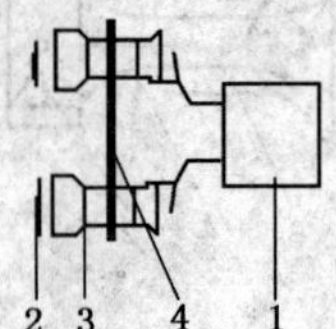

1——电容；

2——焊锡；

3——灯脚；

4——绝缘板。

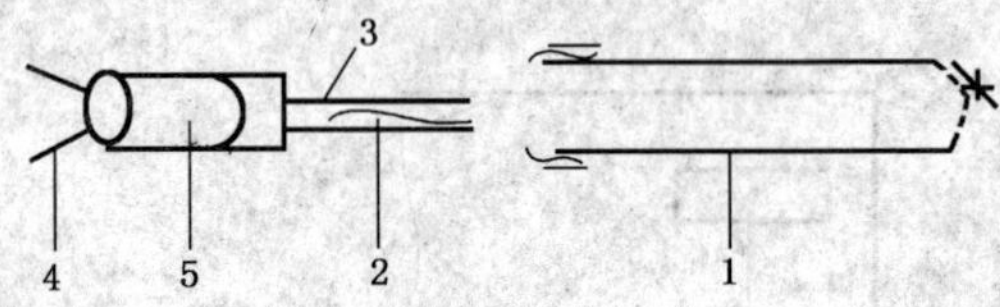

1——跳泡玻壳；

2——双金属片；

3——金属杆；

4——导丝；

5——芯柱玻璃。

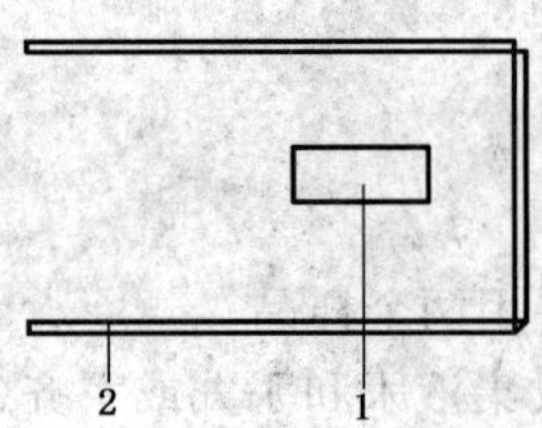

1——商标印；

2——外壳。

6.4.3 拆分顺序

按拆分部件图的编号顺序进行。

6.4.4 拆分要求

a) 跳泡应将泡壳1和芯柱玻璃5分离；

b) 金属片、引线可用剪切的方法从芯柱分离；

c) 电容器按通用要求进行；

d) 如电容器、启辉泡采用焊锡和灯脚连接，则应将焊锡分离取样；

e) 商标印用化学方法分离。

6.5 单端荧光灯

6.5.1 典型结构

Ⅰ——灯管；

Ⅱ——灯头；

Ⅲ——电容或跳泡。

6.5.2 拆分部件

1——灯头壳体；
2——灯脚；
3——焊锡；
4——灯头基质；
5——商标印；
6——焊泥。

1——电子粉；
2——灯丝；
3——副汞齐；
4——导丝；
5——芯柱玻璃；
6——排气管；
7——主汞齐；
8——玻璃杆。

1——玻管；
2——荧光粉和保护膜。

6.5.3 拆分顺序

a) 因为汞容易跑逸，因此拆分需要用两个样品；
b) 一支样品按 6.3.3b)进行；
c) 另一支样品按拆分部件图编号顺序进行；
d) 导线按 6.2.2 导线进行；
e) 启辉器按 6.3 进行；
f) 电容按通用要求进行。

6.5.4 拆分要求

a) 汞的分离按 6.3.4a)、6.3.4b)要求；
b) 玻壳部分不应有芯柱的玻璃；
c) 荧光粉、焊泥用机械方法刮离；

d) 灯脚、灯丝、导丝、灯头壳体、灯头基质用机械方法取样；

e) 商标印、保护膜用化学方法取样；

f) 如灯脚使用焊锡，则应将焊锡与灯脚分离。

6.6 高强度放电灯

6.6.1 典型结构

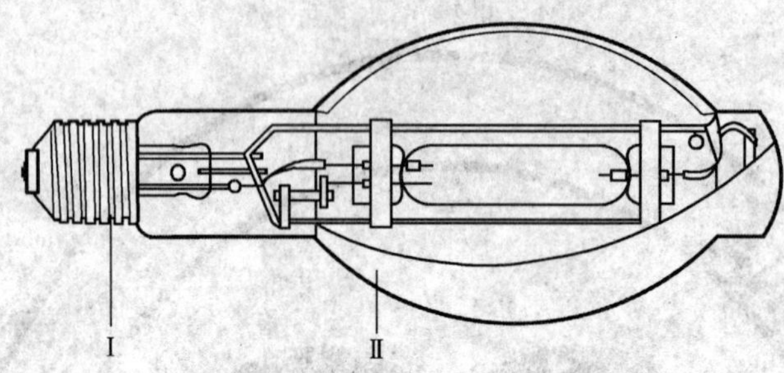

Ⅰ——灯头；
Ⅱ——灯泡。

6.6.2 拆分部件

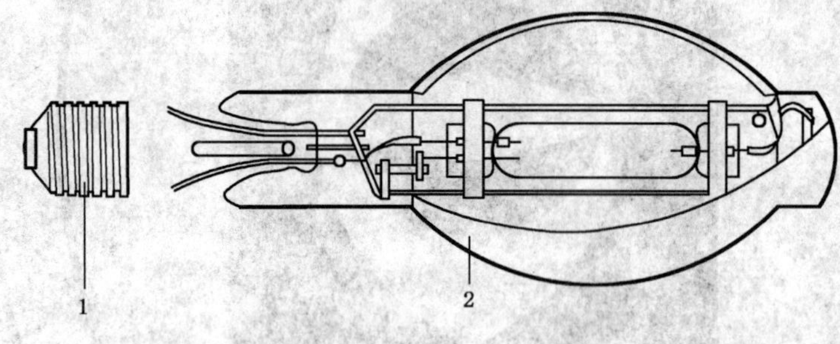

1——螺口灯头；
2——灯泡。

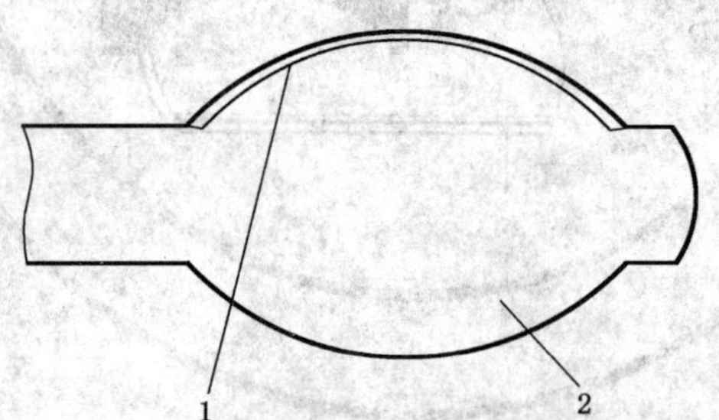

1——内涂层；
2——玻壳。

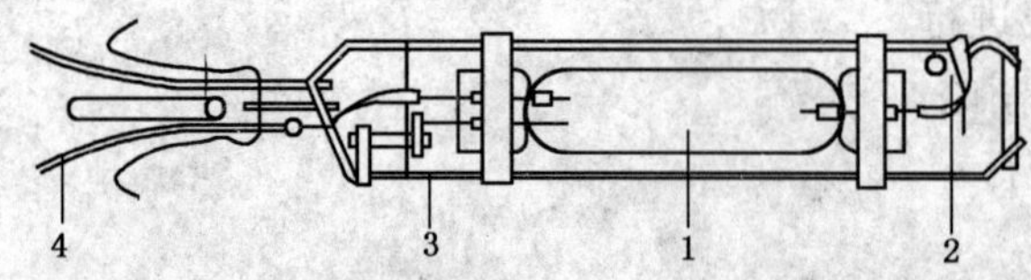

1——电弧管； 3——支架；
2——吸气剂； 4——导丝。

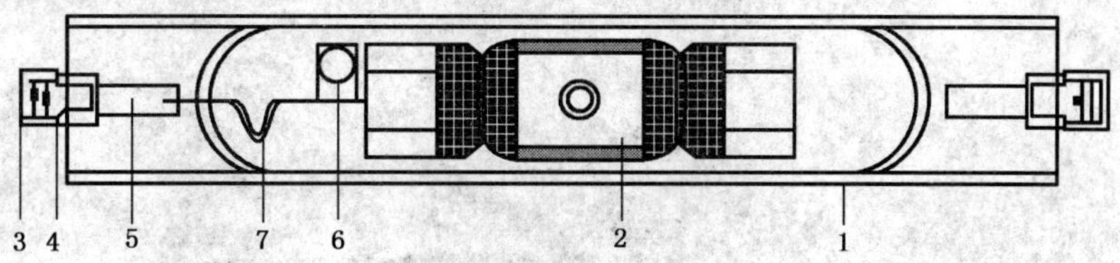

1——外玻壳；　　5——钼片；
2——电弧管；　　6——吸气剂；
3——胶泥；　　7——引线。
4——陶瓷灯头；

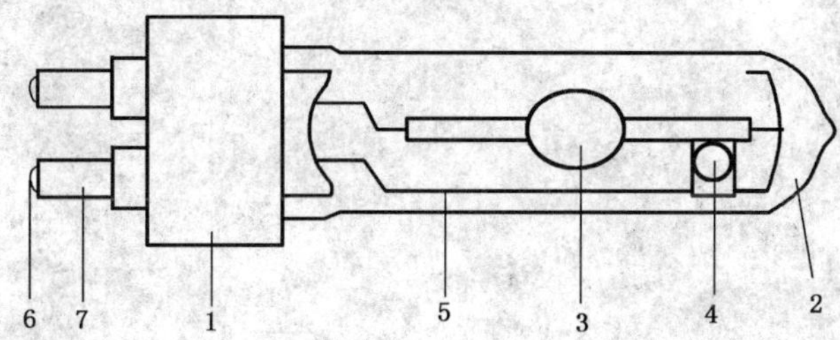

1——陶瓷灯头；　　5——支架；
2——外玻壳；　　6——焊锡；
3——电弧管；　　7——灯脚。
4——吸气剂；

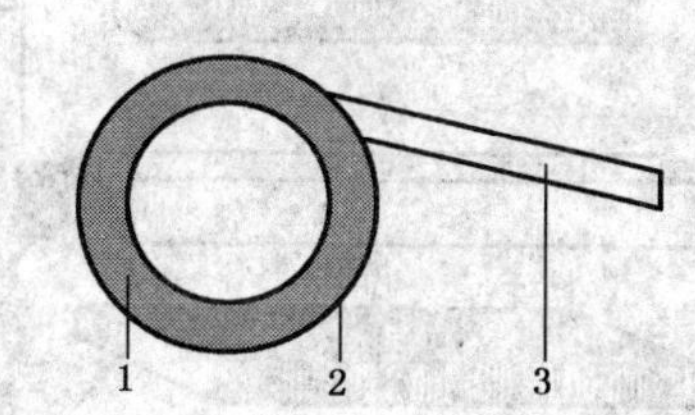

1——吸气剂金属粉末；
2——金属基体；
3——金属支架。

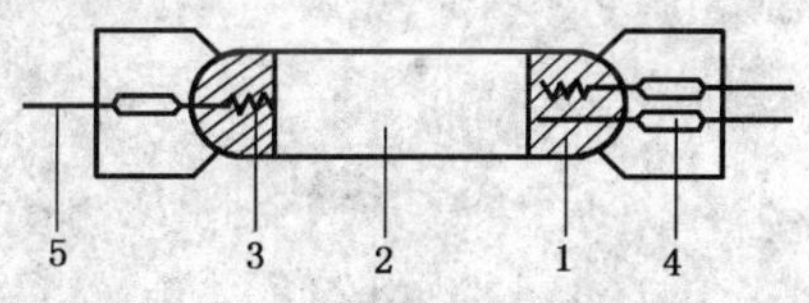

1——保温层；
2——电弧管玻壳；
3——电极；
4——钼片；
5——引线。

6.6.3　拆分顺序

按拆分部件图进行。

6.6.4　拆分要求

a）　螺口灯头部件按 6.1.4c)；
b）　陶瓷灯头、胶泥用机械方法取样；
c）　商标印、保温层用化学方法取样；
d）　金属部件在小心放气后剪切取样。

6.7 电感镇流器

6.7.1 典型结构

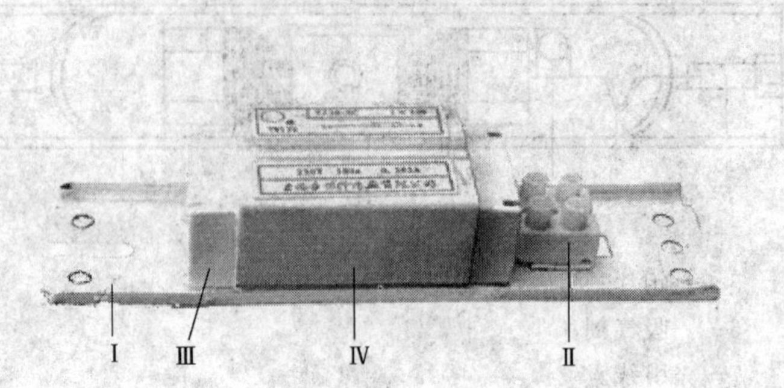

Ⅰ——底板；

Ⅱ——接线端子；

Ⅲ——铁芯；

Ⅳ——线圈。

6.7.2 拆分部件

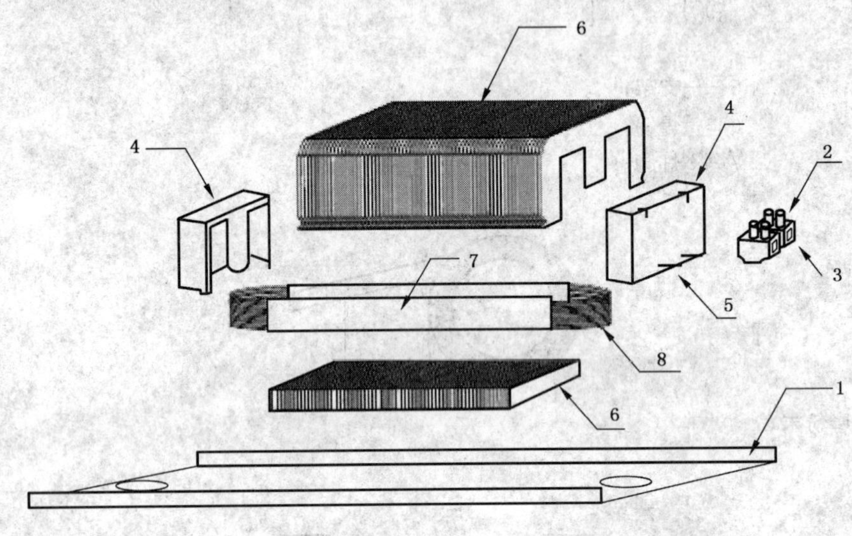

1——底板；

2——接线端子；

3——载流部件；

4——护套；

5——引线脚；

6——铁芯；

7——绝缘纸；

8——线圈。

6.7.3 拆分顺序

按拆分部件图的编号顺序进行。

6.7.4 拆分要求

a) 可要求制造商提供未浸漆(或灌封)的样品,另外再提供浸漆或喷漆(或灌封)材料;

b) 塑料接线柱座 2、护套 4、引线脚 5 和绝缘纸可用剪切的办法取样;

c) 对成品电感镇流器,部件上的油漆层或电镀层采用剥离取样。对其他材料的部件,应采用溶剂去除表面油漆层;

d） 固定螺钉、接线螺钉、底板（外壳）、铁芯上的电镀或油漆层应剥离取样；

e） 如采用引出线的，则按通用要求进行。

6.8 电子镇流器及类似电子类光源控制装置

6.8.1 典型结构

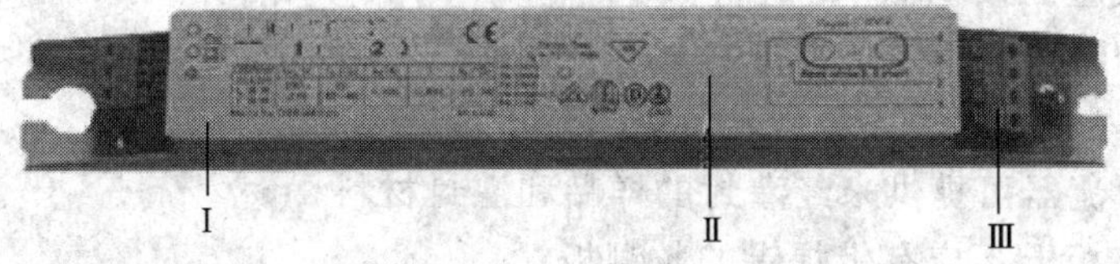

Ⅰ——外壳；

Ⅱ——电路板；

Ⅲ——接线端子。

6.8.2 拆分部件

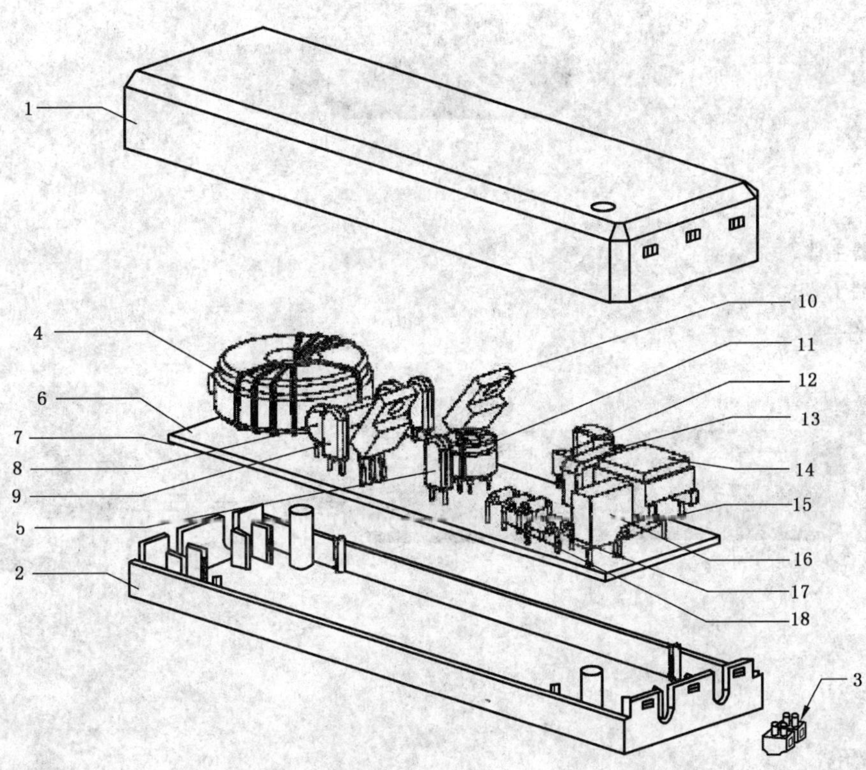

1——上罩；

2——下罩；

3——接线端子；

4——输出电感；

5——集成电路；

6——线路板；

7——焊锡；

8——磁片电容；

9——电容；

10——三极管；

11——磁环；

12——可控硅；

13——介质电容；

14——共模电感；

15——保险丝；

16——安规电容；

17——二极管；

18——电阻。

6.8.3 拆分顺序

a) 按拆分部件图的编号顺序进行；

b) 编号7以后的电容、电阻、电感、晶体管等零件和部件在最后拆分，此时不用考虑拆分顺序，应一一拆下；

c) 各种元件再分别按通用要求进行；

d) 采用塑料接线座的按6.7.4b)进行；

e) 采用引出线的则按通用要求进行。

6.8.4 拆分要求

a) 灌封的电子镇流器可提供未经灌封的样品和灌封材料；

b) 经拆分的线路板上不应有带焊锡的敷铜板；

c) 焊锡应采用电烙铁熔化的方法拆分；

d) 固定螺钉、接线螺钉、外壳上的电镀或油漆层或内附的绝缘层、线路板上的绝缘涂层和助焊剂应剥离取样。

6.9 触发器

典型结构

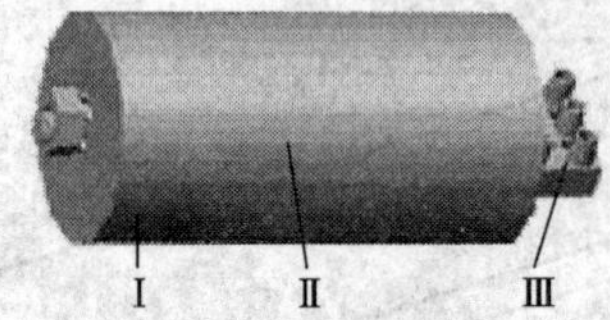

Ⅰ——外壳；
Ⅱ——触发器主体；
Ⅲ——接线端子。

6.9.1 拆分部件

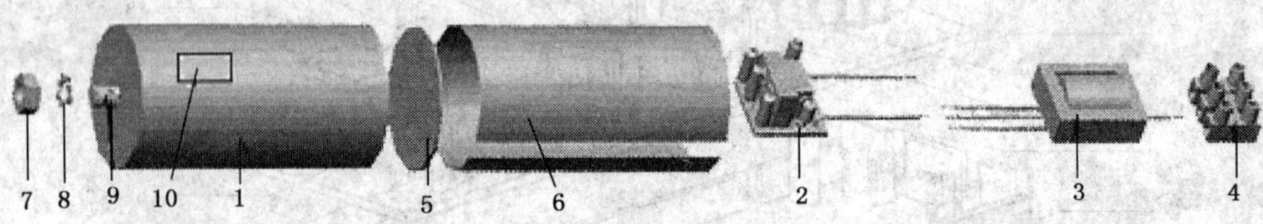

1——壳体；
2——触发电路；
3——电感；
4——接线端子；
5——绝缘片；
6——绝缘膜；
7——螺母；
8——垫圈；
9——螺钉；
10——商标印。

6.9.2 拆分顺序

a) 按拆分部件图顺序进行；

b) 触发电路按6.8.3进行；

c) 电感按6.7.3进行。

6.9.3 拆分要求

a) 灌封的可提供未灌封的样品和灌封材料；

b) 触发电路和电感分别按 6.8.4 和 6.7.4；

c) 商标印用化学方法取样；

d) 其余用机械方法取样。

6.10 自镇流荧光灯

6.10.1 典型结构

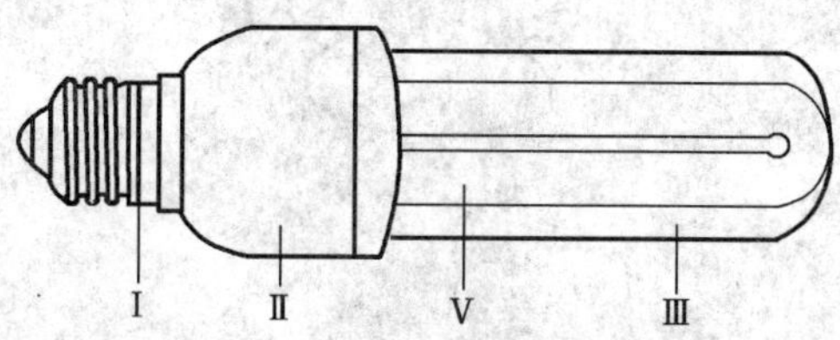

Ⅰ——灯头；

Ⅱ——镇流器；

Ⅲ——外罩；

Ⅳ——灯管。

6.10.2 拆分部件

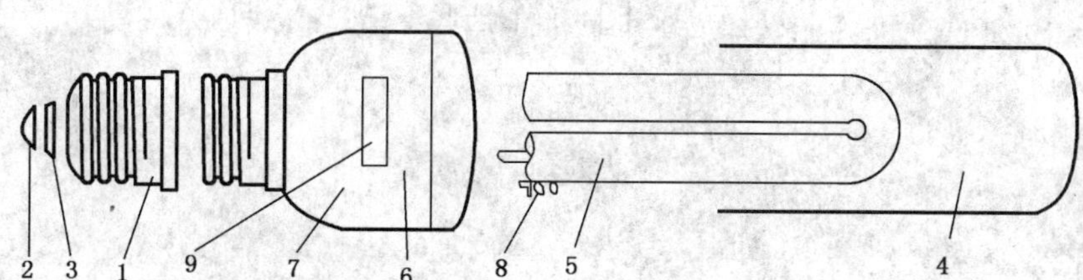

1——灯头；

2——焊锡；

3——铜片；

4——外罩；

5——灯管；

6——镇流器；

7——塑料外壳；

8——胶泥；

9——商标印。

6.10.3 拆分顺序

a) 按拆分部件图的编号顺序进行；

b) 灯头按 6.1.4 要求；

c) 灯管 5 再按 6.3.3 进行；

d) 镇流器 6 再按 6.5.3 进行。

6.10.4 拆分要求

a) 塑料外壳、外罩、胶泥用机械方法取样；

b) 商标印用化学方法提取；

c) 内部接线按通用要求进行；

d) 套管直接取样；

e) 内部用焊锡的，对焊锡取样。

6.11 普通照明用发光二极管

6.11.1 典型结构

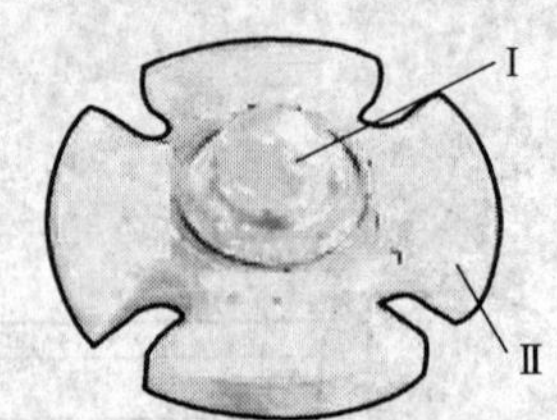

Ⅰ——发光二极管；

Ⅱ——散热片。

6.11.2 拆分部件

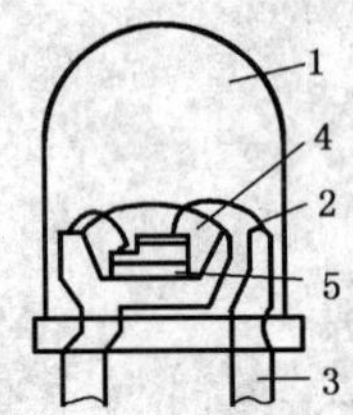

1——封装；

2——内引线；

3——外引线；

4——荧光粉；

5——LED 芯片。

6.11.3 拆分顺序

a) 先将散热片和发光二极管分离；

b) 发光二极管按拆分部件图顺序进行；

c) LED 芯片按通用要求进行。

6.11.4 拆分要求

封装材料、荧光粉、金属部件用机械方法取样。

6.12 固定支架灯具

6.12.1 典型结构

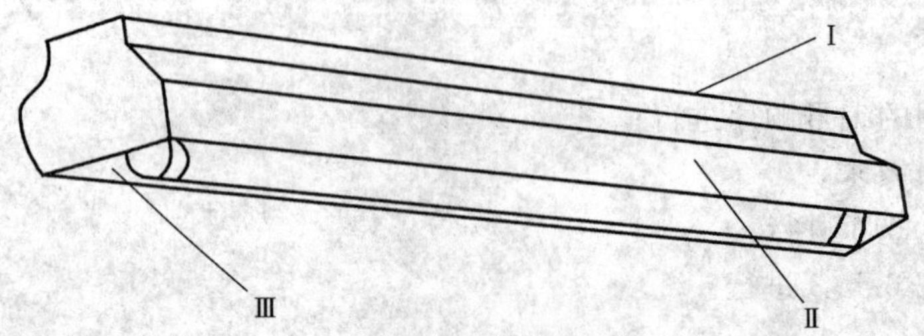

Ⅰ——支架；

Ⅱ——外壳；

Ⅲ——反光板。

6.12.2 拆分部件

1——反光板；
2——灯座；
3——镇流器；
4——接线端子；
5——外壳；
6——支架。

6.12.3 拆分顺序

按拆分部件图编号顺序拆分。

6.12.4 拆分要求

a) 镇流器根据电感、电子不同品种分别按6.7.3、6.8.3进行；

b) 固定螺钉、接线螺钉、外壳等的电镀或油漆层应剥离取样；

c) 接线应将外保护层剥离取样；

d) 启动器按6.4.3、6.4.4进行；

e) 可用剪切的方法对灯座的塑料部分取样；

f) 如有隔栅片、反光板用剪切方法取样。

6.13 可移式台灯

6.13.1 典型结构

Ⅰ——底座；
Ⅱ——灯罩；
Ⅲ——支架。

6.13.2 拆分部件

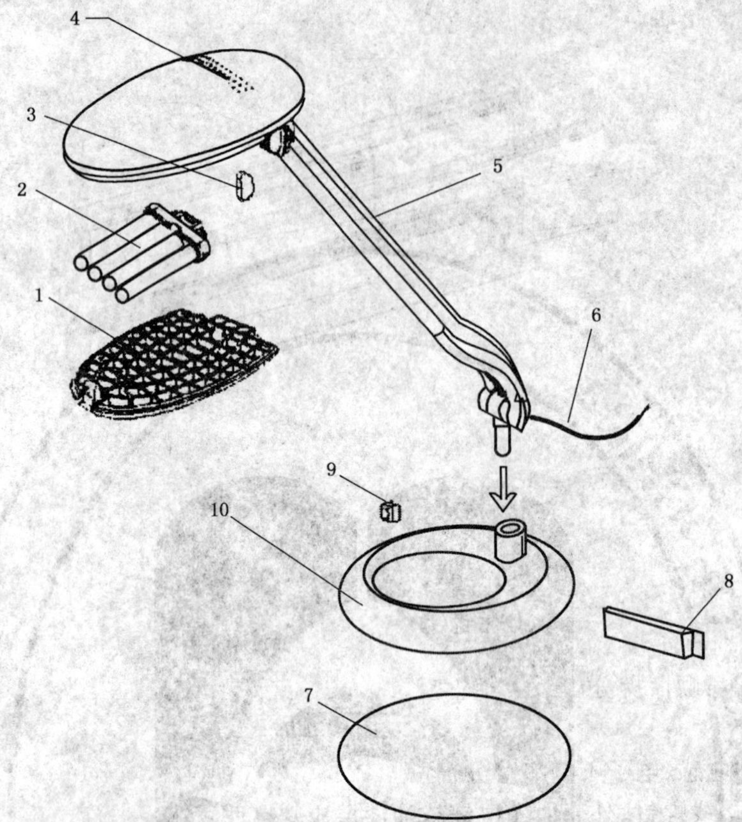

1——底罩；
2——光源；
3——灯座；
4——灯罩；
5——支架；
6——导线；
7——底板；
8——镇流器；
9——开关；
10——底座。

6.13.3 拆分顺序

按拆分部件图编号顺序拆分。

6.13.4 拆分要求

a) 对灯罩、外壳按塑料或玻璃材料分别取样；

b) 固定螺钉、接线螺钉、外壳等有电镀或油漆层的要剥离取样；

c) 塑料灯座可以剪切的方法取样；

d) 接线应将外保护层剥离取样；

e) 镇流器根据电感、电子不同品种分别按 6.7.3、6.8.3 进行；

f) 启动器按 6.4.3、6.4.4 进行。

6.14 嵌入式筒灯

6.14.1 典型结构

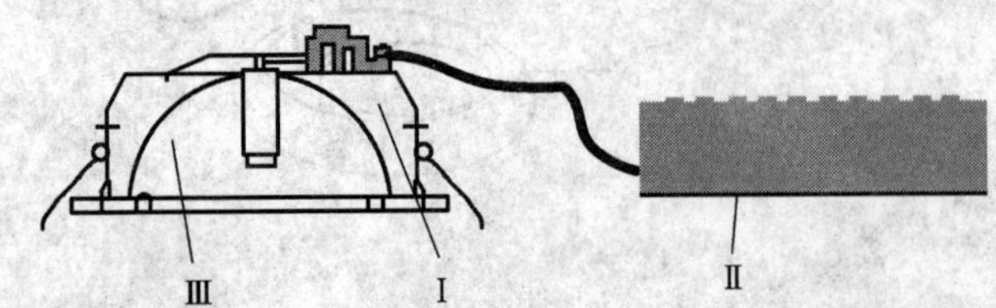

Ⅰ——灯架；
Ⅱ——主体；
Ⅲ——灯罩。

6.14.2 拆分部件

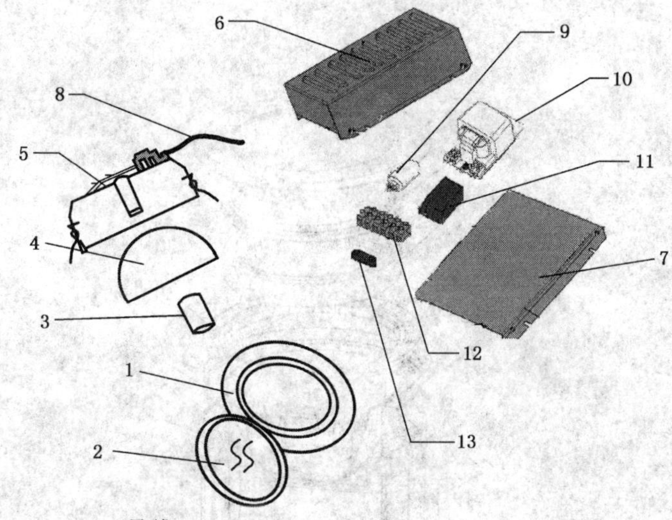

1——面圈；
2——玻璃罩；
3——灯座；
4——反光罩；
5——灯架；
6——罩盖；
7——底板；
8——导线；
9——电容；
10——镇流器；
11——触发器；
12——接线端子；
13——导线固定架。

6.14.3 拆分顺序

a) 按拆分部件图编号顺序拆分；

b) 编号 8 以后的电容、镇流器、触发器、接线端子、导线固定架等零件和部件在最后拆分，此时不用考虑拆分顺序，应一一拆下。

6.14.4 拆分要求

a) 对灯罩、外壳按塑料或玻璃材料分别取样；

b) 固定螺钉、接线螺钉、外壳等有电镀或油漆层的要剥离取样；

c) 塑料灯座可以剪切的方法取样；

d) 接线应将外保护层剥离取样；

e) 镇流器根据电感、电子不同品种分别按 6.7.3、6.8.3 进行；

f) 启动器按 6.4.3、6.4.4 进行。

6.15 地埋式灯具

6.15.1 典型结构

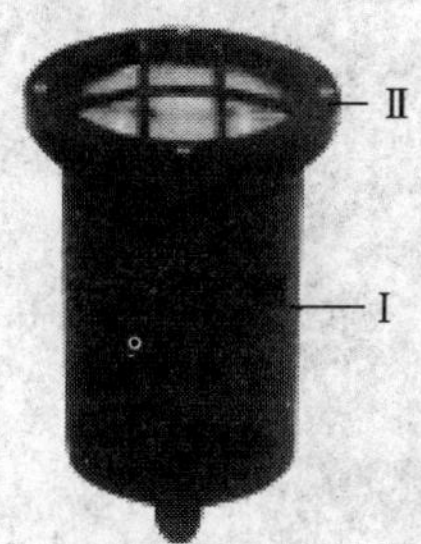

Ⅰ——预埋筒体；
Ⅱ——面罩。

6.15.2 拆分部件

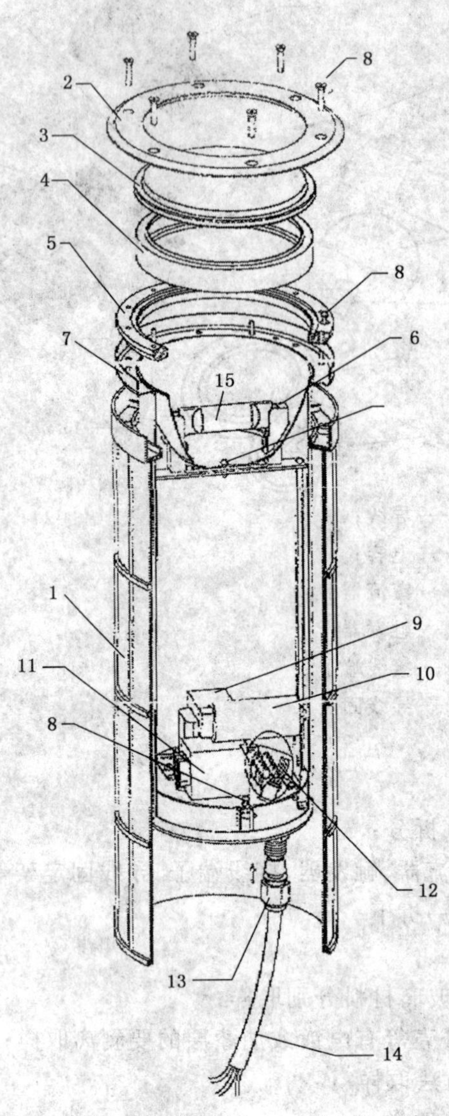

1——预埋筒体；
2——面圈；
3——玻璃罩；
4——垫圈；
5——衬圈；
6——灯座；
7——筒体；
8——螺钉；
9——镇流器；
10——电容；
11——触发器；
12——接线端子；
13——螺纹密封压盖；
14——导线；
15——光源。

6.15.3 **拆分顺序**

a) 按拆分部件图编号顺序拆分；

b) 螺纹密封压盖、导线、螺钉应一一取下；

c) 编号8以后的电容、镇流器、灯座、光源、触发器、接线端子、导线固定架等零件和部件在最后拆分，此时不用考虑拆分顺序，应一一拆下。

6.15.4 **拆分要求**

a) 对灯罩、外壳按塑料或玻璃材料分别取样；

b) 固定螺钉、接线螺钉、外壳等有电镀或油漆层的要剥离取样；

c) 塑料灯座可以剪切的方法取样；

d) 接线应将外保护层剥离取样；

e) 镇流器根据电感、电子不同品种分别按6.7.3、6.8.3进行；

f) 启动器按6.4.3、6.4.4进行。

附 录 A
（规范性附录）
拆分的准备与要求

按照 GB/Z 20288——2006 中附录 B 的要求。

ICS 97.190
Y 04

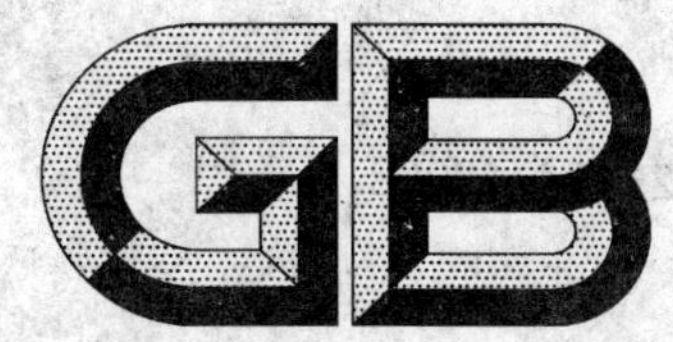

中华人民共和国国家标准

GB/T 23154—2008

进出口玩具填充材料安全要求及测试方法

Safety requirements and test methods of filling materials in toys for import and export

2008-12-30 发布　　2009-05-01 实施

中华人民共和国国家质量监督检验检疫总局
中国国家标准化管理委员会　发布

前　言

本标准由国家认证认可监督管理委员会提出并归口。

本标准起草单位：中华人民共和国福建出入境检验检疫局。

本标准主要起草人：黄琦山、周霖、洪文哲、蔡晓芬、毛树禄、连小彬。

进出口玩具填充材料
安全要求及测试方法

1 范围

本标准规定了进出口玩具中填充材料的安全要求和测试方法。

本标准适用于下列设计或预定供14岁及以下儿童玩耍的玩具内含的各种填充材料：

——毛绒、布制玩具；

——软体填充玩具；

——液体填充玩具。

本标准不适用于下列材料或部件：

——不以儿童为使用对象的和使用中要求监管或符合特殊条件的玩具中的填充材料；

——最终目的不是做玩耍使用的模型、业余消遣品或休闲工艺品中的填充材料；

——不是为14岁及以下儿童设计的收藏品中的填充材料；

——节假日装饰品中的填充材料；

——安装于公共场所(如街道和商场)的玩具中的填充材料；

——玩具内含的电池和电子、电器元件；

——装入容器内的颜料、指甲染料或类似产品；

——电池的电解质。

2 规范性引用文件

下列文件中的条款通过本标准的引用而成为本标准的条款。凡是注日期的引用文件，其随后所有的修改单(不包括勘误的内容)或修订版均不适用于本标准，然而，鼓励根据本标准达成协议的各方研究是否可使用这些文件的最新版本。凡是不注日期的引用文件，其最新版本适用于本标准。

GB 6675—2003 国家玩具安全技术规范

GB/T 6753.4—1998 色漆和清漆 用流出杯测定流出时间(GB/T 6753.4—1998,eqv ISO 2431:1993)

ASTM F963 标准消费者安全规范:玩具安全

EN 71-5 玩具安全标准 第5部分:除试验装置外的化学玩具(装置)

3 术语和定义

GB 6675确立的以及下列术语和定义适用于本标准。

3.1

填充材料 filling material

用于全部填入毛绒、布制玩具、软体填充玩具或液体填充玩具中的材料。

3.2

燃烧性能 flammability

一种材料或产品在规定的测试条件下起火燃烧的能力。

3.3

易燃液体 flammable liquids

闪点大于等于21 ℃并且小于等于55 ℃的液体材料。

3.4

高度易燃液体　highly flammable liquids

闪点小于 21 ℃的液体材料。

3.5

危害性　hazard

潜在的可能导致物理损伤，或对人体健康产生危害的伤害源。

3.6

液体填充玩具　liquid filled toys

填充材料为液体，用防水材料密封，具有被使用者用来揉、捏、咬等玩耍功能的玩具。

3.7

软体填充玩具　soft-filled toy；stuffed toy

有衣物或无衣物、用软性材料填充、身体柔软、可用手随意地挤压玩具主体部位的玩具。

3.8

毛绒、布制玩具　sewed plush and cloth toys

以纺织品为主要面料、内含各种填充材料的玩具。包括有服饰和无服饰的玩具。

4　安全要求

4.1　总则

填充材料的安全要求按照玩具输入国家和地区对填充材料的技术法规要求的不同，应分别符合 4.2～4.5 规定的要求。任何在市场上销售的玩具(含试用和免费赠送的玩具)中的填充材料、生产并供境内销售的玩具中的填充材料以及输往美国以外的国家和地区的玩具中的填充材料应符合 4.2～4.4 要求，输往美国玩具中的填充材料还应符合 4.5 要求。

4.2　材料感官质量

4.2.1　填充材料应是新的，或经过处理(且处理后的有毒物质污染水平不应超过新材料的污染水平)，且应无来自动物或昆虫的污染。

4.2.2　所有填充材料按 5.1 测试时，应清洁干净、无污染、无异味。

4.3　固体填充材料

4.3.1　固体填充材料不应是易燃性材料，其燃烧性能应符合 GB 6675—2003 附录 B 的相关规定。

4.3.2　玩具中的柔软填充材料(如：聚苯乙烯发泡颗粒、聚酯纤维、聚氨酯泡沫、绒毛等)，不应含有金属、钉子、针、木片、玻璃、玻璃纤维或其他锐利碎片，且按 5.2 和 5.3 测试时，不应含有危险锐利边缘或危险锐利尖端。

4.3.3　颗粒填充物应用内袋包裹，且内袋不能作为玩具的外表面，在按 5.4 和 5.5 测试时，颗粒填充物不应被触及。

4.3.4　如果玩具中的填充材料在经过 GB 6675—2003 中的第 A.5 章的相关测试后可被触及，应符合下列要求：

a)　由膨胀材料制成的能完全容入小零件试验器(见图 1)的部件，在按 5.6 测试时，任何部分的膨胀不应超过原尺寸的 50%；

b)　供 36 个月及以下儿童使用的玩具中的填充材料按 5.7 测试时，均不应完全容入小零件试验器。

如果填充材料因被咬、撕会产生能完全容入小零件试验器的部件，则应用内袋包裹。

注：能被咬、撕成碎片的填充材料，包括但不限于：海绵、塑料泡沫等。本条款不适用于纸张、绒毛、气球、纺织物、纱线和橡皮筋。

单位为毫米

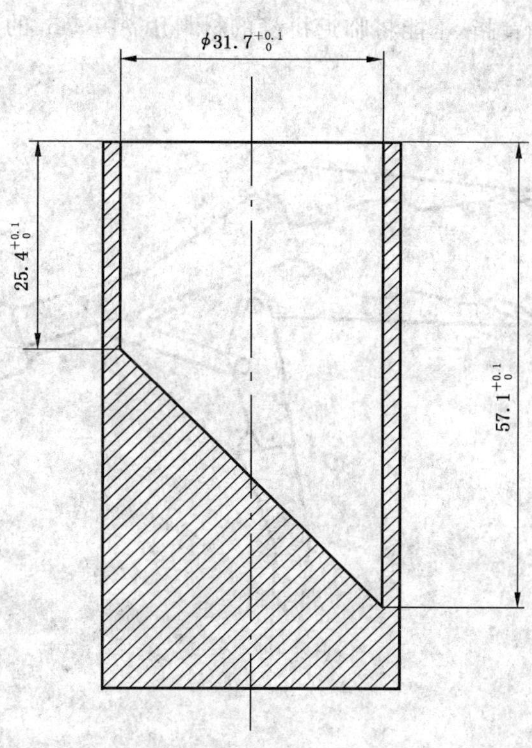

图 1 小零件试验器

4.4 液体填充材料

4.4.1 除下列情况外，液体填充材料不应为高度易燃液体和易燃液体，其燃烧性能应符合GB 6675—2003附录B的相关规定。

——按GB/T 6753.4—1998使用六号粘度杯测定，动力粘度大于 260×10^{-6} m^2/s、对应流动时间大于38 s的易燃液体；

——在EN 71-5中涵盖的高度易燃液体。

4.4.2 如果玩具在经过GB 6675—2003中的第A.5章的相关测试后液体填充材料可触及，或经过5.8测试后液体填充材料发生渗漏，则该液体材料不应具有潜在危害性。

4.5 输往美国玩具的填充材料

输往美国玩具中的填充材料应符合ASTM F963的相关要求。

5 测试方法

5.1 材料感官质量测试(见4.2.1)

材料感官质量应用手感、目测和嗅觉检测，而非放大检查。

5.2 锐利边缘测试(见4.3.2)

锐利边缘测试按GB 6675—2003中的A.5.8进行。

5.3 锐利尖端测试(见4.3.2)

锐利尖端测试按GB 6675—2003中的A.5.9进行。

5.4 拼缝拉力测试(见4.3.3)

用于夹住材料拼缝两边的拼缝钳应附有 $\phi 19$ mm 的垫圈(见图2)。

拼缝钳夹住装配完整的待测样品的表面材料，使 ϕ19 mm 的垫圈的边缘在拼缝最近处接近拼缝线且距离不小于 13 mm。

在 5 s 内，均匀施加 70 N±2 N 力并保持 10 s。

如果测试人员通过拇指和食指，不能将临近拼缝的材料用 ϕ19 mm 的垫圈的拼缝钳夹住，拼缝测试可不进行。

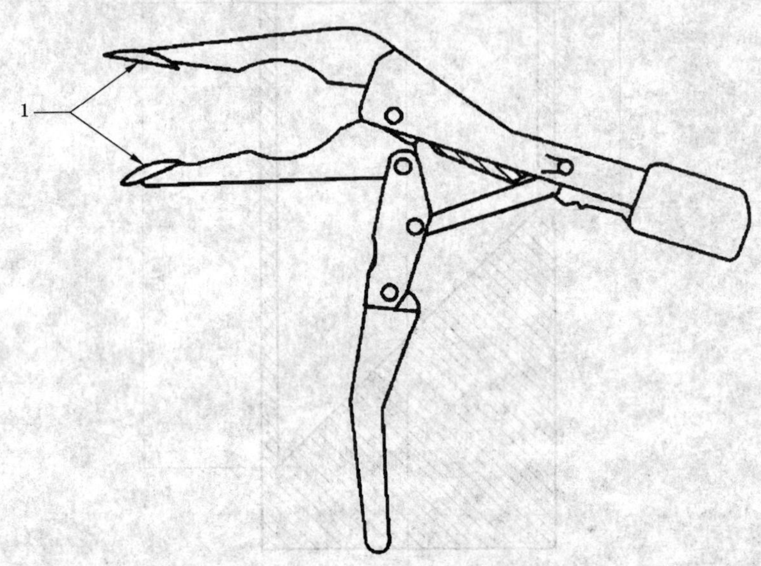

1——扁平圆垫圈。

图 2 拼缝钳

5.5 玩具部分或部件的可触及性测试(见 4.3.3)

可触及性测试按 GB 6675—2003 中 A.5.7 进行。

5.6 膨胀材料测试(见 4.3.4)

测试前，将测试部件放置在 21 ℃±5 ℃、相对湿度 65%±5%的环境下保持 7 h。

用游标卡尺测量测试部件 X、Y、Z 方向的最大尺寸。

将测试部件完全浸入 21 ℃±5 ℃的去离子水中 2 h±0.5 h，保证水量足够，使浸泡测试最后还有剩余水量。

用夹子移取样品。如果因样品无足够机械强度而不能被移取，则认为该样品符合 4.3.4 的要求。

允许用 1 min 时间排去样品中过量的水，再测量样品尺寸。

计算 X、Y、Z 方向与原来测量尺寸的膨胀百分比。

判定样品是否符合 4.3.4 的要求。

5.7 小零件测试(见 4.3.4)

在无外界压力的情况下，以任一方向将填充材料部件放入如图 1 所示的小零件试验器，确定部件是否可以完全容入小零件试验器。

5.8 液体填充玩具的渗漏测试(见 4.4.2)

将玩具放于 37 ℃±1 ℃ 环境中处理最少 4 h。

在将玩具从预处理环境中取出后的 30 s 内，用直径为 1 mm±0.1 mm、顶端半径为 0.5 mm±0.05 mm 的钢针，在玩具外表面的任意部分施加 $5^{+0.5}_{0}$ N 的力。

在 5 s 内逐渐加力，保持 5 s。

测试完成后，在施力处放上氯化钴试纸，检查玩具是否渗漏。同时用除针外的其他合适方法在任意部位施加压力 $5^{+0.5}_{0}$ N 的压力。

在 5 ℃±1 ℃温度下处理最少 4 h，对玩具进行重复试验。

完成后，检查玩具的渗漏性。

如果使用的填充液体不是水，可使用其他适当的方法测定渗漏性。

注：不应使用氯化钴试纸用于 5 ℃测试，因为冷凝作用会导致错误的结果。

ICS 59.080.01
W 04

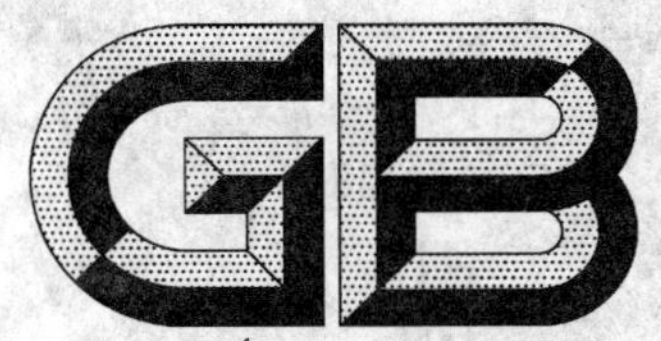

中华人民共和国国家标准

GB/T 23155—2008

进出口儿童服装绳带安全要求及测试方法

Safety requirements and test methods of drawstrings and cords on children's clothing for import and export

2008-12-30 发布　　　　2009-09-01 实施

中华人民共和国国家质量监督检验检疫总局
中国国家标准化管理委员会　发布

前　言

本标准的附录 B 和附录 D 为规范性附录，附录 A、附录 C、附录 E 和附录 F 为资料性附录。

本标准由国家认证认可监督管理委员会提出并归口。

本标准起草单位：中华人民共和国上海出入境检验检疫局、东华大学、上海申美商品检测有限公司、中华人民共和国深圳出入境检验检疫局、中华人民共和国江西出入境检验检疫局。

本标准主要起草人：吴雄英、陈李红、袁志磊、丁雪梅、谢吉鸿、褚乃清、李丽霞、周丽萍。

进出口儿童服装绳带安全要求及测试方法

1 范围

本标准规定了进出口儿童服装上绳带的安全要求和测试方法。

本标准适用于进出口儿童服装上的绳索或束带,其他儿童纺织产品参照执行。

本标准不适用于附录A中所列产品。

2 规范性引用文件

下列文件中的条款通过本标准的引用而成为本标准的条款。凡是注日期的引用文件,其随后所有的修改单(不包括勘误的内容)或修订版均不适用于本标准,然而,鼓励根据本标准达成协议的各方研究是否可使用这些文件的最新版本。凡是不注日期的引用文件,其最新版本适用于本标准。

GB/T 15557 服装术语

GB/T 18746 拉链术语

3 术语和定义

下列术语和定义适用于本标准。

3.1

儿童服装 children's wear

设计、生产或销售给14岁以下儿童的服装。

3.2

低龄儿童 young child

从出生到7岁(年龄<7岁)的所有儿童。

3.3

大龄儿童 older child and young person

7岁到14岁(7岁≤年龄<14岁)的所有儿童。

3.4

绳带 drawstring and cord

束带和绳索的总称,指任何纺织或非纺织材料的绳索、链带、条带、细绳或狭带,包括绳带末端的饰物,如绳索扣、毛绒球、羽毛或珠子等。

3.5

束带 drawstring

任何纺织或非纺织材料的绳索、链带、条带、细绳或狭带,包括绳带末端的饰物,如绳索扣、毛绒球、羽毛或珠子等。束带通过通道、扣袢、纽眼或其他类似装置调整开口尺寸,或调整服装局部尺寸,或收紧服装本身。

3.6

功能性绳索 functional cord

任何纺织或非纺织材料的带有或没有饰物的绳索、链带、条带、细绳或狭带,这些通常被用来调整开口尺寸,或调整服装局部尺寸,或收紧服装本身。

3.7

装饰性绳索　decorative cord

任何纺织或非纺织材料的非功能性的带有或没有饰物的绳索、链带、条带、细绳或狭带，这些不是用来调整开口尺寸或收紧服装本身，而是永久固定的起装饰性作用的绳索。

3.8

肩带　shoulder strap

连接服装前后片位于肩部的功能性绳索，这条带子是接近合体的，并且完全通过肩部。

3.9

颈部系带　halter neck cord

系在颈部后面，固定服装顶部贴在肩部和后背(如：裙子、女吊颈衫、三点式泳装)的功能性绳索。

3.10

打结腰带或装饰腰带　tied belt or sash

系在服装腰部周围宽度不少于30 mm的纺织材料的束带、装饰性或功能性的绳索或布条。

3.11

箍筋　stirrup

纺织或非纺织材料的附在裤脚口、紧贴在脚下或鞋子下通过的狭带。

3.12

绳索扣　toggle

附在绳带上的木质、塑料、金属或其他材质的扣环。

3.13

绳圈　loop

用绳索或狭条的面料弯曲成的绳圈，可以被固定，也可以调整长度，两端都被固定在服装上。

3.14

拉链拉片　zip puller

是拉头的一个组件，它可设计成各种几何形状与拉头体连接或通过中间件与拉头体连接，实现拉链开合。

3.15

拉链拉头　zip slider

使链牙啮合和分开的滑动部件，主要由拉头主体和拉片组成。

注：拉头可以加入锁定装置。拉头上装上倒逆拉片和双拉片形成功能不同的拉头，方便里外操作。

3.16

可调节搭袢　adjusting tab

调节服装开口的宽度不小于20 mm的狭条面料，如裤脚口和袖口。

3.17

打套结　bar tack

手针或机打套结。

3.18

头部/颈部区域　hood and neck area

身体从头的顶部到胸的顶部的部分，两肩点之间的部分垂直到腋窝(见附录B中图B.1的A区)。

3.19

胸部和腰部区域　chest and waist area

身体从胸的顶部到人体两腿分叉处(见附录B中图B.1的B区)。

3.20

臀部以下区域　below hip area

人体两腿分叉处以下区域(见附录 B 中图 B.1 的 C 区)。

3.21

背部区域　back area

身体和腿的后部区域(见附录 B 中图 B.1 的 D 区)。

4　使用要求

4.1　基本要求

4.1.1　绳带的自由末端不应有绳结栓、花结及各种附件。

4.1.2　绳索扣仅在没有自由末端的束带或装饰性绳索上使用(参见附录 C 中的图 C.1)。

4.1.3　束带要缝合在服装上,至少在两出口点中间处要固定在服装上,如可打套结固定。

4.1.4　在服装外面露出的绳圈,周长最大不应超过 75 mm。

4.1.5　以缝纫或其他方式固定在服装上的装饰,如蝴蝶结,不应有长度超过 75 mm 的自由末端。

4.1.6　拉链拉头上拉片的长度不应超过 75 mm,拉片也不应垂在服装底摆以下(参见附录 C 中的图 C.2),包括连接在拉片上的其他任何装饰。

4.2　头部/颈部区域

4.2.1　低龄儿童服装

头部/颈部区域不应有任何绳带,可改用揿纽、纽扣、尼龙搭扣或橡皮筋作为服装的闭合方式(参见附录 C 中的图 C.3)。

4.2.2　大龄儿童服装

4.2.2.1　束带不应有自由末端。当服装自然展开至最大尺寸且平放时,不应有外露的绳圈;当服装自然展开至最小尺寸,即服装目标合适尺寸时,外露的绳圈周长不应超过 150 mm(参见附录 C 中的图 C.4)。

4.2.2.2　功能性或装饰性绳索,每端伸出长度均不应超过 75 mm,且上述绳带均不应用弹性材料制造。

4.2.2.3　颈部系带式服装在颈部区域不应有自由末端(参见附录 C 中的图 C.5)。

4.2.2.4　肩带应由连续的绳带制成且绳带的两端应固定在服装上,不应有自由末端;固定在肩带上的装饰性绳索,不应有长度超过 140 mm 的自由末端,且形成的绳圈周长也不应超过 75 mm(见附录 C 中的图 C.6)。

4.3　腰部区域

4.3.1　当服装自然展开至最大尺寸且平放时,束带拉绳的任一端伸出绳索通道的最大长度不应超过 140 mm;当服装自然收到最小腰围时,伸出长度不应超过 280 mm(参见附录 C 中的图 C.7)。

4.3.2　束带的自由末端不应有绳结栓、花结或其他附件。

4.3.3　束带要缝合在服装上,至少应在两出口点中间处与服装缝牢,以避免束带拉绳从任何一端被完全抽出。

4.3.4　功能性或装饰性绳索,伸出服装的最大长度不应超过 140 mm。

4.3.5　打结腰带或装饰腰带,当未系着时,从腰带固定点至末端的长度不应超过 360 mm,且对于低龄儿童,腰带未系着时不应超出服装底摆(参见附录 C 中的图 C.8)。

4.4　背部区域

绳带在背部不应存在自由末端或系着打结,打结腰带和装饰腰带(见 4.3.5)除外。

4.5　臀部以下区域

4.5.1　服装底摆在胯部以下时,底摆绳带不应垂在服装底摆以下(参见附录 C 中的图 C.9)。

4.5.2　服装底摆处的绳带应平贴在服装上,即使服装被收紧时也要平贴。

4.5.3 底摆在脚踝处的服装(如:风衣、裤子或裙子),底摆处的绳带应该完全在服装里面,但裤子底摆的箍筋是允许的。

4.5.4 底摆处可调节搭袢的长度不应超过 140 mm,且开口时不应垂在服装底摆以下(参见附录 C 中的图 C.10)。

4.6 袖子

4.6.1 当袖口收紧时,长袖袖口处的绳带要完全在服装里面(参见附录 C 中的图 C.11)。

4.6.2 袖子长度在肘以上的短袖服装,当袖子自然展开至最大尺寸且平放时,对于低龄儿童,袖摆处绳带的伸出长度不应超过 75 mm,对于大龄儿童,袖摆处绳带的伸出长度不应超过 140 mm(参见附录 C 中的图 C.12)。

4.6.3 袖口处可调节搭袢的长度不应超过 100 mm,且开口时不应垂在袖口外边缘以下(参见附录 C 中的图 C.13)。

4.7 其他部位

上述未提到的服装上的其他部位,当服装完全铺平时,绳带的伸出长度不应超过 140 mm,外露绳圈的周长不超过 75 mm。

5 测试方法

所有测量在 22 N 的拉力下,依据附录 D 中所规定的方法进行,没有固定点的绳带的测量(参见附录 E),结果精确到 1 mm。

附　录　A
（资料性附录）
本标准不适用的儿童纺织产品

本标准不适用的儿童纺织产品如下：

——儿童护理用品，如围兜、尿布；

——靴子、溜冰鞋及类似鞋子；

——手套、帽子、领巾；

——皮带和护腕；

——宗教服装、国家或地区节日上穿的庆祝服装；

——专业运动及特定时期穿的服装，如橄榄球短裤、雨衣、舞蹈服，除了那些被看作是日常便服或晚间家常服的服装；

——戏剧表演中的戏服；

——特定时期为防止活动中的污渍而穿着的围裙，如烹饪或用餐时穿着的围裙。

附　录　B
（规范性附录）
身体部位示意图

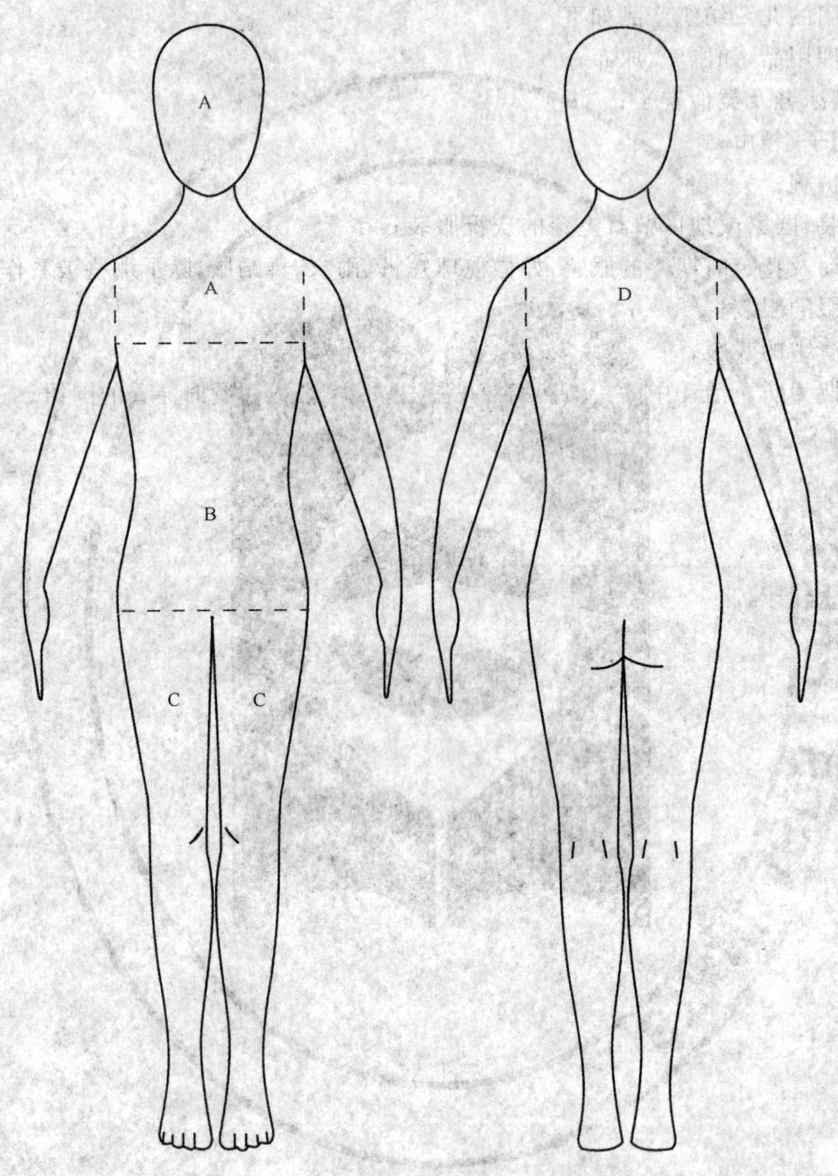

A——头部/颈部区域；
B——胸部和腰部区域；
C——臀部以下区域；
D——背部区域。

图 B.1　身体部位示意图

附 录 C
（资料性附录）
各种绳带、拉链、搭袢示意图

图 C.1 无自由末端的带有绳索扣的束带（见4.1.2）

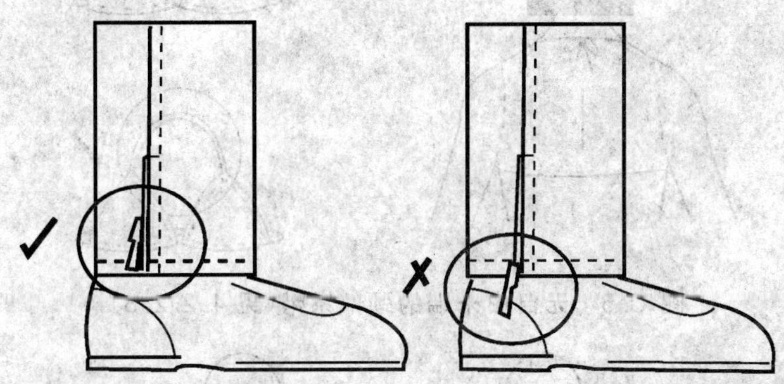

图 C.2 服装底摆处的拉链头（见4.1.6）

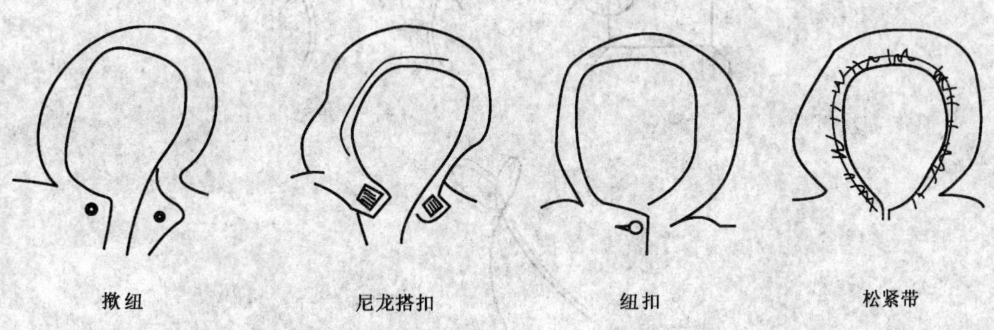

图 C.3 服装的闭合方式（见4.2.1）

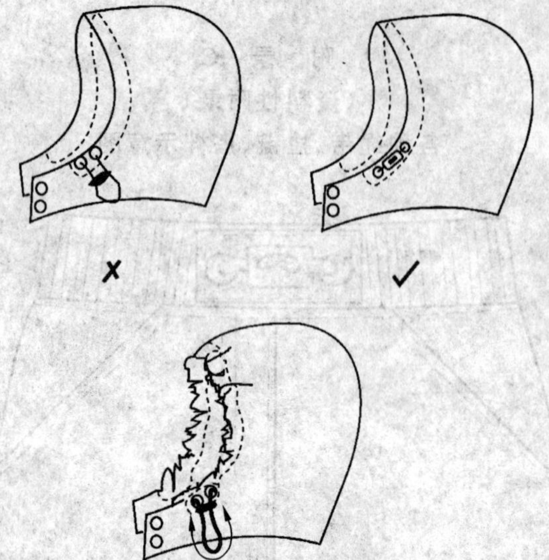

图 C.4 帽子上的束带(见 4.2.2.1)

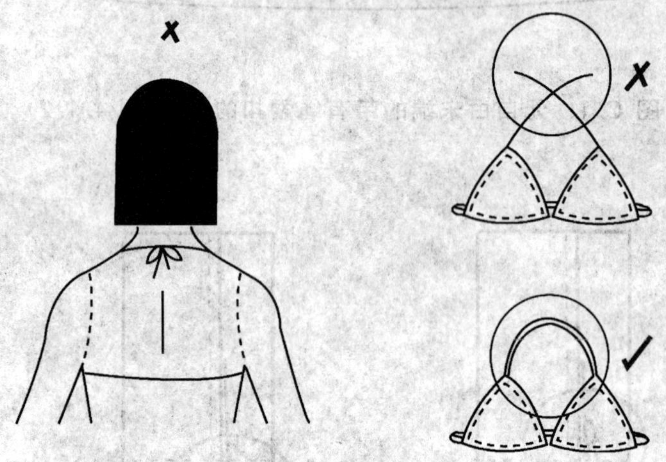

图 C.5 无自由末端的颈部系带(见 4.2.2.3)

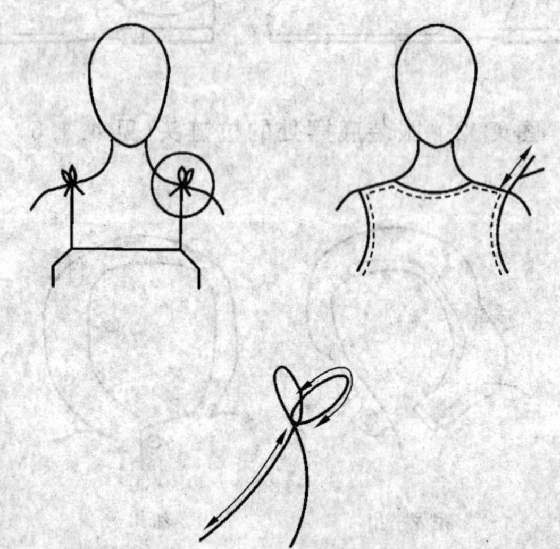

图 C.6 有装饰性绳索的肩带(见 4.2.2.4)

图 C.7 腰部绳带(见 4.3.1)

图 C.8 前后的打结腰带和装饰腰带(见 4.3.5)

图 C.9 绳带不应垂在服装底摆以下(见 4.5.1)

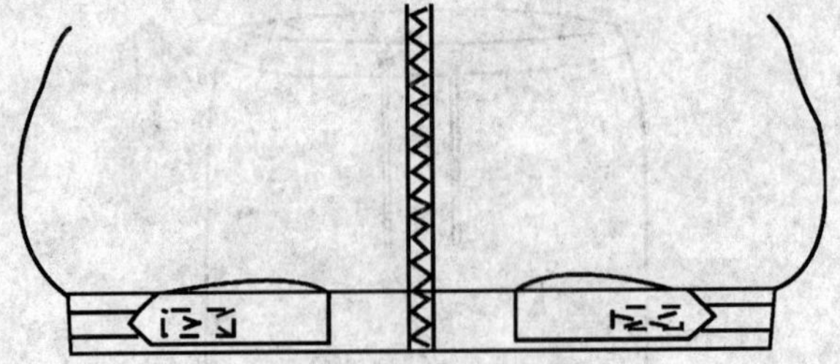

图 C.10 底摆处的可调节搭袢(见 4.5.4)

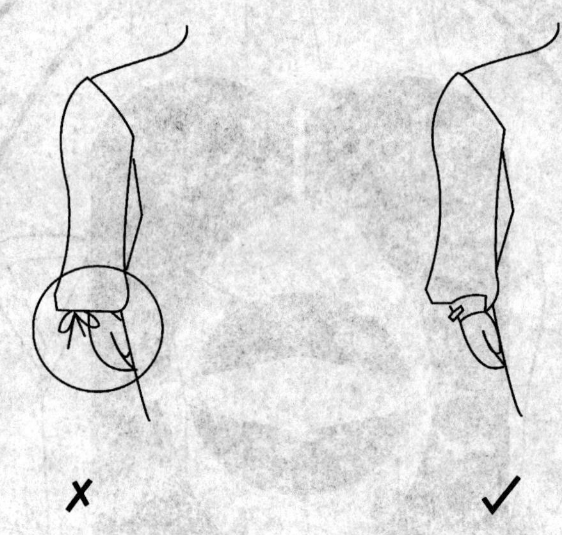

图 C.11 长袖袖摆处绳带(见 4.6.1)

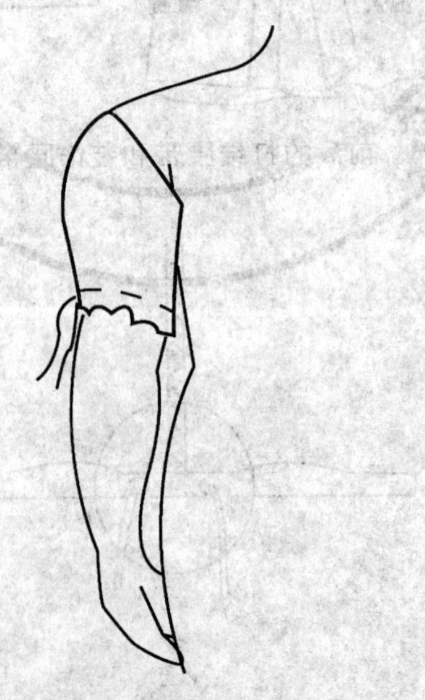

图 C.12 短袖袖摆处绳带(见 4.6.2)

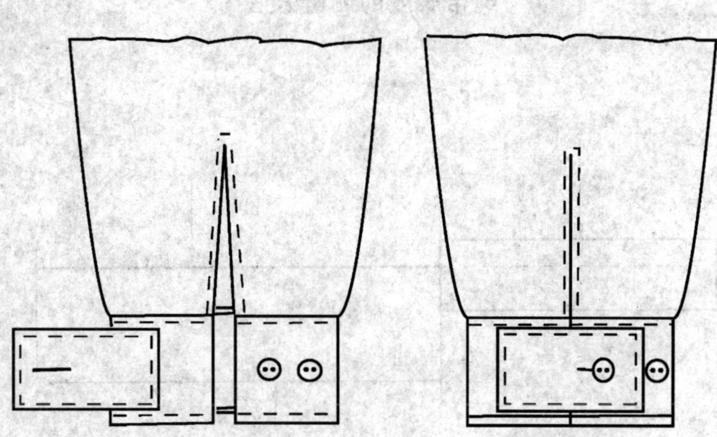

图 C.13 袖子上的可调节搭袢(见 4.6.3)

附　录　D
（规范性附录）
绳带长度的测量方法

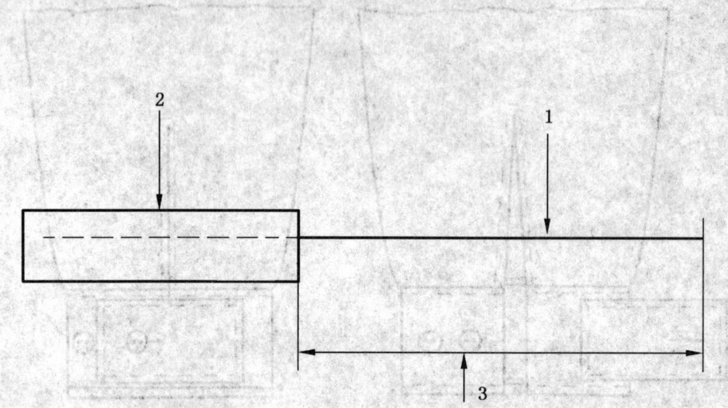

1——绳带：垂直，一个自由末端；
2——服装；
3——绳带长度（单位为毫米）。

图 D.1　带有一个自由末端的绳带长度的测量示意图

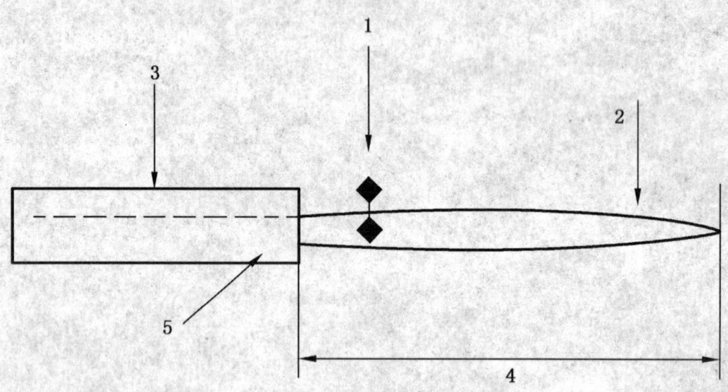

1——绳索扣；
2——绳带：无自由末端；
3——服装；
4——绳圈的长度（单位为毫米）；
5——固定在服装里面的安全末端。

注：绳圈的周长是平放状态时长度的 2 倍。

图 D.2　无自由末端的绳带长度的测量示意图

附　录　E
（资料性附录）
没有固定点的绳带的测量示意图

图 E.1　系成蝴蝶结的绳带

图 E.2　解开蝴蝶结，露出两个带有自由末端的绳带

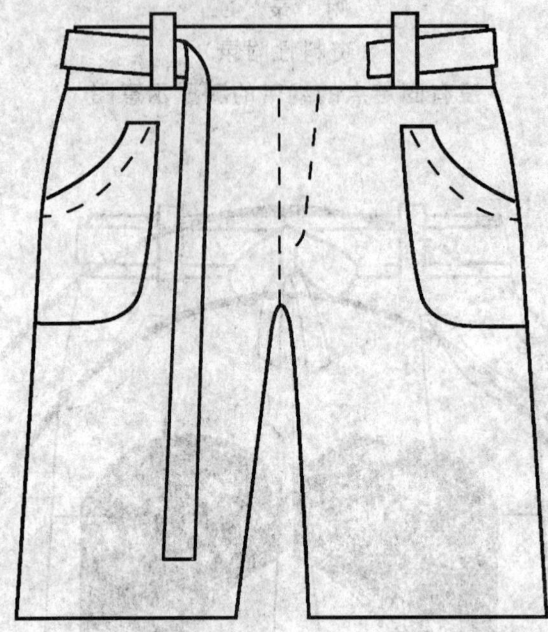

图 E.3 把绳带完全拉到一边,另一端的最末端在通道的出口处

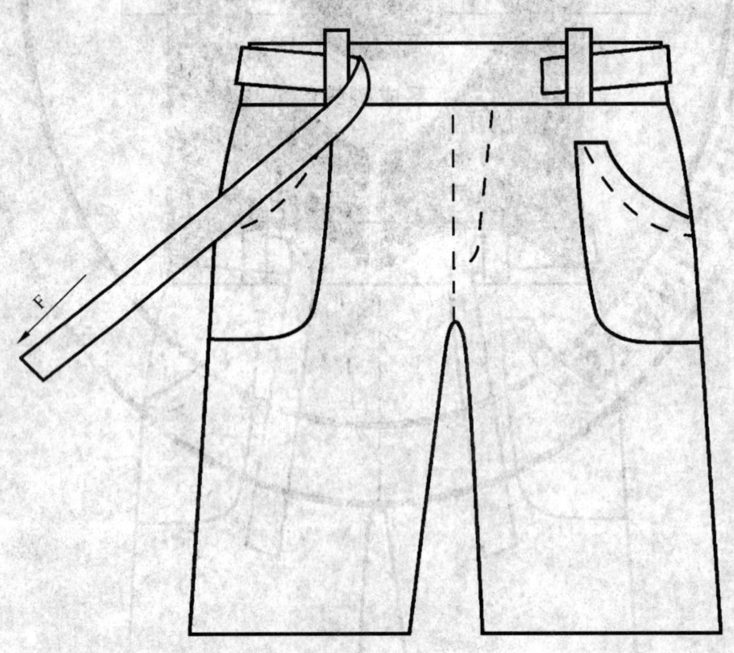

图 E.4 加 22 N 的力测量拉出一端的绳带

附 录 F
（资料性附录）

表 F.1 适用于美国的儿童服装束带要求

机构/地区	美国材料试验协会(ASTM) 美国消费品安全委员会(CPSC)	纽约州(New York)	威斯康新州(Wisconsin)
标准/法规	● ASTM F 1816-97(2004) 儿童外套上束带安全要求(Standard safety specification for drawstrings on children's upper outerwear) ● CPSC 指南 儿童外套上束带指南(Guidelines for drawstrings on children's upper outerwear)	● 纽约州法规 391. b 节(N. Y. Gen. Bus. Law Section 391. b)(Consol. 2002)	● 威斯康新州法规 ATCP139，消费品安全法(Wisconsin State law ATCP 139, Consumer product safety)
头部/颈部区域			
服装类别	儿童外套	所有儿童服装	所有儿童服装
年龄/号型	2 岁～10 岁(Sizes 2T-12)	2 岁～12 岁(Sizes 2T-16)	0 岁～12 岁(Sizes 0-16)
要求	头部/颈部区域不应有任何束带拉绳	头部/颈部区域不应有任何束带拉绳	头部/颈部区域不应有任何束带拉绳
腰部/底摆区域			
服装类别	儿童外套	所有儿童服装	所有儿童服装
年龄/号型	2 岁～12 岁(Sizes 2T-16)	2 岁～12 岁(Sizes 2T-16)	0 岁～12 岁(Sizes 0-16)
要求	● 当服装完全铺平的情况下，束带拉绳伸出绳索通道的长度不能超过 3 in； ● 束带拉绳的自由端不应有绳结栓、花结或其他附件； ● 束带拉绳应在中间部位与服装缝牢，以防止从绳索通道的任何一端将束带拉绳完全抽出。	● 当服装完全铺平的情况下，束带拉绳伸出绳索通道的长度不能超过 3 in； ● 束带拉绳在中间部位应与服装缝牢。	● 当服装完全铺平的情况下，束带拉绳伸出绳索通道的长度不能超过 3 in； ● 束带拉绳的自由端不应有绳结栓、花结或其他附件； ● 束带拉绳应在中间部位与服装缝牢，以防止从绳索通道的任何一端将束带拉绳完全抽出。

表 F.2 适用于欧盟的儿童服装束带和绳索要求

服装类别	标准/法规	规范要求
所有儿童服装	● EN 14682:2007.儿童服装绳索和束带安全要求(Safety of children's clothing-Cords and drawstrings on children's clothing-Specifications) ● UK SI 1976 No. 2[a] ● Ireland SI 1976 No. 40[a]	头部/颈部区域的束带: ● 0岁~7岁:不应有任何束带; ● 胸围测量≤44 cm的外套:不应有任何束带(仅仅是UK SI 1976 No. 2规定); ● 7岁~14岁的儿童服装:束带不能有自由末端,但环绳圈是允许的。当服装自然展开至最大尺寸且平放时,不能有突出的环绳圈。当服装展开至目标合适尺寸时,伸出的环绳圈的周长不应超过15 cm; ● 有自由末端的束带,末端不能有绳结栓、花结或其他附件,但是在没有自由末端的束带中,末端是允许有这些饰物的; ● 背部不能露出任何束带; ● 束带应在两出口点中间处采用加固缝套结固定。 头部/颈部区域的绳索: ● 0岁~7岁:不应有任何绳索; ● 胸围测量≤44 cm的外套:不应有任何绳索(仅仅是UK SI 1976 No. 2规定); ● 7岁~14岁的儿童服装:功能性或装饰性绳索每一端的伸出长度不能超过3 in,也不能有弹性绳;颈部系带式服装在颈部区域不允许有未扣牢的一端;肩带必须由连续的绳带制成且绳带的两端应固定在服装上,不应有自由末端;固定在肩带上的装饰性绳索,不应有长度超过140 mm的自由末端,且形成的绳圈周长也不应超过75 mm。 腰部/底摆束带: ● 0岁~14岁的儿童服装:当服装自然展开至最大尺寸且平放时,束带拉绳的任一端伸出绳索通道的最大长度不应超过140 mm;当服装自然收到最小腰围时,伸出长度不应超过280 mm; ● 服装底摆在胯部以下时,腰部/底摆束带不应垂在服装底摆以下; ● 底摆在脚踝处的服装(如:风衣、裤子或裙子),底摆处的束带应该完全在服装里面,但裤子底摆的箍筋是允许的; ● 有自由末端的束带,末端不能有绳结栓、花结或其他附件,但是在没有自由末端的束带中,末端是允许有这些饰物的; ● 背部不能露出任何束带; ● 束带应在两出口点中间处采用加固缝套结固定; ● 打结腰带或装饰腰带,当未系着时,从腰带固定点至末端的长度不应超过360 mm,且对于低龄儿童,腰带未系着时不应超出服装底摆;

表 F.2（续）

服装类别	标准/法规	规 范 要 求
所有儿童服装	● EN 14682:2007. 儿童服装绳索和束带安全要求（Safety of children's clothing-Cords and drawstrings on children's clothing-Specifications） ● UK SI 1976 No. 2[a] ● Ireland SI 1976 No. 40[a]	腰部/底摆绳索： ● 功能性或装饰性绳索，包含绳索末端的任何装饰在内，伸出服装的最大长度不应超过 140 mm； ● 打结腰带或装饰腰带，当未系着时，从腰带固定点至末端的长度不应超过 360 mm，且对于低龄儿童，腰带未系着时不应超出服装底摆。 袖子上的束带/绳索： ● 当袖口收紧时，长袖袖口处的绳带要完全在服装里面； ● 袖子长度在肘以上的短袖服装，当袖子自然展开至最大尺寸且平放时，对于低龄儿童，袖摆处绳带的伸出长度不应超过 75 mm，对于大龄儿童，袖摆处绳带的伸出长度不应超过 140 mm； ● 袖口处可调节搭袢的长度不应超过 100 mm，且开口时不应垂在服装底摆以下。 其他部位的束带/绳索： ● 服装上的其他部位，当服装完全铺平时，绳带的伸出长度不应超过 140 mm。

[a] UK SI 1976 No. 2 和 Ireland SI 1976 No. 40 仅规定帽子上不能有任何束带/绳索。

ICS 13.340.10
Y 57

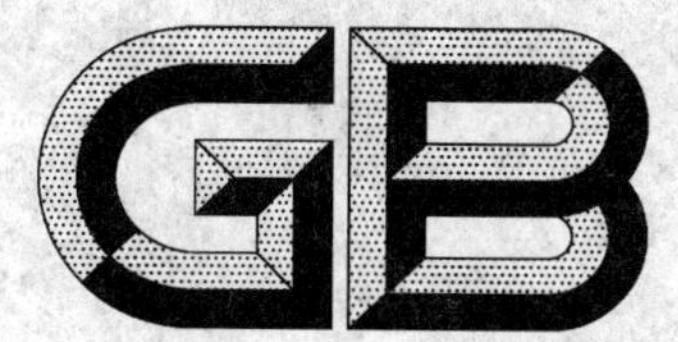

中华人民共和国国家标准

GB/T 23157—2008

进出口儿童可携持游泳浮力辅助器材安全要求及测试方法

Safety requirements and test methods of buoyant aids for swimming to be hold by children for import and export

2008-12-30 发布　　2009-09-01 实施

中华人民共和国国家质量监督检验检疫总局
中国国家标准化管理委员会　发布

前　言

本标准修改采用 EN 13138-2:2007《游泳浮力辅助设备使用说明　第 2 部分:儿童可携持游泳浮力辅助器材　安全要求及测试方法》。

本标准与 EN 13138-2:2007 相比,主要技术差异如下:

——引用了 GB/T 18886《纺织品　色牢度试验　耐唾液色牢度》;

——将引用的国际标准转化为相应的国家标准。

本标准的附录 A、附录 B、附录 C、附录 D、附录 E、附录 F、附录 G、附录 H、附录 I、附录 J 和附录 K 均为规范性附录。

本标准由国家认证认可监督管理委员会提出并归口。

本标准起草单位:中华人民共和国海南出入境检验检疫局、中华人民共和国湖南出入境检验检疫局、中华人民共和国广东出入境检验检疫局。

本标准主要起草人:何志贵、戴建平、郭仁宏、庞书南、吴天良、黄海民。

进出口儿童可携持游泳浮力辅助器材安全要求及测试方法

1 范围

本标准规定了进出口儿童可携持游泳浮力辅助器材的术语和定义、分类、安全要求、试验方法、警告与标志。

本标准适用于手持或身体穿戴的自具浮力或可充气的C类游泳辅助器材。

本标准不适用于拖拉浮标、浮力辅助设备、救生衣以及水上玩具。

2 规范性引用文件

下列文件中的条款通过本标准的引用而成为本标准的条款。凡是注日期的引用文件，其随后所有的修改单(不包括勘误的内容)或修订版均不适用于本标准，然而，鼓励根据本标准达成协议的各方研究是否可使用这些文件的最新版本。凡是不注日期的引用文件，其最新版本适用于本标准。

GB/T 250 评定变色用灰色样卡(GB/T 250—2008,ISO 105-A02:1993,IDT)

GB/T 3920 纺织品 色牢度试验 耐摩擦色牢度(GB/T 3920—2008,ISO 105-X12:2001,MOD)

GB/T 3922 纺织品耐汗渍色牢度试验方法(GB/T 3922—1995,eqv ISO 105/E04)

GB 6675 国家玩具安全技术规范

GB/T 6682 分析实验室用水规格和测试方法(GB/T 6682—2008,ISO 3696:1987,MOD)

GB/T 8433 纺织品 色牢度试验 耐氯化水色牢度(游泳池水)(GB/T 8433—1998,eqv ISO 105/E03:1994)

GB/T 18886 纺织品 色牢度试验 耐唾液色牢度

3 术语和定义

下列术语和定义适用于本标准。

3.1

浮力 buoyancy

游泳器材完全浸没于水中时具有的向上的漂浮力。

3.2

自具的浮力 inherent buoyancy

密度比水小的物体、或具有气室的物体本身具有的漂浮力。

3.3

浮力游泳器材 buoyant swimming device

某种需要正确穿着的物品或握持的器材，用来帮助使用者熟悉水中的运动、学习游泳或改进游泳姿势而提供浮力。

3.4

浮力最小值 minimum buoyancy

本标准要求的最小浮力。

3.5

初始浮力　original buoyancy

对游泳器材首次试验时测得的浮力。

3.6

A 类器材　class A device

让使用者位于浮力结构内与水接触的儿童用器材。该器材用于让使用者熟悉水中环境并在水中移动。该器材保持被动使用者处于稳定的下鄂底部居于水面或高于水面的漂浮位置。

3.7

B 类器材　class B device

安全地附着于人体、帮助主动使用者改善游泳姿势的浮力游泳器材。

3.8

C 类器材　class C device

手持、人体穿戴或双腿携持，帮助改善游泳姿势或改进游泳技能的器材。

3.9

穿戴器材　device to be worn

具有自具浮力，或可充气，人体安全穿戴且不会意外滑脱，为使用者提供积极浮力的器材。

3.10

握持器材　device to be held

可双手握持，或双腿携持，或附着于人体，为使用者提供浮力的器材。

3.11

预处理　conditioning

游泳器材为了模拟正常使用和储存条件所进行的一系列处理程序。预处理包括浸没在氯消毒的游泳池水里及在冷、热环境下的贮存。

3.12

成分　component

构成具有浮力、功能或安全性的整个器材的原材料。

3.13

游泳座椅　swim seat

用于帮助游泳初学者树立信心、熟悉环境的浮力器材。游泳座椅为使用者提供安全保障，但依然存在溺水的危险。游泳座椅是学习辅助器材，而不是水上玩具。

3.14

游泳座椅系统　swim seat system

在正常使用过程中，或紧急倾覆后仍具有稳定的漂浮条件的游泳座椅的结合体。

3.15

逃逸　escape

游泳座椅或游泳座椅系统一旦倾覆，试验模型与游泳座椅完全分离的情形。

3.16

评估专家组　assessment panel

在具有一定资格和授权的测试机构工作并具备评估游泳浮力设备经验的 3 人组成的团体。

3.17

踢板　kick board

设计用于手持或双臂抱持的浮力辅助器材，帮助使用者身体居于水平面或水中某一稳定的位置改进游泳技术。

3.18

拖拉浮标　pull buoy

由双腿携持用以保持双腿在水中居于水平位置，帮助使用者改进游泳技术的浮力器材。

4　分类

游泳浮力器材的分类见表1。

表1　游泳浮力器材的分类

类　别	分　类　依　据
A类器材	使用者位于浮力结构内与水接触的儿童用器材。该器材用于使用者熟悉水中环境并在水中移动。该器材保持被动使用者处于稳定的下鄂位于水面或高于水面的漂浮位置。
B类器材	安全地附于人体、帮助主动使用者改善游泳姿势的浮力游泳器材。
C类器材	手持、人体穿戴或双腿携持，帮助改善游泳姿势或改进游泳技能的器材。

5　安全要求

5.1　概述

游泳浮力器材的结构设计应具备与使用目的相符的式样、尺寸、安全性、强度和耐用性。如果游泳器材是由几个部件组成的，所有部件均应符合安全要求。如果器材本身不自具浮力，器材应该具备至少两个独立的气室，以保证其中一个气室失效后，浮力器材仍具备功能与安全性。

手持器材应由评估专家组评估它们是否符合人类环境改造学的要求(详见7.4和附录A)。

出于安全原因，这些产品应该使用明亮的颜色，不能使用浅色或暗色材料。尽管任何高亮度的颜色或混和色也是可接受的，但最合适的颜色范围推荐使用从黄色到橘红色的色度系列。

5.2　浮力

5.2.1　器材的整体浮力性能

按附录B规定的程序进行测试时，器材的浮力最小值为15 N。

5.2.2　剩余浮力

按附录B测试时，靠充气、填充小颗粒物质、气囊或类似物质的任何用于游泳教学浮力器材，完全放掉气室中的气体，就像是没有充气，或除去50%填充物质，其剩余浮力应为7.5 N±0.75 N。

如果器材本身不自具浮力，器材应该具备至少两个独立的气室；器材由两个以上部件组成时，完全放掉气室中的气体，就像是没有充气，每个部件的剩余浮力应不小于该部件完全充气时浮力的50%±10%。

5.2.3　功能保持性

B类游泳器材即使某一气室损坏，仍应具备它们的设计功能。

游泳器材应由评估专家组根据附录A测试。

5.3　安全设计

5.3.1　边缘、边角和尖端

B类器材不能有对使用者产生伤害的设计。坚硬的边缘和边角及刚性材料应制成斜面或圆角。

圆形的边缘或边角其半径不应小于1 mm，而且当斜面是设计的组成部分时，倾角应为45°±5°角，且宽度不小于1 mm。器材应无钩状物或其他尖端。应对边缘、边角和尖端进行测量或根据附录A中表A.1进行触觉评定。

5.3.2　小零件

不可拆卸小零件应能承受90 N±2 N与设备分离方向的拉力。根据GB 6675，可拆卸小零件应不应完全放入小零件测试筒。

5.3.3 特定元素的迁移

游泳辅助器材应符合 GB 6675 的要求。

5.3.4 线

为了缝合相关负载部件，只能使用聚酯或聚酰胺纤维生产的缝线，缝线生产商应提供符合性证明文件。

5.3.5 气嘴与气塞

可充气的 B 类器材应安装气嘴回止阀，气塞应与气嘴主体相连接。充气膨胀后，气嘴和气塞的突出部分应不超过器材表面 5 mm。

打开气塞后，根据附录 C 及按附录 B 规定的程序进行测试，气嘴回止阀应保证充气器材 2 min 后仍具有至少 75%的初始浮力。

5.4 材料的机械性能

5.4.1 充气器材的缝合强度和耐用性

根据附录 D 规定的程序进行测试时，器材经过一个完整循环测试后仍应保持气密状态。

5.4.2 耐戳穿性

根据附录 E 规定的程序进行测试时，具有气室的游泳辅助器材其气室应保持气密状态。

5.4.3 泡沫材料或其他自具浮力材料的耐水性

根据附录 F 规定的程序，对未使用过的并经预处理的自具浮力材料进行测试时，样品浮力的减少不应超过初始浮力的 10%。

5.4.4 泡沫材料或其他自具浮力材料的耐压缩性

用泡沫材料或其他自具浮力材料生产的 B 类器材，正常使用时的压缩或其他运动不应造成永久浮力的丧失。

根据附录 F 规定的程序，对未使用过的、经预处理且未作其他试验的自具浮力材料进行测试时，样品浮力的减少不应超过初始浮力的 10%。

5.5 材料和标识的化学性能

注：本试验不适用于在器材表面压印或模制的标识。

5.5.1 耐氯化水性能

根据 6.1 的程序进行预处理后，整个未充气器材应进行变色和破坏试验。变色试验应根据 GB/T 8433 进行，且色牢度不低于 3 级。充气器材经干燥后再充气到最大体积，检查是否漏气。所有器材应检查是否破坏或失效。

5.5.2 标识的耐唾液色牢度

根据 GB/T 18886 规定的程序进行测试，标识的耐唾液色牢度按 GB/T 250 评定应不低于 3 级。

5.5.3 标识的耐汗渍色牢度

根据 GB/T 3922 规定的程序测试，标识的耐汗渍色牢度按 GB/T 250 评定应不低于 3 级。

5.5.4 标识的粘附性

根据 GB/T 3920（干和湿）摩擦 100 次时，标识完好无损且评估专家组评定为内容完整、字迹清晰。

6 试验方法

6.1 预处理

测试应在正常气候条件下进行。除另有规定外，测试应在装配好的器材上并按先后顺序进行。除非另有规定，应使用同一产品以获得应力的累积。

进行任何试验前，产品或材料样品都要首先在−10 ℃±1 ℃条件下放置24 h，然后在60 ℃±2 ℃条件下放置24 h，最后在20 ℃±2 ℃（室温）条件下放置24 h。

其次，产品或材料样品应在黑暗和20 ℃±2 ℃室温下单独浸没在搅动的氯化水中24 h。充气器材处于未充气状态。测试样品一定要湿透。样品从氯化水中取出后用蒸馏水漂洗，并在温室下悬挂风干。

氯化水的配制：在每升含有50 mg有效氯，pH值为7.5±0.05的次氯酸钠水溶液中溶入30 g氯化钠（NaCl）。次氯酸钠溶液按GB/T 8433配制。次氯酸钠溶液需用GB/T 6682规定的3级水现配现用。

适用于预处理程序的仪器包括一个玻璃或不锈钢容器，体积满足浴比为100∶1的盛装氯化水及电动搅拌器能以40 r/min旋转的要求。为获得稳定的室温条件，测试过程应在恒温室进行。

6.2 试验程序

试验程序按附录A至附录K规定的程序执行。

7 警告与标志

7.1 概述

标志上“警告”字样需用高度不小于5 mm的大写黑体字印刷或压印，文字内容用高度不小于3 mm的小写字体。标志的颜色不加限制，但应字迹清楚易读，并与背景形成反差，由评估专家组检验、测量后确认。

器材及包装上的所有警告与标志（见7.2）和生产商提供的资料，均应使用汉字或出口国官方文字。对于充气器材，警告距充气嘴的距离不得超过100 mm。

每件器材都要用汉字或出口国官方文字注明不少于7.2～7.4规定的警告信息内容。

7.2 产品上的警告和标记

在“警告”字样的下面应印刷或压印下列文字内容：

a） 注意溺水危险；

b） 所有气室应保持充气状态；

c） 只限于在有成人监护的条件下使用；

注：需要时可使用图形符号。

还需要附加以下信息：

——执行的国家标准编号（GB/T 23157—2008）；

——生产商、进口商或销售商的名称或商标；

——如果器材由几个部件构成，所有部件均应组装并完整地使用。

7.3 生产商应提供的资料

生产商应随同产品附上以下信息，也可以单独印制如下的说明书：

——详细说明如何对游泳辅助器材充气、排气以及保护气嘴气塞的方法；

——详细说明游泳辅助器材的使用方法，以及产品特定用途的握持方法；

——详细列明产品储藏和保养程序；

——有目的地为使用者选择合适的器材的信息。

7.4 以销售角度的消费者信息

产品包装上应按规定的产品信息表（见表2）的设计列明，如有变化，也应包含相同的信息。如果透过内包装可以清晰地看见产品，也可直接将信息印制在产品上。产品包装上规格尺寸与分类应按照表2的格式要求在游泳器材信息表相应栏目上打√。

信息文字大小不得小于1.8 mm，“警告”字样高度不低于5 mm并使用大写黑体字。

表 2　产品信息表推荐格式

<table>
<tr><td colspan="2">游泳浮力器材使用说明</td><td colspan="6">执行标准：GB/T 23157—2008</td></tr>
<tr><td rowspan="2">适 用 说 明</td><td rowspan="2">类别</td><td colspan="6">体重/kg</td></tr>
<tr><td>11 以下</td><td>11～15</td><td>15～18</td><td>18～30</td><td>30～60</td><td>60 以上</td></tr>
<tr><td>引导使用者熟悉水中环境，
适用被动使用者
（穿戴）</td><td>A</td><td></td><td></td><td></td><td></td><td></td><td></td></tr>
<tr><td>引导使用者学习游泳姿势，
适用于主动使用者
（穿戴）</td><td>B</td><td></td><td></td><td></td><td></td><td></td><td></td></tr>
<tr><td>用于握持并改善游泳姿势
（手持）</td><td>C</td><td></td><td></td><td>√</td><td>√</td><td>√</td><td>√</td></tr>
<tr><td colspan="8">警告：1. 谨防溺水危险；
2. 仅限于有人监护下使用。</td></tr>
<tr><td colspan="8">仅供适用年龄人群使用。
大体的体重与年龄组的对应关系为：11 kg 以下≈1 岁以下，11 kg～15 kg≈1 岁～2 岁，15 kg～18 kg≈2 岁～3 岁；18 kg～30 kg≈3 岁～6 岁；30 kg～60 kg≈6 岁～12 岁；60 kg 以上≈12 岁以上</td></tr>
<tr><td colspan="8">注：表中打“√”示例，指该器材是适用于体重在 15 kg～60 kg 范围（对应于 3 岁及 3 岁以上）儿童使用的 C 类器材。</td></tr>
</table>

附　录　A
（规范性附录）
适用性、功能保持性、边缘、边角和尖端的测试程序

A.1　概述

用于游泳教学的浮力器材的整体性能，包括各项性能和性能特征，很难通过测量或其他客观方法来评估的。另外，让儿童在水中使用某一浮力器材来测试器材性能也是不可取的。

为解决上述问题及降低试验成本，以判断器材在某些方面的有效性，规定使用评估专家组。

A.2　风险评估

评估专家应考虑以下几个方面，以决定器材使用风险程度：

A.2.1　使用说明的清楚明白程度。

A.2.2　对使用者产生的伤害或不适。

A.2.3　当某一主要气室在水中失效后的安全性能。

注1：请参考表A.1的评估指南。

注2：表A.1所列的风险并不详尽，不要忽视显著风险。

表A.1　整套器材适用性的专家组评估指南

项目/特性/风险	评估判断准则	评　估	备　注
对使用者或第三方的伤害和(或)不适感风险	在地上移动或在水中运动时，器材的任何部分，如边缘、边角和尖端，或对正常的身体、部分肢体、呼吸、正常视觉的妨碍等，会对使用者产生伤害或不适吗？	没有缺陷：器材合格； 有缺陷：器材不合格。	其他状况可参照5.3。
可能的使用中，当某一主要气室在水中失效后的安全性能	当某一主要气室在水中失效后，会导致器材安全性的明显降低吗？	没有缺陷：器材合格； 有缺陷：器材不合格。	失效指由于漏气器材失去浮力，或需要更新填充材料。 其他状态参照5.2.2和5.2.3。

当存有疑虑或状态不明确时，评估专家组应展开讨论并以投票简单多数来作出决定。

A.3　对器材所附说明书的再评估

随着器材评估的完成，应对器材所附的使用说明重新进行评估，并评定其有效性。

附　录　B
（规范性附录）
器材整体浮力的测量

B.1　原理

根据阿基米德原理测定器材在空气和水中的浮力。

B.2　仪器

标准称量框,质量(kg)大于所测浮力的1.1倍;

水箱称量装置,深度足够容纳器材表面位于水面下100 mm～150 mm,并具有经校准的测压元件或天平。

B.3　程序

对可充气浮力器材,使用人工充气管吹气,使其压力达到正常使用时的压力(或1.4 kPa±0.1 kPa,用嘴吹气)。然后将浮力器材放入称量框。

带有测压元件的称量框悬浮在20 ℃±2 ℃的清水中且水面高于器材上表面100 mm～150 mm。记录此时的浸没质量A。

整个称量框连同器材在水中保持24.0 h±0.5 h,然后称量并记录此时的质量B。

最后将浮力器材从称量框中取出,此时浮力器材的质量,加上再次将称量框浸入水中测得的质量,记录为质量C。

B.4　结果计算

结果计算见式(B.1)～式(B.3):

$$\text{最初浮力值} = C - A \tag{B.1}$$

$$\text{最终浮力值} = C - B \tag{B.2}$$

$$\text{浸没引起浮力的损失} = \text{最初浮力值} - \text{最终浮力值} \tag{B.3}$$

应分别记录试验开始时和24 h后每一试验完成时的水温、室温和大气压力,并将浮力值修正为标准温度和大气压力状态值。

附　录　C
(规范性附录)
充气器材气嘴回止阀的功能试验程序

C.1　充气器材气嘴回止阀的功能按附录B规定的试验程序执行,可以用嘴吹气膨胀到最大体积的充气器材除外。具有非插入式气塞的充气器材,应在试验仪器的水浴中浸没2 min。

C.2　充气器材的浮力保持性能,是通过观察试验周期内充气设备在试验仪器中外观质量的变化,记录试验开始与试验结束时的浮力值(N),浮力损失率(δ)的计算见式(C.1):

$$\delta = \frac{B_1 - B_2}{B_1} \times 100 \tag{C.1}$$

式中:

δ——浮力损失率,%;

B_1——试验开始时的浮力值,单位为牛顿(N);

B_2——试验结束时的浮力值,单位为牛顿(N)。

附　录　D
(规范性附录)
充气器材缝合强度和耐用性试验程序

D.1　充气器材两个相邻气室应交替排气。

D.2 第一循环:将气室 A 充气到 0.05 Pa 的气压,保持 30 s,然后将气室 A 完全排气。再将相邻气室 B 充气到 0.05 Pa 的气压,30 s,然后将气室 B 完全排气。

D.3 第二循环:从气室 A 开始重复第一循环。

D.4 n 次循环:共进行 500 次。

附 录 E
(规范性附录)
充气器材耐戳穿强度试验程序

用一根直径为 1.0 mm±0.05 mm、尖端半径为 0.5 mm 的钢针,对充气器材外表任一部位在 5 s 内逐渐施加压力至 5 N,保持 5 s。然后将充气器材浸没入一个冷水浴中,观察有无漏气现象。

附 录 F
(规范性附录)
耐油和耐水试验

F.1 概述

将浮力器材(可充气器材应在未充气状态)完全浸入油和人造海水里。在两种浸泡过程之间,应将浮力器材清洗干净,并按生产商提供的说明书要求干燥 17.0 h±0.1 h。

对自动充气型浮力器材,试验期间应关闭自动触发机械装置,试验结束时再使用人工机械办法充气。

F.2 耐海水试验

在正常室温条件下,将浮力器材浸入装有人造海水(含氯化钠 4.5%)的水箱中 72 h,器材上表面距水面 300 mm±30 mm。

试验导致浮力器材任何功能性损坏,则判断该浮力器材不合格。

F.3 耐油试验

试验前关闭样品自动触发机械装置,将样品浸没在附录 K 规定的参考油料 B 中三次,每次 5 min,在两次浸没过程之间将样品自然风干 30 min。完成最后一次浸没后,将样品从油料中移出,让表面的油料滴下 5 min。然后按设计充气范围,用主要的充气方法对可充气样品进行充气。

试验导致浮力器材任何功能性损坏,则判断该浮力器材不合格。

附 录 G
(规范性附录)
泡沫材料或其他自具浮力材料的耐压缩性的试验程序

G.1 计算修正初始浮力值

裁取三块样品,每一样品的尺寸(长×宽×高)为(100 mm±2 mm)×(100 mm±2 mm)×(20 mm±2 mm)。

试验前,先将样品存放在温度为 23 ℃±2 ℃、相对湿度 50%±5%条件下 24 h,并在此温湿度条件下进行试验。分别测试三件样品的初始浮力值(B_{11}、B_{21}、B_{31},),按式(G.1)计算三件样品的平均初始浮力值(B_{I})。

$$B_I = \frac{B_{1I} + B_{2I} + B_{3I}}{3} \qquad \text{(G.1)}$$

式中：

B_I——三个样品的平均初始浮力值，单位为牛顿(N)；

B_{1I}——试样 1 的初始浮力值，单位为牛顿(N)；

B_{2I}——试样 2 的初始浮力值，单位为牛顿(N)；

B_{3I}——试样 3 的初始浮力值，单位为牛顿(N)。

则修正初始浮力值计算见式(G.2)：

$$B_{CI} = B_I \times \frac{P_I}{101.3} \times \frac{293.15K}{T_I + 273.15} \qquad \text{(G.2)}$$

式中：

B_{CI}——修正初始浮力值，单位为牛顿(N)；

B_I——三个样品的平均初始浮力值，单位为牛顿(N)；

P_I——测定初始浮力时大气压力，单位为千帕(kPa)；

T_I——测定初始浮力时温度，单位为摄氏度(℃)。

G.2 试验程序

G.2.1 将每件样品置于比样品尺寸至少大 20%的金属平板下，在水中以 200 mm/min 的速度压缩样品直至达到 50 kPa 的压力(为了不破坏试样以至影响下面的试验循环，压力值可以设置低于 50 kPa)，然后对样品完全解除压力。重复这一循环四次。

G.2.2 将样品放置在温度为 23 ℃±2 ℃、相对湿度 50%±5%条件下风干 7 d，并且在无水状态下重复 G.2.1 的压缩循环 500 次。如果样品发生变形，就需要用较低的压力值进行试验，以保证完成整个试验周期的压缩/解压的循环次数。

G.2.3 再将经过上述试验的样品置于温度为 23 ℃±2 ℃、相对湿度 50%±5%条件下至少 3 d，测定样品此时的浮力值(N)。每次试验三个样品，按式(G.3)计算三个样品的平均最终浮力值(B_F)。

$$B_F = \frac{B_{1F} + B_{2F} + B_{3F}}{3} \qquad \text{(G.3)}$$

式中：

B_F——三个样品的平均最终浮力值，单位为牛顿(N)；

B_{1F}——试样 1 的最终浮力值，单位为牛顿(N)；

B_{2F}——试样 2 的最终浮力值，单位为牛顿(N)；

B_{3F}——试样 3 的最终浮力值，单位为牛顿(N)。

G.2.4 按式(B.4)计算修正最终浮力值

$$B_{CF} = B_F \times \frac{P_F}{101.3} \times \frac{293.15K}{T_F + 273.15} \qquad \text{(G.4)}$$

式中：

B_{CF}——修正最终浮力值，单位为牛顿(N)；

B_F——三个样品的平均最终浮力值，单位为牛顿(N)；

P_F——测定最终浮力时大气压力，单位为千帕(kPa)；

T_F——测定最终浮力时温度，单位为摄氏度(℃)。

G.3 计算浮力损失率 B_L

浮力损失率以浮力损失与修正初始浮力值之比的百分率表示，按式(G.5)计算：

$$B_L = \frac{B_{CI} - B_{CF}}{B_{CI}} \times 100 \qquad \text{(G.5)}$$

G.4 浮力损失不得超过初始浮力值的 10%。

附 录 H
（规范性附录）
标识耐唾液色牢度试验程序

标识的耐唾液色牢度按 GB/T 18886 规定的程序和评定方法执行，使用以下成分的测试溶液：

——碳酸氢钠($NaHCO_3$)，分析纯，4.2 g；

——氯化钠(NaCl)，分析纯，0.5 g；

——碳酸钾(K_2CO_3)，分析纯，0.2 g；

——蒸馏水或相同纯度的水，1 000 mL。

附 录 I
（规范性附录）
温度循环试验

I.1 对于自具浮力器材，将 6 件样品交替置入环境温度－30 ℃±2 ℃、65 ℃±2 ℃条件下处理 8 h。这些交替循环不需一个接一个立即进行，下列程序可以重复 10 次。

在一天内完成在 65 ℃±2 ℃温度条件下处理 8 h 的循环。样品当天从高温的密闭室移出，放入并暴露在室温条件下，直到第二天。

在第二天内完成在－30 ℃±2 ℃温度条件下处理 8 h 的循环。样品当天从低温的密闭室移出，放入并暴露在室温条件下，直到第三天。

切开其中的两个样品，结构上内部应无任何变化的迹象。

剩余的四个样品用于按附录 J 进行吸水性测试。其中两个样品先进行耐水性和耐油性测试(附录 F)，然后再进行吸水性试验。

I.2 对于可充气浮力器材，两件样品应在未充气状态下进行温度循环试验，并轮流测试。可充气浮力器材应无收缩、开裂、隆起、分散或物理性质改变等损坏迹象。自动和人工充气系统在进行完温度循环试验后立即进行下述测试：

a) 进行 65 ℃±2 ℃高温循环后，将两个可充气浮力器材从高温的密闭室移出。一个使用自动充气系统充气并放入 30 ℃±2 ℃的海水中；另一个则使用人工充气系统充气；

b) 进行－30 ℃±2 ℃低温循环后，将两个可充气人体浮力器材从低温的密闭室移出。一个使用自动充气系统充气并放入－1 ℃的海水中；另一个则使用人工充气系统充气。

附 录 J
（规范性附录）
吸水性试验

准备两个浮力器材样品，根据附录 I 进行温度循环试验，按附录 I 和附录 B 规定将样品放入 1 250 mm 深的新鲜水箱中浸泡 7 d。

检查外观尺寸的变化及 1 d 和 7 d 后浮力变化值。

附 录 K
（规范性附录）
ASTM 参考油料

表 K.1 ASTM 参考油料

油料类型	组分及体积比/%
参考油料 A	异辛烷,100
参考油料 B	异辛烷,70;甲苯,30
参考油料 C	异辛烷,50;甲苯,50
参考油料 D	异辛烷,60;甲苯,40
参考油料 E	甲苯,100

ICS 97.190
Y 04

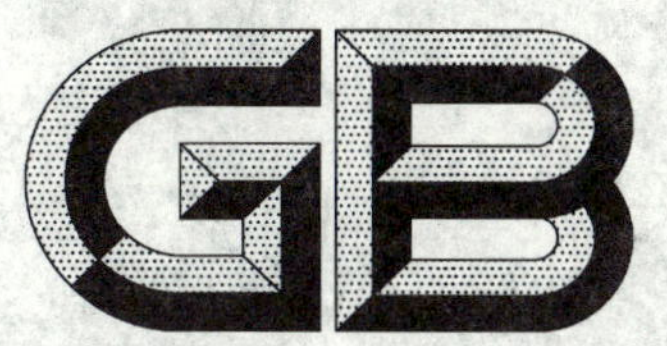

中华人民共和国国家标准

GB/T 23158—2008

进出口婴幼儿睡袋安全要求及测试方法

Safety requirements and test methods of sleeping sack for babies and young children for import and export

2008-12-30 发布　　2009-09-01 实施

中华人民共和国国家质量监督检验检疫总局
中国国家标准化管理委员会　发布

前　言

本标准附录 A 为规范性附录。

本标准由国家认证认可监督管理委员会提出并归口。

本标准起草单位:中华人民共和国宁波出入境检验检疫局检验检疫技术中心、宁波申州针织有限公司、中华人民共和国上海出入境检验检疫局、中华人民共和国山东出入境检验检疫局。

本标准主要起草人:杨力生、李宏、傅科杰、冯云、杨树娟、吴雄英、娇丽珍、孙晓强。

进出口婴幼儿睡袋安全要求及测试方法

1 范围

本标准规定了进出口婴幼儿睡袋的术语和定义、安全要求、试验方法。

本标准适用于以针织或机织面料制成的，以絮用纤维为填充物的婴幼儿睡袋。

本标准不适用于野外用睡袋。

2 规范性引用文件

下列文件中的条款通过本标准的引用而成为本标准的条款。凡是注日期的引用文件，其随后所有的修改单（不包括勘误的内容）或修订版均不适用于本标准，然而，鼓励根据本标准达成协议的各方研究是否可使用这些文件的最新版本。凡是不注日期的引用文件，其最新版本适用于本标准。

GB/T 2910　纺织品　二组分纤维混纺产品定量化学分析方法（GB/T 2910—1997，eqv ISO 1833：1977）

GB/T 2911　纺织品　三组分纤维混纺产品定量化学分析方法（GB/T 2911—1997，eqv ISO 5088：1976）

GB/T 3917.1　纺织品　织物撕破性能　第1部分：撕破强力的测定　冲击摆锤法

GB/T 3923.1　纺织品　织物拉伸性能　第1部分：断裂强力和断裂伸长率的测定　条样法

GB 5296.4　消费品使用说明　纺织品和服装使用说明

GB 6675—2003　国家玩具安全技术规范

GB/T 7742.1　纺织品　织物胀破性能　第1部分：胀破强力和胀破扩张度的测定　液压法（GB/T 7742.1—2005，ISO 13938-1：1999，MOD）

GB/T 13773　机织物及制品接缝强力和接缝效率试验方法

GB 18383　絮用纤维制品通用技术要求

GB 18401—2003　国家纺织产品基本安全技术规范

FZ/T 01053　纺织品　纤维含量的标识

FZ/T 01057　纺织纤维鉴别试验方法

EN 1811　直接和长期与皮肤接触的产品镍释放量的参考测试方法

EN 12472　测定涂层覆盖材料镍释放量的穿着和腐蚀模拟方法

3 术语和定义

下列术语和定义适用于本标准。

3.1

睡袋　sleeping sack

以针织或机织面料制成袋形或带袖子的袋形，并内充填充物用于保暖的纺织品。

3.2

填充物　filling

具有一定压缩回弹性、填于两层织物中间起保暖作用的絮用纤维。

3.3

婴幼儿睡袋　sleeping sack for babies

供年龄在36个月以内的婴幼儿使用的睡袋产品。

3.4

安全项目　safety specification

涉及人身安全、卫生、环保、健康的项目。

3.5

上止强力　top-stop strength

拉链上止抵抗拉头滑脱的能力。

3.6

拉头锁紧力　slider locking strength

拉攀对拉链牙链的锁紧能力。

3.7

拉链往复性　reciprocating of zipper

拉链在使用过程中往复运动的使用持久性能。

3.8

拉攀拉手结合强力　puller attachment strength

拉攀与拉手之间连结强度抗拉脱能力。

4 安全要求

4.1 物理安全要求

物理安全要求按表1规定。

表1 进出口婴幼儿睡袋物理安全要求

<table>
<tr><th colspan="4">项　目</th><th>安全要求</th><th>备　注</th></tr>
<tr><td rowspan="4">面料</td><td colspan="2">撕破强力/N</td><td>≥</td><td>7</td><td rowspan="3">不同纤维成分、不同织物结构的面辅料需分别测试</td></tr>
<tr><td colspan="2">断裂强力/N</td><td>≥</td><td>150</td></tr>
<tr><td colspan="2">接缝强力/N</td><td>≥</td><td>100</td></tr>
<tr><td colspan="2">胀破强力/kPa</td><td>≥</td><td>300</td><td>仅适用于针织面料</td></tr>
<tr><td rowspan="9">辅料</td><td rowspan="2">钮扣</td><td>钮扣拉力/N</td><td>≥</td><td>90</td><td rowspan="9"></td></tr>
<tr><td>钮扣表面</td><td></td><td>光滑，无锐利边缘和尖端，按GB 6675执行</td></tr>
<tr><td rowspan="5">拉链</td><td>拉攀拉手结合强力/N</td><td>≥</td><td>200</td></tr>
<tr><td>上止强力/N</td><td>≥</td><td>90</td></tr>
<tr><td>拉头锁紧力/N</td><td>≥</td><td>70</td></tr>
<tr><td>拉链往复性/次</td><td>≥</td><td>500</td></tr>
<tr><td>拉链表面</td><td></td><td>平滑，无锐利边缘和尖端，按GB 6675执行</td></tr>
<tr><td colspan="3">绳带</td><td>颈部不允许有任何绳带；胸围值≤44 cm的睡袋不允许有任何绳带；若有腰部束带，则每端不超过14 cm。所有绳带要求固定牢固，不易抽出。绳带自由末端不能有立体装饰或结纽，绳带末端不存在被夹住或钩住的危险；搭攀长度不超过7.5 cm。</td></tr>
<tr><td colspan="2">贴件、小部件、装饰物固定强力/N</td><td>≥</td><td>70</td></tr>
</table>

4.2 **化学安全要求**

化学安全要求按表2规定。

表2 进出口婴幼儿睡袋化学安全要求

项目		安全要求
面料	纤维成分	按 FZ/T 01053 执行
	甲醛	按 GB 18401—2003 中 A 类产品要求执行
	pH 值	
	色牢度(耐水、耐汗渍、耐干摩擦、耐唾液)	
	可分解芳香胺染料	
	异味	
辅料	镍释放量/[μg/(cm^2·周)] ≤	0.5

4.3 **其他安全要求**

4.3.1 产品整体燃烧性能按 GB 6675—2003 中 B5.8 测试时,其火焰蔓延速度应小于或等于30 mm/s。

4.3.2 产品填充物的卫生安全要求符合 GB 18383 的要求。

4.3.3 产品无缝针、断针等对人体有伤害的金属异物。

4.4.4 产品标识应符合 GB 5296.4 要求。

5 **试验方法**

5.1 撕破强力的测定按 GB/T 3917.1 执行。

5.2 断裂强力的测定按 GB/T 3923.1 执行。

5.3 接缝强力的测定按 GB/T 13773 执行。

5.4 胀破强力的测定按 GB/T 7742.1 执行。

5.5 钮扣的测定按 GB 6675 执行。

5.6 拉链拉攀拉手结合强力、上止强力、拉头锁紧力、拉链往复性的测试方法(见附录 A),拉链毛刺性测定按 GB 6675 执行。

5.7 绳带长度、贴件、小部件、装饰物固定强力安全要求按 GB 6675 执行。

5.8 纤维含量的测定按 GB/T 2910、GB/T 2911、FZ/T 01053、FZ/T 01057 执行。

5.9 甲醛含量、pH 值、耐水色牢度、耐汗渍色牢度、耐干摩擦色牢度、耐唾液色牢度、可分解芳香胺染料和异味的测定按 GB 18401 执行。

5.10 辅料镍释放量的测定按 EN 1811、EN 12472 执行。

5.11 面料燃烧性能的测定按 GB 6675—2003 中 B5.8 执行。

5.12 填充物的测定按 GB 18383 执行。

5.13 缝针、断针等金属异物采用金属检测仪检测。

附 录 A
（规范性附录）
拉链测试方法

A.1 拉攀拉手结合强力

将测试样品放在拉力测试机的卡口处，并使拉手通过遮盖装置上的一个洞。设置遮盖装置以保证拉锁和拉链紧紧的扣住，只让拉手和连接拉锁的部位自由。确保拉手的末端和卡口相连，这样在 90 ℃时张力会作用到拉锁上。设置测试装置运行一直至达到测试压力，或至测试样品损坏。

A.2 上至强力

将测试样品处于闭合的位置，将拉手拉到顶端，并将拉手勾在机器顶端钩子上，另一端夹在机器底部，避免损坏拉链牙齿，设置测试装置运行一直至达到测试压力，或至测试样品损坏。

A.3 拉头紧锁强力

将测试样品处于打开的位置，并将拉链的链锁置于距离拉链顶部 25 mm 的位置。设置卡口之间的距离为 50 mm，确保上弦在抓口并紧挨着拉头，这样上部的拉扣到两边的抓口正好各 25 mm，运行机器，并提高拉力直到拉锁滑动，达到特定的压力，或至测试样品损坏。

A.4 往复性

把测试样品放在竖直的面上，这样底部挡板就会离开测试机器的弹簧底部。将弦条分在另一端这样它们就可以在测试机上各自运行。

设置机器使滑动杆在各自的方向上来回运行距离为 75 mm～90 mm，环形往复运动为 150 mm～180 mm。程序如下：

A.4.1 手动操作测试机直到滑杆抓手到最下端底垫的位置。

A.4.2 抓紧拉手，确保锁定装置退回。

A.4.3 把按钮至于上部抓手处。

A.4.4 确保按钮末端在底部抓手处。

A.4.5 抓住在上端按钮的洞往上拉，直到针阻止了任何往上的运动，并不会拉扯带子，旋紧抓手。松弛抓手，切断每一段底部袋子的末端，重新设置从第 3 步开始。

A.4.6 连接弹簧应设置合适的垂直压力。

A.4.7 把滑动抓手连在按钮带子上，保证滑动抓手和离它们最近的链子之间的空隙为 5 mm。确保抓手的中心线正好穿过滑轮线，使抓手紧紧的抓在低垫和按钮袋子上，安装完抓手后将低垫退出。

A.4.8 连接弹簧，设置合适的水平压力。

A.4.9 设置计数器为 0，将机器运行一周，到测试样品的位置。

A.4.10 将机器的速度设置为每分钟 30 圈。

A.4.11 测试开始后，无需重新调整弹簧。

A.4.12 将机器一直运行，直到设定的圈数完成，或至测试样品损坏。

ICS 97.190
Y 04

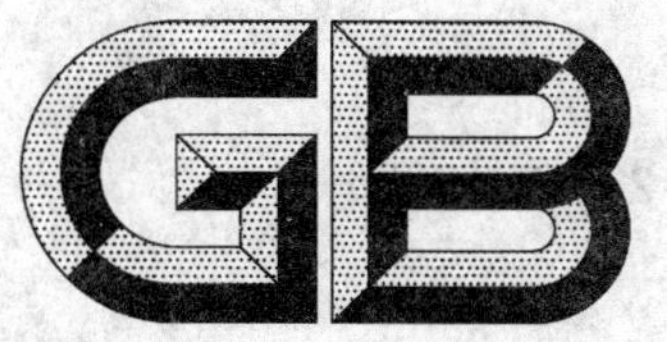

中华人民共和国国家标准

GB/T 23159—2008

进出口婴幼儿学步带安全要求及测试方法

Safety requirements and test methods of walking strap for babies and young children for import and export

2008-12-30 发布　　2009-09-01 实施

中华人民共和国国家质量监督检验检疫总局
中国国家标准化管理委员会 发布

前　言

本标准由国家认证认可监督管理委员会提出并归口。

本标准起草单位：中华人民共和国福建出入境检验检疫局。

本标准主要起草人：闵宝乾、陈斌、林明辉、林亮、尹洪雷、林志武。

进出口婴幼儿学步带安全要求及测试方法

1 范围

本标准规定了婴幼儿在成人帮助下练习行走时使用的学步带(以下简称学步带)的安全要求和测试方法。

本标准适用于供婴幼儿使用的进出口学步带产品。

本标准不适用于医疗用学步带以及借助框架支撑自行移动的学步类产品。

学步带如连接或附有供儿童玩耍的玩具或配件,应符合相关标准要求。

2 规范性引用文件

下列文件中的条款通过本标准的引用而成为本标准的条款。凡是注日期的引用文件,其随后所有的修改单(不包括勘误的内容)或修订版均不适用于本标准,然而,鼓励根据本标准达成协议的各方研究是否可使用这些文件的最新版本。凡是不注日期的引用文件,其最新版本适用于本标准。

GB/T 2912.1 纺织品 甲醛的测定 第1部分:游离水解的甲醛(水萃取法)

GB 6675—2003 国家玩具安全技术规范

GB/T 7573 纺织品 萃取液 pH 值的测定(GB/T 7573—2002,ISO 3071:1980,MOD)

GB 14748—2006 儿童推车安全要求

GB/T 17592 纺织品 禁用偶氮染料的测定

GB 18401—2003 国家纺织品基本安全技术规范

GB/T 19719 首饰 镍释放量的测定 光谱法

GB/T 20388 纺织品 邻苯二甲酸酯的测定

SN/T 1649 进出口纺织品安全项目检验规范

3 术语和定义

下列术语和定义适用于本标准。

3.1

婴幼儿学步带 baby walking strap

用于8个月至3周岁之间年龄段的从能够坐立到能够自己行走的婴幼儿练习行走用的提供支撑和保护作用的衬垫及条带装置。例如:普通的婴幼儿学步带样式有背带式和胯带式两款(见图1)。

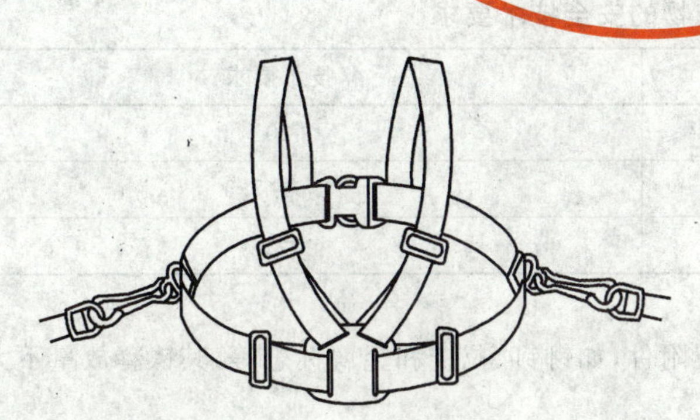

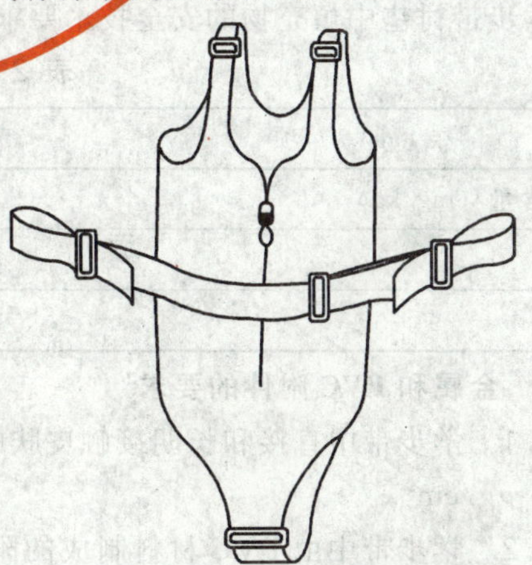

图1 学步带样式示例

3.2

危险锐利边缘　hazardous sharp edge

学步带在使用过程中,可能产生不合理伤害的可触及边缘。

3.3

危险锐利尖端　hazardous sharp point

学步带在使用过程中,可能产生不合理伤害的可触及尖端。

3.4

直接接触皮肤的区域　the area direct contact to skin

学步带在使用过程中,可直接与婴幼儿皮肤接触的部分区域。

4　技术要求

4.1 材料

4.1.1　材料质量

所有材料目视检查应清洁干净,无污染。材料应用目视检查,而非放大检查。

4.1.2　纺织类材料的要求

4.1.2.1　直接接触皮肤的区域

学步带直接接触皮肤的区域的纺织类材料,其甲醛含量、pH 值、异味、可分解芳香胺染料项目应符合 GB 18401—2003 中 A 类产品的技术要求,具体见表 1。

4.1.2.2　不直接接触皮肤的区域

学步带上不直接接触皮肤的区域的纺织类材料其甲醛含量、pH 值、异味项目应符合 GB 18401—2003 中 C 类产品的技术要求,具体见表 1。

表 1　织物安全技术要求

项　　目	直接接触皮肤的区域的纺织类材料	不直接接触皮肤的区域的纺织类材料
甲醛含量/(mg/kg)　≤	20	300
pH 值	4.0～7.5	4.0～9.0
异味	无	无
可分解芳香胺染料[a]	禁用	—
[a] 在还原条件下染料中不允许分解出的致癌芳香胺清单见 GB 18401—2003 附录 C。		

4.1.3　填充物的要求

学步带衬垫中填充物的安全技术要求见表 2。

表 2　填充物的安全技术要求

项　　目	技术要求
甲醛含量/(mg/kg)　≤	20
pH 值	4.0～7.5
异味	无

4.1.4　金属和 PVC 附件的要求

4.1.4.1　学步带中直接和长期接触皮肤的金属附件,如铆钉、拉链和金属标志等,其镍释放量不大于每周 0.5 $\mu g/cm^2$。

4.1.4.2　学步带中由 PVC 材料制成的附件,如塑料钮扣、PVC 人造革、PVC 薄膜、PVC 辅料和 PVC 标签产品中以下三类邻苯二甲酸酯含量不超过 0.1%:

——邻苯二甲酸二己酯(DEHP)；
——邻苯二甲酸二丁酯(DBP)；
——邻苯二甲酸丁苄基酯(BBP)。

4.2 结构

4.2.1 设计的安全性要求

学步带的结构、形状及支撑受力条带等的设计应确保婴幼儿在练习行走过程中具有平衡性和稳定性。产品上不应使用在外观上与食物相似的附件。

4.2.2 小零件

学步带的小零件(如:商标、钮扣、按扣、搭扣、小附件等)应符合 GB 6675—2003 中 A.4.4(小零件)的规定。

4.2.3 危险锐利边缘

学步带在使用过程中婴幼儿可触及的部件应符合 GB 6675—2003 中 A.4.6(边缘)的规定。

4.2.4 危险锐利尖端

学步带在使用过程中婴幼儿可触及的部件应符合 GB 6675—2003 中 A.4.7(尖端)的规定。

4.2.5 织带断裂强力

学步带上起支撑及提拉作用的织带(包括胯带,以及带与带之间的固定连接部分),其断裂强力应不小于 294 N(30 kgf)。

4.2.6 扣系配件的断裂强力

学步带上起支撑及提拉作用的 D 型扣、锁型扣、搭扣带等扣系配件,其断裂强力应不小于 294 N(30 kgf)。

4.2.7 整体承载强度

学步带按照 5.11(整体承载强度的测试)测试时,其拼缝、扣件、条带等结构不应出现损坏、撕裂或其他缺陷。

4.3 燃烧性能

学步带上所使用的纺织物根据 GB 6675—2003 中附录 B 相应条款进行测试,其火焰蔓延速度应小于等于 30 mm/s。如果火焰蔓延速度在 10 mm/s～30 mm/s 之间,则应在学步带表面或其包装上设置永久性警示说明:**“警示！切勿近火”**。

4.4 标志及使用说明

4.4.1 安全警示

4.4.1.1 在每件学步带的产品、包装或使用说明书上应标注类似以下内容的提示:

使用前应仔细阅读本说明书,如不按照说明书使用有可能会影响婴幼儿的安全。

4.4.1.2 为防止婴幼儿受到意外的伤害和误用,每件学步带的产品、包装或使用说明书上应标注类似以下内容的警示说明:

“警告！本产品必须在有成人的监护和辅助下才能使用”。

“警告！本产品不适合于不能坐立的婴幼儿使用”。

“警告！为确保婴幼儿安全,本产品必须在周围环境无危险障碍物的平坦的地点使用”。

“警告！在使用本产品过程中切勿使多余的条带缠绕住婴幼儿的脖子而引起意外”。

“警告！本产品不适用于年龄 3 周岁以上或体重在 30 kg 以上儿童使用”。

4.4.2 安全使用说明

为防止使用不当影响婴幼儿安全,学步带说明书上应提供安全使用方法,需要时,应以图解的方式说明。

4.5 其他安全要求

其他安全项目及纺织纤维的成分标识、护理标识及检针的要求根据不同输入国家或地区(组织)法律法规的要求,参见 SN/T 1649 的相关规定,其他非纺织品类材料应符合进出口国家或地区(组织)的相关强制性技术法规要求。

5 测试方法

5.1 甲醛含量的测定按照 GB/T 2912.1 执行。

5.2 pH 值的测定按 GB/T 7573 执行。

5.3 异味的检测采用嗅觉法,操作者应是经过一定训练和考核的专业人员。样品开封后,立即进行该项目的检测。检测应在洁净的无异常气味的环境中进行。操作者应戴手套,双手拿起样品靠近鼻孔,仔细嗅闻样品所带有的气味,如检测出有霉味、高沸程石油味(如汽油、煤油味)、鱼腥味、芳香烃气味中的一种或几种,则判为“有异味”,并记录异味类别,否则判为“无异味”。应有 3 人独立检测,并以 2 人一致的结果为样品检测结果。

5.4 可分解芳香胺染料的测定按 GB/T 17592 执行,检出限为 20 mg/kg。

5.5 镍释放量的测定按 GB/T 19719 执行。

5.6 邻苯二甲酸酯含量的测定按 GB/T 20388 执行。

5.7 小零件、危险锐利边缘和危险锐利尖端的测试按照 GB 6675—2003 中附录 A 规定的检测方法进行。

5.8 织带断裂强力的测定按照 GB 14748—2006 中 5.17.1 规定执行。将织带(包括胯带以及带与带之间的固定连接部分)的两端固定在带有测力器的夹钳中,在 5 s 内逐渐将负荷增加到 294 N(30 kgf)并保持 5 min。检查织带的状态。

5.9 扣系配件的断裂强力的测定按照 GB 14748—2006 中 5.17.3 规定执行。在包含扣系配件的织带部分取样,使扣系配件处于测试样品的中部,取样长度及拉力器夹钳的隔距可根据样品实际情况确定,在 5 s 内逐渐将负荷增加到 294 N(30 kgf)并保持 5 min。检查扣系配件的状态。

5.10 燃烧性能的测试按照 GB 6675—2003 中附录 B 规定的相应检测方法进行。

5.11 整体承载强度的测试,将 30 kg 负载均匀地放置在学步带的中心受力位置,如胯带的底部。持续承载 5 min,然后移开负载,检查产品的拼缝、扣件、条带的整体状况。

5.12 其他进出口安全项目的测试按照 SN/T 1649 相关规定或进出口相关标准执行。

ICS 97.190
Y 04

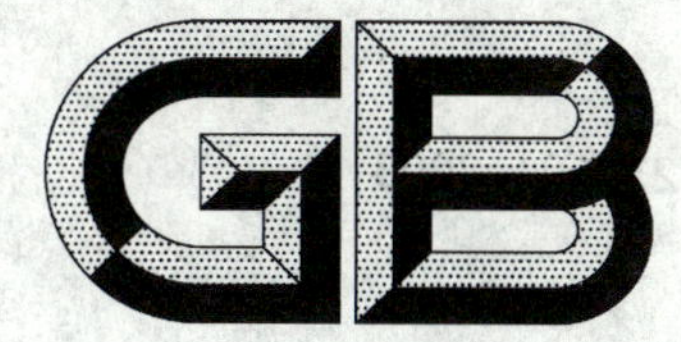

中华人民共和国国家标准

GB/T 23160—2008

进出口自行车儿童座椅安全要求和测试方法

Safety requirements and test methods of child seats on cycle for import and export

2008-12-30 发布　　2009-09-01 实施

中华人民共和国国家质量监督检验检疫总局
中国国家标准化管理委员会　发布

前　言

本标准非等效采用 EN 14344:2004《儿童使用和护理用品　自行车用儿童座椅　安全要求和测试方法》。

本标准的附录 A、附录 B 均为规范性附录。

本标准由国家认证认可监督管理委员会提出并归口。

本标准起草单位:中华人民共和国昆山出入境检验检疫局、中华人民共和国宁波出入境检验检疫局。

本标准主要起草人:徐洪刚、袁兴启、韩振国、张学峰、骆海青、周利英、钱烈辉、宋芳。

进出口自行车儿童座椅
安全要求和测试方法

1 范围

本标准规定了自行车用儿童座椅的安全要求和测试方法。

本标准适用于组装或直接固定在自行车或电动自行车上、适合体重在 9 kg～22 kg 之间(大约年龄在 9 个月～5 周岁)、不需要帮助就能坐立的儿童乘坐的座椅。

2 规范性引用文件

下列文件中的条款通过本标准的引用而成为本标准的条款。凡是注日期的引用文件,其随后所有的修改单(不包括勘误的内容)或修订版均不适用于本标准,然而,鼓励根据本标准达成协议的各方研究是否可使用这些文件的最新版本。凡是不注日期的引用文件,其最新版本适用于本标准。

GB 6675—2003 国家玩具安全技术规范

ISO 1043-1 塑料 符号和缩略语 第 1 部分:基本聚合体及其特性

ISO 1043-2 塑料 符号和缩略语 第 2 部分:填充剂及加强材料

ISO 4628-3 色漆和清漆 漆膜降解的评定 一般性缺陷程度,量值和大小及均匀变化程度的规定 第 3 部分:生锈等级的规定

ISO 9227 人造环境中的腐蚀试验 盐雾试验

ISO 11243 自行车 自行车衣架 术语、分类和试验

EN 1811 长期直接和皮肤接触产品中镍释放测试的参考方法

3 术语和定义

下列术语和定义适用于本标准。

3.1

座椅 seat

用于安装在自行车上的儿童座椅。

3.2

前座椅 front seat

安装在骑行者前面的儿童座椅(在横把和骑行者之间)。

3.3

后座椅 rear seat

安装在骑行者后面的儿童座椅。

3.4

可调座椅 reclining seat

能调整靠背成直立或倾斜状态的前或后座椅。

3.5

中心面 central plane

通过自行车、座椅和测量仪器中心线的平面。

3.6

参考面　reference plane

位于座椅乘坐区域最低点的上方，由座椅测量仪器确定的水平面。

3.7

连接装置　attachment system

将儿童座椅装配到自行车上的结构装置。

3.8

脚踏板　footrest

支撑儿童脚的结构。

3.9

可触及区域　accessibility zone

乘坐儿童手或脚可触及的区域。

3.10

把横管　handlebar

骑行者手操作的部分(见图 1)。

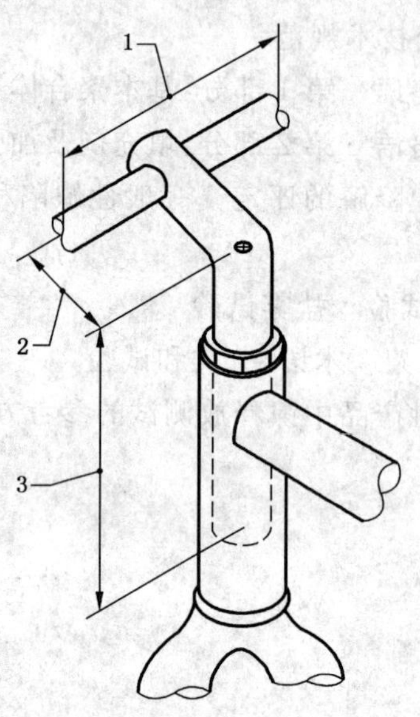

1——把横管；
2——接头横管；
3——立管。

图 1　把横管和把立管的组装

3.11

接头横管　extension

把立管的一部分，位于转轴前用于固定把横管(见图 1)。

3.12

立管　quill

把立管的一部分，其部分插入前叉的立管中，与前叉立管同轴(见图 1)。

3.13

束缚系统　restraint system

座椅上保证儿童处于乘坐安全位置的装置。

3.14

胯带　crotch restraint

通过儿童两胯间，防止儿童向前滑出的带子。

3.15

衣架　carrier

安装在自行车后轮上方，设计用于携带行李或放置儿童座椅的装置。

4　分类

座椅根据承载儿童的重量和在自行车上的安装方式进行分类，见表1。

表1　座椅分类

座椅形式	类别	
	载重 9 kg～15 kg	载重 9 kg～22 kg
后座椅	A15	A22
前座椅(位于车把和骑行者之间)	C15	禁用
前座椅(位于车把前面)	禁用	禁用

示例：A15——座椅安装在骑行者的后面(A)，最大承载 15 kg(15)。

5　通用要求和测试条件

5.1　最不利条件原则

座椅安装到自行车上测试时，测试者应根据制造商提供的信息和使用说明，可采用任何适合这些信息的自行车来测试，每项测试都应在最不利的条件下进行。

5.2　测试条件及精度

除另有说明外，测试时采用以下精度：

——力的精度：±5%；

——质量精度：±1%；

——尺寸精度：±1.0 mm；

——时间精度：±1 s；

——角度精度：±1°；

——频率、振幅精度：±5%。

除另有规定外，座椅应在温度为 23 ℃±5 ℃的环境内放置至少 2 h，方可在该环境温度中进行所有的测试。

5.3　测试顺序

按本标准规定的顺序，所有的测试项目应在一个样品上进行。

6　结构

6.1　尺寸

6.1.1　脚踏板和座位尺寸要求

按照6.1.3要求测量时，座椅上主要乘坐区域的尺寸应符合表2项目中a～e的规定，项目e中的长度及其余项目为参考值。

注1：测量仪器参考面位于乘坐区上方大约 55 mm 处，测量均在此面上或相对于此面进行。表2项目中c和d较其反映的实际尺寸小 55 mm，而项目f比它代表的值要大些。

注2：项目h、i和j为非测试项目，是测量过程中要用到的参考尺寸。

表 2 儿童座椅的尺寸

单位为毫米

项目		座椅分类		
		A15	C15	A22
a	椅宽(内侧)	230±30	230±30	250±40
b	椅长(前到后)	190±30	190±30	200±30
c	靠背最小高度	385	160	400
d	侧边最小高度	65	45	85
e	踏脚板最小尺寸 宽×长	75×100	75×100	75×115
f	脚踏板高度调整最小范围	180～250	180～220	180～290
g	侧边最小长度	105	105	105
h	膝盖点设定范围	154～244	154～244	154～294
i	小腿最大长度	270	270	340
j	最大脚长值的一半	80	80	100
注：座椅的最大外形宽度不得超过 600 mm。				

6.1.2 测量仪器安装方式

应使用附录 A 中描述的测量仪器检查座椅尺寸。座椅安装到自行车上或相似的器具上，按照制造商使用说明书要求进行装配。将测量仪器放置在座椅上，使 A 点触及靠背中心，在 C 点上加载 5 kg 的重物，并调整座椅方向直到测量仪器参考面呈水平。

注：测量时，允许在测量仪器上加载来模拟儿童坐在座椅上情形。

6.1.3 测量方法

以测量仪器参考面为基准，量取相关数据如下(A～F 见图 A.1，a～f 见图 A.2)：

a) 通过 B 点测量座椅内部宽度，即 a 值；

b) 移动直径 15 mm 的拨杆，直到碰到座位的边缘，A 点到拨杆之间距离代表座椅长度 b；

c) 测量 A 点到靠背顶部中心的距离即 c 值。可使用卡尺直接量取这两点之间的直线距离；或者，使用测试仪器量取相对 A 点水平和垂直方向的位移，进行计算得到 c 值。如果座椅配有可调式头部靠椅，则将其调到最低位置进行测量；

d) 测量 B 点到座椅侧边的垂直距离，即 d 值；

e) 测量用于放置儿童脚的区域的最大宽度和长度，即 e 值；

f) 测量仪器上 D 点(相当于儿童臀部)到 E 点(相当于儿童膝盖部)距离为 h(相当于儿童大腿长度)，测量 E 到 F 点(相当于儿童脚跟部)距离，即 f 值。当 h 最小时，调整脚踏板到最高位置，此时 f 值应不大于表 2 中的较小值；当 h 最大时，调整脚踏板到最低位置，此时 f 值应不小于表 2 中的较大值。测量时脚跟量具应紧贴在脚踏板上；

g) 在参考面上量取 A 点到座椅侧边前边缘的垂直距离，即 g 值。或直接判断 C 点是否处于 A 点和两侧边前边缘之间。

6.1.4 脚踏板调整的要求

若采用可调式的脚踏板，其高度应连续地或以不大于 40 mm 的间隔进行调整，间隔测量方法按照 6.1.5 规定进行。

6.1.5 脚踏板调整测量方法

按照 6.1.3f)规定的方法，得出 E 到 F 点最大和最小值之差，然后除以脚踏板可能安装的档位数减一，得到平均调整间隔，其值不应超过 6.1.4 中规定的最大值。

6.2 边、角和突出物

边、角和突出物应当符合图2中a),b),c)中最小半径的规定,或者如果出现壁厚小于4 mm的情况时,符合下列要求:

——应当倒圆;

——应当被折叠成卷成图2中d),e),f)形状;

——应当采用塑料保护套或添加图2中g)所示足够填充物加以防护。

单位为毫米

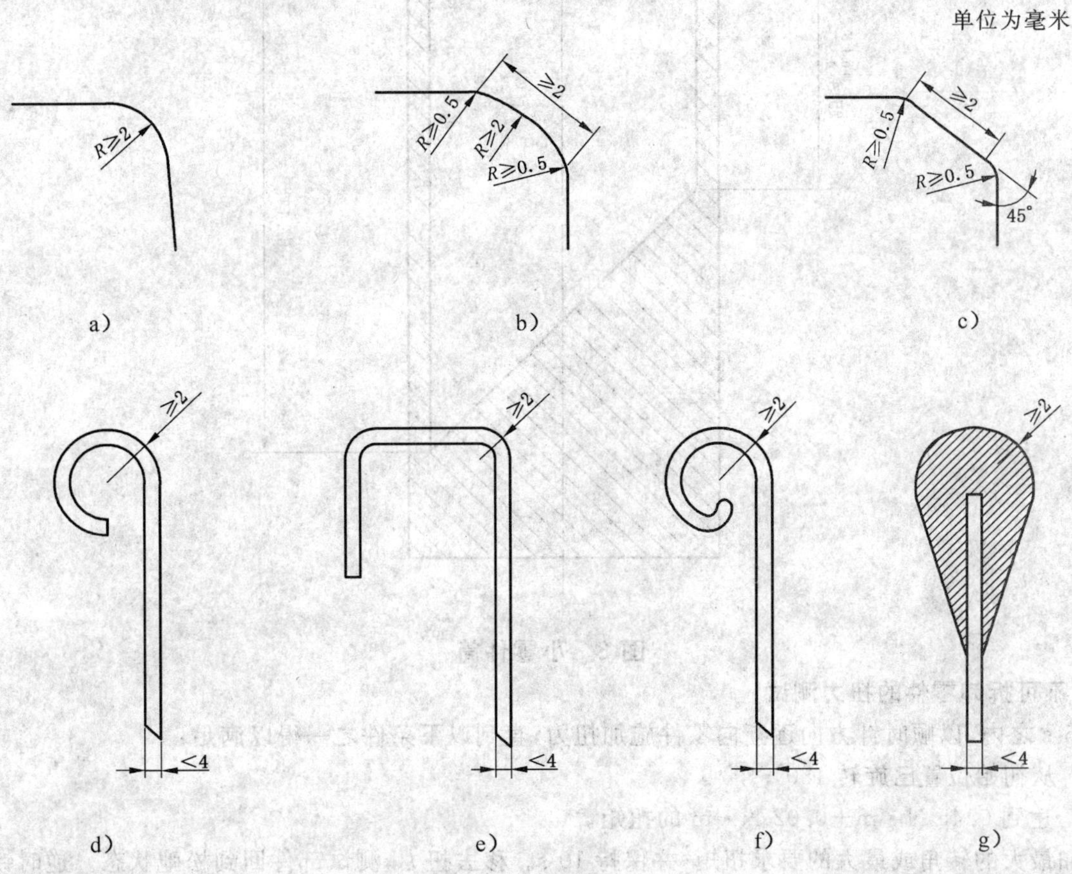

图2 边、角和突出物要求

6.3 危险夹缝

装配好的座椅上,易触及区域不得有5 mm~12 mm的间隙。这个易触及区域包括产品外形上的任何可见部件。座椅前部到后部参考面下方200 mm宽的区域除外。垫子、束缚系统和带扣也不包括在内。

6.4 小零件

6.4.1 可拆卸和不可拆卸零件的要求

为了防止儿童吸入或咽下小零件,零件应符合以下要求:

a) 可拆卸的零件在没有挤压和任何方向的情况下,都不能完全容入图3中的小零件筒。

b) 不可拆卸的零件,例如那些不希望被移走的部件,应当符合下列要求之一:

1) 零件应嵌入以避免儿童用手抓住或牙齿咬住;

2) 零件应固定牢固,按GB 6675—2003中A.5.24.6规定进行拉力测试,以及按6.4.3规定进行扭力测试时都不可拆卸;

3) 进行拉力测试时可以被拆卸的零件,应符合可拆卸零件的要求。

6.4.2 测试设备

测试设备见图 3 小零件筒。

单位为毫米

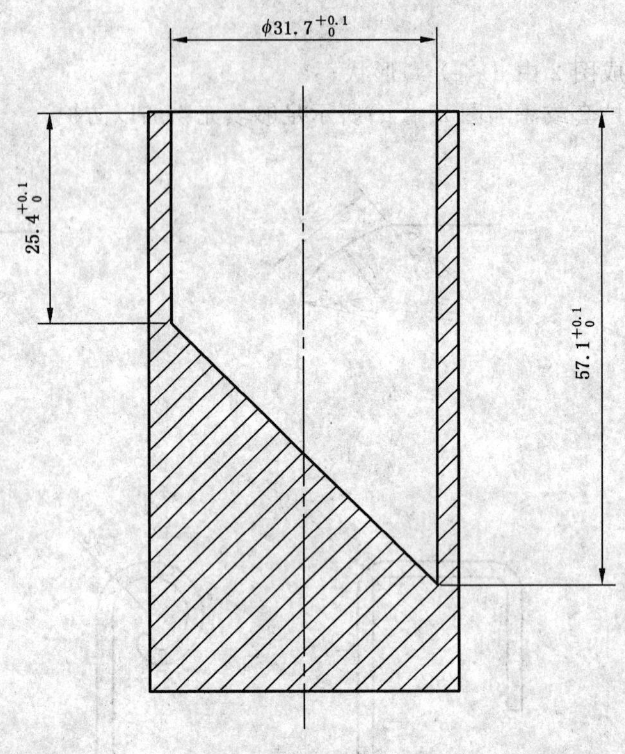

图 3 小零件筒

6.4.3 不可拆卸零件的扭力测试

在 5 s 之内，以顺时针方向逐渐向零件施加扭力，直到以下条件之一得以满足：

a) 从初始位置已旋转 180°；

b) 达到 0.45 N·m±0.02 N·m 的扭矩。

施加最大的转角或最大的要求扭矩，并保持 10 s。移去扭力，测试部件回到松弛状态。逆时针方向重复上述测试过程。设计用来与棒或杆牢固装配并一起转动的可接触突出物、座椅部件或组件，应用夹具夹住上述棒或杆以防止一起转动。假如由制造商用螺丝固定或按制造商说明用螺丝固定的座椅部件，在施加规定扭力时，如果上述部件松动，则继续施加扭力至已达到所规定的扭力或上述部件松脱；如果该测试部件在小于规定扭力限量时，明显继续转动而又不会松脱则应终止测试。在使用夹具或测试设备时要小心操作，防止损伤零件本体或连接机构。检查测试时脱落的零件或零件的任何部分是否完全容入图 3 中的小零件筒。

6.5 贴纸

6.5.1 贴纸的要求

按照 6.5.3.1、6.5.3.2 和 6.5.3.3 测试时，塑料贴纸或塑料薄膜不应从产品上脱离或发生松弛。如果脱落，并且贴纸或薄膜面积大于 100 mm×100 mm，则按 6.5.3.4 规定测试，平均厚度应不小于 0.038 mm。如果脱落的塑料贴纸或塑料薄膜有任何尺寸小于 100 mm(厚度除外)，它在不折叠的情况下，应不能完全容入图 3 中的小零件筒。

6.5.2 测试设备

测试设备见图 4 塞规。

单位为毫米

图 4 塞规

6.5.3 测试方法

下列试验应当在 20 ℃±5 ℃温度范围内进行。

6.5.3.1 浸泡测试

将塑料贴纸或塑料薄膜完全浸泡在温度为 20 ℃±5 ℃的去离子水中，4 min 后取出，在室温下放置 10 min，允许让多余的水分流走。再重复该试验 3 次，总计浸泡水里 4 次。

6.5.3.2 附着测试

在塑料贴纸或塑料薄膜的表面和底层之间，用 25 N±2 N 的力插入塞规，插入角度 0°～10°之间，重复试验 30 次，且每一次均在同一位置插入塞规。

6.5.3.3 拉力测试

在经过 6.5.3.1 和 6.5.3.2 测试后，将塑料贴纸或塑料薄膜夹住，小心不要破坏塑料贴纸或塑料薄膜，然后在 5 s 内把力逐渐增加到 90 N 并维持 10 s。

6.5.3.4 测量厚度

取面积至少 100 mm×100 mm 的贴纸或薄膜，在对角线上取 10 个等距离点，测量厚度。

6.6 可调整靠背和脚踏板

靠背和脚踏板如果是可调节式，其在构造上应能保证位置固定，使用过程中不会产生位置变化。

6.7 反射器的安装

后座椅安装到自行车上后，如果会将自行车上的反射器遮盖住，则应在座椅的后部安装反射器。

7 强度和耐久性

7.1 强度和耐久性要求

所有部件的安装应符合制造商说明书的要求(见第 14 章)。

在经过 7.4.1～7.4.6 试验后，被测试部件或连结点应当：

——不能损坏，未有可见的裂纹或缝隙；

——仍然保持它的功能。

7.2 强度和耐久性测试时的固定方式

7.2.1 无固定衣架的安装方式

将座椅安装到刚性器具上。该器具应满足座椅安装到自行车上的特性，并保证比自行车刚性更好。例如，制作成车架形状用来安装座椅的器具可以用和车架相同直径的实心管来代替。

座椅应装上所有可调节的附件，并且任何可调节的部件(如：脚踏板、可调节靠背)都应调节到最不利的位置。所有紧固件应按照制造商说明书要求进行锁紧。

7.2.2 有固定衣架的安装方式

设计安装到衣架上的座椅，安装在衣架平台上的部分应水平。

7.3 强度和耐久性测试设备

7.3.1 加载垫块

加载物是一个直径60 mm刚性圆形的垫块，加载面是半径为300 mm±10 mm的球面，表面覆盖邵氏硬度A为55°±3°、厚为2 mm±0.1 mm的材料，见图5。加载垫块采用万向连接，以便施力时能和脚踏板和靠背等受力面垂直。

单位为毫米

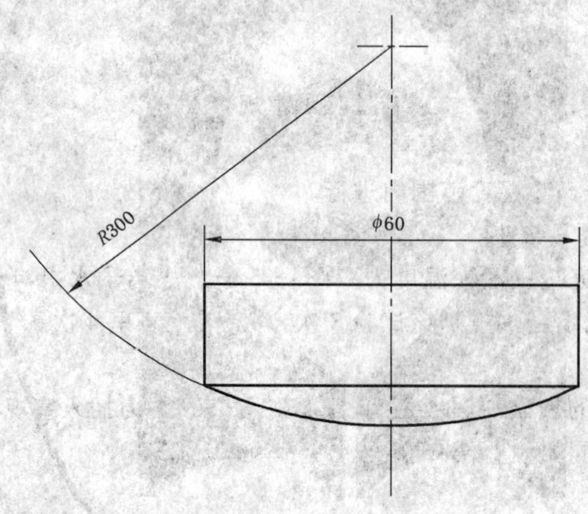

图5 加载垫块

7.3.2 振动装置

将按7.2要求安装好的座椅固定到设备上，按7.4.4和7.4.5规定进行振动。

座椅和脚踏板按附录B描述加载测试袋，按照图6中与儿童质量相关的参数安排试验。

将测试袋捆扎到座椅上，为防止测试袋在试验时移动，可以使用绳子、带子或胶带、垫子等这些可以忽略重量的材料。

注：当按照7.4.4和7.4.5试验时，测试频率和座椅的固有频率相同，发生共振时，按振动频率减少10%、振幅增加23%进行试验。

7.3.3 限位装置

进行横向刚性试验时，可使用确定座椅极限位置的装置，例如微动开关或红外线传感器。

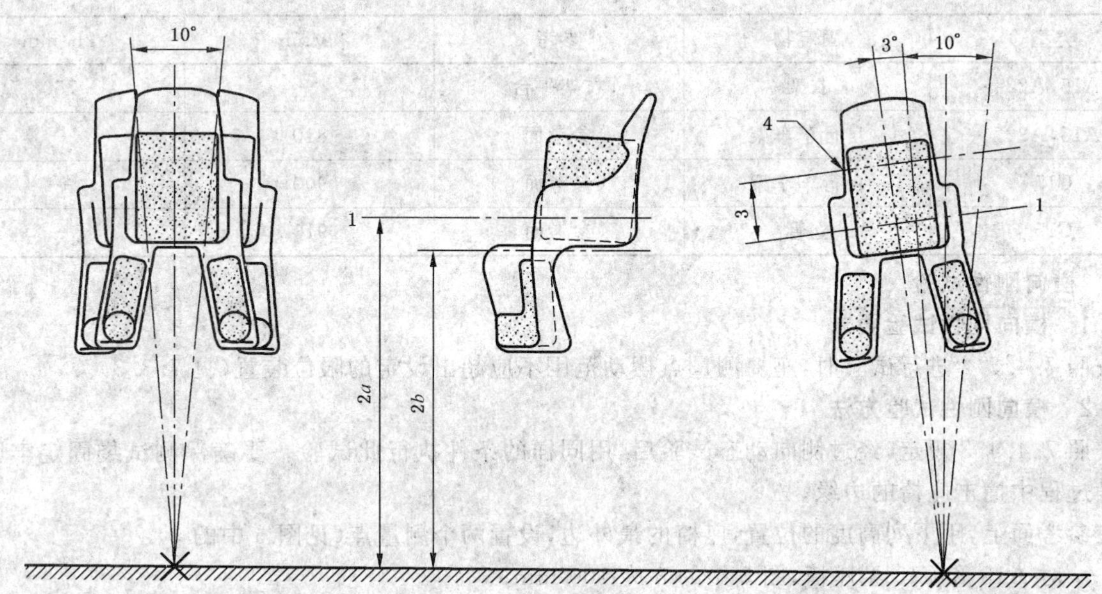

1——参考面；

2a——参考面到侧向摇摆轴的距离；

2b——衣架平台到侧向摇摆轴的距离；

3——参考面上面测量点的高度；

4——测量点。

图 6 振动装置

7.4 强度和耐久性测试方法

在进行强度和耐久性试验时，所有的座椅都应经过 7.4.1～7.4.6 靠背动态耐久试验。

7.4.1 高温试验

将座椅放置在 65 ℃±5 ℃的试验箱内，经过 4 h±1 h 后，取出座椅。

7.4.2 低温跌落试验

将座椅放置在－20±1 ℃的试验箱内，经过 4 h±1 h 后，取出座椅。在 15 s 内将其从 1 m 的高度落到光滑水平的混凝土地面上，并让座椅的侧边碰到地面。

7.4.3 脚踏板强度试验

按照 7.2 规定固定好座椅，按照座椅设计的最大承载质量，垂直向下施加荷重到脚踏板中心上，持续 1 min。加载垫块符合 7.3.1 规定。

7.4.4 疲劳试验

7.4.4.1 疲劳试验的准备

按 7.3.2 进行试验前的准备。

7.4.4.2 垂直动态测试

在垂直方向上，对座椅作正弦波振动，频率 7 Hz，振幅 5 mm(全振幅 10 mm)，振动 50 000 次。

7.4.4.3 侧向动态试验

绕着水平轴，对座椅按正弦波左右摇摆，该水平轴相当于自行车轮胎和地面的接触位置，在座椅下端 2a 或 2b 处，2a 或 2b 值应符合表 3 和图 6 中的规定。摆动弧度设定为 10°，以 1 Hz 频率持续 50 000 次。

表 3　侧向摆动轴的距离值

类型	固定物	参考	2a/mm	2b/mm
A15,A22	衣架	衣架平台	—	750
A15,A22	自行车车架	参考面	810	—
C15	自行车车架	参考面	900	—
C15	立管	参考面	910	—

7.4.5　横向刚性试验

7.4.5.1　横向刚性试验要求

按照 7.4.5.2 进行试验时,座椅测量点摆动范围不应超出设定的限位装置(见 7.3.3)。

7.4.5.2　横向刚性试验方法

按照 7.4.4.3 规定,经过侧向动态试验后,用同样的条件执行此试验。要确保测试袋固定牢固,防止摇摆过程中撞击座椅的边缘。

在参考面上,距下列高度的位置,座椅的最外边,设置两个测量点(见图 6 中的 3):

——对 A15 和 C15 型座椅,图 6 中的 3 为 100 mm;

——对 A22 型座椅,图 6 中的 3 为 150 mm。

向一侧缓慢地倾斜座椅,到 7.4.4.3 规定的极限弧度,然后倾角再加大 $3^{+0.1}_{0}$°(见图 6),对应测量点安装一个限位装置,以便在横向刚性试验过程中有过量的位移时能发现。在另一侧同样设置测量点。

重复 7.4.4.3 要求的侧向动态试验条件,累计 100 个循环。

7.4.6　靠背的动态耐久试验

7.4.6.1　靠背的动态耐久试验准备

按照 7.2 固定好座椅,但该测试不需要座椅处于水平位置。

7.4.6.2　所有类型的座椅靠背动态测试

在靠背距参考面之上 120 mm 处取一点,以小于 1 Hz 的频率对其施加 100 N 的向后重复荷重(平行于参考面)10 000 次或直至破坏(见图 7)。荷重加载垫块应符合 7.3.1 规定。

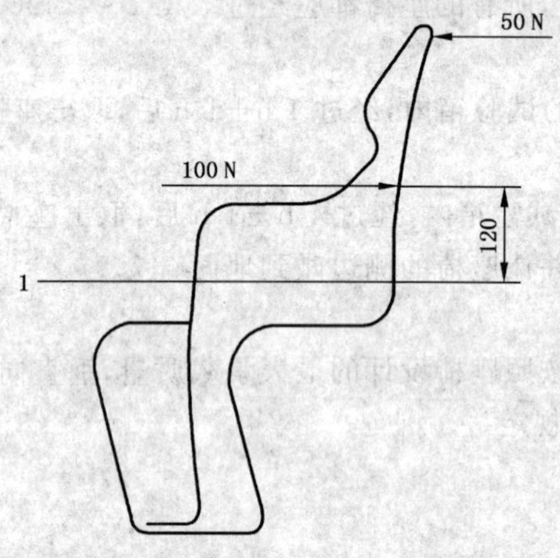

图 7　靠背的动态试验

7.4.6.3　后座椅靠背动态测试

后座椅还需要以小于 1 Hz 的频率,对靠背的顶部施加 50 N 的向前重复荷重(平行于参考面)10 000 次或直至破坏(见图 7)。荷重加载垫块符合 7.3.1 规定。

8 座椅和自行车的安装

8.1 座椅的一般要求

为了避免座椅在自行车上意外松脱，锁紧机构应要求：

a) 至少有一处锁紧机构使用工具(扳手或螺丝刀)；

b) 两个独立的锁紧机构应同时操作；

c) 两个或更多自动设置的锁紧机构不能在无意识的动作下同时被打开；

d) 两个持续的动作，第一个在保持的状态下，第二个才能执行。

座椅和自行车连接的例子：弹簧卡；螺丝和防松螺母；螺丝和带弹簧垫圈螺母。

8.2 安装到衣架上的座椅附加的要求

固定到衣架上的后座椅，相适应的衣架宽度在 120 mm～175 mm 之间。

座椅的设计应按照衣架的宽度不同而变化，这些衣架符合 13.2.1 的指定类型，测试者选择合适的衣架进行试验。

8.3 前座椅的附加要求

前座椅和自行车至少有一个固定点不在把横管或接头横管上。

9 束缚系统

9.1 总则

座椅应装有可调节的带子或类似的闭合防护装置，确保儿童坐在座椅的安全位置。束缚部位任选下面其中之一：

——肩部和胯部；

——肩部和腰部，此时座椅上两腿之间有至少高出参考面 20 mm 的圆形隆起或类似鞍桥的装置；

——肩部、腰部和胯部。

所有束缚儿童的带子宽度应不小于 20 mm。

9.2 束缚系统的翻滚试验

9.2.1 束缚系统的翻滚试验要求

按照 9.2.3 测试时，试验模型(见 9.2.2)不能完全翻出束缚系统。注意测试模型的部分移动不应当作失效。

9.2.2 翻滚试验用模型

试验模型采用硬质材料制作，表面光滑，总质量 9 kg±0.1 kg，见图 8。

单位为毫米

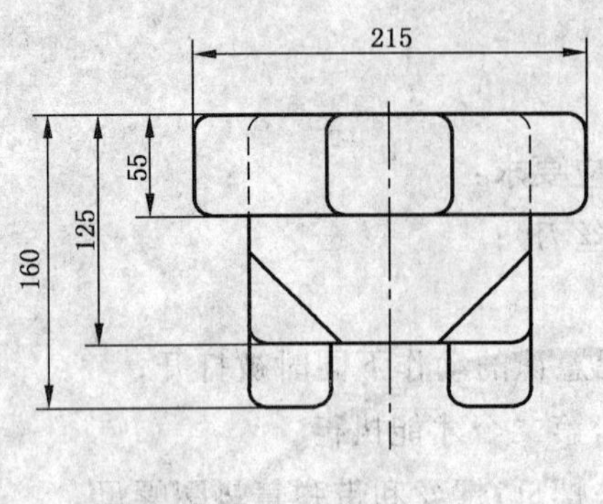

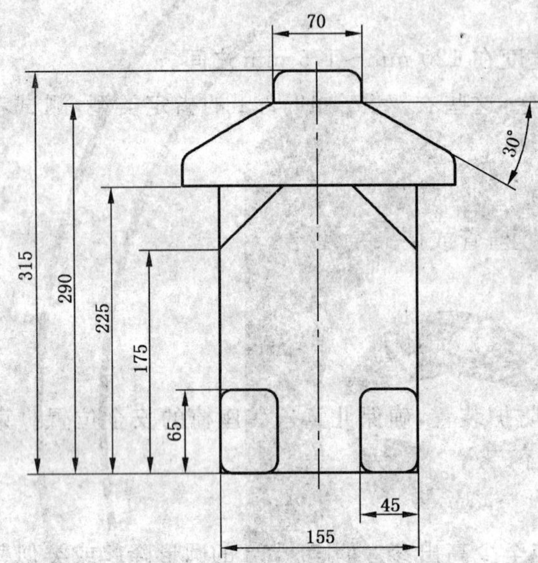

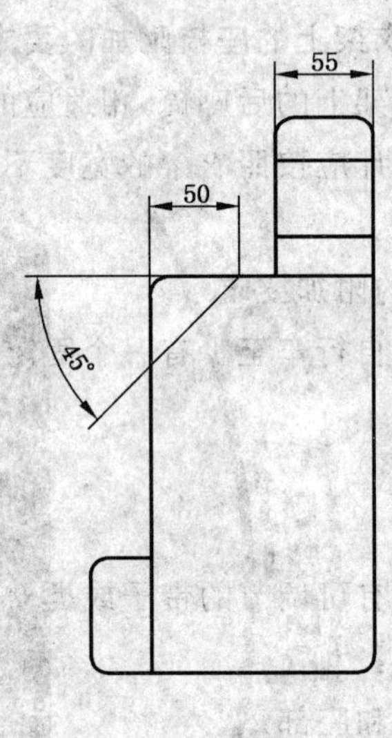

图 8 测试模型

9.2.3 束缚系统的翻滚试验方法

首先把试验模型放置到座椅中央，225 mm 轴紧贴住后靠背，依制造商说明书要求固定在束缚系统上，腰带绕过测试模型的躯干后收紧以消除间隙，要位于腿根部的上方。如果胯带是可调节的，也应收紧以消除间隙。有肩带场合下，在测试模型的肩部各放置一个硬质材料制作的边长为 30 mm 的立方形块状物，然后收紧肩带消除间隙，再移去块状物。

以 4 r/min±0.5 r/min 转速，在前后方向上均匀、平稳地 360°转动座椅。

以前进方向旋转座椅 360°，再反向旋转 360°。

重复此动作 2 次，总计 3 次旋转。每旋转 360°后，如果需要将测试模型恢复到原始位置，不能改变束缚系统的调整装置。

9.3 束缚系统同座椅的固定

9.3.1 束缚系统的固定要求

按第 9.3.2 测试时，束缚系统不应有断裂、变形、松弛或撕裂。

9.3.2 束缚系统固定的测试方法

在束缚系统的每一个固定点以最不利的方向，缓慢施加 150 N±2 N 的荷重，持续 1 min。

如果在同一固定点有不止一条带子，则同时对每条带子各施加 150 N±2 N 的荷重。

9.4 带扣强度

9.4.1 带扣强度的要求

按照 9.4.2 要求进行测试时，在任何方向上，带扣都不能松开或产生影响正常功能的破坏。

9.4.2 带扣强度测试方法

在带扣的任一边缓慢施加 200 N 的拉力，维持 1 min。

9.5 调节机构的微滑性和强度

9.5.1 调节机构的微滑性和强度要求

对每一条束缚带，按照 9.5.2 要求进行测试时，其调节机构的滑移量不应超过 25 mm。对整个束缚带系统施加座椅最大承载能力值(见表 1)1.5 倍的水平荷重，持续 1 min，任何一点不应出现损坏、脱落的现象。

9.5.2 调节机构的微滑性和强度要求试验方法

在进行微滑测试前，零件或装置应在温度 20 ℃±5 ℃，相对湿度 65%±5%的环境中放置至少 24 h。

进行测试时，温度在 15 ℃～30 ℃之间。

带子自由端的结构应和实际使用时相同，并且不能有任何其他附件(见图 9)。

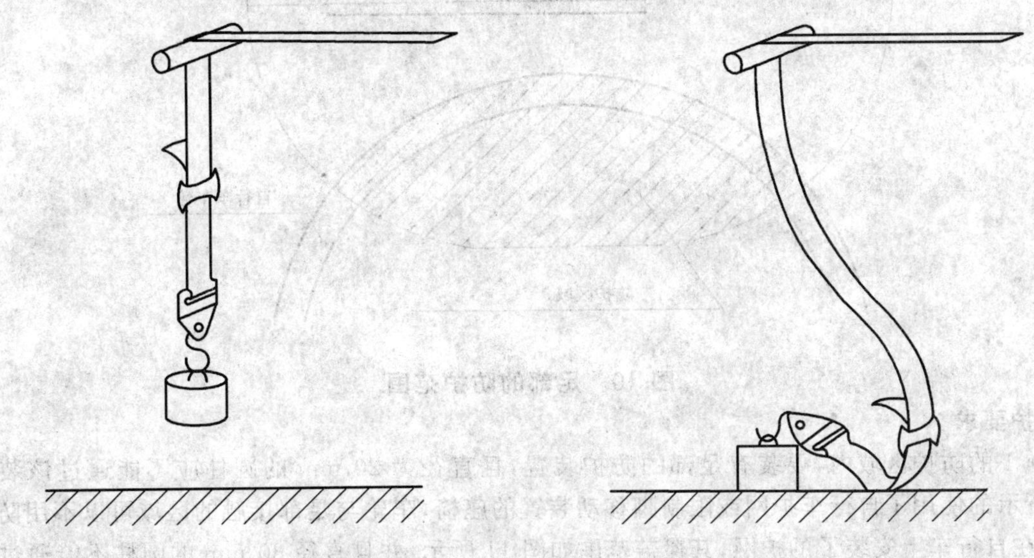

图 9 微滑测试

将带有调节机构中的束缚带垂直放置，一端挂 5 kg 砝码(要有导向装置以防止荷重摇摆和带子扭曲)，带子的末端应上下方向垂直，就象在座椅上一样，另一端经过装有水平轴的换向轮，承受荷重的束缚带的平面平行于此轴，带子通过换向轮的部分应保持水平。

测试方式如下，当其提升到最高到位置时，5 kg 砝码距支撑台面 100 mm，同时调节机构的中心到支撑台面距离为 300 mm±5 mm。

先完成 20 次预试验，然后以 0.5 Hz 频率、300 mm±20 mm 全行程，测试 1 000 次。如果相对此行程束缚带不够长，测试行程可缩短，但不得小于 200 mm。只有相应位移升至 100 mm±20 mm 时，5 kg 砝码才产生加载，也就是有半个周期的作用时间。

9.6 束缚系统的闭合

在未完全闭合的情况下，沿着咬合方向施加不超过 10 N 的力，束缚系统的闭合结构应能解开。

9.7 保证儿童安全的结构

任何束缚装置或束缚带都具有安全、快速且能防止儿童弄坏的解开机构。解开需要两个独立的动作，在第一个动作保持的情况下，再以 40 N～60 N 的力执行第二个动作才能打开。

9.8 特别的豁免条件

如果在座椅上贴有“不足 4 周岁的儿童不得使用”的永久性标记，可以不装束缚系统。

10 足部的防护

10.1 触及车轮区域

将座椅安装在自行车上，其中心要和自行车的后衣架等的中心一致。坐面前边缘部（只限于抽出脚的开口部）覆盖 350 mm（15 kg 以下用的座椅为 300 mm）的距离范围；一直到侧面边缘部（只限于取出脚的开口部）覆盖 350 mm（15 kg 以下用的儿童座席为 300 mm）的距离范围，见图 10。有可能和车轮接触的区域，属可触及车轮区域，需要进行足部的防护。

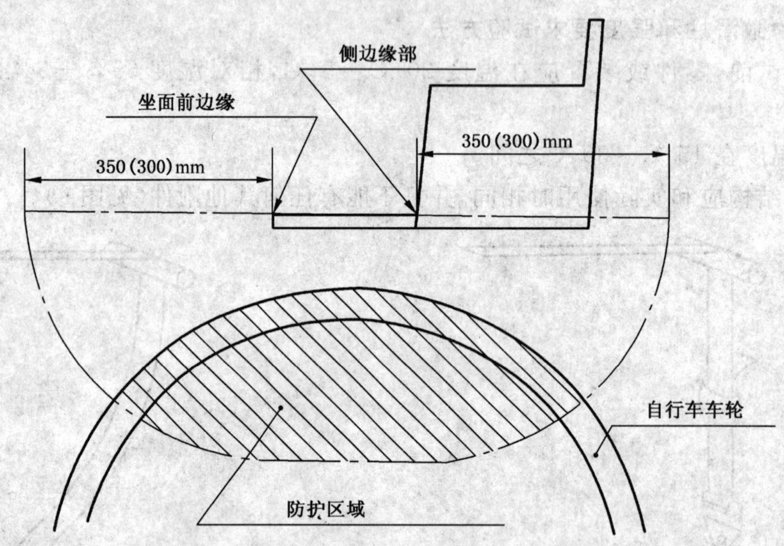

图 10 足部的防护范围

10.2 防护要求

在 10.1 的防护区域内，要装有足部的防护装置，且直径为 20 mm 的圆柱应不能通过该装置。但是，以下所示的使用了自行车护网或限制脚移动装置的座椅，车轮与足部接触的区域可以不用防护。

a) 在自行车上安装了的护网，其覆盖范围如图 11 所示，并且直径 30 mm 的圆柱不能通过该装置时，座椅上可不用足部防护；

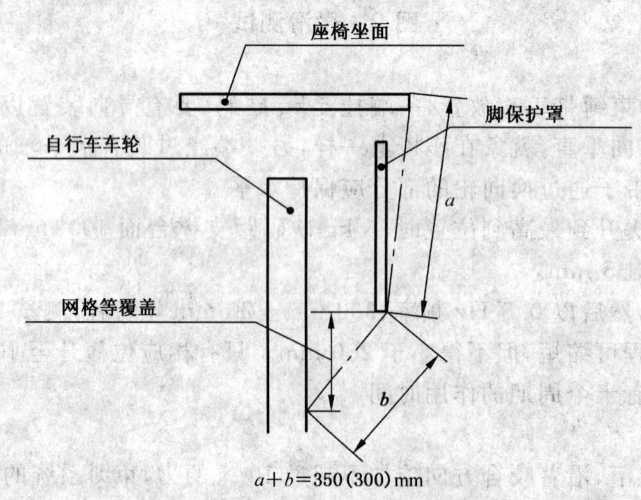

图 11 自行车护网范围

b) 在 a)中，安装了限制脚移动的装置，见图 12。在垂直于自行车车轮方向上，也无法通过长 75 mm 以上直径 30 mm 的圆柱的话，那么即使限制脚移动范围之外的部分，也可以不用防护。

单位为毫米

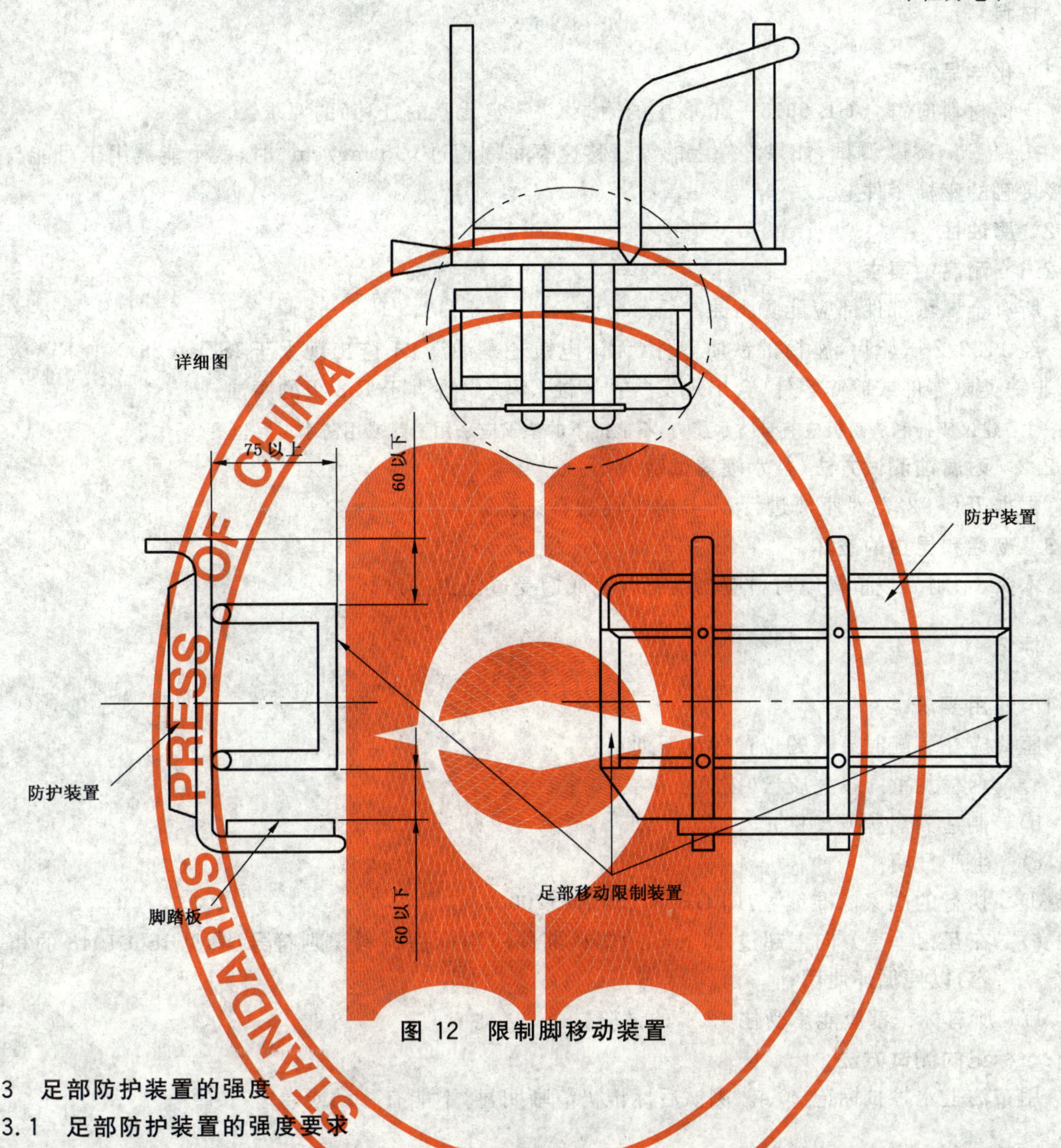

图 12 限制脚移动装置

10.3 足部防护装置的强度

10.3.1 足部防护装置的强度要求

座椅的任何部分，包括任何附件，只要是儿童脚可触及的，都应能承受 5 J 能量的冲击，按 10.3.2 进行测试后应达到以下要求：

——座椅的任何部件都不应破坏或有可见裂纹；

——任何永久变形量不得超过 15 mm。

10.3.2 足部防护装置的强度测试方法

将座椅安装到合适的自行车上，使用一个半径为 25 mm、邵氏硬度 A 为 55°±3°的半球形的冲击块对足部防护装置进行冲击，冲击能量为 5 J±0.25 J。冲击点位于脚容易踢到的位置。

10.4 足尖套

10.4.1 脚踏板要求

座椅应提供脚踏板，除非座椅被设计成腿封闭式，这时要提供足尖套。任何形式的足尖套宽度都应大于 15 mm，并且可调。

10.4.2 足尖套带子要求

足尖套带子应能承受 100 N 的拉力，施力方向为前上方 45°。

11 材料

11.1 化学品危害

座椅材料应符合 GB 6675—2003 中的附录 C“特定元素的迁移”的要求。

按照 EN 1811 测试，如果零件上的镍迁移速率每周超过 0.5 mg/cm² 时，就不能被用于可能与皮肤直接接触的座椅零件上。

11.2 腐蚀性

11.2.1 耐腐蚀要求

所有金属零部件都应能防腐蚀。

经 11.2.2 试验后，座椅的铁质零件(无论电镀还是油漆)不应出现大于 ISO 4628-3 中 Ri2 级的腐蚀；非铁类质零件或镀锌零件(会出现发“白“腐蚀)不应出现大于 Ri3 级的腐蚀。

注：建议座椅和脚踏板应有自防水能力，不能拆下的垫子应采用密封或用防水材料包覆。

11.2.2 耐腐蚀测试方法(盐水喷雾试验)

根据 ISO 9227，对座椅进行 48 h 的中性盐雾试验。

11.3 腐烂和昆虫的破坏

木头、木制品或植物原材料应当没有腐烂或遭受过昆虫的破坏。

12 标记

12.1 通用要求

座椅应在装配时显眼的位置标记下列信息：

a) 承载儿童的最大质量(按第 4 章要求)；

b) 制造商名称或商标；

c) 生产日期；

d) 执行的国家标准编号，即 GB/T 23160—2008；

e) 在互相垂直方向上超过 15 mm 的塑料部件应当标注材料识别符号(参见 ISO 1043 的相关内容)以便循环使用；

f) 所有标记都应能承受住 12.2 的试验。

12.2 标记的测试方法

用布沾上水擦拭标记 20 s。测试后标记仍清晰明显，不能有移动或卷边。

13 采购信息

13.1 采购信息的通用要求

采购信息印在外包装或贴在座椅上的清晰可见标签上，无需打开即可查阅。

座椅应提供适用自行车及其安全使用的信息，这些信息应使用销售国的语言。

13.2 特殊的采购信息

a) 座椅信息应指出使用儿童的最大重量，另外指出哪种车型配哪种座椅是安全的，哪种车型是不安全的(要特别注意脚的防护)。对车架固定型座椅须指明车架直径和截面尺寸；

b) 应指明未随座椅一起提供的必要工具。

13.2.1 固定到衣架的后座椅

后座椅安装在负荷等级为 25 kg 衣架上的，应附加警告表明适配衣架应符合 ISO 11243 的要求，警告如下：

警告：为了安全，座椅只能使用符合 ISO 11243 要求的衣架。

13.2.2 前座椅

前座椅上要附加警告如下：

警告：前座椅会降低自行车的灵活性。

14 使用说明书

14.1 总则

座椅应提供下列警告、说明、信息和建议。在说明书中要清楚地区分使用说明和安装说明。

14.2 安装和使用说明书

14.2.1 安装

a) 明确座椅如何安装到自行车上和安装部位的信息，包括如何锁紧和建议经常检查紧固件的安全；
b) 只适合特定自行车的座椅，要提供适合车型的信息，包括建议检查使用自行车的信息或向经销商、制造商咨询；
c) 座椅及其附件正确的调整方法以便使乘坐儿童更舒适和安全的信息。包括保证座椅不向前滑移的方法，以便不让儿童滑出去。建议靠背调整为稍向后倾斜；
d) 对后座椅，建议座椅的重心不要超过后轮轴；
e) 建议检查自行车所有零件和座椅安装是否正确。

14.2.2 使用

a) 建议使用者了解本国法律是否允许自行车上使用儿童座椅；
b) 说明不要装载太小而不能安全坐立于座椅上的儿童，及座椅的设计适合的儿童年龄和体重。另外说明只适合能在长距离旅行中无须帮助即能坐立的儿童；
c) 说明在初始时和后来要经常检查儿童的年龄和体重是否超过承载能力；
d) 说明儿童处于成长阶段，要时常再检查不能让儿童的身体和衣服与座椅或自行车的移动部件接触。特别指出脚陷入车轮、手伸进鞍座弹簧的危险；
e) 说明应确保没有儿童可触及的尖锐物，例如破损的辐条；
f) 说明保证束缚系统不能松动或陷入运动部件特别是车轮。包括没有儿童时骑行也一样；
g) 说明要一直使用束缚系统，确保儿童限制在座椅上；
h) 建议座椅上的儿童需要比骑行者更保暖，并防止防淋雨；
i) 建议乘坐儿童应佩带合适的头盔；
j) 建议在安置儿童前注意检查座椅的温度是否过热(如直接暴露在太阳下时)；
k) 当用汽车运输自行车时，应拆下座椅。颠簸会损伤座椅、松弛和自行车之间的连接，引起事故；
l) 应特别提醒，如果儿童的手或脚可触及的范围内装有车锁的话，要防止儿童操作车锁。

14.2.3 警告

a) **警告：不得在座椅上放置额外的行李。这条警告应包括荷重应加到自行车的相反位置上，例如在后座椅的情况下，使用前行李架；**
b) **警告：不得改动座椅；**
c) **警告：儿童乘坐时，自行车会受到影响。特别指出平衡、操纵和制动时；**
d) **警告：车上有无人照料的儿童时，决不能离开；**
e) **警告：任何部件破损了，座椅都不能再用。**

14.2.4 维护

a) 有需要清洗的说明；
b) 有如何更换破损零件的信息。

14.2.5　后座椅的使用说明书

对后座椅,需要提供额外的下列使用说明:

暴露的鞍座弹簧应当被包覆。

14.2.6　固定到衣架上的座椅使用说明书

固定到衣架上的座椅,需要提供额外的下列使用说明:

a)　说明确保衣架的加载能力不超标,需参考 ISO 11243;

b)　有警语提醒使用者,座椅安装时要确认其重心不会导致车子向后倾倒。

14.2.7　前座椅的使用说明书

前座椅需要提供额外的下列使用说明:

a)　警告座椅会降低车把的灵活性;

b)　说明操纵角度减少至每边不足 45°时,要更换车把型号。

附 录 A
（规范性附录）
座椅测量仪器

测量仪器应按照图 A.1 中的尺寸制作。除非另有规定，尺寸公差都是±0.5 mm。

测量仪器的基础是一个平台，上表面即座椅的水平参考面。平台的后端，即 A 点，曲率半径为 20 mm，并且在这个区域平台的厚度为 3 mm～5 mm。平台其他边缘尺寸到下面描述的立柱距离都不超过 20 mm。

为便于测量表 2 中的尺寸 c 和 d，在测量仪器 B 点，即 A 点前方 60 mm 处，有个带刻度的垂直测量杆（此为推荐性设置）。点 C 位于 A 点前方 105 mm 处。平台下面设置了 4 个直径为 20 mm 的立柱，其端部倒圆半径为 5 mm。后立柱位于参考面下 54 mm，两立柱间距 90 mm，且与 B 点对称；前立柱位于参考面下 50 mm，两立柱间距 170 mm，且同后立柱相距 90 mm。

参考图 A.1，类似大腿的量程规中心线应穿过前、后立柱的轴（在测量仪器的任一边位置），它与测量仪器中心线夹角 24°。量程规决定了大腿伸缩范围，以便顶点即膝点 E，到 D 点距离符合表 2 中的 h 要求。大腿量程规的中心线和测量仪器中心线在垂直方向上交于 A 点。量程规的下部位于参考面下，端部倒角 5×45°，见图。建议设一个标记作为参考点，如图所示，标记到 D 点之间距离为164.1 mm，在量程规第一个 164 mm 处开始印刻度（点 E 截止于这个 164 mm 的刻度），便于在参考点上简单地读出延伸量来。

大腿的量程规的拨杆（见图 A.1 中的 4）位于参考面下 60 mm，直径 15 mm。其固定在 15 mm 宽的滑块上且取标记处为测量参考点，依图计算，滑块和参考点之间距离假定为 z mm，则座椅长度为：$b = 150 + 0.914\ z$。

脚和小腿的参数采用如图 340 mm 长的刻度规方便地测量，根据要求，刻度规中心贴着 E 点上。脚模尺寸为宽 40 mm，厚 30 mm，脚趾顶端垂直方向上以半径 15 mm 的圆弧过渡。脚跟部距离小腿量规后部 55 mm 开始，脚趾长度可调节，或者提供两个可互换的零件。这两个零件分别设计成距小腿量规后部 80 mm 和 100 mm，此部分采用铰接方式挂在一个不高于小腿量规底端 5 mm 的横轴上，其底面同小腿后跟对齐，并可向上相对转动 120°。当脚趾部分处于 90°位置时，此零件底面应平滑，例如铰链没有突出。

单位为毫米

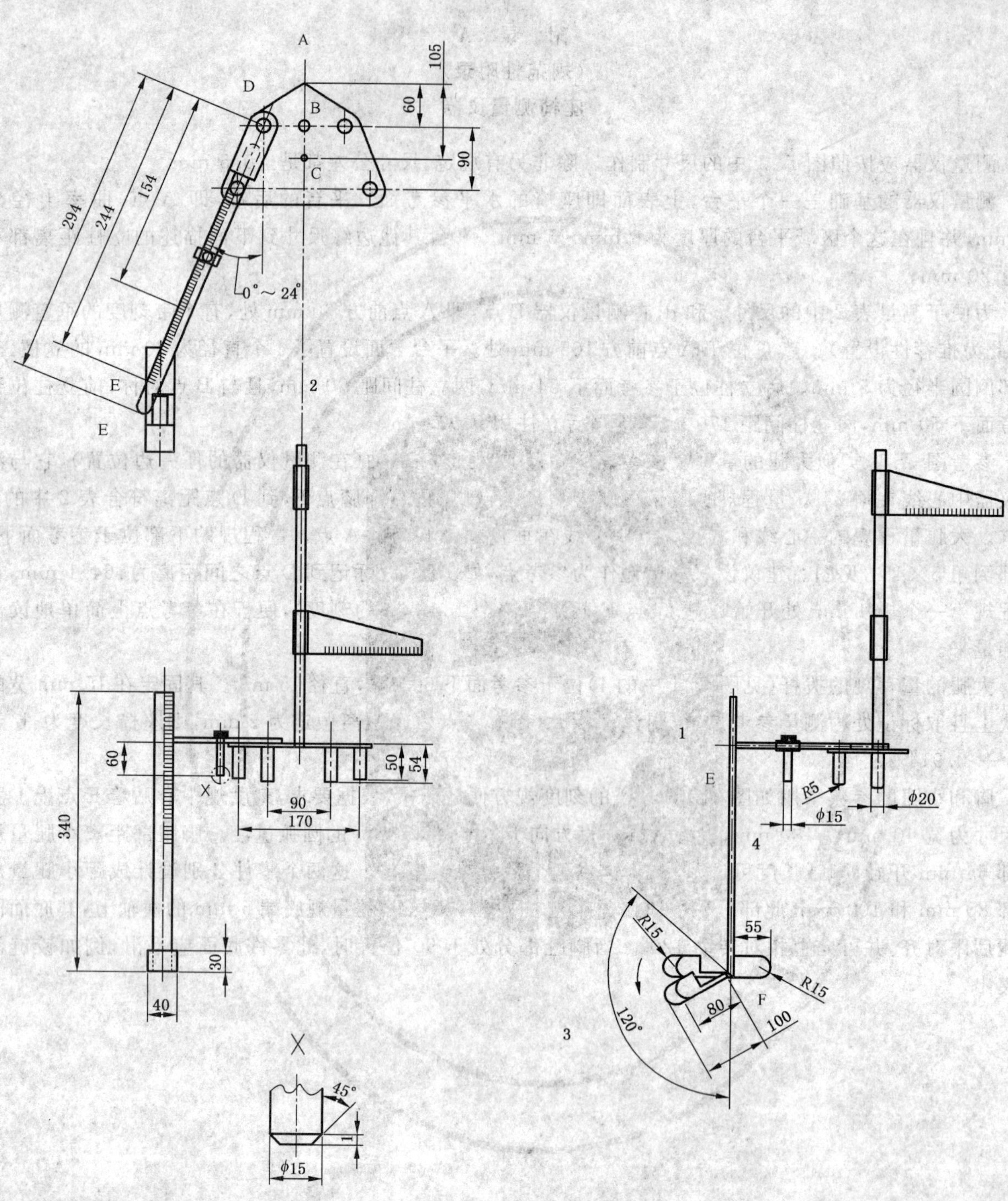

1——参考面；

2——中央平面；

3——旋转 120°；

4——拨杆。

图 A.1 儿童座椅测量仪器

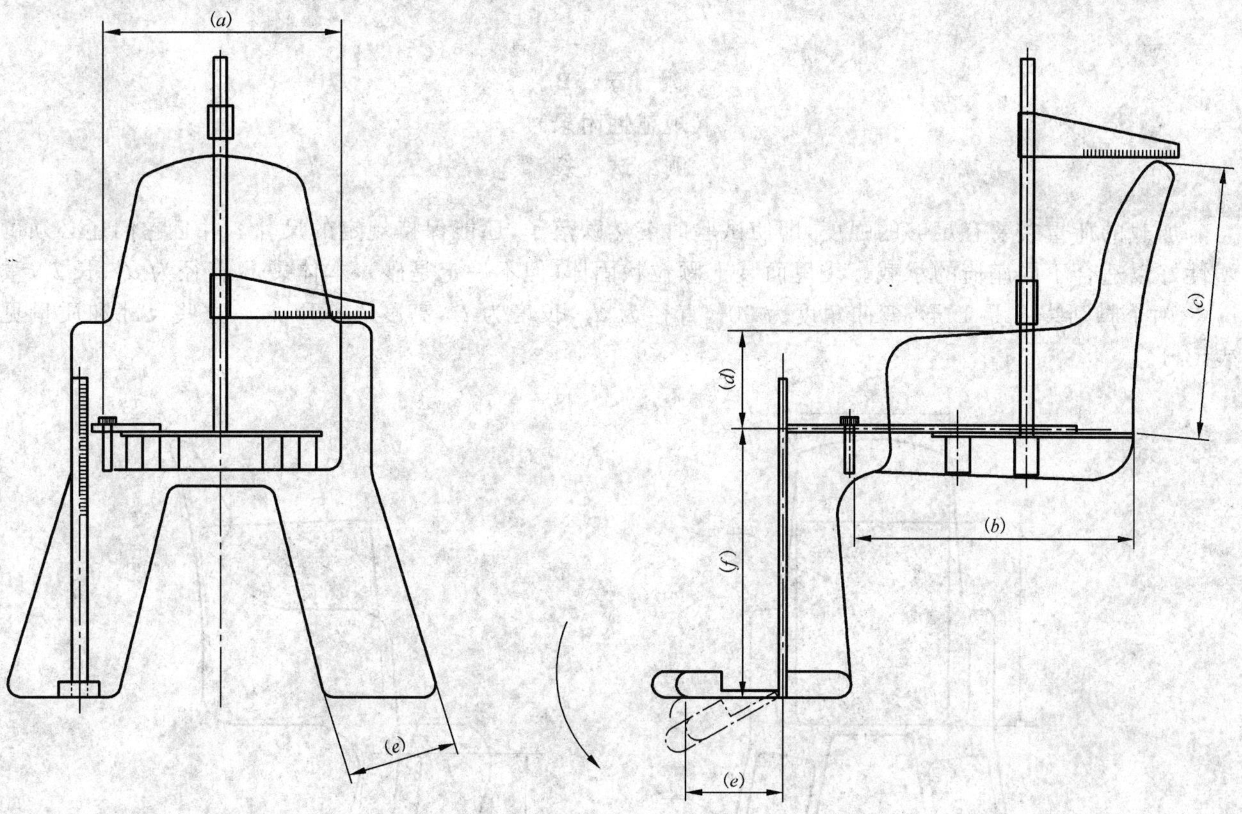

图 A.2 儿童座椅测量示意图

附　录　B
（规范性附录）
测　试　袋

加载的荷重袋要有足够的强度，即使试验时突然跌落了，还能保持规定的尺寸。并且它们还必须可塑性好以适合不同座椅的承载。袋里面装上颗粒状固体（但不一定是砂），本体袋B直径为 d_1，长 l_1，重 m_1。两个脚踏袋F是L形，弯曲角度为90°，直径为 d_2，长度为 l_2，高度 h_2，重 m_2。这些尺寸和质量见表B.1。

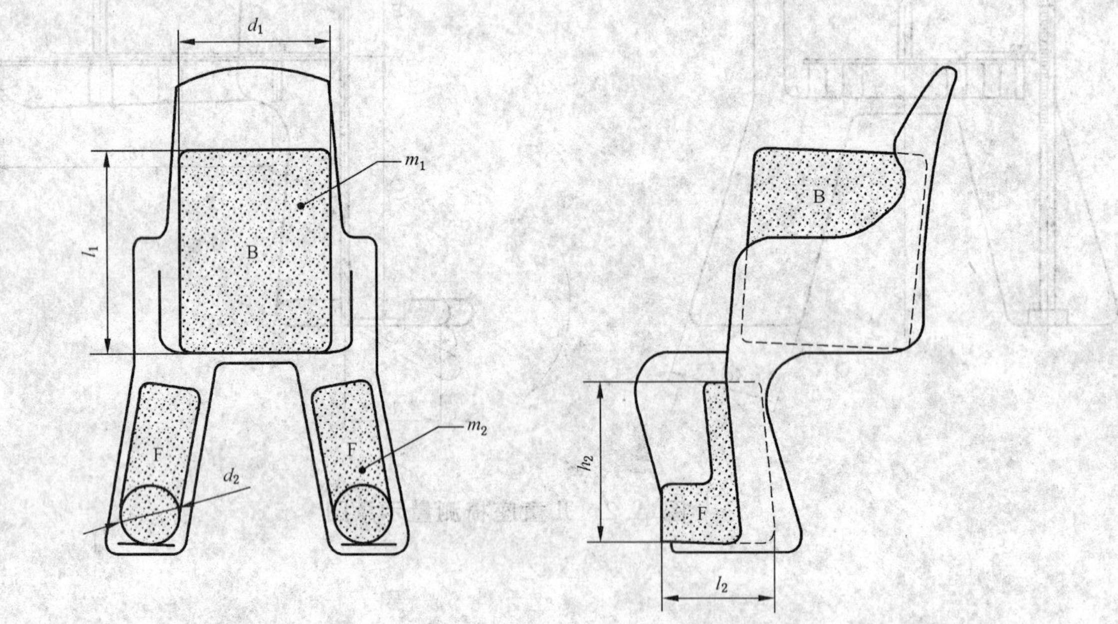

图B.1　座椅上测试袋的放置

表B.1　测试袋的尺寸和重量

类型	本体袋			脚踏袋			
	d_1/mm	l_1/mm	m_1/kg	d_2/mm	l_2/mm	h_2/mm	m_2/kg
A15、C15	175±40	225±50	12±0.1	70±20	140±20	175±40	2±0.1
A22	200±40	260±50	18±0.1	80±20	160±30	200±40	3±0.1

ICS 97.220.10
Y 56

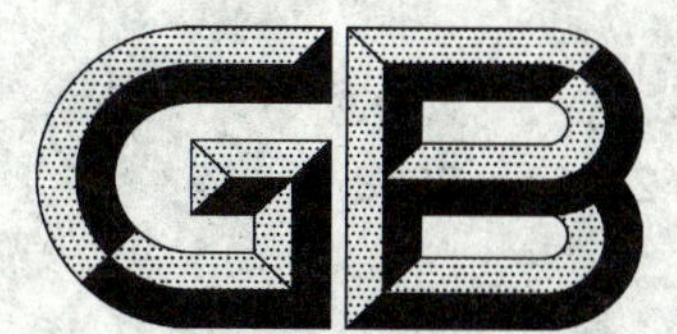

中华人民共和国国家标准

GB/T 23161—2008

2008-12-30 发布 2009-09-01 实施

中华人民共和国国家质量监督检验检疫总局
中国国家标准化管理委员会 发布

前　言

本标准在制定时采用了国际田径联合会(IAAF)竞赛规则《Competition Rules 2008》和中国田径协会审定的《田径竞赛规则 2008》中与器材有关的全部技术参数。

本标准由中国轻工业联合会提出。

本标准由全国文体用品标准化中心归口。

本标准起草单位:北京飞鹿体育用品有限公司、江苏金陵体育器材股份有限公司、广州双鱼体育用品集团有限公司、定州市环球体育器材厂、中山市健将健身器械有限公司、山东冀鲁体育器材有限公司、北京皇冠体育用品有限责任公司、宁波奇胜运动器材有限公司。

本标准主要起草人:肖建京、李春荣、罗文辉、曹振瑞、黎炎生、张洪印、岳峰、陆立青。

铅　　球

1　范围

本标准规定了铅球的分类、要求、试验方法、检验规则及标志、包装、运输、贮存。

本标准适用于比赛和练习用的铅球。

2　规范性引用文件

下列文件中的条款通过本标准的引用而成为本标准的条款。凡是注日期的引用文件，其随后所有的修改单(不包括勘误的内容)或修订版均不适用于本标准，然而，鼓励根据本标准达成协议的各方研究是否可使用这些文件的最新版本。凡是不注日期的引用文件，其最新版本适用于本标准。

GB/T 191　包装储运图示标志(GB/T 191—2008,ISO 780:1997,MOD)

GB/T 2828.1—2003　计数抽样检验程序　第1部分:按接收质量限(AQL)检索的逐批检验抽样计划)(ISO 2859-1:1999,IDT)

GB/T 2829　周期检验计数抽样程序及表(适用于对过程稳定性的检验)

QB/T 3826　轻工产品金属镀层和化学处理层耐腐蚀测试方法、中性盐雾实验(NSS)法

QB/T 3832　轻工产品金属镀层腐蚀试验结果的评价

3　分类

3.1　按使用要求分为比赛铅球、练习铅球，每种又分为五种规格，见表1、表2。

3.2　铅球基本参数见表1、表2。

表1　基本参数

类　别	成年男子		少、青、成年女子 少年乙组男子	
	质量/kg	直径/mm	质量/kg	直径/mm
比赛用	7.265～7.285	110～130	4.005～4.025	95～110
练习用	7.260～7.290		4.000～4.030	

表2　基本参数

类　别	青年男子		少年男子		少年乙组女子	
	质量/kg	直径/mm	质量/kg	直径/mm	质量/kg	直径/mm
比赛用	6.005～6.025	105～125	5.005～5.025	100～120	3.005～3.025	90～100
练习用	6.000～6.030		5.000～5.030		3.000～3.030	

4　要求

4.1　铅球的基本参数应符合表1、表2的规定。

4.2　铅球应用铁、铜或其他硬度不低于铜的金属材料制成。

4.3　铅球的外形应是光滑的球形，比赛用铅球的最大最小直径之差应不大于0.5 mm，练习用铅球的最大最小直径之差应不大于1 mm。

4.4　铅球表面宜采用电镀、喷涂或其他工艺进行处理，涂饰层表面应均匀，色泽一致，不起泡、无皱纹、无脏点、无明显的划伤。

4.5 比赛用铅球表面粗糙度应达到 Ra1.6 要求。

4.6 球体重心距球体中心距离应不大于 6 mm。

4.7 表面层抗腐蚀性能，按照 QB/T 3826 规定，耐腐蚀级别应不低于 6 级。

5 试验方法

5.1 铅球质量用分度值为 1 g 的工业天平或台秤测量；规格尺寸用游标卡尺或卡规测量。

5.2 球体材料感官检测。

5.3 铅球直径差测量：将球体置于平台上，用千分尺或长脚游标卡尺测量(水平方向垂直测两点，垂直方向测一点，取其最大差值)。

5.4 外观检测：在明亮的自然光线下目测。

5.5 铅球表面粗糙度用粗糙度标准样块对比检测。

5.6 铅球重心检测：将球体放置在一个水平的、直径为 12 mm 的圆形刃口上，球体在任意方位上应保持平衡。见图 1。

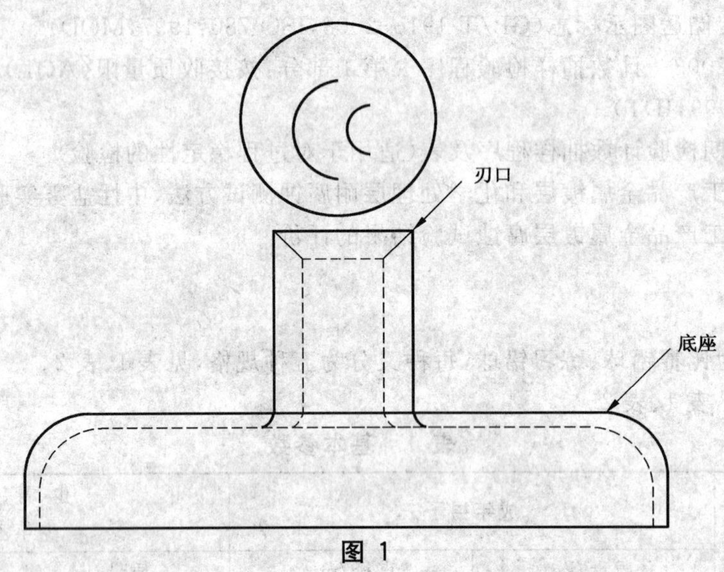

图 1

5.7 表面层抗腐蚀性能试验：按 QB/T 3826 规定连续喷雾 12 h 后，结果按 QB/T 3832 评价。

6 检验规则

6.1 交收检验

6.1.1 交收检验：每个铅球出厂前应按本标准检验，检验合格的产品签发合格标志后方可出厂。

6.1.2 交收检验项目包括：4.1，4.2，4.3，4.4，4.5，4.6 条进行逐项检验。

6.1.3 交收检验按 GB/T 2828.1—2003 中一般检查水平Ⅱ的一次正常检验抽样方案。

6.1.4 交收检验接收质量限(AQL 值)应按表 3 中进行。

表 3 交收检验

不合格品分类	试验项目及条款	试验方法及条款	接收质量限(AQL)	
			比赛型	练习型
B	基本参数 4.1	5.1	4.0	6.5
	球体材料 4.2	5.2		
	铅球圆度 4.3	5.3		
	球体重心 4.6	5.6		
C	外观 4.4，4.5	5.4，5.5	6.5	10

6.1.5 对于检验样本中的不合格品，供货方厂家应以合格品代替。

6.2 型式检验

6.2.1 型式检验每年进行一次，发生下列情况之一时，亦应进行型式检验。

a) 更改设计、结构、关键工艺、主要原材料时；

b) 停产半年以上又重新生产时；

c) 出厂检验结果与上次型式试验有较大差异时；

d) 国家质量监督机构提出进行型式试验的要求时。

6.2.2 型式检验样本应在交收检验合格批中随机抽取。

6.2.3 型式检验抽样方案按 GB/T 2829 中判别水平Ⅱ的一次抽样方案进行。

6.2.4 型式检验项目顺序、判定数组及不合格质量水平(RQL)应按表 4 进行。

表 4 型式检验

试验项目及条款	试验方法条款	判定数组 n(Ac,Re)		不合格质量水平(RQL)	
		比赛型	练习型	比赛型	练习型
表面处理 4.7	5.7	3(0,1)	2(1,2)	50	65

7 标志、包装、运输、贮存

7.1 标志

产品应有产品名称、制造商名称和地址、出厂日期、商标、产品生产执行标准的编号，并附有产品合格证和使用说明书。

7.2 包装

铅球应有内包装、外包装；内包装应采取防潮措施，外包装应捆扎牢固。

图形标志按 GB/T 191 执行。

7.3 运输

轻装轻卸，防止日晒雨淋。

7.4 贮存

仓库应通风、干燥，严禁接触酸碱及其他腐蚀性物质，避免重压。

ICS 01.120
A 00

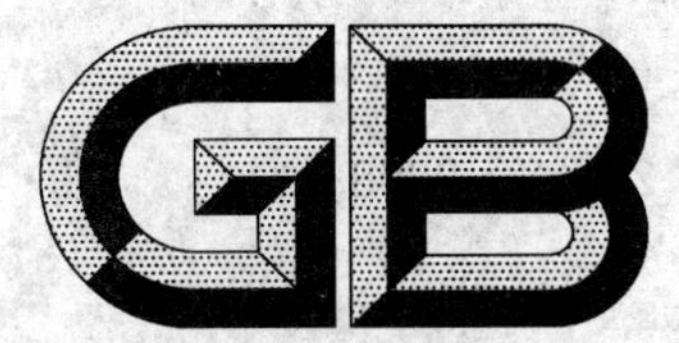

中华人民共和国国家标准

GB/T 23162—2008

运动器材标准编写要求

Standard compiling requirements of sport equipment

2008-12-30 发布　　　　2009-09-01 实施

中华人民共和国国家质量监督检验检疫总局
中国国家标准化管理委员会　发布

前　言

本标准由中国轻工业联合会提出。

本标准由全国文体用品标准化中心归口。

本标准起草单位：上海红双喜股份有限公司、广州双鱼体育用品集团有限公司、金陵体育器材股份有限公司、泰山体育产业集团有限公司、北京飞鹿体育用品有限公司、河北张孔杠铃制造有限公司、中山市健将健身器械有限公司、定州市环球体育器械厂、山东冀鲁体育器材有限公司、江西洪都体育健身器材有限公司。

本标准主要起草人：周云峰、张明柏、李春荣、张之林、肖建京、张志国、李成业、曹振瑞、张洪印、张曼中。

运动器材标准编写要求

1 范围

本标准规定了运动器材标准的编写要求。

本标准适用于运动和休闲器材国家标准、行业标准、地方标准及企业标准的编写。

2 规范性引用文件

下列文件中的条款通过本标准的引用而成为本标准的条款。凡是注日期的引用文件，其随后所有的修改单(不包括勘误的内容)或修订版均不适用于本标准，然而，鼓励根据本标准达成协议的各方研究是否可使用这些文件的最新版本。凡是不注日期的引用文件，其最新版本适用于本标准。

GB/T 1.1 标准化工作导则 第1部分:标准的结构和编写规则(GB/T 1.1—2000,ISO/IEC Directives,Part 3:1997,NEQ)

GB/T 191 包装储运图示标志(GB/T 191—2008,ISO 780:1997,MOD)

GB 18455 包装回收标志

GB/T 20000.2 标准化工作指南 第2部分:采用国际标准的规则(GB/T 20000.2—2001,ISO/IEC Guide 21:1999,MOD)

GB/T 20000.3 标准化工作指南 第3部分:引用文件

GB/T 20000.4 标准化工作指南 第4部分:标准中涉及安全的内容(GB/T 20000.4—2003,ISO/IEC Guide 51:1999,MOD)

GB/T 20000.5 标准化工作指南 第5部分:产品标准中涉及环境的内容(GB/T 20000.5—2004,ISO Guide 64:1997,NEQ)

GB/T 20001.1 标准编写规则 第1部分:术语(GB/T 20001.1—2001,ISO 10241:1992,NEQ)

3 标准内容的编写要求

3.1 格式

标准的结构和编写规则应符合 GB/T 1.1 的要求。

3.2 规范性引用文件

标准中规范性引用文件的基本原则、要求和方法，应符合 GB/T 20000.3 的要求。

3.3 术语和定义

对标准中出现的术语或需要定义的内容可根据需要给予规定。

术语标准的制定程序和编写要求可按 GB/T 20001.1 执行。

3.4 分类

可根据器材的特性进行分类:

——按项目分类;

——按结构、形式分类;

——按质量分类;

——按用途分类;

——按使用方式分类。

3.5 要求

3.5.1 应包含国家单项体育组织或国际单项体育组织对器材的要求。其中:

a） 如果国家单项体育组织或国际单项体育组织对器材有详尽的规定的，应将其主要技术内容全部纳入标准中。至少应作为优等品的要求。如果是有关安全、健康的要求，则应作为基本要求。

b） 如果国家单项体育组织或国际单项体育组织对器材没有详尽的规定的，则应将其对器材的要求全部纳入标准中。还应根据器材的特性完善这些要求，并规定与之配套的试验方法。

c） 如果允许器材有不同品质，则宜将国际单项体育组织对器材的要求作为最高等级器材的要求。

3.5.2 采用国际标准的，应符合 GB/T 20000.2 的规定。

3.5.3 对构成器材基本特征的形式、参数和性能特性，应有明确的规定。

3.5.4 对误差比较敏感的参数，应规定参数的极限值。

3.5.5 应尽可能使用数据表达要求。对无法用数据规定的要求，应使用明确、清晰的文字或图示表达。

3.5.6 对规定的要求，应注重可实现性。对用数据表达的要求，应有可测量性。

3.5.7 对已有基础标准和通用标准规定的要求，可直接引用该标准，或者引用该标准的相关条款。

3.5.8 对标准中涉及安全的内容，宜参照 GB/T 20000.4。

3.5.9 对标准中涉及环境的内容，宜参照 GB/T 20000.5。

3.6 试验方法

3.6.1 对标准中的每一项要求，除了用于设计的规格之外，应规定相应的试验方法。

3.6.2 如果有通用的试验方法标准，可引用该标准。

3.6.3 对相同测量方法可予适当合并叙述。

3.6.4 如果规定了两种或两种以上的试验方法，则应规定其中的一种方法为仲裁方法。

3.6.5 对需要将测量数据进行计算后才能得到试验结果的试验，宜给出计算方法。

3.6.6 对使用的非标准测量装置和量具，应使用图示或文字表达测量原理。

3.6.7 如试验条件会对试验结果产生影响，则应明确描述和规定试验条件。

3.6.8 对测量过程有要求的试验方法，应详细描述试验的过程。

3.6.9 对试件形状或尺寸有要求的试验方法，应使用文字或图示规定其形状或尺寸。

3.6.10 对试件相对于设备或场地有位置要求的试验方法，宜使用图示表达。

3.6.11 对涉及感官判别的试验，可依据需要规定试验的环境条件和人员的资格。

3.6.12 在试验方法中，只阐述与方法有关的内容，不宜涉及结果的判别。

3.6.13 如果在多个标准中采用了相同的测试方法，则可考虑就这个试验方法制定一个方法标准，供这一组类似器材标准引用。

3.7 检验规则

3.7.1 检验类型

可根据需要规定检验的类型和相应的样本数：

——按器材生产和交付时段可分为：出厂检验或交收检验、型式检验；

——按检验样本的数量可分为：全数检验、抽样检验。

3.7.2 出厂检验和交收检验

3.7.2.1 应规定出厂检验或交收检验的检验项目和相应的试验方法。

3.7.2.2 出厂检验和交收检验可采用抽样检验。必要时可采用全数检验。采用抽样检验的，应规定抽样方案。

3.7.2.3 采用抽样检验的，宜规定组批规则：

a） 一个检验批可由一个生产批组成；

b） 一个检验批由几个采用基本相同的材料、工艺和设备的间隔不超过一周的生产批组成；

c） 在特殊情况下，一个检验批中的产品时间间隔亦不宜超过一个月。

3.7.3 型式检验

3.7.3.1 应规定定时进行型式检验。

3.7.3.2 发生下列情况之一，也应规定进行型式检验：

a) 更改设计；

b) 更改关键工艺；

c) 更改重要材料；

d) 质量不稳定；

e) 停产半年以上又重新生产；

f) 国家有关质量监督部门提出检查要求时。

3.7.3.3 应规定型式检验的项目和相应的试验方法条款。

可组成与出厂检验或交收检验项目配套的型式检验项目组合。

3.7.3.4 应确定样本的取样方法。

可规定从按出厂检验或交收检验项目检验合格的产品批中得到型式检验样本。

3.7.4 判定规则

每一类检验应有判定规则。必要时，还可对不合格批再次提交检验并规定复验规则。

3.8 标志、包装、运输、贮存

3.8.1 应标志产品名称、制造商名称、地址、执行标准编号、出厂日期，宜标志产品的规格、商标、质量等级等信息。

3.8.2 可规定包装的基本要求。

3.8.3 包装、贮存的图示应采用 GB/T 191，包装回收标志应采用 GB 18455。

3.8.4 应规定运输的基本要求和禁止条件，可推荐适宜的条件。

3.8.5 应规定贮存的基本要求和禁止条件，可推荐适宜的条件。

3.8.6 对有毒、易腐、易燃、易爆等危险品应规定相应的包装、运输和贮存的特殊要求。

3.8.7 根据器材的性质，必要时可规定器材的保质期或安全使用期。

ICS 25.140.30
J 47

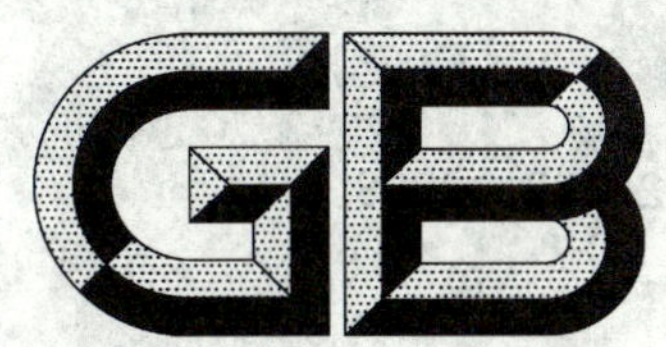

中华人民共和国国家标准

GB/T 23163—2008

铍铜合金工具类防爆性能试验方法

Non-ignition testing methods for non-sparking beryllium copper alloy tools

2008-12-30 发布　　2009-09-01 实施

中华人民共和国国家质量监督检验检疫总局
中国国家标准化管理委员会　发布

前　言

本标准修改采用日本标准 JIS M 7002:1996《铍铜合金工具防爆性能试验方法》。

本标准与 JIS M 7002:1996 相比主要差异如下：

——引用文件中用 GB 711《优质碳素结构钢热轧厚钢板和宽钢带》代替 JIS B0601《表面粗糙度符号、代号及表示方法》；

——引用文件中用 GB 6060.2《表面粗糙度比较样块　磨、车、镗、铣、插及刨加工表面》代替 JIS G4051《机械结构适用碳钢钢材》。

本标准由中国轻工业联合会提出。

本标准由全国五金制品标准化技术委员会归口。

本标准由国家轻工业防爆工具质量监督检测中心、天津市五金工具研究所、天津市测量仪器一厂、沧州渤海防爆特种工具有限公司、石家庄市辛达防爆工具厂、石家庄市宇鑫防爆工具有限责任公司起草。

本标准主要起草人：彭宏儒、冉玉田、赵世聪、刘学明、任志勇、杨建峰、梁志祥。

铍铜合金工具类防爆性能试验方法

1 范围

本标准规定了铍铜合金工具材料的三种防爆性能试验方法。

本标准适用于矿山、工厂以及船舶、车辆、飞机、油田、化工、军工、火药、油库、油站等行业在生产、储运过程因机械火花可能引起爆炸环境中所使用的铍铜合金防爆工具的测试。

2 规范性引用文件

下列文件中的条款通过本标准的引用而成为本标准的条款。凡是注日期的引用文件,其随后所有的修改单(不包括勘误的内容)或修订版均不适用于本标准。然而,鼓励根据本标准达成协议的各方研究是否可使用这些文件的最新版本。凡是不注明日期的引用文件,其最新版本适用于本标准。

GB/T 711 优质碳素结构钢热轧厚钢板和宽钢带

GB/T 6060.2 表面粗糙度比较样块 磨、车、镗、铣、插及刨加工表面(GB/T 6060.2—2006, ISO 2632-1:1985,MOD)

3 分类

3.1 种类

3.1.1 落锤式防爆性能试验方法。

3.1.2 回转摩擦式防爆性能试验方法。

3.1.3 高速冲击式防爆性能试验方法。

3.2 试验用气体

3.2.1 甲烷浓度:甲烷(CH_4)6.5%,空气 93.5%。

3.2.2 丙烷浓度:丙烷(C_3H_8)5.3%,空气 94.7%。

3.2.3 氢气浓度:氢气(H_2)21%,空气 79%。

4 试验方法

4.1 落锤式

4.1.1 落锤式试验装置如图 1 所示。试验箱的容积约为 0.5 m^3,用厚度 3 mm 以上钢板制成。由倾斜式钢板支撑台,落锤装置,搅拌混合气体用的风扇等构成。试验箱开口部位的设计应满足火焰撑开玻璃纸需要面积。

单位为毫米

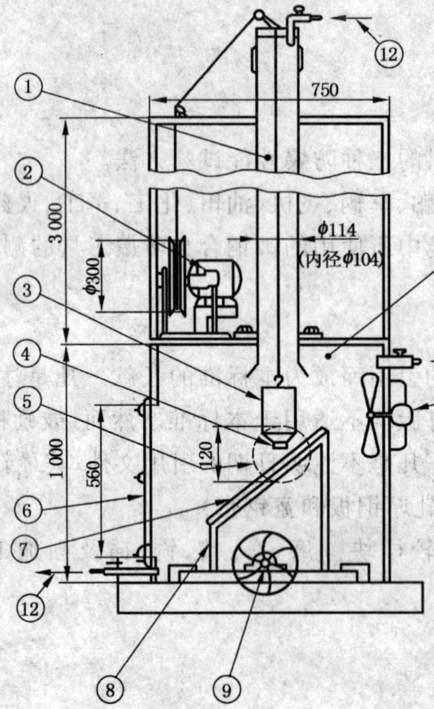

①——落锤导管；
②——卷扬机；
③——重锤；
④——试样；
⑤——观测窗；
⑥——开口；
⑦——试验用钢板；
⑧——倾斜钢板支承台；
⑨——倾斜台移动装置；
⑩——试验箱；
⑪——风扇；
⑫——试验用气体。

图 1　落锤式防爆性能示意图

4.1.2　试验条件应符合如下要求：

a)　试验用试样形状及尺寸应符合图 2 的规定；

b)　重锤形状及尺寸应符合图 2 规定，质量约为 14 000 g；

c)　试验用钢板应符合 GB/T 711 所规定的 55 号钢的要求；

d)　标准尺寸 350 mm×350 mm×15 mm；

e)　硬度 20 HRC～25 HRC；

f)　表面糙度为 Ra25 μm，应符合 GB/T 6060.2 的规定；

g)　试验用钢板应置于室外六星期以上使之在自然状态下或用其他等效方法生锈。

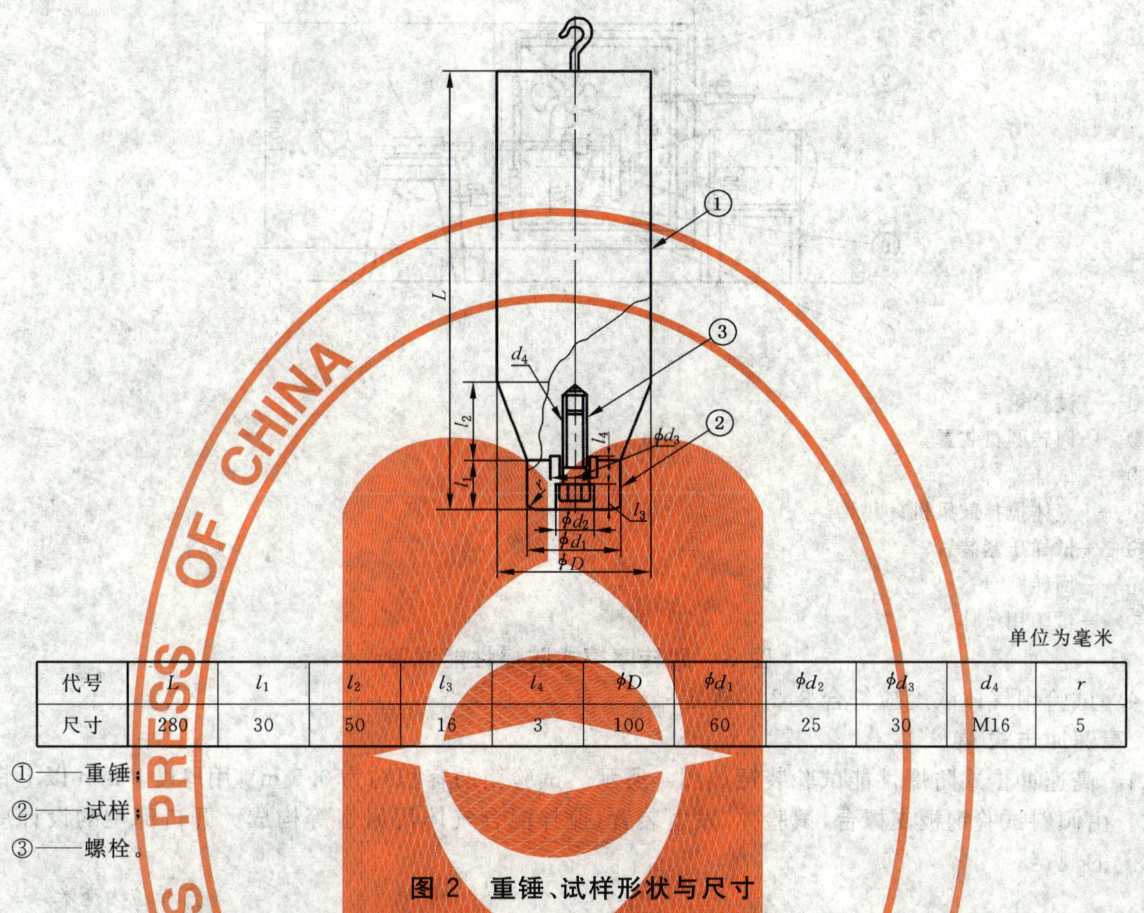

单位为毫米

代号	L	l_1	l_2	l_3	l_4	ϕD	ϕd_1	ϕd_2	ϕd_3	d_4	r
尺寸	280	30	50	16	3	100	60	25	30	M16	5

①——重锤；

②——试样；

③——螺栓。

图 2　重锤、试样形状与尺寸

4.1.3　试验步骤：如图 1 所示，将试验用气体充入试验箱内，用风扇搅拌均匀。如图 2 所示，将试样固定在重锤上，重锤提升到距离钢板 4 m 高度自由落下，试样撞击倾斜 45°的试验钢板，用同一试样试验 20 次，观察是否爆炸。重锤落下时应避免落到钢板同一位置上。

4.1.4　试验用气体浓度应符合 3.2 的规定。

4.2　回转摩擦式

4.2.1　防爆性能试验装置如图 3 所示。试验箱的容积约为 0.5 m^3，用厚度 3 mm 以上钢板制成。由旋转装置，试样压紧装置，搅拌混合气体用的风扇等构成。开口部位的设计应符合 4.1 的规定。

4.2.2　试验条件应符合如下要求：

a)　试样形状为直径约 10 mm，长度为 150 mm，圆棒前端应呈半径为 5 mm 球形状；

b)　回转圆盘装置的输出功率不应小于 2.2 kW，转速为 3 000 r/min；

c)　回转圆盘用钢板应符合 GB/T 711 所规定的 55 号钢的要求；

d)　标准尺寸 ϕ250 mm×10 mm；

e)　硬度 20 HRC～25 HRC；

f)　表面粗糙度为 Ra25 μm，应符合 GB/T 6060.2 的规定；

g)　试验用钢板应置于室外六星期以上使之在自然状态下或用其他等效方法生锈。

4.2.3　试验步骤：如图 3 所示，将试验用气体充入试验箱内，用风扇搅拌均匀。将试样固定到试验压紧装置上。试样与旋转圆盘的相对摩擦速度为 20 m/s。在压力为 490 N(50 kg)的条件下用同一试样试验 5 次。

摩擦时间 1 min，观察是否爆炸。

单位为毫米

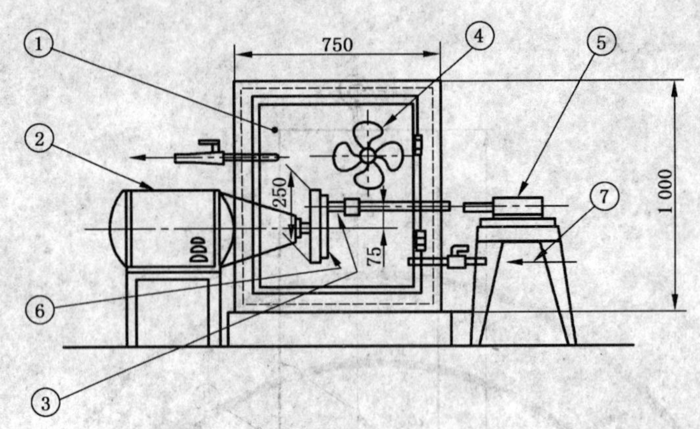

①——试验箱；
②——回转圆盘装置；
③——试样；
④——气体搅拌鼓风机；
⑤——试样压紧装置；
⑥——回转圆盘；
⑦——试验用气体。

图 3 回转摩擦式防爆性能试验

4.2.4 试验用气体浓度应符合 3.2 的规定。

4.3 高速冲击式

4.3.1 高速冲击式防爆性能试验装置如图 4 所示。试验箱的容积约为 0.5 m^3，用厚度 3 mm 以上钢板制成。由倾斜试验钢板支撑台，试验弹，发射装置，搅拌混合气体用风扇等构成。开口部位的设计应符合 4.1 的规定。

单位为毫米

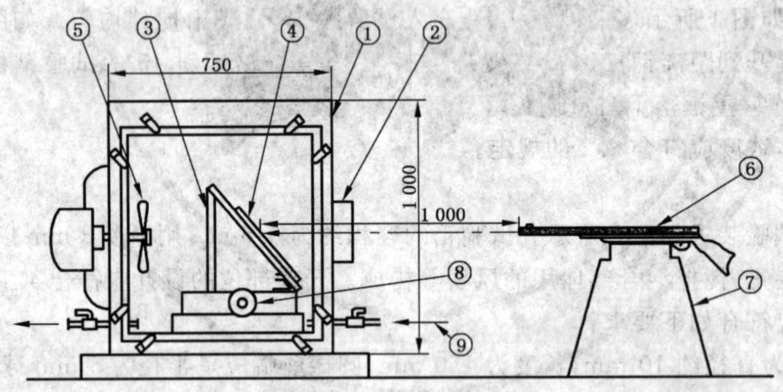

①——试验箱；
②——试验弹；
③——倾斜钢板支撑台；
④——试验用钢板；
⑤——气体搅拌用鼓风机；
⑥——发射枪；
⑦——枪身支撑台；
⑧——试验用钢板移动扳手；
⑨——试验用气体。

图 4 高速冲击式防爆性能试验

4.3.2 试验条件应符合如下要求：

a) 试验弹形状为直径约为 5.5 mm，长度约为 7 mm，前端应呈半径为 2.5 mm 的球形状。如图 5 所示；

单位为毫米

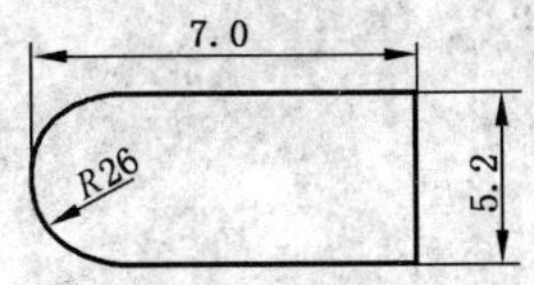

图 5 试验弹尺寸

b) 试验发射装置为口径 5.5 mm 的发射枪；

c) 试验用钢板应符合 GB/T 711 所规定的 55 号钢的要求；

d) 标准尺寸 350 mm×350 mm×15 mm；

e) 硬度(20～25)HRC；

f) 表面粗糙度为 Ra25 μm，应符合 GB/T 6060.2 的规定；

g) 试验用钢板应置于室外六星期以上使之在自然状态下或用其他等效方法生锈。

4.3.3 试验步骤：如图 4 所示，将试验用气体充入试验箱内，用风扇搅拌均匀。发射装置安装在试验验箱侧面，透过试验箱通孔，对准水平面成 30°夹角的试验钢板，发射枪口与试验钢板的着弹点间的距离为 1 m。用同样材料制成试验弹 10 枚，发射枪初始速度不小于 200 m/s，每次发射试验弹 1 枚，试验 10 次观察是否爆炸。着弹点应避免落在钢板同一位置上。

4.3.4 试验用气体浓度应符合 3.2 的规定。

ICS 59.080.60
W 56

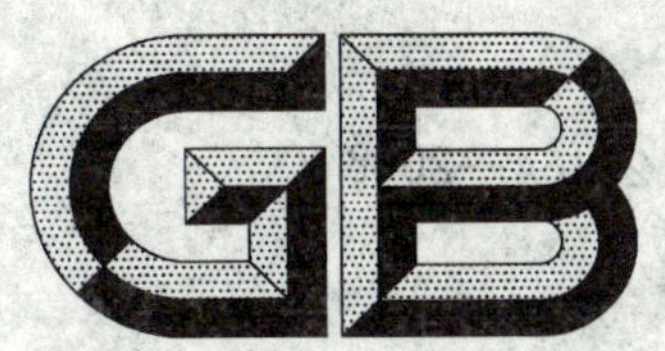

中华人民共和国国家标准

GB/T 23164—2008

地毯抗微生物活性测定

Antimicrobial activity assessment of carpets

2008-12-30 发布　　　　2009-09-01 实施

中华人民共和国国家质量监督检验检疫总局
中国国家标准化管理委员会　发布

前言

本标准修改采用美国 AATCC 174—2007《地毯抗微生物活性测定》。

本标准与 AATCC 174—2007 相比主要差异为：

——增加了一种可替代和选择的菌种：大肠杆菌 ATCC 29522；

——删除了 AATCC 174—2007 中第 27 章的“注释与参考”。

本标准由中国轻工业联合会提出。

本标准由全国地毯标准化技术委员会归口。

本标准负责起草单位：中国工艺美术协会地毯专业委员会。

本标准主要参加起草单位：天津市东方蓝宝地毯研究中心。

本标准主要起草人：张玉芬、李孝文、陈贵生、刘畅。

地毯抗微生物活性测定

1 范围

本标准规定了地毯产品抗微生物活性的测定方法。

本标准适用于新地毯的抗微生物活性的测定。

本标准亦适用于评估洗涤程序对有关地毯抗微生物活性(由相关方达成一致)效果的影响。

2 术语和定义

下列术语和定义适用于本标准。

2.1

活性 activity

抗微生物剂的效力。

2.2

抗菌剂 antibacterial agent

能够杀死细菌(杀菌剂)或者抑制细菌活性、生长或繁殖(抑菌剂)的化学药品。

2.3

抗真菌剂 antifungal agent

能够杀死或抑制真菌生长的化学药品。

2.4

抗微生物剂 antimicrobial agent

能杀死或抑制微生物生长的化学药品。

2.5

抗菌性 bacterial resistance

纺织品中抵抗可见细菌繁殖和由此伴随产生气味的能力。

2.6

防霉性 mildew resistance

纺织品材料暴露在适合微生物繁殖的条件下时,抵抗不可见真菌繁殖和由此伴随产生的讨厌的、发霉的气味的能力。

2.7

防腐性 rot resistance

纺织品材料抵抗因真菌在其表面和里面繁殖而导致降解的能力。

2.8

抑菌区 zone of inhibition

在琼脂培养基表面培养,将试样的边缘直接与琼脂表面接触后明显没有微生物生长的区域。抑菌区是试样上的抗微生物试剂扩散的结果。

3 安全预防措施

注意:本安全预防措施仅供参考。这些措施有助于测试过程,但未包含所有内容。在本测试方法中,使用者有责任在处理材料时采用安全和正确的技术,同时需向制造商咨询有关材料的详尽信息,如材料的安全参数和其他建议。

3.1 本测试只能由受过训练的专业人员完成。

3.2 本测试中所用的某些微生物会引起过敏或致病，因此应采取一切必要的合理预防措施来消除对试验人员以及相关环境中人员的危害。

3.3 应遵守良好的实验室规定。在所有的实验室区域内应佩戴安全眼镜。

3.4 必须谨慎使用所有化学试剂。

3.5 应在实验室附近安装洗眼或安全淋浴装置，以便于紧急情况下使用。

3.6 所有带有细菌的样品和测试材料，必须经过消毒灭菌后才能处理。

3.7 在这个过程中使用的化学药品暴露量不得超过有关规定。

4 试验方法

4.1 地毯抗菌活性的定性评价(单条划线法)

4.1.1 原理

测试地毯试样，包括相应的未经抗菌整理的相同材质的地毯控制样(控制样作为参照对比试样，如果有的话，但不是必须的)，紧密地贴在营养琼脂上，营养琼脂预先用细菌培养物划线接种。经过培养后，测试样下面以及周围细菌未能生长的空白区域显示出试样的抗菌活性。应使用标准菌株进行接种，代表性的菌种是金黄色葡萄球菌(革兰氏阳性)和肺炎杆菌(革兰氏阴性)。

4.1.2 测试菌种

a) 金黄色葡萄球菌，ATCC 6538。

b) 肺炎杆菌 ATCC 4352 或大肠杆菌 ATCC 29522。

注：也可选用同类的菌种。

4.1.3 培养基

适合的肉汤和/或琼脂培养基是营养肉汤、大豆胰蛋白胨和脑心浸液(BHI)。

a) 营养肉汤：

浓缩牛肉汁	3 g;
蛋白胨	5 g;
蒸馏水	1 000 mL。

b) 加热煮沸使各个组分分散。用 1 mol/L 的氢氧化钠溶液调节 pH 值为 6.8(如果是准备好的脱水培养基，可以省略这一步)。

c) 分装 10 mL 于普通微生物培养管(125 mm×17 mm)中，盖上塞子，在 103 kPa 下灭菌 15 min。

d) 营养琼脂的制备：加1.5%的微生物培养琼脂于营养肉汤中。加热至煮沸，测 pH 值，用 1 mol/L 的氢氧化钠溶液调节 pH 值到 7.0～7.2。分装 15 mL 于普通微生物培养管中，盖上塞子，在 103 kPa 下灭菌 15 min。

4.1.4 测试菌种培养基的维护

4.1.4.1 用 4 mm 的接种环，每天将培养基转接到营养肉汤中，但不超过两周。每两个星期从存贮的培养物中重新转接一次。在 37 ℃±2 ℃培养。

4.1.4.2 贮存的培养基用营养琼脂斜面维护。在 5 ℃±1 ℃保存，一个月往新的琼脂上转接一次。

4.1.5 试样

4.1.5.1 用手剪或金属模具剪切试样(未灭菌)。试样可以剪成任何需要的尺寸。推荐将试样剪成 25 mm×50 mm 大小。

4.1.5.2 如果可能，应检测不含抗菌剂，使用相同工艺和材质的地毯试样作为对照。但是，这对本测试的有效性并不是必需的。

4.1.6 测试程序

4.1.6.1 如果想要得到测试耐久性的数据，地毯试样应该在洗涤前后进行测试，并采用有关双方达成一致的洗涤方法。

4.1.6.2 将已灭菌的冷却到45 ℃±2 ℃的营养琼脂倒入直径100 mm的平底培养皿中，每个培养皿中倒入15.0 mL±2.0 mL培养琼脂，待冷却凝固后用于接种。

4.1.6.3 准备接种物。取1.0 mL±0.1 mL经24 h培养的肉汤培养物加入装有9.0 mL±0.1 mL灭菌蒸馏水的试管或小锥形瓶中搅拌，使之充分混合。

4.1.6.4 用4 mm接种环装满稀释好的接种物，转移到灭菌琼脂表面，在琼脂板的中间划一条长约75 mm长的种菌划线，划线时不要划破琼脂表面。

4.1.6.5 横向沿接种线轻轻将测试样挤压，以确保其与琼脂表面紧密接触。为易于操作，也可用生物移片器或压舌片将试样压紧在琼脂表面，生物移片器或压舌片应先用火焰灼烧灭菌，并马上在空气中冷却后使用。分别使用单独的琼脂平板测试地毯的表面纤维和背衬。

4.1.6.6 在37 ℃±2 ℃中培养18 h～24 h。

4.1.7 评定与报告

4.1.7.1 观察经过培养的平板，确定试样下接种线上细菌生长被抑制的情况以及试样边缘以外清洁的抑菌区上的情况。试样周围抑菌区的宽度按式(1)计算：

$$W = \frac{T-D}{2} \qquad (1)$$

式中：

W——抑菌区的宽度，单位为毫米(mm)；

T——试样及抑菌区总的宽度，单位为毫米(mm)；

D——试样的宽度，单位为毫米(mm)。

4.1.7.2 为了建立可接受的抗菌活性，在接触区域中的试样下面不应有菌落存在。

4.1.7.3 抑菌区域的宽度尺寸不能作为抗菌活性的定量评价标准。

4.1.7.4 报告地毯洗涤前后的测试结果，洗涤次数由协商确定。

4.1.7.5 结果报告应注明抑菌区和试样下面细菌的生长情况。

4.1.8 精确度和偏差

本方法不会获得数据信息，所以精确度和偏差的描述不适用。

4.2 地毯抗菌活性的定量测定

4.2.1 原理

4.2.1.1 本测试方法提供了抗菌活性等级定量评定的程序。

4.2.1.2 在待测试的地毯上接种测试菌种。培养后，用已知量的溶液，通过震荡，将细菌从样品上洗涤下来，测定这个洗涤液中所含的细菌数量，从而计算出测试样使细菌减少的百分含量。

4.2.2 测试菌种

见4.1.2。

4.2.3 培养基

见4.1.3。

4.2.4 测试菌种培养基的维护

见4.1.4。

4.2.5 试样

4.2.5.1 将待测地毯剪成直径约48 mm的圆片试样，将圆片试样放入250 mL带磨口塞的广口玻璃瓶中。地毯圆片应平铺在广口瓶底部。

4.2.5.2 用一个没有经接种处理的地毯确定地毯上的自带微生物含量。

4.2.5.3 测试前不要将地毯样品灭菌。

4.2.6 测试程序

4.2.6.1 如果想得到测试耐久性数据，地毯应在洗涤前后进行测试，并采用供需双方达成一致的洗涤方法。

4.2.6.2 用培养了 18 h～24 h，菌种浓度为 1×10^5 CFU～2×10^5 CFU（菌落生成单位）的肉汤细菌接种体，取 0.1 mL～0.5 mL 到预浸湿的地毯纤维上。测试菌种的稀释物可使用已灭菌的 0.85％的生理盐水。如果在接触期间需要保持稳定的状态，也可用合适的灭菌缓冲液。但是如果要在地毯使用时的条件下进行测试，则用肉汤作为稀释媒介。地毯圆片可以预先浸入已灭菌的去离子水中或含有 0.05％无杀菌渗透剂的水中预浸湿，然后用滤纸快速吸干。

4.2.6.3 用灭菌的移液管均匀地对地毯纤维接种，然后将接种的试样放入广口玻璃瓶。拧紧广口瓶盖，防止蒸发。

4.2.6.4 接种完后（0 接触时间）马上向广口瓶中加入 100 mL±0.1 mL 的中和剂。中和剂含有能够中和特定抗菌地毯的成分，并能调节 pH 值为 6～8。

4.2.6.5 剧烈震动广口瓶 1 min，进行梯度稀释，然后涂在营养琼脂（或其他合适的）平板（涂两个平行样）上。一般稀释 10^0、10^1 和 10^2 比较合适。

4.2.6.6 将另外装有接种地毯圆片的广口瓶在 37 ℃±2 ℃条件下培养 6 h～24 h，也可不同的时间（例如 1 h 或 6 h），以获得在此接触期内试样表现出来的抗菌活性。

4.2.6.7 培养后，向装有整理过的地毯圆片广口瓶中加入 100 mL±0.1 mL 中，剧烈震动 1 min，进行梯度稀释，然后涂在营养琼脂（或其他合适的）平板（涂两个平行样）上。对于整理过的测试样一般稀释 10^0、10^1 和 10^2 比较合适。对于未经抗菌整理的相同材质的控制试样（如果有的话，但不是必需的），需要根据培养时间的不同，稀释成不同的倍数。

4.2.6.8 所有的琼脂平板在 37 ℃±2 ℃的条件下培养 24 h。

4.2.7 评定和报告

4.2.7.1 报告每个试样所含的细菌数，而不是报告每毫升中和溶液中所含的细菌数。当稀释倍数为 10^0，菌数为 0 时，则在报告中表示为“少于 100”。

用下列公式之一计算测试样品处理后细菌的减少率：

$$R=\frac{B-A}{B}\times100\% \quad\cdots\cdots(2)$$

$$R=\frac{C-A}{C}\times100\% \quad\cdots\cdots(3)$$

$$R=\frac{D-A}{D}\times100\% \quad\cdots\cdots(4)$$

式中：

R——细菌减少率，％；

A——在广口瓶中接种，并经过接触期培养后的经抗菌整理地毯上恢复的细菌数；

B——在广口瓶中接种后立即洗脱（0 接触时间）的，经抗菌整理地毯上的洗脱的细菌数；

C——在广口瓶接种后立即洗脱（0 接触时间）的，未经抗菌整理地毯对照样上洗脱的细菌数，如果 B 和 C 不同，取其较大值；如果 B 和 C 没有明显的不同，则取它们的平均值 $(B+C)/2$；

D——$(B+C)/2$。

4.2.7.2 如果没有未经抗菌整理的控制地毯样，可用式(5)计算，该公式适用于可能影响测试的各种背景微生物：

$$B_g=\frac{(B-E)-(A-F)}{B-E}\times100\% \quad\cdots\cdots(5)$$

式中：

B_g——背景细菌；

E——从未接种的整理地毯试样上洗脱下来的初始细菌数(存在背景菌数);

F——未接种的经预湿处理的测试地毯样,放入广口瓶中经过接触期培养后洗脱所得菌数(接触期培养后存在背景菌数)。

4.2.7.3 测试样合格的技术指标应由有关各方协商一致确定。

4.2.7.4 报告中写明所用的稀释溶液。

4.2.7.5 报告地毯洗涤前后的测试结果,洗涤次数由供需双方协商确定。

4.2.8 精确度和偏差

实验室内标准平板计数法的精确度:

a) 不同的实验者间偏差 18%;

b) 同一实验者偏差 8%。

4.3 地毯材料抗真菌活性评定(地毯材料的防霉防腐)

4.3.1 原理

地毯经过普通真菌在琼脂培养基上生长,对地毯进行评定。

4.3.2 试样

从样品上裁剪直径为 38.0 mm±1.0 mm 的圆片。如果考虑了抑菌区预期的尺寸,也可以采用其他形状和尺寸。

4.3.3 测试程序

4.3.3.1 如果需要得到测试耐久性的数据,根据有关方面认可的方法在地毯洗涤前后进行测试,并采用有关双方达成一致的洗涤方法。

4.3.3.2 真菌:黑曲霉,ATCC 6275 或同类的菌种。

4.3.3.3 培养基:沙氏葡糖琼脂。

4.3.3.4 接种体:从一支在沙氏葡糖琼脂上生长成熟的(培养了 7 d~14 d),长满孢子的黑曲霉的斜面刮下一些碎屑,将碎屑加入到已灭菌的锥形瓶,瓶中装有 50 mL±2 mL 已灭菌的水和玻璃珠。剧烈震荡,形成孢子悬浮液。借助血球计或彼得罗夫-霍瑟计数器,用无菌去离子水将接种体稀释到每毫升含 100 万个孢子。

4.3.3.5 培养:将 1.0 mL±0.1 mL 接种体分布在琼脂表面,将地毯圆片浸入灭菌的去离子水或含有 0.05%非离子润湿剂的水中,预浸湿地毯纤维,然后用滤纸快速吸干。用灭菌移液管吸取 0.2 mL 真菌孢子接种体,均匀分散在每个圆片上,将各个地毯试样分别绒面朝上和绒面朝下放入单独的培养皿中进行接种,接种的平板在 28 ℃±1 ℃培养 7 d,也可以培养更长的时间,以确定抗真菌活性。

4.3.4 评定和报告

4.3.4.1 对于试样绒头朝下,背面朝上的平板,观察并测量绒头纤维产生的抑菌区尺寸(mm),并记录背面真菌的生长情况。

4.3.4.2 对于另一块试样背面朝下,绒头朝上的平板,观察并测量背面产生的抑菌区尺寸(mm),并记录绒头一面真菌生长情况。

4.3.4.3 评定方案

观察试样上的真菌生长情况:

a) 无真菌生长(如果存在抑菌区,报告其尺寸,单位为毫米);

b) 显微镜可见(只有在显微镜下才能看见真菌生长);

c) 肉眼可见(肉眼能看到真菌生长)。

4.3.5 精确度和偏差

由于本方法不会产生数据信息,所以精确度和偏差的描述不适用。

ICS 59.080.60
W 56

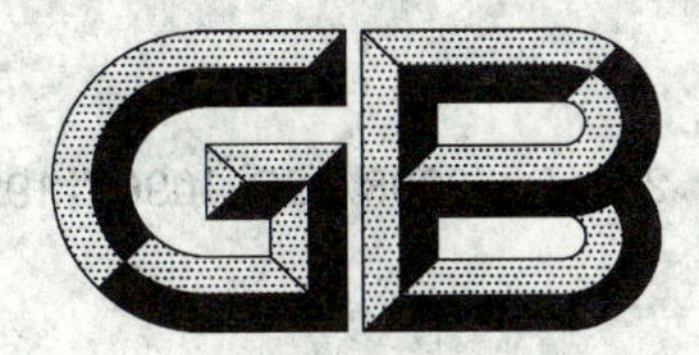

中华人民共和国国家标准

GB/T 23165—2008/ISO 10965:1998

地毯 电阻的测定

Carpets—Determination of electrical resistance

(ISO 10965:1998, Textile floor coverings—Determination of electrical resistance, IDT)

2008-12-30 发布 2009-09-01 实施

中华人民共和国国家质量监督检验检疫总局
中国国家标准化管理委员会 发布

前　言

本标准等同采用国际标准 ISO 10965:1998《纺织铺地物　电阻的测定》。

本标准在技术内容与 ISO 10965:1998 完全一致，仅做了如下少量编辑性修改：

——按我国的地毯标准体系命名惯例，改变标准名称；

——用“地毯”代替“纺织铺地物”；

——“本国际标准”一词改为“本标准”；

——用小数点“.”代替作为小数点的逗号“,”；

——删除了国际标准的前言，增加了本标准的前言。

本标准由中国轻工业联合会提出。

本标准由全国地毯标准化技术委员会归口。

本标准负责起草单位：中国工艺美术协会地毯专业委员会。

本标准参加起草单位：天津市东方蓝宝地毯研究中心。

本标准主要起草人：张玉芬、刘德超、陈贵生。

地毯　电阻的测定

1　范围

本标准规定了地毯电阻的测定方法，包括水平电阻和垂直电阻的测定方法。

2　规范性引用文件

下列文件中的条款通过本标准的引用而成为本标准的条款。凡是注日期的引用文件，其随后所有的修改单(不包括勘误的内容)或修订版均不适用于本标准，然而，鼓励根据本标准达成协议的各方研究是否可使用这些文件的最新版本。凡是不注日期的引用文件，其最新版本适用于本标准。

ISO 1957　机制纺织铺地物　用于物理试验的取样和试样的截取

3　术语和定义

下列术语和定义适用于本标准。

3.1

水平电阻(毯面电阻)　horizontal resistance (surface resistance)

放在地毯的毯面上的两个电极之间所测量出来的电阻。

3.2

垂直电阻(毯面至毯背的电阻)　vertical resistance (surface to back)

在毯面和毯背之间测量出来的电阻。

3.3

几何平均值　geometric mean

试样的 n 个测量值乘积的 n 次根。

4　原理

使用高电阻值的仪表和电极，在标准空气条件下，测试经过预处理的受检试样的水平电阻和垂直电阻。

5　仪器和材料

5.1　标准刻度的高电阻值的电阻测量仪表

要求具有可以改变的开路电压值，500 V、100 V 和 10 V，短路电流限定为 10 mA，可读电阻值在 $1\times10^3\sim1\times10^9$ 时，精度为±5%；在超过 1×10^9 时精度为±10%。表 1 为可选用的电压值。

注：也可采用与此相类似的系统，即具有相同容量的单独电压源和一个标准刻度的毫安表。其电阻值(R)可由：$R=U/I$ 得出。

表 1　线路电压

电阻(R)/Ω	电压(U)/V
$R<10^5$	10
$10^5\leqslant R<10^8$	100
$R>10^8$	500

5.2 两个电极(最好用不锈钢)

带有可连接电阻测量仪表的接线柱。每个电极总质量应为(5±0.1)kg,并具有一个直径为(65±1.5)mm 的圆形平面的接触面。

注:可以在电极上加上一个不导电的圆盘作为附加质量的支撑盘(见图 1)。

单位为毫米

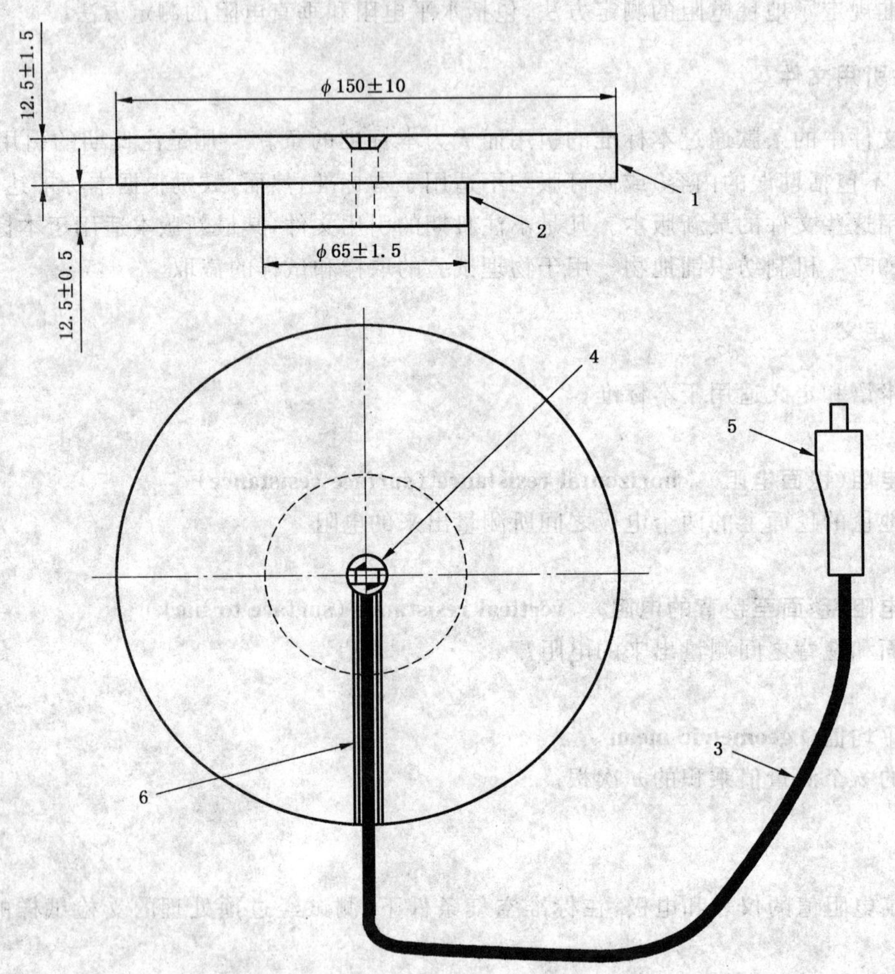

1——非导电体的质量支撑盘;

2——金属电极;

3——低电阻值的软线;

4——平头螺钉;

5——电源接头;

6——在槽的底部涂敷以环氧树脂用以将软线(3)固定住。将软线剥去 20 mm 长的外皮,在电极组装之前,将其绕在平头螺钉(4)上。

图 1 组装后的电极示例

5.3 绝缘板(例如用 PMMA 或 PTFE 材料)

尺寸应为(600±10)mm×(600±10)mm×(5±1)mm,按 7.2 的方法测试,其垂直电阻不小于 1×10^{13} Ω。

5.4 接地金属板

尺寸为(600±1)mm×(600±1)mm×(6±1)mm,在 6 mm 的一侧有一个接线柱。

6 取样和温湿调节

6.1 取样

取样和截取试样应按 ISO 1957 进行。

从每个样品中截取 3 块(500±50)mm×(500±50)mm 的试样。

6.2 温湿调节

试样预先在温度为(20±1)℃和相对湿度为(65±2)%的条件下放置至少 24 h,然后在(23±1)℃和(25±3)%下放置至少 7 d。试样应在后者的调节大气中进行。

在某些地区,如果有关方面一致同意,也可采用其他的大气条件。当试样在其他的大气条件下进行测试时,应当将这种大气条件写进试验报告中。

7 试验程序

7.1 水平电阻

对每块试样按下列程序进行试验。

将绝缘板(5.3)放在接地的金属板(5.4)上。确认其上面已不带任何电荷。将试样毯面朝上放在绝缘板上。将两个干电极(5.2)沿对角线的方向放在地毯试样上,中心对中心的距离为(500±5)mm。再将两个电极联接到电阻测量计上。按表 1 所列数值选择测试电压。在电极上施加电压 15 s 后,记取读数。再在对角线的另一端记取第二个读数。将这两个读数记录下来,并计算出每块试样的结果的几何平均值,保留两位有效数字,还要计算出各个单独数值的几何平均值。

注:在某些应用场合下,或许出于电气安全的考虑有必要对地毯的毯面之间的或毯面与毯背之间的电阻通路进行评价。在这些情况下,应当按直线方向测量电阻,也就是将电极放在与地毯的生产方向平行线上进行测量,而单独的测量值将电极放在与地毯的生产方向成直角的线上进行测量。

7.2 垂直电阻

对每块试样按下列程序进行试验。

将接地的金属板(5.4)放在绝缘板(5.3)上。确认其上面已不带任何电荷。将试样毯面朝上放在金属板上。将一个干电极(5.2)放在距试样边缘不超过 100 mm 的位置上。把电极和金属板连接并接入电阻测量计。在每一块试样上的两个不同位置进行两次测量,两次测量的电极的距离至少为 200 mm,并在电极上施加电压 15 s 后记取读数。记取 6 个读数并计算出其几何平均值,取两位有效数字。

8 试验报告

试验报告应包括以下内容:

——对所取样品全面鉴定的详细说明;

——所参照的标准;

——每块样品上截取的取样数目;

——准确的试验条件和试验用的大气状况;

——水平电阻的各电阻值及几何平均值;

——垂直电阻的各电阻值及几何平均值;

——试验报告的日期。

ICS 59.080.99
W 59

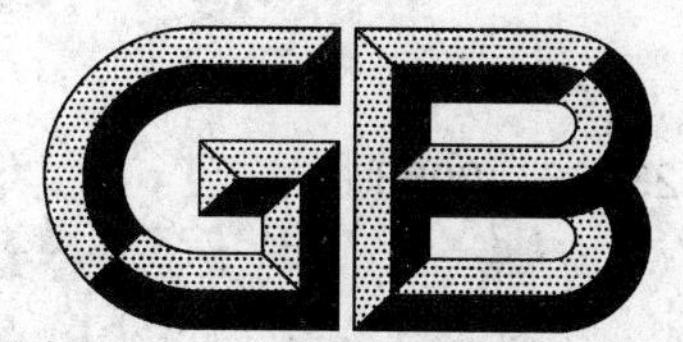

中华人民共和国国家标准

GB/T 23166—2008

发制品 术语

Hair products—Vocabulary

2008-12-30 发布　　2009-09-01 实施

中华人民共和国国家质量监督检验检疫总局
中国国家标准化管理委员会　发布

前言

本标准由中国轻工业联合会提出。

本标准由全国发制品标准化技术委员会归口。

本标准负责起草单位:河南瑞贝卡发制品股份有限公司。

本标准参与起草单位:河南省标准研究院、许昌市发制品协会、许昌市标准化协会、河南省纺织产品质量监督检验测试中心、许昌市纤维检验所、许昌龙正发制品有限公司、青岛即发集团控股有限公司、青岛海森林进出口有限公司。

本标准起草人:张开天、张良、张合亭、张天有、化明利、王喜祥、张政民、李中平、吕亚品、袁燕敏、张会婷、孙显秀、王爱琴。

发制品 术语

1 范围

本标准规定了发制品行业的基本术语和定义。

本标准适用于发制品行业的产品、工艺、检验等。

2 术语和定义

2.1 产品术语

2.1.1

生发 unprocessed raw hair

未经加工的人发。

2.1.2

档发 non-remy double drawn human hair

按不同长度分档捆扎的人发。

2.1.3

色发 dyeing hair

经处理使发丝形成不同颜色的人发或人造发。

2.1.3.1

人发色发 dyeing human hair

用人发制作的色发。

2.1.3.2

人造色发 dyeing artificial hair

用人造发制作的色发。

2.1.4

帽底 cap base

用特定网料和辅助材料制成的头套帽基。

2.1.5

头饰 accessory

用人发或人造发制成的饰品。

2.1.6

发条 hair weaving

将色发均匀排列连结而成的制品。

2.1.7

曲发 curly hair

有曲度的色发。

2.1.8

发辫 braided hair

色发经编制成型的制品。

2.1.9

胶头皮 skin

用胶料和辅料制成的假头皮。

2.1.10

教习头　lesson wig

用胶头皮、色发制成的供美容、美发使用的教具。

2.1.10.1

剪耳教习头　lesson wig without ear

无耳部的教习头。

2.1.10.2

剪脸教习头　lesson wig without face

无面部的教习头。

2.1.10.3

组合教习头　wannequin wig

将植发后的胶头皮经化妆、填充制成的教习头。

2.1.11

单色发　solid color hair

单根发为一种颜色的色发。

2.1.12

双色发　two colors hair

单根发为两种颜色的色发。

2.1.13

多色发　multi-color hair

单根发为三种或三种以上颜色的色发。

2.1.14

间色发　piano color hair

由两种或两种以上颜色的色发相间制成的色发。

2.1.15

异色发　different color hair

色差低于二级的色发。

2.2　工艺术语

2.2.1

过酸　acid processing

生发经酸液处理的过程。

2.2.2

定型　setting processing

色发形成特定形状的过程。

2.3　检验术语

2.3.1

发条条长　length of weft

发条完全展开后片边的自然长度。

2.3.2

发条发长　hair length

发条色发与片边的垂直长度。

2.3.3

脱色　discoloration

色发掉色的现象。

2.3.4

曲度　curl pattern

色发定型后的弯曲程度。

2.3.5

接头　connector

发条续片的接口。

2.3.6

倾斜度　gradient

自然状态下色发偏离片边垂直线的角度。

2.3.7

脱发　hair shedding

色发在外力作用下脱落的现象。

2.3.8

植针密度　knotting density

单位面积或单位长度所植色发针数。

2.3.9

植发密度　planting density

单位面积或单位长度所植色发根数。

2.3.10

植发角度　planting angle

所植色发与植发点切面的最小夹角。

2.3.11

完成长度　finished length

成品在自然状态下的最长长度。

2.3.12

帽底围长　girth of cap

假发帽底边沿的周长。

2.3.13

帽底前后长度　front to back of cap

假发帽底前发际线至后发际线的最长弧长。

2.3.14

帽底深度　depth of cap

假发帽底沿平面至网帽最高点的垂直距离。

2.3.15

幅度　hair ratio

发条中不同长度色发的搭配。

ICS 59.080.99
W 59

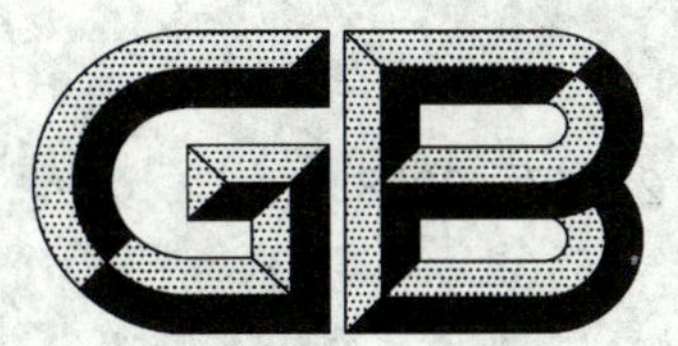

中华人民共和国国家标准

GB/T 23167—2008

发制品 人造色发发条及发辫

Hair products—Manmade dyeing hair weaving and hair braid

2008-12-30 发布

2009-09-01 实施

中华人民共和国国家质量监督检验检疫总局
中国国家标准化管理委员会 发布

前　言

本标准的附录A为规范性附录。

本标准由中国轻工业联合会提出。

本标准由全国发制品标准化技术委员会归口。

本标准负责起草单位:河南瑞贝卡发制品股份有限公司。

本标准参与起草单位:河南省纺织产品质量监督检验测试中心、许昌市质量技术监督检验测试中心、许昌市发制品协会、许昌市质量协会、许昌龙正发制品有限公司、青岛即发集团控股有限公司、青岛海森林进出口有限公司、许昌恒源发制品有限公司、许昌瑞泰发业有限公司。

本标准主要起草人:郑有全、张开天、张合亭、憨文轩、张天有、化明利、王喜祥、张会婷、吕亚品、孙显秀、王爱琴、化小超。

发制品　人造色发发条及发辫

1　范围

本标准规定了人造色发发条及发辫的术语和定义、要求、试验方法、检验规则及标签、包装、运输、贮存。

本标准适用于以人造色发为原料，经加工制成的发条及发辫。

2　规范性引用文件

下列文件中的条款通过本标准的引用而成为本标准的条款。凡是注日期的引用文件，其随后所有的修改单(不包括勘误的内容)或修订版均不适用于本标准，然而，鼓励根据本标准达成协议的各方研究是否可使用这些文件的最新版本。凡是不注日期的引用文件，其最新版本适用于本标准。

GB/T 2912.1　纺织品　甲醛的测定　第1部分:游离水解的甲醛(水萃取法)

GB/T 3920　纺织品　色牢度试验　耐摩擦色牢度(GB/T 3920—2008,ISO 105-X12:2001,MOD)

GB/T 7573　纺织品　水萃取pH值的测定(GB/T 7573—2002,ISO 3071:1980,MOD)

GB/T 8427　纺织品　色牢度试验　耐人造光色牢度:氙弧(GB/T 8427—2008,ISO 105-B02:1994,MOD)

GB/T 9995　纺织材料含水量和回潮率的测定　烘箱干燥法

GB/T 13835.5　兔毛单纤维断裂强度和伸长试验方法

GB/T 17592　纺织品　禁用偶氮染料的测定

GB/T 23166　发制品　术语

FZ/T 01057.3　纺织纤维鉴别试验方法　第3部分:显微镜法

3　术语和定义

GB/T 23166确立的术语和定义适用于本标准。

4　要求

4.1　感官要求

4.1.1　单色发颜色应一致，多色发颜色应过渡自然。

4.1.2　产品应洁净、无异物。

4.1.3　直发条手感应一致，不应脱发、油腻。

4.1.4　曲发条曲度、长度应一致，外观膨松、自然、有弹性，不应有乱丝、浮丝。

4.1.5　发条机制线颜色应与色发颜色一致。

4.1.6　发条条边应疏密均匀，软硬适中，不应有毛边、线头、斜边、露底线。

4.1.7　发辫应蓬松、无粘连，曲度、节数、留尾应一致。

4.2　技术指标

4.2.1　质量偏差率应不大于2%。

4.2.2　发长偏差应不大于10 mm。

4.2.3　发条条长偏差率应不大于5%。

4.2.4　曲发条的完成长度偏差应不大于5 mm。

4.2.5 回潮率应不大于5%。

4.2.6 单根发断裂强力应不小于25 cN。

4.2.7 色牢度：

a) 干摩擦色牢度应不小于4级；

b) 湿摩擦色牢度应不小于3级；

c) 耐日晒色牢度应不小于3～4级。

4.2.8 发条正面不应有接头，反面接头不应超过两个。

4.2.9 发条机制针距密度应均匀一致，并控制在78针/100 mm～87针/100 mm片长范围内。

4.2.10 自然状态下发条色发与条边应基本保持垂直，倾斜度应不大于15°。

4.3 安全卫生指标

安全卫生指标见表1。

表1 安全卫生指标

项　目	要　求
甲醛/(mg/kg)	≤75
pH 值	4.0～9.0
异味	无
可分解芳香胺[a]	不得检出
[a] 在还原条件下染料中不允许分解出的致癌芳香胺清单见附录A。	

5 试验方法

5.1 感官检验

5.1.1 在自然光线下用肉眼检验，应符合4.1.1、4.1.2、4.1.4、4.1.5、4.1.6、4.1.7的规定。

5.1.2 触摸应符合4.1.3、4.1.4、4.1.6的规定。

5.1.3 脱发：将发条垂直固定在检验架上，用梳针密度为6根/100 mm^2～7根/100 mm^2、梳针直径1 mm的气梳自上而下自然梳理五次后，其掉发总量不大于10根，可视为无脱发现象。

5.2 技术指标检验

5.2.1 质量偏差率：用分度值为0.5 g的电子秤称量。

计算结果见式(1)：

$$H=\left|\frac{G-G_0}{G_0}\right|\times 100 \qquad \cdots\cdots(1)$$

式中：

H——试样质量偏差率，%；

G——试样的称量结果，单位为克(g)；

G_0——试样的设计质量，单位为克(g)。

5.2.2 发长偏差：将发条垂直提起，用精度为1 mm的钢直尺或钢卷尺直接测量。

5.2.3 发条条长偏差率：将发条平铺桌面，用分度值为1 mm的钢直尺或钢卷尺测量。

计算结果见式(2)：

$$M=\left|\frac{L-L_0}{L_0}\right|\times 100 \qquad \cdots\cdots(2)$$

式中：

M——试样完成长度偏差率，%；

L——试样的测量结果，单位为毫米(mm)；

L_0——试样的设计长度，单位为毫米(mm)。

5.2.4 曲发条的完成长度偏差：将发条垂直提起，用精度为 1 mm 钢直尺或钢卷尺直接测量。

5.2.5 回潮率：按 GB/T 9995 执行。

5.2.6 单根发拉力强度：按 GB/T 13835.5 执行。

5.2.7 色牢度：

a) 耐摩擦色牢度按 GB/T 3920 执行。

b) 耐日晒色牢度按 GB/T 8427 执行。

5.2.8 发条接头：直接用肉眼进行检验。

5.2.9 发条针距密度：将发条平铺检验台面，用精度为 1 mm 的钢直尺或钢卷尺随机抽取三处直接进行检验。

5.2.10 发条倾斜度：将发条平铺检验台面，用精度为 1°的量角器随机抽取三处直接测量。

5.3 安全卫生指标检验

5.3.1 甲醛：按 GB/T 2912.1 执行。

5.3.2 pH 值：按 GB/T 7573 执行。

5.3.3 异味：

异味的判定采用嗅觉评判的方法，评判人员应是经过一定训练和考核的专业人员。

样品开封后，立即进行该项目的检测。试验应在洁净的无异常气味的环境中进行。操作者须戴手套，双手拿起试样靠近鼻腔，仔细嗅闻试样所带有的气味，如检测出有霉味、高沸程石油味(如汽油、煤油味)、鱼腥味、芳香烃气味中的一种或几种，则判为“有异味”，并记录异味类别。否则判定为“无异味”。

应有三人独立评判，并以两人或两人以上一致的结果为样品检验结果。

5.3.4 可分解芳香胺：按 GB/T 17592 执行。

6 检验规则

6.1 组批规定

每批产品应是原料、化工料、工艺条件和产品规格相同者。

6.2 抽样

样品应现场逐批随机抽取，批量不超过 500(含 500)箱的抽取 3 条(套)～5 条(套)，超过 500 箱的抽取 6 条(套)～10 条(套)。样品应存放在适宜透气的包装袋内，应轻拿轻放，不能挤压。

6.3 出厂检验

6.3.1 每批产品出厂前，生产方应按本标准进行检验。

6.3.2 出厂检验项目为 4.1、4.2 要求的内容。

6.4 型式试验

6.4.1 在下列情况下，产品应进行型式试验。

a) 连续生产的产品，每三年进行一次；

b) 主要原料、生产工艺有较大变化时；

c) 停产一年以上，恢复生产时。

6.4.2 型式试验项目为第 4 章规定的所有项目。

6.5 判定

6.5.1 本标准采用修约值比较法进行判定。

6.5.2 检验结果中若有不符合项，应对不符合项再次进行检验，若仍不符合，则判该项不合格。

6.5.3 检验项目全部合格，判该批产品为合格批或该周期型式检验合格；否则，判该批产品为不合格批或该周期型式检验不合格。

7 标签、包装、运输、贮存

7.1 标签

每个产品应标注产品的品名、规格、颜色、质量、执行标准、生产方厂名厂址。

7.2 包装

包装应坚固、完整。

外包装应标注产品的品名、规格、数量、质量、生产方厂名厂址。

7.3 运输

运输时应防止雨淋、曝晒、挤压，不应与有毒、有害物质混装混运。

7.4 贮存

产品应存放在常温、干燥、通风、清洁、防火、防鼠的库房内。

附　录　A
（规范性附录）
还原条件下染料中不允许分解出的芳香胺清单

A.1　对人体有致癌性的芳香胺见表A.1。

表A.1　第一类　对人体有致癌性的芳香胺

英文名称	中文名称	化学文摘编号
4-aminobiphenyl	4-氨基联苯	[92-67-1]
benzidine	联苯胺	[92-87-5]
4-chloro-*o*-toluidine	4-氯-邻甲基苯胺	[95-69-2]
2-naphthylamine	2-萘胺	[91-59-8]

A.2　对动物有致癌性，对人体可能有致癌性的芳香胺见表A.2。

表A.2　第二类　对动物有致癌性，对人体可能有致癌性的芳香胺

英文名称	中文名称	化学文摘编号
o-aminoazotoluene	邻氨基偶甲苯	[97-56-3]
2-amino-4-nitrotoluene	2-氨基-4-硝基甲苯	[99-55-8]
p-chloroaniline	对氯苯胺	[106-47-8]
2,4-diaminoanisole	2,4-二氨基苯甲醚	[615-05-4]
4,4′-diaminobiphenymethane	4,4’-二氨基二苯甲烷	[101-77-9]
3,3′-dichlorobenzidine	3,3’-二氯联苯胺	[91-94-1]
3,3′-dimethoxybenzidine	3,3’-二甲氧基联苯胺	[119-90-4]
3,3′-dimethylbenzidine	3,3’-二甲基联苯胺	[119-93-7]
3,3-dimethyl-4,4′-diaminobiphenylmthane	3,3’-二甲基-4,4’-二氨基二苯甲烷	[838-88-0]
p-cresidine	2-甲氧基-5-甲基苯胺	[120-71-8]
4,4′-methylene-bis-(2-chloroaniline)	4,4’-亚甲基-二-(2-氯苯胺)	[101-14-4]
4,4′-oxydianiline	4,4’-二氨基二苯醚	[101-80-4]
4,4′-thiodianiline	4,4’-二氨基二苯硫醚	[139-65-1]
o-toluidine	邻甲苯胺	[95-53-4]
2,4-toluylendiamine	2,4-二氨基甲苯	[95-80-7]
2,4,5-trimethylaniline	2,4,5-三甲基苯胺	[137-17-7]
o-anisidine	邻甲氧基苯胺	[90-04-0]
2,4-xylidine	2,4-二甲基苯胺	[95-68-1]
2,6-xylidine	2,6-二甲基苯胺	[87-62-7]

ICS 59.080.99
W 59

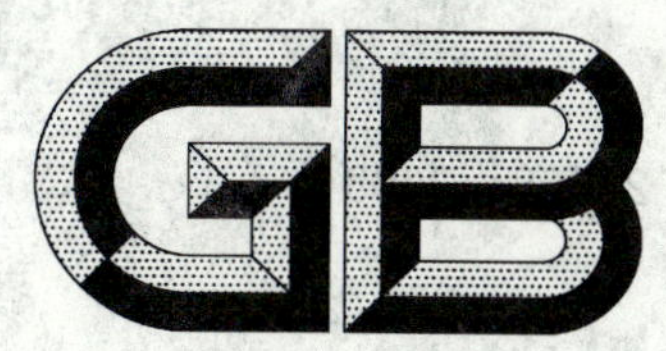

中华人民共和国国家标准

GB/T 23168—2008

发制品 人发发条

Hair products—Human hair weaving

2008-12-30 发布　　　　2009-09-01 实施

中华人民共和国国家质量监督检验检疫总局
中国国家标准化管理委员会　发布

前　言

本标准的附录A为规范性附录。

本标准由中国轻工业联合会提出。

本标准由全国发制品标准化技术委员会归口。

本标准负责起草单位:河南瑞贝卡发制品股份有限公司。

本标准参与起草单位:许昌市质量技术监督检验测试中心、许昌市发制品协会、许昌市质量管理协会、许昌龙正发制品有限公司、禹州森源发制品(集团)有限公司、许昌恒源发制品有限公司、青岛即发集团控股有限公司、青岛海森林进出口有限公司。

本标准主要起草人:郑有全、郑桂花、张开天、张合亭、张天有、化明利、王喜祥、陈卫哲、袁燕敏、吕亚品、王应选、韩利杰、孙显秀。

发制品　人发发条

1　范围

本标准规定了人发发条的术语和定义、要求、试验方法、检验规则及标签、包装、运输、贮存。

本标准适用于以人发为原料，经加工制成的人发发条。

2　规范性引用文件

下列文件中的条款通过本标准的引用而成为本标准的条款。凡是注日期的引用文件，其随后所有的修改单(不包括勘误的内容)或修订版均不适用于本标准，然而，鼓励根据本标准达成协议的各方研究是否可使用这些文件的最新版本。凡是不注日期的引用文件，其最新版本适用于本标准。

GB/T 2912.1　纺织品　甲醛的测定　第1部分:游离水解的甲醛(水萃取法)

GB/T 3920　纺织品　色牢度试验　耐摩擦色牢度(GB/T 3920—2008,ISO 105-X12:2001,IDT)

GB/T 7573　纺织品　水萃取pH值的测定(GB/T 7573—2002,ISO 3071:1980,MOD)

GB/T 8427　纺织品　色牢度试验　耐人造光色牢度:氙弧(GB/T 8427—2008,ISO 105-B02:1994,MOD)

GB/T 9995　纺织材料含水量和回潮率的测定　烘箱干燥法

GB/T 13835.5　兔毛单纤维断裂强度和伸长试验方法

GB/T 17592　纺织品　禁用偶氮染料的测定

GB/T 23166　发制品　术语

FZ/T 01057.3　纺织纤维鉴别试验方法　第3部分:显微镜法

3　术语和定义

GB/T 23166确立的术语和定义适用于本标准。

4　要求

4.1　感官要求

4.1.1　单色发颜色应一致，双色发、多色发颜色应过渡自然。

4.1.2　发条不应有断发、脱发现象，幅度应符合规定要求。

4.1.3　直发条手感应柔软光滑，倒立时应能自然松散分开，梳理时光滑通顺。

4.1.4　曲发条曲度应一致，外观蓬松自然，有弹性，无油腻感。

4.1.5　发条应洁净、无异物。

4.1.6　条边应疏密均匀，软硬适中，不应有毛边、线头、斜边、露底线。

4.1.7　机制线颜色应与色发颜色一致。

4.2　技术指标

4.2.1　质量偏差率应不大于3%。

4.2.2　发长偏差应不大于10 mm。

4.2.3　条长偏差率应不大于5%。

4.2.4　回潮率应不大于13%。

4.2.5　单根发拉力强度应不小于25 cN。

4.2.6　色牢度:

a） 干摩擦色牢度应不小于4级；

b） 湿摩擦色牢度应不小于3级；

c） 耐日晒色牢度应不小于3～4级。

4.2.7 标注100％的人发产品，人发含量应不小于98％。

4.2.8 异色发含量，单片不应超过5根/100 mm条长，双片不应超过8根/100 mm条长。

4.2.9 发条正面不应有接头，反面接头不应超过两个。

4.2.10 发条机制针距密度应均匀一致，并控制在74针/100 mm～83针/100 mm片长范围内。

4.2.11 自然状态下色发与条边应基本保持垂直，倾斜度应不大于15°。

4.3 安全卫生指标

安全卫生指标见表1。

表1 安全卫生指标

项　目	要　求
甲醛/(mg/kg)	≤75
pH值	4.0～9.0
异味	无
可分解芳香胺[a]	不得检出
[a] 在还原条件下染料中不允许分解出的致癌芳香胺清单见附录A。	

5 试验方法

5.1 感官检验

5.1.1 在自然光线下用肉眼检验应符合4.1的规定。

5.1.2 触摸应符合4.1.2、4.1.3、4.1.4、4.1.6的规定。

5.1.3 断发、脱发：将发条垂直固定在检验架上，用梳针密度为6根/100 mm^2～7根/100 mm^2、梳针直径1 mm的气梳自上而下自然梳理五次后，其掉发总量不大于12根，可视为无断发、脱发现象。

5.2 技术指标检验

5.2.1 质量偏差率：用分度值为0.5 g的电子秤称量。

计算结果见式(1)：

$$H = \left|\frac{G - G_0}{G_0}\right| \times 100 \qquad \cdots\cdots\cdots(1)$$

式中：

H——试样质量偏差率，％；

G——试样的称量结果，单位为克(g)；

G_0——试样的设计质量，单位为克(g)。

5.2.2 发长偏差：将发条垂直提起，用精度为1 mm的钢直尺或钢卷尺直接测量。

5.2.3 条长偏差率：将发条平铺桌面，用分度值为1 mm的钢直尺或钢卷尺测量。

计算结果见式(2)：

$$M = \left|\frac{L - L_0}{L_0}\right| \times 100 \qquad \cdots\cdots\cdots(2)$$

式中：

M——试样完成长度偏差率，％；

L——试样的测量结果，单位为毫米(mm)；

L_0——试样的设计长度，单位为毫米(mm)。

5.2.4 回潮率:按 GB/T 9995 执行。

5.2.5 单根发拉力强度:按 GB/T 13835.5 执行。

5.2.6 色牢度:

a) 耐摩擦色牢度按 GB/T 3920 执行。

b) 耐日晒色牢度按 GB/T 8427 执行。

5.2.7 异色发含量:在一个样品上,随机抽取 3 个检验单位,直接用肉眼进行检验。

5.2.8 人发含量:按 FZ/T 01057.3 执行。

5.2.9 接头:直接用肉眼检验。

5.2.10 针距密度:将发条平铺检验台面,用精度为 1 mm 的钢直尺或钢卷尺随机抽取三处直接进行检验。

5.2.11 倾斜度:将发条平铺检验台面,用精度为 1°的量角器随机抽取三处直接测量。

5.3 安全卫生指标检验

5.3.1 甲醛:按 GB/T 2912.1 执行。

5.3.2 pH 值:按 GB/T 7573 执行。

5.3.3 异味:

异味的判定采用嗅觉评判的方法,评判人员应是经过一定训练和考核的专业人员。

样品开封后,立即进行该项目的检测。试验应在洁净的无异常气味的环境中进行。操作者须戴手套,双手拿起试样靠近鼻腔,仔细嗅闻试样所带有的气味,如检测出有霉味、高沸程石油味(如汽油、煤油味)、鱼腥味、芳香烃气味中的一种或几种,则判为"有异味",并记录异味类别。否则判定为"无异味"。

应有三人独立评判,并以两人或两人以上一致的结果为样品检验结果。

5.3.4 可分解芳香胺:按 GB/T 17592 执行。

6 检验规则

6.1 组批规定

每批产品应是原料、化工料、工艺条件和产品规格相同者。

6.2 抽样

样品应现场逐批随机抽取,批量不超过 500(含 500)箱的抽取 3 条(套)~5 条(套),超过 500 箱的抽取 6 条(套)~10 条(套)。样品应存放在适宜透气的包装袋内,应轻拿轻放,不能挤压。

6.3 出厂检验

6.3.1 每批产品出厂前,生产方应按本标准进行检验。

6.3.2 出厂检验项目为 4.1、4.2 要求的内容。

6.4 型式试验

6.4.1 在下列情况下,产品应进行型式试验:

a) 连续生产的产品,每三年进行一次;

b) 主要原料、生产工艺有较大变化时;

c) 停产一年以上,恢复生产时。

6.4.2 型式试验项目为第 4 章规定的所有项目。

6.5 判定

6.5.1 本标准采用修约值比较法进行判定。

6.5.2 检验结果中若有不符合项,应对不符合项再次进行检验,若仍不符合,则判该项不合格。

6.5.3 检验项目全部合格,判该批产品为合格批或该周期型式检验合格;否则,判该批产品为不合格批或该周期型式检验不合格。

7 标签、包装、运输和贮存

7.1 标签

每个产品应标注产品的品名、规格、人发含量、颜色、质量、执行标准、生产方厂名厂址。

7.2 包装

包装应坚固、完整。

外包装应标注产品的品名、规格、数量、质量、执行标准、生产方厂名厂址。

7.3 运输

运输时应防止雨淋、曝晒、挤压，不应与有毒、有害物质混装混运。

7.4 贮存

产品应存放在常温、干燥、通风、清洁、防火、防鼠的库房内。

附　录　A
（规范性附录）
还原条件下染料中不允许分解出的芳香胺清单

A.1　对人体有致癌性的芳香胺见表 A.1。

表 A.1　第一类　对人体有致癌性的芳香胺

英 文 名 称	中 文 名 称	化学文摘编号
4-aminobiphenyl	4-氨基联苯	[92-67-1]
benzidine	联苯胺	[92-87-5]
4-chloro-*o*-toluidine	4-氯-邻甲基苯胺	[95-69-2]
2-naphthylamine	2-萘胺	[91-59-8]

A.2　对动物有致癌性，对人体可能有致癌性的芳香胺见表 A.2。

表 A.2　第二类　对动物有致癌性，对人体可能有致癌性的芳香胺

英 文 名 称	中 文 名 称	化学文摘编号
o-aminoazotoluene	邻氨基偶甲苯	[97-56-3]
2-amino-4-nitrotoluene	2-氨基-4-硝基甲苯	[99-55-8]
p-chloroaniline	对氯苯胺	[106-47-8]
2,4-diaminoanisole	2,4-二氨基苯甲醚	[615-05-4]
4,4′-diaminobiphenymethane	4,4’-二氨基二苯甲烷	[101-77-9]
3,3′-dichlorobenzidine	3,3’-二氯联苯胺	[91-94-1]
3,3′-dimethoxybenzidine	3,3’-二甲氧基联苯胺	[119-90-4]
3,3′-dimethylbenzidine	3,3’-二甲基联苯胺	[119-93-7]
3,3-dimethyl-4,4′-diaminobiphenylmthane	3,3’-二甲基-4,4’-二氨基二苯甲烷	[838-88-0]
p-cresidine	2-甲氧基-5-甲基苯胺	[120-71-8]
4,4′-methylene-bis-(2-chloroaniline)	4,4’-亚甲基-二-(2-氯苯胺)	[101-14-4]
4,4′-oxydianiline	4,4’-二氨基二苯醚	[101-80-4]
4,4′-thiodianiline	4,4’-二氨基二苯硫醚	[139-65-1]
o-toluidine	邻甲苯胺	[95-53-4]
2,4-toluylendiamine	2,4-二氨基甲苯	[95-80-7]
2,4,5-trimethylaniline	2,4,5-三甲基苯胺	[137-17-7]
o-anisidine	邻甲氧基苯胺	[90-04-0]
2,4-xylidine	2,4-二甲基苯胺	[95-68-1]
2,6-xylidine	2,6-二甲基苯胺	[87-62-7]

ICS 59.080.99
W 59

中华人民共和国国家标准

GB/T 23169—2008

发制品 教习头

Hair products—Training mannequins

2008-12-30 发布　　　2009-09-01 实施

中华人民共和国国家质量监督检验检疫总局
中国国家标准化管理委员会　发布

前　言

本标准的附录 A 为规范性附录。

本标准由中国轻工业联合会提出。

本标准由全国发制品标准化技术委员会归口。

本标准负责起草单位:河南瑞贝卡发制品股份有限公司。

本标准参与起草单位:许昌市质量技术监督检验测试中心、许昌市发制品协会、青岛海森林进出口有限公司、河南省标准研究院、青岛即发集团控股有限公司、河南省纺织产品质量监督检验检测试中心。

本标准主要起草人:张开天、化明利、张合亭、张天有、王喜祥、王爱琴、乔淑平、憨文轩、韩利杰、许慧颖。

发制品　教习头

1　范围

本标准规定了教习头的术语和定义、要求、试验方法、检验规则及标签、包装、运输、贮存。

本标准适用于将色发植在胶头皮上制成的教习头。

2　规范性引用文件

下列文件中的条款通过本标准的引用而成为本标准的条款。凡是注日期的引用文件，其随后所有的修改单(不包括勘误的内容)或修订版均不适用于本标准，然而，鼓励根据本标准达成协议的各方研究是否可使用这些文件的最新版本。凡是不注日期的引用文件，其最新版本适用于本标准。

GB/T 2912.1　纺织品　甲醛的测定　第1部分：游离水解的甲醛(水萃取法)

GB/T 3920　纺织品　色牢度试验　耐摩擦色牢度(GB/T 3920—2008,ISO 105-X12:2001,IDT)

GB/T 7573　纺织品　水萃取pH值的测定(GB/T 7573—2002,ISO 3071:1980,MOD)

GB/T 9995　纺织材料含水量和回潮率的测定　烘箱干燥法

GB/T 13835.5　兔毛单纤维断裂强度和伸长试验方法

GB/T 17592　纺织品　禁用偶氮染料的测定

GB/T 23166　发制品　术语

FZ/T 01057.3　纺织纤维鉴别试验方法　第3部分：显微镜法

3　术语和定义

GB/T 23166确立的术语和定义适用于本标准。

4　要求

4.1　感官要求

4.1.1　应整体洁净，不应有异物或变形。

4.1.2　色发应柔软、顺滑，颜色一致。

4.1.3　胶头皮颜色、厚度应均匀一致，不应有气泡。

4.1.4　面部化妆应自然美观，五官端正，不应有脱妆现象。

4.1.5　刷胶应平整、光滑，剪边应光滑。

4.1.6　各区域植发方向、植发角度应仿真自然。

4.1.7　色发与胶头皮应粘结牢固，不应有脱发现象。

4.2　技术指标

4.2.1　质量偏差率应不大于6%。

4.2.2　色发长度负偏差应不大于10 mm。

4.2.3　回潮率：

a)　人发应不大于13%；

b)　人造发应不大于5%。

4.2.4　单根发拉力强度应不小于25 cN。

4.2.5　色牢度：

a)　干摩擦色牢度应不小于4级；

b) 湿摩擦色牢度应不小于3级。

4.2.6 单色发教习头异色发含量应不大于10根/10^4 mm^2。

4.2.7 胶头皮内部刷胶应均匀,不应超出边线10 mm。

4.2.8 标注100%人发产品,其色发应为全人发;用人发和人造色发制成的产品,其人发含量偏差率应不大于5%。

4.2.9 植发各区域应过渡自然,密度应符合下列要求:

底部:25针/100 mm^2～36针/100 mm^2,5根/针～10根/针;

中部:36针/100 mm^2～42针/100 mm^2,5根/针～8根/针;

顶部:42针/100 mm^2～72针/100 mm^2,4根/针～6根/针;

发际线:64针/100 mm～81针/100 mm,3根/针～5根/针。

植发区域见图1。

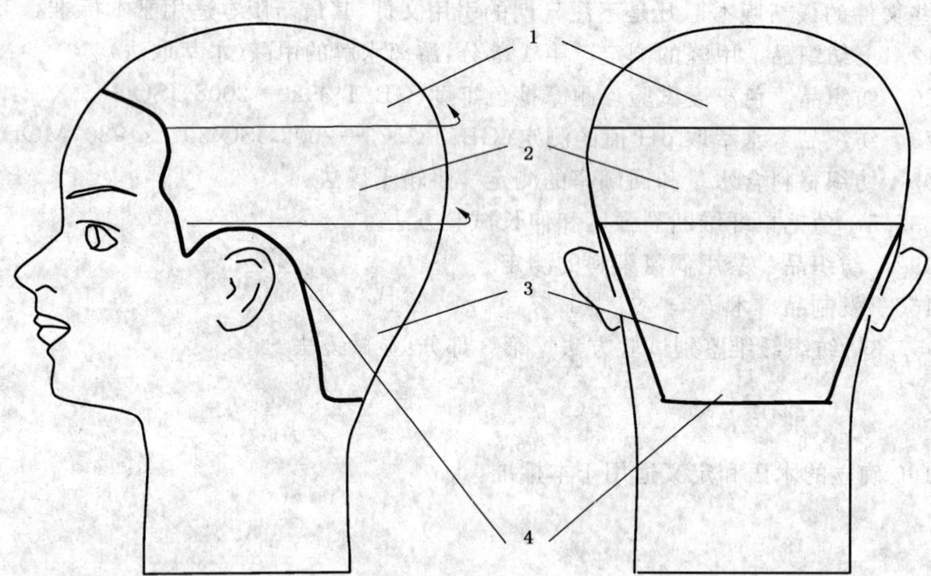

1——顶部;
2——中部;
3——底部;
4——发际线。

图1 教习头各植发区域界定图

4.3 安全卫生指标

安全卫生指标见表1。

表1 安全卫生指标

项目	要求
甲醛/(mg/kg)	≤75
pH值	4.0～9.0
异味	无
可分解芳香胺[a]	不得检出
[a] 在还原条件下染料中不允许分解出的致癌芳香胺清单见附录A。	

5 试验方法

5.1 感官检验

5.1.1 在自然光线下用肉眼检验应符合 4.1.1、4.1.2、4.1.3、4.1.4、4.1.5、4.1.6 的要求。

5.1.2 触摸应符合 4.1.2、4.1.3、4.1.5 的要求。

5.1.3 脱发:将教习头倒立,用梳针密度为 6 根/100 mm^2～7 根/100 mm^2、梳针直径 1 mm 的气梳自上而下自然梳理五次后,其掉发总量不大于 15 根,可视为无脱发现象。

5.2 技术指标检验

5.2.1 质量偏差率:用分度值为 0.5 g 的电子秤称量。

计算结果见式(1):

$$H=\left|\frac{G-G_0}{G_0}\right|\times 100 \qquad \cdots\cdots(1)$$

式中:

H——试样质量偏差率,%;

G——试样的称量结果,单位为克(g);

G_0——试样的设计质量,单位为克(g)。

5.2.2 色发长度偏差:用精度为 1 mm 的钢直尺或钢卷尺直接测量。

5.2.3 回潮率:按 GB/T 9995 执行。

5.2.4 单根发拉力强度:按 GB/T 13835.5 执行。

5.2.5 色牢度:耐摩擦色牢度按 GB/T 3920 执行。

5.2.6 异色发含量:在一个样品上,随机抽取 3 个检验单位,直接用肉眼进行检验。

5.2.7 人发含量:按 FZ/T 01057.3 执行。

5.2.8 人发含量偏差率:在一个样品的不同部位,随机抽取总量不少于 100 根数色发,把人发和人造色发分别捡出,用分度值为 0.1 mg 的电子天平分别进行称量。

计算结果见式(2):

$$H=\frac{G_1-(G_1+G_2)\times R}{(G_1+G_2)\times R}\times 100 \qquad \cdots\cdots(2)$$

式中:

H——试样人发含量偏差率,%;

G_1——捡出的人发质量总量,单位为克(g);

G_2——捡出的人造色发质量总量,单位为克(g);

R——试样的设计人发含量,%。

5.2.9 植发密度:在教头上分部位随机抽取部分胶头皮,用分度值为 1 mm 的钢直尺或钢卷尺测量。

计算结果见式(3):

$$A=\frac{P}{S}\times 100 \qquad \cdots\cdots(3)$$

式中:

A——植发密度,单位为针每百平方毫米(针/100 mm^2);

P——试样的植发针数,单位为针;

S——试样的抽取面积,单位为平方毫米(mm^2)。

5.3 安全卫生指标检验

5.3.1 甲醛:按 GB/T 2912.1 执行。

5.3.2 pH 值:按 GB/T 7573 执行。

5.3.3 异味:

异味的判定采用嗅觉评判的方法,评判人员应是经过一定训练和考核的专业人员。

样品开封后,立即进行该项目的检测。试验应在洁净的无异常气味的环境中进行。操作者须戴手套,双手拿起试样靠近鼻腔,仔细嗅闻试样所带有的气味,如检测出有霉味、高沸程石油味(如汽油、煤油味)、鱼腥味、芳香烃气味中的一种或几种,则判为"有异味",并记录异味类别。否则判定为"无异味"。

应有三人独立评判,并以两人或两人以上一致的结果为样品检验结果。

5.3.4 可分解芳香胺:按 GB/T 17592 执行。

6 检验规则

6.1 组批规定

每批产品应是原料、化工料、工艺条件和产品规格相同者。

6.2 抽样

样品应现场逐批随机抽取,批量不超过 500(含 500)箱的抽取 3 个~5 个,超过 500 箱的抽取6 个~10 个。样品应存放在适宜透气的包装袋内,应轻拿轻放,不能挤压。

6.3 出厂检验

6.3.1 每批产品出厂前,生产方应按本标准进行检验。

6.3.2 出厂检验项目为 4.1、4.2 要求的内容。

6.4 型式试验

6.4.1 在下列情况下,产品应进行型式试验。

a) 连续生产的产品,每三年进行一次;

b) 主要原料、生产工艺有较大变化时;

c) 停产一年以上,恢复生产时。

6.4.2 型式试验项目为第 4 章要求的所有项目。

6.5 判定

6.5.1 本标准采用修约值比较法进行判定。

6.5.2 检验结果中若有不符合项,应对不符合项再次进行检验,若仍不符合,则判该项不合格。

6.5.3 检验项目全部合格,判该批产品为合格批或该周期型式检验合格;否则,判该批产品为不合格批或该周期型式检验不合格。

7 标签、包装、运输、贮存

7.1 标签

每个产品应标注产品的品名、规格、人发含量、颜色、质量、执行标准、生产方厂名厂址。

7.2 包装

包装应坚固、完整。

外包装应标注产品的品名、规格、数量、质量、生产方厂名厂址。

7.3 运输

运输时应防止雨淋、曝晒、挤压,不应与有毒、有害物质混装混运。

7.4 贮存

产品应存放在常温、干燥、通风、清洁、防火、防鼠的库房内。

附 录 A
（规范性附录）
还原条件下染料中不允许分解出的芳香胺清单

A.1 对人体有致癌性的芳香胺见表 A.1。

表 A.1 第一类 对人体有致癌性的芳香胺

英 文 名 称	中 文 名 称	化学文摘编号
4-aminobiphenyl	4-氨基联苯	[92-67-1]
benzidine	联苯胺	[92-87-5]
4-chloro-*o*-toluidine	4-氯-邻甲基苯胺	[95-69-2]
2-naphthylamine	2-萘胺	[91-59-8]

A.2 对动物有致癌性，对人体可能有致癌性的芳香胺见表 A.2。

表 A.2 第二类 对动物有致癌性，对人体可能有致癌性的芳香胺

英 文 名 称	中 文 名 称	化学文摘编号
o-aminoazotoluene	邻氨基偶甲苯	[97-56-3]
2-amino-4-nitrotoluene	2-氨基-4-硝基甲苯	[99-55-8]
p-chloroaniline	对氯苯胺	[106-47-8]
2,4-diaminoanisole	2,4-二氨基苯甲醚	[615-05-4]
4,4′-diaminobiphenymethane	4,4’-二氨基二苯甲烷	[101-77-9]
3,3′-dichlorobenzidine	3,3’-二氯联苯胺	[91-94-1]
3,3′-dimethoxybenzidine	3,3’-二甲氧基联苯胺	[119-90-4]
3,3′-dimethylbenzidine	3,3’-二甲基联苯胺	[119-93-7]
3,3-dimethyl-4,4′-diaminobiphenylmthane	3,3’-二甲基-4,4’-二氨基二苯甲烷	[838-88-0]
p-cresidine	2-甲氧基-5-甲基苯胺	[120-71-8]
4,4′-methylene-bis-(2-chloroaniline)	4,4’-亚甲基-二-(2-氯苯胺)	[101-14-4]
4,4′-oxydianiline	4,4’-二氨基二苯醚	[101-80-4]
4,4′-thiodianiline	4,4’-二氨基二苯硫醚	[139-65-1]
o-toluidine	邻甲苯胺	[95-53-4]
2,4-toluylendiamine	2,4-二氨基甲苯	[95-80-7]
2,4,5-trimethylaniline	2,4,5-三甲基苯胺	[137-17-7]
o-anisidine	邻甲氧基苯胺	[90-04-0]
2,4-xylidine	2,4-二甲基苯胺	[95-68-1]
2,6-xylidine	2,6-二甲基苯胺	[87-62-7]

ICS 59.080.99
W 59

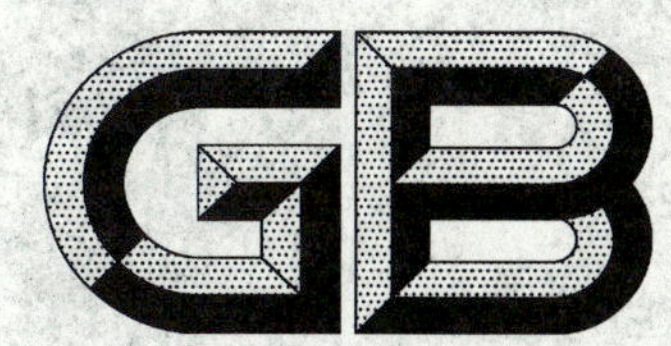

中华人民共和国国家标准

GB/T 23170—2008

发制品　假发头套及头饰

Hair products—Wigs and hair pieces accessories

2008-12-30 发布　　2009-09-01 实施

中华人民共和国国家质量监督检验检疫总局
中国国家标准化管理委员会　发布

前　言

本标准的附录 A 为规范性附录。

本标准由中国轻工业联合会提出。

本标准由全国发制品标准化技术委员会归口。

本标准负责起草单位：河南瑞贝卡发制品股份有限公司、青岛即发集团控股有限公司。

本标准参与起草单位：许昌市质量技术监督检验测试中心、河南省标准研究院、许昌龙正发制品有限公司、青岛海森林进出口有限公司、禹州森源发制品（集团）有限公司。

本标准主要起草人：郑有全、张开天、张合亭、战波、化明利、张天有、王铮、孙显秀、张良、吕亚品、韩利杰、王爱琴。

发制品　假发头套及头饰

1　范围

本标准规定了假发头套及头饰的术语和定义、要求、试验方法、检验规则及标签、包装、运输、贮存。

本标准适用于以人发和人造色发为原料，经加工制成的假发头套及头饰。

2　规范性引用文件

下列文件中的条款通过本标准的引用而成为本标准的条款。凡是注日期的引用文件，其随后所有的修改单(不包括勘误的内容)或修订版均不适用于本标准，然而，鼓励根据本标准达成协议的各方研究是否可使用这些文件的最新版本。凡是不注日期的引用文件，其最新版本适用于本标准。

GB/T 2912.1　纺织品　甲醛的测定　第1部分：游离水解的甲醛(水萃取法)

GB/T 3920　纺织品　色牢度试验　耐摩擦色牢度(GB/T 3920—2008，ISO 105-X12：2001，IDT)

GB/T 7573　纺织品　水萃取pH值的测定(GB/T 7573—2002，ISO 3071：1980，MOD)

GB/T 8427　纺织品　色牢度试验　耐人造光色牢度：氙弧(GB/T 8427—2008，ISO 105-B02：1994，MOD)

GB/T 9995　纺织材料含水量和回潮率的测定　烘箱干燥法

GB/T 13835.5　兔毛单纤维断裂强度和伸长试验方法

GB/T 17592　纺织品　禁用偶氮染料的测定

GB/T 23166　发制品　术语

FZ/T 01057.3　纺织纤维鉴别试验方法　第3部分：显微镜法

3　术语和定义

GB/T 23166确立的术语和定义适用于本标准。

4　要求

4.1　感官

4.1.1　色发排发应疏密均匀，机制线颜色与色发颜色一致。

4.1.2　单色发颜色应一致。

4.1.3　同一产品色发手感应一致，无脱发现象。

4.1.4　曲度应自然、蓬松、有弹性。

4.1.5　应佩戴舒适、透气性好。帽底应整体平滑，材料颜色应协调自然。

4.1.6　应洁净、无异物。

4.1.7　仿真头皮应柔软，针迹均匀。

4.1.8　发型应连接自然。

4.1.9　头套帽型应饱满，排发行距均匀。

4.1.10　手织产品织发密度应仿真自然。

4.2　技术指标

4.2.1　质量偏差率应不大于4%。

4.2.2　完成长度负偏差应不大于10 mm。

4.2.3　回潮率：

a) 人发应不大于13%；

b) 人造发应不大于5%。

4.2.4 单根发断裂强力应不小于25 cN。

4.2.5 色牢度：

a) 干摩擦色牢度应不小于4级；

b) 湿摩擦色牢度应不小于3级；

c) 耐日晒色牢度应不小于3～4级。

4.2.6 头套、头饰及帽底应左右对称，围长、深度、前后长度偏差应不大于10 mm。

4.2.7 异色发含量，机制产品不应超过2根/300 mm条长，手织产品不应超过2根/10^4 mm^2。

4.2.8 标注100%的人发产品，人发含量应不小于98%；用人发和人造色发混合制成的产品，其人发含量负偏差率应不大于5%。

4.3 安全卫生指标

安全卫生指标见表1。

表1 安全卫生指标

项 目	要 求
甲醛/(mg/kg)	≤75
pH值	4.0～9.0
异味	无
可分解芳香胺[a]	不得检出
[a] 在还原条件下染料中不允许分解出的致癌芳香胺清单见附录A。	

5 试验方法

5.1 感官检验

5.1.1 在自然光线下用肉眼检验应符合4.1.1、4.1.2、4.1.4、4.1.5、4.1.6、4.1.7、4.1.8、4.1.9、4.1.10的要求。

5.1.2 触摸应符合4.1.3、4.1.4、4.1.5、4.1.7的要求。

5.1.3 脱发：在样品上随机抽取10个点位，各拔一根头发，拔出后未断开的应不大于3根。

5.2 技术指标检验

5.2.1 质量偏差率：用分度值为0.5 g的电子秤称量。

计算结果见式(1)：

$$H = \left| \frac{G - G_0}{G_0} \right| \times 100 \quad \cdots\cdots(1)$$

式中：

H——试样质量偏差率，%；

G——试样的称量结果，单位为克(g)；

G_0——试样的设计质量，单位为克(g)。

5.2.2 完成长度偏差：将头套、头饰固定在头模上或台面上，用分度值为1 mm的钢直尺或钢卷尺直接测量其完成长度。

5.2.3 回潮率：按GB/T 9995执行。

5.2.4 单根发断裂强力：按GB/T 13835.5执行。

5.2.5 色牢度：

a) 耐摩擦色牢度按GB/T 3920执行。

b) 耐日晒色牢度按 GB/T 8427 执行。

5.2.6 异色发含量：在一个样品上，随机取 3 个检验单位，直接用肉眼进行检验。

5.2.7 人发含量：按 FZ/T 01057.3 执行。

5.2.8 人发含量偏差率：在一个样品的不同部位，随机抽取总量不少于 100 根数色发，把人发和人造色发分别捡出，用分度值为 0.1 mg 的电子天平分别称量其质量。

计算结果见式(2)：

$$H=\frac{G_1-(G_1+G_2)\times R}{(G_1+G_2)\times R}\times 100 \quad\cdots\cdots(2)$$

式中：

H——试样人发含量偏差率，%；

G_1——捡出的人发质量总量，单位为克(g)；

G_2——捡出的人造色发质量总量，单位为克(g)；

R——试样的设计人发含量，%。

5.3 安全卫生指标检验

5.3.1 甲醛：按 GB/T 2912.1 执行。

5.3.2 pH 值：按 GB/T 7573 执行。

5.3.3 异味：

异味的判定采用嗅觉评判的方法，评判人员应是经过一定训练和考核的专业人员。

样品开封后，立即进行该项目的检测。试验应在洁净的无异常气味的环境中进行。操作者须戴手套，双手拿起试样靠近鼻腔，仔细嗅闻试样所带有的气味，如检测出有霉味、高沸程石油味(如汽油、煤油味)、鱼腥味、芳香烃气味中的一种或几种，则判为“有异味”，并记录异味类别。否则判定为“无异味”。

应有三人独立评判，并以两人或两人以上一致的结果为样品检验结果。

5.3.4 可分解芳香胺：按 GB/T 17592 执行。

6 检验规则

6.1 组批规定

每批产品应是原料、化工料、工艺条件和产品规格相同者。

6.2 抽样

样品应现场逐批随机抽取，批量不超过 500(含 500)箱的抽取 3 个(套)～5 个(套)，超过 500 箱的抽取 6 个(套)～10 个(套)。样品应存放在适宜透气的包装袋内，应轻拿轻放，不能挤压。

6.3 出厂检验

6.3.1 每批产品出厂前，生产方应按本标准进行检验。

6.3.2 出厂检验项目为 4.1、4.2 要求的内容。

6.4 型式试验

6.4.1 在下列情况下，产品应进行型式试验。

a) 连续生产的产品，每三年进行一次；

b) 主要原料、生产工艺有较大变化时；

c) 停产一年以上，恢复生产时。

6.4.2 型式试验项目为第 4 章要求的所有项目。

6.5 判定

6.5.1 本标准采用修约值比较法进行判定。

6.5.2 检验结果中若有不符合项，应对不符合项再次进行检验，若仍不符合，则判该项不合格。

6.5.3 检验项目全部合格，判该批产品为合格批或该周期型式检验合格；否则，判该批产品为不合格批或该周期型式检验不合格。

7 标签、包装、运输、贮存

7.1 标签

每个(套)产品应标注产品的品名、规格、人发含量、颜色、质量、执行标准、生产方厂名厂址。

7.2 包装

包装应坚固、完整。

外包装应标注产品的品名、规格、数量、质量、生产方厂名厂址。

7.3 运输

运输时应防止雨淋、暴晒、挤压,不应与有毒、有害物质混装混运。

7.4 贮存

产品应存放在常温、干燥、通风、清洁、防火、防鼠的库房内。

附 录 A
（规范性附录）
还原条件下染料中不允许分解出的芳香胺清单

A.1 对人体有致癌性的芳香胺见表 A.1。

表 A.1 第一类 对人体有致癌性的芳香胺

英 文 名 称	中 文 名 称	化学文摘编号
4-aminobiphenyl	4-氨基联苯	[92-67-1]
benzidine	联苯胺	[92-87-5]
4-chloro-*o*-toluidine	4-氯-邻甲基苯胺	[95-69-2]
2-naphthylamine	2-萘胺	[91-59-8]

A.2 对动物有致癌性，对人体可能有致癌性的芳香胺见表 A.2。

表 A.2 第二类 对动物有致癌性，对人体可能有致癌性的芳香胺

英 文 名 称	中 文 名 称	化学文摘编号
o-aminoazotoluene	邻氨基偶甲苯	[97-56-3]
2-amino-4-nitrotoluene	2-氨基-4-硝基甲苯	[99-55-8]
p-chloroaniline	对氯苯胺	[106-47-8]
2,4-diaminoanisole	2,4-二氨基苯甲醚	[615-05-4]
4,4′-diaminobiphenymethane	4,4’-二氨基二苯甲烷	[101-77-9]
3,3′-dichlorobenzidine	3,3’-二氯联苯胺	[91-94-1]
3,3′-dimethoxybenzidine	3,3’-二甲氧基联苯胺	[119-90-4]
3,3′-dimethylbenzidine	3,3’-二甲基联苯胺	[119-93-7]
3,3-dimethyl-4,4′-diaminobiphenylmthane	3,3’-二甲基-4,4’-二氨基二苯甲烷	[838-88-0]
p-cresidine	2-甲氧基-5-甲基苯胺	[120-71-8]
4,4′-methylene-bis-(2-chloroaniline)	4,4’-亚甲基-二-(2-氯苯胺)	[101-14-4]
4,4′-oxydianiline	4,4’-二氨基二苯醚	[101-80-4]
4,4′-thiodianiline	4,4’-二氨基二苯硫醚	[139-65-1]
o-toluidine	邻甲苯胺	[95-53-4]
2,4-toluylendiamine	2,4-二氨基甲苯	[95-80-7]
2,4,5-trimethylaniline	2,4,5-三甲基苯胺	[137-17-7]
o-anisidine	邻甲氧基苯胺	[90-04-0]
2,4-xylidine	2,4-二甲基苯胺	[95-68-1]
2,6-xylidine	2,6-二甲基苯胺	[87-62-7]

ICS 97.220.10
Y 55

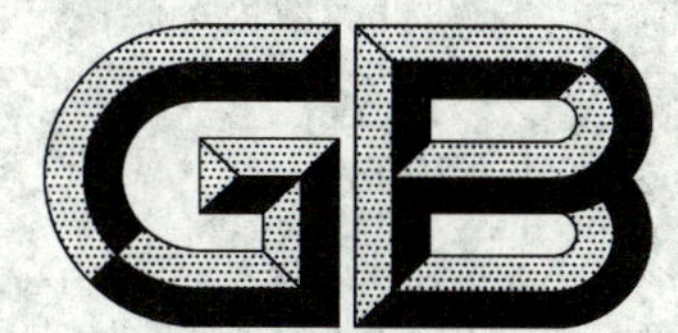

中华人民共和国国家标准

GB/T 23171—2008

撑竿跳高架

Pole-vault uprights

2008-12-30 发布 2009-09-01 实施

中华人民共和国国家质量监督检验检疫总局
中国国家标准化管理委员会 发布

前 言

本标准采用了国际田径联合会(IAAF)竞赛规则《Competition Rules 2008》和中国田径协会审定的《田径竞赛规则 2008》中与器材有关的全部技术参数。

本标准由中国轻工业联合会提出。

本标准由全国文体用品标准化中心归口。

本标准起草单位:北京飞鹿体育用品有限公司、江苏金陵体育器材股份有限公司、广州双鱼体育用品集团有限公司、定州市环球体育器材厂、中山市健将健身器械有限公司、山东冀鲁体育器材有限公司、北京皇冠体育用品有限责任公司、宁波奇胜运动器材有限公司。

本标准主要起草人:肖建京、李春荣、罗文辉、曹振瑞、黎炎生、张洪印、岳峰、陆立青。

撑竿跳高架

1 范围

本标准规定了撑竿跳高架的分类、要求、试验方法、检验规则及标志、包装、运输、贮存。

本标准适用于比赛用撑竿跳高架和练习用撑竿跳高架，包括横杆和落地区。

2 规范性引用文件

下列文件中的条款通过本标准的引用而成为本标准的条款。凡是注日期的引用文件，其随后所有的修改单(不包括勘误的内容)或修订版均不适用于本标准，然而，鼓励根据本标准达成协议的各方研究是否可使用这些文件的最新版本。凡是不注日期的引用文件，其最新版本适用于本标准。

GB/T 191 包装储运图示标志(GB/T 191—2008，ISO 780:1997，MOD)

GB/T 2828.1 计数抽样检验程序 第1部分：按接收质量限(AQL)检索的逐批检验抽样计划(ISO 2859-1:1997，IDT)

GB/T 2829 周期检验计数抽样程序及表(适用于对过程稳定性的检验)

QB/T 3826 轻工产品金属镀层和化学处理层耐腐蚀试验方法、中性盐雾试验(NSS)法

QB/T 3832 轻工产品金属镀层腐蚀试验结果的评价

3 分类

按使用要求分为比赛撑竿跳高架、练习撑竿跳高架两种，按使用形式又分为手动撑杆跳高架和电动撑杆跳高架。撑竿跳高架、横杆、落地区及其各部位见图1。

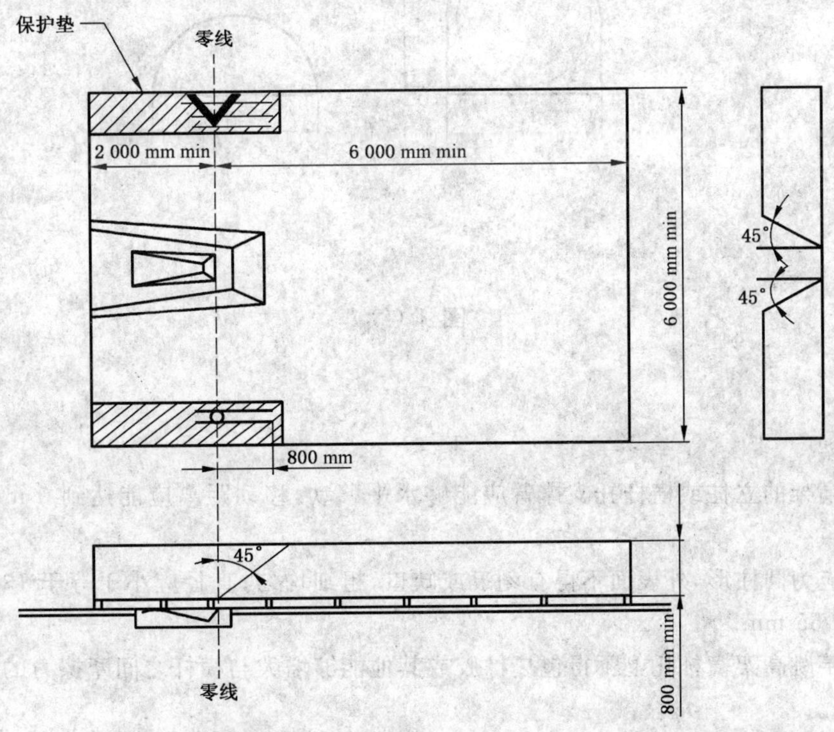

图 1

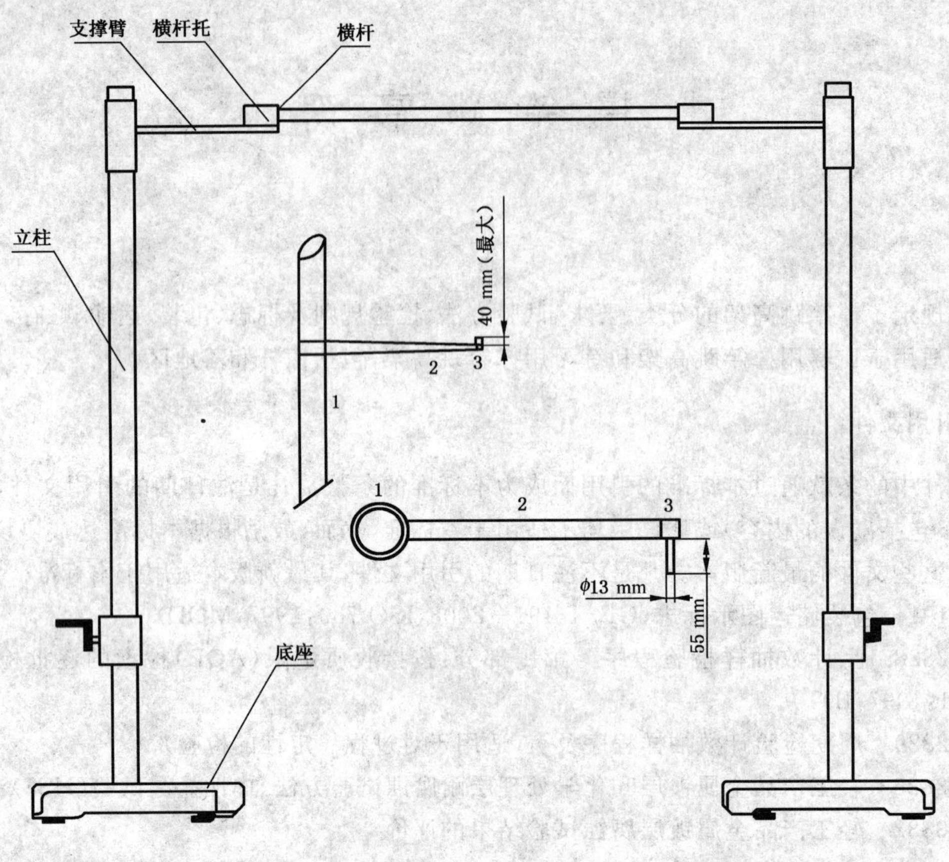

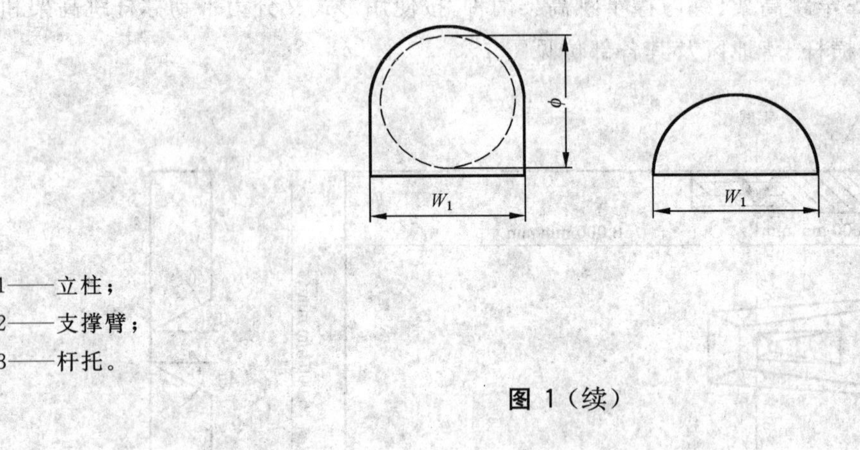

1——立柱；
2——支撑臂；
3——杆托。

图 1(续)

4 要求

4.1 撑竿跳高架

4.1.1 撑竿跳高架的立柱或横杆托支撑臂应能够水平移动，移动距离应能达到 0 mm～800 mm 任一距离。

4.1.2 横杆托应为圆柱形，外表面不得有刻痕或缺口，粗细均匀；直径应小于等于 13 mm，伸出支撑臂长度应小于等于 55 mm。

4.1.3 比赛撑竿跳高架横杆托上不得包裹橡胶或其他能够增大与横杆之间摩擦力的物质，也不得使用任何种类的弹簧。

4.1.4 比赛撑竿跳高架横杆托支撑臂应高于横杆托上沿 35 mm～40 mm。

4.1.5 撑竿跳高架底架和立柱宜采用金属材料制成。

4.1.6 撑竿跳高架横杆托支撑臂应能够灵活升降，并在使用高度上应能锁紧牢固。

4.1.7 电动撑竿跳高架带电部分与非带电部分的绝缘电阻应不低于 2 MΩ，并能承受试验电压为 1 500 V，判定电流为 10 mA，频率为 50 Hz 的单相交流电 1 min，不应有闪烁或击穿现象。

4.1.8 撑竿跳高架金属部件应氧化、涂饰、电镀或其他工艺方法处理，涂饰颜色应均匀一致。

4.1.9 电镀层抗腐蚀性能，按照 QB/T 3826 规定，腐蚀级别不低于 6 级。

4.2 撑竿跳高架横杆

4.2.1 撑竿跳高横杆长度：4 500 mm±20 mm，圆形部分直径：ϕ30 mm±1 mm；横杆两端宽度 W_1：30 mm～35 mm，长度：150 mm～200 mm。

4.2.2 比赛用横杆应用玻璃纤维增强塑料或其他适宜材料制成，不应使用金属材料。

4.2.3 横杆质量应小于等于 2.25 kg。

4.2.4 横杆应有弹性，其自然下垂量应小于等于 30 mm；在受力时其下垂量应小于等于 110 mm。

4.3 撑竿跳高架落地区

4.3.1 撑竿跳高比赛落地区应由若干单元组成，整体规格比赛型宜不小于 8 000 mm×6 000 mm×800 mm；练习型宜不小于 7 000 mm×5 000 mm×800 mm。

4.3.2 落地区各单元之间应牢固连接。

4.3.3 落地区内填充物密度宜为：$(25\pm3)\text{kg/m}^3$。

5 试验方法

5.1 规格尺寸用相应等级的游标卡尺和钢卷尺测量。

5.2 4.1.2、4.1.3、4.1.5 非规格尺寸要求在明亮光线下感官检验。

5.3 升降灵活检验：用升降手柄摇动或电动升降操作，感官检验。

5.4 支撑臂锁紧性能：支撑臂升至任意使用高度时锁紧，在支撑臂与横杆托连接处施加 700 N 的力 30 s，锁紧装置不应松动、支撑臂不应下滑；卸载后，立柱及支撑臂不得产生弯曲变形（如图 2）。

图 2

5.5 电器性能：绝缘电阻用 500 V-500 MΩ 兆欧表测量，耐压性能用 1.5 kV～5 kV 耐压仪测试。

5.6 横杆总质量用示值误差为 1 g 的天平、台秤等仪器检测。

5.7 横杆弹性性能：在可操作高度将横杆两端水平放置在横杆托上，测量横杆中间自然下垂量；在横杆中央悬挂 3 kg 重物，测量加载后下垂量。

5.8 横杆材料感官检测。

5.9 落地区规格用相应等级的钢卷尺检测。

5.10 落地区连接牢固感官检测。

5.11 称重计算填充物密度。

5.12 表面处理在明亮自然光线下目测。

5.13 电镀层抗腐蚀性能试验：按 QB/T 3826 规定连续喷雾 12 h 后，结果按 QB/T 3832 评价。

6 检验规则

6.1 交收检验

6.1.1 每批产品出厂前应按本标准检验，检验合格的产品签发合格标志后方可出厂。

6.1.2 交收检验按 GB/T 2828.1 中一般检查水平Ⅱ的一次正常检验抽样方案。

6.1.3 交收检验顺序及接收质量限(AQL 值)应按表 1 中规定进行。

表 1

不合格品分类	试验项目及条款	试验方法条款	接收质量限(AQL 值)	
			比赛型	练习型
B	横杆质量 4.2.3	5.6	4.0	6.5
	规格尺寸 4.1.1,4.1.2,4.1.4,4.2.1,4.3.1	5.1,5.9		
	材料及外观 4.1.2,4.1.3,4.1.5,4.2.2	5.2,5.8		
	横杆弹性 4.2.4	5.7		
	连接牢固性 4.3.2	5.10		
C	升降灵活 4.1.6	5.3	6.5	10
	表面外观 4.1.8	5.12		

6.1.4 对于检验样本中的不合格品，供货方应以合格品替代。

6.2 型式检验

6.2.1 型式检验每年进行一次，发生下列情况之一时，亦应进行型式检验。

a) 更改设计、结构、关键工艺、主要原材料时；

b) 停产半年以上又重新生产时；

c) 出厂检验结果与上次型式试验有较大差异时；

d) 国家质量监督机构提出进行型式试验要求时。

6.2.2 型式检验样本应在交收检验合格批中随机抽取。

6.2.3 型式检验抽样方案按 GB/T 2829 中判别水平Ⅱ的一次抽样方案进行。

6.2.4 型式检验项目、顺序、样本量、判定数组及不合格质量水平(RQL)应按表 2 进行。

表 2

试验项目及条款	试验方法条款	判定数组(Ac Re)		不合格质量水平(RQL)	
		比赛型	练习型	比赛型	练习型
锁紧牢固 4.1.6	5.4	3(0,1)	3(1,2)	50	65
填充物密度 4.3.3	5.11				
电器指标 4.1.7	5.5				
抗腐蚀性能 4.1.9	5.13				

7 标志、包装、运输、贮存

7.1 标志

产品应有产品名称、制造商名称和地址、出厂日期、商标、产品生产执行标准的编号，并附有产品合格证和使用说明书。

7.2 包装

应有内包装、外包装；内包装应采取防潮措施，外包装应捆扎牢固。

图形标志按 GB/T 191 执行。

7.3 运输

轻装轻卸，防止日晒雨淋。

7.4 贮存

仓库应通风、干燥、严禁接触酸碱及其他腐蚀性物质，避免重压；存放时不应直接接触地面。

ICS 97.195
Y 87

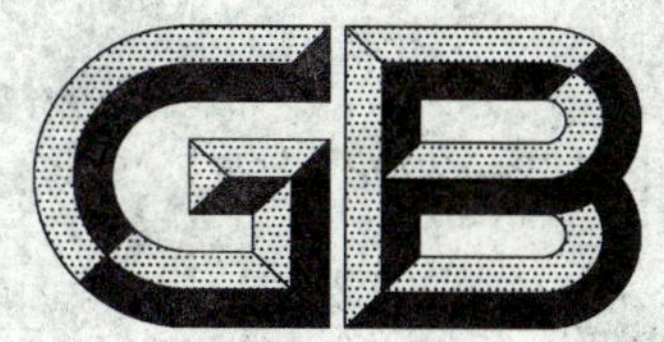

中华人民共和国国家标准

GB/T 23172—2008

藤编制品

Plaited rattan products

2008-12-30 发布　　　　2009-09-01 实施

中华人民共和国国家质量监督检验检疫总局
中国国家标准化管理委员会　发布

前　言

本标准由中国轻工业联合会提出。

本标准由全国日用杂品标准化中心归口。

本标准主要起草单位：宁波市鄞州区蔺业经济联合总会、北京市轻工产品质量监督检验一站、宁波开诚工艺品有限公司、宁波华备编织品有限公司、宁波天韵农业开发有限公司、宁波黄古林工艺品有限公司、宁波市鄞州兴明工艺编织品有限公司、宁波市鄞州恒业工贸有限公司、宁波市鄞州大自然工艺编织品厂。

本标准主要起草人：李传和、陈志福、余自生、朱豪轲、宣幼飞、彭长平、俞斌、周晖晖、何钧业、成绍瑜、王昕瑶、程小虎、侯桂丽。

藤 编 制 品

1 范围

本标准规定了藤编制品的产品分类、要求、试验方法、检验规则、标志、包装、运输、贮存。

本标准适用于用藤材和以藤材为主配以织物材料编织而成的藤编制品。

2 规范性引用文件

下列文件中的条款通过本标准的引用而成为本标准的条款。凡是注日期的引用文件，其随后所有的修改单(不包括勘误的内容)或修订版均不适用于本标准，然而，鼓励根据本标准达成协议的各方研究是否可使用这些文件的最新版本。凡是不注日期的引用文件，其最新版本适用于本标准。

GB/T 2828.1—2003 计数抽样检验程序 第1部分：按接收质量限(AQL)检索的逐批检验抽样计划(ISO 2859-1:1999,IDT)

GB/T 2829—2002 周期检验计数抽样程序及表(适用于对过程稳定性的检验)

GB/T 2912.1—1998 纺织品 甲醛的测定 第1部分：游离水解的甲醛(水萃取法)(eqv ISO/FDIS 14184-1:1997)

GB/T 17592 纺织品 禁用偶氮染料的测定

GB 18401 国家纺织产品基本安全技术规范

3 产品分类

按产品使用性能分为藤席、藤垫、藤枕等。

4 要求

4.1 外观

4.1.1 产品表面

4.1.1.1 表面应光滑平整，色泽一致，不应有明显的藤条断裂、污迹和发霉现象。

4.1.1.2 表面应编织紧密、均匀，无明显瑕疵。

4.1.1.3 表面图案清晰，层次分明。印花、烫花无重叠；绣花平整、贴绣平服，无明显漏绣。

4.1.2 包边、卷边、针码

4.1.2.1 包边应平顺、牢固、不起皱、不翻毛边。

4.1.2.2 卷边整齐、平顺、无破裂。

4.1.2.3 针码均匀、无跳针，每 30 mm 内针码不少于 5 针。

4.2 规格尺寸及允差

4.2.1 应明示长度和宽度的尺寸。

4.2.2 长度允许偏差±20 mm，宽度允许偏差±10 mm。

4.3 含水率

不大于 12%。

4.4 安全、卫生

4.4.1 甲醛含量

不大于 75 mg/kg。

4.4.2 可分解芳香胺染料

应符合 GB 18401 中相关要求。

4.4.3 染色牢度

染色部位不应脱色。

4.4.4 针头及金属异物

产品中不应含有针头及其他金属异物。

5 试验方法

5.1 外观

平铺在自然光线下或在 40 W 日光灯下目测检查。

5.2 规格尺寸及允差

用钢卷尺进行测量。

5.3 含水率

用木材含水率测试仪测试。

5.4 安全、卫生

5.4.1 甲醛含量

按 GB/T 2912.1—1998 规定的方法进行测试。

5.4.2 可分解芳香胺染料

按 GB/T 17592 规定的方法测试，检出限为 20 mg/kg。

5.4.3 染色牢度

用充分浸透 65%乙醇的脱脂纱布，在染色部位用力往返擦拭 10 次，目测观察脱脂纱布上是否有颜色。

5.4.4 针头及金属异物

用检针仪测试。

6 检验规则

6.1 产品检验

产品须经产品质量部门检验合格后方可出厂，并附有产品使用说明及质量检验合格证。

6.2 检验分类

6.2.1 出厂检验

出厂检验按 GB/T 2828.1—2003 一般检验水平Ⅰ正常检查一次抽样方案，检验的项目、要求、试验方法、不合格分类、样本大小、接收质量限 AQL 值见表 1。

表 1 出厂检验

序号	检验项目	要求	试验方法	不合格分类	样本大小	接收质量限 AQL 值
1	外观	4.1	5.1	B	3	6.5
2	规格尺寸及允差	4.2	5.2			
3	针头及金属异物	4.4.4	5.4.4			

6.2.2 型式检验

6.2.2.1 有下列情况之一时，应进行型式检验：

a) 新产品或老产品转厂生产的试制定型鉴定；

b) 正式生产后，原材料、工艺等发生较大改变，可能影响产品性能时；

c) 正常生产后，对批量产品进行抽样检查，每年至少一次；

d) 产品停产半年后，恢复生产时；

e) 出厂检验结果与上次型式检验结果有较大差异时；

f) 国家产品质量监督机构提出进行型式检验要求时。

6.2.2.2 型式检验采用GB/T 2829—2002判别水平Ⅱ的一次抽样方案，检验项目、要求、试验方法、不合格分类、样本大小、不合格质量水平RQL值、判定数组见表2，一项不合格即判定为型式检验不合格。

表2 型式检验

序号	检验项目	要求	试验方法	不合格分类	样本大小	不合格质量水平RQL值	判定数组	
							Ac	Re
1	外观	4.1	5.1	B	3	100	1	2
2	规格尺寸及允差	4.2	5.2					
3	含水率	4.3	5.3	A	3	50	0	1
4	甲醛含量	4.3.1	5.3.1	A	按测试要求取样，应符合4.3.1，4.3.2，4.3.3，4.3.4中相应要求，否则判定为不合格			
5	可分解芳香胺染料	4.3.2	5.3.2					
6	染色牢度	4.3.3	5.3.3					
7	针头及金属异物	4.3.4	5.3.4	A	3	50	0	1

7 标志、包装、运输、贮存

7.1 标志

7.1.1 产品上应有如下中文内容：

a) 产品名称；

b) 生产厂厂名、厂址；

c) 产品质量检验合格证；

d) 产品执行标准编号；

e) 规格、尺寸；

f) 商标；

g) 使用说明（使用、维护保养及贮存方法）。

7.1.2 产品包装箱应有如下中文内容：

a) 产品名称；

b) 制造厂名、厂址；

c) 产品型号；

d) 规格尺寸、数量。

7.2 包装

包装物应牢固，无破损、防挤压、防潮。

7.3 运输

产品搬运时应轻装轻卸，切勿重压。

7.4 贮存

存放在干燥、通风的仓库内、避免阳光直射。

ICS 97.200.20
Y 58

中华人民共和国国家标准

GB/T 23173—2008

乐 器 分 类

Classificaton of musical instruments

2008-12-30 发布　　2009-09-01 实施

中华人民共和国国家质量监督检验检疫总局
中国国家标准化管理委员会　发布

前 言

本标准由中国轻工业联合会提出。

本标准由全国乐器标准化技术委员会归口。

本标准由宁波森隆乐器股份有限公司、北京乐器研究所、全国乐器标准化中心起草。

本标准主要起草人：罗建峰、张振启、王伟。

乐 器 分 类

1 范围

本标准规定了乐器的分类。

本标准适用于作为音乐艺术创造工具的各种类乐器。

2 术语和定义

下列术语和定义适用于本标准。

2.1

弦鸣乐器 chordophones

以弦振动为声源体的乐器。

2.2

气鸣乐器 aerophones

以气流振动为声源体的乐器。

2.3

膜鸣乐器 membranophones

以膜振动为声源体的乐器。

2.4

体鸣乐器 idiophones

以刚性物体振动为声源体的乐器。

2.5

电鸣乐器 electrophones

通过电直接或间接产生声音的乐器。

3 分类原则

3.1 依据声学性质和不同的振动方式将乐器分为五大类，即：弦鸣乐器、气鸣乐器、膜鸣乐器、体鸣乐器、电鸣乐器。

3.2 五大类属下乐器的再分类，按不同的激发方式划分。

4 分类

4.1 弦鸣乐器

弦鸣乐器门类、类的划分见表1。

表1 弦鸣乐器的划分

大类	门类	类	示例
弦鸣乐器	擦奏弦鸣乐器	弓擦	小提琴、二胡
		轮擦	轮擦提琴
	拨奏弦鸣乐器	手拨	吉它、琵琶
		机械	羽管键琴
	击奏弦鸣乐器	槌击	扬琴、钢琴
	风奏弦鸣乐器	风动	风鸣琴

4.2 气鸣乐器

气鸣乐器门类、类的划分见表 2。

表 2 气鸣乐器的划分

大类	门类	类	示例
气鸣乐器	边棱音气鸣乐器	吹孔	长笛、竹笛
		哨嘴	竖笛
	簧振动气鸣乐器	单簧	单簧管
		双簧	双簧管、唢呐
		自由簧	巴乌、笙
		拍簧	风笛
	唇振动气鸣乐器	自由形号嘴	螺号、铜角
		杯形号嘴	小号、圆号
	机械振动气鸣乐器	混合管	管风琴、风箱风笛
		哨管	手摇风琴
		簧管	簧管小风琴
		自由簧	手风琴、口琴
	自由气鸣乐器	风动	牛吼镖

4.3 体鸣乐器

体鸣乐器门类、类的划分见表 3。

表 3 体鸣乐器的划分

大类	门类	类	示例
体鸣乐器	碰奏体鸣乐器	棒击	梆子
		板击	饶
	击奏体鸣乐器	棒击	乐杵
			木琴
	摇奏体鸣乐器	撞击	摇响器
	刮奏体鸣乐器	棒刮	刮响器
		轮刮	
	拨奏体鸣乐器	手拨	口簧
	擦奏体鸣乐器	互擦	以石块、贝壳、骨、木棒等物互擦发声
	捣奏体鸣乐器	棒捣	捣奏棒
	跺奏体鸣乐器	跺击	跺板

4.4 膜鸣乐器

膜鸣乐器门类、类的划分见表 4。

表 4　膜鸣乐器的划分

<table>
<tr><th>大　类</th><th>门　类</th><th>类</th><th>示　例</th></tr>
<tr><td rowspan="7">膜鸣乐器</td><td rowspan="2">击奏膜鸣乐器</td><td>手击</td><td>手鼓</td></tr>
<tr><td>棒击</td><td>军鼓</td></tr>
<tr><td rowspan="2">擦奏膜鸣乐器</td><td>棒擦</td><td rowspan="2">擦奏鼓</td></tr>
<tr><td>绳擦</td></tr>
<tr><td rowspan="2">摇奏膜鸣乐器</td><td rowspan="2">撞击</td><td>鼓腔内装卵石类颗粒，摇动时撞击鼓膜发声</td></tr>
<tr><td>鼗</td></tr>
<tr><td>吹奏膜鸣乐器</td><td>吹孔</td><td>葱头形膜管</td></tr>
</table>

4.5　电鸣乐器

电鸣乐器门类、类的划分见表 5。

表 5　电鸣乐器的划分

<table>
<tr><th>大　类</th><th>门　类</th><th>类</th><th>示　例</th></tr>
<tr><td rowspan="3">电鸣乐器</td><td>电声乐器</td><td>传统乐器＋电控装置</td><td>电吉它、电子小提琴</td></tr>
<tr><td>电子乐器</td><td>电子振荡＋放大器</td><td>电子琴、合成器</td></tr>
<tr><td>电子乐器数字接口控制器</td><td>被控主体</td><td>MIDI 键盘</td></tr>
</table>

ICS 23.120
Y 61

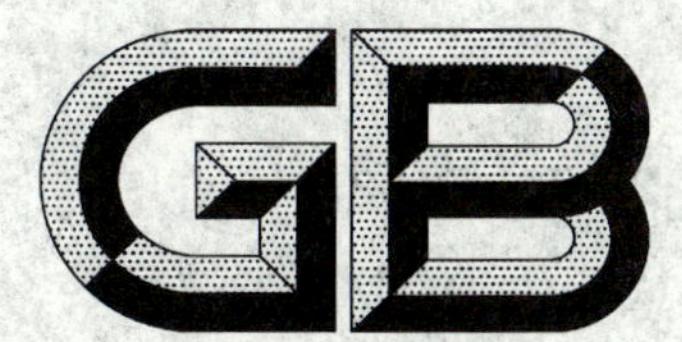

中华人民共和国国家标准

GB/T 23174—2008

排风扇

Ventilating fans

2008-12-30 发布　　2009-09-01 实施

中华人民共和国国家质量监督检验检疫总局
中国国家标准化管理委员会　发布

前 言

本标准的附录A为资料性附录。

本标准由中国轻工业联合会提出。

本标准由全国家用电器标准化技术委员会(SAC/TC 46)归口。

本标准起草单位:广州电器科学研究院、广东正野电器有限公司、广东肇庆德通有限公司、江门市金羚排气扇制造有限公司、江门市金羚风扇制造有限公司、佛山市南海区松岗华兴电器有限公司、艾美特电器(深圳)有限公司、美的集团有限公司、广州威凯检测技术研究院。

本标准主要起草人:陈汉桂、孙明冬、黄禄财、欧燕芳、梁健忠、涂在禄、罗理珍、迟学君、王攀、区长钊。

排　风　扇

1　范围

本标准规定了排风扇的产品分类、技术要求、试验方法、检验规则、标志、包装、运输及贮存。

本标准适用于单相额定电压不超过 250 V、其他电压不超过 480 V，由交流电动机驱动为工业用途（如车间、仓库）及其他类似环境下安装在墙壁上作通风换气使用的轴流式排风扇。

本标准不适用于家用和类似用途及其他特殊条件下使用的排风扇。

本标准所包含的排风扇的安全要求，应符合标准中表 6、表 7 的相关规定。

2　规范性引用文件

下列文件中的条款通过在本标准中的引用而成为本标准的条款。凡是注日期的引用文件，其随后所有的修改单（不包括勘误的内容）或修订版均不适用于本标准，然而，鼓励根据本标准达成协议的各方研究是否可使用这些文件的最新版本。凡是不注日期的引用文件，其最新版本适用于本标准。

GB/T 191　包装储运图示标志（GB/T 191—2008，ISO 780:1997，MOD）

GB 1002　家用和类似用途单相插头插座、型式、基本参数和尺寸

GB 1003　家用和类似用途三相插头插座、型式、基本参数和尺寸

GB/T 1236—2000　工业通风机　用标准化风道进行性能试验（idt ISO 5801:1997）

GB 2099.1—2008　家用和类似用途插头插座　第 1 部分：通用要求（IEC 60884-1:1994，IDT）

GB/T 2423.3—2006　电工电子产品环境试验　第 2 部分：试验方法　试验 Cab：恒定湿热试验（IEC 60068-2-78:2001，IDT）

GB/T 2423.17—2008　电工电子产品基本环境试验规程　试验 Ka：盐雾试验方法（IEC 60068-2-11:1981，IDT）

GB/T 2828.1—2003　计数抽样检验程序　第 1 部分：按接受质量限（AQL）检索的逐批检验抽样计划（ISO 2895-1:1999，IDT）

GB/T 2829—2002　周期检验计数抽样程序及表（适用于对过程稳定性的检查）

GB 2900.29—2008　电工术语　家用和类似用途电器

GB/T 3667.1—2005　交流电动机电容器　第 1 部分：总则——性能、试验和定额——安全要求——安装和运行导则（IEC 60252-1:2001，IDT）

GB 4208—2008　外壳保护等级（IP 代码）（IEC 60529:2001，IDT）

GB/T 4214.1—2000　声学　家用电器及类似用途器具噪声的测试方法　第 1 部分：通用要求（eqv IEC 60704-1:1997）

GB 4706.1—2005　家用和类似用途电器的安全　第 1 部分：通用要求[IEC 60335-1:2004（Ed4.1），IDT]

GB 4706.27—2008　家用和类似用途电器的安全　第 2 部分：风扇的特殊要求 [IEC 60335-2-80:2004（Ed2.1），IDT]

GB/T 5013.1　额定电压 450/750 V 及以下橡皮绝缘电缆　第 1 部分：一般要求（GB/T 5013.1—2008，IEC 60245-1:2003，IDT）

GB/T 5013.2　额定电压 450/750 V 及以下橡皮绝缘电缆　第 2 部分：试验方法（GB/T 5013.2—2008，IEC 60245-2:1998，IDT）

GB/T 5013.4　额定电压 450/750 V 及以下橡皮绝缘电缆　第 4 部分：软线和软电缆

(GB/T 5013.4—2008,IEC 60245-4:2004,IDT)

GB/T 5023.5 额定电压450/750 V及以下聚氯乙烯绝缘电缆 第5部分:软电缆(软线)(GB/T 5023.5—2008,IEC 60227-5:2003,IDT)

GB 5296.2 消费品使用说明 家用和类似用途电器的使用说明

GB/T 14806 家用和类似用途电器的交流换气扇及其调速器(GB/T 14806—2003,IEC 60665:1980,NEQ)

GB 15092.1 器具开关 第1部分:通用要求(GB 15092.1—2003,IEC 61058-1:2000,IDT)

GB 15092.2 器具开关 第2部分:软线开关的特殊要求

3 术语和定义

GB 2900.29—2008和GB/T 14806—2003中的有关术语和定义适用于本标准。

4 产品分类

4.1 型式

4.1.1 按驱动电动机的相数分为单相和三相。

4.1.2 按驱动电动机的极数分为4极和6极。

4.1.3 按结构分有开敞式、遮隔式、圆筒式。

4.1.3.1 开敞式

排风扇不工作时,其结构不能遮隔外界气流流经排风扇。其结构如图1所示。

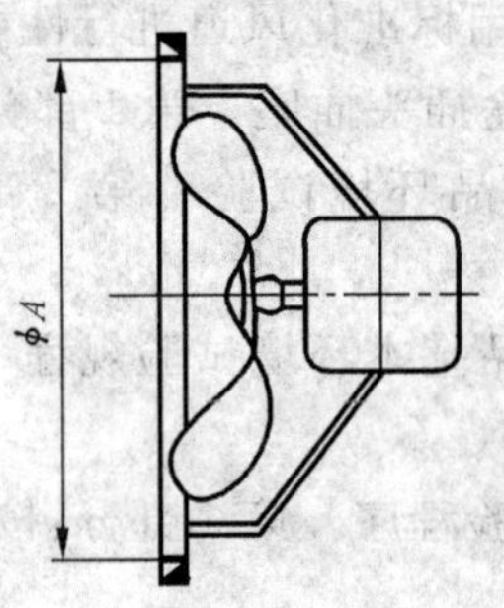

图1 开敞式

4.1.3.2 遮隔式

排风扇不工作时,其结构能遮隔外界气流流经排风扇。类似图2结构的百叶窗式排风扇属于遮隔式。

遮隔机构(活动百叶窗、挡板、活动叶轮等)张开方式有:

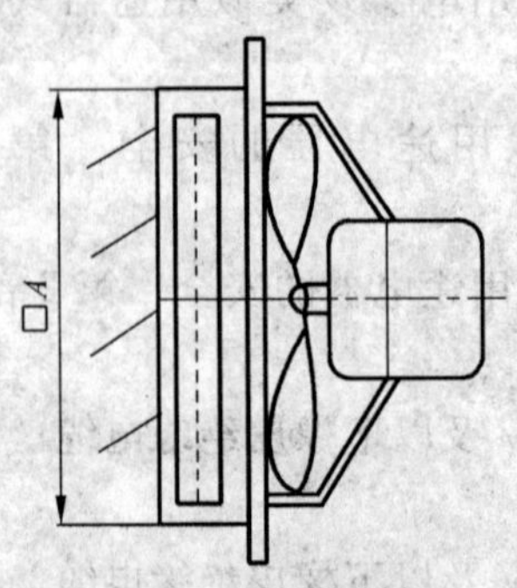

图2 遮隔式

a) 风压式(依靠排风扇运转后产生的气流压力张开);

b) 连动式(依靠排风扇开关的机械连动张开);

c) 电动式(依靠排风扇上附设的电动机构的动作力张开);

d) 活叶式(叶轮叶片依靠排风扇运转时的离心力张开)。

4.1.3.3 圆筒式

风框外形为圆柱形,且圆柱高度大于 100 mm 的排风扇。其结构如图 3 所式。

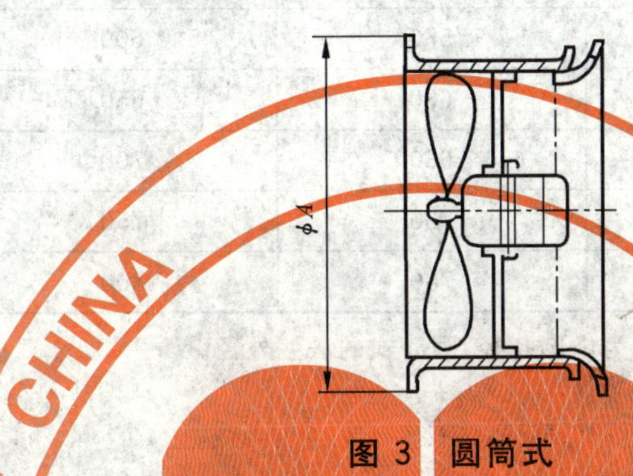

图 3 圆筒式

4.1.4 按性能分有普通型和加强型。

4.1.4.1 普通型

主要按排风扇的输出风量划分,标称输出风量能达到表 3 规定的要求的为普通型排风扇。

4.1.4.2 加强型

标称输出风量超过表 3 规定要求值+10%及其以上的为加强型排风扇。

4.2 规格

按扇叶直径划分排风扇的规格如表 1 所示。扇叶直径的容差为:直径小于 500 mm(含 500 mm)的扇叶允差为±2%,直径大于 500 mm 的扇叶允差为±10 mm。

表 1 规格

规格	扇叶直径/mm
	200,250,300,350,380,400,450,500,550,600,650,700,750

注:表 1 所列的规格尺寸是优选尺寸。

4.3 额定参数

4.3.1 额定电压:单相 220 V 或三相 380 V。

4.3.2 额定频率:50 Hz。

4.4 安装尺寸

排风扇的安装尺寸如图 1 所示并应符合表 2 的规定。

表 2 安装尺寸

扇叶直径/mm	A(不大于)/mm		
	开敞式	遮隔式	圆筒式
200	230	250	280
250	280	300	330
300	330	350	380
350	380	400	430
380	410	430	460
400	430	450	480

表 2（续）

扇叶直径/mm	A(不大于)/mm		
	开敞式	遮隔式	圆筒式
450	480	500	530
500	530	550	580
550	580	600	630
600	630	650	680
650	680	700	730
700	730	750	780
750	780	800	830

注：*A* 对有止口的为止口外径，无止口的为内圆孔径，圆筒式的法兰外径。

5 技术要求

5.1 使用环境

5.1.1 环境空气温度不超过+40 ℃。

5.1.2 环境空气相对湿度不超过 90%(温度为+25 ℃时)。

5.1.3 海拔高度不超过 1 000 m。

5.2 输出风量

5.2.1 排风扇在额定电压、额定频率运转时，静压为零时的输出风量应符合表 3 的规定值，但容许有 −10%的允差(允差上限不作规定)。

表 3 输出风量

扇叶直径/mm	风　　量/(m^2/min)	
	4 极	6 极
200	7	—
250	11	—
300	17	—
350	25	—
380	31	—
400	40	28
450	58	40
500	79	54
550	100	75
600	120	99
650	153	108
700	191	133
750	228	158

注：表中数值适合于普通型排风扇。

5.2.2 制造商可根据用户或市场的需求生产加强型排风扇满足需要，其输出风量可另行确定，并按铭牌上标注值考核(铭牌上标注值与实测值可有 −10%允差)。加强型排风扇的标称风量必须比表 3 规定值大+10%以上。

5.2.3 当用户要求提供排风扇风量——静压特性时，由双方协商各静压点下的风量限值。

5.3 输入功率

排风扇在额定电压、额定频率下运转时，输入功率应不大于表4的规定值。

表4 输入功率

扇叶直径/mm	输入功率/W	
	4极	6极
200	33	—
250	47	—
300	66	—
350	94	—
380	135	—
400	141	89
450	188	113
500	263	141
550	357	188
600	545	282
650	620	357
700	733	423
750	846	470

注：表中数值适合于普通型排风扇。加强型排风扇的输入功率可由制造商确定，并按铭牌上标注值考核。

5.4 噪声

排风扇在额定电压、额定频率运转时，其噪声A计权声功率级应不大于表5的规定。

表5 噪声

扇叶直径/mm	噪声值/dB(A)	
	4极	6极
200	66	—
250	67	—
300	69	—
350	72	—
380	75	—
400	78	71
450	80	74
500	83	76
550	85	78
600	86	80
650	88	81
700	89	82
750	90	83

注：表中数值适合于普通型排风扇。加强型排风扇的噪声值可由制造商确定，并按铭牌上标注值考核。

5.5 启动

5.5.1 排风扇应能在实际使用中会出现的所有正常电压条件下启动。是否合格通过在0.85倍和

1.06 倍额定电压下启动排风扇各 3 次来检验。

5.5.2 非遮隔式排风扇抗反转启动

开敞式排风扇在外界气流风速为 265 m/min 影响下反转时，施以额定电压后应能于 2min 内抗反转启动，并正常运转。

注：使用说明书已明确不适合安装于外墙迎着强风直接向户外排风或要求具有挡风罩附件的排风扇对该性能不予要求。

5.6 一般结构

5.6.1 排风扇的电动机的外壳防护等级应符合 GB 4208 中的 IP3X 型。

5.6.2 排风扇使用的电容器、器具开关、电源线和插头应分别符合 GB/T 3667.1、GB 15092.1、GB 15092.2、GB/T 5023.5、GB 1002、GB 1003 和 GB 2099.1 的要求，其他通用器件和紧固件等应符合国家有关标准的相应的规定，并能满足型式试验的要求；其易损件应便于更换。

5.6.3 排风扇叶轮应平衡良好，牢固可靠，运转时应无明显的振动。

5.6.4 风压式排风扇在额定频率、85%额定电压和自由排气状态下运转，其活动挡板或百叶窗应能在气流吹动下顺利张开，断电后应能自然关闭。

5.6.5 连动式排风扇电源开关置于接通电源时，百叶窗必须同时张开，断电后应能关闭。

5.6.6 电动式排风扇附设的电动机构接通电源运转时，其活动挡板或百叶窗必须同时张开，断电后应能关闭。

5.6.7 活叶式排风扇的叶轮叶片在接通电源时，应能顺利张开，切断电源时，应能自动关闭。

5.6.8 排风扇应能方便地拆卸和安装牢固可靠。

5.7 外观

5.7.1 电镀件的镀层应光滑细密、色泽均匀，不应有斑点、针孔、气泡和脱落。

5.7.2 电镀件经 24 h 盐雾试验后，主要表面上的镀层的金属锈点和锈迹每平方分米不多于 4 个，非主要表面上每平方分米不多于 8 个。每个锈点、锈迹的面积应不大于 1 mm^2。

5.7.3 有机涂敷件表面漆膜应平整光亮、色泽均匀，涂层牢固，其主要表面应无明显流漆、皱纹和脱落等影响外观的缺陷。

5.7.4 涂敷件经 48 h 湿热试验后，主要表面上的气泡每平方分米不多于 6 个，非主要表面上每平方分米不多于 10 个，气泡直径应不大于 1 mm^2，试件的边缘、角落、小孔处不应出现严重的涂层脱落。

注：排风扇的电动机轴线处于水平位置，排风扇的进风口为前方，则其主要表面是指从前方看到的表面。

5.7.5 塑料件主要表面应光滑、色泽均匀，不应有明显的斑痕及凹缩。

5.7.6 排风扇的铭牌应是耐久性的，字迹清晰。型式试验后，铭牌不得脱落，字迹仍应清楚。

5.8 寿命

5.8.1 排风扇在正常条件下经 5 000 h 长期运转后，仍能运转。

5.8.2 遮隔式排风扇的张合机构经 5 000 次操作或动作后，不应有损坏零件及失灵现象。

6 试验方法

除对试验条件已作具体规定外，试验应在符合本标准 5.1 规定的无外界气流和热辐射作用的室内进行，排风扇应按使用说明书要求的安装状态固定，并处于 GB 4706.27—2008 中规定的正常负载状态下。

6.1 试验用的仪器仪表

除另有规定外，试验用的仪器仪表应符合如下规定。

6.1.1 用于型式试验的频率表、电压表、电流表、功率表的准确度不低于 0.5 级，出厂试验时可用 1.0级。

6.1.2 测量固体表面温度的仪表，其允许误差在±1 ℃以内；其他温度测量仪表，其允许误差在

±0.5 ℃以内。

6.1.3 测量时间的仪表，其精度在 0.1 s 以内。

6.1.4 测量转速的仪表，应为非接触式，其精度为±1 r/min。

6.1.5 测量环境气压的仪表，其精度在±200 Pa 以内。

6.1.6 测量湿度的仪表，其准确度在 1%以内。

6.1.7 压力测量仪表的允许基本误差为被测量值的±1%以内，但当被测量值小于 100 Pa 时，仪表的允许基本误差为±0.4 Pa 以内。

6.1.8 风速测量用叶轮式风速表或其他合适类型的风速表，叶轮式风速表的标称直径为 70 mm～100 mm，风速范围为每分钟 30 m～500 m。

6.2 试验电压和频率

除另有规定外，试验应在额定电压、额定频率下进行，试验电源的电压波动和频率波动应不超过其额定值的±1%，但在读取功率、电流数值时必须为额定电压值和额定频率值。

6.3 一般检查

6.3.1 用肉眼检查电镀件、涂敷件、塑料件、铭牌、说明书和包装、标志。

6.3.2 检查排风扇的电动机、开关、电容器、电源线、插头、其他通用器件和紧固件执行国家有关标准的情况。

6.3.3 用准确度为 1 mm 的量具测量扇叶直径(叶轮旋转时顶端所作的圆的直径)、规格尺寸和安装尺寸。

6.3.4 排风扇的电动机外壳防护检查按 GB 4208 规定的方法进行。

6.3.5 接通电源使排风扇运转，检查运转时叶轮是否平衡良好、牢固可靠，有无明显振动。

6.3.6 检查排风扇的叶轮、拉绳、遮隔机构的构造及动作情况。

6.3.7 使风压式排风扇的遮隔机构处于自然关闭状态下，对排风扇施以额定频率、85%额定电压，使排风扇通电运转，检查其活动挡板或百叶窗能否顺利地张开，断电后能否自然关闭。

6.3.8 连动式排风扇的电源开关置于接通电源状态时，检查其活动挡板或百叶窗能否同时张开，断电后，能否关闭。

6.3.9 电动式排风扇附设的电动机构接通电源运转时，检查其活动挡板或百叶窗能否同时张开，断电后，能否关闭。

6.3.10 活叶式排风扇的扇叶叶片在接通电源后，检查其叶片能否顺利张开，断电后，能否关闭。

6.4 风量试验

大于 500 mm 的排风扇的风量试验，按 GB/T 1236 的规定进行测试和确定。

500 mm 及其以下规格的排风扇的风量试验，可按 GB/T 1236 或 GB/T 14806 规定的风量测试方法测试和确定；如果对风量测试结果有争议时，使用 GB/T 14806 规定的方法测试和确定。

6.5 输入功率试验

输入功率在风量试验时同时进行，应在额定电压、额定频率、电动机在热稳定工作状态下测定。试验时排风扇应处于额定工作状态，其功率不包括排风扇所附有的可拆开的用电器件。

6.6 启动试验

6.6.1 排风扇在启动试验开始时应处于室温状态下，应使排风扇的轴线水平地安装于试验架上。试验电压按 5.5.1 的要求，从静止状态开始启动，每次启动后，电机停止一会，达到静止状态再启动。试验应符合 5.5.1 的规定。

6.6.2 非遮隔式排风扇的抗反转启动

把开敞式排风扇轴线水平地挂在开敞的试验架上，用一有足够风力的风扇作为外界反向风源，并调整距离，使排风扇叶轮平面(至少取水平中心线和叶端 3 点)平均风速为 265 m/min(用风速表测量)，在排风扇充分反转的情况下，对其施加额定电压后，应能保证在 2 min 内抗反转启动并正常运转。

6.7 铭牌耐久性检查

型式试验后，用肉眼检查铭牌有无脱落，字迹是否清楚。

6.8 电镀件盐雾试验

按 GB/T 2423.17 规定的方法进行，时间为 24 h。

6.9 涂敷件湿热试验

按 GB/T 2423.3 规定的方法进行，时间为 48 h。

6.10 长期运转试验

排风扇按使用说明书规定的安装方式布置，进风口和出风口均处于自由空间，在额定电压、额定频率下运转连续 5 000 h(允许在试验过程中停转注入一次润滑油)仍能运转。进行长期运转试验的排风扇可不进行其他型式试验。

6.11 遮隔机构动作操作试验

在试验计数时，以排风扇的活动挡板或百叶窗关闭——张开——关闭为 1 次。

6.11.1 对于风压式张开机构，在活动挡板或百叶窗自然关闭和排风扇不通电的状态下，用足够风力的外风源，向着排风扇的进风口吹风，使活动挡板或百叶窗能充分张开，然后截断电源，活动挡板或百叶窗应能自然关闭，按此重复进行。

6.11.2 对于连动式张开机构，在排风扇不通电的情况下用机械方法重复操作。

6.11.3 对于电动式、活叶式张开机构，以反复短时通电进行检查，试验时，注意避免电动机过热。

6.12 噪声试验

排风扇按使用说明书规定的安装方式布置，进风口和出风口均处于自由空间，在额定电压、额定频率下运行至少 20 min 后按 GB/T 4214.1 规定的方法进行试验。

7 检验规则

7.1 检验分类

排风扇的检验分为出厂检验和型式试验。

7.2 出厂检验

7.2.1 每台排风扇须经出厂检验合格后方能出厂，出厂检验的项目、技术要求和试验方法按表 6 的规定。

表 6 出厂检验项目

序号	试验项目	本标准所属条文		GB 4706.27 所属条文	出厂检验时采用的简化办法
		技术要求	试验方法		
1	冷态电气强度试验			13	按 GB 4706.1—2005 附录 A 中 A.2 条的要求进行。
2	接地及标志检查			23	
3	输入功率测定	5.3	6.5	10	允许在自由空间测试和无需达到热稳定状态。
4	接地电阻			27	按 GB 4706.1—2005 附录 A 中 A.1 条的要求进行。
5	遮隔机构张合试验	5.6.4 5.6.5 5.6.6 5.6.7	6.3.7 6.3.8 6.3.9 6.3.10		

表 6（续）

序号	试　验　项　目	本标准所属条文		GB 4706.27 所属条文	出厂检验时采用的简化办法
		技术要求	试验方法		
6	产品标志检查	5.7.6 8.1	6.3.1	7 7	
7	电镀件、涂敷件、塑料件外观检查	5.7.1 5.7.3 5.7.5	6.3.1		

7.2.2　订货方对产品质量有疑义时，有权在型式检验项目内增加交收试验项目。此时，抽样检查方法应采用 GB/T 2828.1。抽样方案和增加的试验项目，由生产厂和订货方共同商定。

7.2.3　若订货方和厂方在选择出厂检验抽样方案类型时发生争议则按本条规定即采用 GB/T 2828.1 的正常检查二次抽样方案，判别水平Ⅰ，合格质量水平（AQL）为：对 A 类不合格，AQL＝2.5，B 类不合格，AQL＝4，C 类不合格，AQL＝6.5。

7.3　型式试验

7.3.1　型式试验应在下列情况之一时进行：

a）　新产品试制定型鉴定；

b）　设计、工艺或材料有重大改变；

c）　不经常生产的产品，间隔 1 年以上再生产时；

d）　成批或大量生产的产品进行定期抽试，每年至少一次；

e）　出厂检验结果与上次型式试验的结果有较大差异时。

7.3.2　型式试验的内容，包括本标准第 5 章、第 6 章、第 8 章的内容及 GB 4706.27 的部分内容。试验项目、技术要求和不合格类别按表 7 的规定。

表 7　型式试验项目

序号	试　验　项　目	本标准所属条文		GB 4706.27 所属条文	不合格类别
		技术要求	试验方法		
1	包装检查	8.2	6.3.1		C
2	标志(性能部分)	8.1	6.3.1		C
3	电镀件、涂敷件、塑料件外观检查	5.7.1 5.7.3 5.7.5	6.3.1		C
4	扇叶直径、安装尺寸检查	4.2 4.4	6.3.3		C
5	启动试验	5.5.1	6.6.1		B
6	开敞式排风扇抗反转启动试验	5.5.2	6.6.2		B
7	遮隔机构张合试验	5.6.4 5.6.5 5.6.6 5.6.7	6.3.7 6.3.8 6.3.9 6.3.10		B
8	风量试验	5.2	6.4		A
9	输入功率测试	5.3	6.5		C

表 7（续）

序号	试 验 项 目	本标准所属条文		GB 4706.27 所属条文	不合格类别
		技术要求	试验方法		
10	噪声试验	5.4	6.12		A
11	电动机外壳防护检查	5.6.1	6.3.4		C
12	使用元器件情况检查	5.6.2	6.3.2		C
13	叶轮、拉绳、遮隔机构的结构及动作检查	5.6.3	6.3.5 6.3.6		C
14	电镀件盐雾试验	5.7.2	6.8		C
15	涂敷件湿热试验	5.7.4	6.9		C
16	长期运转试验	5.8.1	6.10		C
17	遮隔机构动作寿命试验	5.8.2	6.11		C
18	铭牌耐久性检查	5.7.6	6.7		C
19	铭牌、标志(安全部分)			7	*
20	输入功率和电流			10	*
21	发热			11	*
22	工作温度下的泄漏电流和电气强度			13	*
23	耐潮湿			15	*
24	泄漏电流和电气强度			16	*
25	非正常工作			19	*
26	机械危险			20	*
27	接地及标志检查			23	*
28	接地电阻			27	*

注 1：表中不合格类别中带“*”号者为产品的安全要求，所检项目均应符合标准的相关要求，如出现一台项不符合，则判该批产品不合格。

注 2：对明确安装在 2.3 m 以上的排风扇，表 7 中第 28 项“机械危险”不适用。

注 3：按 7.3.1 条规定的 c)、d)、e) 三种情况下进行型式试验时，可免做表 7 中的非正常工作和长期运转试验。

7.3.3 对本标准 7.3.1 条中 a)、b)、c) 三种情况下进行的型式检验，样本大小不少于 4 台，其中 2 台兼做(或另抽 2 台做)安全要求试验。在型式检验中，如有任何一台样品不符合本标准中的任一条要求时，则应从该批产品中抽取加倍数量的样品，进行不合格条及与该条试验结果有关条文要求的重复试验，重复试验合格，则判该批产品符合本标准要求；如重复试验仍有任何一台样品不符合任一条的要求时，则判该批产品不合格。

7.3.4 对于本标准 7.3.1 中 d) 种情况下进行的型式检验，其抽样采用 GB/T 2829 中的二次抽样，判别水平Ⅰ，样本大小、不合格质量水平及其判定见表 8。其中第一样本中的 2 台兼做(或另抽 2 台做)安全要求试验。

表 8

二次抽样	样品大小	不合格质量水平		
		A类不合格 RQL=30	B类不合格 RQL=50	C类不合格 RQL=65
第一样本	$n_1=4$	$Ac_1=0$，$Re_1=2$	$Ac_1=0$，$Re_1=3$	$Ac_1=1$，$Re_1=3$
第二样本	$n_2=4$	$Ac_2=0$，$Re_2=2$	$Ac_2=3$，$Re_2=4$	$Ac_2=4$，$Re_2=5$

8 标志、包装、运输、贮存

8.1 标志

8.1.1 产品标志

产品上应有耐久性的铭牌，并标出以下各项：

a) 制造厂名称；

b) 产品名称、型号、规格(属加强型的应标注“加强型”字样)；

c) 商标；

d) 生产日期(或编号)或生产批号(也允许仅标注在产品合格证上)；

e) 产品的主要工作参数：额定电压、额定频率及额定输入功率；

f) 标称风量，标称风量与实测值可以有－10%的允差，允差上限不作规定；

g) 噪声。

8.1.2 包装箱标志

包装箱上标志为以下各项：

a) 制造厂名称和地址；

b) 产品名称、型号、规格；

c) 商标；

d) 产品数量及颜色(单件包装可不标数量)；

e) 包装箱毛重：kg；

f) 包装箱外形尺寸：(长×宽×高)mm；

g) 生产日期(或编号)或生产批号；

h) 产品执行标准；

i) 包装储运图示标志，其标志应符合 GB/T 191 标准的规定。

8.1.3 使用说明书

使用说明书应至少有如下内容：

a) 对于不带防护网罩的排风扇，应规定产品安装在离地面 2.3 m 以上；

b) 对于风压式排风扇，应规定如用于迎着强风直接向户外排气时，应加挡风罩；

c) 安装时，必须注意避免气体从敞开的气道或其他的明火设备回流进室内；

d) 产品执行标准。

8.2 包装

8.2.1 排风扇的包装应能有效地保护产品。

8.2.2 包装箱内应有：

a) 全套排风扇(散装例外)；

b) 使用(安装)说明书；

c) 产品合格证；

d) 装箱单(有附件、备件时);

e) 电气线路图或接线图(允许标在产品上或说明书中)。

8.3 运输

运输过程中,严禁雨淋、受潮和剧烈碰撞。

8.4 贮存

排风扇应贮存在温度低于 40 ℃、通风良好的仓库内,其周围应无腐蚀性气体。

附　录　A
（资料性附录）
产品型号命名方法

排风扇的型号命名，可使用下述方法：

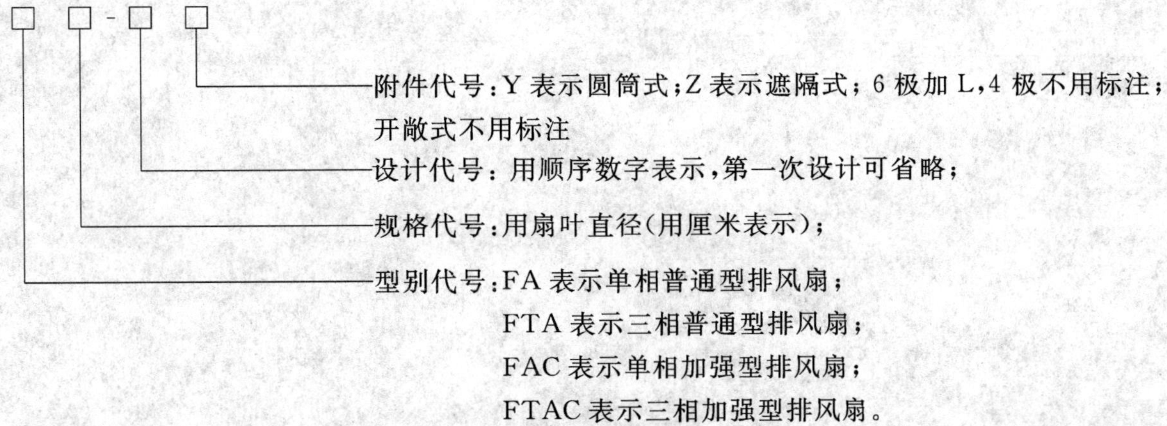

ICS 85-010
Y 30

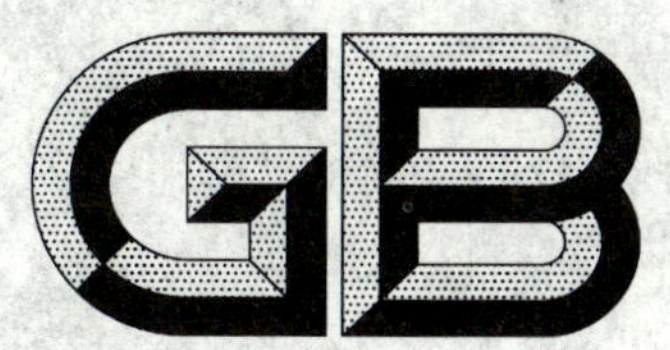

中华人民共和国国家标准

GB/T 23175—2008

纸浆 纤维长度的测定(光栅法)

Pulp—Determination of fiber length (raster method)

2008-12-30 发布 2009-09-01 实施

中华人民共和国国家质量监督检验检疫总局
中国国家标准化管理委员会 发布

前 言

本标准在原轻工业标准 QB/T 2597—2003《造纸纤维长度的测定(光栅法)》的基础上制定。

本标准由中国轻工业联合会提出。

本标准由全国造纸工业标准化技术委员会归口。

本标准起草单位:中国制浆造纸研究院、国家纸张质量监督检验中心、中国造纸协会标准化专业委员会。

本标准主要起草人:王振、邓知明、王菊华。

纸浆　纤维长度的测定(光栅法)

1　范围

本标准规定了纸浆纤维长度的测定方法。

本标准适用于各种造纸原料纤维长度的测定。长度小于 0.2 mm 的纤维碎片及杂细胞,在本标准中不认为是纤维,在测量及统计结果时不包括进去。

2　规范性引用文件

下列文件中的条款通过本标准的引用而成为本标准的条款。凡是注日期的引用文件,其随后所有的修改单(不包括勘误的内容)或修订版均不适用于本标准,然而,鼓励根据本标准达成协议的各方研究是否可使用这些文件的最新版本。凡是不注日期的引用文件,其最新版本适用于本标准。

GB/T 450　纸和纸板　试样的采取(GB/T 450—2002,eqv ISO 186:1994)

GB/T 740　纸浆　试样的采取(GB/T 740—2003,ISO 7213:1981,IDT)

GB/T 4688　纸、纸板和纸浆纤维组成的分析(GB/T 4688—2002,eqv ISO 9184:1990)

QB/T 1462　纸浆实验室的湿解离

3　术语和定义

下列术语和定义适用于本标准。

3.1

光栅　raster

由大量等宽、等间距的直线狭缝所组成的光学器件。光栅通常是在玻璃上刻制而成的。本标准所用的光栅为圆光栅,每周刻有 200 条狭缝。

3.2

数量平均纤维长度　mean length

纤维总长度除以总根数所得的结果,用 L 表示。

3.3

长度-重量平均纤维长度　length-weighted mean length

由长度计算的重量平均纤维长度,用 L_1 表示。

3.4

质量-重量平均纤维长度　mass-weighted mean length

由质量计算的重量平均纤维长度,用 L_w 表示。

注:过去,数量平均纤维长度一般用 L_n 表示,长度-重量平均纤维长度用 L_w 表示,并简称为重量平均纤维长度;质量-重量平均纤维长度用 L_{ww} 表示,并称为二重重量平均纤维长度。本标准为与国际标准统一,数量平均纤维长度用 L 表示,长度-重量平均纤维长度用 L_1 表示,质量-重量平均纤维长度用 L_w 表示。

4　原理

使用投影仪或投影显微镜,将纤维试样上的纤维图像放大,呈现在投影屏上。然后用光栅位移传感器,沿着纤维图像移动,纤维的长度便自动测定出来,并输送至计算机进行统计计算。这样,数量平均纤维长度、长度-重量平均纤维长度、质量-重量平均纤维长度以及长度分布便可计算出来。

5 试剂和材料

除非另有规定，仅使用分析纯试剂。

5.1 蒸馏水或去离子水，电导率应小于 0.2 mS/m。

5.2 冰乙酸(CH_3COOH)。

5.3 过氧化氢(H_2O_2)，浓度为 30%～50%。

5.4 碘氯化锌染色剂(Herzberg 染色剂)的配制。

5.4.1 饱和氯化锌溶液

将氯化锌($ZnCl_2$)加入到约 100 mL 的温水中，直至剩余溶质不再溶解，使其冷却至室温，并观察有氯化锌结晶析出，溶液比重约为 1.8 波美。将此溶液贮存于棕色试剂瓶中备用。

5.4.2 碘溶液

混合碘化钾(KI)2.1 g 和碘(I_2)0.1 g，用移液管一滴一滴加入 5 mL 水，边加水加搅拌使其混合。

注：碘在少量水中的溶解是很重要的，碘化钾是为溶解碘而加入的。如果有碘残留而未被溶解，可能是由于水加入得太快，此溶液应废弃。

5.4.3 碘氯化锌染色剂(Herzberg 染色剂)

将饱和氯化锌溶液(5.4.1)15 mL、水 1 mL 和所有的碘溶液(5.4.2)混合，静置 6 h 以上，使任何沉淀物都沉降下去。轻轻倒出上层清液至棕色滴瓶中，并加入一小片碘。不用时将该溶液放在黑暗处保存，每两个月应制备一次新鲜染色剂。

新染色剂在使用之前，应用已知纤维检查。棉纤维应呈酒红色，如果呈浅蓝色，说明碘氯化锌染色剂(5.4)浓度太高，应加入少量的水进行稀释。化学浆纤维应呈蓝色至淡蓝紫色，如呈淡红色，说明氯化锌溶液浓度太低，应加入少量氯化锌结晶片进行调整。

6 仪器和设备

6.1 光栅纤维长度分析仪

分析仪由成像系统及测量系统组成。

6.1.1 成像系统

使用桌式投影仪或投影显微镜，将纤维图像放大至 50 倍～100 倍。要求成像清晰，投影屏上各部位放大倍数的误差应不超过±1%。

6.1.2 测量系统

测量系统的主要部件之一是光栅位移传感器，由光源(发光管)、聚光镜、主光栅(动光栅)、指示光栅(定光栅)、光栏及光敏二极管等几部分组成的，如图 1 所示。

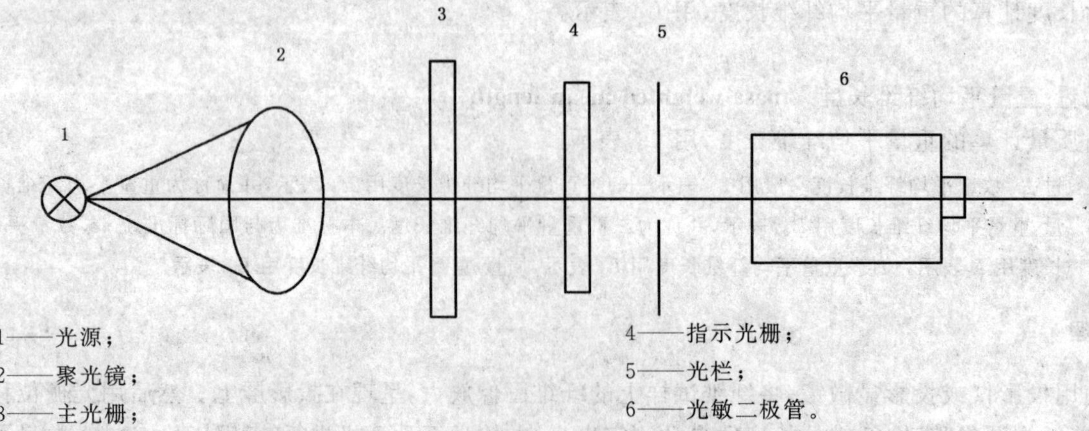

1——光源；
2——聚光镜；
3——主光栅；
4——指示光栅；
5——光栏；
6——光敏二极管。

图 1 光栅位移传感器原理示意图

主光栅和指示光栅上刻有相同密度的光栅条纹，两个光栅平行装放，其刻线相互倾斜一个很小的角度。当主光栅沿着纤维的长度方向滚动时，就会在光栅的法线方向出现一些明暗相间的条纹，称为莫尔条纹。其条纹移动数与纤维的长度有关，条纹的亮度与宽度均比原光栅大得多。如用光敏二极管将所产生的光信号转化为电信号并记录下来，从记录的信号就能度量出纤维的实际长度。

6.2 纤维解离器

应符合 QB/T 1462 中的规定。

6.3 手动纤维解离器

在 250 mL 的塑料量筒内装一片活塞板，与活塞手柄相连接，活塞板上有若干小孔，当活塞板上下往复运动时，对纤维产生解离作用。手动纤维解离器的结构如图 2 所示。

图 2　手动纤维解离器示意图

6.4 广口移液管

由带刻度的玻璃管制成，长约 100 mm，内径 5 mm～6 mm。管壁上刻有 0.5 mL 或更细的分度线，管口平滑，一端不收口，另一端套一橡皮囊以吸取试样。

6.5 电热板

温度可调范围为 50 ℃～150 ℃，具有深色的平滑表面，面积约为 150 mm×200 mm。

6.6 其他实验室常用设备

如盖玻片、载玻片、镊子、解剖针、烧杯、三角瓶等。

7 试样的制备

7.1 取样

如果试验的目的是为了评价某一批纸或纸浆的质量，取样应按 GB/T 450 或 GB/T 740 的规定进行。如果取样不同，则需注明样品来源，如有可能还应注明所使用的取样方法。从所收到的样品中采取试样，应使试样能够代表整个样品。

如果是造纸原料，取样的数量及范围应能代表研究对象的整体。对于单株木材，试样应取自树干的胸径部位(距地面 1.3 m 处)；对于非木材原料，一般以整株或半株方式取样，应包括上、中、下、里、中、外各个部位。

7.2 解离

7.2.1 原料

试样如果是植物原料，首先应将其分离成单纤维。可采用化学浆蒸煮工艺，用实验室小型制浆设备制成中等硬度的纸浆，经洗净及湿浆解离(6.2)后备用。

也可将具有代表性的试样切成火柴棍大小，经水煮排气后，用 1 : 1 的冰乙酸(5.2)和过氧化氢(5.3)在 60 ℃下浸泡数小时，直至原料刚好能分离成单纤维。洗净后，在纤维解离器(6.2 或 6.3)中用蒸馏水解离。

7.2.2 纸浆

如果试样是未经干燥的湿纸浆，可以不经解离，直接稀释后备用。

如果试样为干浆板，需浸湿后从浆片的整个厚度上撕取，不应用刀切的方式取样，因为这样做会使纤维变短。浸湿后的试样应按 QB/T 1462 中的规定进行解离。

7.2.3 纸

包括常用的纸板和纸制品，其纤维解离方法应按 GB/T 4688 中的规定进行。

7.3 试样制备

在搅动的状态下，取上述解离分散好的试样(7.2)约 50 mL，置于 1 000 mL 的烧杯中，用水(5.1)稀释至约 0.05%的浓度。同时将电热板(6.5)的表面温度调节为 60 ℃～70 ℃，板面上平放所需的载玻片。然后在搅动状态下，用广口移液管(6.4)吸取准备好的纤维悬浮液约 1 mL，均匀地滴在载玻片上，待水分蒸干后，将试片冷却至室温。在试片上滴 2 滴～3 滴碘氯化锌染色剂(Herzberg 染色剂)(5.4)，使纤维着色，盖上盖玻片，并从边缘上用滤纸慢慢地吸去多余的染色剂。纤维试片以现做现用为宜，因碘氯化锌染色剂(Herzberg 染色剂)具有一定的膨润作用，时间长了易使纤维变形和变色，会影响测定结果。

8 试验步骤

8.1 纤维测定

将制备好的纤维试片(7.3)放在投影仪(6.1.1)的载物台上，调节焦距使成像清晰，取放大倍数为 50 倍～100 倍。然后使仪器的测量系统进入测量状态，将光栅位移传感器(6.1.2)对准纤维的一端，沿纤维的长向移动，纤维的长度便会自动记录下来，显示器将随时显示出纤维的测量值和累计值。当完成预计的测量根数时，用鼠标点击“统计结果”，各项测定结果便会自动显示并报告。测量时 0.2 mm 以下的纤维碎片或杂细胞不计，大于 0.2 mm 者一律进行统计。两次平行试验的相对误差应不超过±2%。

8.2 设备校准方法

应定期检查分析仪器的运行状态，并经常进行清洁处理。需作定期检查的主要是两个部分：一是成像系统的放大倍数，二是光栅位移传感器的精确度。

8.2.1 成像系统放大倍数的校准

在投影仪的附件中，备有两个标准测微尺，即物镜测微尺及投影屏测微尺。校准时先将物镜测微尺放在投影仪载物台上，调节焦距使测微尺的刻线图像清晰，然后用投影屏测微尺检查设备的放大倍数是否与设计规定值相符，投影屏中心部位与周边部位的放大倍数是否一致，允许误差应不超过±1%。否则应与制造商商议解决。该项检查应每月进行一次。

8.2.2 光栅位移传感器精确度的校准

用投影屏标准测微尺在投影屏的附纸上准确地画出一个长度段，通常取 10.0 cm，中间有 1.0 cm 的分度。以此作为基准，检查光栅测量值及显示值是否与实际值相符。如果操作正确，二者的允许误差应不超过±1%，否则检查操作方法或与制造商联系。该项检查应每月进行一次。

9 计算

9.1 数量平均纤维长度(L)

数量平均纤维长度(L)应按式(1)计算得出。

$$L=\frac{\sum l_i}{N} \qquad \cdots\cdots(1)$$

式中:

L——数量平均纤维长度,单位为毫米(mm);

l_i——每根纤维的实际长度,单位为毫米(mm);

N——被测纤维的总根数。

9.2 长度分布频率(f_i)

在计算中将所测纤维按不同长度级分为若干组,则每个长度级中纤维的数量百分率,即纤维分布频率 f_i(%),可由式(2)计算得出。

$$f_i=\frac{n_i}{N}\times 100\% \qquad \cdots\cdots(2)$$

式中:

f_i——长度分布频率,%;

n_i——某长度级中的纤维根数;

N——所测纤维的总根数。

9.3 长度-重量平均纤维长度(L_1)

长度-重量平均纤维长度(L_1)由式(3)、(4)计算得出。

$$L_1=\frac{\sum l_i w_i}{\sum w_i} \qquad \cdots\cdots(3)$$

假定在同一试样中,各种不同长度的纤维都具有相同的粗度,即将粗度(coarseness)视为常数,则由式(3)可导出式(4)。

$$L_1=\frac{\sum l_i^2}{\sum l_i} \qquad \cdots\cdots(4)$$

式中:

L_1——长度-重量平均纤维长度,单位为毫米(mm);

l_i——每根纤维的长度,单位为毫米(mm);

w_i——每根纤维的重量,单位为毫克(mg)。

9.4 质量-重量纤维平均长度(L_w)

质量-重量平均纤维长度(L_w)由式(5)计算得出。

$$L_w=\frac{\sum l_i^3}{\sum l_i^2} \qquad \cdots\cdots(5)$$

式中:

L_w——质量-重量平均纤维长度;

l_i——每根纤维的长度。

9.5 标准偏差(S)和变异系数(C_v)

标准偏差(S)由式(6)计算得出,变异系数(C_v)由式(7)计算得出。

$$S=\left[\frac{\sum(l_i-L)^2}{N}\right]^{1/2} \qquad \cdots\cdots(6)$$

式中:

S——标准偏差;

l_i——每根纤维的实际长度，单位为毫米(mm)；
L——数量平均长度，单位为毫米(mm)；
N——被测纤维的总根数。

$$C_v = \frac{S}{L} \times 100\% \quad \cdots\cdots (7)$$

式中：
C_v——变异系数；
S——标准偏差；
L——数量平均长度，单位为毫米(mm)。

9.6 细小纤维含量

本标准对于 0.2 mm 以下的杂细胞及纤维碎片不计，因这部分细胞及碎片往往在生产过程中流失。0.2 mm～0.4 mm 的纤维作为细小纤维，进行单独统计。细小纤维的含量分别以数量百分率 D_n(%)及质量百分率 D_l(%)来表示。数量百分率由式(8)计算得出，质量百分率由式(9)计算得出。

$$D_n = \frac{n_i}{N} \times 100\% \quad \cdots\cdots (8)$$

式中：
D_n——数量百分率，%；
n_i——0.4 mm 以下的纤维根数；
N——被测纤维的总根数。

$$D_l = \frac{\Sigma l_n}{\Sigma l_i} \times 100\% \quad \cdots\cdots (9)$$

式中：
D_l——质量百分率，%；
Σl_n——0.4 mm 以下纤维的总长度，单位为毫米(mm)；
Σl_i——所测纤维的总长度，单位为毫米(mm)。

10 试验报告

试验报告应包括以下内容：

a) 本标准编号；
b) 试验时间与地点；
c) 样品来源及取样方法；
d) 使用仪器的型号；
e) 所测纤维的总根数；
f) 长度-重量平均纤维长度及质量-重量平均纤维长度；
g) 如果有要求，还应包括其他各项指标；
h) 可能有影响试验结果的任何操作。

ICS 97.220.10,97.220.30
Y 55

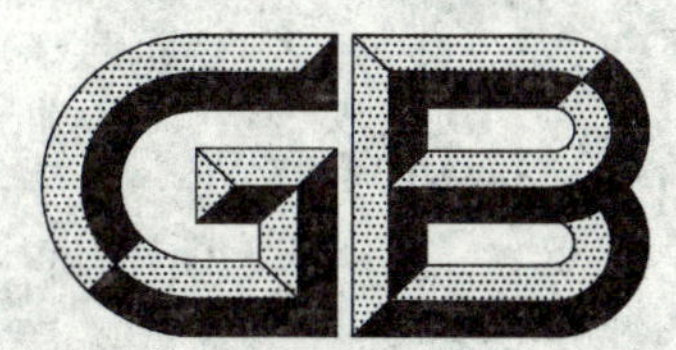

中华人民共和国国家标准

GB 23176—2008

篮 球 架

Basketball backstop

2008-12-30 发布　　　　2010-04-01 实施

中华人民共和国国家质量监督检验检疫总局
中国国家标准化管理委员会　发布

前 言

本标准中的4.1.2、4.2.8、4.3.2、4.5.2、4.6、4.8.2为强制性条款，其余为推荐性条款。

本标准在制定过程中采用了国际篮球联合会(FIBA)《篮球规则》(2008年版)和欧盟标准EN 1270、EN 913。

本标准由中国轻工业联合会提出。

本标准由全国文体用品标准化中心归口。

本标准起草单位：江苏金陵体育器材股份有限公司、江西洪都体育健身器材有限责任公司、天津春合体育用品厂、北京飞鹿体育用品有限公司、泰山体育产业集团有限公司、广州双鱼体育用品集团有限公司、中山市健将健身器械有限公司、山东冀鲁体育器材有限公司、宁波奇胜运动器材有限公司。

本标准主要起草人：李春荣、张曼中、陈宝生、肖建京、张之林、罗文辉、李成业、张洪印、陆立青。

篮　球　架

1　范围

本标准规定了篮球架的分类、要求、试验方法、检验规则和标志、包装、运输、贮存。

本标准适用于竞赛和练习用的篮球架(中、小学生篮球架、健身型篮球架、简易篮球架除外),悬挂式篮球架也适用于本标准。

2　规范性引用文件

下列文件中的条款通过本标准的引用而成为本标准的条款。凡是注日期的引用文件,其随后所有的修改单(不包括勘误的内容)或修订版均不适用于本标准,然而,鼓励根据本标准达成协议的各方研究是否可使用这些文件的最新版本。凡是不注日期的引用文件,其最新版本适用于本标准。

GB/T 1771—2007　色漆和清漆　中性盐雾性能的测定

GB/T 2828.1—2003　计数抽样检验程序　第1部分:按接收质量限(AQL)检索的逐批检验抽样计划(ISO 2859-1:1999,IDT)

GB/T 2829—2002　周期检验计数抽样程序及表(适用于对过程稳定性的检验)

GB/T 6739—2006　色漆和清漆　铅笔法测定漆膜硬度(ISO 15184:1998,IDT)

GB/T 9286—1998　色漆和清漆　漆膜的划格试验(eqv ISO 2409:1992)

GB 9962—1999　夹层玻璃

QB/T 3826—1999　轻工产品金属镀层和化学处理层的耐腐蚀试验方法　中性盐雾试验(NSS)法

QB/T 3832—1999　轻工产品金属镀层腐蚀试验结果的评价

3　分类

根据型式不同分为移动篮球架、固定篮球架、悬挂式篮球架。

4　要求

4.1　结构与尺寸

4.1.1　结构与尺寸应符合图1、图2所示要求。

单位为毫米

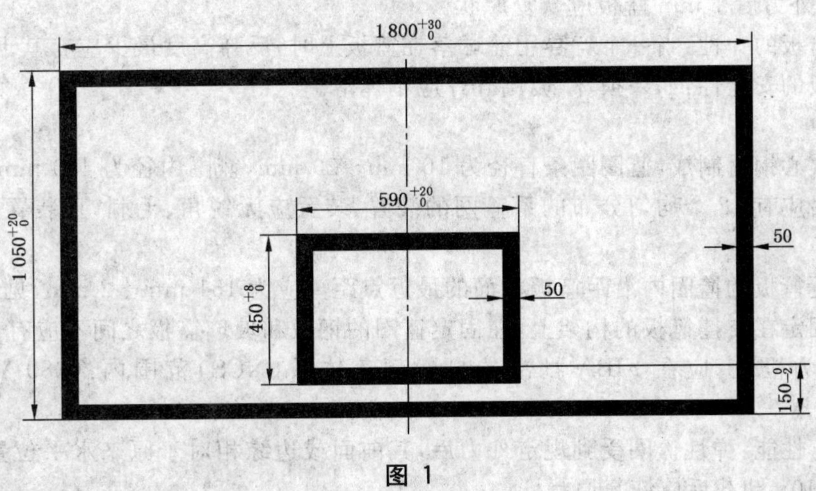

图 1

单位为毫米

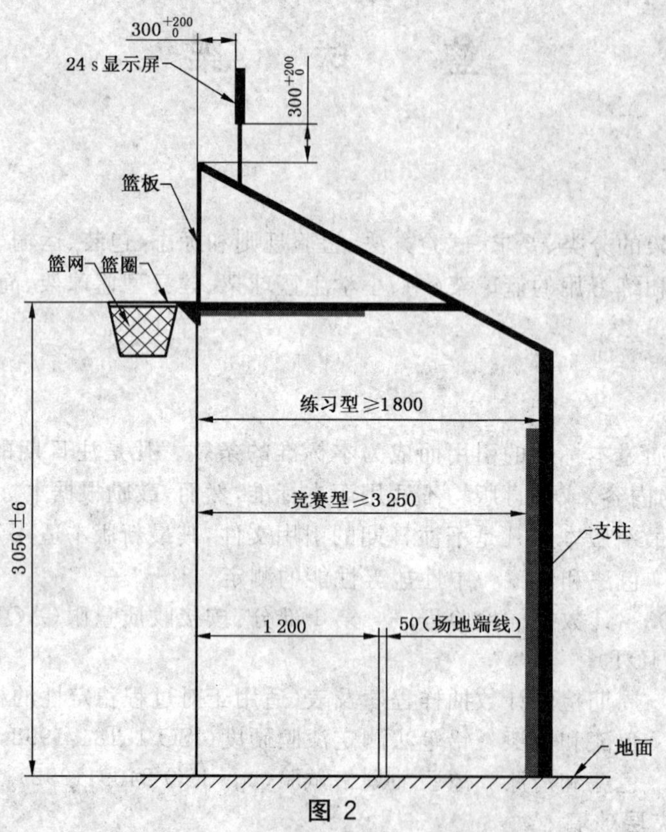

图 2

4.1.2 篮板距立柱距离以及端线位置,如图 2 所示要求。

4.2 篮板

4.2.1 篮板正平面应与水平面保持垂直。

4.2.2 篮板正表面应平整、光滑,无裂纹、缺角、掉块。

4.2.3 篮板成矩形,其相邻框边应相互垂直,两对角线之差不应超过 6 mm,且边沿不应有尖锐的棱角。

4.2.4 若篮板有金属边框保护,则篮板的外边框线至少应有 20 mm 宽不被金属边框遮挡。

4.2.5 篮板上应印有内、外边框线,透明篮板的内外边框为白色,非透明篮板的边框为黑色,内边框线的底线上沿应与篮圈上沿齐平。

4.2.6 篮板刚性:篮板受到规定外力后,其中心的挠度:钢化玻璃篮板应不超过 3 mm,其他篮板应不超过 6 mm,取消外力后 1 min 篮板应恢复原状。

4.2.7 竞赛用篮板的弹性:当一个竞赛用篮球落在篮板上时,反弹高度最少应有其下落高度的 50%。

4.2.8 玻璃篮板的安全性:如果损坏,玻璃碎片应不掉落。

4.3 篮圈

4.3.1 篮圈用实心钢材制成,篮圈圈条直径为 16 mm~20 mm,篮圈内径为 450 mm~459 mm。

4.3.2 篮圈下沿应有 12 个均匀分布的系篮网的装置,装置应无锐角、毛刺,且装置不应有大于 8 mm 的间隙,见图 3。

4.3.3 从最靠近篮板的篮圈内沿距篮板板面的最近点距离应为 151 mm±2 mm,见图 3。

4.3.4 篮圈应固定在支撑篮板的构架上,在固定篮圈的钢板和玻璃篮板之间不应有直接的接触。

4.3.5 篮圈应为橙色,应在 FIBA 批准的自然颜色体系(NCS)范围内:0080-Y70R、0090-Y70R、1080-Y70R。

4.3.6 篮圈抗弯性能:弹性篮圈受到规定外力后,其前面或边缘相对于原来水平位置的旋转不应大于 30°,也不应小于 10°,卸载后应恢复原状。

单位为毫米

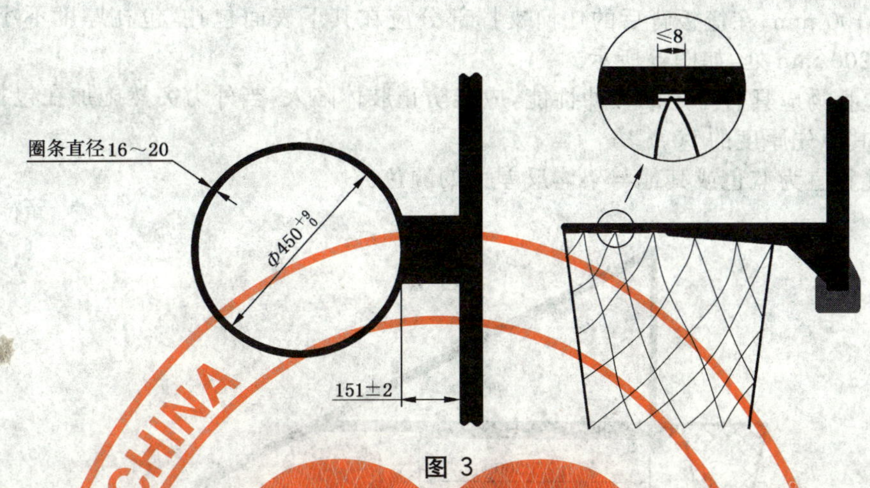

图 3

4.4 篮网

4.4.1 竞赛用篮网应用白色的绳结成，有 12 个环孔，其结构应能够使球穿过时受到一定的阻力。

4.4.2 篮网长为 400 mm～450 mm。

4.4.3 竞赛用篮网的上部应是半硬式的。

4.5 篮板支撑构架

4.5.1 篮板支撑构架刚性：架体受到规定外力卸载后，从原始位置计算支撑构架的永久性水平变形量应不超过 10 mm。

4.5.2 篮板支撑构架稳定性：架体受到规定外力卸载后，从原始位置计算支撑构架的永久性垂直变形量应不超过 10 mm。

4.5.3 对于二、三级比赛，可以使用悬挂式篮球架。

4.6 包扎物

4.6.1 竞赛用篮板和篮板支撑构架应包扎。

4.6.2 竞赛用篮板下沿应有不小于 48 mm 且不大于 55 mm 厚度的包扎物；侧表面上，从篮板下沿起应有不小于 350 mm 且不大于 450 mm 高度的包扎物，厚度不小于 20 mm 且不大于 27 mm；前、后表面上从篮板下沿起高 20 mm～25 mm 处，应有不小于 20 mm 且不大于 27 mm 厚的包扎物，如图 4 所示。

单位为毫米

图 4

4.6.3 竞赛用篮球架篮板背后面向球场的篮板支撑构架应经衬填后包扎，包扎物高度不小于 2 150 mm，包扎厚度不小于 100 mm；在篮板背后的任何支撑部分应在其下表面包扎，包扎厚度不小于 25 mm，直到距篮板后面 1 200 mm 处，如图 5 所示。

4.6.4 所有的包扎物应具有一定的缓冲性能，应能防止肢体陷入，当外力突然施加在包扎物上时，包扎物的凹陷不超过其原先厚度的 50%。

4.6.5 所有包扎物宜为蓝色或其他与架体反差大的颜色。

单位为毫米

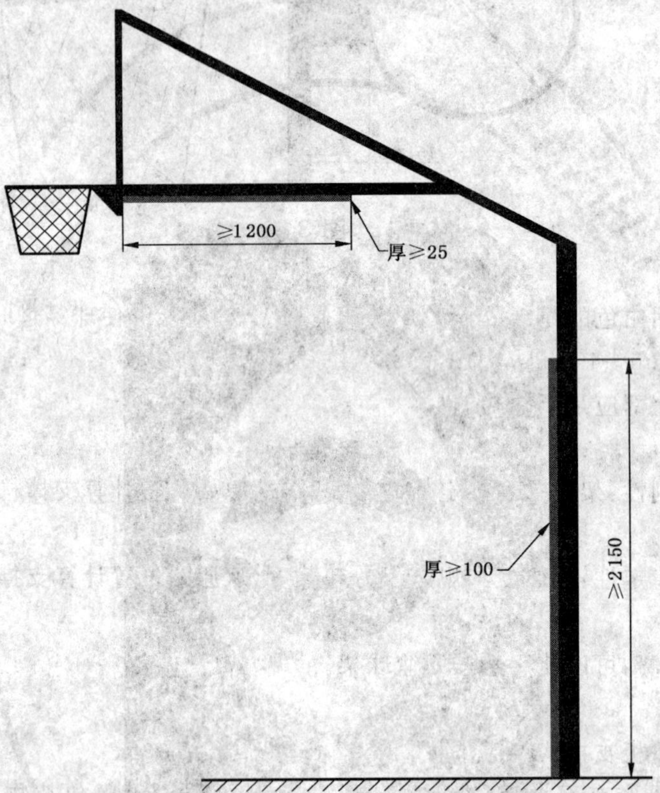

≥1 200

厚≥25

厚≥100

≥2150

图 5

4.7 架体升降特性

折叠式篮球架应升降灵活、运行平稳。

4.8 液压系统与电性能

4.8.1 液压升降的篮球架，液压系统不应有漏油、渗油的现象。

4.8.2 篮球架带电部分与外露非带电部分的绝缘电阻应不低于 2 MΩ，并能承受试验电压为 1 500 V，判定电流为 10 mA，频率为 50 Hz 的单相交流电 1 min，而不应有闪烁或击穿现象。

4.9 表面质量

4.9.1 架体用喷塑或其他工艺涂饰，涂饰层附着力应达到一级、硬度应达到 2 H。

4.9.2 涂饰件表面涂层在经 24 h 周期试验后，其耐腐蚀性能应≥6 级。

4.9.3 涂饰层表面应光滑平整、色泽均匀，无起皮脱落、漏涂、锈蚀、裂痕以及较明显的流痕、花斑、结点等缺陷。

4.9.4 焊接件的外露焊缝表面及相关表面应光滑、规整，无漏焊、虚焊、烧穿及明显的焊瘤、咬边、凸起、凹陷、气孔、溅渣等缺陷。

5 试验方法

5.1 结构与尺寸检验

将架体升到规定位置，用钢卷尺、钢直尺，游标卡尺等相应精度量具测量。

5.2 篮板垂直度检验

从篮板顶端挂铅垂线，目测篮板正平面是否与铅垂线平行。

5.3 篮板刚性试验

按图 6 将篮板平放，在篮板中心施加 500 N 静载荷 1 min，用分度值为 0.02 mm 的高度尺测量。

单位为毫米

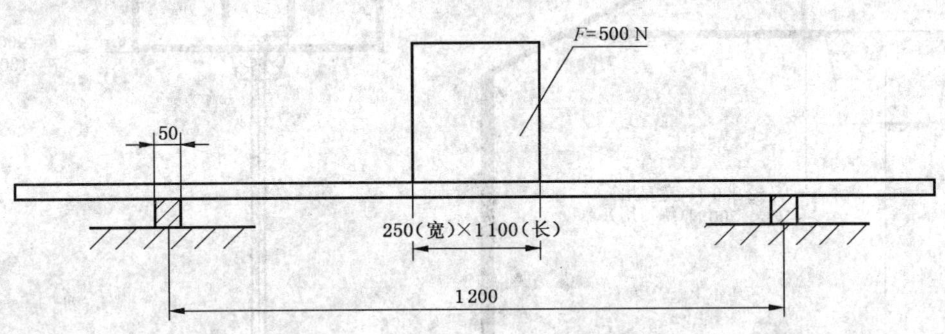

注：50 mm 宽度的支承长度不短于篮板宽度。

图 6

5.4 篮板弹性试验

按图 7 将篮板平放，把符合国际比赛使用的篮球放到篮板上方，使其底部距离篮板中心上平面 1 000 mm，在没有旋转的情况下让其自由落下，测量篮球回弹到最高点时底部的高度，在测量点上进行重复 3 次的弹性测试，应都合格。

单位为毫米

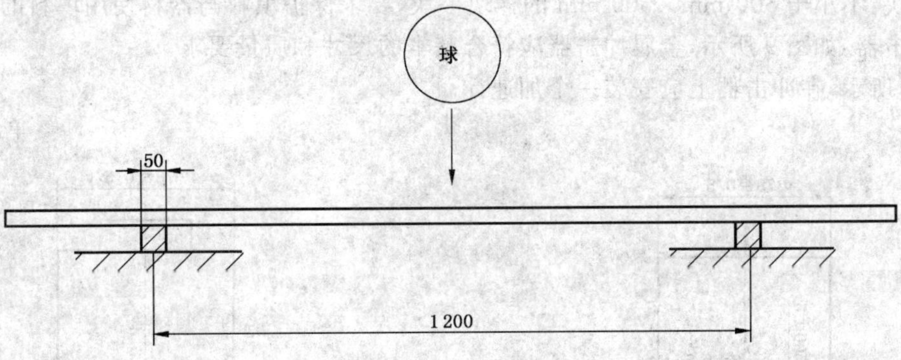

注：50 mm 宽度的支承长度不短于篮板宽度。

图 7

5.5 玻璃篮板的安全性试验

按 GB/T 9962—1999 中 6.10 规定进行试验，按 GB/T 9962—1999 中 5.10 规定评价。

5.6 篮圈抗弯性能试验

将篮圈固定，然后在篮圈最前端离篮板最远处施加 1 050 N 静载荷，保持 1 min，用钢直尺测量，然后计算旋转角度。

5.7 篮板支撑构架刚性试验

按图 8 分别施加 $F_1=900$ N(竞赛用)、$F_2=130$ N(练习用)、$F_3=1\ 000$ N(竞赛用)的力，保持 1 min，卸载后用分度值为 0.5 mm 的钢直尺测量铅垂的位移量。

5.8 篮板支撑构架稳定性试验

按图 8，竞赛用篮球架在篮圈根部逐渐施加 $F_4=3\ 200$ N 的静载荷，练习用篮球架在篮圈根部

逐渐施加 F_5＝2 700 N 的静载荷，保持 1 min，卸载后用分度值为 0.5 mm 的钢直尺测量铅垂的位移量。

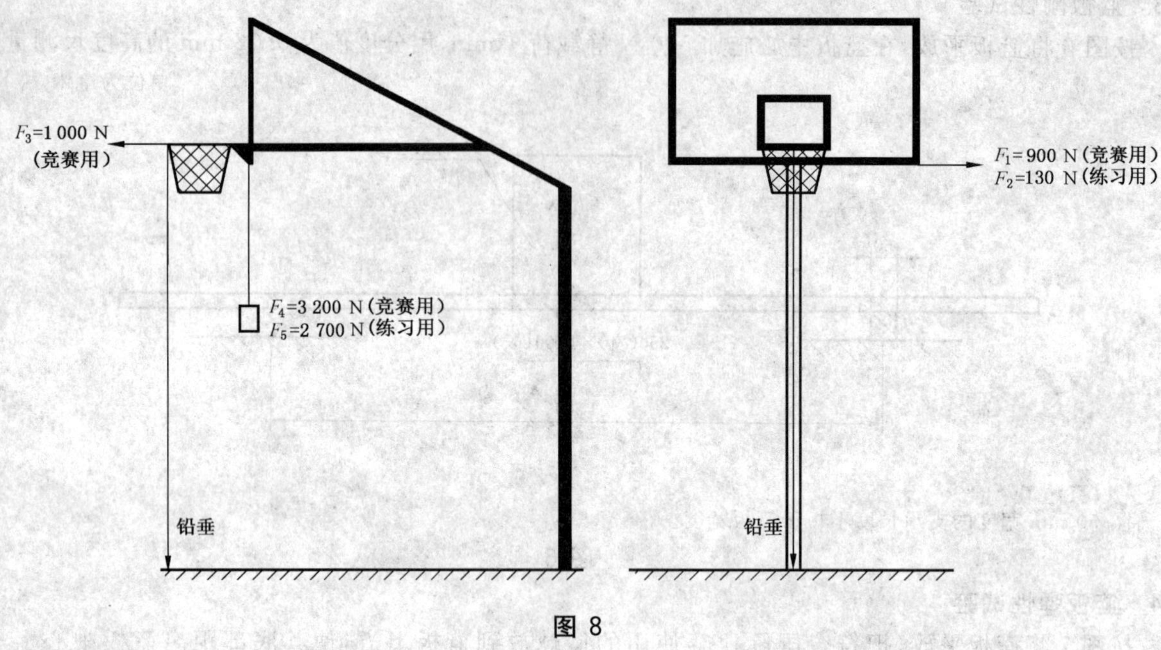

图 8

5.9 包扎物的缓冲性能测试

5.9.1 测试条件

环境条件：温度(23±2)℃。被测样品应在此环境下预置至少 3 h 后检测。

测试样块：不小于 500 mm×500 mm 的样块一块，要求保护填料与器材使用填料的材质相同。

金属冲击器：如图 9 所示，金属冲击器应符合基本的尺寸和质量要求。

如图 10 所示，在冲击器上应安装一个加速计。

单位为毫米

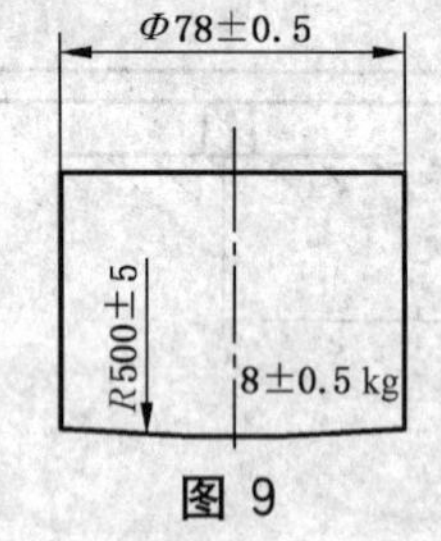

图 9

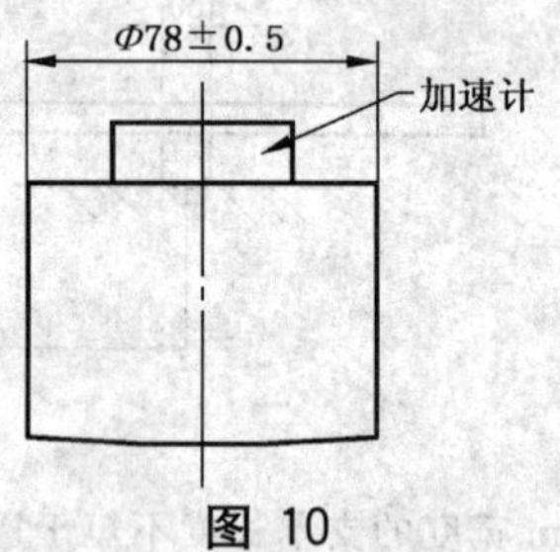

图 10

5.9.2 测试方法

将被测样品置于平整坚实的水泥地面上或放在仪器中进行测试。将冲击器提升到 1 000 mm 高度固定好，释放冲击器并使其在测试区域内垂直落下，记录加速计在整个冲击过程中发送的信息。在相同的位置连续进行五次测试，每次试验的时间间隔在 1 min～3 min 之间。

5.9.3 结果评价

以 3 次连续撞击过程中峰值加速度的平均值表示填料对震动的吸收能力。峰值加速度不应超过 500 m/s²(50g)。

5.10 升降特性试验

将折叠式篮球架连续升降 3 次，目测检验。

5.11 液压系统试验

将折叠式篮球架连续升降 3 次，目测检验。

5.12 电性能试验

绝缘电阻用500 V/500 MΩ兆欧表测量，耐压性能用1.5 kV～5 kV耐压仪测试。

5.13 表面质量检验

5.13.1 涂饰层附着力、硬度及耐腐蚀性能试验

附着力按GB/T 9286—1998规定进行试验并评价。硬度按GB/T 6739—2006规定进行测定。耐腐蚀性能按GB/T 1771—2007规定进行测定。

5.13.2 电镀件耐腐蚀性试验

按QB/T 3826—1999规定试验，结果按QB/T 3832—1999进行评价。

5.13.3 表面外观质量的检验

用感官进行检验。

5.14 其他项目检验

用感官进行检验。

6 检验规则

6.1 交收检验

6.1.1 每批产品应经检验合格后加注合格标记后方能出厂。

6.1.2 交收检验按GB/T 2828.1—2003的特殊检查水平S-1、一次正常检查抽样，其不合格分类、检验项目及条款、试验方法及条款、接收质量限(AQL值)按表1规定。本检验采用计件法，样本单位为“副”。

表1

不合格分类	检验项目及条款	试验方法及条款	接收质量限(AQL值)
A	包扎物 4.6.1～4.6.3	5.14	2.5
B	结构与尺寸 4.1	5.1	4.0
	篮板 4.2.1～4.2.5	5.2、5.14	
	篮圈 4.3.1～4.3.5	5.14	
	篮网 4.4	5.14	
	架体升降特性 4.7	5.10	
	液压系统 4.8.1	5.11	
C	表面质量 4.9.3～4.9.4	5.13.3	6.5

6.2 型式检验

6.2.1 型式检验的样本应在交收检验合格批中随机抽取。

6.2.2 型式检验每年进行一次，有下列情况之一时也应进行型式检验：

——结构设计有重大更改时；

——关键工艺或主要材料更改时；

——成品检验与上次型式检验结果有很大差异时；

——国家质量监督机构提出进行型式检验要求时。

6.2.3 型式检验抽样采用GB/T 2829—2002中的判别水平Ⅰ的一次抽样。

6.2.4 型式检验项目及条款、试验方法及条款、不合格质量水平(RQL值)及抽样方案按表2的规定进行。

表 2

检验项目及条款	检验方法及条款	不合格质量水平(RQL 值)	抽样方案 n[Ac,Re]
篮板刚性 4.2.6	5.3	50	1(0,1)
篮板弹性 4.2.7	5.4		
篮板的安全性 4.2.8	5.5		
篮圈抗弯性能 4.3.6	5.6		
篮板支撑构架刚性 4.5.1	5.7		
篮板支撑构架稳定性 4.5.2	5.8		
包扎物缓冲性能 4.6.4	5.9		
电性能 4.8.2	5.12		
涂饰层附着力和硬度 4.9.1	5.13.1		
涂饰件耐腐蚀性能 4.9.2	5.13.2		

7 标志、包装、运输、贮存

7.1 标志

每台篮架或其包装上应有产品名称、制造商名称、企业地址、型号、生产日期、联系方式、商标、执行标准编号,以及安全、注意事项等警示标识,标识应牢固、清晰。

7.2 包装

包装应防止外表面损伤,包装内应附有合格证和使用说明书。

7.3 运输

运输过程中应避免碰撞、挤压,以防止变形。

7.4 贮存

不应与酸、碱、盐等物质接触,贮存场所应通风良好。

ICS 97.220.30
Y 55

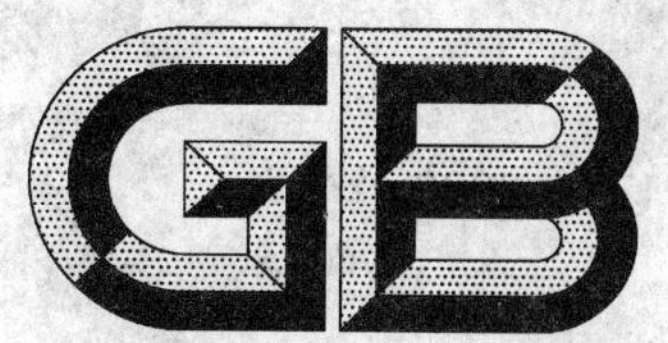

中华人民共和国国家标准

GB 23177—2008

举重杠铃的安全、性能要求和试验方法

Safety and capability requirements and testing methods for barbell of weightlifting

2008-12-30 发布 2010-04-01 实施

中华人民共和国国家质量监督检验检疫总局
中国国家标准化管理委员会 发布

前　言

本标准 3.4.1,3.4.5 为强制性条款,其余为推荐性条款。

本标准采用国际举重联合会(International Weightlifting Federatio,IWF 简称国际举联)举重竞赛规则的 3.1 的全部技术内容。

本标准由中国轻工业联合会提出。

本标准由全国文体用品标准化中心归口。

本标准起草单位:上海红双喜股份有限公司负责起草。河北张孔杠铃制造有限公司、天津春合体育用品厂、泰山体育产业集团有限公司、江苏金陵体育器材股份有限公司。

本标准主要起草人:周云峰、张志国、陈宝生、张之林、李春荣。

举重杠铃的安全、性能要求和试验方法

1 范围

本标准规定了举重杠铃的安全、性能要求和试验方法。

本标准适用于竞赛和练习使用的举重杠铃。

2 规范性引用文件

下列文件中的条款通过本标准的引用而成为本标准的条款。凡是注日期的引用文件，其随后所有的修改单(不包括勘误的内容)或修订版均不适用于本标准，然而，鼓励根据本标准达成协议的各方研究是否可使用这些文件的最新版本。凡是不注日期的引用文件，其最新版本适用于本标准。

QB/T 3826—1999 轻工产品金属镀层和化学处理层的耐腐蚀测试方法 中性盐雾试验(NSS)法

QB/T 3832—1999 轻工产品金属镀层腐蚀试验结果的评价

3 要求

3.1 举重杠铃的基本尺寸和参数

举重杠铃的基本尺寸和参数应符合表1的规定。表1中部件名称见图1。

表 1

单位为毫米

部件名称	基本尺寸		极限偏差	
	男子杠铃	女子杠铃	竞赛型	练习型
杠铃杆总长	2 200	2 010	±1.00	±2.00
两套筒内侧距离	1 310		±0.50	±2.00
杠铃杆直径(光滑处)	28	25	±0.03	±0.10
最大的杠铃片直径	450		±1.00	±2.00
套筒外径	50		0 −0.20	0 −0.20
套筒台肩宽度	30		±0.50	±1.00

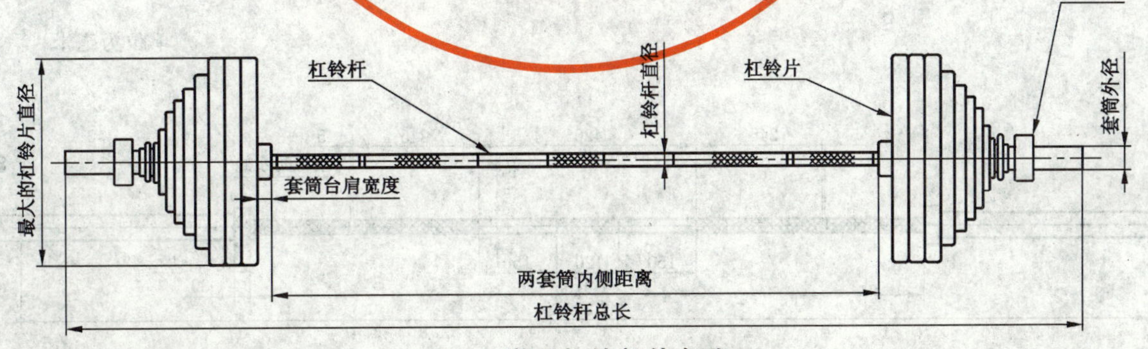

图 1 举重杠铃部件名称

3.2 举重杠铃的质量

3.2.1 举重杠铃各部分的质量应符合如下的要求：

a) 杠铃杆的质量(包括套筒)：男子杠铃杆 20 kg，女子杠铃杆 15 kg；

b) 锁紧器的质量为 2.5 kg；

c) 杠铃片的质量：25 kg，20 kg，15 kg，10 kg，5 kg，2.5 kg，2 kg，1.5 kg，1 kg，0.5 kg。

3.2.2 杠铃各部分质量的极限偏差应符合表 2 的规定。

表 2

质量范围	极限偏差	
	竞赛型	练习型
≥10 kg 的零部件	+0.10% −0.05%	+0.20% −0.10%
≤5 kg 的零部件	+10 g 0 g	+15 g −10 g

3.2.3 所有杠铃片应在其两侧清楚地标明质量。

3.3 举重杠铃的颜色

3.3.1 杠铃片的颜色应符合表 3 的规定。

表 3

规格	25 kg	20 kg	15 kg	10 kg	5 kg	2.5 kg	2 kg	1.5 kg	1 kg	0.5 kg
颜色	红色	蓝色	黄色	绿色	白色	红色	蓝色	黄色	绿色	白色

3.3.2 直径 450 mm 的杠铃片应用橡胶或塑料包裹，并有永久性颜色。

3.3.3 男子杠铃杆端部应有蓝色标记，女子杠铃杆杆端部应有黄色标记，分别近似于 20 kg 杠铃片和 15 kg 杠铃片的颜色。

3.4 举重杠铃的安全及性能要求

3.4.1 杠铃杆应无裂纹、夹渣、气泡等危及安全的缺陷。

3.4.2 男子杠铃杆受 3 800 N 静载荷作用，女子杠铃杆受 2 800 N 静载荷作用，去除外力后，杠铃杆的圆跳动要求为：竞赛型应不大于 0.6 mm，练习型应不大于 1.0 mm。

3.4.3 杠铃杆套筒配合应转动灵活。

3.4.4 小于或等于 1.5 kg 的杠铃片装上杠铃杆后应不易滑落。

3.4.5 锁紧器应能够锁紧总质量为 150 kg 的杠铃片。

3.4.6 在杠铃的中间和两握手距处应有网纹滚花，花纹应清晰一致。滚花位置及间断处的尺寸见图 2、图 3。

单位为毫米

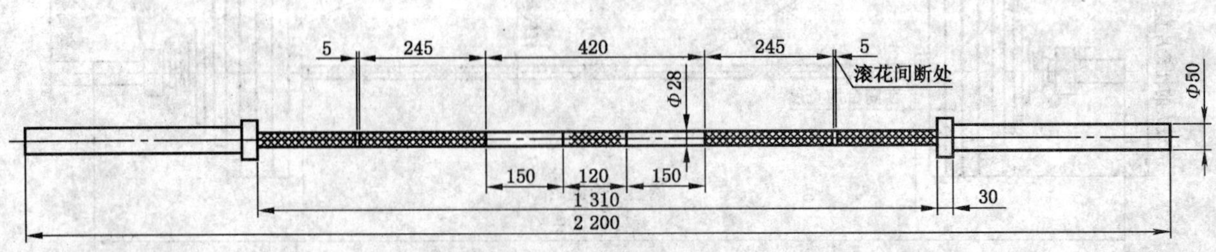

图 2 男子杠铃杆

单位为毫米

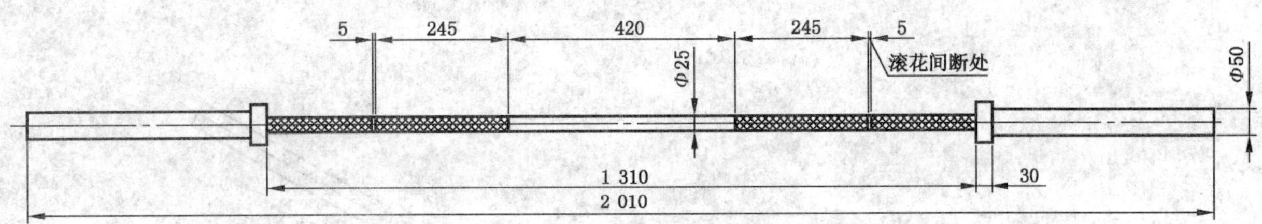

图 3 女子杠铃杆

3.4.7 包胶杠铃片的橡胶(或塑料)与杠铃片铁芯应结合牢固。

3.4.8 电镀零部件镀层抗腐蚀性能,按 QB/T 3826—1999 规定,耐腐蚀级别不低于 6 级。

4 试验方法

4.1 举重杠铃的基本参数和尺寸及滚花握手处长度的测量:所有长度尺寸用专用量尺或相应精度等级的钢卷尺测量,其余尺寸用相应精度等级的卡尺、千分尺测量。

4.2 举重杠铃各部分的质量测量:用相应精度等级的电子秤或者天平称量。

4.3 杠铃杆的裂纹等安全缺陷使用无损伤探伤方法检查。

4.4 杠铃杆的负载试验:将不带套筒的杠铃杆安放在具有规定间距的试验机上,规定间距见表 4,将触点间距为 300 mm 的压头与杠铃杆接触(见图 4),加载至表 4 规定的载荷,保持 2 min,然后卸载。再按 4.5 的方法测量其圆跳动误差。

表 4

品　　种	试验机间距	加载载荷
男子杠铃杆	2 100 mm	3 800 N
女子杠铃杆	1 930 mm	2 800 N

单位为毫米

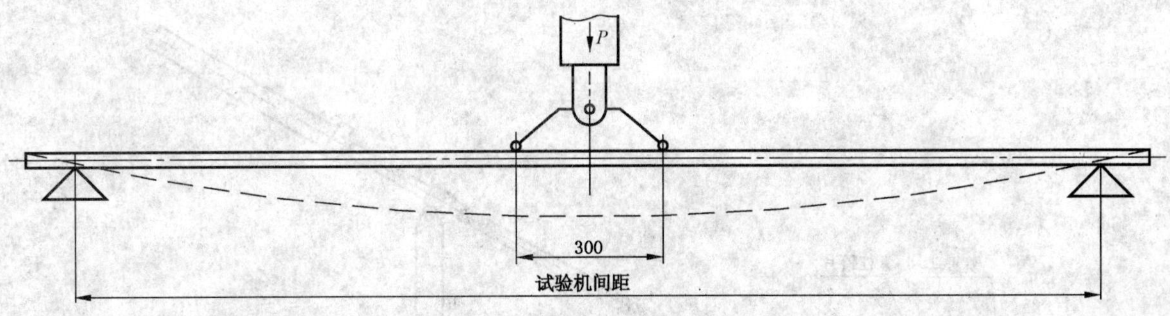

图 4 杠铃杆的负载试验

4.5 杠铃杆的圆跳动的测量:将不带套筒的杠铃杆安放在两支架上,支架的间距男子杠铃杆为 2 050 mm,女子杠铃杆为 1 850 mm。将百分表表头与杠铃杆中间各光滑处表面垂直接触,然后旋转杠铃杆一周。百分表最大读数与最小读数之差的最大值为杠铃杆圆跳动值。

4.6 1.5 kg 杠铃片滑落试验:将杠铃杆安放至其轴线与水平成 30°的姿态,如图 5 所示。将锁紧器锁紧在靠套筒台肩的位置,然后将 1.5 kg 的杠铃片从杠铃杆安放位置的下端套入杠铃杆并靠至锁紧器,观察其是否自由滑落。

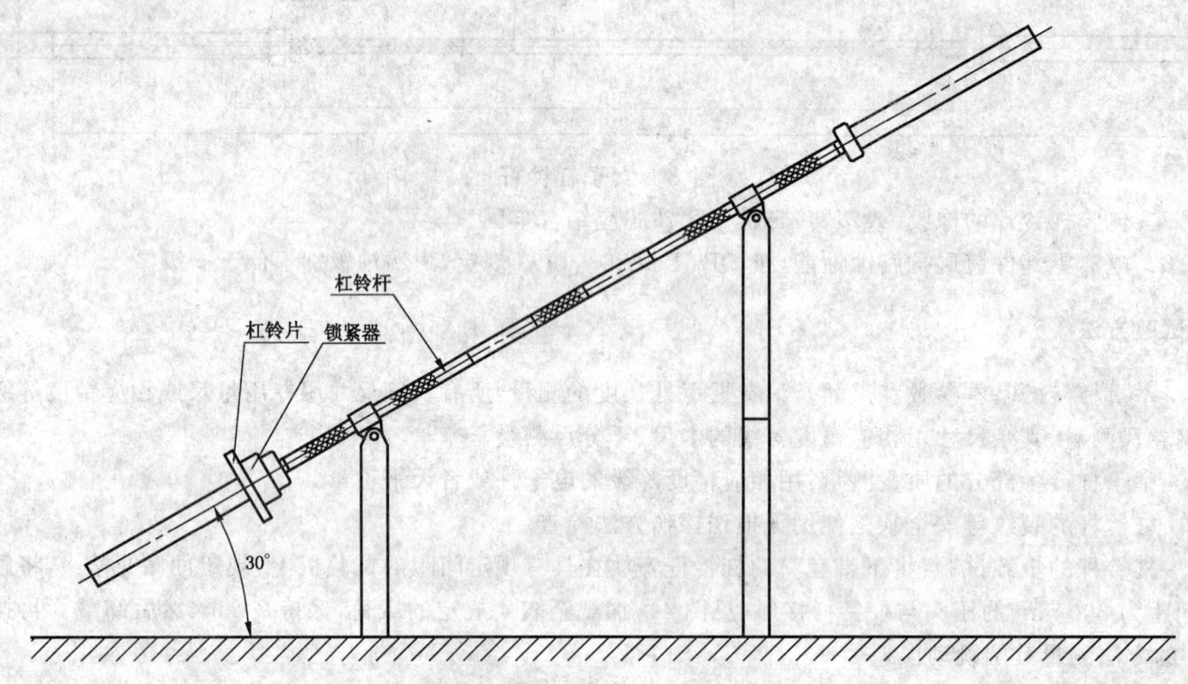

图 5　杠铃片滑落试验

4.7　150 kg 杠铃片锁紧试验：如图 6 所示，将总质量为 150 kg 的杠铃片从杠铃杆的一端套入杠铃杆并靠至套筒台肩，用锁紧器锁紧。然后将杠铃杆倾斜安放至其轴线与水平成 30°的姿态，安装有杠铃片的一端朝下。观察锁紧器或杠铃片是否滑动。观察时间为 2 min。

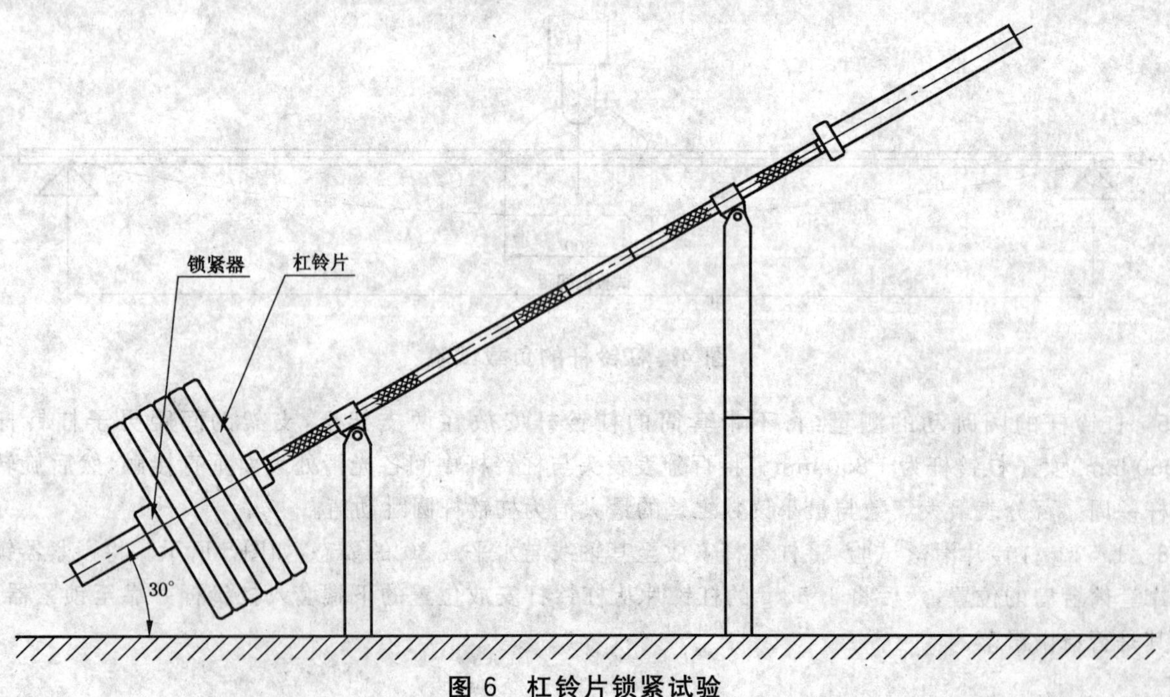

图 6　杠铃片锁紧试验

4.8 电镀层抗腐蚀性能试验：按 QB/T 3826—1999 规定连续喷雾 24 h 后，耐腐蚀级别应不低于 QB/T 3832—1999 中的规定的 6 级。

4.9 颜色、转动灵活性、外观等要求以感官判定。

ICS 73.120
D 96

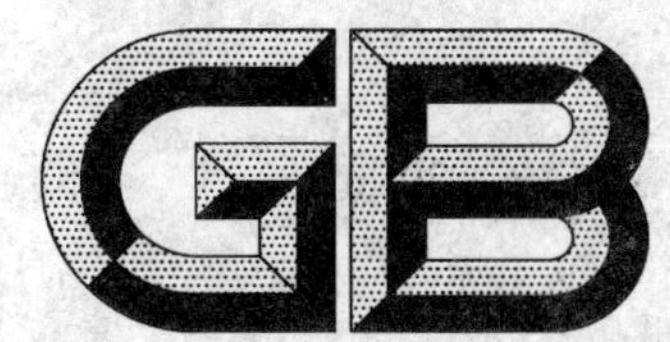

中华人民共和国国家标准

GB/T 23178—2008

旋流微泡浮选柱

Eddy-flow micro-bubble flotation column

2008-12-31 发布　　　　2009-10-01 实施

中华人民共和国国家质量监督检验检疫总局
中国国家标准化管理委员会　发布

前　言

本标准由中国机械工业联合会提出。

本标准由全国矿山机械标准化技术委员会(SAC/TC 88)归口。

本标准负责起草单位:山东莱芜煤矿机械有限公司。

本标准参加起草单位:洛阳矿山机械工程设计研究院有限责任公司、山东省莱芜市标准化协会。

本标准主要起草人:王书博、黄嘉琳、郭明、王晓文。

本标准为首次发布。

旋流微泡浮选柱

1 范围

本标准规定了旋流微泡浮选柱的型式与基本参数、技术要求、试验方法、检验规则、标志、包装、运输与贮存。

本标准适用于浮选不大于0.5 mm的煤泥或其他金属和非金属矿的旋流微泡浮选柱(以下简称浮选柱)。

2 规范性引用文件

下列文件中的条款通过本标准的引用而成为本标准的条款。凡是注日期的引用文件,其随后所有的修改单(不包括勘误的内容)或修订版均不适用于本标准,然而,鼓励根据本标准达成协议的各方研究是否可使用这些文件的最新版本。凡是不注日期的引用文件,其最新版本适用于本标准。

GB/T 191 包装储运图示标志(GB/T 191—2008,ISO 780:1997,MOD)

GB/T 699 优质碳素结构钢

GB/T 700 碳素结构钢(GB/T 700—2006,ISO 630:1995,NEQ)

GB/T 3077 合金结构钢

GB/T 3768 声学 声压法测定噪声源声功率级 反射面上方采用包络测量表面的简易法(GB/T 3768—1996,eqv ISO 3746:1995)

GB/T 6388 运输包装收发货标志

GB/T 9969 工业产品使用说明书 总则

GB/T 13306 标牌

GB/T 13384 机电产品包装通用技术条件

JB/T 1604 矿山机械 产品型号编制方法

JB/T 5000.3 重型机械通用技术条件 第3部分:焊接件

JB/T 5000.12 重型机械通用技术条件 第12部分:涂装

3 术语

下列术语适用于本标准。

3.1

旋流 eddy-flow

在离心力和重力的作用下,矿浆在柱形容器中形成的漩涡状流动。

3.2

微泡 micro-bubble

利用液体剪切力和起泡剂使矿浆中的空气迅速分离为直径均小于1.5 mm的气泡。

3.3

浮选柱 flotation column

使气体进入柱形机体与矿浆混合,使矿化物泡沫迅速上浮的设备。

4 型式与基本参数

4.1 型式

浮选柱为无动力驱动，无搅拌装置，底部设有充气器。其结构型式见图 1。

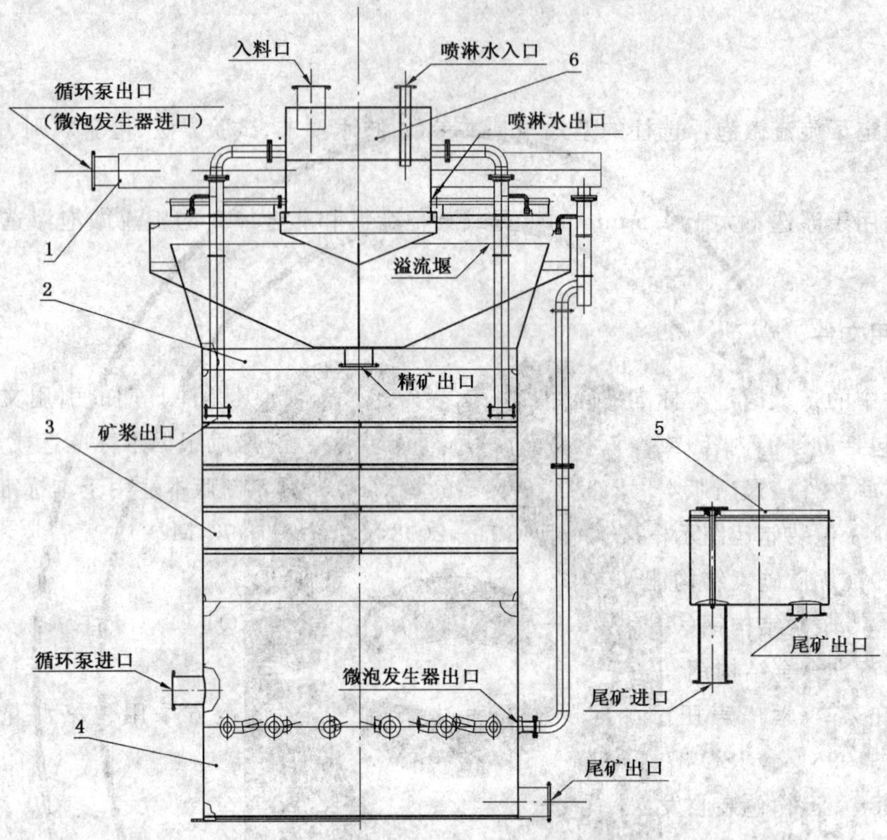

1——微泡发生器；
2——柱体上段；
3——柱体中段；
4——柱体下段；
5——尾矿箱；
6——入料及喷淋水装置。

图 1

4.2 型号

产品型号编制方法应符合 JB/T 1604 的规定：

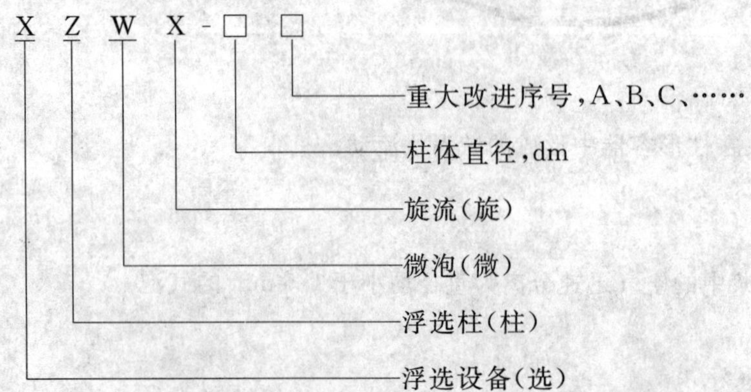

示例：柱体直径为 3 000 mm、第一次重大改进的旋流微泡浮选柱的型号标记为：XZWX-30A。

4.3 基本参数

浮选柱的基本参数见表1。

表1 基本参数

<table>
<tr><th rowspan="2">型　号</th><th colspan="5">基　本　参　数</th></tr>
<tr><th>柱体直径/mm</th><th>柱体高度/mm</th><th>入料粒度/mm</th><th>微泡发生器工作压力/MPa</th><th>矿浆处理能力/(m³/h)</th></tr>
<tr><td>XZWX-10</td><td>1 000</td><td rowspan="2">5 000</td><td rowspan="8">≤0.5</td><td rowspan="8">0.16～0.20</td><td>30～60</td></tr>
<tr><td>XZWX-15</td><td>1 500</td><td>60～80</td></tr>
<tr><td>XZWX-20</td><td>2 000</td><td rowspan="3">5 500</td><td>80～150</td></tr>
<tr><td>XZWX-25</td><td>2 500</td><td>150～200</td></tr>
<tr><td>XZWX-30</td><td>3 000</td><td>200～300</td></tr>
<tr><td>XZWX-40</td><td>4 000</td><td rowspan="3">6 200</td><td>300～450</td></tr>
<tr><td>XZWX-50</td><td>5 000</td><td>450～600</td></tr>
<tr><td>XZWX-60</td><td>6 000</td><td>600～800</td></tr>
</table>

5 技术要求

5.1 一般要求

5.1.1 浮选柱应符合本标准的规定，并按经规定程序批准的图样和技术文件制造。

5.1.2 浮选柱的外购件(包括标准件)应有质量合格证明；外协件应经制造厂质量检验部门检验合格后方可使用。

5.1.3 浮选柱的工作环境温度为0℃～50℃，工作场所为室内。

5.1.4 碳素结构钢件应符合GB/T 700的要求，优质碳素结构钢件应符合GB/T 699的要求。

5.1.5 合金结构钢件应符合GB/T 3077的要求。

5.1.6 浮选柱的使用说明书应符合GB/T 9969的要求。

5.2 零部件要求

5.2.1 微泡发生器、入料及喷淋水装置

5.2.1.1 微泡发生器分配环的法兰焊接后，不应有明显的变形，应保证整个分配环上下平面平整无翘曲。

5.2.1.2 微泡发生器、入料及喷淋水装置的各焊缝及法兰连接处应无漏水漏气现象。

5.2.2 柱体与尾矿箱

5.2.2.1 各焊接件应符合JB/T 5000.3的要求。

5.2.2.2 柱体各焊缝处应焊接牢固，不应有漏水漏气现象。

5.2.2.3 螺旋槽底0°～15°的交接处应平滑过渡。

5.2.2.4 筛板的开孔率不应小于45%。

5.2.2.5 浮选柱柱体与水平面的垂直度误差不应大于3.0 mm/m。

5.3 整机性能

5.3.1 空载试运转

浮选柱在经2 h的空载试运转时应达到以下要求：

a) 浮选柱应运转灵活、平稳，无异常振动和噪声；

b) 各连接件及紧固件无松动现象；

c) 精矿溢流堰周边的任意部位偏离水平面的误差不应大于5.0 mm；

d) 噪声声压级不应超过85 dB(A)。

5.3.2 负载试运转

浮选柱在不少于 4 h 的连续负载试运转时，应达到以下要求：

a) 喷淋水装置应保证在整个柱断面上喷淋水均匀，且水压应小于 0.1 MPa；

b) 微泡发生器的工作压力应符合表 1 的要求；

c) 柱体内的液位高度应能灵活有效的调节；

d) 浮选柱处理能力应符合表 1 的要求。

5.4 外观质量要求

5.4.1 浮选柱的涂装应符合 JB/T 5000.12 的有关要求。

5.4.2 外露加工面应涂防锈油或防锈脂。

5.5 安全要求

5.5.1 各电控装置均应接地，且应设置安全警示牌，并有接地标志。

5.5.2 浮选柱的柱体外部应设有安全可靠的起重吊耳。

5.5.3 各处的安全扶手和栏杆应安装完好、牢固，楼梯平台等应清理干净。

6 试验方法

6.1 浮选柱的外观质量、尺寸偏差采用常规试验方法进行。

6.2 入料及喷淋水装置密封试验：将矿浆出口、喷淋水出口用盲法兰或丝堵密封，自入料口和喷淋水入口接入压缩空气或清水，使其压力至 0.3 MPa，保压 30 min，检验入料及喷淋水装置的密封性。

6.3 微泡发生器密封试验：将微泡发生器出口用盲法兰密封，自微泡发生器进口接入压缩空气或清水，使其压力至 0.3 MPa，保压 30 min，检验微泡发生器的密封性。

6.4 柱体各焊缝质量采用盛水试验检验，即向柱体内注入清水并静置 3 h，观察各焊缝的密封性。

6.5 筛孔率采用筛孔面积与筛板总面积之比，通过计算来检验。

6.6 柱体与水平面的垂直度采用铅垂法检验。

6.7 浮选柱的空载试验：向浮选柱体内注满清水，连续运转 2 h，检验其运转平稳性、振动噪声和各连接件、紧固件松动情况。噪声测定按 GB/T 3768 的有关规定进行。

6.8 柱体内液位的调节方法：转动尾矿箱上部的手轮，调整移动管的高度，观察柱体内液位高度的变化。

6.9 浮选柱的负载试验：连续负载运转不少于 4 h，观察喷淋水情况并目测进水管压力表读取水压；目测气泡发生器工作压力表读取工作压力；将磁性流量表安放在料浆管入口处，检测 1 h，然后计算浮选柱的处理能力。

7 检验规则

7.1 检验分类

浮选柱的检验分为出厂检验和型式检验。

7.2 出厂检验

7.2.1 每台浮选柱应经制造厂质量检验部门检验合格后方可出厂，出厂时应附产品质量合格证明文件。

7.2.2 出厂检验项目应符合表 2 规定。

7.3 型式检验

7.3.1 有下列情况之一者，应进行型式检验：

a) 新产品试制或老产品转厂生产时；

b) 产品的设计、工艺和材料等有较大改变，可能影响产品性能时；

c) 用户对产品质量有重大异议需仲裁时；

d) 产品长期停产，恢复生产时；

e) 正常生产的产品，每3年进行一次型式检验；

f) 出厂检验结果与上次型式检验有较大差异时；

g) 国家质量监督机构提出型式检验要求时。

7.3.2 型式检验项目应符合表2规定。

7.3.3 型式检验应从出厂检验合格的产品中任意抽取一台进行。如果检验不合格应加倍抽检，若仍不合格则判定产品不合格。

表2 检验项目

检验内容		技术要求章条	出厂检验	型式检验
外观质量、尺寸偏差		5.2.1.1、5.2.2.3、5.3.1 c)、5.4	√	√
入料及喷淋水装置密封性		5.2.1.2	√	√
微泡发生器密封性		5.2.1.2	√	√
柱体各焊缝密封性		5.2.2.2	√	√
筛板开孔率		5.2.2.4	√	√
柱体与水平面的垂直度		5.2.2.5	√	√
空载试验	运转灵活性和平稳性	5.3.1 a)	√	√
	各连接件、紧固件松动情况	5.3.1 b)	√	√
	噪声声压级值	5.3.1 d)	√	√
负载试验	喷淋水情况及水压	5.3.2 a)	—	√
	微泡发生器工作压力	5.3.2 b)	—	√
	柱体内液位高度的调节	5.3.2 c)	—	√
	处理能力	5.3.2 d)	—	√
安全要求		5.5	—	√

8 标志、包装、运输和贮存

8.1 标志

8.1.1 每台浮选柱均应在明显适当的位置固定产品标牌，标牌的型式与尺寸应符合GB/T 13306的要求，并至少标明下列内容：

a) 制造厂名称及地址；

b) 产品名称及型号；

c) 主要技术参数；

d) 产品执行标准编号；

e) 制造日期与出厂编号。

8.1.2 浮选柱的包装标志应符合GB/T 191和GB/T 6388的规定，并标明下列内容：

a) 收货站及收货单位名称；

b) 发货站及发货单位名称；

c) 合同号及产品名称、型号；

d) 毛重、净重、箱号及外形尺寸；

e) 起吊作业标志和储运图示标志。

8.2 包装

8.2.1 浮选柱的包装应符合 GB/T 13384 和陆路或水路运输的要求。

8.2.2 浮选柱的随机技术文件应用塑料袋封装，并固定在第一个包装箱内。随机文件包括：

a) 产品质量合格证明文件；

b) 产品使用说明书；

c) 安装图；

d) 装箱清单。

8.2.3 浮选柱的外部加工面应涂防锈油或封存油脂，所有外露油孔、气孔应密封。

8.3 运输

8.3.1 浮选柱的零部件运输时下部应垫平，并按起吊交力点加垫。运输中不应受到剧烈振动和撞击。

8.3.2 浮选柱裸装运输时，应采取防雨雪措施。

8.4 贮存

8.4.1 浮选柱存放时应垫平、放稳，并与地面隔开，不可堆放。

8.4.2 浮选柱贮存条件应无腐蚀性介质，并应防雨水、防晒和防积水。

8.4.3 浮选柱每存放 1 年，应进行一次保养。

ICS 65.120
B 46

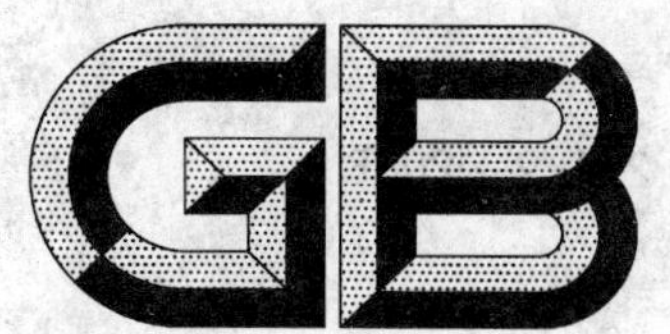

中华人民共和国国家标准

GB/T 23179—2008

饲料毒理学评价　亚急性毒性试验

Feed toxicology evaluation—Subacute toxicity test

2008-12-31 发布　　2009-05-01 实施

中华人民共和国国家质量监督检验检疫总局
中国国家标准化管理委员会　发布

前　言

本标准由中华人民共和国农业部提出。

本标准由全国饲料工业标准化技术委员会归口。

本标准起草单位：中国兽医药品监察所、中国农业大学。

本标准主要起草人：黄齐颐、沈建忠、肖希龙。

饲料毒理学评价　亚急性毒性试验

1　范围

本标准规定了饲料毒理学评价亚急性毒性试验的术语和定义、试验方法、观察指标、实验动物器官检查、数据处理及试验报告等要求。

本标准适用于饲料添加剂对动物的亚急性毒性评价。

2　规范性引用文件

下列文件中的条款通过本标准的引用而成为本标准的条款。凡是注日期的引用文件，其随后所有的修改单(不包括勘误的内容)或修订版均不适用于本标准，然而，鼓励根据本标准达成协议的各方研究是否可使用这些文件的最新版本。凡是不注日期的引用文件，其最新版本适用于本标准。

GB 14922.1　实验动物　寄生虫学等级及监测

GB 14922.2　实验动物　微生物学等级及监测

GB 14924.1　实验动物　配合饲料通用质量标准

GB 14924.2　实验动物　配合饲料卫生标准

GB 14924.3　实验动物　小鼠大鼠配合饲料

GB 14924.7　实验动物　犬配合饲料

GB 14925　实验动物　环境与设施

3　术语和定义

下列术语和定义适用于本标准。

3.1

受试物　test substances

试验中被检验的物质，其稳定性试验应已基本完成，影响稳定性的因素应作说明，生产工艺已基本定型，并已制定基本的质量标准。单一成分的产品应标明其纯度；多种成分的应表明各种成分的含量和载体、稀释剂或赋形剂的品种。

3.2

溶媒或赋形剂对照组　solvent or excipient control group

除受试物外，以同样的途径给予实验动物与试验组同样的溶媒或其他赋形剂，同一环境中饲养。

3.3

正常对照组　normal control group

与试验组实验动物在同一环境中饲养，不给予受试物和赋形剂。

4　试验方法

4.1　实验动物

用啮齿类和非啮齿类两种动物。啮齿类动物，首选为大鼠，雌雄各半，6 周龄～8 周龄，体重 80 g～120 g，试验前至少观察 1 周，试验开始时，动物体重个体差异不得超过平均体重的 20%。必要时使用非啮齿类动物，非啮齿类动物通常可选用毕格犬(beagle)。使用清洁级小鼠、大鼠和普通级犬均应符合 GB 14922.1、GB 14922.2 的规定。各种实验动物均需注明品系及实验动物生产合格证、供应单位、地址和邮政编码。

4.2 实验动物饲养管理

饲养环境应符合 GB 14925 的规定，并注明动物饲养室的光照和通风条件，每天记录饲养室的温度、湿度。大鼠笼养每笼不超过 5 只。饲料应符合 GB 14924.1、GB 14924.2、GB 14924.3、GB 14924.7 的规定。

4.3 给予受试物的周期

应用受试物 1 d～7 d，实验动物接受受试物的周期为 30 d；应用受试物 8 d 或 8 d 以上的，实验动物接受受试物的周期为 90 d。

4.4 剂量分组

试验一般设 5 个剂量组，即高、中、低剂量组，溶媒或赋形剂对照组，以及正常对照组。剂量以 mg(mL、IU)/kg 体重表示。每组啮齿类动物不少于 24 只，非啮齿类动物不少于 12 只。雌雄各半，特殊情况应另行说明，分笼饲养，分为 6 个重复。分组后对每个实验动物编号。如果计划在试验期间需要定期剖检部分实验动物，则应相应增加每组实验动物数。

4.5 剂量要求

高剂量一般应使实验动物产生明显的或严重的毒性反应，或个别实验动物死亡；低剂量应高于预计实际应用时的每日用量且实验动物不出现可观察到的毒性反应。高剂量和低剂量之间设中剂量。剂量范围通常为 LD_{50} 的 1/10～1/100，在此基础上做预试验确定高、中、低剂量组。

4.6 给予受试物的途径

给予受试物途径与应用途径相同，口服给予受试物试验时可采用灌胃给予受试物，也可将受试物混入饲料或饮水中口服，但应保证受试物分布均匀，在饲料或饮水中稳定，摄入受试物剂量准确。

4.7 恢复期观察

最后一次给予受试物后 24 h，每组断颈处死剖检 1/2～2/3 的实验动物，检测各项指标，剩余实验动物继续观察 2 周～4 周后剖检，观察毒性反应的可逆程度和可能出现的迟发性毒性反应。在此期间，除不给予受试物外，其他观察内容与给予受试物期间相同。

5 观察指标

5.1 一般观察

每天观察外观体征、行为活动和粪便性状及颜色：皮毛贴身或稀疏竖散、神态萎靡、蜷缩不动、过度兴奋、躁动惊跳、肌肉麻痹或震颤、步态异常等。群养时应将出现中毒反应的动物取出单笼饲养，发现死亡或濒死实验动物应及时尸检，一般在 1 h 之内进行。

5.2 体重

应设定能掌握体重变化的测定次数，给予受试物前一周测定一次体重，实验期间至少每周测定一次体重。测定体重时间应前后相同，一般在给予受试物前、且在断饲不断水隔夜条件下进行。如每日灌胃给予受试物时，应每天测定体重，并按新的体重给予受试物。

5.3 摄食量

测定体重时应同时测定摄食量，以每个重复为单位，计算摄食效率[增加的体重(g)/摄食量(g)]。

5.4 血液学指标

各组实验动物在开始给予受试物前、给予受试物期间、停止给予受试物时和恢复期结束时检测红细胞和网织红细胞计数、血红蛋白、白细胞总数及分类、血小板、凝血时间等。

5.5 血液生化指标

各组实验动物在开始给予受试物前、给予受试物期间、停止给予受试物时和恢复期结束时，检测天冬氨酸氨基转氨酶(AST 或 SGOT)、丙氨酸氨基转氨酶(ALT 或 SGBT)、碱性磷酸酶(ALP 或 AKP)、尿素氮(BUN)、总蛋白(TP)、白蛋白(Alb)、血糖(GLU)、总胆红素(TBill)、肌酐(Cr)、总胆固醇(TcH)等血液生化指标。

6 实验动物器官检查

6.1 系统尸检

应全面细致地肉眼观察各器官，为组织学检查提供依据。

6.2 脏器系数

脏器重量与实验动物体重的比值。称量脏器前用滤纸吸干表面水分。受检的脏器为：心、肝、脾、肺、肾，必要时检查肾上腺、甲状腺、睾丸、子宫、脑和前列腺。

6.3 组织学检查

对照组和高剂量组的动物及尸检异常的动物要详细检查，其他剂量组的实验动物在高剂量组检查有异常时检查。受检的脏器为：心、肝、脾、肺、肾，必要时检查肾上腺、胰腺、胃、十二指肠、回肠、结肠、垂体、前列腺、脊髓、胸骨（骨和骨髓）、淋巴结、膀胱、甲状腺、胸腺、睾丸（含附睾）、子宫（含卵巢）、脑和视神经。

7 数据处理

详细记录观察到的结果，无论是计数数据还是计量数据，均应以统计学方法给予评价，进行差异性检验。

8 试验报告

8.1 试验摘要

试验摘要应简要介绍试验的目的；试验方法，如试验周期、实验动物、剂量分组、给药途径、观察项目等；试验获得的结果，如受试物对实验动物的影响；试验获得的结论。

8.2 试验报告正文

试验报告正文应有引言、材料与方法、试验结果、相应的统计图表、结果分析及试验结论组成。

8.3 试验时间及资料保存

试验报告应标明试验开始和结束的时间及全部试验资料的保存地点。

8.4 试验单位及人员

试验报告应标明承担试验的单位名称，试验负责人，主要执行人员的姓名、职称；进行病理学检查、血液生化指标测定、血液学指标测定等负责人的姓名、职称。

ICS 65.120
B 46

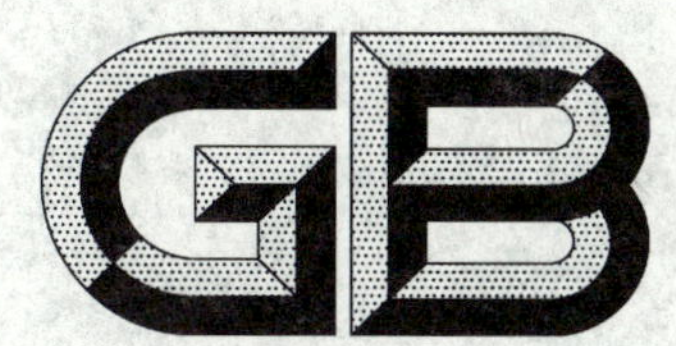

中华人民共和国国家标准

GB/T 23180—2008

饲料添加剂　2%d-生物素

Feed additive—2%d-Biotin

2008-12-31 发布　　2009-05-01 实施

中华人民共和国国家质量监督检验检疫总局
中国国家标准化管理委员会　发布

前　言

本标准由全国饲料工业标准化技术委员会(SAC/TC 76)提出并归口。

本标准起草单位:中国农业科学院农业质量标准与检测技术研究所、国家饲料质量监督检验中心(北京)、浙江医药股份有限公司新昌制药厂、浙江医药股份有限公司维生素厂。

本标准主要起草人:赵小阳、李兰、虞哲高、王彤、梅娜、杨志刚、王春琴、李永才。

饲料添加剂　2%d-生物素

1　范围

本标准规定了饲料添加剂2%d-生物素产品的要求、试验方法、检验规则以及标签、包装、运输和贮存等要求。

本标准适用于以淀粉、糊精或乳糖等为载体，用喷雾法和稀释法工艺制得的含有2%d-生物素的饲料添加剂。

分子式：$C_{10}H_{16}N_2O_3S$。

相对分子质量：244.31(2005年国际相对原子质量)。

结构式：

```
              O
              ‖
              C
           /     \
        HN         NH
         |          |
        HC ——————— CH
         |          |
       H₂C         CH(CH₂)₄COOH
           \     /
              S
```

2　规范性引用文件

下列文件中的条款通过本标准的引用而成为本标准的条款。凡是注日期的引用文件，其随后所有的修改单(不包括勘误的内容)或修订版均不适用于本标准，然而，鼓励根据本标准达成协议的各方研究是否可使用这些文件的最新版本。凡是不注日期的引用文件，其最新版本适用于本标准。

GB/T 602　化学试剂　杂质测定用标准溶液的制备(GB/T 602—2002，ISO 6353-1:1982，NEQ)

GB/T 603　化学试剂　试验方法中所用制剂及制品的制备(GB/T 603—2002，ISO 6353-1:1982，NEQ)

GB/T 6435　饲料中水分和其他挥发性物质含量的测定(GB/T 6435—2006，ISO 6496:1999，IDT)

GB/T 6682　分析实验室用水规格和试验方法(GB/T 6682—2008，ISO 3696:1987，MOD)

GB 10648　饲料标签

《中华人民共和国药典》(2005年版二部)

3　要求

3.1　性状

本品为白色或微黄色的流动性粉末。

3.2　技术指标

技术指标应符合表1规定。

表 1 技术指标

指 标 名 称	指 标
含量(以 $C_{10}H_{16}N_2O_3S$ 计)/%	≥2.00
干燥失重/%	≤8.0
砷/(mg/kg)	≤3.0
重金属(以 Pb 计)/(mg/kg)	≤10.0
粒度	95%通过孔径为 0.18 mm(80 目)分析筛

4 试验方法

除特殊说明外,所用试剂均为分析纯,水为蒸馏水,色谱用水符合 GB/T 6682 中一级用水规定,标准溶液和杂质溶液的制备应符合 GB/T 602 和 GB/T 603 的规定。

4.1 试剂和溶液

4.1.1 乙腈:色谱纯。

4.1.2 三氟乙酸。

4.1.3 盐酸溶液:c(HCl)=3.0 mol/L,量取 250 mL 盐酸于 1 000 mL 容量瓶中,用水稀释定容至刻度。

4.1.4 0.05%三氟乙酸溶液:浓度为 0.05%(体积分数),移取 0.50 mL 三氟乙酸于 1 000 mL 容量瓶中,用超纯水定容至刻度。

4.1.5 提取剂:三氟乙酸溶液(4.1.4)+乙腈(4.1.1)=75+25。

4.1.6 d-生物素对照品:d-生物素含量≥99.0%。

4.1.7 d-生物素标准储备溶液:称取约 100 mg(精确至 0.000 01 g)生物素对照品(4.1.6),置于 50 mL 的容量瓶中,用提取剂(4.1.5)溶解,并稀释定容至刻度,摇匀。该标准储备液每毫升含生物素 2.0 mg。

4.1.8 d-生物素标准工作液:准确吸取 d-生物素标准储备液(4.1.7)1.00 mL 于 10 mL 容量瓶中,用提取剂(4.1.5)稀释定容至刻度,摇匀。该标准工作液每毫升含生物素 200 μg。

4.2 仪器和设备

实验室常用设备和:

4.2.1 超声波水浴。

4.2.2 超纯水装置。

4.2.3 高效液相色谱仪,带紫外可调波长检测器(或二极管矩阵检测器)。

4.3 鉴别试验

取试样溶液用高效液相色谱测定,样品溶液主峰的相对保留时间与对照溶液主峰的相对保留时间一致。

4.3.1 试液的制备

称取试样约 0.5 g(精确至 0.000 2 g),置于 50 mL 容量瓶中,加约 40 mL 提取剂(4.1.5),在超声波水浴中超声提取 15 min,冷却至室温,用提取剂(4.1.5)定容至刻度,混匀,过滤,滤液过 0.45 μm 滤膜,供高效液相色谱仪分析。

4.3.2 色谱条件

固定相:C_{18} 柱,内径 4.6 mm,长 250 mm,粒度 3 μm。

流动相:三氟乙酸溶液(4.1.4)+乙腈(4.1.1)=75+25。

流速:1.0 mL/min。

检测器:紫外可调波长检测器(或二极管矩阵检测器),检测波长 210 nm。

进样量:20 μL。

4.4 d-生物素含量的测定

4.4.1 原理

试样中的d-生物素用溶剂提取后，注入反相色谱柱上，用流动相洗脱分离，紫外可调波长检测器（或二极管矩阵检测器）测定，外标法计算d-生物素的含量。

4.4.2 分析步骤

4.4.2.1 试液的制备

取试样溶液(4.3.1)供高效液相色谱仪分析。

4.4.2.2 测定步骤

4.4.2.2.1 色谱条件

同4.3.2。

4.4.2.2.2 定量测定

按高效液相色谱仪说明书调整仪器操作参数，向色谱柱中注入d-生物素标准工作液(4.1.8)及试样溶液(4.3.1)，得到色谱峰面积响应值，用外标法定量。

4.4.2.3 结果计算

4.4.2.3.1 试样中d-生物素($C_{10}H_{16}N_2O_3S$)含量X以质量分数(%)表示，按式(1)计算。

$$X = \frac{P_i \times c \times 50}{P_{st} \times m} \times 10^{-6} \times 100 \qquad (1)$$

式中：

P_i——试液(4.3.1)峰面积；

c——d-生物素标准工作液(4.1.8)浓度，单位为微克每毫升(μg/mL)；

50——试液(4.3.1)稀释倍数；

P_{st}——d-生物素标准工作液(4.1.8)峰面积；

m——试样质量，单位为克(g)。

4.4.2.3.2 平行测定结果用算术平均值表示，保留三位有效数字。

4.4.2.4 重复性

同一分析者对同一试样同时两次平行测定结果的相对偏差应不大于5.0%。

4.5 干燥失重的测定

按GB/T 6435测定。

4.6 砷的测定

4.6.1 称取试样1 g(精确到0.000 1 g)于30.0 mL瓷坩埚中，加入5 mL 150 g/L硝酸镁溶液，混匀，于低温或沸水浴中蒸干，低温炭化至无烟后，转入高温炉于550 ℃恒温灰化3.5 h～4.0 h，取出冷却，缓慢加入10.0 mL盐酸溶液(4.1.3)，待激烈反应过后，煮沸并转移到发生器中，补加8.0 mL盐酸，加水至40.0 mL左右。

准确吸取3 mL 1.0 μg/mL砷标准工作溶液于发生瓶中，加10 mL盐酸，加水稀释至40 mL，加入碘化钾溶液。

4.6.2 以下按《中华人民共和国药典》(2005年版二部)砷盐检查法第一法(古蔡氏法)测定。

4.7 重金属的测定

4.7.1 称取试样1 g(精确到0.001 g)于30 mL瓷坩埚中，低温炭化至无烟后，转入高温炉于550 ℃恒温灰化3.5 h～4.0 h，取出冷却，缓慢加入10 mL水，煮沸并过滤转移到比色管中，用水少量多次冲洗，定容25.0 mL。

4.7.2 以下按《中华人民共和国药典》(2005年版二部)重金属检查法第三法测定。

4.8 粒度

称取试样50.0 g，使用振动筛，5 min后留在0.18 mm孔径(80目)分析筛上的试样的质量不得大于2.5 g。

5 检验规则

5.1 出厂检验

饲料添加剂 2%d-生物素应由生产企业的质量监督部门按本标准进行检验，本标准规定的所有指标为出厂检验项目，生产企业应保证所有 d-生物素产品均符合本标准规定的要求。每批产品检验合格后方可出厂。

5.2 采样方法

抽样需备有清洁、干燥、具有密闭性的样品瓶，瓶上贴有标签并注明：生产厂家、产品名称、批号、取样日期。

抽样时，用清洁适用的取样工具插入料层深度四分之三处，将所取样品充分混匀，以四分法缩分，每批样品分两份，每份样量应为检验所需试样的 3 倍量，装入样品瓶中，一瓶供检验用，一瓶密封保存备查。

5.3 判定规则

若检验结果有一项指标不符合本标准要求时，应加倍抽样进行复验，复验结果仍有一项指标不符合本标准要求时，则整批产品判为不合格品。

6 标签、包装、运输和贮存

6.1 标签

按 GB 10648 执行。

6.2 包装

本品准确称量后装入铝箔袋或金属罐中，封口，盛放于外包装容器内，密闭贮存。

6.3 运输

本品在运输过程中应防潮、防高温、防止包装破损，严禁与有毒有害物质混运。

6.4 贮存

本品应贮存在通风、阴凉、干燥、无污染、无有害物质的地方。

本品在规定的贮存条件下，保质期为 18 个月。

ICS 65.120
B 46

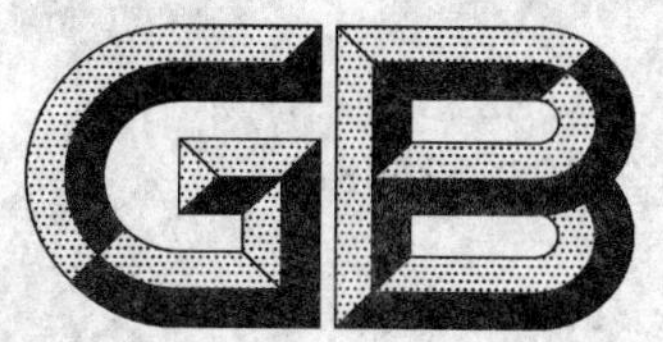

中华人民共和国国家标准

GB/T 23181—2008

微生物饲料添加剂通用要求

General principles for microbial feed additives

2008-12-31 发布　　　　2009-05-01 实施

中华人民共和国国家质量监督检验检疫总局
中国国家标准化管理委员会　发布

前　言

本标准由全国饲料工业标准化技术委员会(SAC/TC 76)提出并归口。

本标准起草单位:中国农业科学院北京畜牧兽医研究所。

本标准主要起草人:佟建明、董晓芳、张国庆、萨仁娜、吴莹莹、张琪。

微生物饲料添加剂通用要求

1 范围

本标准规定了微生物饲料添加剂的术语和定义、技术要求、检验指标、检验方法、检验规则以及标签、包装、运输、贮存和保质期。

本标准适用于微生物饲料添加剂，不适用于转基因微生物饲料添加剂。

2 规范性引用文件

下列文件中的条款通过本标准的引用而成为本标准的条款。凡是注日期的引用文件，其随后所有的修改单(不包括勘误的内容)或修订版均不适用于本标准，然而，鼓励根据本标准达成协议的各方研究是否可使用这些文件的最新版本。凡是不注日期的引用文件，其最新版本适用于本标准。

GB/T 10647 饲料工业术语

GB 10648 饲料标签

GB 13078 饲料卫生标准

3 术语和定义

GB/T 10647 确立的以及下列术语和定义适用于本标准。

3.1

微生物饲料添加剂 microbial feed additives

允许在饲料中添加或直接饲喂给动物的微生物制剂，主要功能包括促进动物健康、或促进动物生长、或提高饲料转化效率等。

3.2

功能菌 functional microorganism strains

具有3.1中所描述的部分或全部功能的菌株。

3.3

杂菌 nontarget microorganisms

产品标称的功能菌以外的微生物。

4 技术要求

4.1 功能菌的菌种要求

4.1.1 对用于微生物饲料添加剂的功能菌应鉴定到种的水平，并详细描述功能菌的来源。

4.1.2 应结合使用形态特征、培养特征、生理生化特征和分子生物学特征等鉴定菌种。

4.1.3 菌种命名，应遵循公认的微生物命名规则以及发表在《国际系统与进化微生物学杂志》(International Journal of Systematic and Evolutionary Microbiology)[原名：《国际系统细菌学杂志》(International Journal of Systematic Bacteriology)]上的命名。

4.1.4 应准确描述功能菌的具体生物学功能。

4.1.5 菌株均应按照国际培养物保藏方法保存，建立菌株档案资料，包括来源、筛选、检测、冻干保存、数量、启用、使用等完整的记录，以保证功能菌的质量。

4.2 功能菌的生物学特性要求

4.2.1 用于微生物饲料添加剂的功能菌应具有稳定的生物学特征和代谢特征。

4.2.2 对于经过驯化、诱变的菌株，应选择遗传学上稳定性好的菌株，由具有资质的部门完成微生物饲料添加剂功能菌株的遗传稳定性实验。

4.3 安全性要求

4.3.1 微生物饲料添加剂的安全性应符合 GB 13078 及相关法律法规的规定。

4.3.2 由具有资质的部门完成微生物饲料添加剂功能菌株的常规耐药性实验。

4.3.3 由具有资质的部门完成微生物饲料添加剂功能菌株的毒理学实验。

4.3.4 微生物饲料添加剂的生产、加工过程不应受环境污染或对环境造成污染。

4.4 生物有效性要求

应明确微生物饲料添加剂的生物有效性，其有效性评价应按照相应的通用评定技术规程执行。当没有通用的评定技术规程可采用时，可建立专一的评定技术规程对其评定，该专一的评定技术规程应首先通过 5 名以上有关专家的鉴定。

5 检验指标

感官指标、卫生指标、功能菌数、杂菌数、水分。

6 检验方法

感官指标应符合具体产品的固有特征，其他具体指标按相应检测方法执行。

7 检验规则

应对具体产品的批次、取样方法、出厂检验项目、型式检验项目及其判定规则等进行规定。

8 标签、包装、运输、贮存和保质期

8.1 标签

按 GB 10648 执行，同时标识功能菌活菌数的下限、杂菌数的上限。

8.2 包装

产品包装应密封、防水、避光、牢固，同时注明使用包装材料的必要性。

8.3 运输

产品在运输过程中应有遮盖物，避免暴晒、雨淋和受热，不得与有毒有害物品混装混运。

8.4 贮存

产品应贮存于阴凉通风干燥处，防止日晒雨淋，勿靠近火源，如有特殊要求，应注明。

8.5 保质期

产品的保质期依据相应产品的标准而确定。

ICS 65.120
B 46

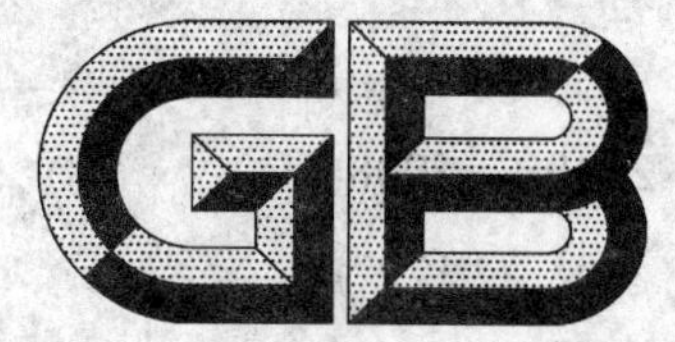

中华人民共和国国家标准

GB/T 23182—2008

饲料中兽药及其他化学物检测试验规程

Procedure for veterinary drug and other chemicals determination in feeds

2008-12-31 发布　　2009-05-01 实施

中华人民共和国国家质量监督检验检疫总局
中国国家标准化管理委员会　发布

前　言

本标准由全国饲料工业标准化技术委员会(SAC/TC 76)提出并归口。

本标准负责起草单位:中国农业大学动物医学院、中国兽医药品监察所。

本标准主要起草人:沈建忠、徐士新、张素霞、程林丽、常碧影、吴聪明、江海洋。

饲料中兽药及其他化学物检测试验规程

1 范围

本标准规定了对饲料中药物、微量化学添加剂和化学污染物检测试验的基本要求(包括检测方法确立、检测方法性能检验、标准曲线制作、检出物确证、结果计算与表述、试验报告撰写等)。

本标准适用于指导配合饲料、浓缩饲料及添加预混合饲料中兽药、违禁使用药物及其他化学污染物的仪器分析试验。

2 规范性引用文件

下列文件中的条款通过本标准的引用而成为本标准的条款。凡是注日期的引用文件,其随后所有的修改单(不包括勘误的内容)或修订版均不适用于本标准,然而,鼓励根据本标准达成协议的各方研究是否可使用这些文件的最新版本。凡是不注日期的引用文件,其最新版本适用于本标准。

GB/T 14699.1 饲料 采样(GB/T 14699.1—2005,ISO 6497:2002,IDT)

3 术语和定义

下列术语和定义适用于本标准。

3.1

灵敏度 sensitivity

分析方法对单位浓度或单位量待测物变化可产生的响应量的变化程度。

3.2

检测限 limit of detection;LOD

分析方法在给定的置信度内可以从样品背景信号中检出被测物的最低量(或最低浓度),但不一定准确定量。

3.3

定量限 limit of quantification;LOQ

分析方法在满足定量要求(精密度及准确度)的前提下,能定量测出样品中被测物的最低量(或最低浓度)。

3.4

准确度 accuracy

样品中待测物测定值(结果)与被测量真值或约定真值间的一致程度。

3.5

回收率 recovery

已知确切含量样品中的待测物或添加到空白样品中的测试物测定值占其真实值的百分比。

3.6

精密度 precision

分析方法重复测定同一样品所得测定值间的一致程度。

3.7

相对标准偏差 relative standard deviation;RSD

变异系数 coefficient of variation;CV

多次测定值的标准差(SD)与算术平均值的百分比。

3.8

重复性　repeatability

在重复性条件下，相互独立的测试结果之间的一致程度。

3.9

重复性条件　repeatability conditions

在同一实验室，由同一操作者使用相同设备和试剂，按相同的测试方法，并在短时间内从同一被测对象取得相互独立结果的条件。

3.10

再现性　reproducibility

在再现性条件下，测试结果之间的一致程度。

3.11

再现性条件　reproducibility conditions

在不同的实验室，由不同的操作者使用不同的设备和试剂，按相同的测试方法，从同一被测对象取得测试结果的条件。

3.12

线性范围　linear range

被测物浓度与仪器响应值呈线性关系并且能满足定量要求(精密度和准确度)的浓度范围。

4　饲料采样

按照 GB/T 14699.1 规定的方法和程序进行。采样对象只限于各种配合饲料、浓缩饲料及添加预混合饲料(包括颗粒状、粉状、半固体状及液体状饲料)。

5　饲料中兽药及其他化学物的检测

5.1　检测方法确立及基本要求

检测方法可选择国际标准化组织(ISO)、联合国粮农组织/世界卫生组织(FAO/WHO)或其他机构推荐的方法，欧盟、美国等先进地区、国家的标准，我国国家标准方法或文献报道的经确证的方法，也可根据自己实验室条件，针对样品基质种类和待测物理化性质确定相应的提取、净化方法和仪器检测条件，建立标准操作程序(步骤)。但所有确立的检测方法都要进行方法验证，即进行方法性能检验，证明所选方法符合分析要求、切实可行。

采用仪器方法检验时，首先需要建立药物与仪器响应之间的关系，通常采用标准曲线来表示。利用不少于 5 点(不包括原点)的实验数据算出待测物与仪器响应值之间的线性回归方程并计算相关系数(r)；以待测物的绝对量(如 μg)或浓度(如 μg/mL)为横坐标，响应值(峰高或峰面积)为纵坐标制作标准曲线，确定线性范围。线性相关系数应该大于 0.99。

5.2　单一实验室的方法验证——方法的性能检验

主要由标准曲线、检测限、定量限、准确度和精密度来衡量。

5.2.1　标准曲线

相关论述见 5.1。

5.2.2　检测限、定量限

检测限用于考虑方法是否具备灵敏的检测能力。常根据检测对象、检测目的不同对检测方法的检测限作出具体规定。

当样品中的被测物为允许添加药物或其他化学物时，分析方法的检测限至少应为允许添加浓度的 1/2～1/5；当样品中的被测物为违禁使用药物时，分析方法的检测限应足够低。确定检测限时，需指出其确定标准如待测物信号与噪声的比例，即信/噪比≥3 或其他。定量限则可确定为校准曲线的最低点或信/噪比≥10 等。

5.2.3 **准确度**

检测方法的准确度可用方法加标回收率表示。

用添加法测定方法回收率，原则上添加浓度应以接近样品中待测药物的浓度为宜。但由于样品中待测药物浓度是未知的，因此，对于允许添加药物或其他化学物，一般应选择允许添加浓度的 0.5 倍、1 倍和 2 倍 3 个浓度水平用添加法测定方法回收率；对于饲料中的违禁使用药物，则应选择定量限和高于定量限 2 倍～10 倍的 2 个浓度水平用添加法测定方法回收率。每一个浓度 5 个样，重复试验次数不少于 3 次。不同添加浓度的回收率要求见表 1。

表 1 不同添加浓度的回收率要求

添加浓度 c/(mg/kg)	平均回收率/%
$c>1.0$	70～110
$0.1<c\leqslant 1.0$	60～120
$c\leqslant 0.1$	50～120

5.2.4 **精密度**

精密度常用重复性和再现性衡量，而重复性又以室内相对标准偏差(RSD)或变异系数(CV)表示。再现性则以室间相对标准偏差(RSD)或变异系数(CV)表示。

由于相对标准偏差与样品中待测物添加浓度相关，在进行样品中待测物室内 RSD 测定时，需制备不同添加浓度的试样(如$\frac{1}{2}X$,X 和 $2X$)，各测定 3 次或在允许添加浓度 X 下至少测定 5 次来确定。样品中不同浓度待测物的室间相对标准偏差要求见 Horwitg 公式。室内相对标准偏差约为室间的 0.33 倍～0.5 倍之间。

Horwitg 公式：$RSD_R=2\times(1-0.5\lg c)$

5.3 **多个实验室间的方法验证**

对检测标准方法或公用方法进行多个实验室间的验证试验时，对于等同采用的国外标准、修改采用的国外标准以及参考国外方法建立的检测方法标准，方法由 1 个实验室建立后要经另外 2 个实验室进行复核；对于原创性的检测方法，则应由 3 个～5 个实验室进行验证。若参加验证试验的实验室为2 个，则所提供的结果数据要在统计估计的置信区间内。

验证试验时，应对方法检测限和定量限进行复核。

验证试验时，添加回收率测定一般选择 0.5 倍允许添加浓度、1 倍允许添加浓度和 2 倍允许添加浓度 3 个浓度水平。若添加物为违禁使用药物，则应选择定量限和高于定量限 2 倍～10 倍的 2 个浓度水平用添加法测定方法回收率。每一个浓度 5 个样，重复试验次数不少于 3 次。

实验室内部或不同实验室间进行验证试验，对不同添加浓度的精密度(包括重复性和再现性)要求见表 2。

表 2 复核试验不同添加浓度的精密度要求

待测物添加浓度 c/(mg/kg)	变异系数 CV/%	
	重 复 性	再 现 性
$c>10$	10	16
$1<c\leqslant 10$	15	23
$0.1<c\leqslant 1$	20	32
$c\leqslant 0.1$	30	45

6 检出兽药及其他化学物的确证

6.1 确证试验的条件

在特定情况下，在报告检测结果之前需要对待测物进行确证试验，以免作出错误结论。通常根据药物或化学物的理化特性和介质的特点通过改变提取、净化、分离、检测技术对待测药物进行确证，一般根据检测目的和待测药物或化学物种类以及实验室的仪器条件和技术专长等选择下述一种与定量方法不同的方法进行确证即可。

6.2 色谱柱改变

即换用另一极性色谱柱和测试条件检测，此时分析物的相对保留指数往往有显著的改变而能实现确证目的。

6.3 检测器改变

在同一色谱分离条件下改用另外一种检测器，特别是选择性检测器测试，如含有卤素的有机磷农药可在火焰光度或氮磷检测器检测的基础上再用电子捕获检测器进行确证。

6.4 GC-MS 或 LC-MS 联用技术

质谱技术可以提供药物分子结构信息，具有很高的定性可靠性。但是，由于质谱一般没有选择性，而药物或化学物在样本中的相对比例往往很低，因此定性时需格外谨慎，避免误导。同样道理，首先要比较(全)总离子流色谱图(TIC)中待测药物或其他有机化合物的保留时间、峰形和响应值，应与标准一致。由于其他离子化方式不能提供足够的分子结构信息，GC-MS 或 LC-MS 一般采用电子轰击方式(EI)。应参考同样条件下标准物质的质谱图或相似条件下建立的质谱库，当全扫描模式(scan)灵敏度不够时，需要应用选择离子模式(SIM)，此时最少应选择 2 个 200 质量单位以上或 3 个 100 质量单位以上的特征离子，各离子丰度比例与标准谱图相应离子比例符合率应在 70%～130%之间。定性检测时还需特别注意同位素离子的丰度可提供可靠的定性信息；在做谱图比较前应首先减去仪器和样本造成的背景干扰，使定性符合率更高。

6.5 检测系统改变

在特定情况下，改变检测系统也是一种选择，如将气相色谱法改为高压液相色谱法或薄层层析法，色谱法改为光谱法等。

7 结果计算和表述

根据采用的检测方法进行结果计算和数据统计，色谱法最常用的计算方法为外标法和内标法。样品中药物含量以质量分数(mg/kg)表示。当检测值低于最低检出浓度时，应写“最低检出浓度值”而不能写“0”。应真实记载实际检测结果，分别列出各样本重复检测值和平均值，而不能用回收率校正。当各重复的检测结果接近最低检测浓度(如 0.05 mg/kg)时，平均值表达方法举例见表 3。

表 3 平均值表达方法举例

重复 1	重复 2	重复 3	平均值
0.05	0.05	<0.05	0.05
0.05	<0.05	<0.05	≤0.05
<0.05	<0.05	<0.05	<0.05

结果一般以两位有效数字表达(如 0.11，1.1，11 和 1.1×10^2 等)，在含量低于 0.01 mg/kg 时相对标准偏差更大，此时的结果采用一位有效数字表达即可。为了统计上的方便也可分别增加一位有效数字。回收率采用整数位的百分数表达即可。

8 试验报告的撰写

试验报告撰写要求：内容完整，数据真实，结论准确，依据充分，文字简练。

试验报告包括以下几部分：

a) 前言，包括供试药物的中、英文通用名，中、英文商品名，剂型，含量，提供的厂家或公司，理化特性，生物活性，应用范围等。

b) 材料、试剂及检测设备，材料包括采样原则、采样时间、采样方法、采样量及包装储运等；试剂包括生产厂家、规格、纯度、批号等；检测设备包括仪器名称、产地、型号等。

c) 检测方法，包括：

  1) 方法原理、操作步骤、检测条件等；
  2) 方法灵敏度、准确度、精确度、线性范围等；
  3) 确证试验方法（如果有的话）。

d) 测试结果与讨论，包括：

  1) 检测方法的建立；
  2) 测试结果及影响因素分析；
  3) 确证试验结果（如果有的话）。

e) 结论，包括：

  1) 检测方法；
  2) 测试结果；
  3) 根据饲料中测试药物允许添加浓度和测试结果提出合理建议。

f) 主持人签字（需具中级以上技术职称），注明完成时间，加盖单位公章。

g) 附录，标准曲线图、原始色谱图（包括空白样、标准样、添加回收样和实测样）等复印件。

ICS 65.120
B 46

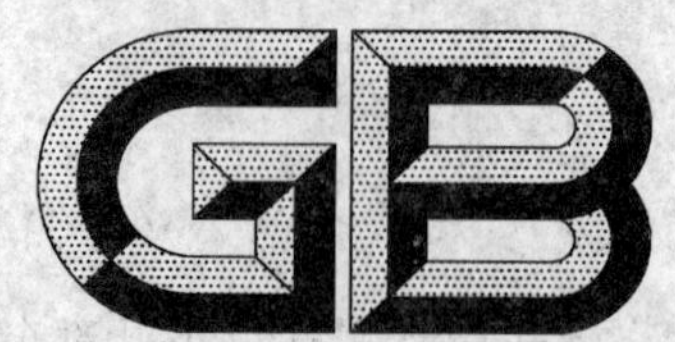

中华人民共和国国家标准

GB/T 23184—2008

饲料企业 HACCP 安全管理体系指南

HACCP—Guidance on feed management system

2008-12-31 发布　　2009-05-01 实施

中华人民共和国国家质量监督检验检疫总局
中国国家标准化管理委员会　发布

前　言

本标准参照 CAC/RCP 001—1969《食品卫生通则》(2003)第 4 修订版,结合饲料企业特点制定。

本标准的附录 A 为规范性附录,附录 B 为资料性附录。

本标准由全国饲料工业标准化技术委员会(SAC/TC 76)提出并归口。

本标准起草单位:中国饲料工业协会、北京华思联认证中心。

本标准主要起草人:沙玉圣、秦玉昌、李燕松、辛盛鹏、王冬冬、张逸平、李兰芬、王峰、赵之阳、侯翔宇。

引　　言

饲料危害分析及关键控制点(hazard analysis and critical control point ,HACCP),主要由危害分析和关键控制点两部分组成,可用于鉴定饲料危害,且含有预防的方法,以控制这些危害的发生。但该系统并非一个零风险系统,而是设法使饲料安全危害的风险降到最低限度,是一个使饲料生产过程免受生物、化学和物理性危害的管理工具。饲料企业良好操作规范是实施 HACCP 管理的先决条件,因此,应在认真执行饲料企业良好操作规范的基础上实施 HACCP 管理才能取得良好效果。饲料安全,即饲料产品安全。鉴于 HACCP 是预防性的饲料产品安全控制系统,不需要大的投资即可实施,简单有效,符合我国国情。饲料工业 HACCP 管理体系的建立和实施,将有利于解决目前饲料安全中存在的问题,为消费者提供安全卫生的动物产品。在饲料工业中建立和推行 HACCP 管理是一种与国际接轨的做法,有利于扩大我国动物产品的出口。

饲料企业 HACCP 安全管理体系指南

1 范围

本标准规定了饲料生产过程中生物、化学和物理性危害的识别和评价，关键控制点的识别、确定和控制(HACCP 管理)的通用原则；并给出了为执行上述原则应首先实施的饲料企业良好操作规范(见附录 A)。

本标准为添加剂预混合饲料、浓缩饲料、配合饲料、精料补充料生产企业实施 HACCP 管理提供了指南。

2 规范性引用文件

下列文件中的条款通过本标准的引用而成为本标准的条款。凡是注日期的引用文件，其随后所有的修改单(不包括勘误的内容)或修订版均不适用于本标准，然而，鼓励根据本标准达成协议的各方研究是否可使用这些文件的最新版本。凡是不注日期的引用文件，其最新版本适用于本标准。

GB 10648 饲料标签

GB 13078 饲料卫生标准

GB/T 16764 配合饲料企业卫生规范

GB/T 20803 饲料配料系统通用技术规范

NY 5027 无公害食品 畜禽饮用水水质

饲料药物添加剂使用规范(中华人民共和国农业部公告第 168 号)

禁止在饲料和动物饮用水中使用的药物品种目录(中华人民共和国农业部公告第 176 号)

食品动物禁用的兽药及其它化合物清单(中华人民共和国农业部公告第 193 号)

饲料药物添加剂使用规范公告的补充说明(中华人民共和国农业部公告第 220 号)

单一饲料产品目录(中华人民共和国农业部公告第 977 号)

饲料添加剂品种目录(中华人民共和国农业部公告第 1126 号)

3 术语和定义

下列术语和定义适用于本标准。

3.1

危害 hazard

饲料中可能对人类健康和动物安全导致不良影响的生物、化学或物理因素或状况。

3.2

关键控制点 critical control points; CCP

能够进行控制，并且该控制是防止、消除饲料安全危害或将其降低至可接受水平所必需的某一步骤。

3.3

关键限值 critical limits

与关键控制点相关的用于区分可接收和不可接收的判定值。

3.4

操作限值 operation limits

为了避免监控指数偏离关键限值而制定的操作指标。

3.5

监控　monitor

对控制的参数按计划进行的一系列观察或测量活动，以便评估关键控制点是否处于控制之中。

3.6

纠正措施　corrective action

当监测结果显示 CCP 偏离设定的关键限值时所采取的措施。

3.7

HACCP 计划　HACCP plan

根据 HACCP 原理制定的确保对饲料安全显著危害予以控制的文件。

3.8

验证　verification

除监控以外，应用不同的方法、程序、检测和其他评估手段，以确定是否符合 HACCP 计划的要求。

注：验证可根据实施者的不同分为企业自我验证、第二方验证和第三方验证，第三方验证包括政府管理机构验证和认证机构认证等。

4　HACCP 原理

HACCP 由以下七个原理组成：

a)　原理 1：进行危害分析和提出控制措施；

b)　原理 2：确定关键控制点；

c)　原理 3：确定关键限值；

d)　原理 4：建立关键控制点的监控系统；

e)　原理 5：建立纠正措施；

f)　原理 6：建立验证程序；

g)　原理 7：建立文件和记录保持系统。

5　基础方案

5.1　总则

饲料企业实施 HACCP 体系应首先建立基础方案，并在 HACCP 计划制定和实施过程中，对基础方案的有效性进行评价，必要时，予以改进。

基础方案主要包括良好操作规范(GMP)、卫生标准操作程序(SSOP)、原/辅料安全控制方案等，企业应根据 GB/T 16764 和(或)《饲料添加剂和添加剂预混合饲料生产许可证管理办法》，结合企业具体情况，制定适合本企业的基础方案并予以实施。

基础方案通常应与 HACCP 计划分别制定和实施，所有的基础方案均应形成文件，并按适当的频次进行评审。

5.2　良好操作规范(good manufacturing practice, GMP)

GMP 是饲料企业实施 HACCP 管理的前提条件和基础，是饲料生产质量与安全管理的基本原则，其主要内容见附录 A。

有效的 GMP 管理不仅可以确保 HACCP 体系的完整性，还会使“关键控制点”的数量大大减少，使 HACCP 计划的实施变得简便易行。

5.3　卫生标准操作程序(sanitatjon standard operation procedure,SSOP)

SSOP 是为达到饲料卫生安全要求而规定的具体活动和顺序。内容包括但不限于以下几个方面：

a)　与饲料接触的水的安全；

b)　饲料接触的表面(包括设备、工器具等)的清洁、卫生和安全；

c) 确保饲料免受交叉污染；

d) 操作人员手的清洗及厕所设施的清洁；

e) 防止润滑剂、燃料、清洗、熏蒸用品及其他化学、物理和生物等污染物的危害；

f) 正确标注、存放和使用各类有毒化学物质；

g) 保证操作员工的身体健康和卫生；

h) 清除和预防鼠害、虫害和飞鸟。

5.4 建立并有效实施原/辅料安全控制方案

应制定包括原料、辅料及包装材料在内的采购、验证、贮存控制方案，内容包括：

a) 对供方的选择：评价标准及如何保证重要原/辅料及包装材料均由合格供方提供；

b) 原/辅料及包装材料验收规程，明确检验项目、接收标准、检验频次、检验方式(自检、送检或验证供方报告等)及职责；

c) 所有原料和辅料应贮藏在卫生和适宜的环境条件下，以确保其安全和卫生。

6 HACCP计划的建立和实施

6.1 总则

饲料企业应根据生产产品的品种、生产方式、生产场所等不同情况，分别建立、实施HACCP计划，应包括：

a) 针对每一种产品类别(添加剂预混合饲料、浓缩饲料、配合饲料、精料补充料)或不同的生产方式、不同的生产场所，分别进行危害识别、评价，确定应控制的显著危害；

b) 在已建立的GMP(见5.2)、SSOP(见5.3)基础上，根据企业生产过程中的加工步骤确定关键控制点；

c) 当产品、加工步骤有变化时，对变化情况进行危害识别、评价，并考虑是否对HACCP计划重新进行修订；

d) 当确定某个显著危害应予以控制时，如果不存在关键控制点，则考虑重新设计加工工序；

e) 在应用HACCP原理时，应保持适当的灵活性，要考虑到适当的操作特性和规模，人员情况及已经达到的控制程度；

f) 运用HACCP原理制定HACCP计划前，需要首先完成预备步骤(见6.2)；

g) 定期对HACCP计划进行验证，并持续改进和完善。

6.2 预备步骤

6.2.1 组建HACCP小组

饲料企业建立、实施HACCP管理体系时，首先要成立HACCP小组。小组成员应具备必要的专业知识(如饲料及饲料添加剂加工、生产管理知识，卫生控制要求，质量保证要求等)、经验，能满足特殊要求，并应有质量控制、生产管理、采购、销售、人力资源管理等岗位的人员组成。必要时，企业也可以在这方面寻求外部专家的帮助。

应确定HACCP小组成员各自的职责，并对关键控制点的监控人员、纠正人员进行授权。

HACCP小组应负责HACCP计划的制定、确认和验证活动，确保对各种产品危害分析、评价的准确性和控制措施的可操作性，以及HACCP计划的完整性。

6.2.2 产品描述

HACCP小组应对产品特性进行全面地描述并形成文件，包括相关的产品安全信息，如使用的原料及添加的辅料，加工工艺，包装和储存条件，以及标签和使用说明。

要充分识别饲料中添加的所有原料，并对其进行全面地描述，如生物、化学、物理特性(包括可能存在的饲料安全危害)，生产场地及加工方式，包装和储存条件，使用前的处理，以及原料安全指标的接收准则等。

6.2.3 预期用途描述

产品标签应详细说明产品所适用的动物种类、使用方法、储存和保存期限等。

6.2.4 绘制工艺流程图

HACCP小组根据各类产品的加工工艺绘制符合实际生产的工艺流程图,流程图应明确所有加工步骤的顺序和相互关系,以及返工点、循环点和废弃物的排放点。

6.2.5 现场确认流程图

HACCP小组要对各流程图进行现场验证,以保证其符合加工实际。当工艺流程发生变化时,应对流程图进行修改并作好记录。

6.3 进行危害分析和确定控制措施

6.3.1 危害识别

HACCP小组在实施危害分析时,应考虑以下方面的因素:

a) 产品、操作和环境;
b) 顾客和法律法规对产品及原辅料的安全卫生要求;
c) 产品使用安全的监控和评价结果;
d) 不安全产品处置、纠正、召回和应急预案的状况;
e) 历史上和当前的流行病学、动植物疫情或疾病统计数据和食品安全事故案例;
f) 科技文献,包括相关类别产品的危害控制指南;
g) 原料掺杂掺假。

针对需考虑的所有危害,识别其在每个操作步骤中有根据预期被引入、产生或增长的所有潜在危害及其原因。

当影响危害识别结果的任何因素发生变化时,HACCP小组应重新进行危害识别。

应保持危害识别依据和结果的记录。

6.3.2 危害评估

HACCP小组应针对识别的潜在危害,评估其发生的严重性和可能性,如果这种潜在危害在该步骤极可能发生并且后果严重,应确定为显著危害。

应保持危害评估依据和结果的记录。

6.3.3 控制措施的制定

HACCP小组应针对每种显著危害,制定相应的控制措施,并提供证实其有效性的证据;应明确显著危害与控制措施之间的对应关系,并考虑一项控制措施控制多种显著危害或多项控制措施控制一种显著危害的情况。

6.3.4 危害分析工作单

HACCP小组应根据工艺流程、危害识别、危害评估、控制措施等结果提供形成文件的危害分析工作单,包括加工步骤、考虑的潜在危害、显著危害判断的依据、控制措施,并明确各因素之间的相互关系。在危害分析工作单中,应描述控制措施与相应显著危害的关系,为确定关键控制点提供依据。

HACCP小组应在危害分析结果受到任何因素影响时,对危害分析工作单作出必要的更新或修订。

6.3.5 饲料生产过程中可能存在的显著危害及控制措施

6.3.5.1 原料的控制

饲料企业应建立原料控制措施,确保:

a) 使用的饲料原料应在《单一饲料产品目录》和《动物源性饲料产品目录》内,禁止在反刍动物饲料中使用除乳及乳制品外的动物源性饲料产品。所添加的营养性饲料添加剂、一般饲料添加剂应在农业部公告《饲料添加剂品种目录》内。
b) 饲料原料中的可能会对消费者的健康产生危害的病原、霉菌毒素、农药和重金属等有害物质的含量应达到可接受的水平,满足相关法规规定的标准。

c) 所有的饲料、饲料添加剂和饲料原料的卫生指标均应符合 GB 13078，以使饲料通过动物传递到人类消费的食品中有害物质的含量也相应低到不会引起人类健康危害的水平。

6.3.5.2 药物饲料添加剂的控制

饲料企业应建立药物饲料添加剂管理制度，确保：

a) 药物添加剂的使用应遵守农业部公告《饲料药物添加剂使用规范》，及《饲料药物添加剂使用规范公告的补充说明》、《禁止在饲料和动物饮用水中使用的药物品种目录》、《食品动物禁用的兽药及其它化合物清单》等农业部有关公告的规定；

b) 加药饲料中使用的饲料药物添加剂的添加量应符合农业部公告《饲料药物添加剂使用规范》中使用控制条款的规定。

6.3.5.3 生产过程的控制

饲料企业应对生产过程进行控制，包括但不限于以下方面：

a) 使用的生产程序应当避免批与批之间发生交叉污染。在生产不同饲料产品时，对所用的生产设备、工具、容器应进行彻底清理。应使用这些程序去减少加药饲料与未加药饲料之间，不同品种饲料之间发生交叉污染。用于清洗生产设备、工具、容器的物料应单独存放和标识，或者报废，或者回放到下一次同品种的饲料中。如果交叉污染引起的与食品安全有关的危险性高，使用适当的冲洗和清洁方法不足以清除污染时，就应考虑使用完全分开的生产线、输送设备和运输储存。

b) 严格按配方进行称量、配料。当使用人工配料时，应一人称量，一人复核并记录，为了降低配料误差，应使用精度相对较高的电子秤进行称量；当使用自动配料时，配料系统应符合 GB/T 20803。确保添加准确无误。

c) 应监控混合时间，避免因混合时间不足或混合时间过长使饲料中局部有害物质超标，并定期对混合均匀度进行检测。

d) 颗粒饲料的生产应根据饲料配方中主要原料的理化特性来确定适宜的调质参数(蒸汽压力、温度、时间)。通过制粒前的调质(畜禽料)或制粒后的后熟化(鱼虾料)来消除或减少可能存在于饲料中的致病微生物。

e) 产品包装标志应符合 GB 10648 的规定。

6.4 确定关键控制点

HACCP 小组应根据危害分析所提供的显著危害与控制措施之间的关系，识别针对每种显著危害控制的适当步骤，以确定 CCP，确保所有显著危害得到有效控制。

企业应使用适宜方法来确定 CCP，如判断树表法等。但在使用 CCP 判断树表时，应考虑以下因素：

a) 判断树表仅是有助于确定 CCP 的工具，不能代替专业知识；

b) 判断树表在危害分析后和显著危害被确定的步骤使用；

c) 随后的加工步骤对控制危害可能更有效，可能是更应该选择的 CCP；

d) 加工中一个以上的步骤可以控制一种危害。

当显著危害或控制措施发生变化时，HACCP 小组应重新进行危害分析，判定 CCP。

6.5 确定关键限值

应对每个关键控制点规定关键限值。每个关键控制点应有一个或多个关键限值。关键限值的确定：

a) 应科学、直观、易于监测；

b) 可来自法律法规、强制性标准、指南、公认惯例、文献、实验结果和专家的建议等，查询的数据应在本企业进行实际验证，以确认其有效性；

c) 基于感知的关键限值，应由经评估且能够胜任的人员进行监控、判定。

为避免采取纠正措施可设立操作限值，以防止因关键限值偏离造成损失，确保产品安全。

应保持关键限值确定的依据和结果的记录。

6.6 建立关键控制点的监控系统

应对每个关键控制点建立监控系统，以证实关键控制点处于受控状态。监控系统包括：

a) 监控对象，应包括每个关键控制点所涉及的关键限值；

b) 监控方法，应准确及时；

c) 监控频率，一般应实施连续监控，若采用非连续监控，其监控频率应保证 CCP 受控的需要；

d) 监控人员，应接受适当的培训，理解监控的目的和重要性，熟悉监控操作并及时准确地记录和报告监控结果。

当监控表明偏离操作限值时，监控人员应及时调整，以防止关键限值的偏离。

当监控表明偏离关键限值时，监控人员应立即停止该操作步骤的运行，并及时采取纠正措施。

应保持监控记录。

6.7 建立纠正措施程序

企业应针对 HACCP 计划中每个关键控制点的关键限值的偏离制定纠正措施，以便在偏离时实施。纠正措施应包括：

a) 实施纠正措施和负责受影响产品放行的人员；

b) 偏离原因的识别和消除；

c) 受影响产品的隔离、评估和处理。

负责实施纠正措施的人员应熟悉产品、HACCP 计划，经过适当培训并经最高管理者授权。

应保持采取的纠正措施的记录。

6.8 建立验证程序

企业应建立并实施 HACCP 计划的验证程序，以证实 HACCP 计划的适宜性、有效性。验证程序应包括：

a) 验证的依据和方法；

b) 验证的频次；

c) 验证的人员；

d) 验证的内容；

e) 验证的结果及采取的措施；

f) 验证记录等。

HACCP 计划实施前，应确认其适宜性，即所有危害已被识别且 HACCP 计划正确实施，危害将会被有效控制。

监控设备校准记录的审核，必要时，应通过有资质的检测机构，对所需的控制设备和方法进行技术验证，并提供技术验证报告。

定期进行内部审核，以验证 HACCP 体系的有效性。

6.9 建立文件和记录的保存系统

应建立文件化的 HACCP 体系，并建立相关的监控记录。

HACCP 体系应包括如下记录：

a) HACCP 计划及制定 HACCP 计划的支持性材料，包括危害分析工作单(参见附录 B 中表 B.1)，HACCP 计划表(参见附录 B 中表 B.2)，HACCP 小组名单和各自的责任，描述饲料产品特性(参见附录 B 中表 B.3)，销售方法，预期用途，工艺流程图(参见附录 B 中表 B.4)，计划确认记录等；

b) CCP 的监控记录；

c) 纠正措施记录；

d) 验证记录；

e) 生产加工过程的卫生操作记录，如防止交叉污染的洗仓记录、化学品(药物添加剂或有毒有害物质)领用和使用记录、防鼠记录等。

所有记录应至少保存两年。

可以使用电脑保存记录，但应加以控制，确保数据和电子文件签名的完整性。

7 HACCP体系的实施与改进

7.1 管理承诺

最高管理者应对HACCP体系的有效实施给予支持和关注，指定合适的人员组成HACCP小组，明确建立、实施和保持体系的责任人(HACCP小组组长)，并定期听取责任人有关体系运行情况的汇报。

7.2 培训

HACCP小组成员及与HACCP实施相关的所有人员都应得到必要的培训，以使他们了解自己在体系中的职责和作用，并有效地建立、实施和保持HACCP体系。

培训策划应考虑不同层次的职责、能力，以及相关步骤的风险，并保持培训及其效果的相关记录。

7.3 体系的运行及持续改进

体系运行前，相关文件应得到最高管理者批准。运行过程中，各有关部门和人员要严格按照体系文件的相关要求进行实施，不应随意更改，相关记录要注意保存。HACCP体系的运行效果应定期进行验证。HACCP计划及其他文件应根据需要予以更新和修改，确保体系的持续改进和不断完善。

附 录 A
（规范性附录）
饲料企业良好操作规范

A.1 厂区环境、建筑设施与车间布局

A.1.1 厂区环境

A.1.1.1 工厂应设置在无有害气体、烟雾、灰尘和其他污染源的地区。厂址应与饲养场、屠宰场保持安全防疫距离。

A.1.1.2 厂区主要道路及进入厂区的主干道应铺设适于车辆通行的硬质路面（沥青或混凝土路）。路面平坦，无积水。厂区应有良好的排水系统。厂区内非生产区域应绿化。

A.1.1.3 工厂的建筑物及其他生产设施、生活设施的选址、设计与建造应满足饲料原料及成品有条理的接收和贮存，并在其加工过程中得以进行有控制的流通。生产区与生活区分开。废弃物临时存放点应远离生产区。

A.1.1.4 严禁使用无冲水的厕所，避免使用大通道冲水式厕所。厕所门不应直接开向车间，并应有排臭、防蝇、防鼠设施。

A.1.1.5 厂内禁止饲养家禽、家畜。

A.1.2 建筑设施

A.1.2.1 厂房与设施的设计要便于卫生管理，便于清洗、整理。要按生产工艺合理布局。

A.1.2.2 厂房内应有足够的加工场地和充足的光照，以保证生产正常运转。并应留有对设备进行日常维修、清理的通道及进出口。

A.1.2.3 原料仓库或存放地、生产车间、包装车间、成品仓库的地面应具有良好的防潮性能，应进行日常保洁。地面不应堆有垃圾、废弃物、废水及杂乱堆放的设备等物品。

A.1.3 车间布局

A.1.3.1 生产车间面积应与设计生产能力相匹配。

A.1.3.2 生产设备齐全、完好，能满足生产产品的需要。设施与设备的布局、设计和运行应将发生错误的风险降到最低，并可进行有效的清洁与维护，以避免交叉污染、残留及任何对产品质量不利的影响。

A.1.3.3 车间内应具有通风、照明设施。

A.2 原料接收、储存和运输

企业应确保满足6.3.1的要求，同时应考虑以下方面：

a） 产品加工过程中使用的所有储存器或储存场所应保持清洁。

b） 原料接收区域的设计布局应有利于减少潜在的污染。

c） 接收原料时，应检查和确认原料是否受到污染；应检查、确认和管理所有的药物饲料添加剂，以保证药物饲料添加剂的质量，并进行妥善储存。

d） 应有书面的原料接收标准，入库前实施检查，并有记录可以证明。

e） 所有设备包括储存、加工、混合、运送、分配（包括运输车辆）设备，如果与原料或成品有接触，应有合理和有效的操作程序来防止产品受到污染，采用的步骤应该包括以下一种或几种：

——吸尘、清扫或物理清洗；

——物料“冲洗”；

——产品按特定顺序生产；

——容器隔离使用或其他同样有效的方法。

f) 所有的原料和产品应按照一定的周转方式进行储存，以保证物料不交叉污染。

g) 回收的物料，加工用的原料，退料和“冲洗”物料应当清楚地标识、储存和正确使用，以防止与其他产品和原料发生交叉污染。

A.3 工厂的卫生管理

A.3.1 水的安全(适用时)

应确保生产用水符合 NY 5027 的要求。用于贮水和输水的水槽和水管及其他设备应当采用不会产生不安全污染的材料制备。

A.3.2 有毒化合物的标记、贮藏和使用

工厂应设置专用的危险品库，存放杀虫剂和一切有毒、有害物品，这些物品应贴有醒目的警示标志，并应制定各种危险品的使用规则。使用危险品应经专门部门批准，并有专门人员严格监督使用，严禁污染饲料。

A.3.3 药物饲料添加剂的管理

药物饲料添加剂存放间隔合理，避免交叉污染。应建立药物饲料添加剂接收和使用的程序和记录。

A.3.4 虫害鼠害的控制

应有包括描述定期检查在内的书面虫害鼠害控制计划。定期检查的结果应予以记录。任何熏蒸或类似杀虫剂的化学品的使用细节应予以记录。

A.4 设备运行和维护保养

A.4.1 饲料厂用于加工饲料的设备应设计、组装、安装、操作、维护保养得当，以有利于制定设备的检查和管理程序，防止交叉污染。

A.4.2 饲料厂应有书面的设备预防性维护保养方案，而且能够通过记录文件证明这个方案得到贯彻执行。

A.4.3 生产过程中使用的所有计量秤和仪表应在规定的量程内使用，而且应检测其精度及组装正确与否。按照规定周期进行检定或校准，或根据具体情况多次检测这些仪器设备的性能。

A.4.4 生产过程中使用的所有混合设备应检查其安装正确与否，性能是否达到要求。按照规定的检测方法定期检测混合均匀度。

A.5 人员培训和要求

企业应确保生产、检验和管理人员能够胜任，并确保：

a) 每批产品都应由接受过防止产品污染培训的专职人员来生产；

b) 饲料企业应有书面的培训计划，而且培训记录应保留存档；

c) 饲料企业应为所有员工提供岗位技能和防止产品污染的培训，而且有长期监督和评估生产人员的方案；

d) 饲料企业应有一定的预防措施确保员工不会对产品造成污染，饲料企业应能够出示采取了足够预防控制措施的证据；

e) 控制非生产人员和访问者进入生产区，应防止可能造成的污染。

A.6 加工控制和文件管理

A.6.1 饲料企业应建立书面程序确保生产的产品符合有关标准，每批产品都应按照这些程序进行生产。这些书面程序包括：

a） 操作人员的岗位职责；

b） 保证成品质量和安全所采用的方法；

c） 证明原料和成品饲料符合标准的取样分析方法。

A.6.2 饲料企业生产的每批产品或销售的产品应根据行业有关要求和溯源需要，在出厂后保留样品至规定的时间。这些样品应标明以下信息：

a） 饲料名称；

b） 饲料生产日期或批号；

c） 出库或使用前的仓号或其他辨认储料仓号的记录。

A.6.3 生产含有药物饲料添加剂的饲料时，需要采用合理的生产程序，以减少药物在设备中的残留而导致的饲料污染，并保证药物混合的均匀性。

A.6.4 散装料仓应根据需要合理安排装卸饲料和料仓清扫的程序，或采用其他有效的方法以防止饲料出现交叉污染。

A.6.5 饲料企业应对每种药物饲料添加剂进行严格的库存管理，做到账、卡、物一致并建立药物饲料添加剂使用规范，确保药物饲料添加剂的正确使用。

A.6.6 每批药物饲料添加剂库存记录中应记载制造商的生产批号，同时，应管理与控制以下方面：

a） 药物饲料添加剂购进或使用的实际数量；

b） 记录生产期间每种药物饲料添加剂的实际使用数量，数量应通过称量、点数或其他适当的方法加以确认；

c） 生产期间每种药物饲料添加剂使用的理论数量；

d） 每天确认每种药物饲料添加剂使用的实际数量和理论使用数量的一致性；

e） 采取正确的措施处理库存与记录上的差异。

A.6.7 任何受到药物饲料添加剂库存差异影响的饲料应当停止销售或使用，直至查明问题原因。

A.6.8 饲料企业应在标签、包装、发票或送货单上注明产品的产品代码、生产日期或其他合适的标识。

A.6.9 饲料企业应建立严格的标签管理制度，严格按照 GB 10648 的规定设计和印制，确保所有的饲料标签分门别类地进行保管使用，防止误用现象的发生。标签管理程序应包括：

a） 清查标签，标签出库和使用中应核查无误；

b） 定期检查标签的库存情况；

c） 废弃有错误的或停止使用的标签。

A.6.10 饲料配方应由饲料企业专职人员负责制定、核查配方设计的合理性、标注日期和签名，以确保其正确性和有效性。饲料企业应保留每批加工饲料的配料单（生产文件）。饲料企业应保存每批饲料的生产配方原件，包括以下详细内容：

a） 饲料产品名称；

b） 用于生产饲料的各种原料（包括药物饲料添加剂）的名称和添加数量。

A.6.11 制定所有生产工序的操作规范和必要的文件，如混合步骤、混合时间、设备安装等。

A.6.12 制定产品化验分析取样频率和取样方法的操作规范。

A.6.13 饲料企业应保留所有的生产文件，如化验室分析报告，送货或销售票据以及其他可以证明饲料是按照有关标准生产的资料和客户对饲料企业产品的投诉及处理记录。

A.6.14 饲料企业应有处理客户投诉的书面制度，应包括以下内容：

a） 投诉日期；

b） 投诉人姓名和地址；

c） 投诉的产品标签和批号；

d） 投诉的详细内容；

e） 饲料企业解决投诉所采取的调查和处理过程的细节。

A.7 追溯和召回

饲料企业应有书面的召回程序，以便完整及时地召回市场上的有疑点或已发现问题的产品，而且应证明通过演练记录文件可以保证召回程序得到贯彻执行。

A.8 卫生操作程序

饲料企业应当根据不同的生产工艺和条件建立并实施书面的卫生操作程序。

附　录　B
（资料性附录）
HACCP 计划的格式范例

表 B.1　危害分析工作单

(1) 加工步骤	(2) 确定潜在危害	(3) 是显著危害吗？（是/否）	(4) 说明作出栏目(3)决定的理由	(5) 可采用什么预防措施来防止显著危害	(6) 这一步骤是关键控制点吗？（是/否）
	生物危害 化学危害 物理危害				
	生物危害 化学危害 物理危害				
	生物危害 化学危害 物理危害				

表 B.2　HACCP 计划表

(1) 关键控制点	(2) 显著危害	(3) 每个预防措施的关键限制	(4)	(5)	(6)	(7)	(8) 纠正措施	(9) 记录	(10) 验证
			监控						
			监控什么	怎么监控	监控频率	谁来监控			

表 B.3 产品描述

工厂	HACCP 计划作者：________日期________页码________ 批准人：__________________修订号：______________
工艺/产品名称	
1. 主要产品名称	
2. 主要产品特性(水分,pH,防腐剂,抗氧化剂)	
3. 使用方法	
4. 包装	
5. 保质期	
6. 销售对象	
7. 标签说明	
8. 特殊分销控制	

表 B.4 工艺流程图

产品名称：

日期：____________________　　　　批准____________________

ICS 65.120
B 46

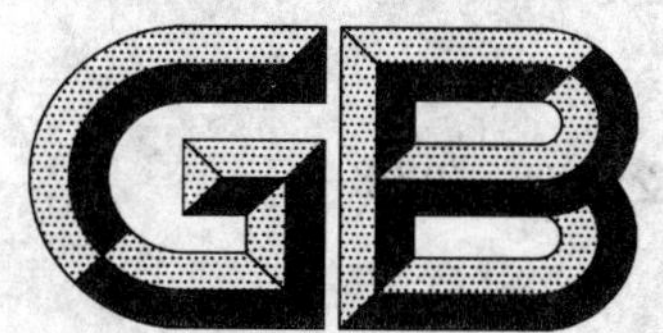

中华人民共和国国家标准

GB/T 23185—2008

宠物食品　狗咬胶

Pet food—Dog chews

2008-12-31 发布　　2009-05-01 实施

中华人民共和国国家质量监督检验检疫总局
中国国家标准化管理委员会　发布

前　言

本标准由全国饲料工业标准化技术委员会提出并归口。

本标准起草单位：温州佩蒂宠物用品有限公司、中华人民共和国温州出入境检验检疫局。

本标准主要起草人：陈振标、唐照波、王忠才、李新珏、黄会秋、郑香兰。

宠物食品　狗咬胶

1　范围

本标准规定了宠物食品狗咬胶的术语和定义、原料要求、技术要求、添加剂、试验方法、检验规则以及标志、包装、运输、贮存和保质期。

本标准适用于宠物食品狗咬胶。

2　规范性引用文件

下列文件中的条款通过本标准的引用而成为本标准的条款。凡是注日期的引用文件，其随后所有的修改单(不包括勘误的内容)或修订版均不适用于本标准，然而，鼓励根据本标准达成协议的各方研究是否可使用这些文件的最新版本。凡是不注日期的引用文件，其最新版本适用于本标准。

GB/T 191　包装储运图示标志(GB/T 191—2008，ISO 780：1997，MOD)

GB 2760　食品添加剂使用卫生标准

GB/T 6432　饲料中粗蛋白测定方法

GB/T 6433　饲料中粗脂肪的测定

GB/T 6435　饲料中水分和其他挥发性物质含量的测定

GB/T 6438　饲料中粗灰分的测定

GB 10648　饲料标签

GB/T 13079　饲料中总砷的测定

GB/T 13080　饲料中铅的测定　原子吸收光谱法

GB/T 13088　饲料中铬的测定

GB/T 13091　饲料中沙门氏菌的检测方法(GB/T 13091—2002，ISO 6579：1993，MOD)

GB 14880　食品营养强化剂使用卫生标准

JJF 1070　定量包装商品净含量计量检验规则

SN 0169　出口食品中大肠菌群、粪大肠菌群和大肠杆菌检验方法

定量包装商品计量监督管理办法(国家质量监督检验检疫总局令[2005]第75号)

饲料添加剂品种目录(中华人民共和国农业部公告[2008]1126号)

3　术语和定义

下列术语和定义适用于本标准。

3.1

狗咬胶　dog chews

以生畜皮、畜禽肉及骨等动物源性原料为主要原料，经前处理、成形、高温杀菌、包装等工艺制作而成的各种形状的供宠物狗咀嚼、玩耍和食用的宠物食品。

4　原料要求

4.1　原料需来自非疫区，经检验检疫合格的畜、禽产品。

4.2　原、辅料不得掺入国家相关部门明令禁止的药物、添加剂及其违禁成分。

5 技术要求

5.1 感官要求

应符合表 1 的规定。

表 1 感官要求

项　目	指　　标
色　泽	色泽均匀，表面洁净、无污渍
气　味	气味正常，无霉味及其他异味
形　状	形状规则，符合设计要求
杂　质	不允许有肉眼可见杂物以及最大尺寸超过 2 mm 的金属异物

5.2 理化指标

应符合表 2 的规定。

表 2 理化指标

项　目		指　标
粗蛋白/(g/100 g)	≥	50
粗脂肪/(g/100 g)	≤	8.0
水　分/(g/100 g)	≤	14
粗灰分/(g/100 g)	≤	4.0
总砷(以 As 计)/(mg/kg)	≤	10
铅(以 Pb 计)/(mg/kg)	≤	20
铬(以 Cr 计)/(mg/kg)	≤	10

5.3 微生物指标

应符合表 3 的规定。

表 3 微生物指标

项　目	指　标
大肠菌群/(个/g)	＜300
沙门氏菌	不得检出

5.4 净含量负偏差

应符合国家质量监督检验检疫总局令[2005]第 75 号的规定。

6 添加剂

6.1 添加剂质量应符合相应的标准和有关规定。

6.2 添加剂品种及其使用量应符合中华人民共和国农业部公告[2008]1126 号的规定。

6.3 可同时使用 GB 2760 及 GB 14880 中规定的添加剂品种及使用量。

7 试验方法

7.1 感官检验

采用目测和嗅觉方法检验，金属异物采用金属探测器检测。

7.2 理化指标检验

7.2.1 粗蛋白

按 GB/T 6432 的规定进行。

7.2.2 粗脂肪

按 GB/T 6433 的规定进行。

7.2.3 水分

按 GB/T 6435 的规定进行。

7.2.4 粗灰分

按 GB/T 6438 的规定进行。

7.2.5 总砷

按 GB/T 13079 的规定进行。

7.2.6 铅

按 GB/T 13080 的规定进行。

7.2.7 铬

按 GB/T 13088 的规定进行。

7.3 微生物检验

7.3.1 大肠菌群

按 SN 0169 的规定进行。

7.3.2 沙门氏菌

按 GB/T 13091 的规定进行。

7.4 净含量偏差

按 JJF 1070 规定的方法检验。

8 检验规则

8.1 组批

以同一原料、同一班次、同一加工工艺的产品为一批次。

8.2 抽样

8.2.1 每批随机抽取 12 个最小独立包装(不含净含量抽样),样本量不少于 1 kg。6 个供感官指标、理化指标检验,2 个供微生物检验,另 4 个备用。

8.2.2 净含量抽样按照 JJF 1070 的规定进行。

8.3 检验分类

产品检验分为出厂检验和型式检验。

8.3.1 出厂检验

8.3.1.1 产品出厂前,应经企业质量检验部门按本标准规定逐批进行检验,检验合格后方可出厂。

8.3.1.2 出厂检验项目为:感官、水分、净含量、大肠菌群、沙门氏菌。

8.3.2 型式检验

8.3.2.1 有下列情况之一时,应进行型式检验:

a) 新产品鉴定时;

b) 正式生产后,每年至少检验一次;

c) 原料、工艺出现大的变化时;

d) 停产半年以上恢复生产时;

e) 出厂检验结果与上次型式检验有较大差异时;

f) 国家质量监督机构提出进行型式检验的要求时。

8.3.2.2 型式检验项目为第5章的全部项目。

8.3.3 **判定规则**

8.3.3.1 检验项目全部符合本标准规定时，判为合格品。

8.3.3.2 检验项目中有两项以上指标不符合本标准规定时，判为不合格；两项以下（含两项）不符合本标准规定时（微生物除外），可在同批产品中加倍抽样复验，复验后仍有一项不符合要求时，则判该批产品为不合格品。

8.3.3.3 微生物项目有一项不符合本标准规定时，不得复验，判该批产品为不合格品。

9 标志、包装、运输、贮存和保质期

9.1 标志

9.1.1 产品包装储运图形标志应符合 GB/T 191 的规定。

9.1.2 产品销售包装的标签应符合 GB 10648 的规定，并标示“宠物食品”字样。

9.2 包装

包装物应无毒无害，符合国家相关标准的规定。

9.3 运输

运输工具应清洁卫生，不得与有毒、有害、有异味、有腐蚀性等的货物混运。运输途中应防止挤压、碰撞、烈日曝晒、雨淋。装卸时应轻放，严禁抛掷。

9.4 贮存

产品应根据要求分类贮存在干燥、通风的仓库内，不得与有毒、有害、有异味、有腐蚀性等的货物混贮，避免阳光直射和靠近热源。

9.5 保质期

在本标准规定的贮运条件下，含动物肉的狗咬胶保质期不低于24个月，其他狗咬胶保质期不低于36个月。

ICS 65.120
B 46

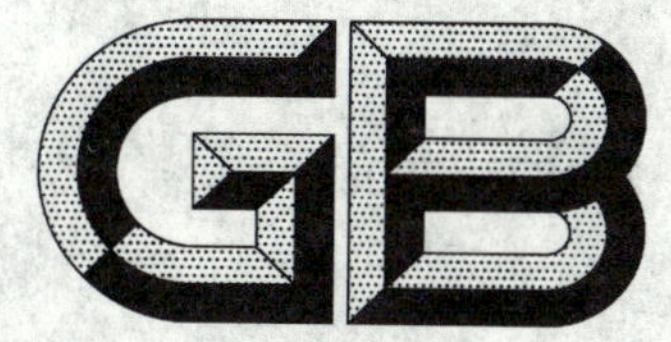

中华人民共和国国家标准

GB/T 23187—2008

饲料中叶黄素的测定　高效液相色谱法

Determination of lutein in feeds—High performance liquid chromatography

2008-12-31 发布　　2009-05-01 实施

中华人民共和国国家质量监督检验检疫总局
中国国家标准化管理委员会　发布

前言

本标准由全国饲料工业标准化技术委员会(SAC/TC 76)提出并归口。

本标准起草单位:华中农业大学、广州汇标检测技术中心、广州立达尔生物科技有限公司、佛山市南海区维德生物技术有限公司。

本标准主要起草人:齐德生、于炎湖、陈红、陶正国、高俊勤、邝金娟、辜垂鹏、黄楷彬、孙玉国、张妮娅。

饲料中叶黄素的测定　高效液相色谱法

1　范围

本标准规定了高效液相色谱法测定饲料中叶黄素的方法。

本标准适用于单一饲料、添加剂预混合饲料、浓缩饲料及配合饲料中叶黄素的测定。方法的定量限为0.5 mg/kg。

2　规范性引用文件

下列文件中的条款通过本标准的引用而成为本标准的条款。凡是注日期的引用文件，其随后所有的修改单(不包括勘误的内容)或修订版均不适用于本标准，然而，鼓励根据本标准达成协议的各方研究是否可使用这些文件的最新版本。凡是不注日期的引用文件，其最新版本适用于本标准。

GB/T 6682　分析实验室用水规格和试验方法(GB/T 6682—2008,ISO 3696:1987,MOD)

GB/T 14699.1　饲料　采样(GB/T 14699.1—2005,ISO 6497:2002,IDT)

GB/T 20195　动物饲料　试样的制备(GB/T 20195—2006,ISO 6498:1998,IDT)

3　原理

试样中叶黄素经碱液皂化及有机溶剂提取后，取上清液过滤，注入高效液相色谱仪进行分离，用紫外检测器检测，外标法计算叶黄素的含量。

4　试剂和材料

除特殊说明外，所用试剂均为分析纯试剂，用水符合 GB/T 6682 中一级水的规定。

4.1　正己烷。

4.2　丙酮。

4.3　无水乙醇。

4.4　甲苯。

4.5　甲醇。

4.6　异丙醇。

4.7　氢氧化钾。

4.8　无水硫酸钠。

4.9　提取剂：正己烷-丙酮-无水乙醇-甲苯(34+23+20+23)混合液。

4.10　氢氧化钾甲醇溶液(400 g/L)：40 g 氢氧化钾溶于甲醇中，冷却后用甲醇稀释至 100 mL。

4.11　硫酸钠溶液(100 g/L)：10 g 无水硫酸钠溶于 100 mL 水中。

4.12　叶黄素标准储备液：准确称取叶黄素标准品(含量大于 99.0%)2 mg(精确至 0.1 mg)，先加入少量流动相超声溶解，用流动相定容至 100 mL 棕色容量瓶，作标准储备液，4 ℃避光保存，保存期 3 天。

4.13　叶黄素标准工作液：取叶黄素标准储备液(4.12)用流动相逐级稀释成 0.5 μg/mL、1.0 μg/mL、2.0 μg/mL、5.0 μg/mL、10.0 μg/mL、20.0 μg/mL 系列标准工作液。

5　仪器

5.1　恒温水浴锅。

5.2　分析天平：感量 0.000 1 g。

5.3　高效液相色谱仪：配 UV-VIS 检测器。

5.4 旋转蒸发仪。

5.5 分液漏斗:250 mL。

5.6 分析实验室常用玻璃仪器。

6 试样的制备

按 GB/T 14699.1 采集有代表性的样品,按 GB/T 20195 进行样品制备。粉碎过 0.45 mm 孔筛,混合均匀,装入密闭容器中,低温保存备用。

7 分析步骤

7.1 试样溶液的制备

警告——整个制备过程应避光操作!

称取试料 1 g～5 g(m),精确到 0.000 1 g,置于 100 mL 棕色容量瓶中。加入 30 mL 提取剂(4.9),塞紧,旋转振摇 1 min。加入 2 mL 40%氢氧化钾甲醇液(4.10)于容量瓶中,旋转振摇 1 min,将容量瓶接上空气冷凝装置或塞紧瓶塞,置于 50 ℃～60 ℃水浴中加热 20 min。于暗处放置 1 h,加入 20 mL 正己烷(4.1),旋转振摇 1 min,加入 10%硫酸钠溶液(4.11)50 mL,转移到 250 mL 分液漏斗(5.5)中,猛烈振摇 1 min,于暗处放置 1 h,取出上层溶液;水相分别加入 20 mL 正己烷(4.1)提取两次,合并上层液,于旋转蒸发仪中 50 ℃～60 ℃水浴浓缩至干,根据样品中叶黄素含量高低,残余物加正己烷(4.1) 10 mL～100 mL(V_1),充分溶解后经 0.45 μm 滤膜过滤,滤液备用。取 20 μL 滤液在高效液相色谱仪上测定叶黄素组分的峰面积,根据标准工作曲线(7.2.2)计算滤液中叶黄素的浓度(c_0)。

7.2 测定

7.2.1 色谱条件

色谱柱:硅胶柱(5.0 μm,250 mm×4.6 mm)。

流动相:正己烷-乙酸乙酯-异丙醇(73+27+1.5)混合液。

流速:1.5 mL/min。

柱温:室温。

进样量:20 μL。

检测器:紫外检测器,使用波长 446 nm。

7.2.2 标准工作曲线的绘制

各取 20 μL 叶黄素标准工作液上机进行高效液相色谱分析。以浓度(c)为横坐标,以峰面积(A)为纵坐标,做标准工作曲线。

8 结果计算

饲料中叶黄素含量 X,以质量分数[毫克每千克(mg/kg)]表示,按式(1)计算。

$$X = \frac{c_0 \times V_1}{m} \qquad \cdots\cdots (1)$$

式中:

c_0——由标准工作曲线查得的试样滤液中叶黄素的浓度,单位为微克每毫升(μg/mL);

V_1——加入正己烷的体积(7.1),单位为毫升(mL);

m——称样量,单位为克(g)。

测定结果用平行测定后的算术平均值表示,结果表示到 0.1 mg/kg。

9 精密度

对同一样品同时或快速连续地进行两次测定,所得结果的相对偏差:叶黄素含量小于或等于 50 mg/kg 时,不得大于 15%;含量大于 50 mg/kg 时,不得大于 10%。

ICS 67.080.20
B 31

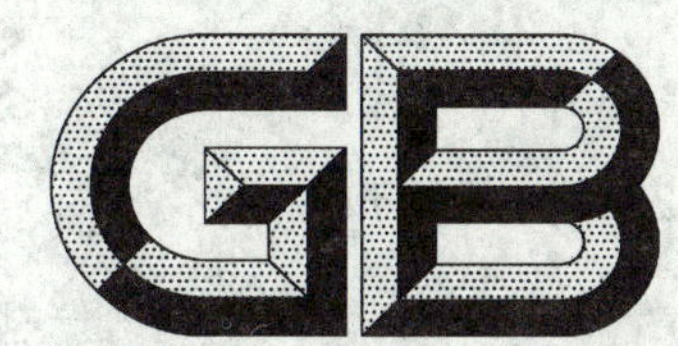

中华人民共和国国家标准

GB/T 23188—2008

松茸

Tricholoma matsutake

2008-12-31 发布　　　　2009-06-01 实施

中华人民共和国国家质量监督检验检疫总局
中国国家标准化管理委员会　发布

前　言

本标准由中华全国供销合作总社提出并归口。

本标准起草单位：中华全国供销合作总社昆明食用菌研究所。

本标准主要起草人：朱萍、徐俊、桂明英、高观世、张陶、刘新民、罗孝坤。

松　　茸

1　范围

本标准规定了松茸[拉丁学名：*Tricholoma matsutake* (S. Ito & Imai) Sing.]的相关术语和定义、产品分类、要求、试验方法、检验规则及标志、标签、包装、运输和贮存。

本标准适用于松茸鲜品、速冻品和干品。

2　规范性引用文件

下列文件中的条款通过本标准的引用而成为本标准的条款。凡是注日期的引用文件，其随后所有的修改单(不包括勘误的内容)或修订版均不适用于本标准，然而，鼓励根据本标准达成协议的各方研究是否可使用这些文件的最新版本。凡是不注日期的引用文件，其最新版本适用于本标准。

GB/T 191　包装储运图示标志(ISO 780:1997,MOD)

GB/T 5009.3　食品中水分的测定

GB/T 6543　运输包装用单瓦楞纸箱和双瓦楞纸箱

GB 7096　食用菌卫生标准

GB 7718　预包装食品标签通则

GB 9687　食品包装用聚乙烯成型品卫生标准

GB/T 12532　食用菌灰分测定

定量包装商品计量监督管理办法　国家质量监督检验检疫总局令 75 号

3　术语和定义

下列术语和定义适用于本标准。

3.1

松茸　*Tricholoma matsutake*

松口蘑

en　**matsutake**

隶属担子菌亚门(Basidiomycotina)、伞菌目(Agaricales)、口蘑科(Tricholomataceae)、口蘑属(*Tricholoma*)，是松、栎等树木外生的**菌根真菌**(3.2)。

3.2

菌根真菌　mycorrhiza fungus

能与植物根系发生互惠共生关系形成菌根的真菌。如松口蘑与赤松。由于真菌菌丝深入植物根部程度的不同又有外生菌根和内生菌根之分。

[GB/T 12728—2006，定义 2.3.19]

3.3

菌褶　lamellae;gill

垂直于菌盖下侧呈辐射状排列的片状结构，其上形成担子，产生担孢子。

[GB/T 12728—2006，定义 2.2.35]

3.4

内菌幕　inner veil

某些伞菌菌褶与菌柄之间形成的一层膜。

3.5

子实体长度　length of fruit body

松茸子实体有效食用部分的纵径长度。

3.6

杂质　extraneous matters

除松茸以外的一切有机物和无机物。

4　产品分类

4.1　松茸鲜品：正常发育，野外采集后，经简单保鲜处理的松茸。

4.2　松茸速冻品：新鲜野生松茸为原料，采用低温速冻工艺加工而成的松茸。

4.3　松茸干品：鲜品纵向切片，经热风、晾晒、干燥脱水等工艺加工成的松茸。

5　要求

5.1　感官要求

5.1.1　松茸鲜品

应符合表1规定。

表1　松茸鲜品感官要求

项　　目	指　　标			
	一级	二级	三级	四级
形态	菌体完整，肉质饱满有弹性，菌盖未展开紧贴菌柄、内菌幕不外露、盖边缘向内卷	菌体完整，肉质饱满有弹性，菌盖略张开，内菌幕外露且内菌幕未破裂	菌体完整，肉质饱满有弹性，菌盖开伞，内菌幕破裂、菌褶外露	菌体机械破损不完整或畸形
色泽	具有松茸鲜品应有的色泽			
气味	具有松茸应有的气味，无异味			
虫蛀菇/%	0			≤5.0
子实体长度/cm	≥6			
霉烂菇	不允许			
杂质/%	≤1.0			≤3.0

5.1.2　松茸速冻品

应符合表2规定。

表2　松茸速冻品感官要求

项　　目	指　　标			
	整菇	切片	切块	碎片
形态	子实体完整，无损伤	片形完整，菌盖与菌柄相连，切片厚薄均匀，厚：2 mm～4 mm	切块规格：1 cm×1 cm 2 cm×2 cm 3 cm×3 cm	子实体不完整，大小不一，厚薄不均匀
色泽	淡黄色至浅棕色正常色泽	灰白色	白色，略有黄，属氧化后的正常色泽	
气味	具有松茸应有的气味，无异味			
虫蛀菇/%	≤10.0			
霉烂菇	不允许			
杂质/%	≤1.0	0	≤0.5	≤1.5

5.1.3 **松茸干品**

应符合表3规定。

表3 松茸干品感官要求

项 目	指 标		
	一 级	二 级	三 级
形态	片形完整，菌盖与菌柄相连，碎片率≤1.0%	片形完整，菌盖与菌柄相连，碎片率≤3.0%	片形不完整，碎片率≤4.0%
色泽	灰白色，边缘为浅棕色		灰白色
气味	具有松茸应有的气味，无异味		
虫蛀菇/%	0	≤5.0	≤10.0
霉烂菇	不允许		
杂质/%	0	≤0.5	≤1.5

5.2 **理化要求**

应符合表4规定。

表4 松茸理化要求

项 目	指 标		
	鲜 品	速 冻 品	干 品
水分/%	≤92.0	≤92.0	≤12.0
灰分(以干重计)/%	≤8.0	≤8.0	≤8.0

5.3 **净含量**

应符合《定量包装商品计量监督管理办法》。

5.4 **卫生要求**

应符合GB 7096的规定。

6 试验方法

6.1 **感官指标**

松茸鲜品、松茸干品应在常温下进行感官检验；松茸速冻品应在冻结状态下迅速进行感官检验。

6.1.1 **形态、色泽、气味**

采用目测、手摸、鼻嗅的方法进行检测。

6.1.2 **子实体长度**

随机抽取不少于10个松茸，用精确度为0.1 mm的量具，量取每个松茸从菌盖顶部到菌柄基部的长度，计算出平均值。

6.1.3 **松茸速冻品切片厚度**

随机抽取不少于10个松茸速冻品切片，用读数值0.05 mm的游标卡尺测量切片中间的厚度。

6.1.4 **松茸速冻品切块规格**

随机抽取不少于10个松茸速冻品切块，用精确度为0.1 mm的量具测量切块正面和侧面中间的宽度。

6.1.5 **碎片、虫蛀菇、霉烂菇、杂质**

随机抽取样品500 g(精确至±0.1 g)，分别拣出碎片、虫蛀菇、霉烂菇、杂质，用感量为0.1 g的天平称其质量，按式(1)分别计算其占样品的百分率，计算结果精确到小数点后一位。

$$X = \frac{m_1}{m} \times 100\% \qquad \cdots\cdots (1)$$

式中：

X——碎片、虫蛀菇、霉烂菇、杂质的百分率，%；

m_1——碎片、虫蛀菇、霉烂菇、杂质的质量，单位为克(g)；

m——样品的质量，单位为克(g)。

6.2 理化指标

6.2.1 水分

按 GB/T 5009.3 规定的方法测定。

6.2.2 灰分

按 GB/T 12532 规定的方法测定。

7 检验规则

7.1 组批规则

同一产地、同一批次作为一个检验批次。

7.2 抽样

7.2.1 抽样数量

在整批货物中，包装产品以同类货物的小包装袋(盒、箱等)为基数，散装产品以同类货物的质量(kg)或件数为基数，按下列整批货物件数的基数进行随机取样：

——整批货物 50 件以下，抽样基数为 2 件；

——整批货物 51 件～100 件，抽样基数为 4 件；

——整批货物 101 件～200 件，抽样基数为 5 件；

——整批货物 201 件以上，以 6 件为最低限度，每增加 50 件加抽 1 件。

小包装质量不足检验所需质量时，适当加大抽样量。

7.2.2 抽样方法

在整批货物的按级别堆垛中，随机抽取所需样品。每次随机抽取样品 1 000 g，其中 500 g 作为检样，500 g 作为存样。型式检验应从交收检验合格的产品中抽取。

7.3 检验分类

7.3.1 交收检验

每批产品交收前，生产者应进行交收检验。交收检验内容包括感官指标、标志和包装。检验合格后，附合格证方可交收。

7.3.2 型式检验

型式检验是对产品进行全面考核，即对本标准第 5 章规定的全部项目进行检验。有下列情形之一者应进行型式检验：

a) 国家质量监督机构或行业主管部门提出型式检验要求时；

b) 前后两次抽样检验结果差异较大时；

c) 因人为或自然因素使生产技术和生产环境发生较大变化时。

7.4 判定规则

7.4.1 以表 1、表 2 中除气味、霉烂菇、有害杂质感官指标外的规定确定受检批次产品的等级。同级指标间任何一项达不到该级指标即降为下一级，鲜品、速冻品达不到四级要求者为等外品，干片达不到三级要求者为等外品。

7.4.2 气味、霉烂菇、有害杂质感官指标及理化指标中任何一项不符合要求的，则判定该批产品不合格。其他指标如有一项不合格，允许在同批次产品中加倍抽样，对不合格项目进行复检，若仍有一项不合格,则判定该批产品为不合格。

7.4.3 批次样品标志、包装、净含量不合格时,允许生产者进行整改后再申请复检一次;复检项目、检查水平和合格质量水平仍按原要求,以复检结果作为最终判定依据。

8 标志、标签

8.1 外包装标志应符合 GB/T 191 的规定。应标明:产品名称、产品执行标准、等级、质量或数量、规格、生产日期、保质期、生产企业名称、地址等。

8.2 标签应符合 GB 7718 的要求。

9 包装、运输和贮存

9.1 包装

9.1.1 包装材料应坚固、洁净、干燥、防湿、无破损、无异味、无毒、无害,包装箱(袋)的卫生指标应符合 GB 9687 和 GB/T 6543 的规定。

9.1.2 每批产品所用的包装、质量单位应一致。

9.1.3 包装检验规则:逐件称量抽取的样品,每件的净含量应不低于包装外标志的净含量。

9.2 运输

9.2.1 运输时应轻装、轻卸、防重压,避免机械损伤。

9.2.2 运输工具应清洁、卫生、无污染物、无杂物。

9.2.3 防日晒、防雨淋、不可裸露运输。

9.2.4 不得与有毒、有害、有异味的物品和鲜活动物混装混运。

9.2.5 松茸鲜品:在 1 ℃～5 ℃条件下运输。

9.2.6 松茸速冻品:在低于－18 ℃条件下运输。

9.2.7 松茸干品:在常温并保持干燥条件下运输。

9.3 贮存

9.3.1 不得与有毒、有害、有异味和易于传播霉菌、虫害的物品混合存放。

9.3.2 松茸鲜品:在 3 ℃～5 ℃下贮存 1 d～3 d。

9.3.3 松茸速冻品:在－28 ℃条件下贮存。

9.3.4 松茸干品:在通风、阴凉干燥、洁净、有防潮设备及防霉、防虫和防鼠设施的库房贮存。

参 考 文 献

［1］ GB/T 12728—2006 食用菌术语

ICS 67.080.20
B 31

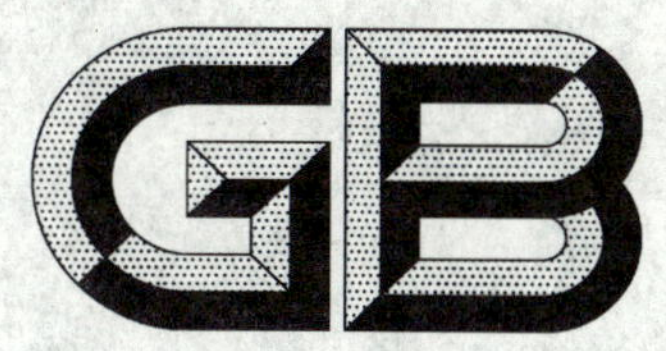

中华人民共和国国家标准

GB/T 23189—2008

平 菇

Pleurotus mushrooms

2008-12-31 发布　　　　2009-06-01 实施

中华人民共和国国家质量监督检验检疫总局
中国国家标准化管理委员会　发布

前　言

本标准的附录 A 为资料性附录。

本标准由中华全国供销合作总社提出并归口。

本标准起草单位：中华全国供销合作总社昆明食用菌研究所。

本标准主要起草人：徐俊、罗孝坤、桂明英、张陶、吴素蕊、高观世、朱萍。

引　言

平菇(英文名:Pleurotus mushrooms),在分类学上隶属担子菌亚门(Basidiomycotina)、伞菌目(Agaricales)、侧耳科(Pleurotaceae)、侧耳属(*Pleurotus*)。侧耳属约有20多种,我国食用菌商品市场一般均把栽培最广的糙皮侧耳(*Pleurotus ostreatus*)、美味侧耳(*Pleurotus sapidus*)、黄白侧耳(*Pleurotus cornucopiae*)、风尾菇(*Pleurotus pulmonarius*)、佛罗里达侧耳(*Pleurotus florida*)等俗称平菇。

鉴于糙皮侧耳(侧耳)[拉丁学名:*Pleurotus ostreatus*(Jacq.:exFr.)]是平菇类产品的主要代表,所以本标准的制定以糙皮侧耳为主,包括美味侧耳(*Pleurotus sapidus*)、黄白侧耳(*Pleurotus cornucopiae*)、风尾菇(*Pleurotus pulmonarius*)、佛罗里达侧耳(*Pleurotus florida*)等。

平　　菇

1 范围

本标准规定了平菇的相关术语和定义、产品分类、要求、试验方法、检验规则及标志、标签、包装、运输和贮存。

本标准适用于糙皮侧耳(*Pleurotus ostreatus*)、美味侧耳(*Pleurotus sapidus*)、白黄侧耳(*Pleurotus cornucopiae*)、风尾菇(*Pleurotus pulmonarius*)、佛罗里达侧耳(*Pleurotus florida*)子实体鲜品和干品。

2 规范性引用文件

下列文件中的条款通过本标准的引用而成为本标准的条款。凡是注日期的引用文件,其随后所有的修改单(不包括勘误的内容)或修订版均不适用于本标准,然而,鼓励根据本标准达成协议的各方研究是否可使用这些文件的最新版本。凡是不注日期的引用文件,其最新版本适用于本标准。

GB/T 191　包装储运图示标志(ISO 780:1997,MOD)

GB/T 5009.3　食品中水分的测定

GB/T 6543　运输包装用单瓦楞纸箱和双瓦楞纸箱

GB 7096　食用菌卫生标准

GB 7718　预包装食品标签通则

GB 9687　食品包装用聚乙烯成型品卫生标准

GB/T 12532　食用菌灰分测定

定量包装商品计量监督管理办法　国家质量监督检验检疫总局令第75号

3 术语和定义

下列术语和定义适用于本标准。

3.1

平菇　Pleurotus mushrooms

隶属担子菌亚门(Basidiomycotina)、伞菌目(Agaricales)、侧耳科(Pleurotaceae)、侧耳属(*Pleurotus*)的木腐菌(3.2)。

注1:糙皮侧耳、美味侧耳、白黄侧耳、风尾菇、佛罗里达侧耳是我国目前主要栽培的平菇种类。

注2:上述五种平菇的主要特征参见附录A。

3.2

木腐菌　wood rotting musheoom

自然生长在木本植物上可引起木材腐烂的大型真菌。

[GB/T 12728—2006,定义2.3.10]

3.3

杂质　extraneous matters

除平菇以外的一切有机物和无机物。

4 产品分类

4.1　平菇鲜品:正常发育,采收后经简单保鲜处理的平菇。

4.2　平菇干品:平菇鲜品经热风、晾晒、干燥脱水等工艺加工成的干制品。

5 要求

5.1 感官要求

5.1.1 平菇鲜品

应符合表 1 规定。

表 1 平菇鲜品感官要求

项目	指标		
	一级	二级	三级
形态	菌盖肥厚、表面无萌生的菌丝，菌柄基部切削平整，干爽，无黏滑感	菌盖肥厚、表面无萌生的菌丝，菌柄基部切削良好，干爽，无黏滑感	菌盖、菌褶不发黑，菌柄基部切削允许有不规整存在
菌盖直径/cm	3.0～5.0	5.0～10.0	≤3.0，≥10.0
色泽	具有平菇应有的色泽		
气味	具有平菇特有气味，无异味		
虫蛀菇/%	不允许		≤1.0
霉烂菇	不允许		
杂质/%	不允许	≤5.0	

5.1.2 平菇干品

应符合表 2 规定。

表 2 平菇干品感官要求

项目	指标		
	一级	二级	三级
形态	菇体完整，无碎片	菇体较完整，允许碎片率 5%～10%	菇体较完整，碎片率大于 10%
色泽	具有平菇应有的色泽		
气味	具有平菇特有气味，无异味		
虫蛀菇/%	不允许	≤1.0	
霉烂菇	不允许		
杂质/%	不允许	≤5.0	

5.2 理化要求

应符合表 3 规定。

表 3 平菇理化要求

项目	指标	
	鲜品	干品
水分/%	≤92.0	≤12.0
灰分(以干重计)/%	≤8.0	≤8.0

5.3 卫生要求

应符合 GB 7096 规定。

5.4 净含量

应符合《定量包装商品计量监督管理办法》的要求。

6 试验方法

6.1 感官指标

6.1.1 形态、色泽、气味

肉眼观察形态、色泽，鼻嗅判断气味。

6.1.2 菌盖直径

随机取不少于10片平菇，用精确度为0.1 mm的量具，量取每片平菇菌盖最大直径，计算出菌盖平均值。

6.1.3 干品碎片、虫蛀菇、霉烂菇、杂质

随机抽取样品100 g(精确至±0.1 g)，分别拣出干品碎片、虫蛀菇、霉烂菇、杂质，用感量为0.1 g的天平称其质量，按式(1)分别计算其占样品的百分率，计算结果精确到小数点后一位。

$$X = \frac{m_1}{m} \times 100\% \quad \cdots\cdots (1)$$

式中：

X——干品碎片、虫蛀菇、霉烂菇、杂质的百分率，%；

m_1——干品碎片、虫蛀菇、霉烂菇、杂质的质量，单位为克(g)；

m——样品的质量，单位为克(g)。

6.2 理化指标

6.2.1 水分

按GB/T 5009.3规定的方法测定。

6.2.2 灰分

按GB/T 12532规定的方法测定。

7 检验规则

7.1 组批规则

同一场地、同时采收的平菇鲜品作为平菇鲜品的一个检验批次；同一班次、同一生产线、同一生产工艺、同一规格作为平菇干品的一个检验批次。

7.2 抽样

7.2.1 抽样数量

在整批货物中，包装产品以同类货物的小包装袋(盒、箱等)为基数，散装产品以同类货物的质量(kg)或件数为基数，按下列整批货物件数的基数进行随机取样：

——整批货物50件以下，抽样基数为2件；

——整批货物51件～100件，抽样基数为4件；

——整批货物101件～200件，抽样基数为5件；

——整批货物201件以上，以6件为最低限度，每增加50件加抽1件。

小包装质量不足检验所需质量时，适当加大抽样量。

7.2.2 抽样方法

在整批货物的按级别堆垛中，随机抽取所需样品。每次随机抽取样品1 000 g，其中500 g作为检样，500 g作为存样。型式检验应从交收检验合格的产品中抽取。

7.3 检验分类

7.3.1 交收检验

每批产品交收前，生产者应进行交收检验。交收检验内容包括感官指标、标志和包装。检验合格后，附合格证方可交收。

7.3.2 型式检验

型式检验是对产品进行全面考核，即本标准第5章规定的全部项目进行检验。有下列情形之一者应进行型式检验：

a) 国家质量监督机构或行业主管部门提出型式检验要求时；

b) 前后两次抽样检验结果差异较大时；

c) 因人为或自然因素使生产技术和生产环境发生较大变化时。

7.4 判定规则

7.4.1 以表1、表2中除气味、霉烂菇、杂质感官指标外的规定，确定受检批次产品的等级。同级指标间任何一项达不到该级指标即降为下一级，鲜品达不到三级要求者为等外品，干品达不到三级要求者为等外品。

7.4.2 气味、霉烂菇、杂质、水分指标及卫生指标中任何一项不符合要求的，即判定该批产品不合格。其他指标如有一项不合格，允许在同批次产品中加倍抽样，对不合格项目进行复检，若仍有一项不合格，则判定该批产品为不合格。

7.4.3 批次样品的标志、包装、净含量不合格时，允许生产者进行整改再申请复检一次；复检仍按原要求，以复检结果作为最终判定依据。

8 标志、标签

8.1 外包装标志应符合GB/T 191的规定。应标明：产品名称、产品执行标准、等级、质量或数量、规格、生产日期、保质期、生产企业名称、地址等。

8.2 标签应符合GB 7718的要求。

9 包装、运输和贮存

9.1 包装

9.1.1 内包装用食品聚乙烯成型塑料袋密封，外包装材料应坚固、洁净、干燥、无破损、无异味、无毒、无害，包装箱(袋)的卫生指标应符合GB 9687和GB/T 6543的规定。

9.1.2 每批产品所用的包装、质量单位应一致。

9.1.3 包装检验规则：逐件称量抽取的样品，每件的净含量应不低于包装外标志的净含量。

9.2 运输

9.2.1 运输时应轻装、轻卸、防重压，避免机械损伤。

9.2.2 运输工具应清洁、卫生、无污染物、无杂物。

9.2.3 防日晒、防雨淋、不可裸露运输。

9.2.4 不得与有毒、有害、有异味的物品和鲜活动物混装混运。

9.2.5 平菇鲜品：在低温条件下运输。

9.2.6 平菇干品：在常温条件下运输。

9.3 贮存

9.3.1 不得与有毒、有害、有异味和易于传播霉菌、虫害的物品混合存放。

9.3.2 平菇鲜品：在2 ℃～5 ℃下贮存2 d～5 d。

9.3.3 平菇干品：在通风、阴凉干燥、洁净、有防潮设备及防霉、防虫和防鼠设施的常温条件下库房贮存。

附　录　A
（资料性附录）
五种平菇的主要特征表

表 A.1　五种平菇的主要特征表

名　　称	主　要　特　征
糙皮侧耳 俗名：平菇、侧耳、蠔菇、蚝菌、北风菌 拉丁学名：*Pleurotus ostreatus* 英文名：Oyster mushroom	菌盖：扁半球形后平展，有后边缘，有条纹，覆瓦状丛生，直径 4 cm～21 cm，白色至灰白色、青灰色； 菌柄：侧生，内实，短或无，长 1 cm～3 cm，粗 1 cm～2 cm，基部常有绒毛，白色； 菌褶：不等长，延生，在菌柄上交织，稍密至稍稀，白色； 菌肉：厚，白色； 孢子印：白色，堆积较厚时呈粉红色； 孢子：近圆柱形，无色，光滑，(7 μm～10 μm)×(2.5 μm～3.5 μm)，无色。
美味侧耳 俗名：紫孢侧耳、小平菇、姬菇 拉丁学名：*Pleurotus sapidus*	菌盖：扁半球，伸展后基部下凹，光滑，幼时内卷，后期常呈波状，直径 5 cm～13 cm，幼时浅灰色，后渐为灰白色至近白色； 菌柄：偏生或侧生，内实，光滑，短，长 2 cm～5 cm，粗 0.6 cm～2.5 cm，基部相连，白色； 菌褶：延生，在菌柄上不交织，稍密，白色至近白色； 菌肉：稍厚，白色； 孢子印：淡紫色； 孢子：近方柱形，无色至淡紫色，光滑，(7 μm～11 μm)×(3.5 μm～4.5 μm)，无色。
黄白侧耳 俗名：小白平菇、秀菇 拉丁学名：*Pleurotus cornucopiae*	菌盖：初期扁半球，伸展后基部下凹，光滑，边缘薄，幼时内卷，后常呈波状，直径 3 cm～13 cm，浅灰色或浅褐色至灰白色或白色； 菌柄：偏生或侧生，内实，光滑，短，长 2 cm～5 cm，粗 0.6 cm～2.5 cm，基部相连，与菌盖同色； 菌褶：延生，在菌柄上交织，宽，稍密，白色至近白色； 菌肉：较肥厚，白色； 孢子印：淡紫色； 孢子：长椭圆形，光滑，(7 μm～11 μm)×(3.5 μm～4.5 μm)，无色。
凤尾菇 俗名：肺形侧耳、漏斗状侧耳、印度侧耳、秀珍菇 拉丁学名：*Pleurotus pulmonarius*	菌盖：扁半球至平展，倒卵形至肾形或近扇形，光滑，边缘平滑或稍呈波状，直径 4 cm～10 cm，白色、灰色至灰黄色； 菌柄：偏生或侧生，内实，光滑，短或无，有绒毛，后期近光滑，内部实心至松软，白色； 菌褶：延生，稍密，不等长，白色； 菌肉：靠近基部稍厚，白色； 孢子印：灰白色； 孢子：近圆柱形，光滑，(8.1 μm～10.7 μm)×(3 μm～5.1 μm)，无色透明。
佛罗里达侧耳 俗名：白平菇 拉丁学名：*Pleurotus florida*	菌盖：扁半球形后平展，有后边缘，有条纹，覆瓦状丛生，直径 4 cm～21 cm，白色至灰白色、青灰色； 菌柄：侧生，内实，短或无，长 1 cm～3 cm，粗 1 cm～2 cm，基部常有绒毛，白色； 菌褶：不等长，延生，在菌柄上交织，稍密至稍稀，白色； 菌肉：厚，白色； 孢子印：白色，堆积较厚时呈粉红色； 孢子：近圆柱形，无色，光滑，(7 μm～10 μm)×(2.5 μm～3.5 μm)，无色。

参 考 文 献

［1］ GB/T 12728—2006 食用菌术语
［2］ 张光亚.中国常见食用菌图鉴.昆明:云南科技出版社,1999.
［3］ 卯晓岚.中国大型真菌.郑州:河南科学技术出版社,2000.

ICS 67.080.20
B 31

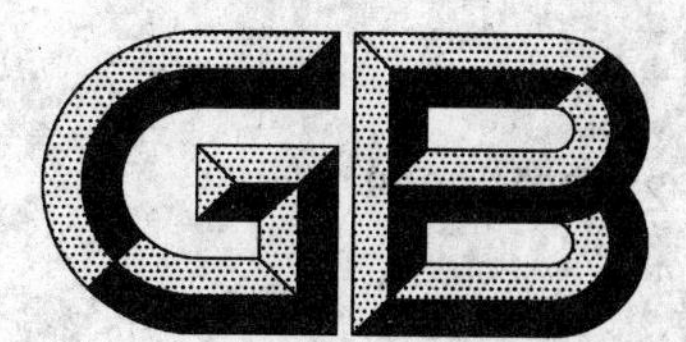

中华人民共和国国家标准

GB/T 23190—2008

双孢蘑菇

Agaricus bisporus

2008-12-31 发布　　2009-06-01 实施

中华人民共和国国家质量监督检验检疫总局
中国国家标准化管理委员会　发布

前言

本标准由中华全国供销合作总社昆明食用菌研究所提出并归口。

本标准起草单位：中华全国供销合作总社昆明食用菌研究所。

本标准主要起草人：徐俊、罗孝坤、桂明英、高观世、张陶、朱萍、熊永生。

双 孢 蘑 菇

1 范围

本标准规定了双孢蘑菇(拉丁学名:*Agaricus bisporus*)的相关术语和定义、产品分类、要求、试验方法、检验规则及标志、标签、包装、运输和贮存。

本标准适用于人工栽培的双孢蘑菇鲜品、干品和盐渍品。

2 规范性引用文件

下列文件中的条款通过本标准的引用而成为本标准的条款。凡是注日期的引用文件,其随后所有的修改单(不包括勘误的内容)或修订版均不适用于本标准,然而,鼓励根据本标准达成协议的各方研究是否可使用这些文件的最新版本。凡是不注日期的引用文件,其最新版本适用于本标准。

GB/T 191 包装储运图示标志(ISO 780:1997,MOD)

GB/T 5009.3 食品中水分的测定

GB/T 6543 运输包装用单瓦楞纸箱和双瓦楞纸箱

GB 7096 食用菌卫生标准

GB 7718 预包装食品标签通则

GB 9687 食品包装用聚乙烯成型品卫生标准

GB/T 12532 食用菌灰分测定

定量包装商品计量监督管理办法 国家质量监督检验检疫总局令第 75 号

3 术语和定义

下列术语和定义适用于本标准。

3.1

双孢蘑菇 *Agaricus bisporus*

隶属担子菌亚门(Basidiomycotina)、伞菌目(Agaricales)、蘑菇科(Agaricaceae)、蘑菇属(*Agaricus*)的草腐菌(3.2)。

3.2

草腐菌 straw rotting mushroom

自然生长在草本植物残体上的大型真菌。

[GB/T 12728—2006,定义 2.3.11]

3.3

内菌膜 inner veil

某些伞菌菌褶与菌柄之间形成的一层膜。

3.4

杂质 extraneous matters

除双孢蘑菇以外的一切有机物和无机物。

4 产品分类

4.1 双孢蘑菇鲜品:正常发育,采收后经简单保鲜处理的双孢蘑菇。

4.2 双孢蘑菇干品:双孢蘑菇鲜品切片,经热风、晾晒或干燥脱水等工艺加工成的干制品。

4.3 双孢蘑菇盐渍品:双孢蘑菇鲜品经饱和食盐腌制的加工制品。

5 要求

5.1 感官要求

5.1.1 双孢蘑菇鲜品

应符合表1规定。

表1 双孢蘑菇鲜品感官要求

项目	指标		
	一级	二级	三级
形态	菇形圆整,内菌膜紧包,无畸形,无薄皮,无机械损伤,无斑点;菌柄基部切削处理平整	菇形圆整,内菌膜紧包,无严重畸形,无机械损伤,无斑点;菌柄基部基本平整	内菌膜破,允许菌褶不发黑的脱柄菇存在,无严重斑点;菌柄基部切削欠平
菌盖直径/cm	2.0～2.2	2.0～5.0	≤6.0
菌柄长度/cm	≤1.5		
色泽	菇色正常均匀,有自然光泽		
气味	具有双孢蘑菇应有的气味,无异味		
虫蛀菇/%	0		≤1.0
霉烂菇	不允许		
杂质/%	0		≤3

5.1.2 双孢蘑菇干品

应符合表2规定。

表2 双孢蘑菇干品感官要求

项目	指标
形态	干片厚薄均匀
色泽	乳白色至浅黄色,有光泽
气味	具有双孢蘑菇应有的气味,无异味
虫蛀菇/%	不允许
霉烂菇	不允许
杂质/%	不允许

5.1.3 双孢蘑菇盐渍品

应符合表3规定。

表3 双孢蘑菇盐渍品感官要求

项目	指标			
	特级	一级	二级	三级
形态	菇形圆整,内菌膜紧包,有弹性,无畸形,切削平整	菇形圆整,内菌膜紧包,切削平整,允许稍有畸形	菇形基本完整,内菌膜未破,菌盖稍展,允许有少许畸形	菇形基本完整,内菌膜已破,允许有少量开伞、脱柄和畸形菇
菌盖直径/cm	2.0～4.0	2.0～6.0		大小不等
菌柄长度/cm	≤1.5			

表 3（续）

项　目	指　标			
	特　级	一　级	二　级	三　级
脱柄菇比例/%	≤10			
酸度(pH 值)	4.0～5.6			
盐水浓度(NaCl)/°Bé	18～22，盐水清澈，不浑浊			
色泽	呈淡黄色或黄褐色，菇体光滑，有光泽，无白心，无斑点			
气味	具有盐渍蘑菇应有的滋味及气味，无异味和不良的酸味			
霉烂菇	不允许			
杂质/%	不允许			

5.2　理化要求

应符合表 4 规定。

表 4　双孢蘑菇理化要求

项　目	要　求		
	鲜　品	干　品	盐　渍　品
水分/%	≤92	≤12	—
灰分(以干重计)/%	≤8.0	≤8.0	≤12.0

5.3　卫生要求

应符合 GB 7096 的规定。

5.4　净含量

应符合《定量包装商品计量监督管理办法》的要求。

6　试验方法

6.1　感官指标

6.1.1　形态、色泽、气味

肉眼观察形态、色泽，鼻嗅判断气味。

6.1.2　菌盖直径、菌柄长度

随机取不少于 10 个双孢蘑菇，用精确度为 0.1 mm 的量具，分别量取每个双孢蘑菇菌盖最大直径和菌柄最大长度，分别计算出菌盖平均直径和菌柄平均值。

6.1.3　虫蛀菇、霉烂菇、杂质、脱柄菇比例

随机抽取样品 100 g(精确至±0.1 g)，分别拣出虫蛀菇、霉烂菇、杂质、脱柄菇，用感量为 0.1 g 的天平称其质量，按式(1)分别计算其占样品的百分率，计算结果精确到小数点后一位。

$$X = \frac{m_1}{m} \times 100\% \qquad \cdots\cdots(1)$$

式中：

X——虫蛀菇、霉烂菇、杂质、脱柄菇比例的百分率，%；

m_1——虫蛀菇、霉烂菇、杂质、脱柄菇的质量，单位为克(g)；

m——样品的质量，单位为克(g)。

6.1.4　酸度

用精密 pH 试纸比色测定。

6.1.5 盐水浓度

用专门测定盐水浓度(咸度)的波美度测试比重计测定。

6.2 理化指标

6.2.1 水分

按 GB/T 5009.3 规定的方法测定。

6.2.2 灰分

按 GB/T 12532 规定的方法测定。

7 检验规则

7.1 组批规则

同一场地、同时采收的双孢蘑菇鲜品作为双孢蘑菇鲜品的一个检验批次;同一班次、同一生产线、同一生产工艺、同一规格作为双孢蘑菇干品、盐渍品的一个检验批次。

7.2 抽样

7.2.1 抽样数量

在整批货物中,包装产品以同类货物的小包装袋(盒、箱等)为基数,散装产品以同类货物的质量(kg)或件数为基数,按下列整批货物件数的基数进行随机取样:

——整批货物 50 件以下,抽样基数为 2 件;

——整批货物 51 件～100 件,抽样基数为 4 件;

——整批货物 101 件～200 件,抽样基数为 5 件;

——整批货物 201 件以上,以 6 件为最低限度,每增加 50 件加抽 1 件。

小包装质量不足检验所需质量时,适当加大抽样量。

7.2.2 抽样方法

在整批货物的按级别堆垛中,随机抽取所需样品。每次随机抽取样品 1 000 g,其中 500 g 作为检样,500 g 作为存样。型式检验应从交收检验合格的产品中抽取。

7.3 检验分类

7.3.1 交收检验

每批产品交收前,生产者应进行交收检验。交收检验内容包括感官指标、标志和包装。检验合格后,附合格证方可交收。

7.3.2 型式检验

型式检验是对产品进行全面考核,即本标准第 5 章规定的全部项目进行检验。有下列情形之一者应进行型式检验:

a) 国家质量监督机构或行业主管部门提出型式检验要求时;

b) 前后两次抽样检验结果差异较大时;

c) 因人为或自然因素使生产技术和生产环境发生较大变化时。

7.4 判定规则

7.4.1 以表 1、表 2 中除气味、霉烂菇、杂质感官指标外的规定确定受检批次产品的等级。同级指标间任何一项达不到该级指标即降为下一级,鲜品达不到三级要求者为等外品,干品达不到三级要求者为等外品。

7.4.2 气味、霉烂菇、杂质、水分指标及卫生指标中任何一项不符合要求的,即判定该批产品不合格。其他指标如有一项不合格,允许在同批次产品中加倍抽样,对不合格项目进行复检,若仍有一项不合格,则判定该批产品为不合格。

7.4.3 批次样品标志、包装、净含量不合格时,允许生产者进行整改再申请复检一次;复检仍按原要求,以复检结果作为最终判定依据。

8 标志、标签

8.1 外包装标志应符合 GB/T 191 的规定。应标明:产品名称、产品执行标准、等级、质量或数量、规格、生产日期、保质期、生产企业名称、地址等。

8.2 标签应符合 GB 7718 的要求。

9 包装、运输和贮存

9.1 包装

内包装用食品聚乙烯成型塑料袋密封,外包装材料应坚固、洁净、干燥、无破损、无异味、无毒、无害,包装箱(袋)的卫生指标应符合 GB 9687 和 GB/T 6543 的规定。

9.1.1 每批产品所用的包装、质量单位应一致。

9.1.2 包装检验规则:逐件称量抽取的样品,每件的净含量应不低于包装外标志的净含量。

9.2 运输

9.2.1 运输时应轻装、轻卸、防重压,避免机械损伤。

9.2.2 运输工具应清洁、卫生、无污染物、无杂物。

9.2.3 防日晒、防雨淋、不可裸露运输。

9.2.4 不得与有毒、有害、有异味的物品和鲜活动物混装混运。

9.2.5 双孢蘑菇鲜品:在低温条件下运输。

9.2.6 双孢蘑菇干品和盐渍品:在常温条件下运输。

9.3 贮存

9.3.1 不得与有毒、有害、有异味和易于传播霉菌、虫害的物品混合存放。

9.3.2 双孢蘑菇鲜品:在 2 ℃～5 ℃下贮存。

9.3.3 双孢蘑菇干品和盐渍品:在通风、阴凉干燥、洁净、有防潮设备及防霉变、防虫蛀和防鼠设施的常温条件下库房贮存。

参 考 文 献

[1] GB/T 12728—2006 食用菌术语

ICS 67.080.20
B 31

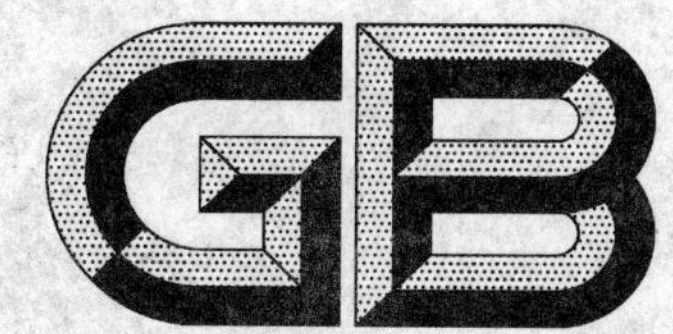

中华人民共和国国家标准

GB/T 23191—2008

牛肝菌　美味牛肝菌

Bolete—King bolete

2008-12-31 发布　　2009-06-01 实施

中华人民共和国国家质量监督检验检疫总局
中国国家标准化管理委员会　发布

前　言

本标准的附录 A 为资料性附录。

本标准由中华全国供销合作总社提出并归口。

本标准起草单位：中华全国供销合作总社昆明食用菌研究所。

本标准主要起草人：朱萍、徐俊、桂明英、高观世、张陶、刘新民、高峰。

引　言

牛肝菌(英文名:bolete;porcini)是一个大类群的通俗名称,分类学上包括了11科、70余属、700余种。在这个名称下既包括了广义上的美味牛肝菌(*Boletus edulis* sensu lato),也包括了铜色牛肝菌(*Boletus aereus* Fr. ex Bull.,Queen Bolete)、皱盖疣柄牛肝菌[*Leccinum rugosiceps*(Peck)Sing.]、褐盖牛肝菌(*Boletus brunneissimus* W. F. Chiu, Brown-cap Bolete)、黄皮疣柄牛肝菌[*Leccinum crocipodium*(Letellier)Walt.]、桃红牛肝菌(*Boletus regius* Krombh., Red-capped Butter Bolete)等其他可食的牛肝菌和为数不算少的有毒牛肝菌。由于牛肝菌类生物量大,种类复杂,不易识别,导致中毒事件时有发生!在一个通俗的名称下很难描述和给出一个准确的鉴别特征描述,因此"牛肝菌"的标准应分别制定,优先制定生物量大和出口及消费量大的类群。其中美味牛肝菌(英文名:king bolete)是世界最著名的野生食用菌之一。在我国美味牛肝菌分布广、数量大、味道鲜美、营养丰富并具有较大的消费市场。自20世纪80年代以来,我国美味牛肝菌作为大宗食用菌出口产品销往欧美等许多国家和地区。

鉴于目前美味牛肝菌品种在资源分布、产量和国际贸易量等方面,是牛肝菌类产品的显著代表,本标准只涉及美味牛肝菌,不涉及其他牛肝菌。因此本标准不包括可食用的所有牛肝菌品种。

牛肝菌 美味牛肝菌

1 范围

本标准规定了美味牛肝菌(拉丁学名:*Boletus edulis* sensu lato)的相关术语和定义、产品分类、要求、试验方法、检验规则及标志、标签、包装、运输和贮存。

本标准适用于美味牛肝菌鲜品和干品。

2 规范性引用文件

下列文件中的条款通过本标准的引用而成为本标准的条款。凡是注日期的引用文件,其随后所有的修改单(不包括勘误的内容)或修订版均不适用于本标准,然而,鼓励根据本标准达成协议的各方研究是否可使用这些文件的最新版本。凡是不注日期的引用文件,其最新版本适用于本标准。

GB/T 191 包装储运图示标志(ISO 780:1997,MOD)

GB/T 5009.3 食品中水分的测定

GB/T 6543 运输包装用单瓦楞纸箱和双瓦楞纸箱

GB 7096 食用菌卫生标准

GB 7718 预包装食品标签通则

GB 9687 食品包装用聚乙烯成型品卫生标准

GB/T 12532 食用菌灰分测定

定量包装商品计量监督管理办法 国家质量监督检验检疫总局令第75号

3 术语和定义

下列术语和定义适用于本标准。

3.1

美味牛肝菌 king bolete;porcini

隶属担子菌亚门(Basidimoycotina)、牛肝菌目(Boletales)、牛肝菌科(Boletaceae)的可食用的菌根真菌。

注:美味牛肝菌的主要特征参见附录A。

3.2

菌根真菌 mycorrhiza fungus

能与植物根系发生互惠共生关系形成菌根的真菌。

[GB/T 12728—2006,定义2.3.19]

3.3

菌管 tube

菌盖下着生孢子的管状结构。

3.4

杂质 extraneous matters

除牛肝菌以外的一切有机物和无机物。

4 产品分类

4.1 美味牛肝菌鲜品:正常发育,野外采收后,经简单保鲜处理的美味牛肝菌。

4.2 美味牛肝菌干品:美味牛肝菌鲜品纵向切片,经热风、晾晒、干燥脱水等工艺加工成的干制品。

5 要求

5.1 感官要求

5.1.1 美味牛肝菌鲜品

应符合表1规定。

表1 美味牛肝菌鲜品感官要求

项目	指标		
	一级	二级	三级
形态	菌体完整、饱满,菌管排列紧密、整齐	菌体完整,菌盖扩张,菌管排列松散	菌体机械破损、不完整、畸形
色泽	颜色正常,有光泽	颜色基本正常,颜色略暗	—
气味	具有牛肝菌应有的气味,无异味		
霉烂菇	不允许		
虫蛀菇/%	≤1.0	≤3.0	≤5.0
杂质/%	≤1.0	≤5.0	

5.1.2 美味牛肝菌干品

应符合表2规定。

表2 美味牛肝菌干品感官要求

项目	指标		
	一级	二级	三级
形态	为完整的菌盖与菌柄相连的菌片,碎片率≤3%	菌片包括帽片、炳片,碎片率≤4%	菌片包括帽片、炳片,碎片率≤4%
干片长度/cm	≥2.0		
色泽	灰白色,无黄、黑虫道	浅黑白色,无黄虫道	黑白色,无明显黑虫道
气味	具有牛肝菌应有的气味,无异味		
虫蛀菇/%	≤1.0	≤3.0	≤5.0
霉烂菇	不允许		
杂质/%	≤1.0	≤1.0	≤3.0

5.2 理化要求

应符合表3规定。

表3 美味牛肝菌理化要求

项目	指标	
	鲜品	干品
水分/%	≤92.0	≤12.0
灰分(以干重计)/%	≤8.0	≤8.0

5.3 卫生要求

应符合GB 7096的规定。

5.4 净含量

应符合《定量包装商品计量监督管理办法》的要求。

6 试验方法

6.1 感官指标

6.1.1 形态、色泽、气味

肉眼观察形态、色泽，鼻嗅判断气味。

6.1.2 干片长度

随机抽取不少于 100 g 牛肝菌，用精确度为 0.1 mm 的量具，量取每个牛肝菌干片长度，计算出平均值。

6.1.3 干片碎片率、虫蛀菇、霉烂菇、杂质

随机抽取样品 100 g(精确至±0.1 g)，分别拣出干品碎片、虫蛀菇、霉烂菇、杂质，用感量为 0.1 g 的天平称其质量，按式(1)分别计算其占样品的百分率，计算结果精确到小数点后一位。

$$X = \frac{m_1}{m} \times 100\% \quad \cdots\cdots(1)$$

式中：

X——干片碎片率、虫蛀菇、霉烂菇、杂质的百分率，%；

m_1——干片碎片、虫蛀菇、霉烂菇、一般杂质、有害杂质的质量，单位为克(g)；

m——样品的质量，单位为克(g)。

6.2 理化指标

6.2.1 水分

按 GB/T 5009.3 规定的方法测定。

6.2.2 灰分

按 GB/T 12532 规定的方法测定。

7 检验规则

7.1 组批规则

同一产地、同时采收的牛肝菌鲜品作为牛肝菌鲜品的一个检验批次；同一班次、同一生产线、同一生产工艺、同一规格作为牛肝菌干品的一个检验批次。

7.2 抽样

7.2.1 抽样数量

在整批货物中，包装产品以同类货物的小包装袋(盒、箱等)为基数，散装产品以同类货物的质量(kg)或件数为基数，按下列整批货物件数的基数进行随机取样：

——整批货物 50 件以下，抽样基数为 2 件；

——整批货物 51 件～100 件，抽样基数为 4 件；

——整批货物 101 件～200 件，抽样基数为 5 件；

——整批货物 201 件以上，以 6 件为最低限度，每增加 50 件加抽 1 件。

小包装质量不足检验所需质量时，适当加大抽样量。

7.2.2 抽样方法

在整批货物的按级别堆垛中，随机抽取所需样品。每次随机抽取样品 1 000 g，其中 500 g 作为检样，500 g 作为存样。型式检验应从交收检验合格的产品中抽取。

7.3 检验分类

7.3.1 交收检验

每批产品交收前，生产者应进行交收检验。交收检验内容包括感官指标、标志和包装。检验合格后，附合格证方可交收。

7.3.2 型式检验

型式检验是对产品进行全面考核，即本标准第5章规定的全部项目进行检验。有下列情形之一者应进行型式检验：

a) 国家质量监督机构或行业主管部门提出型式检验要求时；

b) 前后两次抽样检验结果差异较大时；

c) 因人为或自然因素使生产技术和生产环境发生较大变化时。

7.4 判定规则

7.4.1 除气味、霉烂菇、杂质外感官指标的规定确定受检批次产品的等级。同级指标间任何一项达不到该级指标即降为下一级，鲜品达不到三级要求者为等外品，干片达不到三级要求者为等外品。

7.4.2 气味、霉烂菇、杂质、水分指标及卫生指标中任何一项不符合要求的，即判定该批产品不合格。其他指标如有一项不合格，允许在同批次产品中加倍抽样，对不合格项目进行复检，若仍有一项不合格，则判定该批产品为不合格。

7.4.3 批次样品标志、包装、净含量不合格时，允许生产者进行整改后再申请复检一次；复检仍按原要求，以复检结果作为最终判定依据。

8 标志、标签

8.1 外包装标志应符合 GB/T 191 的规定。应标明：产品名称、产品执行标准、等级、质量或数量、规格、生产日期、保质期、生产企业名称、地址等。

8.2 标签应符合 GB 7718 的要求。

9 包装、运输和贮存

9.1 包装

9.1.1 包装材料应坚固、洁净、干燥、无破损、无异味、无毒、无害，卫生指标应符合 GB 9687 和 GB/T 6543 的规定。

9.1.2 每批产品所用的包装、质量单位应一致。

9.1.3 包装检验规则：逐件称量抽取的样品，每件的净含量应不低于包装外标志的净含量。

9.2 运输

9.2.1 运输时应轻装、轻卸、防重压，避免机械损伤。

9.2.2 运输工具应清洁、卫生、无污染物、无杂物。

9.2.3 防日晒、防雨淋、不可裸露运输。

9.2.4 不得与有毒、有害、有异味的物品和鲜活动物混装混运。

9.2.5 牛肝菌鲜品：在不超过 200 km 短途运输时主要是在常温下进行运输，超过 200 km 长途运输时使用温度控制在 2 ℃～5 ℃冷藏车运输。

9.2.6 牛肝菌干品：在常温条件下运输。

9.3 贮存

9.3.1 不得与有毒、有害、有异味和易于传播霉菌、虫害的物品混合存放。

9.3.2 牛肝菌鲜品：在 2 ℃～5 ℃下贮存不超过 1 d。

9.3.3 牛肝菌干品：在通风、阴凉干燥、洁净、有防潮设备及防霉、防虫和防鼠设施的常温条件下库房贮存。

附 录 A
（资料性附录）
美味牛肝菌的主要特征表

表 A.1 美味牛肝菌的主要特征表

名 称	主 要 特 征
美味牛肝菌 俗名：白牛肝菌、大脚菇 拉丁学名：*Boletus edulis* sensu lato 英文名：king bolete；procini	菌盖：半球形至扁半球形，直径 5 cm～16 cm，黄褐色至深褐色，颜色均匀一致或向边缘变浅，幼嫩时有绒质感，湿时粘； 菌柄：近圆柱形，粗壮，基部膨大，长 3 cm～20 cm，粗 2 cm～4 cm，与菌盖同色或稍浅，有明显的凸出网纹，中生，内实； 菌管：管口近圆形，乳白色至黄绿色，直生或近弯生，或在菌柄周围凹陷； 菌肉：肥厚，白色，受伤处不变色，干燥后呈淡黄色； 孢子印：青褐色、橄榄色； 孢子：近纺锤形，淡黄色，光滑，(10 μm～15.2 μm)×(4.5 μm～5.7 μm)。

参 考 文 献

[1] GB/T 12728—2006 食用菌术语

[2] 张光亚.中国常见食用菌图鉴.昆明:云南科技出版社,1999.

[3] 卯晓岚.中国大型真菌.郑州:河南科学技术出版社,2000.

ICS 67.180.10
X 31

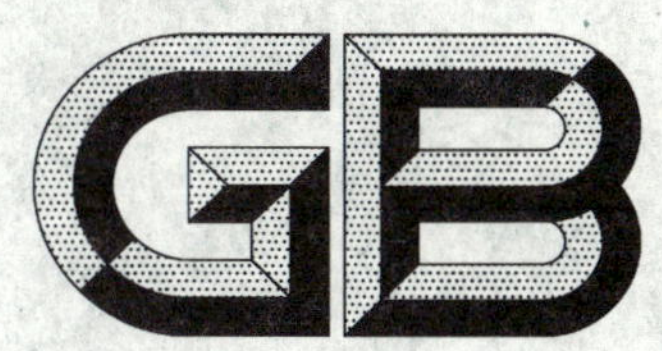

中华人民共和国国家标准

GB/T 23192—2008

蜂蜜中淀粉粒的测定方法 显微镜计数法

Method for determination of starch grains in honey—Count with microscope

2008-12-31 发布　　2009-06-01 实施

中华人民共和国国家质量监督检验检疫总局
中国国家标准化管理委员会　发布

前　言

本标准由中华全国供销合作总社提出并归口。

本标准起草单位:北京市蜂产品研究所、北京百花蜂产品科技发展有限公司。

本标准主要起草人:马兰宇、陈晓霞、郭利军。

引　言

本标准对设备要求简单，操作易行，易于推广。适用于各类基层经营组织的质量控制需要。

蜂蜜中淀粉粒的测定方法
显微镜计数法

1 范围

本标准规定了蜂蜜中淀粉颗粒的测定方法。

本标准适用于定性和计数测定蜂蜜中的淀粉粒。

本标准不适用于蜂蜜制品。

2 规范性引用文件

下列文件中的条款通过本标准的引用而成为本标准的条款。凡是注日期的引用文件,其随后所有的修改单(不包括勘误的内容)或修订版均不适用于本标准,然而,鼓励根据本标准达成协议的各方研究是否可使用这些文件的最新版本。凡是不注日期的引用文件,其最新版本适用于本标准。

GB/T 6682 分析实验室用水规格和试验方法(GB/T 6682—2008,ISO 3696:1987,MOD)

3 原理

蜂蜜样品中的淀粉颗粒可以与碘结合生成蓝色络合物,在显微镜下可以观测计数。

当淀粉中直链淀粉和支链淀粉的比例不同时,颜色可能会呈现出蓝色、紫色或红色等。

4 试剂和材料

除非另有说明,在分析中至少使用分析纯试剂。所用水为蒸馏水或去离子水,水应符合 GB/T 6682 中三级水的标准。

4.1 碘-碘化钾溶液(0.3%):称 3 g 碘、6 g 碘化钾,溶解后,用水定容至 1 000 mL。

4.2 血球计数器(25×16)。

4.3 锥形刻度离心管(15 mL):最小刻度 0.1 mL。

4.4 吸管(10 mL)。

4.5 滴管。

4.6 盖玻片。

5 仪器设备

5.1 离心机(3 000 r/min)。

5.2 显微镜(×100、×400)。

5.3 天平(感量 0.01 g)。

6 试样的制备

6.1 称取均匀蜜样 2.0 g,加水 20 mL,煮沸冷却。此试样溶液用于定性测试。

6.2 称取均匀蜂蜜 50.0 g,加水 25 mL 稀释,混匀。此试样溶液用于显微镜计数测试。

7 分析步骤

7.1 定性测试

取蜂蜜试样溶液(6.1)少许,加碘液 2 滴,颜色不变者为不含淀粉的蜂蜜;若呈蓝色、绿色、紫色为掺有淀粉,若呈红色则加了糊精。

7.2 显微镜计数测试

7.2.1 试样溶液：准确吸取样品制备液(6.2)10 mL，置于锥形离心管中，离心 30 min 后取出，用滴管吸去上清液，可适度增加洗涤次数。加入蒸馏水至 0.1 mL，用细玻璃棒轻轻搅匀离心管底部的沉淀物，然后加 1 滴碘液，供显微镜测定用。

7.2.2 显微计数：取清洁干燥的血球计数器，盖上盖玻片(注意盖玻片要盖在计数室上)，然后用小滴管吸取均匀的样液，由盖玻片边缘滴一小滴(不宜过多)，样液自行渗入，注意不可有气泡产生。将血球计数器置于显微镜载物台上，先用低倍镜找到计数室所在位置，然后换成高倍镜进行计数(一般用 100 倍显微镜观察计数)。分别记下每个视野中计数室的花粉粒数和淀粉粒数。每个样品观察测定 4 个计数室的花粉粒数和淀粉粒数。

8 计算与表述

蜂蜜中淀粉颗粒含量的计算见式(1)，稀释因子的计算见式(2)。

$$X = \frac{N}{m \times A} \times 100 \qquad \cdots\cdots(1)$$

$$A = \frac{V_2}{m + V_1} \qquad \cdots\cdots(2)$$

式中：

X——每 100 g 蜂蜜中淀粉颗粒数，单位为个；

N——观察到的淀粉颗粒数，单位为个；

m——称样量，单位为克(g)；

A——稀释因子或稀释倍数；

V_2——吸取的离心溶液量，单位为克(g)或毫升(mL)；

V_1——稀释样品时加入的水量，单位为克(g)或毫升(mL)。

ICS 67.140.10
X 55

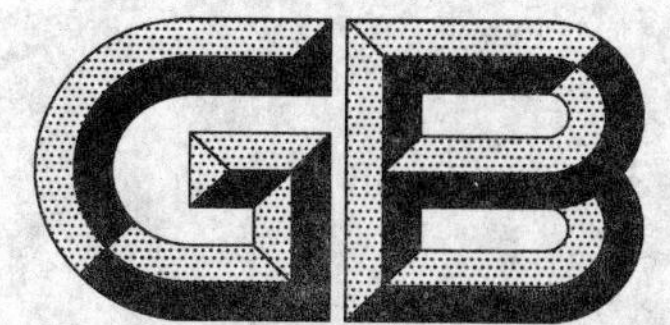

中华人民共和国国家标准

GB/T 23193—2008

茶叶中茶氨酸的测定 高效液相色谱法

Determination of theanine in tea—High performance liquid chromatography

2008-12-31 发布　　2009-06-01 实施

中华人民共和国国家质量监督检验检疫总局
中国国家标准化管理委员会　发布

前　言

本标准的附录A为资料性附录。

本标准由国家食品质量安全监督检验中心提出。

本标准由全国茶叶标准化技术委员会归口。

本标准起草单位:国家食品质量安全监督检验中心、国家茶叶质量监督检验中心。

本标准主要起草人:刘小力、石维妮、周卫龙、金瑛、徐建峰、刘晓毅、李想。

茶叶中茶氨酸的测定 高效液相色谱法

1 范围

本标准规定了用高效液相色谱法测定茶叶中茶氨酸含量的方法。

本标准适用于茶叶中茶氨酸的测定。

本标准检出限为 5.0 mg/kg。

2 规范性引用文件

下列文件中的条款通过本标准的引用而成为本标准的条款。凡是注日期的引用文件，其随后所有的修改单(不包括勘误的内容)或修订版均不适用于本标准，然而，鼓励根据本标准达成协议的各方研究是否可使用这些文件的最新版本。凡是不注日期的引用文件，其最新版本适用于本标准。

GB/T 6682—2008 分析实验室用水规格和试验方法(ISO 3696:1987,MOD)

GB/T 8302 茶 取样

GB/T 8303—2002 茶 磨碎试样的制备及其干物质含量测定(eqv ISO 1572:1980)

3 原理

茶叶样品中茶氨酸经水加热提取、净化脱色、衍生化处理后，采用高效液相色谱仪进行测定，与标准系列比较定量。

4 试剂

除非另有说明，在分析中所使用试剂均为分析纯，用水为 GB/T 6682—2008 规定的三级水。

4.1 茶氨酸标准品(L-theanine)：纯度≥99%。

4.2 邻苯二甲醛(OPA)。

4.3 乙硫醇。

4.4 硼酸。

4.5 氢氧化钠。

4.6 乙腈：色谱级。

4.7 甲醇：色谱级。

4.8 0.45 μm 无机滤膜。

4.9 C_{18}固相萃取柱。

4.10 乙酸铵溶液(20 mmol/L)：称取 1.54 g 乙酸铵，用水溶解定容至 1 000 mL。

4.11 硼酸钠缓冲液(0.4 mol/L)：称取 2.48 g 硼酸和 1.41 g 氢氧化钠，用水溶解定容至 100 mL。

4.12 衍生试剂：称取 0.1 g OPA 用 10 mL 甲醇溶解，加 0.1 mL 乙硫醇，用 0.4 mol/L 硼酸钠缓冲液定容至 100 mL。

4.13 茶氨酸标准储备液：称取 0.05 g 茶氨酸(精确到 0.000 1 g)，用水溶解后移入 50 mL 容量瓶中，稀释至刻度，混匀，此溶液每毫升含 1 mg 茶氨酸。有效期为一年。

4.14 茶氨酸标准使用液：分别准确吸取茶氨酸标准储备液(1 mg/mL)0.0、0.1、0.2、0.5、1.0、1.5、2.0 mL，用水定容至 10 mL，得到浓度分别为 0.0、0.01、0.02、0.05、0.10、0.15、0.20 mg/mL 的茶氨酸

标准使用液。有效期为一年。

5 仪器

5.1 高效液相色谱仪(配有紫外检测器)。

5.2 柱前衍生装置。

5.3 离心机。

5.4 振摇恒温水浴锅。

5.5 分析天平:感量 0.000 1 g。

6 测定步骤

6.1 样品处理

6.1.1 按照 GB/T 8303—2002 进行样品制备,按照 GB/T 8302 进行取样。

6.1.2 茶叶样品经磨碎混匀后,准确称取 0.5 g(精确到 0.000 1 g),加水 100 mL,在 80 ℃振摇恒温水浴锅中浸提 45 min,冷却后将浸提液离心、过滤,上清液混匀待用。

6.1.3 将 C_{18} 固相萃取柱经 5 mL 甲醇活化,用 5 mL 水平衡后,将试液过 C_{18} 固相萃取柱进行净化,再经 0.45 μm 的微孔滤膜过滤到棕色自动进样瓶中,待衍生用。

6.1.4 衍生化(选一)

6.1.4.1 样品自动柱前衍生程序(参考)

a) 抽取样品提取液 5.0 μL;

b) 冲洗进样针端口 5.0 s;

c) 抽取衍生液 5.0 μL;

d) 冲洗进样针端口 5.0 s;

e) 混合 30 次(混合时间为 2 min 左右);

f) 进样(进样量为 10 μL)。

6.1.4.2 样品手动柱前衍生

准确吸取茶氨酸标准使用液(或样品试液)0.5 mL 于棕色自动进样瓶中混匀,临进样前加入 0.5 mL OPA 衍生试剂,反应 2 min 后,立即取 10 μL 进样。

6.2 测定

6.2.1 色谱条件

色谱柱:C_{18} 色谱柱,5 μm,4.6 mm×250 mm;或相当者。

流动相:A:20 mmol/L 乙酸铵溶液;

B:20 mmol/L 乙酸铵溶液:甲醇:乙腈=1:2:2(体积比);

$V_A : V_B = 1 : 1$。

流速:1.0 mL/min。

柱温:40 ℃。

进样量:10 μL。

检测波长:338 nm。

6.2.2 标准工作曲线

6.2.2.1 按 6.1.4.1 和 6.2.1 进行色谱分析,以峰面积-浓度作图,绘制标准曲线和回归方程。标准样品色谱图参见图 A.1。

6.2.2.2 按 6.1.4.2 和 6.2.1 进行色谱分析,以峰面积-浓度作图,绘制标准曲线和回归方程。

6.2.3 试样测定

取已制备好的试样按色谱条件(6.2.1)进行测定,记录色谱峰的保留时间和峰面积,试样与标准溶液的衍生化处理至进样的时间应保持一致。由色谱峰的峰面积可从标准曲线上求出相应的茶氨酸的浓度。样品溶液中被测物的响应值均应在仪器测定的线性范围之内。

7 分析结果的计算

茶叶中茶氨酸含量按式(1)进行计算：

$$X = \frac{c \times V \times 1\,000}{m \times 1\,000} \qquad \cdots\cdots(1)$$

式中：

X——样品中茶氨酸的含量，单位为克每千克(g/kg)；

c——样品浓度，单位为毫克每毫升(mg/mL)；

V——最终定容后样品的体积，单位为毫升(mL)；

m——样品的质量，单位为克(g)。

计算结果保留小数点后两位有效数字。

8 精密度

在重复条件下获得的两次独立测定结果的绝对差值不得超过算术平均值的10%。

附 录 A
（资料性附录）
茶氨酸标准样品液相色谱图

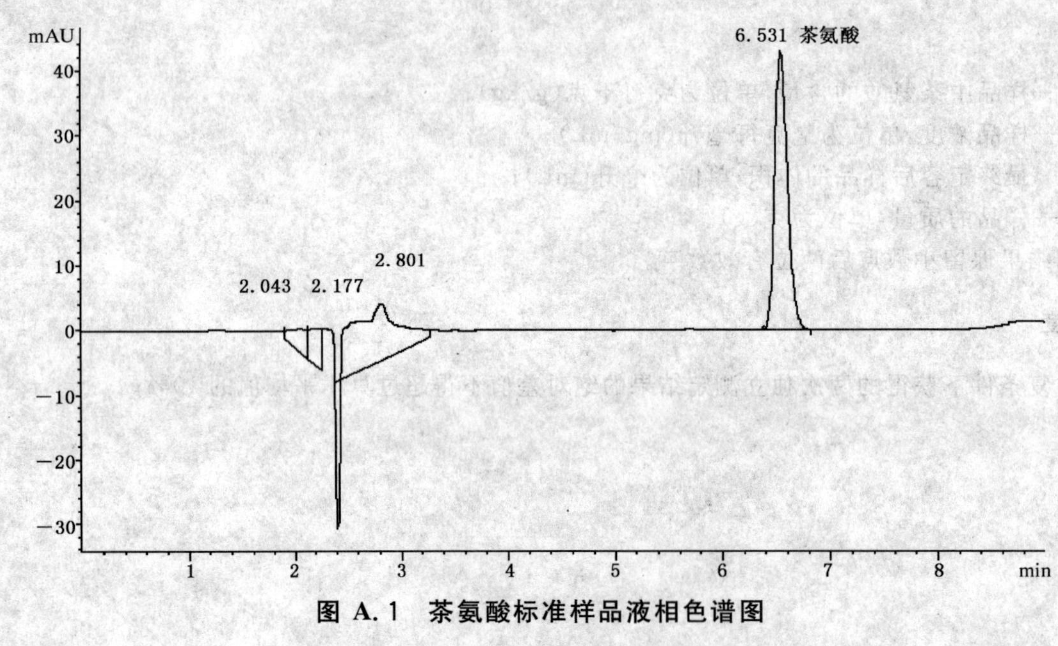

图 A.1 茶氨酸标准样品液相色谱图

ICS 67.180.10
X 31

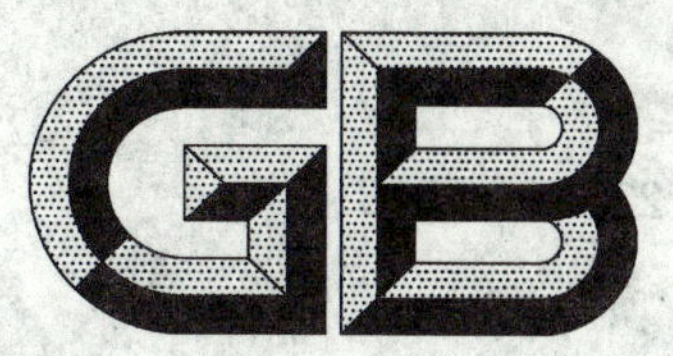

中华人民共和国国家标准

GB/T 23194—2008

蜂蜜中植物花粉的测定方法

Method for the determination of plant pollen in honey

2008-12-31 发布

2009-06-01 实施

中华人民共和国国家质量监督检验检疫总局
中国国家标准化管理委员会
发布

前　言

本标准的附录 A、附录 B 为资料性附录。

本标准由中华全国供销合作总社提出并归口。

本标准起草单位：江西农业大学蜜蜂研究所、中国农业科学院蜜蜂研究所、北京百花蜂产品科技发展有限公司、杭州澳医保灵药业有限公司、兰溪市鸿香生物科技有限公司、绍兴县润露绿色食品有限公司。

本标准主要起草人：曾志将、魏丽、马兰宇、虞英民、李熠、汪志平、冯华君。

蜂蜜中植物花粉的测定方法

1 范围

本标准规定了蜂蜜中植物花粉含量及浓度的测定方法。

本标准适用于蜂蜜，不包括蜂蜜制品。

2 术语和定义

下列术语和定义适用于本标准。

2.1

花粉 pollen

由一个营养细胞和1个～2个生殖细胞组成的显花植物的雄性种质。

2.2

蜂花粉 bee pollen

工蜂采集花粉，用唾液和花蜜混合后形成的物质。

注：包括工蜂采集形成的团粒和人工粉碎加工形成的粉末。

2.3

蜂蜜 honey；bee honey

蜜蜂采集植物的花蜜、分泌物或蜜露，与自身分泌物结合后，经充分酿造而成的天然甜物质。

3 原理

用乙酸软化蜂蜜中花粉的内含物，乙酸酐和硫酸的混合液再将软化的内含物分解，使花粉外壁及孔沟清晰，在显微镜下便于观测花粉形态和计数。

4 试剂

除另有说明外，所用试剂均为分析纯，水为蒸馏水或去离子水。

4.1 乙酸。

4.2 乙酸酐＋硫酸（9＋1，体积比）：用时现配。

4.3 甘油。

4.4 苯酚。

5 仪器与设备

5.1 烧杯：150 mL。

5.2 量筒：50 mL。

5.3 移液管：5 mL，10 mL。

5.4 电炉。

5.5 滴管。

5.6 盖玻片。

5.7 载玻片。

5.8 离心管：100 mL。

5.9 离心机（2 000 r/min）。

5.10　电热恒温水浴锅。

5.11　显微镜。

5.12　血细胞计数板。

6　试样的制备

6.1　未结晶的样品，将其搅拌均匀。有结晶析出的样品，在密闭情况下，置于不超过 60 ℃的水浴中温热，振荡，待样品全部融化后搅匀，冷却至室温以备检验用。

6.2　称取均匀蜜样 25 g，加入约 40 ℃的 50 mL 蒸馏水，使蜂蜜溶解和稀释。此试样溶液用于蜂蜜中蜜源植物花粉含量的测定。

6.3　称取均匀蜜样 25 g，并量取蜜样的体积。加入约 40 ℃的 50 mL 蒸馏水，使蜂蜜溶解和稀释。此试样溶液用于蜂蜜中蜜源植物花粉浓度的测定。

7　测定步骤

7.1　花粉粒提取

将试样溶液(6.2)和试样溶液(6.3)分别倒入离心管中，以 2 000 r/min 的速度离心 10 min，弃去约 4/5 的上清液，加入 5 mL 乙酸(4.1)并拌匀，浸泡 2 h。进行离心(2 000 r/min，10 min)，弃去约 1/2 的上清液，加入新鲜配制的乙酸酐和硫酸的混合液(4.2)6 mL，并拌匀，然后将离心管放入 80 ℃～90 ℃水浴中加热 7 min。停止加热后，迅速离心(2 000 r/min，10 min)，弃去 5 mL 上清液，加 10 mL 蒸馏水洗涤，离心水洗三次后，弃去上清液，使试样溶液(6.2)留下约 5 mL 的样液，试样溶液(6.3)留下 3 mL 的样液。加入 1 mL 50%的甘油(4.3)保存，并加入 2 滴～3 滴苯酚(4.4)作为防腐剂(若当时就计数及观察形态则可不加甘油和苯酚)。

7.2　蜂蜜中植物花粉含量的测定

7.2.1　制片

吸取 1 滴样液放在载玻片上，加盖玻片，将边缘多余液体用滤纸吸干。

7.2.2　镜检

取制好的载玻片放在低倍镜下找到花粉，再在高倍镜下观察，每张载玻片均匀选择 10 个视野观察，鉴定花粉类别，统计花粉粒的数量。我国常见蜜源植物花粉的形态参见附录 A。

注：显微镜下花粉含量很少时，可选择有花粉的视野进行观察计数。

7.2.3　平行试验

按以上步骤，对同一试样进行两次平行试验测定。

7.3　蜂蜜中植物花粉浓度的测定

7.3.1　镜检计数室

在加样前，先对计数板的计数室进行镜检。若有污物，则需清洗，吹干后才能进行计数。

7.3.2　加样液

用水稍微沾湿计数室两侧的支持柱，以推压法将盖玻片平放在计数室表面，尽量减少盖玻片与支柱之间的空气。用吸管吸取制备后的样液，沿盖玻片与计数室之间的缝隙充入计数室。

7.3.3　显微镜计数

加样后静置 5 min，然后将血细胞计数板置于显微镜载物台上，先用低倍镜找到计数室所在位置，然后换成高倍镜进行计数。在显微镜下，可见每个计数室平台上均刻有清晰的网格划线。由网格线围成的正方形区域为细胞计数区，最大正方形边长 3 mm，分为 9 个大方格，每个大方格边长 1 mm，面积 1 mm^2，若覆以盖玻片并充满液体，液体的体积为 0.1 mm^3(0.1 μL)，四角的四个大方格分别以单划线分为 16 个方格，用作计数白细胞。位于中央的大方格即为计数室。计数室的刻度一般有两种规格，一种是一个大方格分成 25 个中方格，而每个中方格又分成 16 个小方格；另一种是一个大方格分成

16个中方格，而每个中方格又分成25个小方格，但无论是哪一种规格的计数板，每一个大方格中的小方格都是400个。由于绝大多数蜂蜜原料中花粉数量少，因此在计数时直接计取每个计数室内的花粉粒数。

由于划线部分也占有计数室的总面积，因此对压线花粉粒也应列入计数，为避免重复计数或漏计，一般遵循数上不数下，数左不数右的原则。

计数一个样液要从血细胞计数板内两个计数室中取得的平均数值来表示样液中花粉粒的数量。我国常见蜂蜜中花粉浓度的调查数据参见附录B。

7.3.4 清洗血细胞计数板

使用完毕后，将血细胞计数板在水龙头上用水冲洗干净，但不应用硬物洗刷。洗完后自行晾干或用吹风机吹干。镜检，观察每小格内是否残留花粉或其他沉淀物。若不干净，应重复洗涤至干净为止。

7.3.5 平行试验

按以上步骤，对同一试样进行两次平行试验测定。

8 计算与表述

蜂蜜中花粉率按式(1)计算；花粉浓度按式(2)计算。

$$X = \frac{N_1}{N_2} \times 100\% \quad \cdots\cdots (1)$$

式中：

X——某种蜜源植物花粉粒占总花粉粒的比率；

N_1——10个视野中某种蜜源植物花粉粒数，单位为个；

N_2——10个视野中蜜源植物花粉粒总数，单位为个。

$$c = \frac{N}{V} \times 3 \times 10 \times 10^3 \quad \cdots\cdots (2)$$

式中：

c——某种蜜源植物花粉粒浓度，单位为个每毫升(个/mL)；

N——血细胞计数板平均一个计数室中某种蜜源植物花粉粒个数，单位为个；

V——量取的蜜样的体积，单位为毫升(mL)。

计算结果保留两位有效数字。

附 录 A
（资料性附录）
中国主要及少数辅助商品蜂蜜中植物花粉形态特征

中国主要及少数辅助商品蜂蜜中植物花粉形态特征见图 A.1～图 A.18。

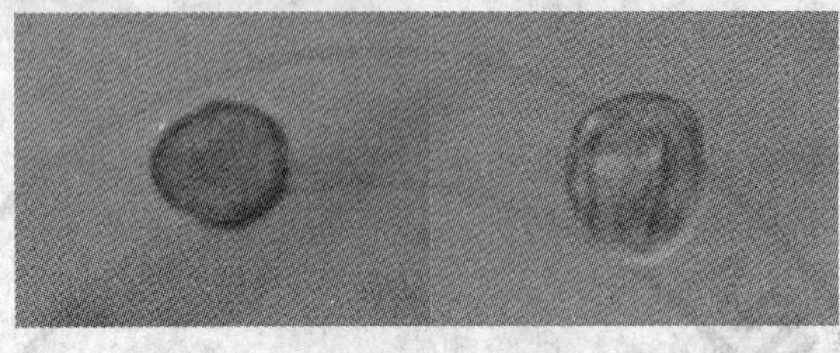

极面×1058　　赤道面×1058

图 A.1　刺槐花粉形态

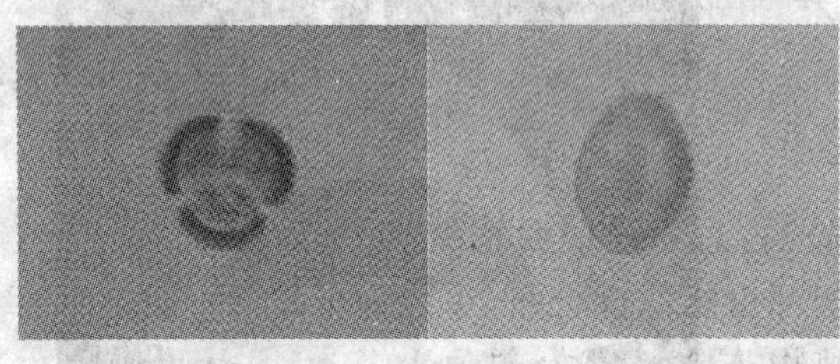

极面×756　　赤道面×756

图 A.2　油菜花粉形态

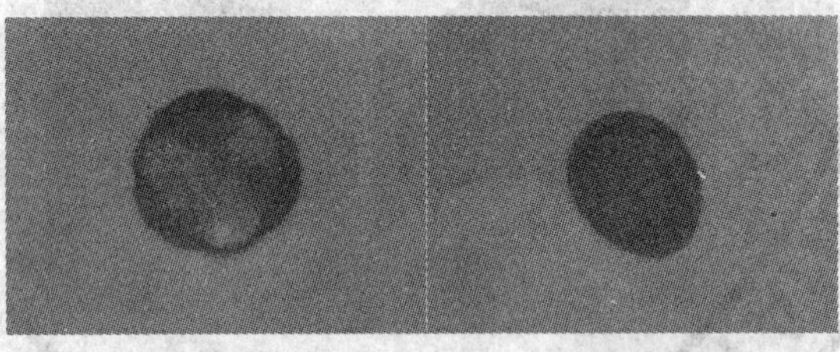

极面×1058　　赤道面×1058

图 A.3　荞麦花粉形态

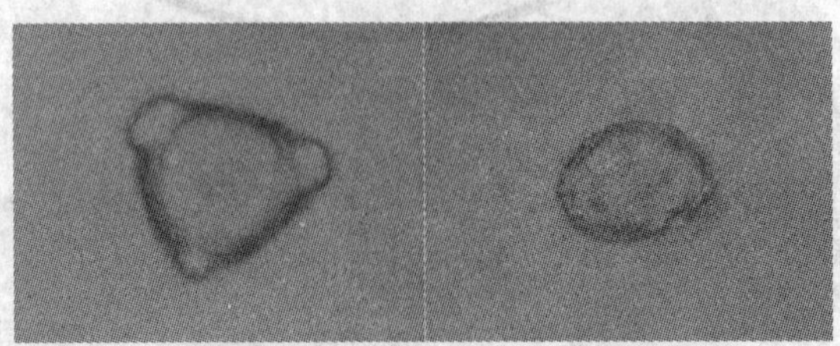

极面×1058　　赤道面×1058

图 A.4　荔枝花粉形态

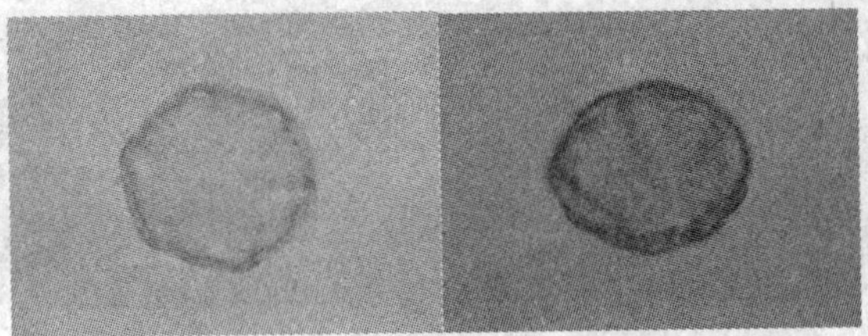

极面×1058　　赤道面×1058

图 A.5　党参花粉形态

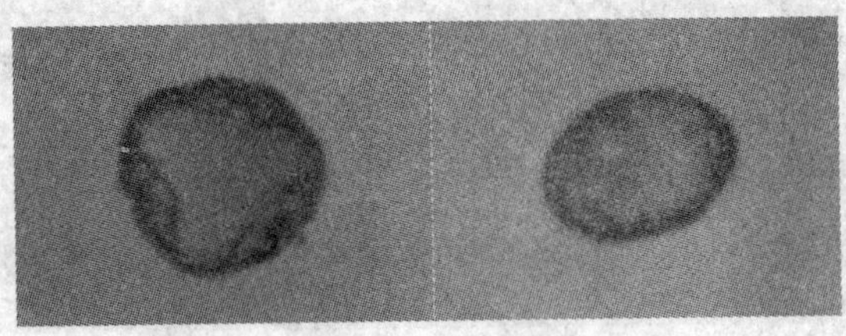

极面×1058　　赤道面×1058

图 A.6　椴树花粉形态

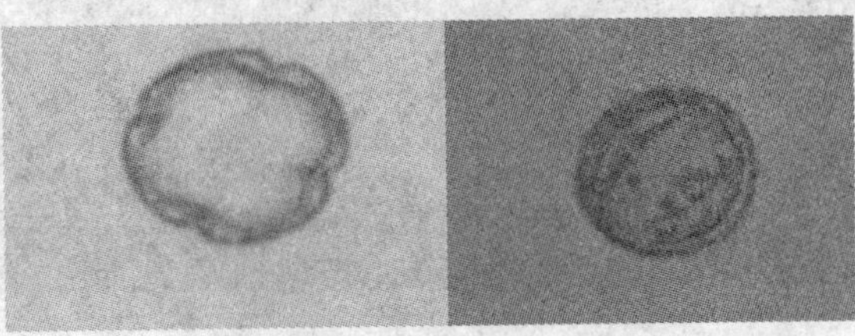

极面×1285　　赤道面×1058

图 A.7　柑桔花粉形态

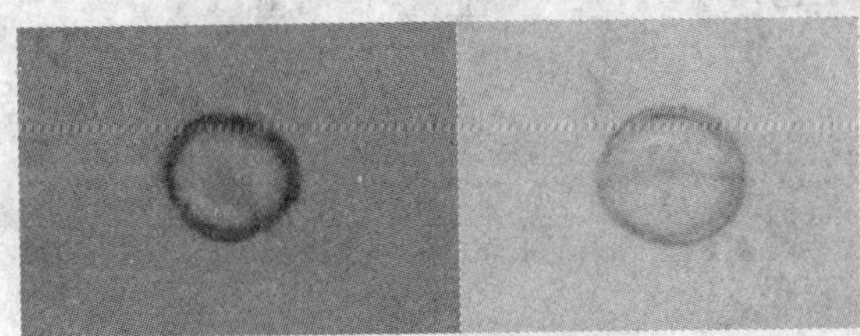

极面×2117　　赤道面×2117

图 A.8　紫云英花粉形态

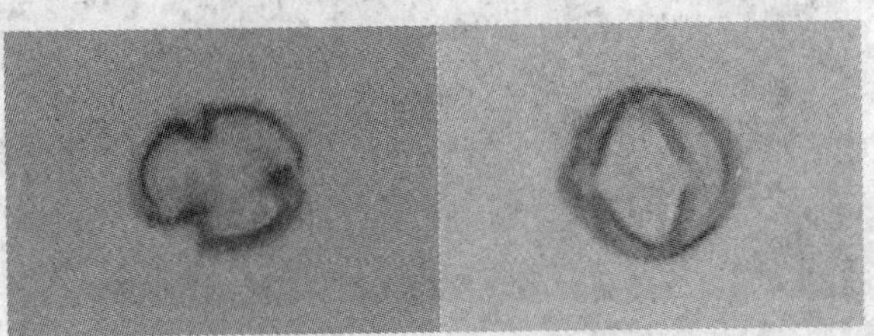

极面×2520　　赤道面×2520

图 A.9　柃属植物花粉形态

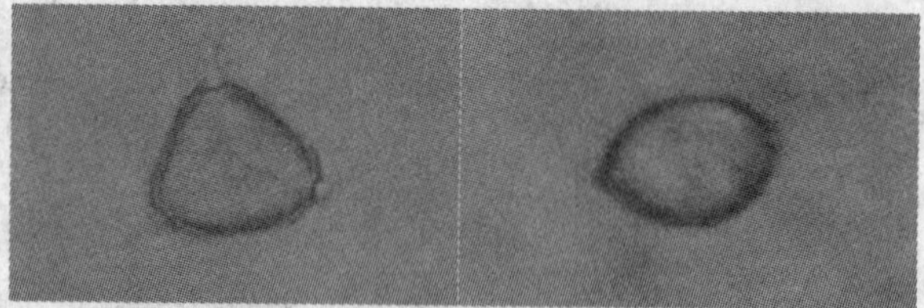

极面×1361　　赤道面×1361

图 A.10　枣花花粉形态

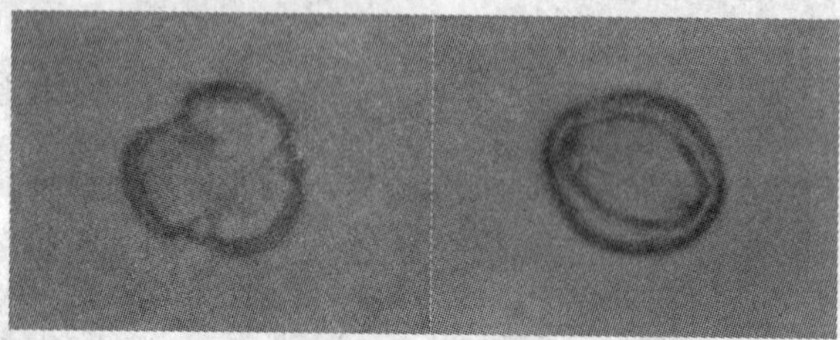

极面×1663　　赤道面×1663

图 A.11　荆条花粉形态

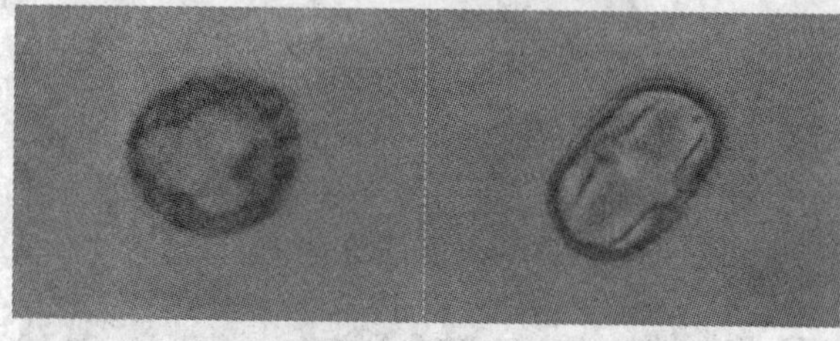

极面×1663　　赤道面×1663

图 A.12　益母草花粉形态

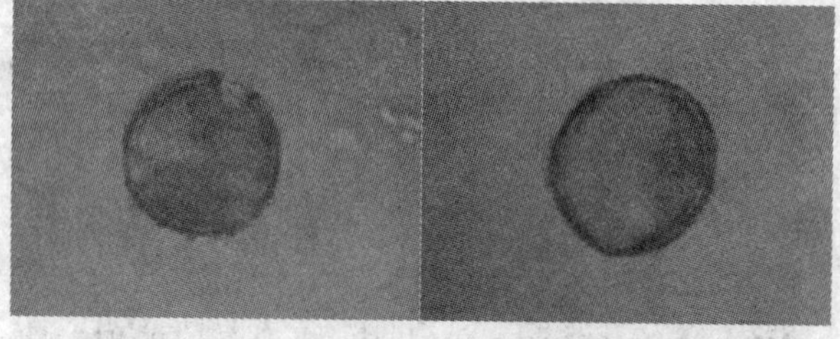

极面×1058　　赤道面×1058

图 A.13　黄连花粉形态

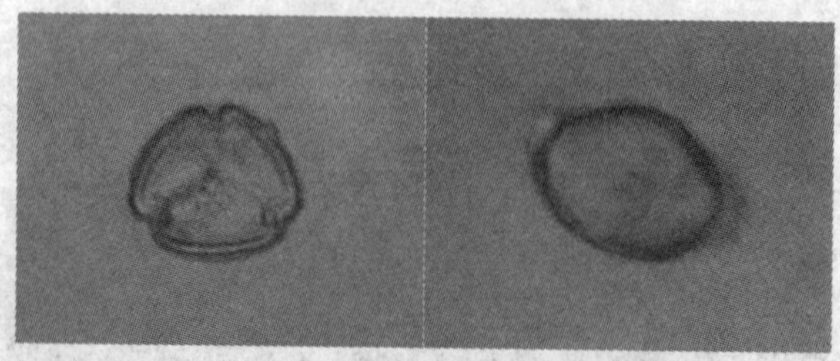

极面×1512　　赤道面×1512

图 A.14　龙眼花粉形态

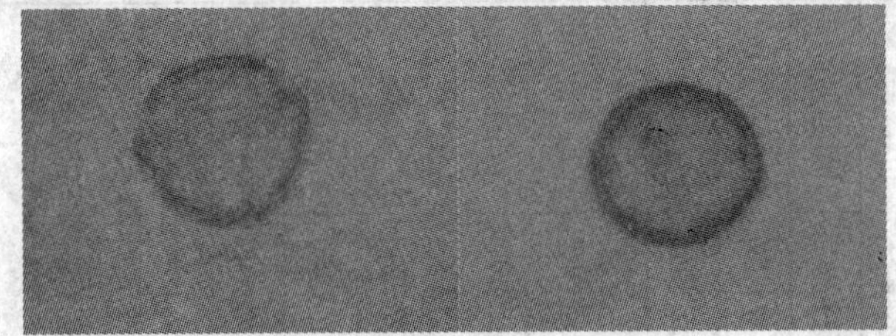

极面×1058　　赤道面×1058

图 A.15　苜蓿花粉形态

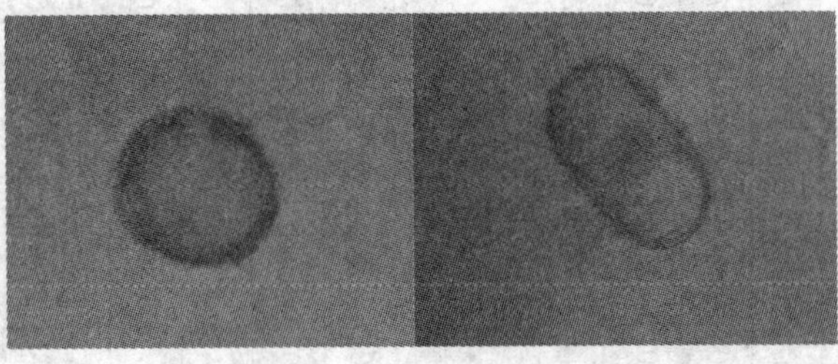

极面×1209　　赤道面×907

图 A.16　苕子花粉形态

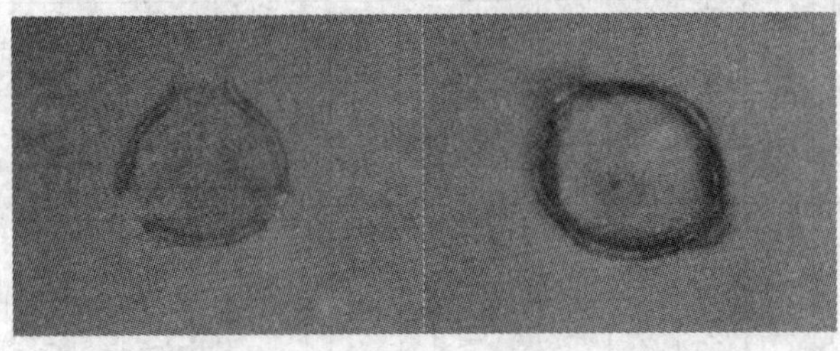

极面×1210　　赤道面×1814

图 A.17　枇杷花粉形态

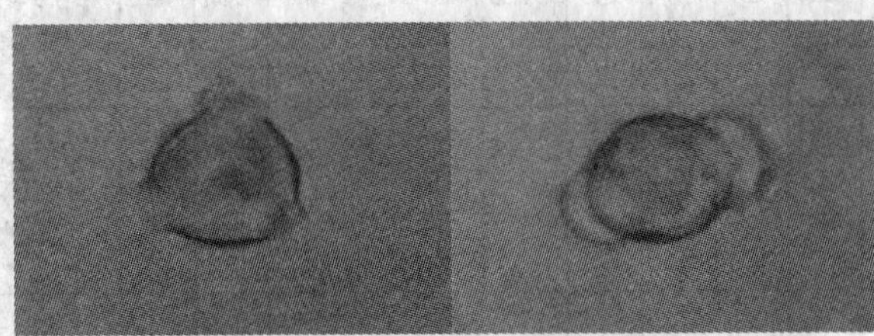

极面×1512　　赤道面×1512

图 A.18　枸杞花粉形态

附　录　B
（资料性附录）
中国主要及少数辅助商品蜂蜜中植物花粉含量及浓度

中国主要及少数辅助商品蜂蜜中植物花粉含量及浓度见表 B.1。

表 B.1　中国主要及少数辅助商品蜂蜜中植物花粉含量及浓度

产品名称	植物学名	本花种花粉率/%			总花粉浓度/(个/mL)			本花种花粉浓度/(个/mL)		
		原料蜜	60 目过滤后	200 目过滤后	原料蜜	60 目过滤后	200 目过滤后	原料蜜	60 目过滤后	200 目过滤后
油菜蜂蜜	*Brassica campestris* L.	82.24±3.39	74.67±6.80	73.34±3.58	34 750±3 200	9 700±2 500	5 200±1 400	28 170±3 060	7 274±1 200	4 200±1 000
刺槐蜂蜜	*Robinia pseudoacacia* L.	37.62±7.97	26.97±9.44	0	20 440±3 110	3 400±1 500	720±180	7 880±2 100	800±200	0
紫云英蜂蜜	*Astragalus sinicus* L.	62.33±2.95	53.02±6.48	20.55±6.73	31 540±3 640	18 500±5 600	2 500±500	20 020±2 400	9 800±1 200	400±100
荆条蜂蜜	*Vitex negundo* var. *heterophylla*(Franch.)Rehd.	23.00±9.44	20.97±9.81	18.18±9.41	3 500±1 450	2 800±900	2 400±900	880±420	700±50	600±100
柑桔蜂蜜	*Citrus reticulata* Blanco	44.14±3.07	29.04±3.26	0	6 510±3 280	4 000±1 100	400±100	2 670±880	1 200±500	0
荔枝蜂蜜	*Litchi chinensis* Sonn.	86.37±2.81	71.38±0.75	65.71±7.46	7 790±1 740	4 500±1 200	4 200±1 200	6 540±1 820	3 400±700	2 500±800
龙眼蜂蜜	*Dimocarpus longan* Lour.	75.55±3.73	74.30±2.59	45.53±2.83	6 200±1 570	5 500±900	4 400±1 300	4 510±1 370	3 700±700	1 700±700
枣花蜂蜜	*Ziziphus jujuba* Mill.	75.21±5.15	72.10±6.23	64.55±8.14	9 070±1 640	8 200±700	6 200±1 500	6 440±1 780	5 700±1 000	4 300±1 700
枇杷蜂蜜	*Eriobotrya japonica*(Thunb.)Lindl.	72.71±2.35	59.50±4.69	45.75±5.88	11 710±4 520	6 380±1 500	4 500±1 700	8 250±2 570	3 800±1 100	2 058±1 700
苕子蜂蜜	*Vicia cracca* L.	45.37±3.07	36.04±3.29	0	1 250±770	500±700	0	590±390	180±20	0
党参蜂蜜	*Codonopsis pilosula* (Franch.)Nannf.	44.73±5.03	10.72±6.50	4.44±0.09	2 100±930	1 700±100	1 100±300	900±590	600±200	200±50
椴树蜂蜜	*Tilia amurensis* Rupr.	85.05±5.51	22.22±8.68	19.65±8.99	3 050±1 200	1 900±700	1 800±400	2 600±900	500±130	400±200
柃属植物蜂蜜	*Eurya* spp.	86.84±2.78	48.76±3.85	38.74±2.50	12 580±3 030	10 600±2 500	7 700±1 000	10 520±3 150	5 100±1 500	2 500±900

表 B.1（续）

产品名称	植物学名	本花种花粉率/%			总花粉浓度/(个/mL)			本花种花粉浓度/(个/mL)		
		原料蜜	60 目过滤后	200 目过滤后	原料蜜	60 目过滤后	200 目过滤后	原料蜜	60 目过滤后	200 目过滤后
土黄连蜂蜜	*Berberis anurensis* C. Y. Wu.	47.30±4.73	37.32±3.93	27.88±3.73	5 120±2 150	3 300±1 100	2 000±800	2 480±1 260	1 300±400	500±100
荞麦蜂蜜	*Fagopyrum esculentum* Moench	66.17±4.42	57.87±2.83	39.04±3.11	7 360±2 210	7 000±1 600	5 600±600	4 700±1 050	4 200±700	2 700±1 200
益母草蜂蜜	*Leonurus rtemisia* (Lour.)S. Y. Hu	5.61±1.92	4.31±1.14	2.51±0.33	10 230±2 630	6 800±600	4 200±800	810±500	400±100	100±40
苜蓿蜂蜜	*Medicago sativa* L.	56.51±4.07	45.56±3.71	26.77±7.45	7 800±2 030	7 500±1 600	4 000±900	4 580±1 790	3 400±800	1 400±800
枸杞蜂蜜	*Lycium chinense* Mill.	71.80±2.22	69.50±4.69	62.18±8.33	15 830±2 630	8 300±2 500	4 000±900	11 480±2 240	5 600±1 700	2 400±800

ICS 65.140
B 47

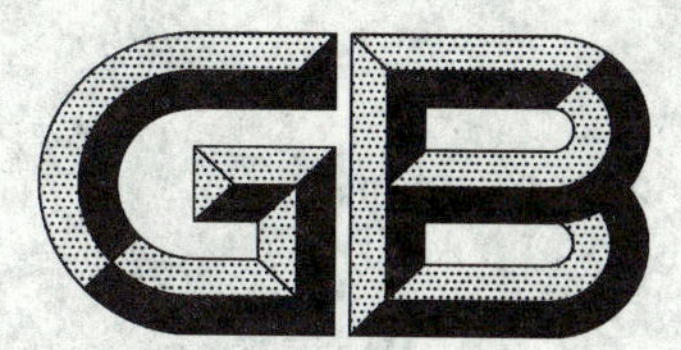

中华人民共和国国家标准

GB/T 23195—2008

蜂花粉中过氧化氢酶的测定方法 紫外分光光度法

Method for the determination of catalase in bee pollen—
Ultaraviolet spectrophotometry

2008-12-31 发布　　2009-06-01 实施

中华人民共和国国家质量监督检验检疫总局
中国国家标准化管理委员会　发布

前言

本标准由中华全国供销合作总社提出并归口。

本标准起草单位：广州市宝生园有限公司、华南农业大学。

本标准主要起草人：郑尧隆、刘伟、陈伟彬。

蜂花粉中过氧化氢酶的测定方法 紫外分光光度法

1 范围

本标准规定了蜂花粉中过氧化氢酶的测定方法。

本标准适用于蜂花粉中过氧化氢酶的测定。

2 规范性引用文件

下列文件中的条款通过本标准的引用而成为本标准的条款。凡是注日期的引用文件,其随后所有的修改单(不包括勘误的内容)或修订版均不适用于本标准,然而,鼓励根据本标准达成协议的各方研究是否可使用这些文件的最新版本。凡是不注日期的引用文件,其最新版本适用于本标准。

GB/T 6682 分析实验室用水规格和试验方法(GB/T 6682—2008,ISO 3696:1987,MOD)

3 原理

过氧化氢在240 nm波长下有强烈吸收,过氧化氢酶能分解过氧化氢,使反应溶液吸光度在一定范围内随反应时间而降低,根据测量吸光度的变化速度即可测定过氧化氢酶的活性。

4 试剂

除非另有说明,在分析中仅使用分析纯试剂和符合GB/T 6682要求的蒸馏水或去离子水。

4.1 磷酸缓冲液:pH为6.8～7.0,浓度为50 mmol/L,含有1 mmol/L乙二胺四乙酸二钠(EDTA)。

准确称取17.91 g $Na_2HPO_4 \cdot 12H_2O$加蒸馏水溶解并稀释至500 mL,作为A液;

准确称取7.80 g $NaH_2PO_4 \cdot 2H_2O$加蒸馏水溶解并稀释至500 mL,作为B液;

准确量取55.0 mL A液与45.0 mL B液于200 mL烧杯中,加入0.07 g EDTA,加蒸馏水稀释混匀(加至150 mL左右),用酸度计标定至6.8～7.0,转入200 mL容量瓶中,定容至刻度,混匀。

4.2 过氧化氢溶液:体积分数为0.1%。

准确吸取0.5 mL 30%过氧化氢置于50 mL棕色容量瓶中,用磷酸缓冲液(4.1)定容至刻度,混匀,从中准确量取10.0 mL于100 mL三角锥瓶(避光)中,再准确量取20.0 mL的磷酸缓冲液(4.1)加入混匀即得。

4.3 液氮。

5 仪器设备

5.1 紫外分光光度计。

5.2 冷冻离心机。

5.3 恒温水浴锅。

5.4 酸度计。

5.5 分析天平:感量0.1 mg。

5.6 移液枪:100 μL,5 000 μL。

6 待测液的制备

称取1 g样品,精确到1 mg,置于已用适量液氮预冷的瓷研钵中,边加液氮边研磨,待样品充分研磨后，静置至研钵解冻升温后加入约 10 mL 新鲜配制的磷酸缓冲液(4.1)溶解，转入 25 mL 容量瓶中，并用磷酸缓冲液冲洗研钵数次，合并洗液并定容至刻度。混合均匀后将容量瓶置 4 ℃冰箱中静置 30 min，取上清液在低温离心机 4 ℃、12 000 r/min 的条件下离心 15 min，取澄清液即得待测液。

7 分析步骤

7.1 紫外分光光度计参数为：方式：时间扫描；波长：240 nm；测定时间：120 s；读数间隔：5 s。

7.2 将样液及过氧化氢溶液(4.2)分别置于 40 ℃恒温水浴锅中 10 min，准确吸取样液 0.1 mL 于石英皿中，将石英皿放回槽中(未放石英皿前仪器已消零)，再准确吸取 2.9 mL 过氧化氢溶液(4.2)加入石英皿中，混合均匀，立即开始读数。

7.3 从 0 s～90 s 中截取线性较好的 1 min，计算其吸光度差值。

8 计算与表述

以 1 min 内过氧化氢在 240 nm 波长下吸光度减少 0.01 的酶量为 1 个酶活单位(U)。过氧化氢酶活性(U/g)按式(1)计算。

$$\text{过氧化氢酶活性} = \frac{\Delta A \times V_1}{0.01 \times t \times V_2 \times m} \qquad (1)$$

式中：

ΔA——结果中选取的 1 min 吸光度差值；

V_1——样液总体积，单位为毫升(mL)；

0.01——240 nm 波长下吸光度每下降 0.01 为 1 个酶活单位(U)；

t——1 min；

V_2——测定用样液体积，单位为毫升(mL)；

m——样品质量，单位为克(g)。

计算结果表示到整数位，报告结果为平行测定结果的算术平均值。

9 允许差

同一实验室平行测定或重复测定结果相对标准偏差≤10%。

ICS 65.140
B 47

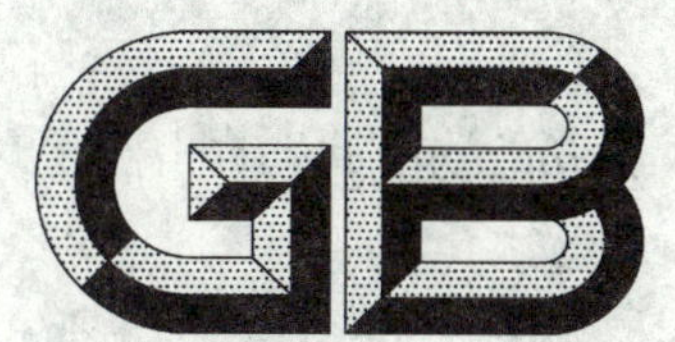

中华人民共和国国家标准

GB/T 23196—2008

蜂胶中阿魏酸含量的测定方法 液相色谱-紫外检测法

Determination of ferulic acid content in propolis—HPLC-UV method

2008-12-31 发布　　　　2009-06-01 实施

中华人民共和国国家质量监督检验检疫总局
中国国家标准化管理委员会　发布

前　言

本标准的附录 A、附录 B 和附录 C 为资料性附录。

本标准由中华全国供销合作总社提出并归口。

本标准起草单位：杭州澳医保灵药业有限公司、中华全国供销合作总社蜜蜂产品标准化技术委员会、中国农业科学院蜜蜂研究所、江苏出入境检验检疫局、南京大学、江苏老山生物科技有限公司。

本标准主要起草人：虞英民、胡晓岚、朱金梁、徐承智、周金慧、李公海、陈坤、练鸿振。

蜂胶中阿魏酸含量的测定方法
液相色谱-紫外检测法

1 范围

本标准规定了蜂胶中阿魏酸含量的液相色谱测定方法。

本标准适用于蜂胶中阿魏酸含量的测定。

本标准的检出限：4 μg/kg。

2 规范性引用文件

下列文件中的条款通过本标准的引用而成为本标准的条款。凡是注日期的引用文件，其随后所有的修改单(不包括勘误的内容)或修订版均不适用于本标准，然而，鼓励根据本标准达成协议的各方研究是否可使用这些文件的最新版本。凡是不注日期的引用文件，其最新版本适用于本标准。

GB/T 6682　分析实验室用水规格和试验方法(GB/T 6682—2008，ISO 3696:1987，MOD)

3 原理

蜂胶中的阿魏酸经甲醇超声提取、沉淀、离心，再用 0.45 μm 滤膜过滤后得澄清液，经反相色谱柱分离后，用液相色谱-紫外检测器测定，外标法定量，根据保留时间和峰面积进行定性和定量。

4 试剂和材料

除另有规定外，所用试剂均为分析纯；水为 GB/T 6682 规定的一级水(为蒸馏水或同等纯度水)；未指明用何种溶剂配制时，均指水溶液。

4.1　甲醇：色谱纯。

4.2　0.085%磷酸溶液(体积分数)：量取 0.85 mL 磷酸，用水定容至 1 000 mL，经 0.45 μm 滤膜过滤。

4.3　乙腈：色谱纯。

4.4　70%甲醇(体积分数)：量取 70 mL 分析纯甲醇，加 30 mL 水混合均匀。

4.5　阿魏酸标准物质：纯度≥99%。

4.6　阿魏酸标准储备溶液(200.0 μg/mL)：准确称取 10.0 mg(精确到 0.1 mg)阿魏酸标准物质(4.5)于 50 mL 棕色容量瓶中，加 70%甲醇(4.4)使其溶解并定容至刻度，混匀，此溶液可在温度低于 4 ℃冰箱中冷藏保存两个月。

4.7　阿魏酸标准工作溶液：分别吸取适量的阿魏酸标准储备溶液(4.6) 1 mL、2.5 mL、5.0 mL、10.0 mL、20.0 mL、40.0 mL、80.0 mL 至 100 mL 容量瓶中，用 70%甲醇(4.4)定容至刻度，配成 2.0 μg/mL、5.0 μg/mL、10.0 μg/mL、20.0 μg/mL、40.0 μg/mL、80.0 μg/mL、160.0 μg/mL 标准工作溶液，现配现用。

5 仪器与设备

5.1　液相色谱仪：配有紫外检测器。

5.2　分析天平：精确至 0.1 mg。

5.3　过滤膜(聚偏氟乙烯微孔滤膜 F 型，ϕ25 mm)：0.45 μm。

5.4　超声仪。

5.5 离心机。

5.6 匀浆仪。

6 试样的制备与保存

6.1 试样的制备

从全部蜂胶样品中取出约100 g样品，装入洁净容器中分成两份，密封，并做标记。

6.2 试样的保存

将试样于－10 ℃以下保存。

7 测定步骤

7.1 试样处理

将试样置冰柜中－10 ℃以下冷冻，取出冷冻贮存的试样20 g～30 g，迅速用匀浆仪打碎，称取试样0.5 g(精确到0.1 mg)，置于50 mL棕色容量瓶中，加入35 mL甲醇(4.1)，超声15 min(频率为25 kHz，功率为50 W)，加入10 mL水，摇匀，冷却到室温后，用水定容至刻度，混匀；以4 500 r/min的转速离心20 min，上清液用0.45 μm滤膜(5.3)过滤，滤液用于液相色谱仪紫外检测器测定。

7.2 色谱测定

7.2.1 液相色谱条件

a) 色谱柱：Hypersil ODS2，5 μm，4.6 mm×200 mm。

b) 流动相：以0.085%磷酸溶液(4.2)为流动相A，以甲醇(4.1)为流动相B，以乙腈(4.3)为流动相C，按表1进行梯度洗脱。

表1 梯度洗脱方法

时间/min	流速/(mL/min)	0.085%磷酸溶液(流动相A)/%	甲醇(流动相B)/%	乙腈(流动相C)/%
0～20	1.0	83	0	17
20～21	1.0→1.5	83→0	0→100	17→0
21～36	1.5	0	100	0
36～37	1.5	0→83	100→0	0→17
37～52	1.5	83	0	17

c) 梯度洗脱方法：见表1。

d) 进样量：20 μL。

e) 检测波长：316 nm。

f) 柱温：30 ℃。

7.2.2 液相色谱测定

测定5个～7个系列浓度标准工作溶液(4.7)在上述色谱条件下的峰面积，以峰面积对相应浓度绘制标准工作曲线，然后测定未知样品，用标准工作曲线对样品进行定量，使样品溶液中阿魏酸的响应值在本法的线性范围内。在上述色谱条件下，阿魏酸的保留时间约为13.9min，阿魏酸标准物质色谱图和含有阿魏酸的蜂胶样品色谱图参见图A.1、图A.2。

7.3 平行试验

按上述步骤，对同一试样进行平行试验测定。

7.4 空白试验

除不称取试样外，均按上述步骤，应不干扰测定。

8 结果计算

试样中阿魏酸含量利用数据处理系统计算或按式(1)计算：

$$X=\frac{c\times 50}{m} \qquad \cdots\cdots(1)$$

式中：

X——试样中阿魏酸的含量，单位为微克每克(μg/g)；

c——试样中阿魏酸的浓度，单位为微克每毫升(μg/mL)；

50——试样定容体积(mL)；

m——试样的质量，单位为克(g)。

计算结果保留三位有效数字。

9 精密度

在对同一试样进行二次平行试验获得的二次测定结果的绝对差值不应超过算术平均值的10%。

本标准的研究资料参见附录B和附录C。

附　录　A
（资料性附录）
标准物质色谱图和含有阿魏酸的蜂胶样品色谱图

A.1　阿魏酸标准物质色谱图，见图 A.1。

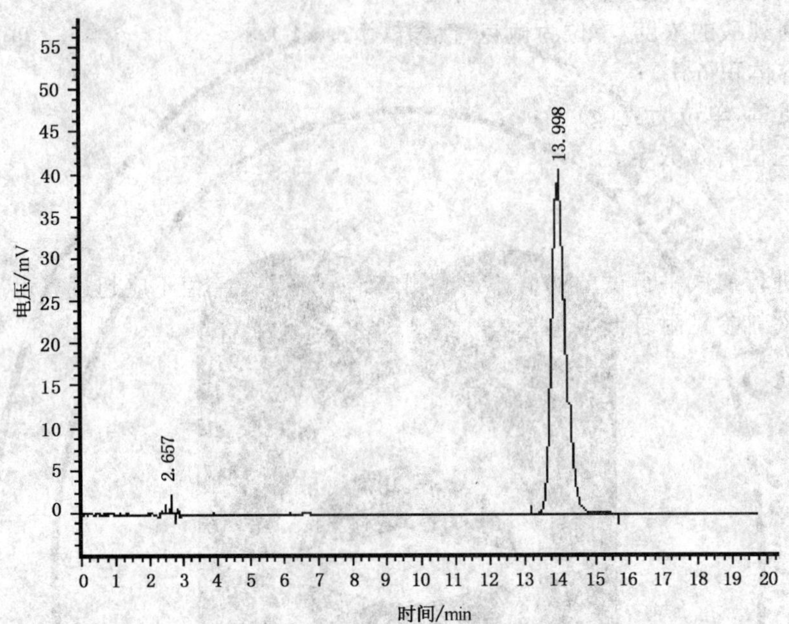

图 A.1　标准物质色谱图

A.2　含有阿魏酸的蜂胶样品色谱图，见图 A.2。

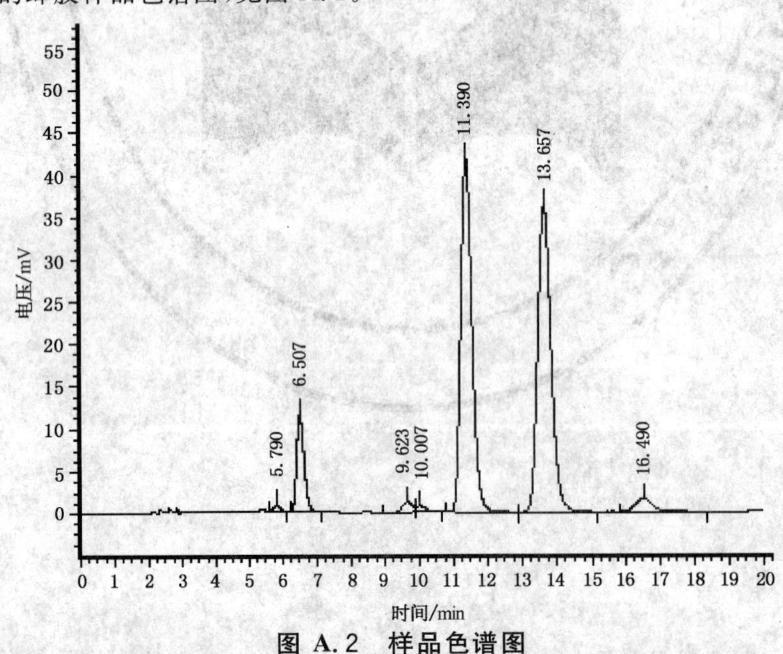

图 A.2　样品色谱图

附 录 B
（资料性附录）
方法学研究资料

B.1 线性关系考察：见表 B.1。

表 B.1 含量测定线性关系试验结果（*n*:7）

浓度/(μg/mL)	2.0	5.0	10.0	20.0	40.0	80.0	160.0
峰面积	119 334	271 840	542 793	1 059 571	2 144 527	438 810 0	8 443 418
线性方程	$y=52\ 976x+25\ 179$ $R^2=0.999\ 6$						

B.2 紫外扫描图：见图 B.1。

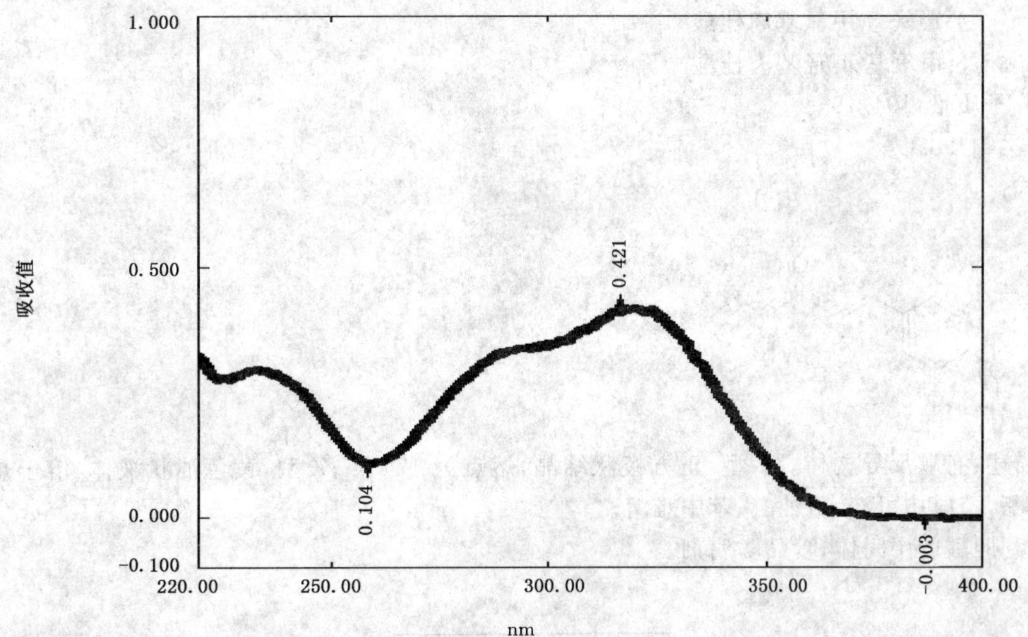

峰值检测

序号	波长/nm	吸收值
1	316.40	0.421
2	386.80	−0.003
3	258.80	0.104

图 B.1 紫外扫描图

附 录 C
（资料性附录）
阿 魏 酸

CAS：1135-24-6

英文名称：3-(4-hydroxy-3-methoxyphenyl)-2-propenoic acid

ferulic acid

4-hydroxy-3-methoxycinnamic acid

3-methoxy-4-hydroxy-cinnamic acid

化学名称：3-(4-羟基-3-甲氧基苯基)2-丙烯酸

阿魏酸

4-羟基-3-甲氧基肉桂酸

3-甲氧基-4-羟基肉桂酸

相对分子质量：194.19

分子式：$C_{10}H_{10}O_4$

结构式：

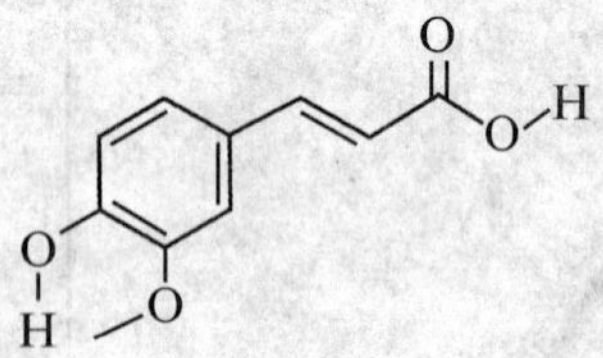

O
O H
O
H O

性状描述：有顺反异构体。E型，正方棱状结晶，熔点为174 ℃；Z型，黄色油状液体，溶于热水、乙醇、乙酸乙酯，乙醚中可溶，石油醚、苯中难溶。

用途：利胆酸的中间体，食品防腐剂。

ICS 11.220
B 41

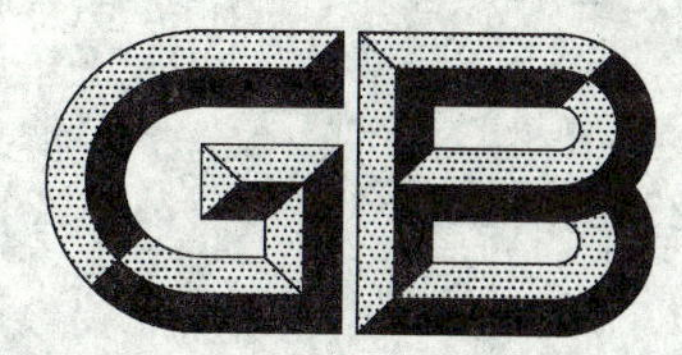

中华人民共和国国家标准

GB/T 23197—2008

鸡传染性支气管炎诊断技术

Diagnostic techniques for avian infectious bronchitis

2008-12-31 发布　　2009-05-01 实施

中华人民共和国国家质量监督检验检疫总局
中国国家标准化管理委员会　发布

前　言

本标准对应于OIE《陆生动物诊断试验和疫苗手册》(2004)2.7.6 鸡传染性支气管炎(avian infectious bronchitis),其一致性程度为非等效。在此基础上,根据国内科研成果增加了反转录-聚合酶链反应和气管环组织培养血清中和试验,用于病原的鉴定和抗体检测。

本标准的附录A为规范性附录,附录B为资料性附录。

本标准由中华人民共和国农业部提出。

本标准由全国动物防疫标准化技术委员会(SAC/TC 181)归口。

本标准起草单位:中国动物卫生与流行病学中心、华南农业大学。

本标准主要起草人:吴延功、廖明、王志亮、郭霄峰、刘佩兰、王永玲、孙承英。

鸡传染性支气管炎诊断技术

1 范围

本标准规定了鸡传染性支气管炎病毒分离、反转录-聚合酶链反应、微量血凝抑制试验以及气管环组织培养血清中和试验等四种诊断方法的技术要求。

本标准适用于鸡传染性支气管炎的诊断和检疫。

2 临床诊断

2.1 鸡传染性支气管炎是鸡的一种急性、接触性传染病，临床上有多种表现形式，根据病变类型，可将其分为：呼吸道型、肾型等，但以经典的呼吸道型发生的最为普遍。

2.2 呼吸道型表现为呼吸困难，有罗音或喘鸣音，雏鸡感染可引起死亡。

2.3 青年鸡和产蛋鸡感染后，可引起产蛋鸡停产或产蛋下降。表现为产蛋鸡产蛋下降，产软皮蛋、砂壳蛋或畸形蛋，蛋清稀薄如水。

2.4 肾型表现为病鸡排白色稀粪，脱水，死亡率高。

2.5 符合上述临床症状之一者，可以怀疑鸡群感染鸡传染性支气管炎病毒，确诊需经实验室检验。

3 病原的分离

3.1 样品的采集

3.1.1 对于急性呼吸道型的病鸡，应采取气管渗出物；对于刚扑杀的病鸡则采取支气管和肺组织。

3.1.2 对于肾型和产蛋下降型的病鸡，应采取发病鸡的肾脏或输卵管。也可从大肠，尤其是盲肠扁桃体或粪便分离病毒，但从消化道分离到的病毒未必与现流行或发生的病毒有直接关系。

3.2 样品的处理

3.2.1 将病料放在含有 10 000 IU/ mL 青霉素和 10 mg/mL 链霉素的 pH 值为 7.4 的磷酸缓冲盐水(PBS)内，置冰盒内送往实验室。pH 值为 7.4 的 PBS 的配方见附录 A。

3.2.2 将病料磨碎，加含抗菌素的 PBS 制成体积分数为 20% 的组织悬液，冻融 3 次，以 3 000 *g* 离心 20 min，取上清液，加入终浓度为 1 000 IU/ mL 的青霉素和终浓度为 1 mg/ mL 的链霉素，37 ℃下作用 1 h 后用于鸡胚接种。

3.3 分离培养

3.3.1 取病料上清液，接种于 5 枚 9 日龄～11 日龄的 SPF 鸡胚尿囊腔内，另 5 枚接种 PBS，接种量均为 0.2 mL/枚。37 ℃孵育。每天照蛋，24 h 内死亡的鸡胚弃去。收集接种后 3 d～7 d 的鸡胚尿囊液，将所有尿囊液混合，用含 1 000 IU/mL 青霉素和 1 mg/ mL 链霉素的 PBS 稀释 5 倍～10 倍，继续在鸡胚内传代。典型的野毒株通常在鸡胚中传至第 2 代或第 3 代时，可见侏儒胚，传至第 3 代，某些鸡胚可出现死亡。含毒尿囊液置－60 ℃以下可长期保存，也可以冻干 4 ℃保存。

3.3.2 将分离物经鸡胚传至 3 代或 3 代以上，收获接种后 7 d 仍存活的鸡胚，取胎儿，用剪刀剪除胎儿体外的附属物，并用吸水纸吸干胎儿表面的液体。如接种胎儿重量比对照胚最轻胎儿重量少 2 g 以上者，可初步判定为有病毒感染。

3.3.3 对病毒的进一步鉴定可通过反转录-聚合酶链反应(RT-PCR)进行(见第 4 章)。

4 反转录-聚合酶链反应(RT-PCR)

4.1 核酸抽提

4.1.1 材料准备

4.1.1.1 被检样品：所采集的病料(肺或肾等组织样品、棉拭子、尿囊液和细胞培养物)应新鲜，或者置于－20 ℃或－70 ℃低温冰箱保存。

4.1.1.1.1 组织样品的处理：往 1 g～3 g 肺脏或肾脏等组织样品中加灭菌的 0.85%生理盐水研磨成 5 倍～10 倍悬浮液，反复冻融 2 次～3 次后，以 4 000g 离心 10 min，取上清液作核酸抽提用。

4.1.1.1.2 棉拭子的处理：将棉拭子充分捻动拧干后除去拭子，0.5 mL 样品液经 4 000g 离心 10 min，取上清液作核酸抽提用。

4.1.1.1.3 细胞培养物：取 1 mL 细胞培养物反复冻融 2 次～3 次后，以 4 000g 离心 10 min 后取上清液作核酸抽提用。

4.1.1.1.4 阴性尿囊液：10 日龄 SPF 鸡胚尿囊液。

4.1.1.1.5 阳性病毒液：传染性支气管炎病毒 M41 株接种 10 日龄 SPF 鸡胚，孵育 48 h 后收获的尿囊液。

4.1.1.2 异丙醇。

4.1.1.3 灭菌 1.5 mL 离心管。

4.1.1.4 无 RNA 酶(RNase)水。

4.1.1.5 三氯甲烷(分析纯)。

4.1.1.6 无 RNase 水配制的 75%乙醇溶液。

4.1.2 操作方法

4.1.2.1 取 100 μL 4.1.1 中的上清液或尿囊液置于一灭菌的 1.5 mL 离心管中，同时设立阴性尿囊液或阴性细胞培养液和传染性支气管炎病毒 M41 株阳性病毒液为对照，再分别加入 900 μL 冰冷的裂解液，剧烈混合样品 15 s，室温放置 5 min。

4.1.2.2 加入 200 μL 三氯甲烷，颠倒离心管混合 2 次，剧烈混合 10 s，4 ℃下以 10 000g 离心 15 min。

4.1.2.3 吸取 500 μL 上层水相于新的 1.5 mL 灭菌离心管中，加入 500 μL 异丙醇，4 ℃放置 10 min，4 ℃下以 10 000g 离心 15 min。

4.1.2.4 小心弃去全部上清液，加入 1 mL 无 RNase 水配制的 75%乙醇溶液，上下轻缓颠倒两次，4 ℃下以 7 500g 离心 5 min。

4.1.2.5 弃去全部上清，风干 5 min～10 min，即制得 RNA。

4.2 反转录(RT)

4.2.1 材料准备

4.2.1.1 反转录酶(reverse transcriptase)XL(AMV)，核糖核酸酶抑制剂(RNasin)和反转录引物。反转录引物为 6 个碱基长度的随机引物，序列为 5′ d(NNNNNN) 3′，其中 N 代表 A 或 C 或 G 或 T 四个碱基。

4.2.1.2 10 mmol/L dNTPs。

4.2.1.3 0.5 mL 灭菌 PCR 管。

4.2.2 操作方法

4.2.2.1 在一个洁净的 0.5 mL 灭菌 PCR 管中依次加入 5×AMV 缓冲液 2 μL，10 mmol/L dNTPs 0.5 μL，反转录引物 20 pmol，核糖核酸酶抑制剂(RNasin)10 U，反转录酶 AMV2.5 U，用无 RNase 水补足总体积 25 μL，轻缓混匀。

4.2.2.2 用 4.2.2.1 中的反转录混合液重悬 4.1.2.5 中制备的 RNA，置于室温 10 min。

4.2.2.3 放入 42 ℃水浴 1 h，取出冰浴 2 min，所得的反应液即为反转录产物 cDNA。然后将 cDNA 置于－20 ℃保存或直接做 PCR。

4.3 核酸扩增

4.3.1 材料准备

4.3.1.1 *Taq* 酶，2.5 mmol/L dNTPs，100 bp DNA 分子质量标准。

4.3.1.2 PCR 混合引物 4PS：包括两对引物(Ms/Mx 和 3′s/3′x)，分别针对传染性支气管炎病毒

(IBV)基因组的 M 基因及基因组 3′末端的非编码区,这两个基因区间保守性强。在该混合引物中,Mx/Ms 的引物浓度为 4 pmol/μL,3′s/3′x 的引物浓度为 5 pmol/μL。引物序列如下:

——3′s:5′GGA AGA TAG GCA TGT AGC TT 3′(20 nt);

——3′x:5′CTA ACT CTA TAC TAG CCT AT 3′(20 nt);

——Ms:5′CCT AAG AAC GGT TGG AAT 3′(18 nt);

——Mx:5′TAC TCT CTA CAC ACA CAC 3′(18 nt)。

4.3.1.3　0.5 mL 灭菌离心管。

4.3.1.4　2.0%琼脂糖凝胶(含 0.5 μg/mL 溴化乙锭),其配制方法见附录 A。

4.3.2　操作方法

4.3.2.1　在一个洁净的 0.5 mL 灭菌 PCR 管中依次加入无 RNase 水 18.5 μL,10×PCR 缓冲液 2.5 μL,2.5 mmol/L dNTPs 2 μL,4PS PCR 混合引物 1.5 μL,2.5 U *Taq* 酶 0.5 μL,轻缓混匀。

4.3.2.2　加入 2 μL 4.2.2.3 中制备中的 cDNA,轻缓混匀。

4.3.2.3　置于 PCR 仪中运行,94 ℃ 3 min,94 ℃ 40 s,53 ℃ 30 s,72 ℃ 30 s,30 个循环;72 ℃,7 min。同时,设立以传染性支气管炎病毒 M41 株的 cDNA 为模板的阳性 IBV 病毒对照和阴性尿囊液或阴性细胞培养物的 cDNA 为模板的阴性对照。

4.3.2.4　PCR 产物的检测:待 PCR 反应结束后,每个 PCR 样品取 5 μL 于含 0.5 μg/mL EB 的 2.0%琼脂糖凝胶孔中电泳,同时加入 5 μL 标准 100 bp DNA 分子量标准物作为参照。在 75 V 恒压电泳 30 min,取凝胶置于紫外灯下观察或成像。

4.4　检测与判定

4.4.1　阳性对照在约 740 bp 和 290 bp 处分别有一条特异的 DNA 条带,阴性对照则无相应的特异条带出现,则实验成立。

4.4.2　待检样品在相应位置如出现特异性条带,或者仅在约 740 bp 出现条带或者仅在约 290 bp 处出现特异条带,则均可判为阳性。

4.4.3　如果需要进一步验证的话,可将获得的大小约为 740 bp 或 290 bp 的 PCR 产物回收纯化后测序,将测序结果提交美国国家生物技术信息中心(NCBI)进行 BLAST 分析。如果 BLAST 结果显示:大小约为 740 bp 的测定序列与基因数据库(GenBank)中注册的 IBV 膜蛋白序列同源性最高,或者大小约为 290 bp 的测定序列与 GenBank 中注册的 IBV 基因组 3′末端序列同源性最高,则进一步确证检测结果阳性。

5　微量血凝抑制试验

5.1　准备

5.1.1　器材

5.1.1.1　微量反应板:96 孔,V 形底,同一次试验使用的反应板孔底角度应相同。

5.1.1.2　塑料采血管:内径 2 mm,长 10 cm。

5.1.2　试剂

5.1.2.1　稀释液:pH7.4 磷酸缓冲盐水(PBS)。

5.1.2.2　浓缩抗原:由指定单位提供,按说明书使用,置 4 ℃保存。

5.1.2.3　标准阳性血清:由指定单位提供,按说明书使用。

5.1.2.4　阿氏液(Alsever),配制方法见附录 A。

5.1.2.5　1%鸡红细胞悬液:采不少于 3 只健康成年鸡血液,以 1∶2 的比例与阿氏液混匀,用 20 倍量 PBS 洗涤 3 次～4 次,每次以 1 500g 离心 5 min,最后一次 10 min,用 PBS 配成体积分数为 1%的悬液。

5.1.3　被检血清

刺破鸡羽下静脉,用毛细塑胶管引进血流 6 cm～8 cm 长,烧融一端,镊夹封口。血液凝固析出血清后 1 500g 离心 5 min,剪取血清端,封口备用。

注:普查或疾病流行时,每群采血鸡不少于 30 只。

5.2 操作

5.2.1 微量血凝试验

5.2.1.1 于 V 形血凝板的每孔中滴加 PBS 25 μL,共滴四排。

5.2.1.2 吸取抗原滴加于第一列孔,每孔 25 μL,然后按由左到右顺序倍比稀释至第 11 列孔,再从第 11 列孔各吸 25 μL 弃之。最后一列不加抗原作对照。各孔补加 PBS 25 μL。

5.2.1.3 于每孔中加入 1%红细胞悬液 25 μL,置微量混合器上振荡 1 min。

5.2.1.4 放室温下(22 ℃～25 ℃)40 min 后根据血凝图像判定结果。

5.2.1.5 凝集程度的判定

a) 完全凝集(++):V 形孔的尖部无红细胞沉淀块;

b) 不完全凝集(+):V 形孔的尖部有较明显的红细胞沉淀块,但整个孔底散布较多的凝集红细胞;

c) 不完全沉淀(±):V 形孔的尖部有较多的沉淀红细胞,孔底其他部分有少量凝集红细胞散布;

d) 完全沉淀(—):红细胞都沉积于 V 形孔的尖部,孔底其他部分无可见的红细胞。

5.2.1.6 以出现完全凝集的抗原最大稀释度为该抗原的血凝滴度。每次做四排,以几何均值表示结果。

5.2.1.7 计算出含 4 个血凝单位的抗原浓度,将血凝滴度除以 4 即为 4 个血凝单位的抗原应稀释的倍数。

5.2.2 微量血凝抑制试验

5.2.2.1 取 25 μL PBS 分别加入 V 形 96 孔微量血凝板的各孔内。

5.2.2.2 吸取被检血清 25 μL 于第 1 孔中,混匀后吸 25 μL 于第 2 孔,依次倍比稀释至第 11 孔,最后弃去 25 μL。

5.2.2.3 除第 1 列孔不加抗原外,吸取 4 个血凝单位的抗原 25 μL 加入第 2 列～第 12 列各孔。

5.2.2.4 置室温下感作 30 min。

5.2.2.5 加 25 μL 1%红细胞悬液于各孔中,振荡混匀后,室温下静置 40 min,判读结果。

5.2.2.6 第 1 列孔为血清对照孔,第 12 列孔为抗原对照孔,每次测定还应设已知滴度的标准阳性血清作对照。

5.2.2.7 判定

a) 红细胞凝集程度的判定:同 5.2.1.5 的规定;

b) 血凝抑制试验结果的判定:在抗原对照出现完全凝集,血清对照出现完全沉淀的情况下,以完全抑制红细胞凝集的最大稀释倍数为该血清的血凝抑制滴度。若鸡群没有接种过鸡传染性支气管炎疫苗,且有的鸡血清滴度达到 4log2 以上,说明鸡群已受传染性支气管炎的感染。

6 气管环组织培养血清中和试验

6.1 材料准备

6.1.1 器材

眼科剪、眼科镊子、平皿、吸管、薄青霉素瓶(5 mL、10 mL)、注射器、离心管、超净工作台、37 ℃培养箱、倒置显微镜、冰箱。

6.1.2 试剂

Hank's 液、0.4%酚红溶液、7%碳酸氢钠($NaHCO_3$)溶液、MEM 综合培养液、犊牛血清(使用前经 56 ℃灭能 30 min)、抗菌素溶液,配方见附录 A。

6.1.3 SPF 鸡胚

于 37 ℃温箱孵育至 18 日龄～20 日龄。

6.1.4 抗原

按说明书使用，置－70 ℃冰箱冻结保存。

6.1.5 血清

6.1.5.1 标准阳性血清：按说明书使用，用前经 56 ℃灭能 30 min。

6.1.5.2 标准阴性血清：按说明书使用，用前经 56 ℃灭能 30 min。

6.1.5.3 被检血清：每群鸡随机采取 10 份～20 份血样，分离血清。

6.1.5.4 采血法：用灭菌注射器经心脏无菌采血 2 mL～3 mL，迅速移入灭菌离心管内，待凝固析出血清后，以 1 500g 离心 5 min，将血清移入青霉素瓶内。试验前将血清经 56 ℃灭能 30 min 后备用。

6.2 操作方法

6.2.1 气管环组织培养(TOC)

取 18 日龄～20 日龄的鸡胚，用碘酊消毒气室部位，于超净工作台内打开蛋壳，用无菌眼科镊子拨开蛋壳膜和绒毛尿囊膜，小心取出鸡胚，置于灭菌的平皿内。用眼科剪剪开鸡胚颈部皮肤，找出气管，仔细地去除气管周围的结缔组织和脂肪，取出气管于含 100 U/mL 青霉素和 100 μg/mL 链霉素的 Hank's 液中轻轻洗两次，然后用眼科剪将气管剪成 1 mm 厚的气管环组织。将一个气管环组织置于一个青霉素瓶内，加入含 2％犊牛血清的 MEM 培养液(pH 值 7.2～7.4)1 mL，置 37 ℃培养箱内培养 24 h 后，取出置倒置显微镜下观察。观察前，适度摇荡，使培养物分泌的黏液溶于液体中。见气管环组织培养物上皮完整、纤毛运动活泼，即可供作传染性支气管炎病毒的滴定。

6.2.2 传染性支气管炎病毒对气管环组织培养半数感染量($TOC\text{-}ID_{50}$)的滴定

随机从－70 ℃冰箱中取出一支抗原，用不含犊牛血清的 MEM 培养液(pH 值 7.2～7.4)按 10^{-1} 至 10^{-9} 稀释，每个稀释度的培养液接种 5 个气管环组织培养物，取 15 个不接种病毒的气管环组织培养物，每个加入稀释液 1 mL 作为空白对照。置 37 ℃温箱内培养 6 d 后判定结果。

6.2.3 $TOC\text{-}ID_{50}$ 结果判定

6.2.3.1 气管环组织培养出现病变的判定

a) ＋＋：气管环组织培养物周边无一个纤毛运动，上皮细胞脱落；

b) ＋：气管环组织培养物周边有 95％以上纤毛停止运动，上皮细胞不完全脱落；

c) ±：气管环组织培养物周边有 50％～95％纤毛停止运动，上皮细胞不脱落；

d) －：气管环组织培养物周边纤毛运动正常，上皮细胞不脱落。

6.2.3.2 取培养 6 d 的气管环组织培养物，振荡以除去黏附在培养物黏膜表层的黏性分泌物，置倒置显微镜下观察，并记录结果。判定结果时，以气管环组织培养物表现"＋"或"＋＋"的计为感染，以表现"±"或"－"的计为不感染。

6.2.3.3 按 Reed-Müench 法计算 $TOC\text{-}ID_{50}$，参见附录 B。

6.2.3.4 将气管环组织培养(TOC)试验重复再做三次。计算出四次测定结果的几何平均值。该平均值即为该批抗原滴度，置－70 ℃可使用一年，但抗原严禁反复冻融。

6.2.4 气管环组织培养血清中和试验

采用恒量病毒、变量血清的中和试验方法。将待检血清用不含犊牛血清的 MEM 培养液先作1∶10 稀释后，再作倍比稀释，如 1∶2，1∶4，…，1∶256 等。取每个稀释度的血清 2.5 mL，加入 2.5 mL 200 个 $TOC\text{-}ID_{50}$ 病毒，充分混匀后置 37 ℃温箱内感作 1 h，每个滴度的混合液分别接种于 5 个气管环组织培养物，使每个气管环组织培养物浸于 1 mL 混合液中。置 37 ℃培养箱内培养 6 d 后判定结果。

6.2.5 对照

在进行中和试验的同时，设以下对照：

a) 病毒对照：将抗原用 Hank's 液稀释成每个接种剂量含 10^{-2} 个～10^{2} 个 $TOC\text{-}ID_{50}$，每个滴度接种于 5 个气管环组织培养物，接种量为 1 mL；

b) 血清毒性对照：将低倍稀释的待检血清加入 5 个气管环组织培养物，每个加 1 mL；

c) 气管环组织培养物空白对照:取 5 个气管环组织培养物,各加入 1 mL 培养液;

d) 阳性血清和阴性血清对照:与待检血清进行平行试验,操作步骤同 6.2.4。

6.3 结果判定

6.3.1 气管环组织培养出现病变的结果判定方法参见 6.2.3.1。

6.3.2 对照试验应出现下列结果:

a) 气管环组织培养物空白对照,应表现为"±"或"-";

b) 病毒对照,10^{-1} 个、10^{-2} 个 TOC-ID_{50} 组应出现"±"或"-",而 10^{2} 个 TOC-ID_{50} 组必需出现"++";

c) 血清毒性对照,气管环组织培养物应出现"-";

d) 阳性对照血清应呈现预期的中和效价,阴性血清无中和效价。

6.3.3 在对照结果正常的情况下,记录气管环组织培养物纤毛运动和上皮细胞脱落的情况,以在病毒血清混合作用后能使气管环组织培养物出现"+"的血清的最高稀释倍数为该血清的终点滴度。按 Reed-Müench 法计算血清的中和效价。

7 综合判定

7.1 IBV 的诊断方法有多种。依据临床症状和病理变化只可作出初步诊断,确诊应依靠实验室检查。病毒的分离与鉴定多用于急性病例的确诊和新疫区的确定,RT-PCR 适用于该病病原的快速诊断。血清学方法可用于 IBV 抗体的检测和血清型的鉴定。微量血凝抑制试验群体水平上进行血清学诊断较易操作、特异性强、敏感性高。气管环组织培养血清中和试验操作复杂,仅适于 IBV 鉴定。

7.2 当在临床上怀疑有 IBV 感染时,可根据实际情况,由上述几种方法中选用一种或两种方法进行确诊,对于未接种过 IBV 疫苗,经任何一种方法检测呈阳性结果时,都可最终判定为 IBV 感染鸡群。对接种过 IBV 疫苗并在疫苗免疫期内的鸡或已超过疫苗免疫期的鸡,当病毒分离鉴定试验为阳性结果时,可终判为 IBV 感染鸡;当仅血清学试验呈阳性结果时,应结合病史和疫苗接种史进行综合判定,不可一律视为 IBV 感染鸡群。

附 录 A
（规范性附录）
试 剂 配 制

A.1 pH7.4磷酸缓冲盐水(PBS)的配制

磷酸氢二钠($Na_2HPO_4 \cdot 12H_2O$) 29.02 g

磷酸二氢钠($NaH_2PO_4 \cdot 2H_2O$) 2.96 g

氯化钠(NaCl) 8.5 g

取上述试剂溶于1 000 mL蒸馏水中，68.94 kPa灭菌15 min，4 ℃保存。

A.2 2.0%琼脂糖凝胶(含0.5 μg/mL溴化乙锭)

在100 mL TAE缓冲液(0.04 mol/L Tris-乙酸，0.001 mol/L EDTA)中加入2.0 g琼脂糖，熔化后加入溴化乙锭(EB)至终浓度0.5 μg/mL后即可灌制凝胶。

A.3 阿氏液的配制

葡萄糖($C_6H_{12}O_6 \cdot H_2O$) 2.25 g

柠檬酸三钠($Na_3C_6H_5O_7 \cdot 2H_2O$) 0.91 g

柠檬酸($C_6H_8O_7 \cdot H_2O$) 0.06 g

氯化钠(NaCl) 0.42 g

加蒸馏水至100 mL，溶解，分装，70 kPa灭菌20 min，4 ℃保存备用。

A.4 Hank's液的配制

A.4.1 成分

A.4.1.1 母液A

A.4.1.1.1 溶液1

氯化钠(NaCl) 160 g

氯化钾(KCl) 8 g

硫酸镁($MgSO_4 \cdot 7H_2O$) 2 g

氯化镁($MgCl_2 \cdot 6H_2O$) 2 g

将上述各成分溶于800 mL无离子水中。

A.4.1.1.2 溶液2

取氯化钙($CaCl_2$)2.8 g，溶于100 mL无离子水中。

A.4.1.1.3 配制

将A.4.1.1.1和A.4.1.1.2两种溶液混合后，加无离子水至1 000 mL，并加2 mL三氯甲烷作为防腐剂，保存于0 ℃～4 ℃冰箱内。

A.4.1.2 母液B

磷酸二氢钾 (KH_2PO_4) 1.2 g

磷酸氢二钠($Na_2HPO_4 \cdot 12H_2O$) 3.04 g

葡萄糖($C_6H_{12}O_6 \cdot H_2O$) 8.5 g

将上述三种成分溶于800 mL无离子水中，最后加入100 mL 0.4%酚红溶液。加无离子水至1 000 mL，加入2 mL三氯甲烷防腐，0 ℃～4 ℃保存。

A.4.2 应用液

取母液A、B各1份，无离子水18份，混匀后66.94 kPa灭菌15 min，置0 ℃～4 ℃冰箱内备用。使用时于100 mL Hank's液中加7%碳酸氢钠调pH值至7.2～7.6。

A.5 0.4%酚红液的配制

称取酚红置研钵中，逐渐滴入0.1 mol/L氢氧化钠(NaOH)，不断研磨至颗粒完全溶解，再加入适量去离子水，使酚红最终浓度为0.4%。

A.6 7%$NaCO_3$的配制

称取7 g碳酸氢钠溶于100 mL去离子水中，68.94 kPa灭菌15 min，置0 ℃～4 ℃备用。

A.7 抗菌素溶液的配制

取青霉素1 000 000 IU、链霉素1 000 000 μg，用灭菌去离子水配成100 mL的上述两种抗菌素的混合液。分装小瓶，于－20 ℃冻结保存。使用时于100 mL Hank's液或培养液中加入此种抗菌素溶液1 mL。

附 录 B
（资料性附录）
TOC-ID_{50}和血清中和效价滴定的 Reed-Meünch 法

B.1 TOC-ID_{50}的测定

将病毒液在灭菌的10 mL青霉素瓶内作连续的10倍稀释，即用5 mL吸管吸取1 mL病毒液，加入已装有9 mL的无血清MEM培养液的第1个小青霉素瓶内，将混合液充分振荡，并另换一支新的5 mL吸管，吹打混合后，吸取1 mL移于第2瓶9mL的199培养液中，更换吸管，如上充分振荡和吹打混匀后，再吸取1 mL加入第3瓶，连续如此操作，即可做成连续的一系列10×稀释液。吸取每一稀释度的病毒液1 mL，加入含纤毛上皮运动良好的气管环组织培养物的青霉素瓶内，每个稀释度的病毒液接种5瓶。于37 ℃静止培养，逐日观察，共观察5 d。按表B.1所举例子计算TOC-ID_{50}。

表 B.1 TOC-ID_{50}的测定和计算(Reed-Meünch 法)

病毒液稀释度	观察结果		累 计		TOC 总数	出现病变的瓶数所占百分率/%
	病变 TOC 数	正常 TOC 数	病变 TOC 数	正常 TOC 数		
10^{-1}	↑5	↓0	28	0	28	100(28/28)
10^{-2}	↑5	↓0	23	0	23	100(23/23)
10^{-3}	↑5	↓0	18	0	18	100(18/18)
10^{-4}	↑5	↓0	13	0	13	100(13/13)
10^{-5}	↑4	↓1	8	1	9	88.9(8/9)
10^{-6}	↑3	↓2	4	3	7	57.1(4/7)
10^{-7}	↑1	↓4	1	7	8	12.5(1/8)
10^{-8}	↑0	↓5	0	12	12	0(0/12)
10^{-9}	↑0	↓5	0	17	17	0(0/17)

出现病变的TOC数和正常TOC数分别列于表B.1的第2列和第3列，它们的累计数分别列于第4和第5列(根据箭头所示方向)，第6列为TOC总数，第7列为出现病变的TOC数占TOC总数的百分率。可见该病毒株的TOC-ID_{50}在10^{-6}(57.1%)和10^{-7}(12.5%)之间，其确切稀释倍数可按下列公式计算：

$$\frac{57.1\%(\text{高于 }50\%\text{ 的百分数})-50\%}{57.1\%(\text{高于 }50\%\text{ 的百分数})-12.5\%(\text{低于 }50\%\text{ 的百分数})}=0.16$$

因此该病毒的TOC-ID_{50}应是$10^{-6.16}$/mL。查反对数，得1 445 000，即该病毒1 445 000稀释可保护50%的气管环组织培养物免于出现病变。

B.2 滴定血清中和效价的 Reed-Meünch 法

取200个TOC-ID_{50}的病毒液，加入等量不同稀释度的待检血清，充分混合并感作后，接种TOC，按表B.2示例计算血清中和效价。

表 B.2 固定病毒稀释血清法示例

血清稀释度（病毒量固定）	感染 TOC 数	正常 TOC 数	累计和			
			感 染	正 常	感染比例	保护率/%
1∶4($10^{-0.6}$)	0↓	5↑	0	11	0/11	100
1∶16($10^{-1.2}$)	1↓	4↑	1	6	1/7	85.7
1∶64($10^{-1.8}$)	3↓	2↑	4	2	4/6	33.3
1∶256($10^{-2.4}$)	5↓	0↑	5	0	5/5	0
1∶1 024($10^{-3.0}$)	5↓	0↑	14	0	5/5	0

按 Reed-Meünch 法计算，血清稀释度介于 $10^{-1.2}$ 和 $10^{-1.8}$ 之间时能保护 50%TOC 免受感染。

距离比例＝(85.7－50)/(85.7－33.3)＝35.7/52.4＝0.68

高于 50%保护率血清稀释度的对数＋距离比例×稀释系数的对数

＝－1.2＋0.68×(－0.6)＝－1.2－0.41＝－1.61

－1.61 的反对数＝1/40，即 1∶40 稀释的待检血清可保护 50%的 TOC 免受感染。

ICS 67.050
X 04

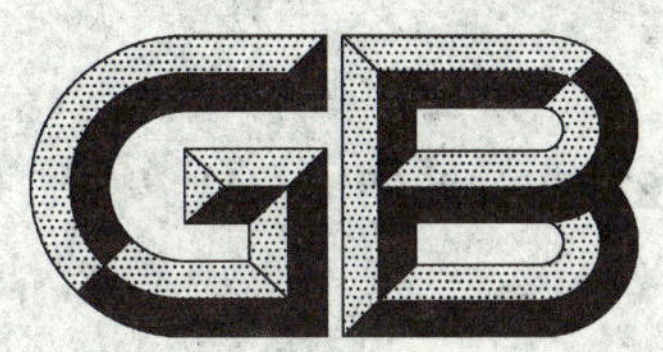

中华人民共和国国家标准

GB/T 23198—2008

动物源性食品中噁喹酸残留量的测定

Determination of oxolinic acid residues in animal original food

2008-12-31 发布　　　　2009-05-01 实施

中华人民共和国国家质量监督检验检疫总局
中国国家标准化管理委员会　发布

前　言

本标准附录A为资料性附录。

本标准由国家认证认可监督管理委员会提出并归口。

本标准起草单位:中华人民共和国上海出入境检验检疫局。

本标准主要起草人:王敏、郭德华、李波、韩丽、邓晓军、杨惠琴。

动物源性食品中噁喹酸残留量的测定

1 范围

本标准规定了动物源性食品中噁喹酸残留量的液相色谱测定方法。

本标准适用于水产品、禽肉、猪肉、牛肉中噁喹酸残留量的测定。

本方法检测低限为 1 μg/kg。

2 规范性引用文件

下列文件中的条款通过本标准的引用而成为本标准的条款。凡是注日期的引用文件，其随后所有的修改单(不包括勘误的内容)或修订版均不适用于本标准，然而，鼓励根据本标准达成协议的各方研究是否可使用这些文件的最新版本。凡是不注日期的引用文件，其最新版本适用于本标准。

GB/T 6682 分析实验室用水规格和试验方法(GB/T 6682—2008,ISO 3696:1987,MOD)

3 原理

样品经二氯甲烷提取，提取液浓缩后，残渣用稀盐酸溶液溶解。稀盐酸溶液中加入正己烷液液萃取，弃正己烷。再用二氯甲烷萃取稀盐酸溶液中的残留物，萃取液浓缩至干。残留物溶于甲醇中，用配有荧光检测器的高效液相色谱仪测定，外标法定量。

4 试剂和材料

除另有规定外，所用试剂均为分析纯，试验用水应符合 GB/T 6682 一级水的标准。

4.1 甲酸：色谱纯。

4.2 乙腈：色谱纯。

4.3 甲醇：色谱纯。

4.4 正己烷。

4.5 二氯甲烷。

4.6 盐酸。

4.7 无水硫酸钠：650 ℃烘 4 h 备用。

4.8 海砂。

4.9 氢氧化钠。

4.10 盐酸溶液：1 mol/L。吸取盐酸 82.5 mL，用水稀释至 1 000 mL。

4.11 0.1 mol/L 氢氧化钠溶液：称取 4.0 g 氢氧化钠，用水溶解并定容至 1 L。

4.12 1%甲酸水溶液：吸取甲酸 10.0 mL，用水稀释至 1 000 mL。

4.13 噁喹酸标准物质：纯度大于等于 98.0%。

4.14 噁喹酸标准储备溶液：100 mg/L。准确称取噁喹酸标准物质 10.0 mg(精确至 0.1 mg)，先加入 1 mL 0.1 mol/L 氢氧化钠溶液溶解，然后用甲醇溶解并定容至 100 mL，该标准储备液贮存于 4 ℃冰箱中。可保存 1 个月。

4.15 噁喹酸标准工作溶液：根据需要取适量标准储备溶液，用甲醇稀释成适当浓度的标准工作溶液。标准工作溶液现用现配。

5 仪器和设备

5.1 高效液相色谱仪,配有荧光检测器。

5.2 组织捣碎机。

5.3 旋转蒸发器。

5.4 玻璃研钵。

5.5 砂芯漏斗。

5.6 层析柱:25 cm×2.0 cm(内径),用 5.0 g 无水硫酸钠装填。

5.7 蒸发瓶:150 mL。

5.8 分液漏斗:150 mL。

5.9 0.45 μm 有机相针式过滤器:13 mm(直径)。

6 样品制备

6.1 提取

称取经捣碎成浆的试样约 5 g(精确至 0.01 g),置于玻璃研钵中,加入约 2 g 无水硫酸钠及 1 g 海砂,充分研磨成糊状。再用 60 mL 二氯甲烷分 3 次～4 次研磨试样,将试样溶液通过砂芯漏斗过滤。收集滤液于鸡心瓶中,于 40 ℃水浴旋转蒸发浓缩近干。

6.2 净化

用 30 mL 1 mol/L 盐酸溶液溶解上述残留物,转移至分液漏斗中,加入 20 mL 正己烷,振摇 5 min 静置分层。将下层盐酸溶液转移至另一分液漏斗中,加入 30 mL 二氯甲烷,振摇 5 min,静置分层后,将二氯甲烷萃取液通过层析柱脱水,收集萃取液于鸡心瓶中。再加入 30 mL 二氯甲烷,重复以上操作。然后用 10 mL 二氯甲烷清洗层析柱,流出液合并至萃取液中,于 40 ℃水浴旋转蒸发浓缩至干。残留物加 1.0 mL 甲醇溶解后,过 0.45 μm 滤膜,供液相色谱测定用。

7 液相色谱测定

7.1 液相色谱参考条件

a) 色谱柱:C_{18},5 μm,250 mm×4.6 mm(内径)或相当者;

b) 流动相:1%甲酸水溶液-乙腈(70+30);

c) 流速:1.0 mL/min;

d) 检测器波长:激发波长 312 nm,发射波长 366 nm;

e) 进样量:50 μL。

7.2 色谱测定

根据试样中噁喹酸含量情况,选定峰面积相近的标准工作液,标准工作液和待测样液中噁喹酸的响应值均应在仪器检测线性范围内。对标准工作液和样液等体积参插进样测定。在上述色谱条件下,噁喹酸的保留时间约为 8 min,标准品色谱图参见附录 A。

7.3 空白实验

除不称取试样外,均按上述测定步骤进行。

8 计算

用色谱数据处理机或按式(1)分别计算试样中噁喹酸残留含量,计算结果需将空白值扣除。

$$X=\frac{A\cdot c\cdot V}{A_S\cdot m} \qquad \cdots\cdots(1)$$

式中：

X——试样中噁喹酸含量，单位为毫克每千克(mg/kg)；

A——样液中噁喹酸的色谱峰面积；

A_s——标准工作液中噁喹酸的色谱峰面积；

c——标准工作液中噁喹酸的浓度，单位为微克每毫升(μg/mL)；

V——样液最终定容体积，单位为毫升(mL)；

m——最终样液所代表的试样量，单位为克(g)。

9 精密度

在重复性条件下获得的两次独立测定结果的绝对差值不得超过算术平均值的20%。

附　录　A
（资料性附录）
嘧喹酸标准溶液液相色谱图

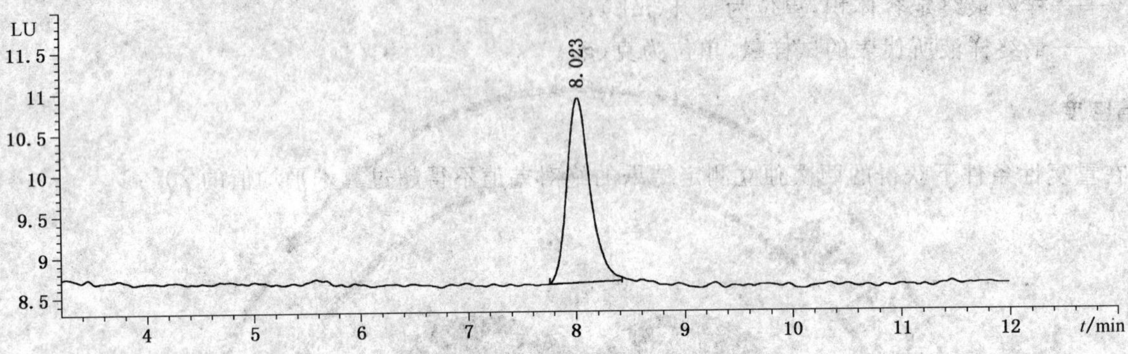

图 A.1　嘧喹酸标准溶液液相色谱图

ICS 67.140.10
X 55

中华人民共和国国家标准

GB/T 23199—2008

茶叶中稀土元素的测定 电感耦合等离子体发射光谱法和 电感耦合等离子体质谱法

Determination of rare earth elments in tea—Inductive coupled plasma atomic emission spectrometer and inductive coupled plasma mass spectrometer

2008-12-31 发布　　2009-06-01 实施

中华人民共和国国家质量监督检验检疫总局
中国国家标准化管理委员会　发布

前　言

本标准的附录 A、附录 B、附录 C 均为资料性附录。

本标准由国家食品质量安全监督检验中心提出。

本标准由全国茶叶标准化技术委员会归口。

本标准起草单位：国家食品质量安全监督检验中心、国家茶叶质量监督检验中心。

本标准主要起草人：林立、杨彦丽、周卫龙、周谙非、陈光、许凌。

茶叶中稀土元素的测定 电感耦合等离子体发射光谱法和 电感耦合等离子体质谱法

1 范围

本标准规定了电感耦合等离子体质谱法(ICP-MS)及电感耦合等离子体发射光谱法(ICP-AES)测定茶叶中钪(Sc)、钇(Y)、镧(La)、铈(Ce)、镨(Pr)、钕(Nd)、钐(Sm)、铕(Eu)、钆(Gd)、铽(Tb)、镝(Dy)、钬(Ho)、铒(Er)、铥(Tm)、镱(Yb)、镥(Lu)等16种稀土元素(以下简称16种稀土元素)的方法。

本标准适用于茶叶中16种稀土元素的测定。

电感耦合等离子体质谱法检出限:

元素	钪	钇	镧	铈	镨	钕	钐	铕
检出限/(μg/kg)	0.5	0.4	0.09	0.1	0.07	0.09	0.2	0.05
元素	钆	铽	镝	钬	铒	铥	镱	镥
检出限/(μg/kg)	0.1	0.3	0.2	0.05	0.06	0.05	0.07	0.05

电感耦合等离子体发射光谱法检出限:

元素	钪	钇	镧	铈	镨	钕	钐	铕
检出限/(μg/kg)	0.4	2	11	15	16	16	9	7
元素	钆	铽	镝	钬	铒	铥	镱	镥
检出限/(μg/kg)	5	8	5	3	14	4	0.6	0.9

2 规范性引用文件

下列文件中的条款通过本标准的引用而成为本标准的条款。凡是注日期的引用文件,其随后所有的修改单(不包括勘误的内容)或修订版均不适用于本标准,然而,鼓励根据本标准达成协议的各方研究是否可使用这些文件的最新版本。凡是不注日期的引用文件,其最新版本适用于本标准。

GB/T 6682—2008　分析实验室用水规格和试验方法(ISO 3696:1987,MOD)

GB/T 8302　茶　取样

GB/T 8303—2002　茶　磨碎试样的制备及其干物质含量测定(eqv ISO 1572:1980)

第一法　电感耦合等离子体质谱法(ICP-MS)

3 原理

样品经酸解消化后,用去离子水溶解,定容至一定体积。样品溶液导入电感耦合等离子体质谱仪(ICP-MS)中,与标准样品中各元素质量数处所对应的信号响应值相对照,得出各元素的含量。分别测定16种稀土元素的含量,计算其总量。

4 试剂

除非另有说明,在分析中所使用试剂均为优级纯,用水为GB/T 6682—2008中规定的一级水。

4.1 硝酸。

4.2 高氯酸。

4.3 硝酸-高氯酸混合溶液(10+1):取10份硝酸与1份高氯酸混合。

4.4 30%过氧化氢。

4.5 6 mol/L盐酸:量取50 mL浓盐酸置于水中,再稀释至100 mL。

4.6 硝酸溶液(1%,体积分数):取1 mL硝酸置于适量水中,再稀释至100 mL。

4.7 硝酸溶液(10%,体积分数):取10 mL硝酸置于适量水中,再稀释至100 mL。

4.8 16种稀土元素标准溶液:浓度均为1 000 mg/L。

4.9 铟和铑标准储备溶液:浓度均为100 mg/L(作为ICP-MS检测中的在线内标物,以校准仪器灵敏度)。该溶液在0 ℃~4 ℃冰箱中可储存6个月。

4.10 16种稀土元素标准储备液:分别吸取各单元素标准溶液(4.8)1.0 mL到同一个100 mL的容量瓶中,用1%硝酸溶液(4.6)定容至刻度,容量瓶中溶液相当于每毫升含有10 μg的16种稀土元素。该溶液在0 ℃~4 ℃冰箱中可储存6个月。

4.11 铟和铑标准工作液:分别吸取1.0 mL铟和铑的标准储备液(4.9)到同一个100 mL容量瓶中,用10%硝酸定容至刻度,容量瓶中溶液相当于每毫升含有1 μg的铑和铟。

4.12 系列标准溶液:吸取16种稀土元素标准储备液(4.10)5.0 mL到50 mL容量瓶中,用1%硝酸溶液(4.6)定容至刻度,配得混合标准工作液浓度为1.0 mg/L。分别吸取混合标准工作液(1.0 mg/L)0、1.0、2.5、5.0、10.0 mL于一组50 mL容量瓶中,用10%硝酸溶液(4.7)定容至刻度,配得单元素浓度分别为0、0.02、0.05、0.10、0.20 mg/L的混合标准溶液。

5 仪器与设备

5.1 分析天平:感量为0.000 1 g。

5.2 超纯水制备系统。

5.3 样品粉碎装置。

5.4 微波消解系统。

5.5 可调式电热板。

5.6 恒温水浴锅。

5.7 电感耦合等离子体质谱仪(ICP-MS)。

5.8 马弗炉。

注:所用器皿经20%的硝酸浸泡过夜。

6 样品的制备

微量元素的分析试样制备过程中应特别注意防止各种污染。使用设备如电磨、粉碎机均为不锈钢制品。按照GB/T 8302进行取样,按照GB/T 8303—2002进行样品制备。

7 样品的消解

7.1 湿法消化

准确称取粉碎后的茶叶1 g(精确至0.000 1 g)于50 mL或100 mL高型烧杯中,加入10 mL的混合酸(4.3),盖上表面皿,静置过夜。次日置可调式电热板上加热消化,若变棕黑色,再加混合酸,直至冒白烟,溶液呈无色透明或略带黄色且残留酸量不超过0.5 mL,放冷。用水少量多次洗入10 mL具塞比色管中并定容至刻度,混匀备用。同时做试剂空白。

7.2 微波消化

准确称取粉碎后的茶叶0.5 g(精确至0.000 1 g)于微波消解罐中,加入4 mL硝酸(4.1)、2 mL过氧化氢(4.4)和2 mL超纯水。设定合适的微波消解条件(参见附录A)进行消解。消解完毕后,用水少量多次洗入25 mL具塞比色管中并定容至刻度,混匀备用。同时做试剂空白。

7.3 干法灰化

准确称取粉碎后的茶叶1 g～5 g(精确至0.000 1 g)于瓷坩埚中,先小火在可调式电热板上炭化至无烟,移入马弗炉,500 ℃灰化6 h～8 h,冷却。若个别样品灰化不彻底,则加1 mL混合酸(4.3)在可调式电热板上小火加热,反复多次至消化完全,放冷。加1 mL盐酸(4.5)、2滴过氧化氢(4.4),水浴蒸干,用水少量多次洗入10 mL具塞比色管中并定容至刻度,混匀备用。同时做试剂空白。

注:如果消解液中有无法溶解的无机盐类,需要过滤。

8 测定

8.1 分别将系列标准混合溶液导入调至最佳条件(参见附录B)的仪器雾化系统中进行测定。以16种稀土元素的浓度为横坐标,以16种稀土元素与相应的内标元素的强度比为纵坐标分别绘制标准曲线和计算回归方程。

8.2 分别将处理后的样品溶液、试剂空白液导入调至最佳条件的仪器雾化系统中进行测定。以16种稀土元素与相应的内标元素的强度比与标准曲线比较或代入方程式求出含量。

9 结果计算

试样中稀土元素含量的计算见式(1):

$$X = \sum_{i=1}^{16}[(c_{1i} - c_{2i}) \times V/m] \qquad \cdots\cdots(1)$$

式中:

X——试样中稀土元素的含量,单位为毫克每千克(mg/kg);

c_{1i}——测定用试样液中稀土元素的含量,单位为毫克每升(mg/L);

c_{2i}——试剂空白液中稀土元素的含量,单位为毫克每升(mg/L);

V——试样处理液的总体积,单位为毫升(mL);

m——试样质量,单位为克(g)。

计算结果保留至小数点后一位。

10 精密度

在重复性条件下获得的两次独立测定结果的绝对差值不得超过算术平均值的10%。

第二法 电感耦合等离子体发射光谱法(ICP-AES)

11 原理

样品经酸解消化后,用去离子水溶解,定容至一定体积。样品溶液导入电感耦合等离子体发射光谱仪(ICP-AES)中,与标准样品中各元素的特征谱线所对应的信号响应值相对照,得出各元素的含量。分别测定16种稀土元素的含量,计算其总量。

12 试剂

12.1 应符合4.1～4.3、4.5、4.8、4.10的规定。

12.2 系列标准溶液:吸取16种稀土元素标准储备液(4.10)5.0 mL到50 mL容量瓶中,用1%硝酸溶液(4.6)定容至刻度,配得标准工作液浓度为1.0 mg/L。分别吸取标准工作液0、0.20、0.50、1.00、2.00 mL于10 mL容量瓶中,用已知稀土元素含量的样品溶液(推荐绿茶或花茶)定容至刻度,配得单元素浓度分别为 0、0.02、0.05、0.1、0.2 mg/L 的混合标准溶液，以定容所用的样品溶液作为零点绘制曲线。

13 仪器与设备

13.1 应符合 5.1～5.3、5.5、5.6 的规定。

13.2 电感耦合等离子体发射光谱仪(ICP-AES)。

注：所用器皿经 20%的硝酸浸泡过夜。

14 样品的制备

按第 6 章的规定制备。

15 样品的消解

按 7.1、7.3 的规定操作。

16 测定

16.1 分别将系列标准混合溶液导入调至最佳条件(参见附录 C)的仪器雾化系统中进行测定。以 16 种稀土元素的浓度为横坐标，以 16 种稀土元素强度值为纵坐标分别绘制标准曲线和计算回归方程。

16.2 分别将处理后的样品溶液、试剂空白液导入调至最佳条件的仪器雾化系统中进行测定。以 16 种稀土元素的强度值与标准曲线比较或代入方程式求出含量。

17 结果计算

按式(1)计算。

18 精密度

按第 10 章规定执行。

附 录 A
（资料性附录）
微波消解条件

表 A.1 微波消解条件

步 骤	升温时间/min	升至温度/℃	保温时间/min
1	5	120	5
2	5	150	5
3	5	170	5
4	5	180	10

附 录 B
（资料性附录）
ICP-MS 参考条件

选择质量数及对应的内标质量数：见表 B.1；

表 B.1 选择质量数及对应的内标质量数

元素	钪	钇	镧	铈	镨	钕	钐	铕
质量数	45	89	139	140	141	146	147	153
内标质量数	103	103	115	115	115	115	115	115
元素	钆	铽	镝	钬	铒	铥	镱	镥
质量数	157	159	163	165	166	169	172	175
内标质量数	115	115	115	115	115	115	115	115

采样时间：0.3 s；

功率：1 350 W；

进样速率：0.1 mL/min；

载气流量：1.13 L/min；

冷却气流量：15 L/min；

采样深度：8 mm。

附 录 C
（资料性附录）
ICP-AES 参考条件

波长的选择：见表 C.1；

表 C.1 16 种稀土元素波长的选择

元素	钪	钇	镧	铈	镨	钕	钐	铕
波长/nm	361.383	371.029	398.852	413.764	414.311	406.109	359.260	412.970
元素	钆	铽	镝	钬	铒	铥	镱	镥
波长/nm	342.247	350.917	364.220	345.600	369.269	346.220	328.937	261.542

功率：1 300 W；

进样速率：1.5 mL/min；

雾化器流量：0.8 L/min；

辅助气流量：0.2 L/min；

燃烧气流量：15 L/min。

ICS 67.050
X 04

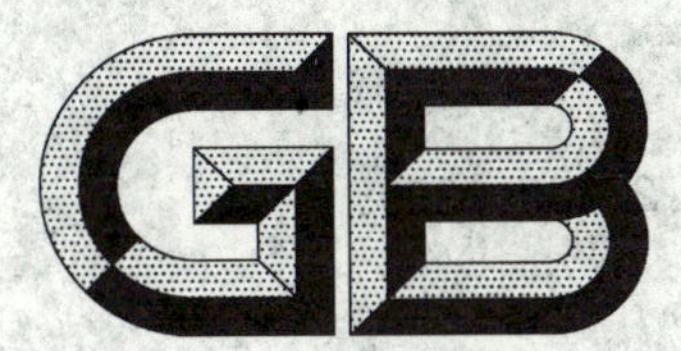

中华人民共和国国家标准

GB/T 23200—2008

桑枝、金银花、枸杞子和荷叶中488种农药及相关化学品残留量的测定 气相色谱-质谱法

Determination of 488 pesticides and related chemicals residues in mulberry twig, honeysuckle, barbary wolfberry fruit and lotus leaf—GC-MS method

2008-12-31 发布　　　　2009-05-01 实施

中华人民共和国国家质量监督检验检疫总局
中国国家标准化管理委员会　发布

前　言

本标准的附录 A、附录 B、附录 C、附录 D、附录 E、附录 F 均为资料性附录。

本标准由中华人民共和国国家质量监督检验检疫总局提出并归口。

本标准起草单位：中华人民共和国秦皇岛出入境检验检疫局、天津博纳艾杰尔科技有限公司、河北大学。

本标准主要起草人：庞国芳、范春林、汪群杰、黄韦、梁萍、姚翠翠、王宛、朱旭东。

桑枝、金银花、枸杞子和荷叶中488种农药及相关化学品残留量的测定 气相色谱-质谱法

1 范围

本标准规定了桑枝、金银花、枸杞子和荷叶中488种农药及相关化学品(参见附录A和附录F)残留量气相色谱-质谱测定方法。

本标准适用于桑枝、金银花、枸杞子和荷叶中488种农药及相关化学品的定性鉴别,431种农药及相关化学品的定量测定。

本标准中定量测定的431种农药及相关化学品方法检出限为0.002 mg/kg~0.960 mg/kg(参见附录A)。

2 规范性引用文件

下列文件中的条款通过本标准的引用而成为本标准的条款。凡是注日期的引用文件,其随后所有的修改单(不包括勘误的内容)或修订版均不适用于本标准,然而,鼓励根据本标准达成协议的各方研究是否可使用这些文件的最新版本。凡是不注日期的引用文件,其最新版本适用于本标准。

GB/T 6379.1 测量方法与结果的准确度(正确度与精密度) 第1部分:总则与定义(GB/T 6379.1—2004,ISO 5725-1:1994,IDT)

GB/T 6379.2 测量方法与结果的准确度(正确度与精密度) 第2部分:确定标准测量方法重复性与再现性的基本方法(GB/T 6379.2—2004,ISO 5725-2:1994,IDT)

GB/T 6682 分析实验室用水规格和试验方法(GB/T 6682—2008,ISO 3696:1987,MOD)

3 原理

试样用乙腈匀浆提取,盐析离心,固相萃取柱净化,用正己烷-丙酮洗脱农药及相关化学品,气相色谱-质谱仪测定,内标法定量。

4 试剂和材料

水为GB/T 6682规定的一级水。

4.1 乙腈:色谱纯。

4.2 氯化钠:优级纯。

4.3 二氯甲烷:色谱纯。

4.4 丙酮:色谱纯。

4.5 正己烷:色谱纯,重蒸馏。

4.6 甲苯:色谱纯。

4.7 无水硫酸钠:分析纯。650 ℃灼烧4 h,贮于干燥器中,冷却后备用。

4.8 正己烷+丙酮(4+6,体积比)。

4.9 农药及相关化学品标准物质,内标物质:纯度大于等于95%,参见附录A。

4.10 标准溶液

4.10.1 标准储备溶液

分别称取适量(精确至0.1 mg)各种农药及相关化学品标准物分别于10 mL容量瓶中,根据标准物

的溶解性选甲苯、甲苯-丙酮混合液、二氯甲烷等溶剂(溶剂均使用色谱纯)溶解并定容至刻度(溶剂选择参见附录A),标准储备溶液避光0 ℃~4 ℃保存,可使用一年。

4.10.2 混合标准溶液(混合标准溶液A、B、C、D、E和F)

按照农药及相关化学品的性质和保留时间,将488种农药及相关化学品分成A、B、C、D、E、F六个组,并根据每种农药及相关化学品在仪器上的响应灵敏度,确定其在混合标准溶液中的浓度。本标准对488种农药及相关化学品的分组及其混合标准溶液浓度参见附录A。

依据每种农药及相关化学品的分组号、混合标准溶液浓度及其标准储备液的浓度,移取一定量的单个农药及相关化学品标准储备溶液于100 mL容量瓶中,用甲苯定容至刻度。混合标准溶液避光0 ℃~4 ℃保存,可使用一个月。

4.10.3 内标溶液

准确称取3.5 mg环氧七氯于100 mL容量瓶中,用甲苯定容至刻度。

4.10.4 基质混合标准工作溶液

A、B、C、D、E、F组农药及相关化学品基质混合标准工作溶液是将40 μL内标溶液和一定体积的A、B、C、D、E、F组混合标准溶液分别加到1.0 mL的样品空白基质提取液中,混匀,配成基质混合标准工作溶液A、B、C、D、E和F。基质混合标准工作溶液应现用现配。

4.11 固相萃取柱:Cleanert TPH[1] 10 mL,2.0 g,或相当者。

4.12 微孔过滤膜(尼龙):13 mm×0.2 μm。

5 仪器

5.1 气相色谱-质谱仪:配有电子轰击源(EI)。

5.2 分析天平:感量0.1 mg和0.01 g。

5.3 旋转蒸发器。

5.4 均质器:最大转速为24 000 r/min。

5.5 离心机:最大转速为4 200 r/min。

5.6 鸡心瓶:150 mL。

5.7 移液器:1 mL。

6 试样制备与保存

6.1 试样的制备

将桑枝、金银花、枸杞子和荷叶四种中草药研磨成细粉,作为试样,装入清洁容器内,密封后,标明标记。

6.2 试样的保存

将桑枝、金银花和荷叶三种中草药于常温干燥器皿中存放,枸杞子于4 ℃冰箱保存。

7 测定步骤

7.1 提取

分别称取金银花、枸杞子试样5 g或荷叶、桑枝试样2.5 g(精确至0.01 g)于50 mL离心管中,加入15 mL乙腈(枸杞子试样需再加入5 mL水),15 000 r/min匀浆提取1 min,加入2 g氯化钠,再匀浆提取1 min,4 200 r/min离心5 min,取全部上清液于150 mL鸡心瓶中,再在离心管中加入15 mL乙腈,重复匀浆提取1 min,在4 200 r/min离心5 min,取全部上清液与之前的提取液合并,提取液于40 ℃

1) Cleanert TPH是由Agela公司产品的商品名称,给出这一信息是为了方便本标准的使用者,并不是表示对该产品的认可。如果其他等效产品具有相同的效果,则可使用这些等效产品。

水浴旋转蒸发至 1 mL～2 mL，待净化。

7.2 **净化**

在 Cleanert TPH 固相萃取柱上加入约 2 cm 高无水硫酸钠，置于固定架上。加样前先用 10 mL 正己烷＋丙酮预洗柱，当预洗液液面到达无水硫酸钠的顶部时，迅速将上述样品浓缩液（7.1）移入柱中，并用鸡心瓶接收淋出液。用 2 mL 正己烷＋丙酮洗涤鸡心瓶，重复三次，洗涤液也同样转入柱中，柱上连接 25 mL 贮液器，用 25 mL 正己烷＋丙酮洗脱农药及相关化学品，洗脱液于 40 ℃水浴旋转浓缩至近干，加入 1 mL 正己烷溶解残渣，加入 40 μm 内标溶液，混匀，0.2 μm 滤膜过滤，供气相色谱-质谱测定。

7.3 **气相色谱-质谱法测定**

7.3.1 **条件**

a) 色谱柱：DB-1701 石英毛细管柱［14%氰丙基-苯基-甲基聚硅氧烷；30 m×0.25 mm（内径），0.25 μm］或相当者。

b) 色谱柱温度：40 ℃保持 1 min，然后以 30 ℃/min 程序升温至 130 ℃，再以 5 ℃/min 升温至 250 ℃，再以 10 ℃/min 升温至 300 ℃，保持 5 min。

c) 载气：氦气，纯度≥99.999%，流速：1.2 mL/min。

d) 进样口温度：290 ℃。

e) 进样量：1 μL。

f) 进样方式：无分流进样，1.5 min 后开阀。

g) 电子轰击源：70 eV。

h) 离子源温度：230 ℃。

i) GC-MS 接口温度：280 ℃。

j) 溶剂延迟：A 组为 8.3 min，B 组为 7.8 min，C 组为 7.3 min，D 组为 5.5 min，E 组为 6.1 min，F 组为 5.5 min。

k) 选择离子监测：每种化合物分别选择一个定量离子，2 个～3 个定性离子。每组所有需要检测的离子按照出峰顺序，分时段分别检测。每种化合物的保留时间、定量离子、定性离子及定量离子与定性离子的丰度比值，参见附录 B。每组检测离子的开始时间和驻留时间参见附录 C。

7.3.2 **定性测定**

进行样品测定时，如果检出的色谱峰的保留时间与标准样品相一致，并且在扣除背景后的样品质谱图中，所选择的离子均出现，而且所选择的离子丰度比与标准样品的离子丰度比相一致（相对丰度＞50%，允许±10%偏差；相对丰度＞20%～50%，允许±15%偏差；相对丰度＞10%～20%，允许±20%偏差；相对丰度≤10%，允许±50%偏差），则可判断样品中存在这种农药或相关化学品。如果不能确证，应重新进样，以扫描方式（有足够灵敏度）或采用增加其他确证离子的方式或用其他灵敏度更高的分析仪器来确证。

7.3.3 **定量测定**

本标准采用内标法单离子定量测定。内标物为环氧七氯。为减少基质的影响，定量用标准应采用基质样品液配制混合标准工作溶液。标准溶液的浓度应与待测化合物的浓度相近。本标准的 A、B、C、D、E、F 组标准物质在枸杞基质中选择离子监测 GC-MS 图参见附录 D。

7.4 **平行试验**

按以上步骤对同一试样进行平行试验测定。

7.5 **空白试验**

除不称取试样外，均按上述步骤进行。

8 结果计算

气相色谱-质谱测定结果可由计算机按内标法自动计算，也可按式（1）计算：

$$X_i = c_s \times \frac{A}{A_s} \times \frac{c_i}{c_{si}} \times \frac{A_{si}}{A_i} \times \frac{V}{m} \times \frac{1\ 000}{1\ 000} \quad \cdots\cdots(1)$$

式中：

X_i——试样中被测物残留量，单位为毫克每千克(mg/kg)；

c_s——基质标准工作溶液中被测物的浓度，单位为微克每毫升(μg/mL)；

A——试样溶液中被测物的色谱峰面积；

A_s——基质标准工作溶液中被测物的色谱峰面积；

c_i——试样溶液中内标物的浓度，单位为微克每毫升(μg/mL)；

c_{si}——基质标准工作溶液中内标物的浓度，单位为微克每毫升(μg/mL)；

A_{si}——基质标准工作溶液中内标物的色谱峰面积；

A_i——试样溶液中内标物的色谱峰面积；

V——样液最终定容体积，单位为毫升(mL)；

m——试样溶液所代表试样的质量，单位为克(g)。

计算结果应扣除空白值。

9 精密度

本标准精密度数据是按照 GB/T 6379.1 和 GB/T 6379.2 的规定确定的，获得重复性和再现性的值是以 95%的可信度来计算。本标准方法的精密度数据参见附录 E。

附　录　A
（资料性附录）
488 种农药及相关化学品中文与英文名称、方法检出限、分组、溶剂选择和混合标准溶液浓度

488 种农药及相关化学品中文与英文名称、方法检出限、分组、溶剂选择和混合标准溶液浓度见表 A.1。

表 A.1　488 种农药及相关化学品中文与英文名称、方法检出限、分组、溶剂选择和混合标准溶液浓度表

序号	中文名称	英文名称	检出限/(mg/kg)	溶剂	混合标准溶液浓度/(mg/L)
内标	环氧七氯	heptachlor-epoxide		甲苯	
A 组					
1	二丙烯草胺	allidochlor	0.025 0	甲苯	5.0
2	烯丙酰草胺	dichlormid	0.025 0	甲苯	5.0
3	土菌灵	etridiazol	0.037 5	甲苯	7.5
4	氯甲硫磷	chlormephos	0.025 0	甲苯	5.0
5	苯胺灵	propham	0.012 5	甲苯	2.5
6	环草敌	cycloate	0.012 5	甲苯	2.5
7	联苯二胺	diphenylamine	0.012 5	甲苯	2.5
8	杀虫脒	chlordimeform	0.012 5	正己烷	2.5
9	乙丁烯氟灵	ethalfluralin	0.050 0	甲苯	10.0
10	甲拌磷	phorate	0.012 5	甲苯	2.5
11	甲基乙拌磷	thiometon	0.012 5	甲苯	2.5
12	五氯硝基苯	quintozene	0.025 0	甲苯	5.0
13	脱乙基阿特拉津	atrazine-desethyl	0.012 5	甲苯＋丙酮(8＋2)	2.5
14	异噁草松	clomazone	0.012 5	甲苯	2.5
15	二嗪磷	diazinon	0.012 5	甲苯	2.5
16	地虫硫磷	fonofos	0.012 5	甲苯	2.5
17	乙嘧硫磷	etrimfos	0.012 5	甲苯	2.5
18	胺丙畏	propetamphos	0.012 5	甲苯	2.5
19	密草通	secbumeton	0.012 5	甲苯	2.5
20	炔丙烯草胺	pronamide	0.012 5	甲苯＋丙酮(9＋1)	2.5
21	除线磷	dichlofenthion	0.012 5	甲苯	2.5
22	兹克威	mexacarbate	0.037 5	甲苯	7.5
23	乐果[a]	dimethoate	0.050 0	甲苯	10.0

表 A.1（续）

序号	中文名称	英文名称	检出限/(mg/kg)	溶剂	混合标准溶液浓度/(mg/L)
24	氨氟灵	dinitramine	0.050 0	甲苯	10.0
25	艾氏剂	aldrin	0.025 0	甲苯	5.0
26	皮蝇磷	ronnel	0.025 0	甲苯	5.0
27	扑草净	prometryne	0.012 5	甲苯	2.5
28	环丙津	cyprazine	0.012 5	甲苯＋丙酮(9＋1)	2.5
29	乙烯菌核利	vinclozolin	0.012 5	甲苯	2.5
30	β-六六六	*beta*-HCH	0.012 5	甲苯	2.5
31	甲霜灵	metalaxyl	0.037 5	甲苯	7.5
32	甲基对硫磷	methyl-parathion	0.050 0	甲苯	10.0
33	毒死蜱	chlorpyrifos (-ethyl)	0.012 5	甲苯	2.5
34	δ-六六六	*delta*-HCH	0.025 0	甲苯	5.0
35	倍硫磷	fenthion	0.012 5	甲苯	2.5
36	马拉硫磷	malathion	0.050 0	甲苯	10.0
37	对氧磷	paraoxon-ethyl	0.400 0	甲苯	80.0
38	杀螟硫磷	fenitrothion	0.025 0	甲苯	5.0
39	三唑酮	triadimefon	0.025 0	甲苯	5.0
40	利谷隆	linuron	0.050 0	甲苯＋丙酮(9＋1)	10.0
41	二甲戊灵	pendimethalin	0.050 0	甲苯	10.0
42	杀螨醚	chlorbenside	0.025 0	甲苯	5.0
43	乙基溴硫磷	bromophos-ethyl	0.012 5	甲苯	2.5
44	喹硫磷	quinalphos	0.012 5	甲苯	2.5
45	反式氯丹	*trans*-chlordane	0.012 5	甲苯	2.5
46	稻丰散	phenthoate	0.025 0	甲苯	5.0
47	吡唑草胺	metazachlor	0.037 5	甲苯	7.5
48	丙硫磷	prothiophos	0.012 5	甲苯	2.5
49	整形醇	chlorfurenol	0.037 5	甲苯＋丙酮(9＋1)	7.5
50	腐霉利	procymidone	0.012 5	甲苯	2.5
51	狄氏剂	dieldrin	0.025 0	甲苯	5.0
52	杀扑磷[a]	methidathion	0.025 0	甲苯	5.0
53	敌草胺	napropamide	0.037 5	甲苯	7.5
54	氰草津	cyanazine	0.037 5	甲苯＋丙酮(8＋2)	7.5

表 A.1(续)

序号	中文名称	英文名称	检出限/(mg/kg)	溶剂	混合标准溶液浓度/(mg/L)
55	噁草酮	oxadiazone	0.012 5	甲苯	2.5
56	苯线磷	fenamiphos	0.037 5	甲苯	7.5
57	杀螨氯硫	tetrasul	0.012 5	甲苯	2.5
58	乙嘧酚磺酸酯	bupirimate	0.012 5	甲苯	2.5
59	氟酰胺[a]	flutolanil	0.012 5	甲苯	2.5
60	萎锈灵[a]	carboxin	0.300 0	甲苯	60.0
61	*p*,*p*′-滴滴滴	*p*,*p*′-DDD	0.012 5	甲苯	2.5
62	乙硫磷	ethion	0.025 0	甲苯	5.0
63	乙环唑-1	etaconazole-1	0.037 5	甲苯	7.5
64	硫丙磷	sulprofos	0.025 0	甲苯	5.0
65	乙环唑-2	etaconazole-2	0.037 5	甲苯	7.5
66	腈菌唑	myclobutanil	0.012 5	甲苯	2.5
67	丰索磷	fensulfothion	0.025 0	甲苯	5.0
68	禾草灵	diclofop-methyl	0.012 5	甲苯	2.5
69	丙环唑-1	propiconazole-1	0.037 5	甲苯	7.5
70	丙环唑-2	propiconazole-2	0.037 5	甲苯	7.5
71	联苯菊酯	bifenthrin	0.012 5	正己烷	2.5
72	灭蚁灵	mirex	0.012 5	甲苯	2.5
73	丁硫克百威	carbosulfan	0.037 5	甲苯	7.5
74	氟苯嘧啶醇	nuarimol	0.025 0	甲苯+丙酮(9+1)	5.0
75	麦锈灵	benodanil	0.037 5	甲苯	7.5
76	甲氧滴滴涕	methoxychlor	0.100 0	甲苯	20.0
77	噁霜灵	oxadixyl	0.012 5	甲苯	2.5
78	戊唑醇	tebuconazole	0.037 5	甲苯	7.5
79	胺菊酯	tetramethirn	0.025 0	甲苯	5.0
80	氟草敏	norflurazon	0.012 5	甲苯+丙酮(9+1)	2.5
81	哒嗪硫磷	pyridaphenthion	0.012 5	甲苯	2.5
82	三氯杀螨砜	tetradifon	0.012 5	甲苯	2.5
83	顺式-氯菊酯	*cis*-permethrin	0.012 5	甲苯	2.5
84	吡菌磷	pyrazophos	0.025 0	甲苯	5.0
85	反式-氯菊酯	*trans*-permethrin	0.012 5	甲苯	2.5
86	氯氰菊酯	cypermethrin	0.037 5	甲苯	7.5

表 A.1（续）

序号	中文名称	英文名称	检出限/(mg/kg)	溶剂	混合标准溶液浓度/(mg/L)
87	氰戊菊酯-1	fenvalerate-1	0.050 0	甲苯	10.0
88	氰戊菊酯-2[a]	fenvalerate-2	0.050 0	甲苯	10.0
89	溴氰菊酯	deltamethrin	0.075 0	甲苯	15.0
B组					
90	茵草敌	EPTC	0.037 5	甲苯	7.5
91	丁草敌	butylate	0.037 5	甲苯	7.5
92	敌草腈	dichlobenil	0.002 5	甲苯	0.5
93	克草敌	pebulate	0.037 5	甲苯	7.5
94	三氯甲基吡啶	nitrapyrin	0.037 5	甲苯	7.5
95	速灭磷	mevinphos	0.025 0	甲苯	5.0
96	氯苯甲醚	chloroneb	0.012 5	甲苯	2.5
97	四氯硝基苯	tecnazene	0.025 0	甲苯	5.0
98	庚烯磷	heptanophos	0.037 5	甲苯	7.5
99	灭线磷	ethoprophos	0.037 5	甲苯	7.5
100	六氯苯[a]	hexachlorobenzene	0.012 5	甲苯	2.5
101	毒草胺	propachlor	0.037 5	甲苯	7.5
102	顺式-燕麦敌	*cis*-diallate	0.025 0	甲苯	5.0
103	氟乐灵	trifluralin	0.025 0	甲苯	5.0
104	反式-燕麦敌	*trans*-diallate	0.025 0	甲苯	5.0
105	氯苯胺灵	chlorpropham	0.025 0	甲苯	5.0
106	治螟磷	sulfotep	0.012 5	甲苯	2.5
107	菜草畏	sulfallate	0.025 0	甲苯	5.0
108	α-六六六	*alpha*-HCH	0.012 5	甲苯	2.5
109	特丁硫磷	terbufos	0.025 0	甲苯	5.0
110	环丙氟灵	profluralin	0.050 0	甲苯	10.0
111	敌噁磷[a]	dioxathion	0.050 0	甲苯	10.0
112	扑灭津	propazine	0.012 5	甲苯	2.5
113	氯炔灵	chlorbufam	0.025 0	甲苯	5.0
114	氯硝胺	dicloran	0.025 0	甲苯	5.0
115	特丁津	terbuthylazine	0.012 5	甲苯	2.5
116	绿谷隆	monolinuron	0.050 0	甲苯	10.0
117	氟虫脲	flufenoxuron	0.037 5	甲苯	7.5
118	甲基毒死蜱	chlorpyrifos-methyl	0.012 5	甲苯	2.5
119	敌草净	desmetryn	0.012 5	甲苯	2.5

表 A.1（续）

序号	中文名称	英文名称	检出限/(mg/kg)	溶剂	混合标准溶液浓度/(mg/L)
120	二甲草胺	dimethachlor	0.037 5	甲苯	7.5
121	甲草胺	alachlor	0.037 5	甲苯	7.5
122	甲基嘧啶磷	pirimiphos-methyl	0.012 5	甲苯	2.5
123	特丁净	terbutryn	0.025 0	甲苯	5.0
124	丙硫特普	aspon	0.025 0	甲苯	5.0
125	杀草丹	thiobencarb	0.025 0	甲苯	5.0
126	三氯杀螨醇	dicofol	0.025 0	甲苯	5.0
127	异丙甲草胺	metolachlor	0.012 5	甲苯	2.5
128	嘧啶磷	pirimiphos-ethyl	0.025 0	甲苯	5.0
129	苯氟磺胺[a]	dichlofluanid	0.600 0	甲苯+丙酮(9+1)	120.0
130	烯虫酯	methoprene	0.050 0	甲苯	10.0
131	溴硫磷	bromofos	0.025 0	甲苯	5.0
132	乙氧呋草黄	ethofumesate	0.025 0	甲苯	5.0
133	异丙乐灵	isopropalin	0.025 0	甲苯	5.0
134	敌稗	propanil	0.025 0	甲苯	5.0
135	育畜磷	crufomate	0.075 0	甲苯	15.0
136	异柳磷	isofenphos	0.025 0	甲苯	5.0
137	硫丹-1	endosulfan-1	0.075 0	甲苯	15.0
138	毒虫畏	chlorfenvinphos	0.037 5	甲苯	7.5
139	甲苯氟磺胺[a]	tolylfluanide	0.300 0	甲苯	60.0
140	顺式-氯丹	*cis*-chlordane	0.025 0	甲苯	5.0
141	丁草胺	butachlor	0.025 0	甲苯	5.0
142	乙菌利[a]	chlozolinate	0.025 0	甲苯	5.0
143	*p*,*p*′-滴滴伊	*p*,*p*′-DDE	0.012 5	甲苯	2.5
144	碘硫磷	iodofenphos	0.025 0	甲苯	5.0
145	杀虫畏	tetrachlorvinphos	0.037 5	甲苯	7.5
146	氯溴隆	chlorbromuron	0.300 0	甲苯	60.0
147	丙溴磷	profenofos	0.075 0	甲苯	15.0
148	噻嗪酮	buprofezin	0.025 0	甲苯	5.0
149	己唑醇[a]	hexaconazole	0.075 0	甲苯	15.0
150	*o*,*p*′-滴滴滴	*o*,*p*′-DDD	0.012 5	甲苯	2.5
151	杀螨酯	chlorfenson	0.025 0	甲苯	5.0
152	氟咯草酮	fluorochloridone	0.025 0	甲苯	5.0

表 A.1（续）

序号	中文名称	英文名称	检出限/(mg/kg)	溶剂	混合标准溶液浓度/(mg/L)
153	异狄氏剂	endrin	0.150 0	甲苯	30.0
154	多效唑	paclobutrazol	0.037 5	甲苯	7.5
155	o,p'-滴滴涕	o,p'-DDT	0.025 0	甲苯	5.0
156	盖草津	methoprotryne	0.037 5	甲苯	7.5
157	丙酯杀螨醇	chloropropylate	0.012 5	甲苯	2.5
158	麦草氟甲酯	flamprop-methyl	0.012 5	甲苯＋丙酮(8＋2)	2.5
159	除草醚	nitrofen	0.075 0	甲苯	15.0
160	乙氧氟草醚	oxyfluorfen	0.050 0	甲苯	10.0
161	虫螨磷	chlorthiophos	0.037 5	甲苯	7.5
162	麦草氟异丙酯	flamprop-isopropyl	0.012 5	甲苯	2.5
163	硫丹-2	endosulfan-2	0.075 0	甲苯	15.0
164	三硫磷	carbofenothion	0.025 0	甲苯	5.0
165	p,p'-滴滴涕	p,p'-DDT	0.025 0	甲苯	5.0
166	苯霜灵	benalaxyl	0.012 5	甲苯	2.5
167	敌瘟磷	edifenphos	0.025 0	甲苯	5.0
168	三唑磷	triazophos	0.037 5	甲苯	7.5
169	苯腈磷	cyanofenphos	0.012 5	甲苯	2.5
170	氯杀螨砜	chlorbenside sulfone	0.025 0	甲苯	5.0
171	硫丹硫酸盐	endosulfan-sulfate	0.037 5	甲苯	7.5
172	溴螨酯	bromopropylate	0.025 0	甲苯	5.0
173	新燕灵	benzoylprop-ethyl	0.037 5	甲苯	7.5
174	甲氰菊酯	fenpropathrin	0.025 0	甲苯	5.0
175	苯硫膦	EPN	0.050 0	甲苯	10.0
176	环嗪酮[a]	hexazinone	0.037 5	甲苯	7.5
177	溴苯磷	leptophos	0.025 0	甲苯	5.0
178	治草醚	bifenox	0.025 0	甲苯	5.0
179	伏杀硫磷	phosalone	0.025 0	甲苯	5.0
180	保棉磷	azinphos-methyl	0.075 0	甲苯	15.0
181	氯苯嘧啶醇	fenarimol	0.025 0	甲苯	5.0
182	益棉磷	azinphos-ethyl	0.025 0	甲苯	5.0
183	氟氯氰菊酯	cyfluthrin	0.150 0	甲苯	30.0
184	咪鲜胺	prochloraz	0.075 0	甲苯	15.0
185	蝇毒磷	coumaphos	0.075 0	甲苯	15.0

表 A.1（续）

序号	中文名称	英文名称	检出限/(mg/kg)	溶剂	混合标准溶液浓度/(mg/L)
186	氟胺氰菊酯	fluvalinate	0.150 0	甲苯	30.0
C组					
187	敌敌畏[a]	dichlorvos	0.075 0	甲苯	15.0
188	联苯	biphenyl	0.012 5	甲苯	2.5
189	霜霉威	propamocarb	0.037 5	甲苯	7.5
190	灭草敌	vernolate	0.012 5	甲苯	2.5
191	3,5-二氯苯胺	3,5-dichloroaniline	0.012 5	甲苯	2.5
192	虫螨畏	methacrifos	0.012 5	甲苯	2.5
193	禾草敌	molinate	0.012 5	甲苯	2.5
194	邻苯基苯酚	2-phenylphenol	0.012 5	甲苯	2.5
195	四氢邻苯二甲酰亚胺	*cis*-1,2,3,6-tetrahydrophthalimide	0.037 5	甲醇	7.5
196	仲丁威	fenobucarb	0.025 0	甲苯	5.0
197	乙丁氟灵	benfluralin	0.012 5	甲苯	2.5
198	氟铃脲	hexaflumuron	0.075 0	甲苯	15.0
199	扑灭通	prometon	0.037 5	甲苯	7.5
200	野麦畏	triallate	0.025 0	环己烷	5.0
201	嘧霉胺	pyrimethanil	0.012 5	甲苯	2.5
202	林丹	*gamma*-HCH	0.025 0	甲苯	5.0
203	乙拌磷	disulfoton	0.012 5	甲苯	2.5
204	莠去净	atrizine	0.012 5	甲苯	2.5
205	异稻瘟净	iprobenfos	0.037 5	甲苯	7.5
206	七氯	heptachlor	0.037 5	甲苯	7.5
207	氯唑磷	isazofos	0.025 0	甲苯	5.0
208	三氯杀虫酯	plifenate	0.025 0	甲苯	5.0
209	氯乙氟灵	fluchloralin	0.050 0	环己烷	10.0
210	四氟苯菊酯	transfluthrin	0.012 5	甲苯	2.5
211	丁苯吗啉	fenpropimorph	0.012 5	甲苯	2.5
212	甲基立枯磷	tolclofos-methyl	0.012 5	甲苯	2.5
213	异丙草胺	propisochlor	0.012 5	甲苯	2.5
214	溴谷隆	metobromuron	0.075 0	甲苯	15.0
215	莠灭净	ametryn	0.037 5	甲苯+丙酮(9+1)	7.5
216	西草净	simetryn	0.025 0	甲苯	5.0

表 A.1(续)

序号	中文名称	英文名称	检出限/(mg/kg)	溶剂	混合标准溶液浓度/(mg/L)
217	嗪草酮	metribuzin	0.037 5	甲苯	7.5
218	噻节因[a]	dimethipin	0.037 5	甲苯	7.5
219	异丙净	dipropetryn	0.012 5	甲苯	2.5
220	安硫磷	formothion	0.0250	甲醇	5.0
221	乙霉威	diethofencarb	0.075 0	甲苯	15.0
222	哌草丹	dimepiperate	0.025 0	甲苯	5.0
223	生物烯丙菊酯-1	bioallethrin-1	0.050 0	甲苯	10.0
224	生物烯丙菊酯-2	bioallethrin-2	0.050 0	甲苯	10.0
225	芬螨酯	fenson	0.012 5	甲苯	2.5
226	*o*,*p*′-滴滴伊	*o*,*p*′-DDE	0.012 5	甲苯	2.5
227	双苯酰草胺	diphenamid	0.012 5	甲苯	2.5
228	戊菌唑	penconazole	0.037 5	甲苯	7.5
229	四氟醚唑	tetraconazole	0.037 5	甲苯	7.5
230	灭蚜磷	mecarbam	0.050 0	甲苯	10.0
231	丙虫磷	propaphos	0.025 0	甲苯	5.0
232	氟节胺	flumetralin	0.025 0	环己烷	5.0
233	三唑醇-1	triadimenol-1	0.037 5	甲苯	7.5
234	三唑醇-2	triadimenol-2	0.037 5	甲苯	7.5
235	丙草胺	pretilachlor	0.025 0	甲苯	5.0
236	亚胺菌	kresoxim-methyl	0.012 5	甲苯	2.5
237	吡氟禾草灵	fluazifop-butyl	0.012 5	环己烷	2.5
238	氟啶脲	chlorfluazuron	0.037 5	甲苯	7.5
239	乙酯杀螨醇	chlorobenzilate	0.012 5	甲苯	2.5
240	氟硅唑	flusilazole	0.037 5	甲苯	7.5
241	三氟硝草醚	fluorodifen	0.012 5	甲苯	2.5
242	烯唑醇	diniconazole	0.037 5	甲苯	7.5
243	增效醚[a]	piperonyl butoxide	0.012 5	甲苯	2.5
244	噁唑隆	dimefuron	0.050 0	甲苯	10.0
245	炔螨特	propargite	0.025 0	甲苯	5.0
246	灭锈胺[a]	mepronil	0.012 5	甲苯	2.5
247	吡氟酰草胺[a]	diflufenican	0.012 5	乙酸乙酯	2.5
248	咯菌腈	fludioxonil	0.012 5	甲苯	2.5
249	喹螨醚	fenazaquin	0.012 5	甲苯	2.5
250	苯醚菊酯	phenothrin	0.012 5	甲苯	2.5

表 A.1（续）

序号	中文名称	英文名称	检出限/(mg/kg)	溶剂	混合标准溶液浓度/(mg/L)
251	稀禾啶[a]	sethoxydim	0.900 0	甲苯	180.0
252	莎稗磷	anilofos	0.025 0	甲苯	5.0
253	氟丙菊酯	acrinathrin	0.025 0	甲苯	5.0
254	高效氯氟氰菊酯	*lambda*-cyhalothrin	0.012 5	甲苯	2.5
255	苯噻酰草胺	mefenacet	0.037 5	甲苯	7.5
256	氯菊酯	permethrin	0.025 0	甲苯	5.0
257	哒螨灵	pyridaben	0.012 5	甲苯	2.5
258	乙羧氟草醚	fluoroglycofen-ethyl	0.150 0	甲苯	30.0
259	联苯三唑醇	bitertanol	0.037 5	甲苯	7.5
260	醚菊酯	etofenprox	0.012 5	甲苯	2.5
261	噻草酮[a]	cycloxydim	1.200 0	甲苯	240.0
262	α-氯氰菊酯	*alpha*-cypermethrin	0.025 0	甲苯	5.0
263	氟氰戊菊酯	flucythrinate-1	0.025 0	甲苯+丙酮(8+2)	5.0
264	氟氰戊菊酯	flucythrinate-2	0.025 0	甲苯	5.0
265	S-氰戊菊酯	esfenvalerate	0.050 0	甲苯	10.0
266	苯醚甲环唑-2	difenconazole-2	0.075 0	甲苯	15.0
267	苯醚甲环唑-1	difenconazole-1	0.075 0	甲苯+丙酮(8+2)	15.0
268	丙炔氟草胺	flumioxazin	0.025 0	甲苯	5.0
269	氟烯草酸	flumiclorac-pentyl	0.025 0	甲苯	5.0
D组					
270	甲氟磷[a]	dimefox	0.037 5	甲苯	7.5
271	乙拌磷亚砜	disulfoton-sulfoxide	0.025 0	甲苯	5.0
272	五氯苯	pentachlorobenzene	0.012 5	甲苯	2.5
273	鼠立死	crimidine	0.012 5	甲苯	2.5
274	4-溴-3,5-二甲苯基-N-甲基氨基甲酸酯-1	BDMC-1	0.025 0	甲苯+丙酮(8+2)	5.0
275	燕麦酯	chlorfenprop-methyl	0.012 5	甲苯	2.5
276	虫线磷	thionazin	0.012 5	甲苯	2.5
277	2,3,5,6-四氯苯胺	2,3,5,6-tetrachloroaniline	0.012 5	甲苯	2.5
278	三正丁基磷酸盐	tri-*n*-butyl phosphate	0.025 0	甲苯	5.0
279	2,3,4,5-四氯甲氧基苯	2,3,4,5-tetrachloroanisole	0.012 5	甲苯+丙酮(8+2)	2.5

表 A.1（续）

序号	中文名称	英文名称	检出限/(mg/kg)	溶剂	混合标准溶液浓度/(mg/L)
280	五氯甲氧基苯	pentachloroanisole	0.012 5	甲苯	2.5
281	牧草胺	tebutam	0.025 0	甲苯	5.0
282	甲基苯噻隆	methabenzthiazuron	0.125 0	甲苯	25.0
283	西玛通	simetone	0.025 0	甲苯	5.0
284	阿特拉通	atratone	0.012 5	甲苯	2.5
285	七氟菊酯	tefluthrin	0.012 5	甲苯	2.5
286	溴烯杀	bromocylen	0.012 5	甲苯	2.5
287	草达津	trietazine	0.012 5	甲苯	2.5
289	环莠隆	cycluron	0.037 5	甲苯	7.5
290	2,4,4′-三氯联苯	*de*-PCB 28	0.012 5	甲苯	2.5
291	2,4,5-三氯联苯	*de*-PCB 31	0.012 5	甲苯	2.5
292	2,3,4,5-四氯苯胺	2,3,4,5-tetrachloroaniline	0.025 0	甲苯	5.0
293	合成麝香	musk ambrette	0.012 5	甲苯	2.5
294	二甲苯麝香[a]	musk xylene	0.012 5	甲苯	2.5
295	五氯苯胺	pentachloroaniline	0.012 5	甲苯	2.5
296	叠氮津	aziprotryne	0.100 0	甲苯	20.0
297	丁咪酰胺	isocarbamid	0.062 5	甲苯	12.5
298	另丁津	sebutylazine	0.012 5	甲苯	2.5
299	麝香	musk moskene	0.012 5	甲苯	2.5
300	2,2′,5,5′-四氯联苯	*de*-PCB 52	0.012 5	甲苯＋丙酮(8＋2)	2.5
301	苄草丹	prosulfocarb	0.012 5	甲苯	2.5
302	二甲吩草胺	dimethenamid	0.012 5	甲醇	2.5
303	4-溴-3,5-二甲苯基-*N*-甲基氨基甲酸酯-2	BDMC-2	0.025 0	甲苯	5.0
304	庚酰草胺	monalide	0.025 0	甲苯	5.0
305	碳氯灵	isobenzan	0.012 5	甲苯	2.5
306	八氯苯乙烯	octachlorostyrene	0.012 5	甲苯	2.5
307	异艾氏剂	isodrin	0.012 5	甲苯	2.5
308	丁嗪草酮	isomethiozin	0.025 0	甲苯	5.0
309	毒壤磷	trichloronat	0.012 5	甲苯	2.5
310	敌草索	dacthal	0.012 5	甲苯	2.5
311	4,4′-二氯二苯甲酮	4,4′-dichlorobenzophenone	0.012 5	甲苯	2.5
312	酞菌酯	nitrothal-isopropyl	0.025 0	甲苯	5.0

表 A.1（续）

序号	中文名称	英文名称	检出限/(mg/kg)	溶剂	混合标准溶液浓度/(mg/L)
313	麝香酮[a]	musk ketone	0.012 5	甲苯	2.5
314	吡咪唑[a]	rabenzazole	0.012 5	甲苯	2.5
315	嘧菌环胺	cyprodinil	0.012 5	甲苯	2.5
316	麦穗灵[a]	fuberidazole	0.062 5	甲苯	12.5
317	异氯磷	dicapthon	0.062 5	甲苯	12.5
318	2-甲-4-氯丁氧乙基酯	*mcpa*-butoxyethyl ester	0.012 5	甲苯＋丙酮(8＋2)	2.5
319	2,2′,4,5,5′-五氯联苯	*de*-PCB 101	0.012 5	甲苯	2.5
320	水胺硫磷	isocarbophos	0.025 0	甲苯	5.0
321	甲拌磷砜	phorate sulfone	0.012 5	甲苯	2.5
322	杀螨醇	chlorfenethol	0.012 5	甲苯	2.5
323	反式九氯	*trans*-nonachlor	0.012 5	甲苯	2.5
324	脱叶磷	DEF	0.025 0	甲苯	5.0
325	氟咯草酮	flurochloridone	0.025 0	甲苯＋丙酮(9＋1)	5.0
326	溴苯烯磷	bromfenvinfos	0.012 5	甲苯	2.5
327	乙滴涕	perthane	0.012 5	甲苯	2.5
328	2,3,4,4′,5-五氯联苯	*de*-PCB 118	0.012 5	甲苯	2.5
329	地胺磷	mephosfolan	0.025 0	甲苯＋丙酮(9＋1)	5.0
330	4,4′-二溴二苯甲酮	4,4′-dibromobenzophenone	0.012 5	甲苯	2.5
331	粉唑醇	flutriafol	0.025 0	甲苯	5.0
332	2,2′,4,4′,5,5′-六氯联苯	*de*-PCB 153	0.012 5	甲苯	2.5
333	苄氯三唑醇	diclobutrazole	0.050 0	甲苯	10.0
334	乙拌磷砜[a]	disulfoton sulfone	0.025 0	甲苯	5.0
335	噻螨酮	hexythiazox	0.100 0	甲苯＋丙酮(9＋1)	20.0
336	2,2′,3,4,4′,5-六氯联苯	*de*-PCB 138	0.012 5	甲苯	2.5
337	环丙唑	cyproconazole	0.012 5	甲苯	2.5
338	苄呋菊酯-1[a]	resmethrin-1	0.200 0	甲苯＋丙酮(8＋2)	40.0
339	苄呋菊酯-2[a]	resmethrin-2	0.200 0	甲苯	40.0
340	酞酸甲苯基丁酯	phthalic acid,benzyl butyl ester	0.012 5	甲苯	2.5
341	炔草酸	clodinafop-propargyl	0.025 0	甲苯	5.0

表 A.1（续）

序号	中文名称	英文名称	检出限/(mg/kg)	溶剂	混合标准溶液浓度/(mg/L)
342	倍硫磷亚砜	fenthion sulfoxide	0.050 0	甲苯＋丙酮(8＋2)	10.0
343	三氟苯唑	fluotrimazole	0.012 5	甲醇	2.5
344	氟草烟-1-甲庚酯	fluroxypr-1-methylheptyl ester	0.012 5	甲苯＋丙酮(8＋2)	2.5
345	倍硫磷砜	fenthion sulfone	0.050 0	甲苯	10.0
346	苯嗪草酮[a]	metamitron	0.125 0	甲苯	25.0
347	三苯基磷酸盐	triphenyl phosphate	0.012 5	甲苯	2.5
348	2,2′,3,4,4′,5,5′-七氯联苯	*de*-PCB 180	0.012 5	甲苯	2.5
349	吡螨胺	tebufenpyrad	0.012 5	甲苯	2.5
350	解草酯	cloquintocet-mexyl	0.012 5	甲苯	2.5
351	环草定	lenacil	0.125 0	甲苯	25.0
352	糠菌唑-1	bromuconazole-1	0.025 0	甲苯	5.0
353	糠菌唑-2	bromuconazole-2	0.025 0	甲苯	5.0
354	甲磺乐灵	nitralin	0.125 0	甲苯	25.0
355	苯线磷亚砜[a]	fenamiphos sulfoxide	0.400 0	甲苯	80.0
356	苯线磷砜[a]	fenamiphos sulfone	0.050 0	甲苯＋丙酮(8＋2)	10.0
357	拌种咯[a]	fenpiclonil	0.050 0	甲苯	10.0
358	氟喹唑	fluquinconazole	0.012 5	甲苯	2.5
359	腈苯唑	fenbuconazole	0.025 0	甲苯＋丙酮(8＋2)	5.0
E组					
360	残杀威-1	propoxur-1	0.025 0	甲苯	5.0
361	灭除威	XMC	0.025 0	甲苯	5.0
362	异丙威-1	isoprocarb-1	0.025 0	甲苯	5.0
363	二氢苊[a]	acenaphthene	0.012 5	环己烷	2.5
364	特草灵-1	terbucarb-1	0.025 0	甲苯	5.0
365	氯氧磷	chlorethoxyfos	0.025 0	甲苯	5.0
366	异丙威-2	isoprocarb-2	0.025 0	环己烷	5.0
367	丁噻隆	tebuthiuron	0.050 0	甲苯	10.0
368	戊菌隆	pencycuron	0.050 0	甲苯	10.0
369	甲基内吸磷	demeton-*s*-methyl	0.050 0	甲苯	10.0
370	二溴磷[a]	naled	0.200 0	甲苯	40.0

表 A.1(续)

序号	中文名称	英文名称	检出限/(mg/kg)	溶剂	混合标准溶液浓度/(mg/L)
371	菲	phenanthrene	0.012 5	甲苯	2.5
372	唑螨酯	fenpyroximate	0.100 0	甲苯	20.0
373	丁基嘧啶磷	tebupirimfos	0.025 0	甲苯	5.0
374	茉莉酮	prohydrojasmon	0.050 0	甲苯	10.0
375	苯锈啶	fenpropidin	0.025 0	甲苯	5.0
376	氯硝胺	dichloran	0.025 0	甲苯	5.0
377	咯喹酮	pyroquilon	0.012 5	甲苯	2.5
378	炔苯酰草胺	propyzamide	0.025 0	甲苯	5.0
379	抗蚜威	pirimicarb	0.025 0	甲苯	5.0
380	溴丁酰草胺	bromobutide	0.012 5	环己烷	2.5
381	灭草环	tridiphane	0.050 0	甲苯	10.0
382	戊草丹[a]	esprocarb	0.025 0	甲苯	5.0
383	特草灵-2	terbucarb-2	0.025 0	甲苯	5.0
384	甲呋酰胺[a]	fenfuram	0.025 0	甲苯	5.0
385	活化酯	acibenzolar-*s*-methyl	0.025 0	甲苯	5.0
386	呋草黄	benfuresate	0.025 0	甲苯	5.0
387	精甲霜灵	mefenoxam	0.025 0	甲苯	5.0
388	马拉氧磷	malaoxon	0.200 0	甲苯	40.0
389	磷胺-2[a]	phosphamidon-2	0.100 0	甲苯	20.0
390	氯酞酸甲酯	chlorthal-dimethyl	0.025 0	甲苯	5.0
391	硅氟唑	simeconazole	0.025 0	甲苯	5.0
392	特草净	terbacil	0.025 0	甲苯	5.0
393	噻唑烟酸	thiazopyr	0.025 0	甲苯	5.0
394	甲基毒虫畏	dimethylvinphos	0.025 0	甲苯	5.0
395	苯酰草胺	zoxamide	0.025 0	甲苯	5.0
396	烯丙菊酯	allethrin	0.050 0	甲苯	10.0
397	灭藻醌[a]	quinoclamine	0.050 0	甲苯	10.0
398	氰菌胺	fenoxanil	0.025 0	甲苯	5.0
399	呋霜灵	furalaxyl	0.025 0	甲苯	5.0
400	除草定	bromacil	0.025 0	甲苯	5.0
401	啶氧菌酯	picoxystrobin	0.025 0	甲苯	5.0
402	抑草磷	butamifos	0.012 5	甲苯	2.5
403	咪草酸	imazamethabenz-methyl	0.037 5	甲苯	7.5
404	灭梭威砜	methiocarb sulfone	0.400 0	甲苯	80.0

表 A.1（续）

序号	中文名称	英文名称	检出限/(mg/kg)	溶剂	混合标准溶液浓度/(mg/L)
405	苯噻硫氰	TCMTB	0.200 0	甲苯	40.0
406	苯氧菌胺	metominostrobin	0.050 0	甲苯	10.0
407	抑霉唑	imazalil	0.050 0	甲苯＋丙酮(8＋2)	10.0
408	稻瘟灵	isoprothiolane	0.025 0	甲苯	5.0
409	环氟菌胺	cyflufenamid	0.200 0	甲苯	40.0
410	噁唑磷	isoxathion	0.100 0	甲苯	20.0
411	苯氧喹啉	quinoxyphen	0.012 5	甲苯	2.5
412	肟菌酯	trifloxystrobin	0.050 0	甲苯＋丙酮(8＋2)	10.0
413	脱苯甲基亚胺唑[a]	imibenconazole-*des*-benzyl	0.050 0	甲苯	10.0
414	氟虫腈	fipronil	0.100 0	甲苯	20.0
415	氟环唑-1	epoxiconazole-1	0.100 0	甲苯	20.0
416	稗草丹	pyributicarb	0.025 0	乙腈	5.0
417	吡草醚	pyraflufen ethyl	0.025 0	甲苯	5.0
418	噻吩草胺	thenylchlor	0.025 0	甲苯	5.0
419	烯草酮[a]	clethodim	0.050 0	环已烷	10.0
420	吡唑解草酯	mefenpyr-diethyl	0.037 5	甲苯	7.5
421	乙螨唑	etoxazole	0.075 0	甲苯	15.0
422	氟环唑-2	epoxiconazole-2	0.100 0	环已烷	20.0
423	伐灭磷	famphur	0.050 0	甲苯	10.0
424	吡丙醚	pyriproxyfen	0.025 0	甲苯	5.0
425	异菌脲	iprodione	0.050 0	甲苯	10.0
426	呋酰胺	ofurace	0.037 5	甲苯	7.5
427	哌草磷	piperophos	0.037 5	环已烷	7.5
428	氯甲酰草胺	clomeprop	0.012 5	甲苯	2.5
429	咪唑菌酮	fenamidone	0.012 5	甲苯	2.5
430	三甲苯草酮	tralkoxydim	0.100 0	甲苯	20.0
431	吡唑硫磷	pyraclofos	0.100 0	甲苯	20.0
432	螺螨酯[a]	spirodiclofen	0.100 0	甲苯	20.0
433	呋草酮	flurtamone	0.025 0	甲苯	5.0
434	环酯草醚	pyriftalid	0.012 5	环已烷	2.5
435	氟硅菊酯	silafluofen	0.012 5	甲苯	2.5
436	嘧螨醚	pyrimidifen	0.025 0	甲苯	5.0

表 A.1（续）

序号	中文名称	英文名称	检出限/(mg/kg)	溶剂	混合标准溶液浓度/(mg/L)
437	氟丙嘧草酯	butafenacil	0.012 5	乙腈	2.5
438	氟啶草酮[a]	fluridone	0.025 0	甲苯	5.0
F组					
439	苯磺隆[a]	tribenuron-methyl	0.012 5	甲苯	2.5
440	乙硫苯威[a]	ethiofencarb	0.125 0	甲苯	25.0
441	二氧威[a]	dioxacarb	0.100 0	甲苯	20.0
442	避蚊酯	dimethyl phthalate	0.050 0	甲苯	10.0
443	4-氯苯氧乙酸	4-chlorophenoxy acetic acid	0.0063	甲苯	1.3
444	邻苯二甲酰亚胺[a]	phthalimide	0.025 0	甲苯	5.0
445	避蚊胺	diethyltoluamide	0.010 0	甲苯	2.0
446	2,4-滴	2,4-D	0.250 0	甲苯	50.0
447	甲萘威	carbaryl	0.037 5	甲苯	7.5
448	硫线磷	cadusafos	0.050 0	甲苯	10.0
449	螺菌环胺-1	spiroxamine-1	0.025 0	甲苯	5.0
450	百治磷[a]	dicrotophos	0.100 0	甲苯	20.0
451	2,4,5-涕	2,4,5-T	0.250 0	甲苯	50.0
452	3-苯基苯酚	3-phenylphenol	0.075 0	甲苯	15.0
453	茂谷乐[a]	furmecyclox	0.037 5	环己烷	7.5
454	螺菌环胺-2	spiroxamine-2	0.025 0	甲苯	5.0
455	丁酰肼[a]	DMSA	0.100 0	甲苯	20.0
456	—[a]	sobutylazine	0.025 0	甲苯	5.0
457	八氯二甲醚-1	s421(octachlorodipropyl ether)-1	0.250 0	甲苯	50.0
458	八氯二甲醚-2	s421(octachlorodipropyl ether)-2	0.250 0	甲苯	50.0
459	十二环吗啉	dodemorph	0.037 5	甲苯	7.5
460	甜菜安[a]	desmedipham	0.250 0	甲苯	50.0
461	氧皮蝇磷	fenchlorphos	0.050 0	甲苯	10.0
462	枯莠隆[a]	difenoxuron	0.100 0	甲苯	20.0
463	仲丁灵	butralin	0.050 0	甲苯	10.0
464	异戊乙净	dimethametryn	0.012 5	甲苯	2.5
465	啶斑肟-1	pyrifenox-1	0.100 0	甲苯	20.0
467	缬霉威-1	iprovalicarb-1	0.050 0	甲苯	10.0
468	戊环唑[a]	azaconazole	0.050 0	甲苯	10.0

表 A.1（续）

序号	中文名称	英文名称	检出限/(mg/kg)	溶剂	混合标准溶液浓度/(mg/L)
469	缬酶威-2	iprovalicarb-2	0.050 0	甲苯	10.0
470	苯虫醚-1	diofenolan-1	0.025 0	甲苯	5.0
471	苯虫醚-2	diofenolan-2	0.025 0	甲苯	5.0
472	苯甲醚	aclonifen	0.250 0	甲苯	50.0
473	溴虫腈	chlorfenapyr	0.100 0	甲苯	20.0
474	生物苄呋菊酯	bioresmethrin	0.025 0	甲苯	5.0
475	双苯噁唑酸	isoxadifen-ethyl	0.025 0	甲苯	5.0
476	唑酮草酯	carfentrazone-ethyl	0.025 0	甲苯	5.0
477	氯吡嘧磺隆[a]	halosulfuran-methyl	0.250 0	甲苯	50.0
478	三环唑[a]	tricyclazole	0.075 0	甲苯	15.0
479	环酰菌胺[a]	fenhexamid	0.250 0	甲苯	50.0
480	螺甲螨酯	spiromesifen	0.125 0	甲苯	25.0
481	联苯肼酯	bifenazate	0.100 0	甲苯	20.0
482	异狄氏剂酮	endrin ketone	0.200 0	甲苯	40.0
483	精高效氨氟氰菊酯-1	*gamma*-cyhalothrin-1	0.010 0	甲苯	2.0
484	—	metoconazole	0.050 0	甲苯	10.0
485	氰氟草酯	cyhalofop-butyl	0.025 0	甲苯	5.0
486	精高效氨氟氰菊酯-2	*gamma*-cyhalothrin-2	0.010 0	甲苯	2.0
487	苄螨醚	halfenprox	0.025 0	甲苯	5.0
488	啶虫脒	acetamiprid	0.050 0	甲苯	10.0
489	烟酰碱	boscalid	0.050 0	甲苯	10.0
488	烯酰吗啉[a]	dimethomorph	0.025 0	甲苯	5.0

[a] 为可以定性鉴别的品种。

附 录 B
（资料性附录）
488 种农药及相关化学品和内标化合物的保留时间、定量离子、定性离子及定量离子与定性离子的丰度比值

488 种农药及相关化学品和内标化合物的保留时间、定量离子、定性离子及定量离子与定性离子的丰度比值见表 B.1。

表 B.1 488 种农药及相关化学品和内标化合物的保留时间、定量离子、定性离子及定量离子与定性离子的丰度比值

序号	中文名称	英文名称	保留时间/min	定量离子	定性离子 1	定性离子 2	定性离子 3
内标	环氧七氯	heptachlor-epoxide	22.1	353(100)	355(79)	351(52)	
A 组							
1	二丙烯草胺	allidochlor	8.78	138(100)	158(10)	173(15)	
2	烯丙酰草胺	dichlormid	9.74	172(100)	166(41)	124(79)	
3	土菌灵	etridiazol	10.42	211(100)	183(73)	140(19)	
4	氯甲硫磷	chlormephos	10.53	121(100)	234(70)	154(70)	
5	苯胺灵	propham	11.36	179(100)	137(66)	120(51)	
6	环草敌	cycloate	13.56	154(100)	186(5)	215(12)	
7	联苯二胺	diphenylamine	14.55	169(100)	168(58)	167(29)	
8	杀虫脒	chlordimeform	14.93	196(100)	198(30)	195(18)	183(23)
9	乙丁烯氟灵	ethalfluralin	15.00	276(100)	316(81)	292(42)	
10	甲拌磷	phorate	15.46	260(100)	121(160)	231(56)	153(3)
11	甲基乙拌磷	thiometon	16.20	88(100)	125(55)	246(9)	
12	五氯硝基苯	quintozene	16.75	295(100)	237(159)	249(114)	
13	脱乙基阿特拉津	atrazine-desethyl	16.76	172(100)	187(32)	145(17)	
14	异噁草松	clomazone	17.00	204(100)	138(4)	205(13)	
15	二嗪磷	diazinon	17.14	304(100)	179(192)	137(172)	
16	地虫硫磷	fonofos	17.31	246(100)	137(141)	174(15)	202(6)
17	乙嘧硫磷	etrimfos	17.92	292(100)	181(40)	277(31)	
18	胺丙畏	propetamphos	17.97	138(100)	194(49)	236(30)	
19	密草通	secbumeton	18.36	196(100)	210(38)	225(39)	
20	炔丙烯草胺	pronamide	18.72	173(100)	175(62)	255(22)	
21	除线磷	dichlofenthion	18.80	279(100)	223(78)	251(38)	
22	兹克威	mexacarbate	18.83	165(100)	150(66)	222(27)	
23	乐果	dimethoate	19.25	125(100)	143(16)	229(11)	
24	氨氟灵	dinitramine	19.35	305(100)	307(38)	261(29)	

表 B.1（续）

序号	中文名称	英文名称	保留时间/min	定量离子	定性离子1	定性离子2	定性离子3
25	艾氏剂	aldrin	19.67	263(100)	265(65)	293(40)	329(8)
26	皮蝇磷	ronnel	19.80	285(100)	287(67)	125(32)	
27	扑草净	prometryne	20.13	241(100)	184(78)	226(60)	
28	环丙津	cyprazine	20.18	212(100)	227(58)	170(29)	
29	乙烯菌核利	vinclozolin	20.29	285(100)	212(109)	198(96)	
30	β-六六六	*beta*-HCH	20.31	219(100)	217(78)	181(94)	254(12)
31	甲霜灵	metalaxyl	20.67	206(100)	249(53)	234(38)	
32	甲基对硫磷	methyl-parathion	20.82	263(100)	233(66)	246(8)	200(6)
33	毒死蜱	chlorpyrifos (-ethyl)	20.96	314(100)	258(57)	286(42)	
34	δ-六六六	*delta*-HCH	21.16	219(100)	217(80)	181(99)	254(10)
35	倍硫磷	fenthion	21.53	278(100)	169(16)	153(9)	
36	马拉硫磷	malathion	21.54	173(100)	158(36)	143(15)	
37	对氧磷	paraoxon-ethyl	21.57	275(100)	220(60)	247(58)	263(11)
38	杀螟硫磷	fenitrothion	21.62	277(100)	260(52)	247(60)	
39	三唑酮	triadimefon	22.22	208(100)	210(50)	181(74)	
40	利谷隆	linuron	22.44	61(100)	248(30)	160(12)	
41	二甲戊灵	pendimethalin	22.59	252(100)	220(22)	162(12)	
42	杀螨醚	chlorbenside	22.96	268(100)	270(41)	143(11)	
43	乙基溴硫磷	bromophos-ethyl	23.06	359(100)	303(77)	357(74)	
44	喹硫磷	quinalphos	23.10	146(100)	298(28)	157(66)	
45	反式氯丹	*trans*-chlordane	23.29	373(100)	375(96)	377(51)	
46	稻丰散	phenthoate	23.30	274(100)	246(24)	320(5)	
47	吡唑草胺	metazachlor	23.32	209(100)	133(120)	211(32)	
48	丙硫磷	prothiophos	24.04	309(100)	267(88)	162(55)	
49	整形醇	chlorfurenol	24.15	215(100)	152(40)	274(11)	
50	腐霉利	procymidone	24.36	283(100)	285(70)	255(15)	
51	狄氏剂	dieldrin	24.43	263(100)	277(82)	380(30)	345(35)
52	杀扑磷	methidathion	24.49	145(100)	157(2)	302(4)	
53	敌草胺	napropamide	24.84	271(100)	128(111)	171(34)	
54	氰草津	cyanazine	24.94	225(100)	240(56)	198(61)	
55	噁草酮	oxadiazone	25.06	175(100)	258(62)	302(37)	
56	苯线磷	fenamiphos	25.29	303(100)	154(56)	288(31)	217(22)
57	杀螨氯硫	tetrasul	25.85	252(100)	324(64)	254(68)	
58	乙嘧酚磺酸酯	bupirimate	26.00	273(100)	316(41)	208(83)	

表 B.1（续）

序号	中文名称	英文名称	保留时间/min	定量离子	定性离子1	定性离子2	定性离子3
59	氟酰胺	flutolanil	26.23	173(100)	145(25)	323(14)	
60	萎锈灵	carboxin	26.25	235(100)	143(168)	87(52)	
61	*p*,*p*'-滴滴滴	*p*,*p*'-DDD	26.59	235(100)	237(64)	199(12)	165(46)
62	乙硫磷	ethion	26.69	231(100)	384(13)	199(9)	
63	乙环唑-1	etaconazole-1	26.81	245(100)	173(85)	247(65)	
64	硫丙磷	sulprofos	26.87	322(100)	156(62)	280(11)	
65	乙环唑-2	etaconazole-2	26.89	245(100)	173(85)	247(65)	
66	腈菌唑	myclobutanil	27.19	179(100)	288(14)	150(45)	
67	丰索磷	fensulfothion	27.94	292(100)	308(22)	293(73)	
68	禾草灵	diclofop-methyl	28.08	253(100)	281(50)	342(82)	
69	丙环唑-1	propiconazole-1	28.15	259(100)	173(97)	261(65)	
70	丙环唑-2	propiconazole-2	28.15	259(100)	173(97)	261(65)	
71	联苯菊酯	bifenthrin	28.57	181(100)	166(25)	165(23)	
72	灭蚁灵	mirex	28.72	272(100)	237(49)	274(80)	
73	丁硫克百威	carbosulfan	28.80	160(100)	118(95)	323(30)	
74	氟苯嘧啶醇	nuarimol	28.90	314(100)	235(155)	203(108)	
75	麦锈灵	benodanil	29.14	231(100)	323(38)	203(22)	
76	甲氧滴滴涕	methoxychlor	29.38	227(100)	228(16)	212(4)	
77	噁霜灵	oxadixyl	29.50	163(100)	233(18)	278(11)	
78	戊唑醇	tebuconazole	29.51	250(100)	163(55)	252(36)	
79	胺菊酯	tetramethirn	29.59	164(100)	135(3)	232(1)	
80	氟草敏	norflurazon	29.99	303(100)	145(101)	102(47)	
81	哒嗪硫磷	pyridaphenthion	30.17	340(100)	199(48)	188(51)	
82	三氯杀螨砜	tetradifon	30.70	227(100)	356(70)	159(196)	
83	顺式-氯菊酯	*cis*-permethrin	31.42	183(100)	184(15)	255(2)	
84	吡菌磷	pyrazophos	31.60	221(100)	232(35)	373(19)	
85	反式-氯菊酯	*trans*-permethrin	31.68	183(100)	184(15)	255(2)	
86	氯氰菊酯	cypermethrin	33.19	181(100)	152(23)	180(16)	
87	氰戊菊酯-1	fenvalerate-1	34.45	167(100)	225(53)	419(37)	181(41)
88	氰戊菊酯-2	fenvalerate-2	34.79	167(101)	225(54)	419(38)	181(42)
89	溴氰菊酯	deltamethrin	35.77	181(100)	172(25)	174(25)	
B组							
90	茵草敌	EPTC	8.54	128(100)	189(30)	132(32)	
91	丁草敌	butylate	9.49	156(100)	146(115)	217(27)	

表 B.1（续）

序号	中文名称	英文名称	保留时间/min	定量离子	定性离子1	定性离子2	定性离子3
92	敌草腈	dichlobenil	9.75	171(100)	173(68)	136(15)	
93	克草敌	pebulate	10.18	128(100)	161(21)	203(20)	
94	三氯甲基吡啶	nitrapyrin	10.89	194(100)	196(97)	198(23)	
95	速灭磷	mevinphos	11.23	127(100)	192(39)	164(29)	
96	氯苯甲醚	chloroneb	11.85	191(100)	193(67)	206(66)	
97	四氯硝基苯	tecnazene	13.54	261(100)	203(135)	215(113)	
98	庚烯磷	heptanophos	13.78	124(100)	215(17)	250(14)	
99	灭线磷	ethoprophos	14.40	158(100)	200(40)	242(23)	168(15)
100	六氯苯	hexachlorobenzene	14.69	284(100)	286(81)	282(51)	
101	毒草胺	propachlor	14.73	120(100)	176(45)	211(11)	
102	顺式-燕麦敌	*cis*-diallate	14.75	234(100)	236(37)	128(38)	
103	氟乐灵	trifluralin	15.23	306(100)	264(72)	335(7)	
104	反式-燕麦敌	*trans*-diallate	15.29	234(100)	236(37)	128(38)	
105	氯苯胺灵	chlorpropham	15.49	213(100)	171(59)	153(24)	
106	治螟磷	sulfotep	15.55	322(100)	202(43)	238(27)	266(24)
107	菜草畏	sulfallate	15.75	188(100)	116(7)	148(4)	
108	α-六六六	*alpha*-HCH	16.06	219(100)	183(98)	221(47)	254(6)
109	特丁硫磷	terbufos	16.83	231(100)	153(25)	288(10)	186(13)
110	环丙氟灵	profluralin	17.36	318(100)	304(47)	347(13)	
111	敌噁磷	dioxathion	17.51	270(100)	197(43)	169(19)	
112	扑灭津	propazine	17.67	214(100)	229(67)	172(51)	
113	氯炔灵	chlorbufam	17.85	223(100)	153(53)	164(64)	
114	氯硝胺	dicloran	17.89	206(100)	176(128)	160(52)	
115	特丁津	terbuthylazine	18.07	214(100)	229(33)	173(35)	
116	绿谷隆	monolinuron	18.15	61(100)	126(45)	214(51)	
117	氟虫脲	flufenoxuron	18.83	305(100)	126(67)	307(32)	
118	甲基毒死蜱	chlorpyrifos-methyl	19.38	286(100)	288(70)	197(5)	
119	敌草净	desmetryn	19.64	213(100)	198(60)	171(30)	
120	二甲草胺	dimethachlor	19.80	134(100)	197(47)	210(16)	
121	甲草胺	alachlor	20.03	188(100)	237(35)	269(15)	
122	甲基嘧啶磷	pirimiphos-methyl	20.30	290(100)	276(86)	305(74)	
123	特丁净	terbutryn	20.61	226(100)	241(64)	185(73)	
124	丙硫特普	aspon	20.62	211(100)	253(52)	378(14)	
125	杀草丹	thiobencarb	20.63	100(100)	257(25)	259(9)	

表 B.1（续）

序号	中文名称	英文名称	保留时间/min	定量离子	定性离子1	定性离子2	定性离子3
126	三氯杀螨醇	dicofol	21.33	139(100)	141(72)	250(23)	251(4)
127	异丙甲草胺	metolachlor	21.34	238(100)	162(159)	240(33)	
128	嘧啶磷	pirimiphos-ethyl	21.59	333(100)	318(93)	304(69)	
129	苯氟磺胺	dichlofluanid	21.68	224(100)	226(74)	167(120)	
130	烯虫酯	methoprene	21.71	73(100)	191(29)	153(29)	
131	溴硫磷	bromofos	21.75	331(100)	329(75)	213(7)	
132	乙氧呋草黄	ethofumesate	21.84	207(100)	161(54)	286(27)	
133	异丙乐灵	isopropalin	22.10	280(100)	238(40)	222(4)	
134	敌稗	propanil	22.68	161(100)	217(21)	163(62)	
135	育畜磷	crufomate	22.93	256(100)	182(154)	276(58)	
136	异柳磷	isofenphos	22.99	213(100)	255(44)	185(45)	
137	硫丹-1	endosulfan-1	23.10	241(100)	265(66)	339(46)	
138	毒虫畏	chlorfenvinphos	23.19	323(100)	267(139)	269(92)	
139	甲苯氟磺胺	tolylfluanide	23.45	238(100)	240(71)	137(210)	
140	顺式-氯丹	*cis*-chlordane	23.55	373(100)	375(96)	377(51)	
141	丁草胺	butachlor	23.82	176(100)	160(75)	188(46)	
142	乙菌利	chlozolinate	23.83	259(100)	188(83)	331(91)	
143	*p*,*p*′-滴滴伊	*p*,*p*′-DDE	23.92	318(100)	316(80)	246(139)	248(70)
144	碘硫磷	iodofenphos	24.33	377(100)	379(37)	250(6)	
145	杀虫畏	tetrachlorvinphos	24.36	329(100)	331(96)	333(31)	
146	氯溴隆	chlorbromuron	24.37	61(100)	294(17)	292(13)	
147	丙溴磷	profenofos	24.65	339(100)	374(39)	297(37)	
148	噻嗪酮	buprofezin	24.87	105(100)	172(54)	305(24)	
149	己唑醇	hexaconazole	24.92	214(100)	231(62)	256(26)	
150	*o*,*p*′-滴滴滴	*o*,*p*′-DDD	24.94	235(100)	237(65)	165(39)	199(14)
151	杀螨酯	chlorfenson	25.05	302(100)	175(282)	177(103)	
152	氟咯草酮	fluorochloridone	25.14	311(100)	313(64)	187(85)	
153	异狄氏剂	endrin	25.15	263(100)	317(30)	345(26)	
154	多效唑	paclobutrazol	25.21	236(100)	238(37)	167(39)	
155	*o*,*p*′-滴滴涕	*o*,*p*′-DDT	25.56	235(100)	237(63)	165(37)	199(14)
156	盖草津	methoprotryne	25.63	256(100)	213(24)	271(17)	
157	丙酯杀螨醇	chloropropylate	25.85	251(100)	253(64)	141(18)	
158	麦草氟甲酯	flamprop-methyl	25.90	105(100)	77(26)	276(11)	
159	除草醚	nitrofen	26.12	283(100)	253(90)	202(48)	139(15)

表 B.1（续）

序号	中文名称	英文名称	保留时间/min	定量离子	定性离子1	定性离子2	定性离子3
160	乙氧氟草醚	oxyfluorfen	26.13	252(100)	361(35)	300(35)	
161	虫螨磷	chlorthiophos	26.52	325(100)	360(52)	297(54)	
162	麦草氟异丙酯	flamprop-isopropyl	26.70	105(100)	276(19)	363(3)	
163	硫丹-2	endosulfan-2	26.72	241(100)	265(66)	339(46)	
164	三硫磷	carbofenothion	27.19	157(100)	342(49)	199(28)	
165	*p*,*p*′-滴滴涕	*p*,*p*′-DDT	27.22	235(100)	237(65)	246(7)	165(34)
166	苯霜灵	benalaxyl	27.54	148(100)	206(32)	325(8)	
167	敌瘟磷	edifenphos	27.94	173(100)	310(76)	201(37)	
168	三唑磷	triazophos	28.23	161(100)	172(47)	257(38)	
169	苯腈磷	cyanofenphos	28.43	157(100)	169(56)	303(20)	
170	氯杀螨砜	chlorbenside sulfone	28.88	127(100)	99(14)	89(33)	
171	硫丹硫酸盐	endosulfan-sulfate	29.05	387(100)	272(165)	389(64)	
172	溴螨酯	bromopropylate	29.30	341(100)	183(34)	339(49)	
173	新燕灵	benzoylprop-ethyl	29.40	292(100)	365(36)	260(37)	
174	甲氰菊酯	fenpropathrin	29.56	265(100)	181(237)	349(25)	
175	苯硫膦	EPN	30.06	157(100)	169(53)	323(14)	
176	环嗪酮	hexazinone	30.14	171(100)	252(3)	128(12)	
177	溴苯磷	leptophos	30.19	377(100)	375(73)	379(28)	
178	治草醚	bifenox	30.81	341(100)	189(30)	310(27)	
179	伏杀硫磷	phosalone	31.22	182(100)	367(30)	154(20)	
180	保棉磷	azinphos-methyl	31.41	160(100)	132(71)	77(58)	
181	氯苯嘧啶醇	fenarimol	31.65	139(100)	219(70)	330(42)	
182	益棉磷	azinphos-ethyl	32.01	160(100)	132(103)	77(51)	
183	氟氯氰菊酯	cyfluthrin	32.94	206(100)	199(63)	226(72)	
184	咪鲜胺	prochloraz	33.07	180(100)	308(59)	266(18)	
185	蝇毒磷	coumaphos	33.22	362(100)	226(56)	364(39)	
186	氟胺氰菊酯	fluvalinate	34.94	250(100)	252(38)	181(18)	
C组							
187	敌敌畏	dichlorvos	7.80	109(100)	185(34)	220(7)	
188	联苯	biphenyl	9.00	154(100)	153(40)	152(27)	
189	霜霉威	propamocarb	9.40	58(100)	129(6)	188(5)	
190	灭草敌	vernolate	9.82	128(100)	146(17)	203(9)	
191	3,5-二氯苯胺	3,5-dichloroaniline	11.20	161(100)	163(62)	126(10)	
192	虫螨畏	methacrifos	11.86	125(100)	208(74)	240(44)	

表 B.1（续）

序号	中文名称	英文名称	保留时间/min	定量离子	定性离子1	定性离子2	定性离子3
193	禾草敌	molinate	11.92	126(100)	187(24)	158(2)	
194	邻苯基苯酚	2-phenylphenol	12.47	170(100)	169(72)	141(31)	
195	四氢邻苯二甲酰亚胺	*cis*-1,2,3,6-tetrahydrophthalimide	13.39	151(100)	123(16)	122(16)	
196	仲丁威	fenobucarb	14.60	121(100)	150(32)	107(8)	
197	乙丁氟灵	benfluralin	15.23	292(100)	264(20)	276(13)	
198	氟铃脲	hexaflumuron	16.20	176(100)	279(28)	277(43)	
199	扑灭通	prometon	16.66	210(100)	225(91)	168(67)	
200	野麦畏	triallate	17.12	268(100)	270(73)	143(19)	
201	嘧霉胺	pyrimethanil	17.28	198(100)	199(45)	200(5)	
202	林丹	*gamma*-HCH	17.48	183(100)	219(93)	254(13)	221(40)
203	乙拌磷	disulfoton	17.61	88(100)	274(15)	186(18)	
204	莠去净	atrizine	17.64	200(100)	215(62)	173(29)	
205	异稻瘟净	iprobenfos	18.44	204(100)	246(18)	288(17)	
206	七氯	heptachlor	18.49	272(100)	237(40)	337(27)	
207	氯唑磷	isazofos	18.54	161(100)	257(53)	285(39)	313(15)
208	三氯杀虫酯	plifenate	18.87	217(100)	175(96)	242(91)	
209	氯乙氟灵	fluchloralin	18.89	306(100)	326(87)	264(54)	
210	四氟苯菊酯	transfluthrin	19.04	163(100)	165(23)	335(7)	
211	丁苯吗啉	fenpropimorph	19.22	128(100)	303(5)	129(9)	
212	甲基立枯磷	tolclofos-methyl	19.69	265(100)	267(36)	250(10)	
213	异丙草胺	propisochlor	19.89	162(100)	223(200)	146(17)	
214	溴谷隆	metobromuron	20.07	61(100)	258(11)	170(16)	
215	莠灭净	ametryn	20.11	227(100)	212(53)	185(17)	
216	西草净	simetryn	20.18	213(100)	170(26)	198(16)	
217	嗪草酮	metribuzin	20.33	198(100)	199(21)	144(12)	
218	噻节因	dimethipin	20.38	118(100)	210(26)	103(20)	
219	异丙净	dipropetryn	20.82	255(100)	240(42)	222(20)	
220	安硫磷	formothion	21.42	170(100)	224(97)	257(63)	
221	乙霉威	diethofencarb	21.43	267(100)	225(98)	151(31)	
222	哌草丹	dimepiperate	22.28	119(100)	145(30)	263(8)	
223	生物烯丙菊酯-1	bioallethrin-1	22.29	123(100)	136(24)	107(29)	
224	生物烯丙菊酯-2	bioallethrin-2	22.34	123(100)	136(24)	107(29)	
225	芬螨酯	fenson	22.54	141(100)	268(53)	77(104)	

表 B.1（续）

序号	中文名称	英文名称	保留时间/min	定量离子	定性离子 1	定性离子 2	定性离子 3
226	*o*,*p*'-滴滴伊	*o*,*p*'-DDE	22.64	246(100)	318(34)	176(26)	248(70)
227	双苯酰草胺	diphenamid	22.87	167(100)	239(30)	165(43)	
228	戊菌唑	penconazole	23.17	248(100)	250(33)	161(50)	
229	四氟醚唑	tetraconazole	23.35	336(100)	338(33)	171(10)	
230	灭蚜磷	mecarbam	23.46	131(100)	296(22)	329(40)	
231	丙虫磷	propaphos	23.92	304(100)	220(108)	262(34)	
232	氟节胺	flumetralin	24.10	143(100)	157(25)	404(10)	
233	三唑醇-1	triadimenol-1	24.22	112(100)	168(81)	130(15)	
234	三唑醇-2	triadimenol-2	24.94	112(100)	168(71)	130(10)	
235	丙草胺	pretilachlor	24.67	162(100)	238(26)	262(8)	
236	亚胺菌	kresoxim-methyl	25.04	116(100)	206(25)	131(66)	
237	吡氟禾草灵	fluazifop-butyl	25.21	282(100)	383(44)	254(49)	
238	氟啶脲	chlorfluazuron	25.27	321(100)	323(71)	356(8)	
239	乙酯杀螨醇	chlorobenzilate	25.90	251(100)	253(65)	152(5)	
240	氟哇唑	flusilazole	26.19	233(100)	206(33)	315(9)	
241	三氟硝草醚	fluorodifen	26.59	190(100)	328(35)	162(34)	
242	烯唑醇	diniconazole	27.03	268(100)	270(65)	232(13)	
243	增效醚	piperonyl butoxide	27.46	176(100)	177(33)	149(14)	
244	噁唑隆	dimefuron	27.82	140(100)	105(75)	267(36)	
245	炔螨特	propargite	27.87	135(100)	350(7)	173(16)	
246	灭锈胺	mepronil	27.91	119(100)	269(26)	120(9)	
247	吡氟酰草胺	diflufenican	28.45	266(100)	394(25)	267(14)	
248	咯菌腈	fludioxonil	28.93	248(100)	127(24)	154(21)	
249	喹螨醚	fenazaquin	28.97	145(100)	160(46)	117(10)	
250	苯醚菊酯	phenothrin	29.08	123(100)	183(74)	350(6)	
251	稀禾啶	sethoxydim	29.63	178(100)	281(51)	219(36)	
252	莎稗磷	anilofos	30.68	226(100)	184(52)	334(10)	
253	氟丙菊酯	acrinathrin	31.07	181(100)	289(31)	247(12)	
254	高效氯氟氰菊酯	*lambda*-cyhalothrin	31.11	181(100)	197(100)	141(20)	
255	苯噻酰草胺	mefenacet	31.29	192(100)	120(35)	136(29)	
256	氯菊酯	permethrin	31.57	183(100)	184(14)	255(1)	
257	哒螨灵	pyridaben	31.86	147(100)	117(11)	364(7)	
258	乙羧氟草醚	fluoroglycofen-ethyl	32.01	447(100)	428(20)	449(35)	
259	联苯三唑醇	bitertanol	32.25	170(100)	112(8)	141(6)	

表 B.1（续）

序号	中文名称	英文名称	保留时间/min	定量离子	定性离子1	定性离子2	定性离子3
260	醚菊酯	etofenprox	32.75	163(100)	376(4)	183(6)	
261	噻草酮	cycloxydim	33.05	178(100)	279(7)	251(4)	
262	α-氯氰菊酯	*alpha*-cypermethrin	33.35	163(100)	181(84)	165(63)	
263	氟氰戊菊酯	flucythrinate-1	33.58	199(100)	157(90)	451(22)	
264	氟氰戊菊酯	flucythrinate-2	33.85	199(101)	157(91)	451(23)	
265	S-氰戊菊酯	esfenvalerate	34.65	419(100)	225(158)	181(189)	
266	苯醚甲环唑-2	difenconazole-2	35.40	323(100)	325(66)	265(83)	
267	苯醚甲环唑-1	difenconazole-1	35.49	323(100)	325(69)	265(70)	
268	丙炔氟草胺	flumioxazin	35.50	354(100)	287(24)	259(15)	
269	氟烯草酸	flumiclorac-pentyl	36.34	423(100)	308(51)	318(29)	
D组							
270	甲氟磷	dimefox	5.62	110(100)	154(75)	153(17)	
271	乙拌磷亚砜	disulfoton-sulfoxide	8.41	212(100)	153(61)	184(20)	
272	五氯苯	pentachlorobenzene	11.11	250(100)	252(64)	215(24)	
273	鼠立死	crimidine	13.13	142(100)	156(90)	171(84)	
274	4-溴-3,5-二甲苯基-*N*-甲基氨基甲酸酯-1	BDMC-1	13.25	200(100)	202(104)	201(13)	
275	燕麦酯	chlorfenprop-methyl	13.57	165(100)	196(87)	197(49)	
276	虫线磷	thionazin	14.04	143(100)	192(39)	220(14)	
277	2,3,5,6-四氯苯胺	2,3,5,6-tetrachloroaniline	14.22	231(100)	229(76)	158(25)	
278	三正丁基磷酸盐	tri-*n*-butyl phosphate	14.33	155(100)	211(61)	167(8)	
279	2,3,4,5-四氯甲氧基苯	2,3,4,5-tetrachloroanisole	14.66	246(100)	203(70)	231(51)	
280	五氯甲氧基苯	pentachloroanisole	15.19	280(100)	265(100)	237(85)	
281	牧草胺	tebutam	15.30	190(100)	106(38)	142(24)	
282	甲基苯噻隆	methabenzthiazuron	16.34	164(100)	136(81)	108(27)	
283	西玛通	simetone	16.69	197(100)	196(40)	182(38)	
284	阿特拉通	atratone	16.70	196(100)	211(68)	197(105)	
285	七氟菊酯	tefluthrin	17.24	177(100)	197(26)	161(5)	
286	溴烯杀	bromocylen	17.43	359(100)	357(99)	394(14)	
287	草达津	trietazine	17.53	200(100)	229(51)	214(45)	
288	环莠隆	cycluron	17.93	173(100)	189(36)	175(62	
289	2,4,4′-三氯联苯	*de*-PCB 28	17.95	89(100)	198(36)	114(9)	
290	2,4,5-三氯联苯	*de*-PCB 31	18.15	256(100)	186(53)	258(97)	
291	2,3,4,5-四氯苯胺	2,3,4,5-tetrachloroaniline	18.19	256(100)	186(53)	258(97)	

表 B.1（续）

序号	中文名称	英文名称	保留时间/min	定量离子	定性离子1	定性离子2	定性离子3
292	合成麝香	musk ambrette	18.55	231(100)	229(76)	233(48)	
293	二甲苯麝香	musk xylene	18.62	253(100)	268(35)	223(18)	
294	五氯苯胺	pentachloroaniline	18.66	282(100)	297(10)	128(20)	
295	叠氮津	aziprotryne	18.91	265(100)	263(63)	230(8)	
296	丁咪酰胺	isocarbamid	19.11	199(100)	184(83)	157(31)	
297	另丁津	sebutylazine	19.24	142(100)	185(2)	143(6)	
298	麝香	musk moskene	19.26	200(100)	214(14)	229(13)	
299	2,2′,5,5′-四氯联苯	*de*-PCB 52	19.46	263(100)	278(12)	264(15)	
300	苄草丹	prosulfocarb	19.48	292(100)	220(88)	255(32)	
301	二甲吩草胺	dimethenamid	19.51	251(100)	252(14)	162(10)	
302	4-溴-3,5-二甲苯基-*N*-甲基氨基甲酸酯-2	BDMC-2	19.55	154(100)	230(43)	203(21)	
303	庚酰草胺	monalide	19.74	200(100)	202(101)	201(12)	
304	碳氯灵	isobenzan	20.02	197(100)	199(31)	239(45)	
305	八氯苯乙烯	octachlorostyrene	20.55	311(100)	375(31)	412(7)	
306	异艾氏剂	isodrin	20.60	380(100)	343(94)	308(120)	
307	丁嗪草酮	isomethiozin	21.01	193(100)	263(46)	195(83)	
308	毒壤磷	trichloronat	21.06	225(100)	198(86)	184(13)	
309	敌草索	dacthal	21.10	297(100)	269(86)	196(16)	
310	4,4′-二氯二苯甲酮	4,4′-dichlorobenzophenone	21.25	301(100)	332(31)	221(16)	
311	酞菌酯	nitrothal-isopropyl	21.29	250(100)	252(62)	215(26)	
312	麝香酮	musk ketone	21.69	236(100)	254(54)	212(74)	
313	吡咪唑	rabenzazole	21.70	279(100)	294(28)	128(16)	
314	嘧菌环胺	cyprodinil	21.73	212(100)	170(26)	195(19)	
315	麦穗灵	fuberidazole	21.94	224(100)	225(62)	210(9)	
316	异氯磷	dicapthon	22.10	184(100)	155(21)	129(12)	
317	2-甲-4-氯丁氧乙基酯	*mcpa*-butoxyethyl ester	22.44	262(100)	263(10)	216(10)	
318	2,2′,4,5,5′-五氯联苯	*de*-PCB 101	22.61	300(100)	200(71)	182(41)	
319	水胺硫磷	isocarbophos	22.62	326(100)	254(66)	291(18)	
320	甲拌磷砜	phorate sulfone	22.87	136(100)	230(26)	289(22)	
321	杀螨醇	chlorfenethol	23.15	199(100)	171(30)	215(11)	
322	反式九氯	*trans*-nonachlor	23.29	251(100)	253(66)	266(12)	
323	脱叶磷	DEF	23.62	409(100)	407(89)	411(63)	
324	氟咯草酮	flurochloridone	24.08	202(100)	226(51)	258(55)	

表 B.1（续）

序号	中文名称	英文名称	保留时间/min	定量离子	定性离子1	定性离子2	定性离子3
325	溴苯烯磷	bromfenvinfos	24.31	311(100)	187(74)	313(66)	
326	乙滴涕	perthane	24.62	267(100)	323(56)	295(18)	
327	2,3,4,4′,5-五氯联苯	*de*-PCB 118	24.81	223(100)	224(20)	178(9)	
328	地胺磷	mephosfolan	25.08	326(100)	254(38)	184(16)	
329	4,4′-二溴二苯甲酮	4,4′-dibromobenzophenone	25.29	196(100)	227(49)	168(60)	
330	粉唑醇	flutriafol	25.30	340(100)	259(30)	185(179)	
331	2,2′,4,4′,5,5′-六氯联苯	*de*-PCB 153	25.31	219(100)	164(96)	201(7)	
332	苄氯三唑醇	diclobutrazole	25.64	360(100)	290(62)	218(24)	
333	乙拌磷砜	disulfoton sulfone	25.95	270(100)	272(68)	159(42)	
334	噻螨酮	hexythiazox	26.16	213(100)	229(4)	185(11)	
335	2,2′,3,4,4′,5-六氯联苯	*de*-PCB 138	26.48	227(100)	156(158)	184(93)	
336	环丙唑	cyproconazole	26.84	360(100)	290(68)	218(26)	
337	苄呋菊酯-1	resmethrin-1	27.23	222(100)	224(35)	223(11)	
338	苄呋菊酯-2	resmethrin-2	27.26	171(100)	143(83)	338(7)	
339	酞酸甲苯基丁酯	phthalic acid,benzyl butyl ester	27.43	171(100)	143(80)	338(7)	
340	炔草酸	clodinafop-propargyl	27.56	206(100)	312(4)	230(1)	
341	倍硫磷亚砜	fenthion sulfoxide	27.74	349(100)	238(96)	266(83)	
342	三氟苯唑	fluotrimazole	28.06	278(100)	279(290)	294(145)	
343	氟草烟-1-甲庚酯	fluroxypr-1-methylheptyl ester	28.39	311(100)	379((60)	233(36)	
344	倍硫磷砜	fenthion sulfone	28.45	366(100)	254(67)	237(60)	
345	苯嗪草酮	metamitron	28.55	310(100)	136(25)	231(10)	
346	三苯基磷酸盐	triphenyl phosphate	28.63	202(100)	174(52)	186(12)	
347	2,2′,3,4,4′,5,5′-七氯联苯	*de*-PCB 180	28.65	326(100)	233(16)	215(20)	
348	吡螨胺	tebufenpyrad	29.05	394(100)	324(70)	359(20)	
349	解草酯	cloquintocet-mexyl	29.06	318(100)	333(78)	276(44)	
350	环草定	lenacil	29.32	192(100)	194(32)	220(4)	
351	糠菌唑-1	bromuconazole-1	29.70	153(100)	136(6)	234(2)	
352	糠菌唑-2	bromuconazole-2	29.90	173(100)	175(65)	214(15)	
353	甲磺乐灵	nitralin	30.72	173(100)	175(67)	214(14)	
354	苯线磷亚砜	fenamiphos sulfoxide	30.92	316(100)	274(58)	300(15)	
355	苯线磷砜	fenamiphos sulfone	31.03	304(100)	319(29)	196(22)	
356	拌种咯	fenpiclonil	31.34	320(100)	292(57)	335(7)	
357	氟喹唑	fluquinconazole	32.37	236(100)	238(66)	174(36)	

表 B.1(续)

序号	中文名称	英文名称	保留时间/min	定量离子	定性离子1	定性离子2	定性离子3
358	腈苯唑	fenbuconazole	32.62	340(100)	342(37)	341(20)	
359	残杀威-1	propoxur-1	34.02	129(100)	198(51)	125(31)	
		E组					
360	灭除威	XMC	6.58	110(100)	152(16)	111(9)	
361	异丙威-1	isoprocarb-1	7.40	122(100)	121(37)	107(114)	
362	二氢苊	acenaphthene	7.56	121(100)	136(34)	103(20)	
363	特草灵-1	terbucarb-1	10.79	164(100)	162(84)	160(38)	
364	氯氧磷	chlorethoxyfos	10.89	205(100)	220(51)	206(16)	
365	异丙威-2	isoprocarb-2	13.43	153(100)	125(67)	301(19)	
366	丁噻隆	tebuthiuron	13.69	121(100)	136(34)	103(20)	
367	戊菌隆	pencycuron	14.25	156(100)	171(30)	157(9)	
368	甲基内吸磷	demeton-*s*-methyl	14.30	125(100)	180(65)	209(20)	
369	二溴磷	naled	15.19	109(100)	142(43)	230(5)	
370	菲	phenanthrene	15.51	109(100)	145(26)	185(15)	
371	唑螨酯	fenpyroximate	16.97	188(100)	160(9)	189(16)	
372	丁基嘧啶磷	tebupirimfos	17.49	213(100)	142(21)	198(9)	
373	茉莉酮	prohydrojasmon	17.61	318(100)	261(107)	234(100)	
374	苯锈啶	fenpropidin	17.80	153(100)	184(41)	254(7)	
375	氯硝胺	dichloran	17.85	98(100)	273(5)	145(5)	
376	咯喹酮	pyroquilon	18.10	176(100)	206(87)	124(101)	
377	炔苯酰草胺	propyzamide	18.28	173(100)	130(69)	144(38)	
378	抗蚜威	pirimicarb	19.01	173(100)	255(23)	240(9)	
379	溴丁酰草胺	bromobutide	19.08	166(100)	238(23)	138(8)	
380	灭草环	tridiphane	19.70	119(100)	232(27)	296(6)	
381	戊草丹	esprocarb	19.90	173(100)	187(90)	219(46)	
382	特草灵-2	terbucarb-2	20.01	222(100)	265(10)	162(61)	
383	甲呋酰胺	fenfuram	20.06	205(100)	220(52)	206(16)	
384	活化酯	acibenzolar-*s*-methyl	20.35	109(100)	201(29)	202(5)	
385	呋草黄	benfuresate	20.42	182(100)	135(64)	153(34)	
386	精甲霜灵	mefenoxam	20.68	163(100)	256(17)	121(18)	
387	马拉氧磷	malaoxon	20.91	206(100)	249(46)	279(11)	
388	磷胺-2	phosphamidon-2	21.17	127(100)	268(11)	195(15)	
389	氯酞酸甲酯	chlorthal-dimethyl	21.36	264(100)	138(54)	227(17)	
390	硅氟唑	simeconazole	21.39	301(100)	332(27)	221(17)	

表 B.1(续)

序号	中文名称	英文名称	保留时间/min	定量离子	定性离子1	定性离子2	定性离子3
391	特草净	terbacil	21.41	121(100)	278(14)	211(34)	
392	噻唑烟酸	thiazopyr	21.50	161(100)	160(70)	117(39)	
393	甲基毒虫畏	dimethylvinphos	21.91	327(100)	363(73)	381(34)	
394	苯酰草胺	zoxamide	22.21	295(100)	297(56)	109(74)	
395	烯丙菊酯	allethrin	22.30	187(100)	242(68)	299(9)	
396	灭藻醌	quinoclamine	22.60	123(100)	107(24)	136(20)	
397	氰菌胺	fenoxanil	22.89	207(100)	172(259)	144(64)	
398	呋霜灵	furalaxyl	23.58	140(100)	189(14)	301(6)	
399	除草定	bromacil	23.97	242(100)	301(24)	152(40)	
400	啶氧菌酯	picoxystrobin	24.73	205(100)	207(46)	231(5)	
401	抑草磷	butamifos	24.97	335(100)	303(43)	367(9)	
402	咪草酸	imazamethabenz-methyl	25.41	286(100)	200(57)	232(37)	
403	灭梭威砜	methiocarb sulfone	25.50	144(100)	187(117)	256(95)	
404	苯噻硫氰	TCMTB	25.56	200(100)	185(40)	137(16)	
405	苯氧菌胺	metominostrobin	25.59	180(100)	238(108)	136(30)	
406	抑霉唑	imazalil	25.61	191(100)	238(56)	196(75)	
407	稻瘟灵	isoprothiolane	25.72	215(100)	173(66)	296(5)	
408	环氟菌胺	cyflufenamid	25.87	290(100)	231(82)	204(88)	
409	噁唑磷	isoxathion	26.02	91(100)	412(11)	294(11)	
410	苯氧喹啉	quinoxyphen	26.51	313(100)	105(341)	177(208)	
411	肟菌酯	trifloxystrobin	27.14	237(100)	272(37)	307(29)	
412	脱苯甲基亚胺唑	imibenconazole-*des*-benzyl	27.71	116(100)	131(40)	222(30)	
413	氟虫腈	fipronil	27.86	235(100)	270(35)	272(35)	
414	氟环唑-1	epoxiconazole-1	28.34	367(100)	369(69)	351(15)	
415	稗草丹	pyributicarb	28.58	192(100)	183(24)	138(35)	
416	吡草醚	pyraflufen ethyl	28.87	165(100)	181(23)	108(64)	
417	噻吩草胺	thenylchlor	28.91	412(100)	349(41)	339(34)	
418	烯草酮	clethodim	29.12	127(100)	288(25)	141(17)	
419	吡唑解草酯	mefenpyr-diethyl	29.21	164(100)	205(50)	267(15)	
420	乙螨唑	etoxazole	29.55	227(100)	299(131)	372(18)	
421	氟环唑-2	epoxiconazole-2	29.64	300(100)	330(69)	359(65)	
422	伐灭磷	famphur	29.73	192(100)	183(13)	138(30)	
423	吡丙醚	pyriproxyfen	29.80	218(100)	125(27)	217(22)	
424	异菌脲	iprodione	30.06	136(100)	226(8)	185(10)	

表 B.1（续）

序号	中文名称	英文名称	保留时间/min	定量离子	定性离子1	定性离子2	定性离子3
425	呋酰胺	ofurace	30.24	187(100)	244(65)	246(42)	
426	哌草磷	piperophos	30.36	160(100)	232(83)	204(35)	
427	氯甲酰草胺	clomeprop	30.42	320(100)	140(123)	122(114)	
428	咪唑菌酮	fenamidone	30.48	290(100)	288(279)	148(206)	
429	三甲苯草酮	tralkoxydim	30.66	268(100)	238(111)	206(32)	
430	吡唑硫磷	pyraclofos	32.14	283(100)	226(7)	268(8)	
431	螺螨酯	spirodiclofen	32.18	360(100)	194(79)	362(38)	
432	呋草酮	flurtamone	32.50	312(100)	259(48)	277(28)	
433	环酯草醚	pyriftalid	32.78	333(100)	199(63)	247(25)	
434	氟硅菊酯	silafluofen	32.94	318(100)	274(71)	303(44)	
435	嘧螨醚	pyrimidifen	33.18	287(100)	286(274)	258(289)	
436	氟丙嘧草酯	butafenacil	33.63	184(100)	186(32)	185(10)	
437	氟啶草酮	fluridone	33.85	331(100)	333(34)	180(35)	
438	苯磺隆	tribenuron-methyl	37.61	328(100)	329(100)	330(100)	
		F 组					
439	乙硫苯威	ethiofencarb	9.34	154(100)	124(45)	110(18)	
440	二氧威	dioxacarb	11.00	107(100)	168(34)	77(26)	
441	避蚊酯	dimethyl phthalate	11.10	121(100)	166(44)	165(36)	
442	4-氯苯氧乙酸	4-chlorophenoxy acetic acid	11.54	163(100)	194(7)	133(5)	
443	邻苯二甲酰亚胺	phthalimide	11.84	200(100)	141(93)	111(61)	
444	避蚊胺	diethyltoluamide	13.21	147(100)	104(61)	103(35)	
445	2,4-滴	2,4-D	14.00	119(100)	190(32)	191(31)	
446	甲萘威	carbaryl	14.35	199(100)	234(63)	175(61)	
447	硫线磷	cadusafos	14.42	144(100)	115(100)	116(43)	
448	螺菌环胺-1	spiroxamine-1	15.14	159(100)	213(14)	270(13)	
449	百治磷	dicrotophos	17.26	100(100)	126(7)	198(5)	
450	2,4,5-涕	2,4,5-T	17.31	127(100)	237(11)	109(8)	
451	3-苯基苯酚	3-phenylphenol	17.75	233(100)	268(49)	209(36)	
452	茂谷乐	furmecyclox	18.11	170(100)	141(23)	115(17)	
453	螺菌环胺-2	spiroxamine-2	18.22	123(100)	251(6)	94(10)	
454	丁酰肼	DMSA	18.23	100(100)	126(5)	198(5)	
455	—	sobutylazine	18.45	200(100)	92(123)	121(8)	
456	八氯二甲醚-1	s421 (octachlorodipropyl ether)-1	18.63	172(100)	174(32)	186(11)	

表 B.1（续）

序号	中文名称	英文名称	保留时间/min	定量离子	定性离子1	定性离子2	定性离子3
457	八氯二甲醚-2	s421 (octachlorodipropyl ether)-2	19.31	130(100)	132(96)	211(8)	
458	十二环吗啉	dodemorph	19.57	130(100)	132(97)	211(7)	
459	甜菜安	desmedipham	19.62	154(100)	281(12)	238(10)	
460	氧皮蝇磷	fenchlorphos	19.76	181(100)	109(75)	135(20)	
461	枯莠隆	difenoxuron	19.84	285(100)	287(69)	270(6)	
462	仲丁灵	butralin	20.85	241(100)	226(21)	242(15)	
463	异戊乙净	dimethametryn	22.18	266(100)	224(16)	295(9)	
464	啶斑肟-1	pyrifenox-1	22.75	212(100)	255(9)	213(2)	
465	缬霉威-1	iprovalicarb-1	23.46	262(100)	294(18)	227(15)	
466	戊环唑	azaconazole	24.97	201(100)	174(87)	175(9)	
467	缬霉威-2	iprovalicarb-2	26.13	119(100)	134(126)	158(62)	
468	苯虫醚-1	diofenolan-1	26.50	217(100)	173(59)	219(64)	
469	苯虫醚-2	diofenolan-2	26.54	134(100)	119(75)	158(48)	
470	苯甲醚	aclonifen	26.76	186(100)	300(60)	225(24)	
471	溴虫腈	chlorfenapyr	27.09	186(100)	300(60)	225(29)	
472	生物苄呋菊酯	bioresmethrin	27.24	264(100)	212(65)	194(57)	
473	双苯噁唑酸	isoxadifen-ethyl	27.47	247(100)	328(54)	408(51)	
474	唑酮草酯	carfentrazone-ethyl	27.55	123(100)	171(54)	143(31)	
475	氯吡嘧磺隆	halosulfuran-methyl	27.90	204(100)	222(76)	294(44)	
476	三环唑	tricyclazole	28.09	312(100)	330(52)	290(53)	
477	环酰菌胺	fenhexamid	28.32	327(100)	260(86)	295(33)	
478	螺甲螨酯	spiromesifen	28.34	189(100)	162(54)	161(40)	
479	联苯肼酯	bifenazate	28.86	97(100)	177(33)	301(13)	
480	异狄氏剂酮	endrin ketone	29.56	272(100)	254(27)	370(14)	
481	精高效氨氟氰菊酯-1	*gamma*-cyhalothrin-1	30.38	300(100)	258(99)	199(100)	
482	—	metoconazole	30.40	317(100)	250(28)	281(35)	
483	氰氟草酯	cyhalofop-butyl	31.10	181(100)	197(84)	141(28)	
484	精高效氨氟氰菊酯-2	*gamma*-cyhalothrin-2	31.12	125(100)	319(14)	250(17)	
485	苄螨醚	halfenprox	31.40	256(100)	357(74)	229(79)	
486	啶虫脒	acetamiprid	31.40	181(100)	197(77)	141(20)	
487	烟酰碱	boscalid	32.81	263(100)	237(5)	476(5)	
488	烯酰吗啉	dimethomorph	33.67	126(100)	152(114)	166(64)	
489	喹硫磷	quinalphos	34.16	342(100)	140(229)	112(71)	
488	反式氯丹	*trans*-chlordane	37.40	301(100)	387(32)	165(28)	

附 录 C
（资料性附录）
A、B、C、D、E、F 六组农药及相关化学品选择离子监测分组

A、B、C、D、E、F 六组农药及相关化学品选择离子监测分组见表 C.1。

表 C.1 A、B、C、D、E、F 六组农药及相关化学品选择离子监测分组

序号	时间/min	离子(amu)	驻留时间/ms
A 组			
1	8.30	138,158,173	200
2	9.60	124,140,166,172,183,211	90
3	10.50	121,154,234	200
4	10.75	120,137,179	200
5	11.70	154,186,215	200
6	14.40	167,168,169	200
7	14.90	121,142,143,153,183,195,196,198,230,231,260,276,292,316	30
8	16.20	88,125,246	200
9	16.70	137,138,145,172,174,179,187,202,204,205,237,246,249,295,304	30
10	17.80	138,173,175,181,186,194,196,201,210,225,236,255,277,292	30
11	18.80	150,165,173,175,222,223,251,255,279	50
12	19.20	125,143,229,261,263,265,293,305,307,329	50
13	19.80	125,261,263,265,285,287,293,305,307,329	50
14	20.10	170,181,184,198,200,206,212,217,219,226,227,233,234,241,246,249,254,258,263,264,266,268,285,286,314	10
15	21.40	143,152,153,158,169,173,180,181,208,217,219,220,247,254,256,260,275,277,278,351,353,355	10
16	22.30	61,143,160,162,181,186,208,210,220,235,248,252,263,268,270,291,351,353,355	20
17	23.00	133,143,146,157,209,211,246,268,270,274,298,303,320,357,359,373,375,377	20
18	23.70	72,104,133,145,152,157,160,162,209,211,215,253,255,260,263,267,274,277,283,285,297,302,309,345,380	10
19	24.80	128,145,154,157,171,175,198,217,225,240,255,258,271,283,285,288,302,303	20
20	25.50	154,185,217,252,253,254,288,303,319,324,334	50
21	26.00	87,139,143,145,165,173,199,208,231,235,237,251,253,273,316,323,384	20

表 C.1(续)

序号	时间/min	离子(amu)	驻留时间/ms
22	26.80	145,150,156,165,173,179,199,231,235,237,245,247,280,288,322,323,384	20
23	27.90	165,166,173,181,253,259,261,281,292,293,308,342	40
24	28.60	118,160,165,166,181,203,212,227,228,231,235,237,272,274,314,323	30
25	29.30	135,163,164,212,227,228,232,233,250,252,278	40
26	30.00	102,145,159,160,161,188,199,227,303,317,340,356	40
27	31.00	175,183,184,220,221,223,232,250,255,267,373	40
28	33.00	127,180,181	200
29	34.40	167,181,225,419	150
30	35.70	172,174,181	200
		B组	
1	7.80	128,132,189	200
2	8.80	146,156,217	200
3	9.70	128,136,161,171,173,203	90
4	10.70	127,164,192,194,196,198	90
5	11.70	191,193,206	200
6	13.40	124,203,215,250,261	100
7	14.40	158,168,200,242,282,284,286	80
8	14.70	116,120,128,148,153,171,176,188,202,211,213,234,236,238,264,266,282,284,286,306,322,335	10
9	16.00	116,148,183,188,219,221,254	80
10	16.80	153,186,231,288	150
11	17.10	153,160,164,169,172,173,176,197,206,210,214,223,225,229,270,318,330,347	20
12	18.20	61,126,160,173,176,206,214,229	60
13	18.70	126,127,134,148,164,171,172,180,192,197,198,210,213,223,243,286,288,305,307	20
14	19.90	134,171,188,197,198,210,213,237,269,276,290,305	40
15	20.60	100,185,211,226,241,253,257,259,378	50
16	21.20	73,139,141,153,161,162,167,185,191,207,213,224.226,237,238,240,250,251,286,304,318,329,331,333,351,353,355,387	10
17	22.00	161,167,207,222,224,226,238,264,280,286,351,353,355	40
18	22.70	161,163,170,171,182,185,205,213,217,241,255,256,265,267,269,276,323,339	20

表 C.1（续）

序号	时间/min	离子(amu)	驻留时间/ms
19	23.40	137,160,176,188,238,240,246,248,259,267,269,316,318,323,331,373,375,377	20
20	23.90	61,160,166,176,188,193,194,246,248,250,259,292,294,297,316,318,329,331,333,339,374,377,379	20
21	24.90	61,105,165,167,172,175,177,187,199,214,231,235,236,237,238,256,263,292,294,297,302,305,311,313,317,339,345,374	10
22	25.60	77,105,139,141,165,169,171,199,202,213,223,235,237,251,252,253,256,271,276,283,297,300,325,360,361	10
23	26.70	105,157,165,195,199,235,237,246,276,297,325,339,342,360,363	30
24	27.60	148,157,161,169,172,173,201,206,257,303,310,325	40
25	28.90	89,99,126,127,157,161,169,172,181,183,257,260,265,272,292,303,339,341,349,365,387,389	10
26	29.80	79,181,183,265,311,349	90
27	30.00	128,157,169,171,189,252,310,323,341,375,377,379	40
28	31.20	132,139,154,160,161,182,189,251,310,330,341,367	40
29	32.90	180,199,206,226,266,308,334,362,364	50
30	34.00	181,250,252	200
C组			
1	7.30	109,185,220	200
2	8.70	152,153,154	200
3	9.30	58,128,129,146,188,203	90
4	11.20	126,161,163	200
5	11.75	125,126,141,158,169,170,187,208,240	50
6	13.50	122,123,124,151,215,250	90
7	14.70	107,121,150,264,276,292	90
8	16.00	174,202,217	200
9	16.50	126,141,143,156,168,176,198,199,200,210,225,268,270,277,279	30
10	17.60	88,173,183,186,200,215,219,254,274	50
11	18.40	104,130,159,161,204,237,246,257,272,285,288,313,337	40
12	18.90	128,129,161,163,165,175,204,217,242,246,257,264,285,288,303,306,313,326,335	20
13	19.80	73,89,146,162,185,212,223,227,250,265,267	50
14	20.30	61,144,146,162,170,185,198,199,212,213,223,227,258	40
15	20.70	61,103,118,144,170,181,198,199,210,217,219,222,240,254,255	30
16	21.35	108,117,151,160,161,170,219,221,224,225,257,267,351,353,355	30

表 C.1（续）

序号	时间/min	离子(amu)	驻留时间/ms
17	22.20	107,108,119,123,136,145,176,219,221,246;248,263,318,351,353,355	20
18	22.70	77,141,165,167,174,176,206,234,239,246,248,267,268,297,299,318	20
19	23.20	105,123,134,161,248,250,267,297,299	50
20	23.50	131,143,157,161,171,220,248,250,262,296,304,329,336,338,404	30
21	24.30	112,130,162,168,238,262	90
22	25.10	112,116,130,131,162,168,206,233,234,235,238,262	40
23	25.30	254,282,321,323,356,383	90
24	26.00	131,152,206,233,234,236,251,253,315	50
25	26.90	149,162,176,177,190,232,268,270,328	50
26	27.90	105,119,120,135,140,173,266,267,269,350,394	50
27	28.80	105,117,123,140,145,160,183,266,267,350,394	50
28	29.00	117,123,127,145,154,160,183,248,350	50
29	29.60	116,178,186,191,219,255	90
30	30.30	132,162,178,184,219,226,281,293,334	50
31	31.10	120,136,141,147,181,183,184,192,197,247,255,289,309,364	30
32	32.00	112,141,147,170,183,184,255,309,364,428,447,449	40
33	32.60	112,141,163,170,183,376,428,447,449	50
34	33.10	163,165,178,181,251,279	90
35	33.80	157,199,451	200
36	34.70	181,225,250,252,419	100
37	35.40	259,265,287,323,325,354	90
38	36.40	308,318,423	200
		D组	
1	5.50	110,153,154	200
2	8.00	153,184,212	200
3	11.00	139,155,211,215,250,252	90
4	13.00	142,156,165,171,196,197,200,201,202	50
5	14.00	143,155,158,167,192,203,211,220,229,231,246	40
6	15.00	106,142,190,237,265,280	90
7	16.00	108,136,145,158,164,171,173,182,186,196,197,201,211,216,213,288	20
8	17.20	161,174,177,197,200,202,214,229,246,357,359,394	40
9	17.90	89,114,128,172,173,174,175,186,189,198,223,229,230,231,233,253,256,258,263,265,268,277,282,292,297	10
10	19.20	142,143,154,157,162,184,185,199,200,201,202,203,214,220,229,230,247,251,252,255,263,264,270,278,285,287,292	10

表 C.1（续）

序号	时间/min	离子(amu)	驻留时间/ms
11	20.00	153,180,197,199,200,201,202,230,239,247,251,252,266,305,308,311,343,375,380,412	15
12	21.00	115,184,193,195,196,198,215,221,225,250,252,263,269,276,285,297,301,332	20
13	21.60	128,170,194,195,210,212,224,225,236,254,279,294	40
14	22.10	129,155,182,184,200,201,210,212,216,224,225,229,230,254,262,263,291,300,314,326,351,353,355	10
15	23.00	136,171,199,215,230,251,253,266,289,407,409,411	40
16	23.90	130,148,178,187,202,211,223,224,226,240,258,267,295,299,311,313,323	20
17	25.00	129,130,145,148,164,168,184,185,196,201,218,219,227,254,259,290,299,326,330,340,360	15
18	26.00	156,159,184,185,213,218,227,229,270,272,290,360	40
19	27.10	143,160,171,206,222,223,224,230,238,251,266,294,312,338,349	30
20	28.00	136,174,186,202,215,231,233,237,254,278,279,294,310,311,326,366,379	20
21	29.00	136,153,192,194,220,234,276,318,324,333,359,394	40
22	30.00	160,161,171,173,175,214,317,375,377	50
23	30.80	173,175,196,213,230,274,292,300,304,316,319,320,335,373	30
24	32.40	147,236,238,340,341,342	90
25	34.00	125,129,198	200
E组			
1	6.10	110,111,152	200
2	7.00	103,107,121,122,136	100
3	9.00	94,95,141	200
4	10.40	160,162,164	200
5	12.00	101,157,175	200
6	12.90	103,121,125,136,153,301	100
7	13.90	125,156,157,171,180,209	100
8	14.80	109,110,111,142,145,152,185,213,230	40
9	16.80	98,142,145,153,160,184,189,198,213,234,254,261,273,318	30
10	17.95	124,130,144,173,176,187,206	50
11	18.70	138,166,173,238,240,255	90
12	19.20	109,119,120,135,138,146,153,162,173,176,182,187,201,202,205,206,219,220,222,223,227,232,259,264,265,296	15

表 C.1(续)

序号	时间/min	离子(amu)	驻留时间/ms
13	20.30	109,121,127,135,153,163,182,195,201,202,206,249,256,268,279,286,306,354	20
14	20.90	117,121,138,160,161,211,221,227,264,278,301,327,332,363,381	20
15	21.95	295,297,299	200
16	22.30	104,107,123,135,136,144,151,172,211,363,207	50
17	23.30	140,152,189,242,301	100
18	24.00	149,182,205,207,212,221,222,223,231,236,247,264,303,335,367	40
19	25.00	91,136,137,144,173,180,185,187,191,196,200,204,215,231,232,238,256,286,290,294,296,412	15
20	26.10	105,125,157,177,302,313,314,330,361	50
21	26.90	116,131,194,222,235,237,270,272,307,447,449	50
22	28.00	107,123,138,151,183,192,351,367,369	50
23	28.60	108,127,141,164,165,181,205,267,288,339,349,412	40
24	29.20	120,125,136,138,183,185,187,192,217,218,226,227,236,240,244,246,299,300,330,359,372	15
25	30.05	122,140,148,160,204,206,232,238,266,268,288,290,320,376	15
26	31.60	132,144,171,186,194,199,210,226,247,259,268,274,277,291,303,312,318,325,333,346,357,360,362,442,461,283	15
27	33.00	180,184,185,186,258,286,287,331,333	50
28	34.00	100,119,188	200
29	37.00	328,329,330	200
F组			
1	5.50	110,124,154	180
2	10.50	77,107,111,121,133,141,163,165,166,168,182,194,200,221,250	40
3	13.00	94,103,104,115,116,136,144,147,159,175,183,199,213,234,270	40
4	15.25	68,100,140	170
5	16.65	88,109,121,127,136,143,169,170,193,209,210,225,233,237,268	40
6	17.90	86,92,94,101,105,115,116,121,123,138,141,154,163,166,169,170,172,174,186,200,211,238,240,251	20
7	19.30	122,130,132,135,154,162,181,211,222,238,265,270,281,285,287	35
8	20.30	97,103,115,226,241,242,285,286,306,311,354,375	30
9	21.59	43,109,115,142,147,163,185,212,213,224,227,240,255,262,266,294,295,297,351,353,355	30
10	22.70	77,115,140,141,142,151,170,185,189,211,212,213,215,227,243,255,262,267,269,272,294,301,323,363	30

表 C.1（续）

序号	时间/min	离子(amu)	驻留时间/ms
11	24.00	112,128,135,168,169,174,175,201,237,258,272,355,378,416	30
12	25.95	119,134,158,173,186,194,212,217,219,225,264,300	40
13	27.35	123,143,161,162,171,189,247,250,253,255,260,279,290,295,312,327,328,330,342,345,408	40
14	28.30	97,109,118,127,128,160,161,162,163,177,189,250,260,279,290,295,301,327,345	30
15	29.30	88,121,125,145,153,191,199,217,218,250,254,258,272,281,289,300,317,370,371,387,417	30
16	30.80	88,125,141,145,181,197,229,250,256,289,319,357	30
17	31.75	109,125,237,263,274,297,303,318,476	50
18	33.50	112,126,140,152,166,342	90
19	35.00	171,181,197,251,253,383	80
20	36.80	165,301,344,404,387,388	80

附 录 D
（资料性附录）
标准物质在枸杞基质中选择离子监测 GC-MS 图

D.1 A 组标准物质在枸杞基质中选择离子监测 GC-MS 图见图 D.1。

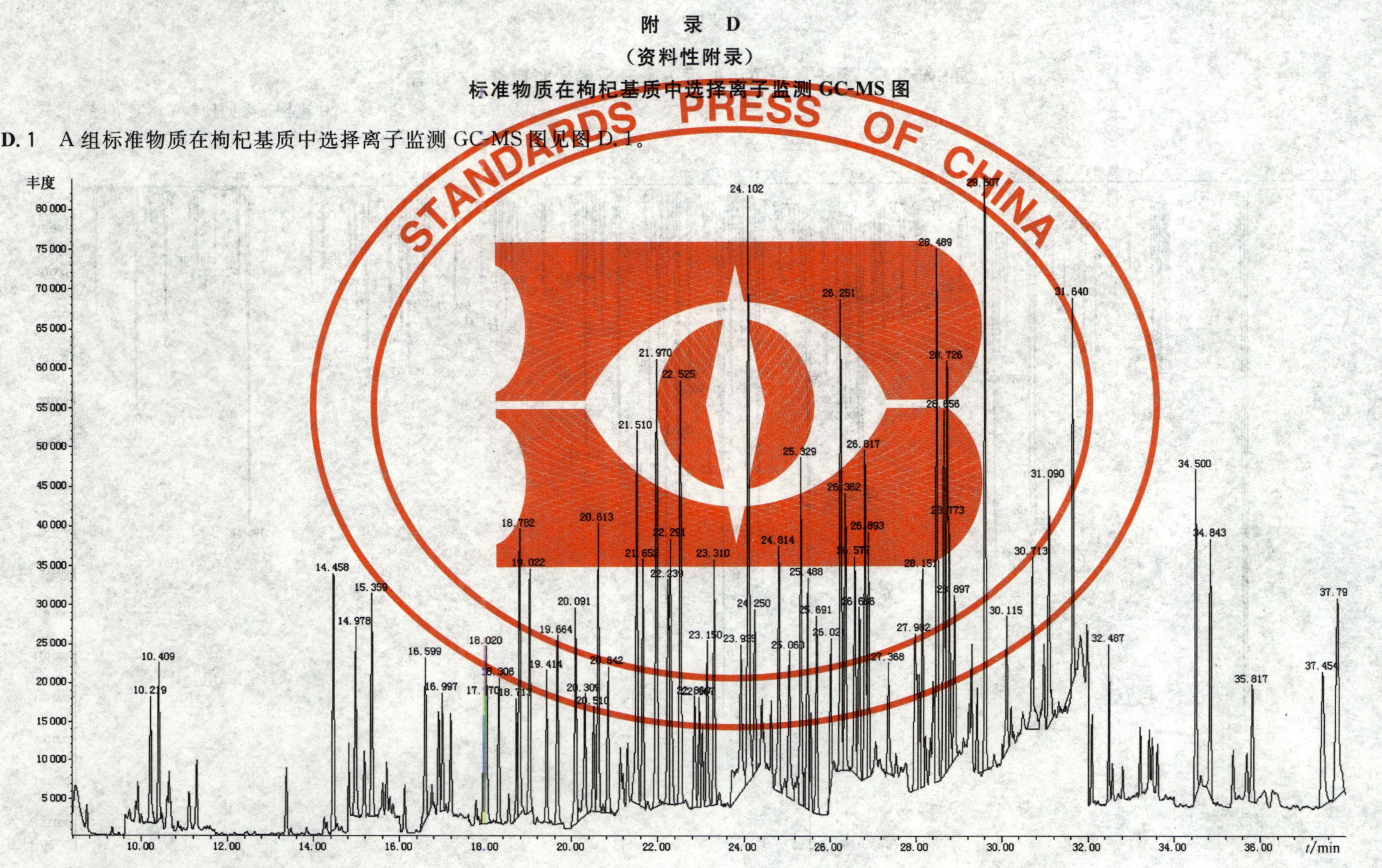

注：农药化合物出峰时间参见附录 B。

图 D.1 A 组标准物质在枸杞基质中选择离子监测 GC-MS 图

D.2 B组标准物质在枸杞基质中选择离子监测 GC-MS 图见图 D.2。

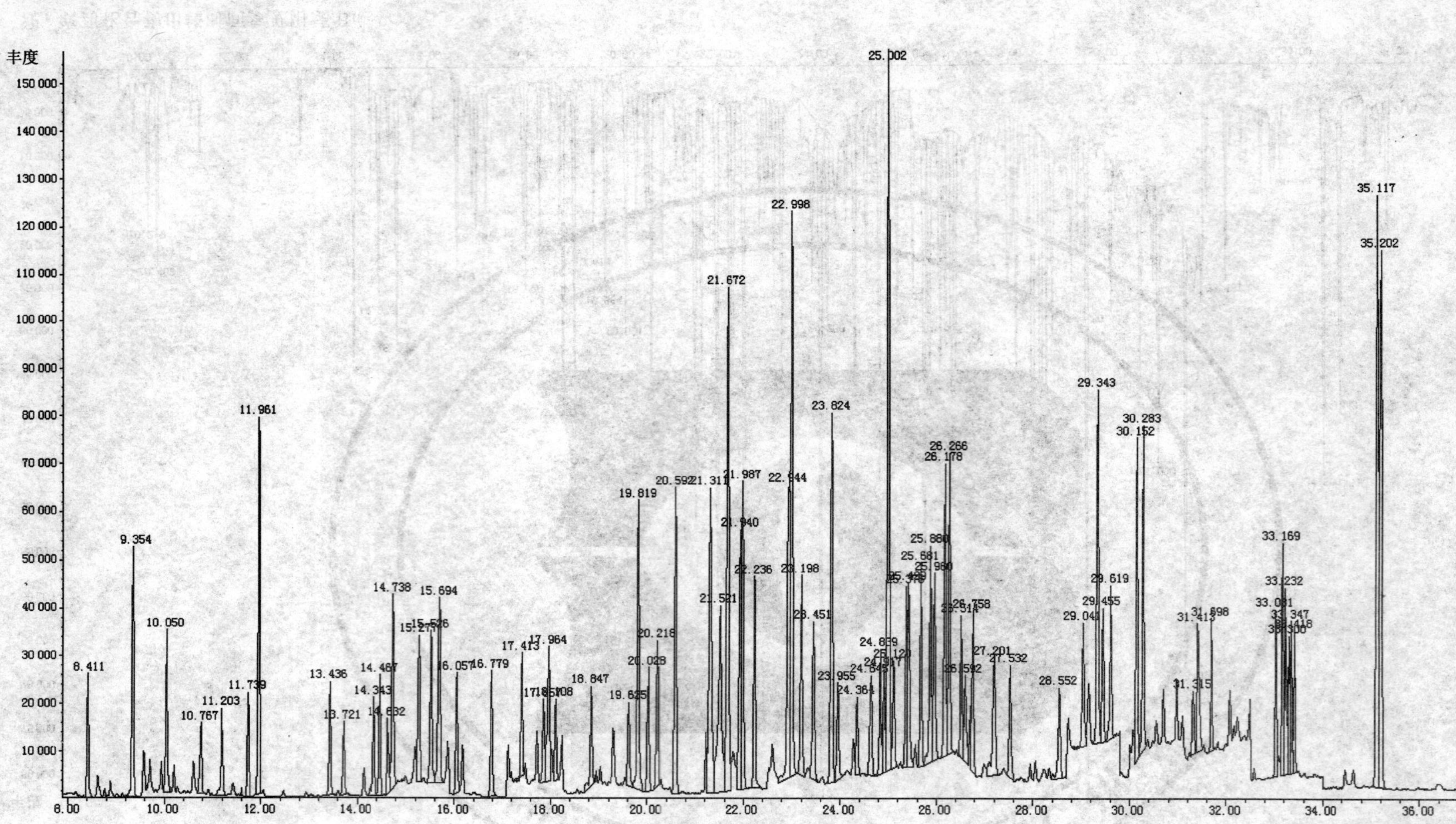

注：农药化合物出峰时间参见附录 B。

图 D.2 B组标准物质在枸杞基质中选择离子监测 GC-MS 图

D.3 C组标准物质在枸杞基质中选择离子监测 GC-MS 图见图 D.3。

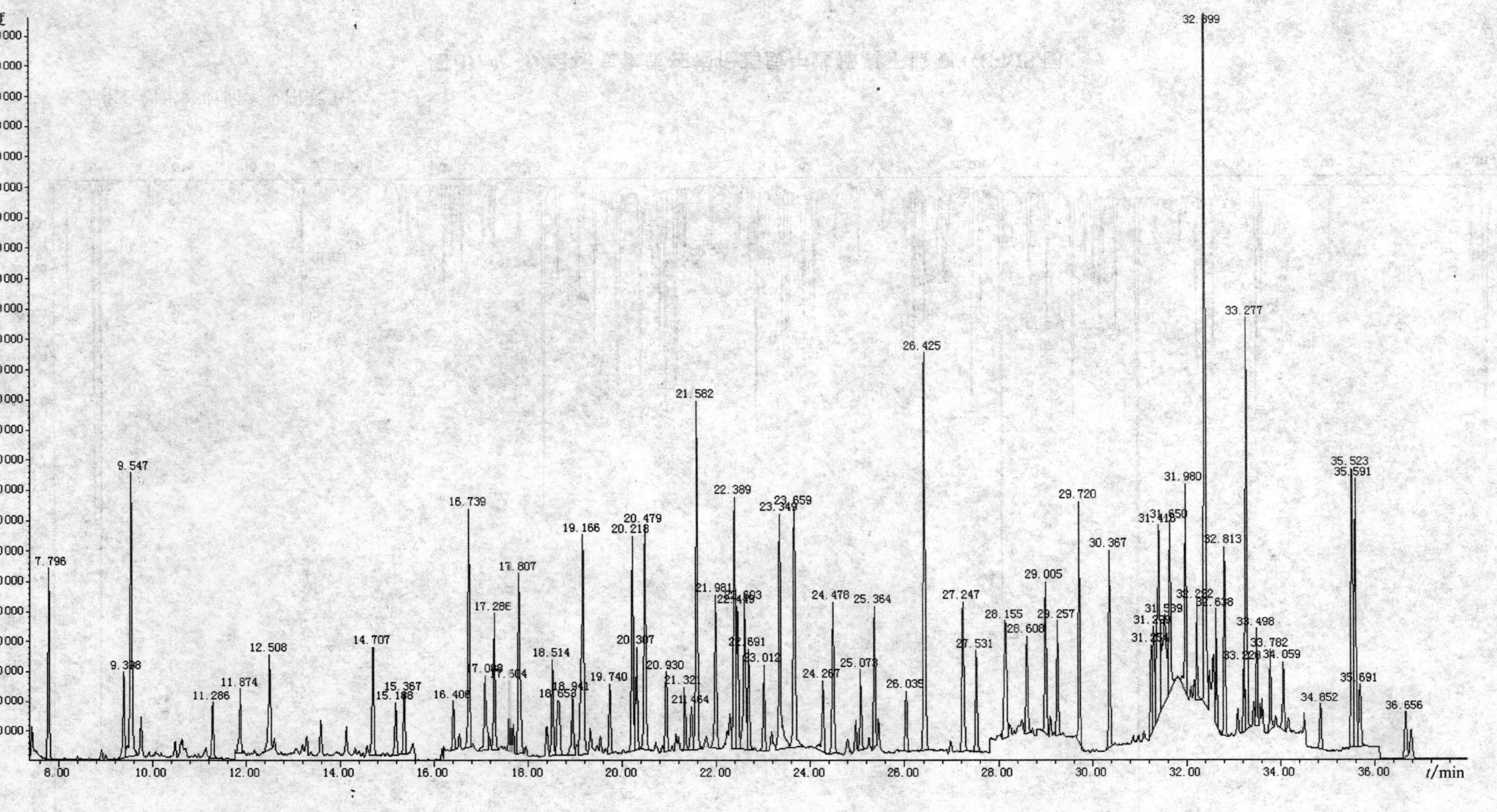

注：农药化合物出峰时间参见附录 B。

图 D.3 C组标准物质在枸杞基质中选择离子监测 GC-MS 图

D.4 D 组标准物质在枸杞基质中选择离子监测 GC-MS 图见图 D.4。

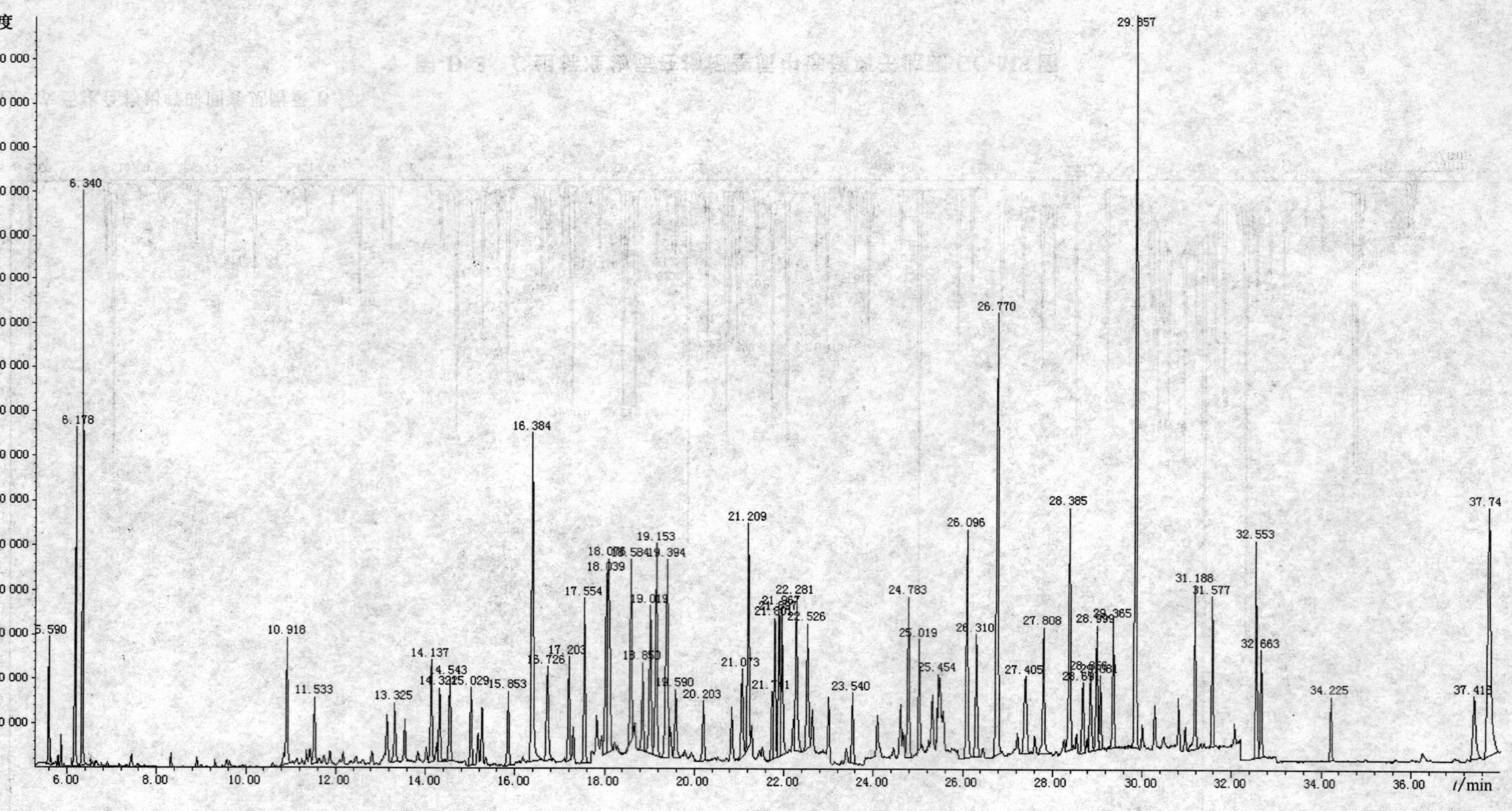

注：农药化合物出峰时间参见附录 B。

图 D.4 D 组标准物质在枸杞基质中选择离子监测 GC-MS 图

D. 5 E 组标准物质在枸杞基质中选择离子监测 GC-MS 图见图 D. 5。

注：农药化合物出峰时间参见附录 B。

图 D. 5　E 组标准物质在枸杞基质中选择离子监测 GC-MS 图

D.6 F组标准物质在枸杞基质中选择离子监测 GC-MS 图见图 D.6。

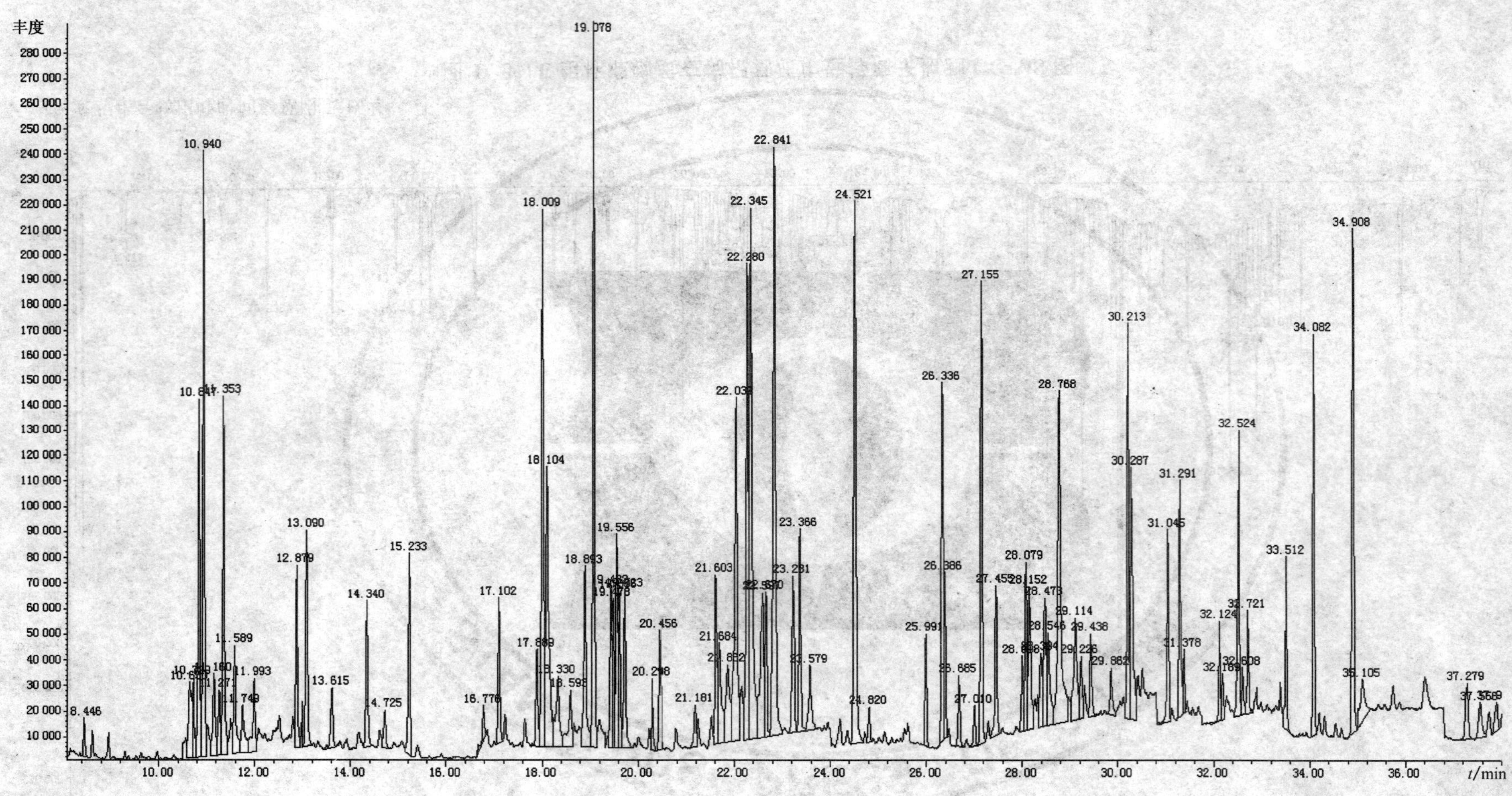

注：农药化合物出峰时间参见附录 B。

图 D.6 F组标准物质在枸杞基质中选择离子监测 GC-MS 图

附　录　E
（资料性附录）
488 种农药及相关化学品精密度数据表

488 种农药及相关化学品精密度数据表见表 E. 1。

表 E. 1　488 种农药及相关化学品精密度数据表

序号	中文名称	英文名称	含量/(mg/kg)	重复性限 r	再现性限 R	含量/(mg/kg)	重复性限 r	再现性限 R
A 组								
1	二丙烯草胺	allidochlor	0.020 0	0.004 0	0.006 8	0.400 0	0.060 4	0.108 8
2	烯丙酰草胺	dichlormid	0.020 0	0.014 0	0.010 5	0.400 0	0.132 0	0.313 9
3	土菌灵	etridiazol	0.030 0	0.007 6	0.011 5	0.600 0	0.039 8	0.550 2
4	氯甲硫磷	chlormephos	0.020 0	0.007 5	0.012 7	0.400 0	0.076 0	0.089 8
5	苯胺灵	propham	0.010 0	0.001 7	0.001 8	0.200 0	0.041 4	0.062 7
6	环草敌	cycloate	0.010 0	0.002 7	0.003 3	0.200 0	0.012 6	0.029 8
7	联苯二胺	diphenylamine	0.010 0	0.002 7	0.002 7	0.200 0	0.024 3	0.044 6
8	杀虫脒	chlordimeform	0.010 0	0.005 0	0.005 8	0.200 0	0.014 3	0.016 0
9	乙丁烯氟灵	ethalfluralin	0.040 0	0.006 3	0.009 4	0.800 0	0.112 9	0.255 9
10	甲拌磷	phorate	0.010 0	0.001 3	0.001 4	0.200 0	0.017 4	0.040 0
11	甲基乙拌磷	thiometon	0.010 0	0.005 6	0.004 2	0.200 0	0.019 0	0.054 4
12	五氯硝基苯	quintozene	0.020 0	0.002 6	0.005 7	0.400 0	0.037 8	0.096 5
13	脱乙基阿特拉津	atrazine-desethyl	0.010 0	0.001 8	0.010 5	0.200 0	0.055 9	0.041 8
14	异噁草松	clomazone	0.010 0	0.001 1	0.001 5	0.200 0	0.011 8	0.029 2
15	二嗪磷	diazinon	0.010 0	0.001 3	0.002 2	0.200 0	0.016 5	0.034 4
16	地虫硫磷	fonofos	0.010 0	0.001 8	0.001 8	0.200 0	0.013 8	0.034 0
17	乙嘧硫磷	etrimfos	0.010 0	0.002 1	0.002 9	0.200 0	0.011 5	0.028 8
18	胺丙畏	propetamphos	0.010 0	0.003 8	0.006 2	0.200 0	0.017 1	0.042 9
19	密草通	secbumeton	0.010 0	0.000 0	0.000 0	0.200 0	0.012 0	0.037 2
20	炔丙烯草胺	pronamide	0.010 0	0.001 2	0.004 3	0.200 0	0.038 5	0.064 1
21	除线磷	dichlofenthion	0.010 0	0.005 4	0.013 1	0.200 0	0.017 4	0.057 5
22	兹克威	mexacarbate	0.030 0	0.005 4	0.028 0	0.600 0	0.341 6	0.393 4
23	乐果	dimethoate	0.040 0	0.008 7	0.012 6	0.800 0	0.046 1	0.054 8
24	氨氟灵	dinitramine	0.040 0	0.006 1	0.005 3	0.800 0	0.084 6	0.265 4
25	艾氏剂	aldrin	0.020 0	0.017 1	0.016 2	0.400 0	0.121 4	0.241 2
26	皮蝇磷	ronnel	0.020 0	0.003 5	0.030 7	0.400 0	0.025 9	0.031 6
27	扑草净	prometryne	0.010 0	0.000 0	0.000 0	0.200 0	0.014 3	0.029 5
28	环丙津	cyprazine	0.010 0	0.012 3	0.010 6	0.200 0	0.079 7	0.226 3

表 E.1（续）

序号	中文名称	英文名称	含量/(mg/kg)	重复性限 r	再现性限 R	含量/(mg/kg)	重复性限 r	再现性限 R
29	乙烯菌核利	vinclozolin	0.010 0	0.001 2	0.001 5	0.200 0	0.013 8	0.030 9
30	β-六六六	*beta*-HCH	0.010 0	0.004 5	0.011 6	0.200 0	0.012 6	0.027 2
31	甲霜灵	metalaxyl	0.030 0	0.004 7	0.004 0	0.600 0	0.065 9	0.123 9
32	甲基对硫磷	methyl-parathion	0.040 0	0.013 4	0.023 2	0.800 0	0.056 9	0.215 0
33	毒死蜱	chlorpyrifos (-ethyl)	0.010 0	0.001 1	0.001 9	0.200 0	0.012 9	0.032 2
34	δ-六六六	*delta*-HCH	0.020 0	0.006 7	0.006 2	0.400 0	0.063 0	0.060 1
35	倍硫磷	fenthion	0.010 0	0.007 5	0.018 4	0.200 0	0.027 0	0.040 0
36	马拉硫磷	malathion	0.040 0	0.043 8	0.087 7	0.800 0	0.056 0	0.101 0
37	对氧磷	paraoxon-ethyl	0.320 0	0.283 5	0.328 8	6.400 0	0.034 6	0.071 6
38	杀螟硫磷	fenitrothion	0.020 0	0.004 8	0.008 8	0.400 0	0.034 6	0.071 6
39	三唑酮	triadimefon	0.020 0	0.006 2	0.009 9	0.400 0	0.035 2	0.058 4
40	利谷隆	linuron	0.040 0	0.009 9	0.011 3	0.800 0	0.084 7	0.170 9
41	二甲戊灵	pendimethalin	0.040 0	0.002 2	0.002 7	0.800 0	0.095 8	0.222 3
42	杀螨醚	chlorbenside	0.020 0	0.002 5	0.001 8	0.400 0	0.023 2	0.049 1
43	乙基溴硫磷	bromophos-ethyl	0.010 0	0.001 8	0.002 5	0.200 0	0.015 9	0.037 9
44	喹硫磷	quinalphos	0.010 0	0.001 6	0.003 7	0.200 0	0.015 0	0.041 3
45	反式氯丹	*trans*-chlordane	0.025 0	0.007 5	0.004 9	0.500 0	0.065 0	0.163 3
46	稻丰散	phenthoate	0.020 0	0.002 4	0.003 4	0.400 0	0.020 5	0.021 0
47	吡唑草胺	metazachlor	0.030 0	0.004 1	0.003 7	0.600 0	0.038 0	0.085 3
48	丙硫磷	prothiophos	0.010 0	0.002 1	0.003 1	0.200 0	0.019 0	0.047 3
49	整形醇	chlorfurenol	0.030 0	0.006 0	0.011 9	0.600 0	0.043 5	0.111 9
50	腐霉利	procymidone	0.010 0	0.001 7	0.004 1	0.200 0	0.016 9	0.041 4
51	狄氏剂	dieldrin	0.020 0	0.008 7	0.039 0	0.400 0	0.082 9	0.058 6
52	杀扑磷	methidathion	0.020 0	0.016 0	0.023 3	0.400 0	0.032 7	0.062 3
53	敌草胺	napropamide	0.030 0	0.004 7	0.004 7	0.600 0	0.063 0	0.087 4
54	氰草津	cyanazine	0.030 0	0.006 8	0.022 0	0.600 0	0.111 6	0.109 3
55	噁草酮	oxadiazone	0.010 0	0.001 6	0.001 7	0.200 0	0.016 3	0.028 8
56	苯线磷	fenamiphos	0.030 0	0.007 3	0.009 3	0.600 0	0.155 4	0.396 5
57	杀螨氯硫	tetrasul	0.010 0	0.001 5	0.002 8	0.200 0	0.022 1	0.024 6
58	乙嘧酚磺酸酯	bupirimate	0.010 0	0.001 7	0.003 8	0.200 0	0.012 8	0.029 6
59	氟酰胺	flutolanil	0.010 0	0.006 2	0.005 9	0.200 0	0.014 7	0.036 8
60	萎锈灵	carboxin	0.240 0	0.020 4	0.023 9	4.800 0	0.160 7	0.212 0
61	p,p'-滴滴滴	p,p'-DDD	0.010 0	0.000 8	0.001 6	0.200 0	0.010 2	0.021 9
62	乙硫磷	ethion	0.020 0	0.001 2	0.020 5	0.400 0	0.034 5	0.080 6

表 E.1(续)

序号	中文名称	英文名称	含量/(mg/kg)	重复性限 r	再现性限 R	含量/(mg/kg)	重复性限 r	再现性限 R
63	乙环唑-1	etaconazole-1	0.030 0	0.006 5	0.017 3	0.600 0	0.147 0	0.252 4
64	硫丙磷	sulprofos	0.020 0	0.004 8	0.005 9	0.400 0	0.033 9	0.063 3
65	乙环唑-2	etaconazole-2	0.030 0	0.007 0	0.019 5	0.600 0	0.168 3	0.243 2
66	腈菌唑	myclobutanil	0.010 0	0.011 2	0.015 6	0.200 0	0.032 5	0.045 6
67	丰索磷	fensulfothion	0.020 0	0.003 7	0.006 1	0.400 0	0.163 1	0.228 4
68	禾草灵	diclofop-methyl	0.010 0	0.002 3	0.003 7	0.200 0	0.020 0	0.028 1
69	丙环唑-1	propiconazole-1	0.030 0	0.007 3	0.024 2	0.600 0	0.318 7	0.538 1
70	丙环唑-2	propiconazole-2	0.030 0	0.007 4	0.006 8	0.600 0	0.127 4	0.059 4
71	联苯菊酯	bifenthrin	0.010 0	0.003 9	0.004 8	0.200 0	0.015 6	0.038 6
72	灭蚁灵	mirex	0.010 0	0.001 1	0.001 6	0.200 0	0.018 7	0.019 3
73	丁硫克百威	carbosulfan	0.075 0	0.005 9	0.004 8	1.500 0	0.159 2	0.260 2
74	氟苯嘧啶醇	nuarimol	0.020 0	0.014 1	0.018 9	0.400 0	0.063 7	0.077 2
75	麦锈灵	benodanil	0.030 0	0.018 6	0.020 2	0.600 0	0.077 9	0.175 4
76	甲氧滴滴涕	methoxychlor	0.080 0	0.006 9	0.009 8	1.600 0	0.017 0	0.015 8
77	噁霜灵	oxadixyl	0.010 0	0.003 6	0.007 5	0.200 0	0.015 9	0.017 6
78	戊唑醇	tebuconazole	0.030 0	0.005 6	0.010 9	0.600 0	0.201 0	0.151 9
79	胺菊酯	tetramethirn	0.020 0	0.002 5	0.003 4	0.400 0	0.063 2	0.118 0
80	氟草敏	norflurazon	0.010 0	0.006 1	0.006 1	0.200 0	0.034 2	0.036 8
81	哒嗪硫磷	pyridaphenthion	0.010 0	0.008 9	0.013 4	0.200 0	0.020 6	0.036 0
82	三氯杀螨砜	tetradifon	0.010 0	0.000 3	0.031 6	0.200 0	0.031 9	0.057 9
83	顺式-氯菊酯	*cis*-permethrin	0.010 0	0.001 3	0.003 8	0.200 0	0.013 1	0.012 7
84	吡菌磷	pyrazophos	0.020 0	0.005 2	0.013 2	0.400 0	0.087 8	0.202 3
85	反式-氯菊酯	*trans*-permethrin	0.010 0	0.002 4	0.003 2	0.200 0	0.019 2	0.036 9
86	氯氰菊酯	cypermethrin	0.030 0	0.002 8	0.009 0	0.600 0	0.085 5	0.081 6
87	氰戊菊酯-1	fenvalerate-1	0.040 0	0.007 4	0.014 0	0.800 0	0.520 2	0.474 2
88	氰戊菊酯-2	fenvalerate-2	0.040 0	0.004 1	0.006 1	0.800 0	0.082 1	0.122 5
89	溴氰菊酯	deltamethrin	0.060 0	0.014 3	0.017 4	1.200 0	0.325 4	0.1888
B组								
90	茵草敌	EPTC	0.030 0	0.001 6	0.011 9	0.600 0	0.002 2	0.098 4
91	丁草敌	butylate	0.060 0	0.006 5	0.013 1	1.200 0	0.003 4	0.102 6
92	敌草腈	dichlobenil	0.002 0	0.000 2	0.000 5	0.040 0	0.000 6	0.007 0
93	克草敌	pebulate	0.030 0	0.010 3	0.016 3	0.600 0	0.019 8	1.083 1
94	三氯甲基吡啶	nitrapyrin	0.030 0	0.003 2	0.005 6	0.600 0	0.006 6	0.112 9
95	速灭磷	mevinphos	0.020 0	0.000 7	0.002 1	0.400 0	0.001 9	0.057 2

表 E.1（续）

序号	中文名称	英文名称	含量/(mg/kg)	重复性限 r	再现性限 R	含量/(mg/kg)	重复性限 r	再现性限 R
96	氯苯甲醚	chloroneb	0.010 0	0.000 4	0.012 1	0.200 0	0.005 5	0.043 2
97	四氯硝基苯	tecnazene	0.020 0	0.000 3	0.004 4	0.400 0	0.013 2	0.786 5
98	庚烯磷	heptanophos	0.030 0	0.002 9	0.009 7	0.600 0	0.004 2	0.128 1
99	灭线磷	ethoprophos	0.030 0	0.002 4	0.008 8	0.600 0	0.002 8	0.114 2
100	六氯苯	hexachlorobenzene	0.010 0	0.000 7	0.001 6	0.200 0	0.001 3	0.027 5
101	毒草胺	propachlor	0.030 0	0.002 2	0.005 8	0.600 0	0.029 2	0.134 9
102	顺式-燕麦敌	*cis*-diallate	0.020 0	0.000 9	0.003 9	0.400 0	0.003 0	0.082 7
103	氟乐灵	trifluralin	0.020 0	0.000 1	0.003 9	0.400 0	0.003 3	0.104 3
104	反式-燕麦敌	*trans*-diallate	0.020 0	0.004 8	0.006 3	0.400 0	0.002 5	0.084 6
105	氯苯胺灵	chlorpropham	0.020 0	0.006 7	0.004 5	0.400 0	0.010 1	0.125 2
106	治螟磷	sulfotep	0.010 0	0.001 4	0.001 3	0.200 0	0.002 8	0.041 6
107	菜草畏	sulfallate	0.020 0	0.000 3	0.011 5	0.400 0	0.002 9	0.070 9
108	α-六六六	*alpha*-HCH	0.010 0	0.000 2	0.002 0	0.200 0	0.001 6	0.034 2
109	特丁硫磷	terbufos	0.020 0	0.001 0	0.004 8	0.400 0	0.009 1	0.091 3
110	环丙氟灵	profluralin	0.040 0	0.001 0	0.007 2	0.800 0	0.011 4	0.199 4
111	敌噁磷	dioxathion	0.040 0	0.003 5	0.004 7	0.800 0	0.008 2	0.789 2
112	扑灭津	propazine	0.010 0	0.001 2	0.006 0	0.200 0	0.004 0	0.041 8
113	氯炔灵	chlorbufam	0.020 0	0.003 6	0.013 4	0.400 0	0.121 3	0.102 9
114	氯硝胺	dicloran	0.020 0	0.003 4	0.005 2	0.400 0	0.007 8	0.095 1
115	特丁津	terbuthylazine	0.010 0	0.000 2	0.002 5	0.200 0	0.000 5	0.042 7
116	绿谷隆	monolinuron	0.040 0	0.006 4	0.030 7	0.800 0	0.014 1	0.089 3
117	氟虫脲	flufenoxuron	0.030 0	0.012 0	0.060 1	0.600 0	0.050 1	0.316 7
118	甲基毒死蜱	chlorpyrifos-methyl	0.010 0	0.000 6	0.001 2	0.200 0	0.002 7	0.028 3
119	敌草净	desmetryn	0.010 0	0.001 1	0.001 5	0.200 0	0.001 7	0.036 2
120	二甲草胺	dimethachlor	0.030 0	0.002 5	0.008 9	0.600 0	0.001 1	0.118 2
121	甲草胺	alachlor	0.030 0	0.001 4	0.003 2	0.600 0	0.007 1	0.113 3
122	甲基嘧啶磷	pirimiphos-methyl	0.010 0	0.000 2	0.002 3	0.200 0	0.002 1	0.037 4
123	特丁净	terbutryn	0.020 0	0.005 8	0.008 4	0.400 0	0.003 4	0.087 4
124	丙硫特普	aspon	0.020 0	0.005 0	0.011 0	0.400 0	0.048 9	0.066 3
125	杀草丹	thiobencarb	0.020 0	0.000 0	0.000 0	0.400 0	0.002 3	0.072 6
126	三氯杀螨醇	dicofol	0.020 0	0.000 0	0.000 0	0.400 0	0.000 9	0.086 9
127	异丙甲草胺	metolachlor	0.010 0	0.001 2	0.002 3	0.200 0	0.005 9	0.081 4
128	嘧啶磷	pirimiphos-ethyl	0.020 0	0.000 1	0.003 0	0.400 0	0.006 6	0.087 4
129	苯氟磺胺	dichlofluanid	0.480 0	0.015 8	0.0160	9.600 0	0.080 3	0.273 2

表 E.1（续）

序号	中文名称	英文名称	含量/(mg/kg)	重复性限 *r*	再现性限 *R*	含量/(mg/kg)	重复性限 *r*	再现性限 *R*
130	烯虫酯	methoprene	0.040 0	0.004 4	0.007 8	0.800 0	0.006 5	0.119 4
131	溴硫磷	bromofos	0.020 0	0.000 3	0.003 6	0.400 0	0.012 4	0.052 3
132	乙氧呋草黄	ethofumesate	0.020 0	0.001 1	0.005 7	0.400 0	0.010 1	0.054 2
133	异丙乐灵	isopropalin	0.020 0	0.001 7	0.009 9	0.400 0	0.005 7	0.113 6
134	敌稗	propanil	0.020 0	0.000 4	0.002 7	0.400 0	0.026 4	0.182 0
135	育畜磷	crufomate	0.060 0	0.012 8	0.015 8	1.200 0	0.023 8	0.242 4
136	异柳磷	isofenphos	0.020 0	0.006 9	0.023 0	0.400 0	0.005 0	0.088 4
137	硫丹-1	endosulfan-1	0.060 0	0.007 6	0.021 4	1.200 0	0.065 2	0.346 0
138	毒虫畏	chlorfenvinphos	0.030 0	0.001 0	0.004 5	0.600 0	0.029 3	0.127 5
139	甲苯氟磺胺	tolylfluanide	0.240 0	0.000 0	0.000 0	4.800 0	0.028 2	0.083 5
140	顺式-氯丹	*cis*-chlordane	0.020 0	0.004 3	0.006 3	0.400 0	0.006 7	0.078 5
141	丁草胺	butachlor	0.020 0	0.003 4	0.002 7	0.400 0	0.026 0	0.081 6
142	乙菌利	chlozolinate	0.020 0	0.000 7	0.002 2	0.400 0	0.032 6	0.110 3
143	*p*,*p*′-滴滴伊	*p*,*p*′-DDE	0.010 0	0.000 4	0.002 0	0.200 0	0.003 3	0.041 2
144	碘硫磷	iodofenphos	0.020 0	0.000 4	0.000 8	0.400 0	0.007 1	0.069 6
145	杀虫畏	tetrachlorvinphos	0.030 0	0.001 3	0.008 1	0.600 0	0.012 5	0.116 3
146	氯溴隆	chlorbromuron	0.240 0	0.068 1	0.117 6	4.800 0	0.675 8	0.683 4
147	丙溴磷	profenofos	0.060 0	0.002 5	0.043 3	1.200 0	0.013 3	0.220 9
148	噻嗪酮	buprofezin	0.020 0	0.003 3	0.003 6	0.400 0	0.005 1	0.073 0
149	己唑醇	hexaconazole	0.060 0	0.005 4	0.010 0	1.200 0	0.138 2	0.101 8
150	*o*,*p*′-滴滴滴	*o*,*p*′-DDD	0.010 0	0.002 1	0.002 9	0.200 0	0.047 1	0.063 4
151	杀螨酯	chlorfenson	0.020 0	0.001 6	0.005 5	0.400 0	0.007 3	0.121 3
152	氟咯草酮	fluorochloridone	0.020 0	0.003 3	0.010 6	0.400 0	0.028 6	0.086 9
153	异狄氏剂	endrin	0.120 0	0.005 3	0.018 2	2.400 0	0.047 4	0.485 1
154	多效唑	paclobutrazol	0.030 0	0.002 5	0.003 3	0.600 0	0.014 0	0.120 1
155	*o*,*p*′-滴滴涕	*o*,*p*′-DDT	0.020 0	0.001 6	0.004 4	0.400 0	0.001 8	0.070 7
156	盖草津	methoprotryne	0.030 0	0.005 2	0.007 8	0.600 0	0.006 3	0.120 8
157	丙酯杀螨醇	chloropropylate	0.010 0	0.000 5	0.002 0	0.200 0	0.003 1	0.040 8
158	麦草氟甲酯	flamprop-methyl	0.010 0	0.000 3	0.007 8	0.200 0	0.005 3	0.038 1
159	除草醚	nitrofen	0.060 0	0.001 5	0.014 5	1.200 0	0.016 9	0.358 0
160	乙氧氟草醚	oxyfluorfen	0.040 0	0.002 2	0.018 4	0.800 0	0.009 3	0.220 0
161	虫螨磷	chlorthiophos	0.030 0	0.002 5	0.005 4	0.600 0	0.009 2	0.124 2
162	麦草氟异丙酯	flamprop-isopropyl	0.010 0	0.001 4	0.001 1	0.200 0	0.002 1	0.031 7
163	硫丹-2	endosulfan-2	0.060 0	0.000 0	0.000 0	1.200 0	0.028 7	0.272 7

表 E.1(续)

序号	中文名称	英文名称	含量/(mg/kg)	重复性限 r	再现性限 R	含量/(mg/kg)	重复性限 r	再现性限 R
164	三硫磷	carbofenothion	0.020 0	0.002 4	0.006 1	0.400 0	0.001 9	0.070 8
165	p,p'-滴滴涕	p,p'-DDT	0.020 0	0.003 2	0.007 2	0.400 0	0.003 0	0.070 6
166	苯霜灵	benalaxyl	0.010 0	0.001 7	0.002 2	0.200 0	0.002 0	0.040 3
167	敌瘟磷	edifenphos	0.020 0	0.001 9	0.006 8	0.400 0	0.000 7	0.068 8
168	三唑磷	triazophos	0.030 0	0.001 0	0.008 5	0.600 0	0.201 3	0.210 3
169	苯腈磷	cyanofenphos	0.010 0	0.000 6	0.002 2	0.200 0	0.004 7	0.096 5
170	氯杀螨砜	chlorbenside sulfone	0.020 0	0.000 0	0.000 0	0.400 0	0.096 7	0.039 6
171	硫丹硫酸盐	endosulfan-sulfate	0.030 0	0.006 2	0.006 8	0.600 0	0.002 4	0.087 2
172	溴螨酯	bromopropylate	0.020 0	0.002 0	0.005 1	0.400 0	0.019 2	0.078 9
173	新燕灵	benzoylprop-ethyl	0.030 0	0.004 5	0.004 3	0.600 0	0.018 9	0.106 2
174	甲氰菊酯	fenpropathrin	0.020 0	0.004 7	0.007 8	0.400 0	0.078 6	0.111 5
175	苯硫膦	EPN	0.040 0	0.010 2	0.006 9	0.800 0	0.072 0	0.251 8
176	环嗪酮	hexazinone	0.030 0	0.005 8	0.022 7	0.600 0	0.014 4	0.096 1
177	溴苯磷	leptophos	0.020 0	0.002 9	0.009 4	0.400 0	0.173 0	0.617 3
178	治草醚	bifenox	0.020 0	0.002 8	0.010 3	0.400 0	0.025 3	0.139 6
179	伏杀硫磷	phosalone	0.020 0	0.002 3	0.010 2	0.400 0	0.034 8	0.069 2
180	保棉磷	azinphos-methyl	0.060 0	0.013 0	0.019 8	1.200 0	0.210 5	0.213 0
181	氯苯嘧啶醇	fenarimol	0.020 0	0.008 0	0.006 6	0.400 0	0.002 1	0.095 0
182	益棉磷	azinphos-ethyl	0.020 0	0.003 1	0.009 4	0.400 0	0.046 4	0.056 2
183	氟氯氰菊酯	cyfluthrin	0.120 0	0.014 9	0.030 2	2.400 0	0.224 0	0.730 9
184	咪鲜胺	prochloraz	0.060 0	0.003 1	0.022 3	1.200 0	0.007 2	0.186 7
185	蝇毒磷	coumaphos	0.060 0	0.000 8	0.009 6	1.200 0	0.014 9	0.219 9
186	氟胺氰菊酯	fluvalinate	0.120 0	0.004 7	0.037 3	2.400 0	0.004 7	0.541 5
C组								
187	敌敌畏	dichlorvos	0.060 0	0.019 8	0.077 4	1.200 0	0.049 6	0.148 3
188	联苯	biphenyl	0.025 0	0.005 3	0.004 9	0.500 0	0.625 1	0.897 8
189	霜霉威	propamocarb	0.020 0	0.004 7	0.004 3	0.400 0	0.016 9	0.052 4
190	灭草敌	vernolate	0.080 0	0.001 2	0.004 3	1.600 0	0.018 6	0.025 7
191	3,5-二氯苯胺	3,5-dichloroaniline	0.010 0	0.003 2	0.010 8	0.200 0	0.024 9	0.035 0
192	虫螨畏	methacrifos	0.010 0	0.000 7	0.004 1	0.200 0	0.001 9	0.022 6
193	禾草敌	molinate	0.010 0	0.001 4	0.004 3	0.200 0	0.006 7	0.024 1
194	邻苯基苯酚	2-phenylphenol	0.030 0	0.002 7	0.013 6	0.600 0	0.042 9	0.154 4
195	四氢邻苯二甲酰亚胺	*cis*-1,2,3,6-tetrahydrophthalimide	0.020 0	0.002 3	0.027 6	0.400 0	0.004 7	0.031 6

表 E.1（续）

序号	中文名称	英文名称	含量/(mg/kg)	重复性限 r	再现性限 R	含量/(mg/kg)	重复性限 r	再现性限 R
196	仲丁威	fenobucarb	0.010 0	0.001 5	0.004 2	0.200 0	0.017 8	0.020 1
197	乙丁氟灵	benfluralin	0.010 0	0.001 4	0.001 3	0.200 0	0.005 8	0.026 1
198	氟铃脲	hexaflumuron	0.060 0	0.006 4	0.030 9	1.200 0	0.130 2	0.688 6
199	扑灭通	prometon	0.030 0	0.004 6	0.009 7	0.600 0	0.012 6	0.050 3
200	野麦畏	triallate	0.030 0	0.008 7	0.014 8	0.600 0	0.021 7	0.079 2
201	嘧霉胺	pyrimethanil	0.010 0	0.000 8	0.002 0	0.200 0	0.009 3	0.442 9
202	林丹	*gamma*-HCH	0.020 0	0.001 1	0.005 2	0.400 0	0.006 5	0.052 3
203	乙拌磷	disulfoton	0.010 0	0.023 0	0.034 7	0.200 0	0.030 0	0.043 3
204	莠去净	atrizine	0.010 0	0.021 0	0.025 4	0.200 0	0.002 3	0.018 8
205	异稻瘟净	iprobenfos	0.030 0	0.001 1	0.008 6	0.600 0	0.060 5	0.097 6
206	七氯	heptachlor	0.030 0	0.012 5	0.037 6	0.600 0	0.046 9	0.113 2
207	氯唑磷	isazofos	0.020 0	0.001 2	0.004 3	0.400 0	0.062 5	0.060 3
208	三氯杀虫酯	plifenate	0.020 0	0.000 0	0.000 0	0.400 0	0.069 8	0.138 1
209	氯乙氟灵	fluchloralin	0.040 0	0.003 8	0.006 8	0.800 0	0.050 0	0.123 8
210	四氟苯菊酯	transfluthrin	0.010 0	0.001 2	0.006 4	0.200 0	0.046 3	0.051 6
211	丁苯吗啉	fenpropimorph	0.010 0	0.006 7	0.076 3	0.200 0	0.019 3	0.027 0
212	甲基立枯磷	tolclofos-methyl	0.010 0	0.001 1	0.002 8	0.200 0	0.018 6	0.022 5
213	异丙草胺	propisochlor	0.010 0	0.004 2	0.009 6	0.200 0	0.617 3	1.322 6
214	溴谷隆	metobromuron	0.060 0	0.053 7	0.037 2	1.200 0	1.140 5	1.261 9
215	莠灭净	ametryn	0.030 0	0.005 0	0.004 8	0.600 0	0.010 0	0.033 0
216	西草净	simetryn	0.020 0	0.000 0	0.000 0	0.400 0	0.110 2	0.147 3
217	嗪草酮	metribuzin	0.030 0	0.002 3	0.009 8	0.600 0	0.283 6	0.262 4
218	噻节因	dimethipin	0.030 0	0.000 0	0.000 0	0.600 0	0.063 7	0.188 2
219	异丙净	dipropetryn	0.010 0	0.001 2	0.003 2	0.200 0	0.020 5	0.027 3
220	安硫磷	formothion	0.020 0	0.003 4	0.026 9	0.400 0	0.168 1	0.378 0
221	乙霉威	diethofencarb	0.060 0	0.006 6	0.018 3	1.200 0	0.030 0	0.130 2
222	哌草丹	dimepiperate	0.020 0	0.001 7	0.011 3	0.400 0	0.007 8	0.052 5
223	生物烯丙菊酯-1	bioallethrin-1	0.040 0	0.005 3	0.016 2	0.800 0	0.226 9	0.219 2
224	生物烯丙菊酯-2	bioallethrin-2	0.040 0	0.005 0	0.025 1	0.800 0	0.266 2	0.296 4
225	芬螨酯	fenson	0.010 0	0.001 3	0.003 7	0.200 0	0.038 8	0.028 3
226	*o*,*p*′-滴滴伊	*o*,*p*′-DDE	0.010 0	0.000 8	0.002 9	0.200 0	0.011 8	0.026 3
227	双苯酰草胺	diphenamid	0.010 0	0.000 6	0.002 0	0.200 0	0.029 7	0.048 4
228	戊菌唑	penconazole	0.030 0	0.002 2	0.008 3	0.600 0	0.281 7	0.217 8
229	四氟醚唑	tetraconazole	0.030 0	0.002 5	0.010 3	0.600 0	0.008 0	0.086 1

表 E.1（续）

序号	中文名称	英文名称	含量/(mg/kg)	重复性限 r	再现性限 R	含量/(mg/kg)	重复性限 r	再现性限 R
230	灭蚜磷	mecarbam	0.040 0	0.005 2	0.011 9	0.800 0	0.045 3	0.123 6
231	丙虫磷	propaphos	0.020 0	0.015 6	0.013 5	0.400 0	0.206 0	0.273 9
232	氟节胺	flumetralin	0.020 0	0.001 7	0.004 0	0.400 0	0.005 4	0.039 4
233	三唑醇-1	triadimenol-1	0.030 0	0.008 7	0.014 8	0.600 0	0.021 7	0.079 2
234	三唑醇-2	triadimenol-2	0.020 0	0.003 0	0.003 1	0.400 0	0.483 5	0.412 7
235	丙草胺	pretilachlor	0.010 0	0.004 5	0.004 9	0.200 0	0.005 5	0.016 7
236	亚胺菌	kresoxim-methyl	0.010 0	0.000 5	0.002 5	0.200 0	0.005 6	0.028 7
237	吡氟禾草灵	fluazifop-butyl	0.030 0	0.003 9	0.007 3	0.600 0	0.034 7	0.175 6
238	氟啶脲	chlorfluazuron	0.010 0	0.001 0	0.002 3	0.200 0	0.006 1	0.027 9
239	乙酯杀螨醇	chlorobenzilate	0.030 0	0.002 4	0.009 5	0.600 0	0.014 9	0.087 0
240	氟哇唑	flusilazole	0.010 0	0.003 5	0.071 8	0.200 0	0.009 7	0.019 2
241	三氟硝草醚	fluorodifen	0.030 0	0.002 4	0.007 2	0.600 0	0.016 3	0.070 5
242	烯唑醇	diniconazole	0.010 0	0.001 0	0.002 5	0.200 0	0.016 6	0.024 4
243	增效醚	piperonyl butoxide	0.040 0	0.000 0	0.000 0	0.800 0	0.089 4	0.517 9
244	噁唑隆	dimefuron	0.020 0	0.000 0	0.000 0	0.400 0	0.095 2	0.105 0
245	炔螨特	propargite	0.010 0	0.001 5	0.003 0	0.200 0	0.002 9	0.024 1
246	灭锈胺	mepronil	0.010 0	0.003 4	0.019 0	0.200 0	0.013 3	0.057 1
247	吡氟酰草胺	diflufenican	0.010 0	0.001 0	0.003 4	0.200 0	0.019 5	0.053 5
248	咯菌腈	fludioxonil	0.010 0	0.001 1	0.003 3	0.200 0	0.016 0	0.048 0
249	喹螨醚	fenazaquin	0.010 0	0.005 5	0.028 3	0.200 0	0.172 0	0.154 7
250	苯醚菊酯	phenothrin	0.060 0	0.000 0	0.000 0	1.200 0	0.249 8	0.766 6
251	稀禾啶	sethoxydim	0.030 0	0.001 1	0.012 8	0.600 0	0.028 1	0.055 7
252	莎稗磷	anilofos	0.020 0	0.000 0	0.000 0	0.400 0	0.073 2	0.107 8
253	氟丙菊酯	acrinathrin	0.020 0	0.000 0	0.000 0	0.400 0	0.176 3	0.126 7
254	高效氯氟氰菊酯	*lambda*-cyhalothrin	0.010 0	0.000 0	0.000 0	0.200 0	0.039 4	0.060 2
255	苯噻酰草胺	mefenacet	0.030 0	0.002 2	0.020 1	0.600 0	0.054 2	0.123 7
256	氯菊酯	permethrin	0.020 0	0.000 6	0.005 3	0.400 0	0.008 0	0.038 3
257	哒螨灵	pyridaben	0.010 0	0.001 4	0.004 4	0.200 0	0.007 6	0.024 1
258	乙羧氟草醚	fluoroglycofen-ethyl	0.120 0	0.013 7	0.022 5	2.400 0	0.154 5	0.305 2
259	联苯三唑醇	bitertanol	0.030 0	0.001 2	0.006 2	0.600 0	0.006 9	0.072 6
260	醚菊酯	etofenprox	0.010 0	0.001 2	0.001 9	0.200 0	0.067 2	0.060 9
261	噻草酮	cycloxydim	0.960 0	0.013 1	0.072 4	19.200 0	0.164 3	0.561 2
262	α-氯氰菊酯	*alpha*-cypermethrin	0.020 0	0.005 2	0.018 5	0.400 0	0.301 3	0.104 6
263	氟氰戊菊酯	flucythrinate-1	0.020 0	0.003 4	0.007 4	0.400 0	0.010 9	0.049 9

表 E.1（续）

序号	中文名称	英文名称	含量/(mg/kg)	重复性限 r	再现性限 R	含量/(mg/kg)	重复性限 r	再现性限 R
264	氟氰戊菊酯	flucythrinate-2	0.020 0	0.003 1	0.001 7	0.400 0	0.714 8	0.558 5
265	S-氰戊菊酯	esfenvalerate	0.040 0	0.003 6	0.011 2	0.800 0	0.144 9	0.144 2
266	苯醚甲环唑-2	difenconazole-2	0.060 0	0.004 3	0.029 2	1.200 0	0.108 0	0.285 2
267	苯醚甲环唑-1	difenconazole-1	0.060 0	0.006 3	0.007 9	1.200 0	0.261 0	0.192 7
268	丙炔氟草胺	flumioxazin	0.020 0	0.002 5	0.007 9	0.400 0	0.033 9	0.218 8
269	氟烯草酸	flumiclorac-pentyl	0.020 0	0.002 8	0.009 6	0.400 0	0.053 5	0.1012
D组								
270	甲氟磷	dimefox	0.030 0	0.006 1	0.011 0	0.600 0	0.103 9	0.085 4
271	乙拌磷亚砜	disulfoton-sulfoxide	0.020 0	0.001 6	0.010 6	0.400 0	0.036 4	0.037 2
272	五氯苯	pentachlorobenzene	0.010 0	0.004 9	0.006 8	0.200 0	0.011 5	0.010 1
273	鼠立死	crimidine	0.010 0	0.001 1	0.005 5	0.200 0	0.018 7	0.018 4
274	4-溴-3，5-二甲苯基-N-甲基氨基甲酸酯-1	BDMC-1	0.020 0	0.003 0	0.012 2	0.400 0	0.054 7	0.042 7
275	燕麦酯	chlorfenprop-methyl	0.010 0	0.002 7	0.005 2	0.200 0	0.029 3	0.026 7
276	虫线磷	thionazin	0.010 0	0.001 5	0.020 8	0.200 0	0.022 7	0.034 3
277	2,3,5,6-四氯苯胺	2,3,5,6-tetrachloroaniline	0.010 0	0.003 3	0.009 9	0.200 0	0.014 0	0.017 7
278	三正丁基磷酸盐	tri-*n*-butyl phosphate	0.020 0	0.002 3	0.036 5	0.400 0	0.052 2	0.042 8
279	2，3，4，5-四氯甲氧基苯	2，3，4，5-tetrachloroanisole	0.010 0	0.002 0	0.005 7	0.200 0	0.011 5	0.010 5
280	五氯甲氧基苯	pentachloroanisole	0.010 0	0.002 5	0.003 7	0.200 0	0.013 2	0.019 6
281	牧草胺	tebutam	0.020 0	0.001 9	0.010 9	0.400 0	0.032 1	0.031 0
282	甲基苯噻隆	methabenzthiazuron	0.100 0	0.012 9	0.034 7	2.000 0	0.226 6	0.117 9
283	西玛通	simetone	0.020 0	0.001 4	0.010 6	0.400 0	0.035 6	0.033 5
284	阿特拉通	atratone	0.010 0	0.003 8	0.004 1	0.200 0	0.038 2	0.028 3
285	七氟菊酯	tefluthrin	0.010 0	0.002 4	0.003 0	0.200 0	0.111 6	0.113 2
286	溴烯杀	bromocylen	0.010 0	0.001 3	0.003 4	0.200 0	0.016 2	0.022 1
287	草达津	trietazine	0.010 0	0.001 4	0.005 1	0.200 0	0.017 0	0.014 3
288	环莠隆	cycluron	0.030 0	0.017 5	0.022 7	0.600 0	0.040 5	0.044 7
289	2,4,4′-三氯联苯	*de*-PCB 28	0.010 0	0.004 4	0.003 0	0.200 0	0.112 1	0.107 1
290	2,4,5-三氯联苯	*de*-PCB 31	0.010 0	0.002 6	0.003 2	0.200 0	0.014 4	0.013 6
291	2,3,4,5-四氯苯胺	2,3,4,5-tetrachloroaniline	0.020 0	0.003 0	0.010 5	0.400 0	0.218 7	0.213 4
292	合成麝香	musk ambrette	0.010 0	0.002 0	0.002 9	0.200 0	0.037 8	0.031 7

表 E.1（续）

序号	中文名称	英文名称	含量/(mg/kg)	重复性限 r	再现性限 R	含量/(mg/kg)	重复性限 r	再现性限 R
293	二甲苯麝香	musk xylene	0.010 0	0.014 1	0.013 6	0.200 0	0.585 1	0.586 5
294	五氯苯胺	pentachloroaniline	0.010 0	0.002 0	0.003 2	0.200 0	0.083 3	0.103 3
295	叠氮津	aziprotryne	0.080 0	0.011 5	0.060 3	1.600 0	0.132 3	0.149 6
296	丁咪酰胺	isocarbamid	0.050 0	0.004 8	0.028 1	1.000 0	0.105 6	0.103 1
297	另丁津	sebutylazine	0.010 0	0.001 1	0.004 8	0.200 0	0.114 7	0.109 7
298	麝香	musk moskene	0.010 0	0.008 6	0.008 9	0.200 0	0.061 2	0.120 7
299	2,2′,5,5′-四氯联苯	*de*-PCB 52	0.010 0	0.005 4	0.001 8	0.200 0	0.055 0	0.086 1
300	苄草丹	prosulfocarb	0.010 0	0.004 8	0.028 1	0.200 0	0.483 5	0.398 6
301	二甲吩草胺	dimethenamid	0.010 0	0.003 5	0.004 6	0.200 0	0.018 1	0.019 8
302	4-溴-3，5-二甲苯基-*N*-甲基氨基甲酸酯-2	BDMC-2	0.020 0	0.003 0	0.012 4	0.400 0	0.230 7	0.221 6
303	庚酰草胺	monalide	0.020 0	0.001 3	0.008 8	0.400 0	0.037 4	0.051 6
304	碳氯灵	isobenzan	0.010 0	0.003 8	0.007 0	0.200 0	0.045 5	0.153 6
305	八氯苯乙烯	octachlorostyrene	0.010 0	0.006 8	0.008 8	0.200 0	0.072 0	0.148 8
306	异艾氏剂	isodrin	0.010 0	0.001 5	0.003 3	0.200 0	0.035 0	0.042 4
307	丁嗪草酮	isomethiozin	0.020 0	0.002 9	0.009 2	0.400 0	0.057 7	0.048 3
308	毒壤磷	trichloronat	0.010 0	0.010 3	0.005 6	0.200 0	0.058 1	0.051 0
309	敌草索	dacthal	0.010 0	0.001 4	0.004 6	0.200 0	0.015 3	0.015 9
310	4,4′-二氯二苯甲酮	4,4′-dichlorobenzophenone	0.010 0	0.003 0	0.004 7	0.200 0	0.032 5	0.028 5
311	酞菌酯	nitrothal-isopropyl	0.020 0	0.003 1	0.008 4	0.400 0	0.042 1	0.028 1
312	麝香酮	musk ketone	0.010 0	0.003 1	0.003 2	0.200 0	0.020 0	0.030 2
313	吡咪唑	rabenzazole	0.010 0	0.002 5	0.007 8	0.200 0	0.033 0	0.022 7
314	嘧菌环胺	cyprodinil	0.010 0	0.002 6	0.004 1	0.200 0	0.020 9	0.011 0
315	麦穗灵	fuberidazole	0.050 0	0.043 7	0.046 6	1.000 0	0.686 6	0.695 0
316	异氯磷	dicapthon	0.050 0	0.001 7	0.005 7	1.000 0	0.025 8	0.047 3
317	2-甲-4-氯丁氧乙基酯	*mcpa*-butoxyethyl ester	0.010 0	0.001 1	0.004 3	0.200 0	0.016 5	0.015 9
318	2,2′,4,5,5′-五氯联苯	*de*-PCB 101	0.010 0	0.008 9	0.024 1	0.200 0	0.096 8	0.078 5
319	水胺硫磷	isocarbophos	0.020 0	0.001 8	0.002 4	0.400 0	0.025 0	0.035 8
320	甲拌磷砜	phorate sulfone	0.010 0	0.007 0	0.009 3	0.200 0	0.049 3	0.059 0
321	杀螨醇	chlorfenethol	0.010 0	0.003 7	0.005 8	0.200 0	0.569 9	1.327 4
322	反式九氯	*trans*-nonachlor	0.010 0	0.001 2	0.004 7	0.200 0	0.121 2	0.111 0

表 E.1（续）

序号	中文名称	英文名称	含量/(mg/kg)	重复性限 r	再现性限 R	含量/(mg/kg)	重复性限 r	再现性限 R
323	脱叶磷	DEF	0.020 0	0.025 2	0.031 7	0.400 0	0.208 4	0.166 4
324	氟咯草酮	flurochloridone	0.020 0	0.003 5	0.009 8	0.400 0	0.281 0	0.219 3
325	溴苯烯磷	bromfenvinfos	0.010 0	0.006 8	0.036 5	0.200 0	0.053 9	0.051 6
326	乙滴涕	perthane	0.010 0	0.001 1	0.003 8	0.200 0	0.016 7	0.017 7
327	2,3,4,4′,5-五氯联苯	*de*-PCB 118	0.010 0	0.001 3	0.015 2	0.200 0	0.025 6	0.032 3
328	地胺磷	mephosfolan	0.020 0	0.007 2	0.010 5	0.400 0	0.066 5	0.075 1
329	4,4′-二溴二苯甲酮	4,4′-dibromobenzophenone	0.010 0	0.002 6	0.005 3	0.200 0	0.119 1	0.125 6
330	粉唑醇	flutriafol	0.020 0	0.002 1	0.004 8	0.400 0	0.025 7	0.038 1
331	2,2′,4,4′,5,5′-六氯联苯	*de*-PCB 153	0.010 0	0.006 6	0.003 9	0.200 0	0.087 5	0.174 6
332	苄氯三唑醇	diclobutrazole	0.040 0	0.001 5	0.004 5	0.800 0	0.021 1	0.018 0
333	乙拌磷砜	disulfoton sulfone	0.020 0	0.000 0	0.000 0	0.400 0	0.654 4	0.477 6
334	噻螨酮	hexythiazox	0.080 0	0.003 3	0.004 9	1.600 0	0.110 3	0.145 9
335	2,2′,3,4,4′,5-六氯联苯	*de*-PCB 138	0.010 0	0.008 2	0.122 6	0.200 0	0.097 4	0.122 1
336	环丙唑	cyproconazole	0.010 0	0.014 8	0.012 2	0.200 0	0.044 3	0.038 5
337	苄呋菊酯-1	resmethrin-1	0.160 0	0.004 8	0.007 6	3.200 0	0.067 1	0.030 6
338	苄呋菊酯-2	resmethrin-2	0.160 0	0.001 5	0.004 4	3.200 0	0.027 3	0.032 9
339	酞酸甲苯基丁酯	phthalic acid, benzyl butyl ester	0.010 0	0.008 1	0.007 3	0.200 0	0.014 0	0.017 1
340	炔草酸	clodinafop-propargyl	0.020 0	0.002 7	0.009 5	0.400 0	0.093 5	0.150 9
341	倍硫磷亚砜	fenthion sulfoxide	0.040 0	0.024 9	0.075 5	0.800 0	0.104 8	0.217 1
342	三氟苯唑	fluotrimazole	0.010 0	0.003 3	0.005 3	0.200 0	0.020 6	0.016 9
343	氟草烟-1-甲庚酯	fluroxypr-1-methyl-heptyl ester	0.010 0	0.003 8	0.003 3	0.200 0	0.018 5	0.013 4
344	倍硫磷砜	fenthion sulfone	0.040 0	0.004 8	0.020 8	0.800 0	0.152 4	0.201 0
345	苯嗪草酮	metamitron	0.100 0	0.058 8	0.151 3	2.000 0	0.711 4	2.050 6
346	三苯基磷酸盐	triphenyl phosphate	0.010 0	0.002 3	0.003 8	0.200 0	0.013 9	0.018 7
347	2,2′,3,4,4′,5,5′-七氯联苯	*de*-PCB 180	0.010 0	0.001 5	0.002 7	0.200 0	0.030 3	0.024 6
348	吡螨胺	tebufenpyrad	0.010 0	0.001 6	0.004 7	0.200 0	0.016 2	0.022 6
349	解草酯	cloquintocet-mexyl	0.010 0	0.005 9	0.015 4	0.200 0	0.021 4	0.036 0
350	环草定	lenacil	0.100 0	0.029 4	0.032 1	2.000 0	0.345 9	0.255 0

表 E.1(续)

序号	中文名称	英文名称	含量/(mg/kg)	重复性限 r	再现性限 R	含量/(mg/kg)	重复性限 r	再现性限 R
351	糠菌唑-1	bromuconazole-1	0.020 0	0.021 4	0.028 6	0.400 0	0.059 5	0.070 7
352	糠菌唑-2	bromuconazole-2	0.020 0	0.008 0	0.004 0	0.400 0	0.436 4	0.664 0
353	甲磺乐灵	nitralin	0.100 0	0.035 6	0.038 7	2.000 0	0.172 7	0.366 9
354	苯线磷亚砜	fenamiphos sulfoxide	0.320 0	0.000 0	0.000 0	6.400 0	0.184 5	0.225 5
355	苯线磷砜	fenamiphos sulfone	0.040 0	0.003 8	0.020 1	0.800 0	0.104 0	0.099 4
356	拌种咯	fenpiclonil	0.040 0	0.003 6	0.021 6	0.800 0	0.431 4	0.874 1
357	氟喹唑	fluquinconazole	0.010 0	0.003 1	0.004 7	0.200 0	0.051 0	0.034 1
358	腈苯唑	fenbuconazole	0.020 0	0.003 8	0.010 0	0.400 0	0.059 1	0.0611
E组								
359	残杀威-1	propoxur-1	0.020 0	0.011 7	0.016 6	0.400 0	0.051 8	0.469 0
360	灭除威	XMC	0.020 0	0.017 0	0.025 2	0.400 0	0.215 2	0.415 7
361	异丙威-1	isoprocarb-1	0.020 0	0.010 0	0.012 9	0.400 0	0.052 0	0.112 5
362	二氢苊	acenaphthene	0.010 0	0.004 4	0.006 3	0.200 0	0.049 1	0.046 6
363	特草灵-1	terbucarb-1	0.020 0	0.002 7	0.005 3	0.400 0	0.003 0	0.101 2
364	氯氧磷	chlorethoxyfos	0.020 0	0.002 5	0.009 0	0.400 0	0.003 3	0.115 6
365	异丙威-2	isoprocarb-2	0.040 0	0.008 4	0.005 4	0.800 0	0.025 9	0.188 9
366	丁噻隆	tebuthiuron	0.040 0	0.013 3	0.013 5	0.800 0	0.007 2	0.136 4
367	戊菌隆	pencycuron	0.040 0	0.003 6	0.020 9	0.800 0	0.201 3	0.185 9
368	甲基内吸磷	demeton-*s*-methyl	0.020 0	0.015 6	0.031 7	0.400 0	0.051 1	0.523 9
369	二溴磷	naled	0.010 0	0.003 0	0.004 6	0.200 0	0.002 8	0.044 9
370	菲	phenanthrene	0.080 0	0.012 4	0.083 5	1.600 0	0.069 4	0.465 3
371	唑螨酯	fenpyroximate	0.020 0	0.002 0	0.003 6	0.400 0	0.035 1	0.816 7
372	丁基嘧啶磷	tebupirimfos	0.040 0	0.033 6	0.033 7	0.800 0	0.579 9	1.346 9
373	茉莉酮	prohydrojasmon	0.020 0	0.000 0	0.000 0	0.400 0	0.003 8	0.100 1
374	苯锈啶	fenpropidin	0.020 0	0.012 2	0.018 4	0.400 0	0.167 8	0.279 6
375	氯硝胺	dichloran	0.010 0	0.001 1	0.002 4	0.200 0	0.004 0	0.046 0
376	咯喹酮	pyroquilon	0.020 0	0.002 7	0.003 3	0.400 0	0.000 6	0.112 2
377	炔苯酰草胺	propyzamide	0.020 0	0.001 6	0.006 2	0.400 0	0.175 6	0.251 7
378	抗蚜威	pirimicarb	0.020 0	0.002 9	0.003 8	0.400 0	0.012 3	0.105 7
379	溴丁酰草胺	bromobutide	0.020 0	0.001 2	0.004 0	0.400 0	0.001 8	0.103 3
380	灭草环	tridiphane	0.050 0	0.017 4	0.016 1	1.000 0	0.119 5	0.296 7
381	戊草丹	esprocarb	0.020 0	0.008 9	0.080 3	0.400 0	0.012 4	0.430 3
382	特草灵-2	terbucarb-2	0.020 0	0.002 4	0.003 6	0.400 0	0.004 8	0.098 3
383	甲呋酰胺	fenfuram	0.020 0	0.022 1	0.030 4	0.400 0	0.002 5	0.102 4

表 E.1（续）

序号	中文名称	英文名称	含量/(mg/kg)	重复性限 r	再现性限 R	含量/(mg/kg)	重复性限 r	再现性限 R
384	活化酯	acibenzolar-*s*-methyl	0.020 0	0.001 4	0.002 3	0.400 0	0.076 2	0.175 2
385	呋草黄	benfuresate	0.020 0	0.004 7	0.008 7	0.400 0	0.085 2	0.108 7
386	精甲霜灵	mefenoxam	0.020 0	0.003 4	0.005 2	0.400 0	0.001 7	0.101 2
387	马拉氧磷	malaoxon	0.160 0	0.110 6	0.203 2	3.200 0	0.040 6	0.948 9
388	磷胺-2	phosphamidon-2	0.080 0	0.000 0	0.000 0	1.600 0	0.009 3	0.078 9
389	氯酞酸甲酯	chlorthal-dimethyl	0.020 0	0.002 3	0.004 0	0.400 0	0.004 4	0.098 2
390	硅氟唑	simeconazole	0.020 0	0.000 0	0.000 0	0.400 0	0.001 7	0.111 4
391	特草净	terbacil	0.020 0	0.000 0	0.000 0	0.400 0	0.484 9	0.339 0
392	噻唑烟酸	thiazopyr	0.020 0	0.002 7	0.003 9	0.400 0	0.016 1	0.068 6
393	甲基毒虫畏	dimethylvinphos	0.020 0	0.006 0	0.003 9	0.400 0	0.009 4	0.101 2
394	苯酰草胺	zoxamide	0.020 0	0.003 1	0.005 0	0.400 0	0.001 8	0.113 9
395	烯丙菊酯	allethrin	0.040 0	0.008 8	0.015 1	0.800 0	0.052 1	0.215 5
396	灭藻醌	quinoclamine	0.040 0	0.000 0	0.000 0	0.800 0	0.076 5	0.268 4
397	氰菌胺	fenoxanil	0.020 0	0.023 8	0.032 7	0.400 0	0.028 9	0.136 9
398	呋霜灵	furalaxyl	0.020 0	0.001 8	0.002 4	0.400 0	0.002 5	0.096 4
399	除草定	bromacil	0.020 0	0.003 8	0.012 8	0.400 0	0.040 3	0.165 0
400	啶氧菌酯	picoxystrobin	0.020 0	0.002 5	0.004 2	0.400 0	0.003 7	0.084 3
401	抑草磷	butamifos	0.010 0	0.008 8	0.011 6	0.200 0	0.165 6	0.147 6
402	咪草酸	imazamethabenz-methyl	0.030 0	0.031 2	0.025 2	0.600 0	0.395 1	0.432 1
403	灭梭威砜	methiocarb sulfone	0.800 0	0.376 9	0.223 8	16.000 0	1.524 3	3.892 8
404	苯噻硫氰	TCMTB	0.160 0	0.000 0	0.000 0	3.200 0	1.290 3	0.700 0
405	苯氧菌胺	metominostrobin	0.040 0	0.034 2	0.045 2	0.800 0	6.161 8	8.081 7
406	抑霉唑	imazalil	0.040 0	0.006 0	0.011 8	0.800 0	0.004 0	0.177 9
407	稻瘟灵	isoprothiolane	0.020 0	0.003 4	0.003 4	0.400 0	0.001 5	0.105 3
408	环氟菌胺	cyflufenamid	0.160 0	0.131 1	0.163 1	3.200 0	1.881 0	3.566 7
409	噁唑磷	isoxathion	0.080 0	0.082 2	0.088 5	1.600 0	0.734 8	0.536 3
410	苯氧喹啉	quinoxyphen	0.010 0	0.002 0	0.002 8	0.200 0	0.001 8	0.056 4
411	肟菌酯	trifloxystrobin	0.040 0	0.004 1	0.024 0	0.800 0	0.007 2	0.205 1
412	脱苯甲基亚胺唑	imibenconazole-*des*-benzyl	0.040 0	0.005 1	0.007 6	0.800 0	0.003 2	0.211 4
413	氟虫腈	fipronil	0.080 0	0.003 6	0.015 9	1.600 0	0.030 6	0.688 8
414	氟环唑-1	epoxiconazole-1	0.080 0	0.023 0	0.022 8	1.600 0	0.314 9	0.496 2
415	稗草丹	pyributicarb	0.020 0	0.002 3	0.002 5	0.400 0	0.007 4	0.104 0
416	吡草醚	pyraflufen ethyl	0.020 0	0.002 8	0.003 2	0.400 0	0.553 3	0.407 0
417	噻吩草胺	thenylchlor	0.020 0	0.002 7	0.004 4	0.400 0	0.007 1	0.098 3

表 E.1(续)

序号	中文名称	英文名称	含量/(mg/kg)	重复性限 r	再现性限 R	含量/(mg/kg)	重复性限 r	再现性限 R
418	烯草酮	clethodim	0.040 0	0.007 1	0.004 8	0.800 0	0.358 9	0.317 7
419	吡唑解草酯	mefenpyr-diethyl	0.030 0	0.012 1	0.018 0	0.600 0	0.001 7	0.178 6
420	乙螨唑	etoxazole	0.060 0	0.007 4	0.010 5	1.200 0	0.006 2	0.326 4
421	氟环唑-2	epoxiconazole-2	0.080 0	0.012 3	0.013 8	1.600 0	0.021 6	0.412 3
422	伐灭磷	famphur	0.040 0	0.008 9	0.005 3	0.800 0	0.222 7	1.157 2
423	吡丙醚	pyriproxyfen	0.020 0	0.003 2	0.002 6	0.400 0	0.004 7	0.076 1
424	异菌脲	iprodione	0.040 0	0.024 1	0.047 6	0.800 0	0.400 5	0.545 6
425	呋酰胺	ofurace	0.030 0	0.020 8	0.040 0	0.600 0	0.491 0	0.659 6
426	哌草磷	piperophos	0.030 0	0.004 2	0.005 5	0.600 0	0.000 7	0.150 0
427	氯甲酰草胺	clomeprop	0.025 0	0.008 6	0.008 0	0.500 0	0.473 2	0.720 2
428	咪唑菌酮	fenamidone	0.010 0	0.007 6	0.007 5	0.200 0	0.107 3	0.224 6
429	三甲苯草酮	tralkoxydim	0.080 0	0.012 9	0.020 6	1.600 0	0.143 0	1.716 3
430	吡唑硫磷	pyraclofos	0.080 0	0.010 0	0.009 7	1.600 0	0.145 5	0.243 7
431	螺螨酯	spirodiclofen	0.080 0	0.018 2	0.031 3	1.600 0	0.333 2	0.807 3
432	呋草酮	flurtamone	0.020 0	0.002 9	0.002 7	0.400 0	0.037 4	0.202 6
433	环酯草醚	pyriftalid	0.010 0	0.001 2	0.002 3	0.200 0	0.078 2	0.066 9
434	氟硅菊酯	silafluofen	0.010 0	0.001 6	0.004 1	0.200 0	0.121 4	0.094 5
435	嘧螨醚	pyrimidifen	0.020 0	0.007 8	0.012 1	0.400 0	0.298 2	0.254 3
436	氟丙嘧草酯	butafenacil	0.010 0	0.000 8	0.001 8	0.200 0	0.019 0	0.110 9
437	氟啶草酮	fluridone	0.020 0	0.001 3	0.001 7	0.400 0	0.002 5	0.016 6
F组								
438	苯磺隆	tribenuron-methyl	0.010 0	0.001 9	0.002 6	0.200 0	0.011 7	0.350 9
439	乙硫苯威	ethiofencarb	0.100 0	0.019 1	0.021 3	2.000 0	0.594 2	0.584 8
440	二氧威	dioxacarb	0.080 0	0.006 1	0.014 2	1.600 0	0.381 5	0.549 8
441	避蚊酯	dimethyl phthalate	0.040 0	0.002 0	0.007 5	0.800 0	0.168 4	0.156 8
442	4-氯苯氧乙酸	4-chlorophenoxy acetic acid	0.005 2	0.006 6	0.013 8	0.104 0	0.207 5	0.235 7
443	邻苯二甲酰亚胺	phthalimide	0.020 0	0.013 7	0.016 8	0.400 0	0.364 7	0.474 1
444	避蚊胺	diethyltoluamide	0.008 0	0.006 9	0.007 5	0.160 0	0.032 6	0.096 7
445	2,4-滴	2,4-D	0.200 0	0.041 4	0.053 8	4.000 0	0.335 9	1.054 6
446	甲萘威	carbaryl	0.030 0	0.001 1	0.007 5	0.600 0	0.170 0	0.169 2
447	硫线磷	cadusafos	0.040 0	0.040 6	0.044 7	0.800 0	0.303 1	0.646 4
448	螺菌环胺-1	spiroxamine-1	0.020 0	0.014 8	0.009 7	0.400 0	0.870 6	0.268 7
449	百治磷	dicrotophos	0.080 0	0.014 7	0.060 9	1.600 0	0.410 9	0.761 8

表 E.1（续）

序号	中文名称	英文名称	含量/(mg/kg)	重复性限 r	再现性限 R	含量/(mg/kg)	重复性限 r	再现性限 R
450	2,4,5-涕	2,4,5-T	0.200 0	0.029 6	0.037 3	4.000 0	0.441 9	0.913 9
451	3-苯基苯酚	3-phenylphenol	0.060 0	0.003 4	0.018 1	1.200 0	0.223 7	0.289 1
452	茂谷乐	furmecyclox	0.030 0	0.007 2	0.018 9	0.600 0	0.091 6	0.150 9
453	螺菌环胺-2	spiroxamine-2	0.020 0	0.025 0	0.017 9	0.400 0	0.188 1	0.303 0
454	丁酰肼	DMSA	0.080 0	0.020 6	0.040 1	1.600 0	0.344 6	0.595 9
455	—	sobutylazine	0.020 0	0.002 8	0.002 2	0.400 0	0.764 3	0.620 9
456	八氯二甲醚-1	s421(octachlorodipropyl ether)-1	0.200 0	0.045 3	0.069 2	4.000 0	0.276 7	0.641 5
457	八氯二甲醚-2	s421(octachlorodipropyl ether)-2	0.200 0	0.031 0	0.071 2	4.000 0	0.036 1	0.065 8
458	十二环吗啉	dodemorph	0.030 0	0.001 5	0.003 6	0.600 0	0.041 9	0.095 9
459	甜菜安	desmedipham	0.200 0	0.036 8	0.064 7	4.000 0	2.062 8	2.668 2
460	氧皮蝇磷	fenchlorphos	0.040 0	0.002 7	0.010 4	0.800 0	0.019 3	0.122 7
461	枯莠隆	difenoxuron	0.080 0	0.016 3	0.031 9	1.600 0	0.199 3	0.480 4
462	仲丁灵	butralin	0.040 0	0.002 6	0.004 0	0.800 0	0.031 8	0.097 9
463	异戊乙净	dimethametryn	0.010 0	0.005 4	0.004 8	0.200 0	0.008 0	0.033 0
464	啶斑肟-1	pyrifenox-1	0.080 0	0.007 0	0.011 1	1.600 0	0.048 5	0.231 1
465	缬酶威-1	iprovalicarb-1	0.040 0	0.005 9	0.026 4	0.800 0	0.276 2	0.289 3
466	戊环唑	azaconazole	0.040 0	0.007 6	0.013 4	0.800 0	0.258 7	0.234 5
467	缬酶威-2	iprovalicarb-2	0.040 0	0.003 9	0.011 1	0.800 0	0.195 0	0.194 0
468	苯虫醚-1	diofenolan-1	0.020 0	0.001 7	0.002 9	0.400 0	0.002 2	0.056 7
469	苯虫醚-2	diofenolan-2	0.020 0	0.004 5	0.001 5	0.400 0	0.016 4	0.068 1
470	苯甲醚	aclonifen	0.200 0	0.022 7	0.037 0	4.000 0	0.756 6	0.720 7
471	溴虫腈	chlorfenapyr	0.080 0	0.024 7	0.031 8	1.600 0	0.291 2	0.249 1
472	生物苄呋菊酯	bioresmethrin	0.020 0	0.003 0	0.005 4	0.400 0	0.051 3	0.102 2
473	双苯噁唑酸	isoxadifen-ethyl	0.020 0	0.013 2	0.028 4	0.400 0	0.360 4	0.399 8
474	唑酮草酯	carfentrazone-ethyl	0.020 0	0.001 6	0.002 9	0.400 0	0.113 7	0.093 1
475	氯吡嘧磺隆	halosulfuran-methyl	0.200 0	0.019 8	0.078 7	4.000 0	0.109 6	0.083 2
476	三环唑	tricyclazole	0.060 0	0.013 2	0.037 4	1.200 0	0.160 5	0.858 3
477	环酰菌胺	fenhexamid	0.200 0	0.000 0	0.000 0	4.000 0	0.256 1	0.392 1
478	螺甲螨酯	spiromesifen	0.100 0	0.023 8	0.013 5	2.000 0	0.005 7	0.024 2
479	联苯肼酯	bifenazate	0.080 0	0.021 3	0.044 3	1.600 0	0.034 3	0.036 9
480	异狄氏剂酮	endrin ketone	0.160 0	0.020 0	0.037 0	3.200 0	0.372 6	0.592 2
481	精高效氨氟氰菊酯-1	*gamma*-cyhalothrin-1	0.008 0	0.000 0	0.000 0	0.160 0	0.045 3	0.031 5

表 E.1(续)

序号	中文名称	英文名称	含量/(mg/kg)	重复性限 r	再现性限 R	含量/(mg/kg)	重复性限 r	再现性限 R
482	—	metoconazole	0.040 0	0.014 1	0.014 1	0.800 0	0.116 0	0.214 4
483	氰氟草酯	cyhalofop-butyl	0.020 0	0.004 0	0.004 9	0.400 0	0.111 8	0.111 6
484	精高效氨氟氰菊酯-2	*gamma*-cyhalothrin-2	0.008 0	0.000 0	0.000 0	0.160 0	0.045 3	0.031 3
485	苄螨醚	halfenprox	0.020 0	0.002 2	0.005 7	0.400 0	0.034 7	0.039 1
486	啶虫脒	acetamiprid	0.040 0	0.001 2	0.002 3	0.800 0	0.007 6	0.006 7
487	烟酰碱	boscalid	0.040 0	0.002 1	0.007 6	0.800 0	0.258 0	0.224 8
488	烯酰吗啉	dimethomorph	0.020 0	0.014 4	0.012 8	0.400 0	0.157 0	0.164 3

附 录 F
(资料性附录)
488 种农药及相关化学品英文中文名称对照索引(按英文字母顺序)

488 种农药及相关化学品英文中文名称对照索引(按英文字母顺序)见表 F.1。

表 F.1 488 种农药及相关化学品英文中文名称对照索引(按英文字母顺序)

序号	英文名称	中文名称	附录 A 中序号
1	2,3,4,5-tetrachloroaniline	2,3,4,5-四氯苯胺	291
2	2,3,4,5-tetrachloroanisole	2,3,4,5-四氯甲氧基苯	278
3	2,3,5,6-tetrachloroaniline	2,3,5,6-四氯苯胺	276
4	2,4,5-T	2,4,5-涕	449
5	2,4-D	2,4-滴	444
6	2,6-dichlorobenzamide	2,6-二氯苯甲酰胺	287
7	2-phenylphenol	邻苯基苯酚	194
8	3,5-dichloroaniline	3,5-二氯苯胺	191
9	3-phenylphenol	3-苯基苯酚	450
10	4,4′-dibromobenzophenone	4,4′-二溴二苯甲酮	329
11	4,4′-dichlorobenzophenone	4,4′-二氯二苯甲酮	310
12	4-chlorophenoxy acetic acid	4-氯苯氧乙酸	441
13	acenaphthene	二氢苊	362
14	acetamiprid	啶虫脒	486
15	acibenzolar-*s*-methyl	活化酯	384
16	aclonifen	苯甲醚	470
17	acrinathrin	氟丙菊酯	253
18	alachlor	甲草胺	121
19	aldrin	艾氏剂	25
20	allethrin	烯丙菊酯	395
21	allidochlor	二丙烯草胺	1
22	*alpha*-cypermethrin	α-氯氰菊酯	262
23	*alpha*-HCH	α-六六六	108
24	ametryn	莠灭净	215
25	anilofos	莎稗磷	252
26	aspon	丙硫特普	124
27	atratone	阿特拉通	283
28	atrazine-desethyl	脱乙基阿特拉津	13
29	atrizine	莠去净	204
30	azaconazole	戊环唑	466
31	azinphos-ethyl	益棉磷	182
32	azinphos-methyl	保棉磷	180
33	aziprotryne	叠氮津	295
34	BDMC-1	4-溴-3,5-二甲苯基-*N*-甲基氨基甲酸酯-1	273
35	BDMC-2	4-溴-3,5-二甲苯基-*N*-甲基氨基甲酸酯-2	302
36	benalaxyl	苯霜灵	166
37	benfluralin	乙丁氟灵	197
38	benfuresate	呋草黄	385
39	benodanil	麦锈灵	75
40	benzoylprop-ethyl	新燕灵	173
41	*beta*-HCH	β-六六六	30
42	bifenazate	联苯肼酯	479
43	bifenox	治草醚	178
44	bifenthrin	联苯菊酯	71
45	bioallethrin-1	生物烯丙菊酯-1	223
46	bioallethrin-2	生物烯丙菊酯-2	224
47	bioresmethrin	生物苄呋菊酯	472
48	biphenyl	联苯	188
49	bitertanol	联苯三唑醇	259
50	boscalid	烟酰碱	487

表 F.1（续）

序号	英文名称	中文名称	附录A中序号	序号	英文名称	中文名称	附录A中序号
51	bromacil	除草定	399	85	chlorfurenol	整形醇	49
52	bromfenvinfos	溴苯烯磷	325	86	chlormephos	氯甲硫磷	4
53	bromobutide	溴丁酰草胺	379	87	chlorobenzilate	乙酯杀螨醇	239
54	bromocylen	溴烯杀	285	88	chloroneb	氯苯甲醚	96
55	bromofos	溴硫磷	131	89	chloropropylate	丙酯杀螨醇	157
56	bromophos-ethyl	乙基溴硫磷	43	90	chlorpropham	氯苯胺灵	105
57	bromopropylate	溴螨酯	172	91	chlorpyrifos(-ethyl)	毒死蜱	33
58	bromuconazole-1	糠菌唑-1	351	92	chlorpyrifos-methyl	甲基毒死蜱	118
59	bromuconazole-2	糠菌唑-2	352	93	chlorthal-dimethyl	氯酞酸甲酯	389
60	bupirimate	乙嘧酚磺酸酯	58	94	chlorthiophos	虫螨磷	161
61	buprofezin	噻嗪酮	148	95	chlozolinate	乙菌利	142
62	butachlor	丁草胺	141	96	*cis*-chlordane	顺式-氯丹	140
63	butafenacil	氟丙嘧草酯	435	97	*cis*-diallate	顺式-燕麦敌	102
64	butamifos	抑草磷	401	98	*cis*-1, 2, 3, 6-tetrahydrophthalimide	四氢邻苯二甲酰亚胺	195
65	butralin	仲丁灵	461				
66	butylate	丁草敌	91	99	*cis*-permethrin	顺式-氯菊酯	83
67	cadusafos	硫线磷	446	100	clethodim	烯草酮	417
68	carbaryl	甲萘威	445	101	clodinafop-propargyl	炔草酸	340
69	carbofenothion	三硫磷	164	102	clomazone	异噁草松	14
70	carbosulfan	丁硫克百威	73	103	clomeprop	氯甲酰草胺	426
71	carboxin	萎锈灵	60	104	cloquintocet-mexyl	解草酯	349
72	carfentrazone-ethyl	唑酮草酯	474	105	coumaphos	蝇毒磷	185
73	chlorbenside	杀螨醚	42	106	crimidine	鼠立死	272
74	chlorbenside sulfone	氯杀螨砜	170	107	crufomate	育畜磷	135
75	chlorbromuron	氯溴隆	146	108	cyanazine	氰草津	54
76	chlorbufam	氯炔灵	113	109	cyanofenphos	苯腈磷	169
77	chlordimeform	杀虫脒	8	110	cycloate	环草敌	6
78	chlorethoxyfos	氯氧磷	364	111	cycloxydim	噻草酮	261
79	chlorfenapyr	溴虫腈	471	112	cycluron	环莠隆	288
80	chlorfenethol	杀螨醇	321	113	cyflufenamid	环氟菌胺	408
81	chlorfenprop-methyl	燕麦酯	274	114	cyfluthrin	氟氯氰菊酯	183
82	chlorfenson	杀螨酯	151	115	cyhalofop-butyl	氰氟草酯	483
83	chlorfenvinphos	毒虫畏	138	116	cypermethrin	氯氰菊酯	86
84	chlorfluazuron	氟啶脲	238	117	cyprazine	环丙津	28

表 F.1(续)

序号	英文名称	中文名称	附录A中序号	序号	英文名称	中文名称	附录A中序号
118	cyproconazole	环丙唑	336	149	diethofencarb	乙霉威	221
119	cyprodinil	嘧菌环胺	314	150	diethyltoluamide	避蚊胺	443
120	dacthal	敌草索	309	151	difenconazole-1	苯醚甲环唑-1	267
121	DEF	脱叶磷	323	152	difenconazole-2	苯醚甲环唑-2	266
122	*delta*-HCH	δ-六六六	34	153	difenoxuron	枯莠隆	460
123	deltamethrin	溴氰菊酯	89	154	diflufenican	吡氟酰草胺	247
124	demeton-*s*-methyl	甲基内吸磷	368	155	dimefox	甲氟磷	270
125	*de*-PCB 101	2,2',5,5'-五氯联苯	318	156	dimefuron	噁唑隆	244
126	*de*-PCB 118	2,3,4,4',5-五氯联苯	327	157	dimepiperate	哌草丹	222
127	*de*-PCB 138	2,2',3,4,4',5-六氯联苯	335	158	dimethachlor	二甲草胺	120
				159	dimethametryn	异戊乙净	462
128	*de*-PCB 153	2,2',4,4',5,5'-六氯联苯	331	160	dimethenamid	二甲吩草胺	301
				161	dimethipin	噻节因	218
129	*de*-PCB 180	2,2',3,4,4',5,5'-七氯联苯	347	162	dimethoate	乐果	23
				163	dimethomorph	烯酰吗啉	488
130	*de*-PCB 28	2,4,4'-三氯联苯	289	164	dimethyl phthalate	避蚊酯	440
131	*de*-PCB 31	2,4,5-三氯联苯	290	165	dimethylvinphos	甲基毒虫畏	393
132	*de*-PCB 52	2,2',5,5'-四氯联苯	299	166	diniconazole	烯唑醇	242
133	desmedipham	甜菜安	458	167	dinitramine	氨氟灵	24
134	desmetryn	敌草净	119	168	diofenolan-1	苯虫醚-1	468
135	diazinon	二嗪磷	15	169	diofenolan-2	苯虫醚-2	469
136	dicapthon	异氯磷	316	170	dioxacarb	二氧威	439
137	dichlobenil	敌草腈	92	171	dioxathion	敌噁磷	111
138	dichlofenthion	除线磷	21	172	diphenamid	双苯酰草胺	227
139	dichlofluanid	苯氟磺胺	129	173	diphenylamine	联苯二胺	7
140	dichloran	氯硝胺	375	174	dipropetryn	异丙净	219
141	dichlormid	烯丙酰草胺	2	175	disulfoton	乙拌磷	203
142	dichlorvos	敌敌畏	187	176	disulfoton sulfone	乙拌磷砜	333
143	diclobutrazole	苄氯三唑醇	332	177	DMSA	丁酰肼	453
144	diclofop-methyl	禾草灵	68	178	dodemorph	十二环吗啉	457
145	dicloran	氯硝胺	114	179	edifenphos	敌瘟磷	167
146	dicofol	三氯杀螨醇	126	180	endosulfan-1	硫丹-1	137
147	dicrotophos	百治磷	448	181	endosulfan-2	硫丹-2	163
148	dieldrin	狄氏剂	51	182	endosulfan-sulfate	硫丹硫酸盐	171

表 F.1（续）

序号	英文名称	中文名称	附录 A 中序号	序号	英文名称	中文名称	附录 A 中序号
183	endrin	异狄氏剂	153	217	fenpropathrin	甲氰菊酯	174
184	endrin ketone	异狄氏剂酮	480	218	fenpropidin	苯锈啶	374
185	EPN	苯硫膦	175	219	fenpropimorph	丁苯吗啉	211
186	epoxiconazole-1	氟环唑-1	414	220	fenpyroximate	唑螨酯	371
187	epoxiconazole-2	氟环唑-2	420	221	fenson	芬螨酯	225
188	EPTC	茵草敌	90	222	fensulfothion	丰索磷	67
189	esfenvalerate	S-氰戊菊酯	265	223	fenthion	倍硫磷	35
190	esprocarb	戊草丹	381	224	fenthion sulfone	倍硫磷砜	344
191	etaconazole-1	乙环唑-1	63	225	fenthion sulfoxide	倍硫磷亚砜	341
192	etaconazole-2	乙环唑-2	65	226	fenvalerate-1	氰戊菊酯-1	87
193	ethalfluralin	乙丁烯氟灵	9	227	fenvalerate-2	氰戊菊酯-2	88
194	ethiofencarb	乙硫苯威	438	228	fipronil	氟虫腈	413
195	ethion	乙硫磷	62	229	flamprop-isopropyl	麦草氟异丙酯	162
196	ethofumesate	乙氧呋草黄	132	230	flamprop-methyl	麦草氟甲酯	158
197	ethoprophos	灭线磷	99	231	fluazifop-butyl	吡氟禾草灵	237
198	etofenprox	醚菊酯	260	232	fluchloralin	氯乙氟灵	209
199	etoxazole	乙螨唑	419	233	flucythrinate-1	氟氰戊菊酯	263
200	etridiazol	土菌灵	3	234	flucythrinate-2	氟氰戊菊酯	264
201	etrimfos	乙嘧硫磷	17	235	fludioxonil	咯菌腈	248
202	famphur	伐灭磷	421	236	flufenoxuron	氟虫脲	117
203	fenamidone	咪唑菌酮	427	237	flumetralin	氟节胺	232
204	fenamiphos	苯线磷	56	238	flumiclorac-pentyl	氟烯草酸	269
205	fenamiphos sulfone	苯线磷砜	355	239	flumioxazin	丙炔氟草胺	268
206	fenamiphos sulfoxide	苯线磷亚砜	354	240	fluorochloridone	氟咯草酮	152
207	fenarimol	氯苯嘧啶醇	181	241	fluorodifen	三氟硝草醚	241
208	fenazaquin	喹螨醚	249	242	fluoroglycofen-ethyl	乙羧氟草醚	258
209	fenbuconazole	腈苯唑	358	243	fluotrimazole	三氟苯唑	342
210	fenchlorphos	氧皮蝇磷	459	244	fluquinconazole	氟喹唑	357
211	fenfuram	甲呋酰胺	383	245	fluridone	氟啶草酮	436
212	fenhexamid	环酰菌胺	477	246	flurochloridone	氟咯草酮	324
213	fenitrothion	杀螟硫磷	38	247	fluroxypr-1-methyl-heptyl ester	氟草烟-1-甲庚酯	343
214	fenobucarb	仲丁威	196				
215	fenoxanil	氰菌胺	397	248	flurtamone	呋草酮	431
216	fenpiclonil	拌种咯	356	249	flusilazole	氟哇唑	240

表 F.1（续）

序号	英文名称	中文名称	附录A中序号	序号	英文名称	中文名称	附录A中序号
250	flutolanil	氟酰胺	59	284	isomethiozin	丁嗪草酮	307
251	flutriafol	粉唑醇	330	285	isoprocarb-1	异丙威-1	361
252	fluvalinate	氟胺氰菊酯	186	286	isoprocarb-2	异丙威-2	365
253	fonofos	地虫硫磷	16	287	isopropalin	异丙乐灵	133
254	formothion	安硫磷	220	288	isoprothiolane	稻瘟灵	407
255	fuberidazole	麦穗灵	315	289	isoxadifen-ethyl	双苯噁唑酸	473
256	furalaxyl	呋霜灵	398	290	isoxathion	噁唑磷	409
257	furmecyclox	茂谷乐	451	291	kresoxim-methyl	亚胺菌	236
258	*gamma*-cyhalothrin-1	精高效氨氟氰菊酯-1	481	292	*lambda*-cyhalothrin	高效氯氟氰菊酯	254
259	*gamma*-cyhalothrin-2	精高效氨氟氰菊酯-2	484	293	lenacil	环草定	350
260	*gamma*-HCH	林丹	202	294	leptophos	溴苯磷	177
261	halfenprox	苄螨醚	485	295	linuron	利谷隆	40
262	halosulfuran-methyl	氯吡嘧磺隆	475	296	malaoxon	马拉氧磷	387
263	heptachlor	七氯	206	297	malathion	马拉硫磷	36
264	heptanophos	庚烯磷	98	298	*mcpa*-butoxyethylester	2-甲-4-氯丁氧乙基酯	317
265	hexachlorobenzene	六氯苯	100	299	mecarbam	灭蚜磷	230
266	hexaconazole	己唑醇	149	300	mefenacet	苯噻酰草胺	255
267	hexaflumuron	氟铃脲	198	301	mefenoxam	精甲霜灵	386
268	hexazinone	环嗪酮	176	302	mefenpyr-diethyl	吡唑解草酯	418
269	hexythiazox	噻螨酮	334	303	mephosfolan	地胺磷	328
270	imazalil	抑霉唑	406	304	mepronil	灭锈胺	246
271	imazamethabenz-methyl	咪草酸	402	305	metalaxyl	甲霜灵	31
272	imibenconazole-*des*-benzyl	脱苯甲基亚胺唑	412	306	metamitron	苯嗪草酮	345
273	iodofenphos	碘硫磷	144	307	metazachlor	吡唑草胺	47
274	iprobenfos	异稻瘟净	205	308	methabenzthiazuron	甲基苯噻隆	281
275	iprodione	异菌脲	423	309	methacrifos	虫螨畏	192
276	iprovalicarb-1	缬霉威-1	465	310	methidathion	杀扑磷	52
277	iprovalicarb-2	缬霉威-2	467	311	methiocarb sulfone	灭梭威砜	403
278	isazofos	氯唑磷	207	312	methoprene	烯虫酯	130
279	isobenzan	碳氯灵	304	313	methoprotryne	盖草津	156
280	isocarbamid	丁咪酰胺	296	314	methoxychlor	甲氧滴滴涕	76
281	isocarbophos	水胺硫磷	319	315	methyl-parathion	甲基对硫磷	32
282	isodrin	异艾氏剂	306	316	metobromuron	溴谷隆	214
283	isofenphos	异柳磷	136	317	metoconazole	—	482

表 F.1(续)

序号	英文名称	中文名称	附录A中序号	序号	英文名称	中文名称	附录A中序号
318	metolachlor	异丙甲草胺	127	352	paraoxon-ethyl	对氧磷	37
319	metominostrobin	苯氧菌胺	405	353	pebulate	克草敌	93
320	metribuzin	嗪草酮	217	354	penconazole	戊菌唑	228
321	mevinphos	速灭磷	95	355	pencycuron	戊菌隆	367
322	mexacarbate	兹克威	22	356	pendimethalin	二甲戊灵	41
323	mirex	灭蚁灵	72	357	pentachloroaniline	五氯苯胺	294
324	molinate	禾草敌	193	358	pentachloroanisole	五氯甲氧基苯	279
325	monalide	庚酰草胺	303	359	pentachlorobenzene	五氯苯	271
326	monolinuron	绿谷隆	116	360	permethrin	氯菊酯	256
327	musk ambrette	合成麝香	292	361	perthane	乙滴涕	326
328	musk ketone	麝香酮	312	362	phenanthrene	菲	370
329	musk moskene	麝香	298	363	phenothrin	苯醚菊酯	250
330	musk xylene	二甲苯麝香	293	364	phenthoate	稻丰散	46
331	myclobutanil	腈菌唑	66	365	phorate	甲拌磷	10
332	naled	二溴磷	369	366	phorate sulfone	甲拌磷砜	320
333	napropamide	敌草胺	53	367	phosalone	伏杀硫磷	179
334	nitralin	甲磺乐灵	353	368	phosphamidon-2	磷胺-2	388
335	nitrapyrin	三氯甲基吡啶	94	369	phthalic acid, benzyl butyl ester	酞酸甲苯基丁酯	339
336	nitrofen	除草醚	159				
337	nitrothal-isopropyl	酞菌酯	311	370	phthalimide	邻苯二甲酰亚胺	442
338	norflurazon	氟草敏	80	371	picoxystrobin	啶氧菌酯	400
339	nuarimol	氟苯嘧啶醇	74	372	piperonyl butoxide	增效醚	243
340	*o*,*p*′-DDD	*o*,*p*′-滴滴滴	150	373	piperophos	哌草磷	425
341	*o*,*p*′-DDT	*o*,*p*′-滴滴涕	155	374	pirimicarb	抗蚜威	378
342	*o*,*p*′-DDE	*o*,*p*′-滴滴伊	226	375	pirimiphos-ethyl	嘧啶磷	128
343	octachlorostyrene	八氯苯乙烯	305	376	pirimiphos-methyl	甲基嘧啶磷	122
344	ofurace	呋酰胺	424	377	plifenate	三氯杀虫酯	208
345	oxadiazone	噁草酮	55	378	pretilachlor	丙草胺	235
346	oxadixyl	噁霜灵	77	379	prochloraz	咪鲜胺	184
347	oxyfluorfen	乙氧氟草醚	160	380	procymidone	腐霉利	50
348	*p*,*p*′-DDE	*p*,*p*′-滴滴伊	143	381	profenofos	丙溴磷	147
349	*p*,*p*′-DDT	*p*,*p*′-滴滴涕	165	382	profluralin	环丙氟灵	110
350	*p*,*p*′-DDD	*p*,*p*′-滴滴滴	61	383	prohydrojasmon	茉莉酮	373
351	paclobutrazol	多效唑	154	384	prometon	扑灭通	199

表 F.1（续）

序号	英文名称	中文名称	附录A中序号	序号	英文名称	中文名称	附录A中序号
385	prometryne	扑草净	27	419	resmethrin-2	苄呋菊酯-2	338
386	pronamide	炔丙烯草胺	20	420	ronnel	皮蝇磷	26
387	propachlor	毒草胺	101	421	s421 (octachlorodipropyl ether)-1	八氯二甲醚-1	455
388	propamocarb	霜霉威	189				
389	propanil	敌稗	134	422	s421 (octachlorodipropyl ether)-2	八氯二甲醚-2	456
390	propaphos	丙虫磷	231				
391	propargite	炔螨特	245	423	sebutylazine	另丁津	297
392	propazine	扑灭津	112	424	secbumeton	密草通	19
393	propetamphos	胺丙畏	18	425	sethoxydim	稀禾啶	251
394	propham	苯胺灵	5	426	silafluofen	氟硅菊酯	433
395	propiconazole-1	丙环唑-1	69	427	simeconazole	硅氟唑	390
396	propiconazole-2	丙环唑-2	70	428	simetone	西玛通	282
397	propisochlor	异丙草胺	213	429	simetryn	西草净	216
398	propoxur-1	残杀威-1	359	430	sobutylazine	—	454
399	propyzamide	炔苯酰草胺	377	431	spirodiclofen	螺螨酯	430
400	prosulfocarb	苄草丹	300	432	spiromesifen	螺甲螨酯	478
401	prothiophos	丙硫磷	48	433	spiroxamine-1	螺菌环胺-1	447
402	pyraclofos	吡唑硫磷	429	434	spiroxamine-2	螺菌环胺-2	452
403	pyraflufen ethyl	吡草醚	415	435	sulfallate	菜草畏	107
404	pyrazophos	吡菌磷	84	436	sulfotep	治螟磷	106
405	pyridaben	哒螨灵	257	437	sulprofos	硫丙磷	64
406	pyridaphenthion	哒嗪硫磷	81	438	TCMTB	苯噻硫氰	404
407	pyrifenox-1	啶斑肟-1	463	439	tebuconazole	戊唑醇	78
408	pyriftalid	环酯草醚	432	440	tebufenpyrad	吡螨胺	348
409	pyrimethanil	嘧霉胺	201	441	tebupirimfos	丁基嘧啶磷	372
410	pyrimidifen	嘧螨醚	434	442	tebutam	牧草胺	280
411	pyriproxyfen	吡丙醚	422	443	tebuthiuron	丁噻隆	366
412	pyroquilon	咯喹酮	376	444	tecnazene	四氯硝基苯	97
413	quinalphos	喹硫磷	44	445	tefluthrin	七氟菊酯	284
414	quinoclamine	灭藻醌	396	446	terbacil	特草净	391
415	quinoxyphen	苯氧喹啉	410	447	terbucarb-1	特草灵-1	363
416	quintozene	五氯硝基苯	12	448	terbucarb-2	特草灵-2	382
417	rabenzazole	吡咪唑	313	449	terbufos	特丁硫磷	109
418	resmethrin-1	苄呋菊酯-1	337	450	terbuthylazine	特丁津	115

表 F.1（续）

序号	英文名称	中文名称	附录A中序号	序号	英文名称	中文名称	附录A中序号
451	terbutryn	特丁净	123	470	*trans*-permethrin	反式-氯菊酯	85
452	tetrachlorvinphos	杀虫畏	145	471	triadimefon	三唑酮	39
453	tetraconazole	四氟醚唑	229	472	triadimenol-1	三唑醇-1	233
454	tetradifon	三氯杀螨砜	82	473	triadimenol-2	三唑醇-2	234
455	tetramethirn	胺菊酯	79	474	triallate	野麦畏	200
456	tetrasul	杀螨氯硫	57	475	triazophos	三唑磷	168
457	thenylchlor	噻吩草胺	416	476	tribenuron-methyl	苯磺隆	437
458	thiabendazole	噻菌灵	464	477	trichloronat	毒壤磷	308
459	thiazopyr	噻唑烟酸	392	478	tricyclazole	三环唑	476
460	thiobencarb	杀草丹	125	479	tridiphane	灭草环	380
461	thiometon	甲基乙拌磷	11	480	trietazine	草达津	286
462	thionazin	虫线磷	275	481	trifloxystrobin	肟菌酯	411
463	tolclofos-methyl	甲基立枯磷	212	482	trifluralin	氟乐灵	103
464	tolylfluanide	甲苯氟磺胺	139	483	tri-*n*-butyl phosphate	三正丁基磷酸盐	277
465	tralkoxydim	三甲苯草酮	428	484	triphenyl phosphate	三苯基磷酸盐	346
466	*trans*-chlordane	反式氯丹	45	485	vernolate	灭草敌	190
467	*trans*-diallate	反式-燕麦敌	104	486	vinclozolin	乙烯菌核利	29
468	transfluthrin	四氟苯菊酯	210	487	XMC	灭除威	360
469	*trans*-nonachlor	反式九氯	322	488	zoxamide	苯酰草胺	394

ICS 67.050
X 04

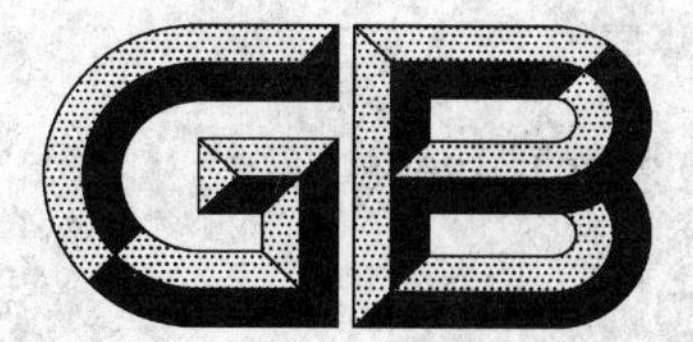

中华人民共和国国家标准

GB/T 23201—2008

桑枝、金银花、枸杞子和荷叶中413种农药及相关化学品残留量的测定 液相色谱-串联质谱法

Determination of 413 pesticides and related chemicals residues in mulberry twig, honeysuckle, barbary wolfberry fruit and lotus leaf—LC-MS-MS method

2008-12-31 发布 2009-05-01 实施

中华人民共和国国家质量监督检验检疫总局
中国国家标准化管理委员会 发布

前　言

本标准的附录 A、附录 B、附录 C、附录 D、附录 E 为资料性附录。

本标准由中华人民共和国国家质量监督检验检疫总局提出并归口。

本标准起草单位：中华人民共和国秦皇岛出入境检验检疫局、天津博纳艾杰尔科技有限公司、河北大学。

本标准主要起草人：庞国芳、范春林、梁萍、黄韦、汪群杰、纪欣欣、朱旭东、王宛。

桑枝、金银花、枸杞子和荷叶中413种农药及相关化学品残留量的测定 液相色谱-串联质谱法

1 范围

本标准规定了桑枝、金银花、枸杞子和荷叶中413种农药及相关化学品(参见附录A和附录E)残留量液相色谱-串联质谱测定方法。

本标准适用于桑枝、金银花、枸杞子和荷叶中413种农药及相关化学品残留量的测定。

本标准定量测定的402种农药及相关化学品方法检出限为0.01 μg/kg～1.26 mg/kg(参见附录A)。

2 规范性引用文件

下列文件中的条款通过本标准的引用而成为本标准的条款。凡是注日期的引用文件，其随后所有的修改单(不包括勘误的内容)或修订版均不适用于本标准，然而，鼓励根据本标准达成协议的各方研究是否可使用这些文件的最新版本。凡是不注日期的引用文件，其最新版本适用于本标准。

GB/T 6379.1 测量方法与结果的准确度(正确度与精密度) 第1部分：总则与定义(GB/T 6379.1—2004,ISO 5725-1:1994,IDT)

GB/T 6379.2 测量方法与结果的准确度(正确度与精密度) 第2部分：确定标准测量方法重复性与再现性的基本方法(GB/T 6379.2—2004,ISO 5725-2:1994,IDT)

GB/T 6682 分析实验室用水规格和试验方法(GB/T 6682—2008,ISO 3696:1987,MOD)

3 原理

试样用乙腈匀浆提取，盐析离心，固相萃取柱净化，用乙腈+甲苯(3+1)洗脱农药及相关化学品，用液相色谱-串联质谱仪测定，外标法定量。

4 试剂和材料

水为GB/T 6682规定的一级水。

4.1 乙腈：色谱纯。

4.2 甲苯：色谱纯。

4.3 甲醇：色谱纯。

4.4 环己烷：色谱纯。

4.5 异辛烷：色谱纯。

4.6 氯化钠：分析纯。

4.7 Cleanert TPH[1]柱：10 mL,2.0 g或相当者。

4.8 微孔过滤膜(尼龙)：13 mm×0.2 μm。

4.9 0.1%甲酸溶液(体积分数)。

---

1) Cleanert TPH是由Agela公司产品的商品名称，给出这一信息是为了方便本标准的使用者，并不是表示对该产品的认可。如果其他等效产品具有相同的效果，则可使用这些等效产品。

4.10 5 mmol/L 乙酸铵溶液。

4.11 乙腈＋甲苯(3＋1,体积比)。

4.12 乙腈＋水(3＋2,体积比)。

4.13 无水硫酸钠:分析纯。650 ℃灼烧 4 h,贮于干燥器中,冷却后备用。

4.14 农药及相关化学品标准物质:纯度≥95%,参见附录 A。

4.15 农药及相关化学品标准溶液

4.15.1 标准储备溶液

分别称取适量(精确至 0.1 mg)农药及相关化学品标准物于 10 mL 容量瓶中,根据标准物的溶解度选甲醇、甲苯、环己烷或异辛烷等溶剂溶解并定容至刻度(溶剂选择参见附录 A)。标准储备溶液避光 0 ℃～4 ℃保存,可使用一年。

4.15.2 混合标准溶液(混合标准溶液 A、B、C、D、E、F 和 G)

按照农药及相关化学品的性质和保留时间,将 413 种农药及相关化学品分成 A、B、C、D、E、F 和 G 七个组,并根据每种农药及相关化学品在仪器上的响应灵敏度,确定其在混合标准溶液中的浓度。本标准对 413 种农药及相关化学品的分组及其混合标准溶液浓度(参见附录 A)。

依据每种农药及相关化学品的分组、混合标准溶液浓度及其标准储备液的浓度,移取一定量的单个农药及相关化学品标准储备溶液于 100 mL 容量瓶中,用甲醇定容至刻度。混合标准溶液避光 0 ℃～4 ℃保存,可使用一个月。

4.15.3 基质混合标准工作溶液

农药及相关化学品基质混合标准工作溶液是用样品空白溶液配成不同浓度的基质混合标准工作溶液 A、B、C、D、E、F 和 G,用于做标准工作曲线。

基质混合标准工作溶液应现用现配。

5 仪器

5.1 液相色谱-串联质谱仪:配有电喷雾离子源(ESI)。

5.2 分析天平:感量 0.1 mg 和 0.01 g。

5.3 均质器:最大转速为 24 000 r/min。

5.4 离心机:最大转速为 4 200 r/min。

5.5 旋转蒸发器。

5.6 鸡心瓶:150 mL。

5.7 移液器:1 mL。

5.8 具塞离心管:50 mL。

5.9 样品瓶:2 mL,带聚四氟乙烯旋盖。

5.10 氮气吹干仪。

6 试样制备与保存

6.1 试样的制备

将桑枝、金银花和荷叶三种中草药研磨成细粉待用,枸杞子可直接使用。

6.2 试样的保存

将试样置于常温保存,注意密封防潮。

7 测定步骤

7.1 提取

分别称取金银花、枸杞子、荷叶和桑枝试样 2 g(精确至 0.01 g)于 50 mL 离心管中,加入 15 mL 乙腈(枸杞子试样需再加入 5 mL 水),15 000 r/min 匀浆提取 1 min,加入 2 g 氯化钠,再匀浆提取 1 min,4 200 r/min 离心 5 min,取全部上清液于 150 mL 鸡心瓶中,在离心管中再加入 15 mL 乙腈,重复匀浆提取 1 min,4 200 r/min 离心 5 min,取全部上清液与之前的提取液合并,于 40 ℃水浴旋转蒸发至 1 mL～2 mL,待净化。

7.2 净化

在 Cleanert TPH 柱上加入约 2 cm 高无水硫酸钠,置于固定架上。加样前先用 10 mL 乙腈＋甲苯(3＋1)预洗柱,当预洗液液面到达无水硫酸钠的顶部时,迅速将上述样品浓缩液(7.1)移入柱中,并用鸡心瓶接收淋出液。分别用 2 mL 乙腈＋甲苯(3＋1)洗涤鸡心瓶两次,洗涤液也同样转入柱中,柱上连接 25 mL 贮液器,用 25 mL 乙腈＋甲苯(3＋1)洗脱农药及相关化学品,洗脱液于 40 ℃水浴中旋转浓缩至 1 mL～2 mL,将浓缩液置于氮气吹干仪上吹干,加入 1 mL 的乙腈＋水(3＋2),混匀,0.2 μm 滤膜过滤,液相色谱-串联质谱测定。

7.3 液相色谱-串联质谱测定

7.3.1 A、B、C、D、E、F 组 LC-MS-MS 测定条件(ESI 正离子源)

a) 色谱柱:ZORBOX SB-C_{18},3.5 μm,100 mm×2.1 mm(内径)或相当者;

b) 流动相及梯度洗脱条件见表 1;

表 1 流动相及梯度洗脱条件表

步骤	总时间/min	流速/(μL/min)	流动相 A (0.1%甲酸水)/%	流动相 B(乙腈)/%
0	0.00	400	99.0	1.0
1	3.00	400	70.0	30.0
2	6.00	400	60.0	40.0
3	9.00	400	60.0	40.0
4	15.00	400	40.0	60.0
5	19.00	400	1.0	99.0
6	23.00	400	1.0	99.0
7	23.01	400	99.0	1.0

c) 柱温:40 ℃;

d) 进样量:10 μL;

e) 离子源:ESI;

f) 扫描方式:正离子扫描;

g) 检测方式:多反应监测;

h) 离子喷雾电压:4 000 V;

i) 雾化气压力:0.28 MPa;

j) 干燥气温度:350 ℃;

k) 干燥气流速:10 L/min;

l) 监测离子对、碰撞气能量和源内碎裂电压参见附录 B。

7.3.2 G 组 LC-MS-MS 测定条件(ESI 负离子源)

a) 色谱柱:ZORBOX SB-C_{18},3.5 μm,100 mm×2.1 mm(内径)或相当者;

b) 流动相及梯度洗脱条件见表 2;

表 2 流动相及梯度洗脱条件表

步骤	总时间/min	流速/(μL/min)	流动相 A (5mmol/L 乙酸铵水)/%	流动相 B(乙腈)/%
0	0.00	400	99.0	1.0
1	3.00	400	70.0	30.0
2	6.00	400	60.0	40.0
3	9.00	400	60.0	40.0
4	15.00	400	40.0	60.0
5	19.00	400	1.0	99.0
6	23.00	400	1.0	99.0
7	23.01	400	99.0	1.0

c) 柱温:40 ℃;

d) 进样量:10 μL;

e) 离子源:ESI;

f) 扫描方式:负离子扫描;

g) 检测方式:多反应监测;

h) 离子喷雾电压:4 000 V;

i) 雾化气压力:0.28 MPa;

j) 干燥气温度:350 ℃;

k) 干燥气流速:10 L/min;

l) 监测离子对、碰撞气能量和源内碎裂电压参见附录 B。

7.3.3 定性测定

在相同实验条件下进行样品测定时,如果检出的色谱峰的保留时间与标准样品相一致,并且在扣除背景后的样品质谱图中,所选择的离子均出现,而且所选择的离子丰度比与标准样品的离子丰度比相一致(相对丰度>50%,允许±20%偏差;相对丰度>20%~50%,允许±25%偏差;相对丰度>10%~20%,允许±30%偏差;相对丰度≤10%,允许±50%偏差),则可判断样品中存在这种农药或相关化学品。

7.3.4 定量测定

本标准中液相色谱-串联质谱采用外标-校准曲线法定量测定。为减少基质对定量测定的影响,定量用标准溶液应采用基质混合标准工作溶液绘制标准曲线,并且保证所测样品中农药及相关化学品的响应值均在仪器的线性范围内。413 种农药及相关化学品多反应监测(MRM)色谱图参见附录 C。

7.4 平行试验

按以上步骤对同一试样进行平行试验。

7.5 空白试验

除不称取试样外,均按上述步骤进行。

8 结果计算

液相色谱-串联质谱测定采用标准曲线法定量,标准曲线法定量结果按式(1)计算:

$$X_i = c_i \times \frac{V}{m} \times \frac{1\ 000}{1\ 000} \qquad \cdots\cdots(1)$$

式中：

X_i——试样中被测组分残留量，单位为毫克每千克(mg/kg)；

c_i——从标准曲线上得到的被测组分溶液浓度，单位为微克每毫升(μg/mL)；

V——样品溶液定容体积，单位为毫升(mL)；

m——样品溶液所代表试样的质量，单位为克(g)。

计算结果应扣除空白值。

9 精密度

本标准精密度数据是按照 GB/T 6379.1 和 GB/T 6379.2 的规定确定的，获得重复性和再现性的值是以 95%的可信度来计算。本标准方法的精密度数据参见附录 D。

附 录 A
（资料性附录）
413种农药及相关化学品中英文名称、方法检出限、分组、溶剂选择和混合标准溶液浓度表

413种农药及相关化学品中英文名称、方法检出限、分组、溶剂选择和混合标准溶液浓度表见表A.1。

表A.1 413种农药及相关化学品中英文名称、方法检出限、分组、溶剂选择和混合标准溶液浓度表

序号	中文名称	英文名称	检出限/(μg/kg)	溶剂	混合标准溶液浓度/(mg/L)
A组					
1	苯胺灵	propham	110.00	甲苯	11.00
2	异丙威	isoprocarb	2.30	甲醇	0.23
3	3,4,5-混杀威	3,4,5-trimethacarb	0.34	甲醇	0.03
4	环莠隆	cycluron	0.21	甲醇	0.02
5	甲萘威	carbaryl	10.32	甲醇	1.03
6	毒草胺	propachlor	0.27	甲醇	0.03
7	吡咪唑	rabenzazole	1.33	甲醇	0.13
8	西草净[a]	simetryn	0.14	甲醇	0.01
9	绿谷隆	monolinuron	3.56	甲醇	0.36
10	速灭磷	mevinphos	1.57	甲苯	0.16
11	叠氮津	aziprotryne	1.38	甲醇	0.14
12	密草通	secbumeton	0.07	甲醇	0.01
13	嘧菌磺胺	cyprodinil	0.74	甲醇	0.07
14	播土隆	buturon	8.96	甲醇	0.90
15	双酰草胺	carbetamide	3.64	甲醇	0.36
16	抗蚜威	pirimicarb	0.15	甲醇	0.02
17	异噁草松	clomazone dimethazone	0.42	甲醇	0.04
18	氰草津	cyanazine	0.16	甲醇	0.02
19	扑草净	prometryne	0.16	甲醇	0.02
20	甲基对氧磷	paraoxon methyl	0.76	甲醇	0.08
21	噻虫啉	thiacloprid	0.37	甲醇	0.04
22	吡虫啉	imidacloprid	22.00	甲醇	2.20
23	磺噻隆	ethidimuron	1.50	甲醇	0.15
24	丁嗪草酮	isomethiozin	1.07	甲醇	0.11
25	燕麦敌	diallate	89.20	甲醇	8.92
26	乙草胺	acetochlor	47.40	甲醇	4.74

表 A.1（续）

序号	中文名称	英文名称	检出限/(μg/kg)	溶剂	混合标准溶液浓度/(mg/L)
27	烯啶虫胺	nitenpyram	17.12	甲醇	1.71
28	盖草津	methoprotryne	0.24	甲醇	0.02
29	二甲酚草胺	dimethenamid	4.30	甲醇	0.43
30	特草灵	terbucarb	2.10	甲醇	0.21
31	戊菌唑	penconazole	2.00	甲醇	0.20
32	腈菌唑	myclobutanil	1.00	甲醇	0.10
33	多效唑	paclobutrazol	0.57	甲醇	0.06
34	倍硫磷亚砜	fenthion sulfoxide	0.31	甲醇	0.03
35	三唑醇	triadimenol	10.55	甲醇	1.06
36	仲丁灵	butralin	1.90	甲醇	0.19
37	螺噁茂胺	spiroxamine	0.05	甲醇	0.01
38	甲基立枯磷	tolclofos methyl	66.56	甲醇	6.66
39	甜菜胺	desmedipham	4.03	甲醇	0.40
40	杀扑磷	methidathion	10.66	甲醇	1.07
41	烯丙菊酯	allethrin	60.40	甲醇	6.04
42	二嗪磷	diazinon	0.71	甲苯	0.07
43	敌瘟磷	edifenphos	0.75	甲醇	0.08
44	氟硅唑	flusilazole	0.58	甲醇	0.06
45	丙森锌	iprovalicarb	2.32	甲醇	0.23
46	麦锈灵	benodanil	3.48	甲醇	0.35
47	氟酰胺	flutolanil	1.15	甲醇	0.11
48	氨磺磷	famphur	3.60	甲醇	0.36
49	苯霜灵	benalyxyl	1.24	甲醇	0.12
50	苄氯三唑醇	diclobutrazole	0.47	甲醇	0.05
51	乙环唑	etaconazole	1.78	甲醇	0.18
52	氯苯嘧啶醇	fenarimol	0.61	甲醇	0.06
53	胺菊酯	tetramethirn	1.82	甲醇	0.18
54	解草酯	cloquintocet mexyl	1.88	甲醇	0.19
55	联苯三唑醇	bitertanol	33.40	甲醇	3.34
56	甲基毒死蜱	chlorprifos methyl	16.00	甲醇	1.60
57	益棉磷	azinphos ethyl	108.93	甲醇	10.89
58	炔草酸	clodinafop propargyl	2.44	甲醇	0.24
59	杀铃脲	triflumuron	3.92	甲醇	0.39
60	异噁氟草	isoxaflutole	3.90	甲醇	0.39

表 A.1（续）

序号	中文名称	英文名称	检出限/(μg/kg)	溶剂	混合标准溶液浓度/(mg/L)
61	喹禾灵	quizalofop-ethyl	0.68	甲醇	0.07
62	精氟吡甲禾灵	haloxyfop-methyl	2.64	甲醇	0.26
63	吡氟禾草灵	fluazifop butyl	0.26	甲醇	0.03
64	乙基溴硫磷	bromophos-ethyl	567.69	甲醇	56.77
65	地散磷	bensulide	34.20	甲醇	3.42
66	溴苯烯磷	bromfenvinfos	3.02	甲醇	0.30
67	嘧菌酯	azoxystrobin	0.45	甲醇	0.05
68	吡菌磷	pyrazophos	1.62	甲醇	0.16
69	氟虫脲	flufenoxuron	3.17	甲醇	0.32
70	茚虫威	indoxacarb	7.54	甲醇	0.75
B组					
71	乙撑硫脲	ethylene thiourea	52.20	甲醇	5.22
72	棉隆	dazomet	127	甲醇	12.7
73	烟碱	nicotine	2.20	甲醇	0.22
74	非草隆	fenuron	1.03	甲醇	0.10
75	鼠立克	crimidine	1.56	甲醇	0.16
76	禾草敌	molinate	2.10	甲醇	0.21
77	6-氯-4-羟基-3-苯基哒嗪	6-chloro-4-hydroxy-3-phenyl-pyridazin	1.65	甲醇	0.17
78	残杀威	propoxur	24.40	甲醇	2.44
79	异唑隆	isouron	0.41	甲醇	0.04
80	绿麦隆	chlorotoluron	0.62	甲醇	0.06
81	久效威	thiofanox	157.00	甲醇	15.70
82	氯草灵	chlorbufam	183.00	甲醇	18.30
83	噁虫威	bendiocarb	3.18	甲醇	0.32
84	扑灭津	propazine	0.32	甲醇	0.03
85	特丁津	terbuthylazine	0.47	甲醇	0.05
86	敌草隆	diuron	1.56	甲醇	0.16
87	氯甲硫磷	chlormephos	448.00	甲醇	44.80
88	萎锈灵	carboxin	0.56	甲醇	0.06
89	噻虫胺	clothianidin	63.00	甲醇	6.30
90	拿草特	pronamide	15.38	甲醇	1.54
91	二甲草胺	dimethachloro	1.90	甲醇	0.19
92	溴谷隆	methobromuron	16.84	甲苯	1.68
93	甲拌磷	phorate	314.00	甲醇	31.40

表 A.1（续）

序号	中文名称	英文名称	检出限/(μg/kg)	溶剂	混合标准溶液浓度/(mg/L)
94	苯草醚	aclonifen	24.20	甲醇	2.42
95	地安磷	mephosfolan	2.32	甲醇	0.23
96	脱苯甲基亚胺唑	imibenzonazole-des-benzyl	6.22	甲醇	0.62
97	草不隆	neburon	7.10	甲醇	0.71
98	精甲霜灵	mefenoxam	1.54	甲醇	0.15
99	乙氧呋草黄	ethofume sate	372.00	甲醇	37.20
100	异稻瘟净	iprobenfos	8.28	甲醇	0.83
101	环丙唑醇	cyproconazole	0.73	甲醇	0.07
102	噻虫嗪	thiamethoxam	33.00	甲醇	3.30
103	育畜磷	crufomate	0.52	甲醇	0.05
104	乙嘧硫磷	etrimfos	18.76	甲醇	1.88
105	赛灭磷	cythioate	80.00	甲醇	8.00
106	磷胺	phosphamidon	3.88	甲醇	0.39
107	甜菜宁[a]	phenmedipham	8.96	甲醇	0.45
108	环酰菌胺	fenhexamid	0.95	甲醇	0.09
109	粉唑醇	flutriafol	8.58	甲醇	0.86
110	抑菌丙胺酯	furalaxyl	0.77	甲醇	0.08
111	生物丙烯菊酯	bioallethrin	198.00	甲醇	19.80
112	苯腈磷	cyanofenphos	20.80	甲醇	2.08
113	甲基嘧啶磷	pirimiphos methyl	0.20	甲醇	0.02
114	噻嗪酮	buprofezin	0.88	甲醇	0.09
115	乙拌磷砜	disulfoton sulfone	2.46	甲醇	0.25
116	喹螨醚	fenazaquin	0.32	甲醇	0.03
117	三唑磷	triazophos	0.68	甲苯	0.07
118	脱叶磷[a]	DEF	1.61	甲醇	0.16
119	环酯草醚	pyriftalid	0.62	甲醇	0.06
120	叶菌唑	metconazole	1.32	甲醇	0.13
121	蚊蝇醚	pyriproxyfen	0.43	甲醇	0.04
122	异噁酰草胺	isoxaben	0.19	甲醇	0.02
123	呋草酮	flurtamone	0.44	甲醇	0.04
124	氟乐灵	trifluralin	334.80	甲苯	33.48
125	甲基麦草氟异丙酯	flamprop methyl	20.20	甲醇	2.02
126	丙环唑	propiconazole	1.76	甲醇	0.18
127	毒死蜱	chlorpyrifos	53.80	甲醇	5.38

表 A.1（续）

序号	中文名称	英文名称	检出限/(μg/kg)	溶剂	混合标准溶液浓度/(mg/L)
128	氯乙氟灵	fluchloralin	488.00	甲醇	48.80
129	麦草氟异丙酯	flamprop isopropyl	0.43	甲醇	0.04
130	杀虫畏	tetrachlorvinphos	2.22	甲苯	0.22
131	炔螨特	propargite	68.60	甲醇	6.86
132	糠菌唑	bromuconazole	3.14	甲醇	0.31
133	氟吡酰草胺	picolinafen	0.73	甲醇	0.07
134	氟噻乙草酯	fluthiacet methyl	5.30	甲醇	0.53
135	肟菌酯	trifloxystrobin	2	甲醇	0.20
136	氟铃脲	hexaflumuron	25.20	甲醇	2.52
137	氟酰脲	novaluron	8.04	甲醇	0.80
138	—	flurazuron	26.80	甲醇	2.68
C组					
139	抑芽丹	maleic hydrazide	80.00	甲醇	8.00
140	甲胺磷	methamidophos	4.93	甲醇	0.49
141	茵草敌	EPTC	37.34	甲醇	3.73
142	避蚊胺	diethyltoluamide	0.55	甲醇	0.06
143	灭草隆	monuron	34.74	甲醇	3.47
144	嘧霉胺	pyrimethanil	0.68	甲醇	0.07
145	黑穗胺[a]	fenfuram	0.78	甲醇	0.08
146	灭藻醌	quinoclamine	7.92	甲醇	0.79
147	仲丁威	fenobucarb	5.90	甲醇	0.59
148	敌稗	propanil	21.59	甲醇	2.16
149	克百威	carbofuran	13.06	甲醇	1.31
150	啶虫脒[a]	acetamiprid	1.44	甲醇	0.14
151	嘧菌胺	mepanipyrim	0.32	甲醇	0.03
152	扑灭通	prometon	0.13	甲醇	0.01
153	甲硫威	methiocarb	41.20	甲醇	4.12
154	甲氧隆	metoxuron	0.64	甲醇	0.06
155	乐果	dimethoate	7.60	甲醇	0.76
156	伏草隆	fluometuron	0.92	甲醇	0.09
157	百治磷	dicrotophos	1.14	甲醇	0.11
158	庚酰草胺	monalide	1.20	甲醇	0.12
159	双苯酰草胺	diphenamid	0.14	甲醇	0.01
160	灭线磷	ethoprophos	2.76	甲醇	0.28

表 A.1（续）

序号	中文名称	英文名称	检出限/(μg/kg)	溶剂	混合标准溶液浓度/(mg/L)
161	地虫硫磷	fonofos	7.46	甲醇	0.75
162	土菌灵	etridiazol	100.42	甲醇	10.04
163	环嗪酮	hexazinone	0.12	甲醇	0.01
164	阔草净	dimethametryn	0.11	甲醇	0.01
165	内吸磷	demeton(*o*+*s*)	6.77	甲醇	0.68
166	解草酮	benoxacor	6.90	甲醇	0.69
167	除草定	bromacil	23.60	甲醇	2.36
168	甲拌磷亚砜	phorate sulfoxide	368.28	甲醇	36.83
169	溴莠敏	brompyrazon	3.60	甲醇	0.36
170	灭锈胺	mepronil	0.38	甲醇	0.04
171	乙拌磷	disulfoton	469.70	甲醇	46.97
172	倍硫磷	fenthion	52.00	甲醇	5.20
173	甲霜灵	metalaxyl	0.50	甲醇	0.05
174	甲呋酰胺	ofurace	1.00	甲醇	0.10
175	吗菌灵	dodemorph	0.40	甲醇	0.04
176	甲基咪草酯	imazamethabenz-methyl	0.16	甲醇	0.02
177	稻瘟灵	isoprothiolane	1.85	甲醇	0.18
178	抑霉唑	imazalil	2.00	甲醇	0.20
179	辛硫磷	phoxim	82.80	甲醇	8.28
180	喹硫磷	quinalphos	2.00	甲醇	0.20
181	苯氧威	fenoxycarb	18.27	甲醇	1.83
182	嘧啶磷	pyrimitate	0.17	甲醇	0.02
183	丰索磷	fensulfothin	2.00	甲醇	0.20
184	氯咯草酮	fluorochloridone	13.78	甲醇	1.38
185	丁草胺	butachlor	20.07	甲醇	2.01
186	亚胺菌	kresoxim-methyl	100.58	甲醇	10.06
187	戊叉菌唑	triticonazole	3.02	异辛烷	0.30
188	苯线磷亚砜	fenamiphos sulfoxide	0.74	甲醇	0.07
189	噻吩草胺	thenylchlor	24.14	甲醇	2.41
190	氰菌胺	fenoxanil	39.40	甲醇	3.94
191	杀草吡啶	fluridone	0.18	甲醇	0.02
192	氟环唑	epoxiconazole	4.06	甲醇	0.41
193	氯辛硫磷	chlorphoxim	77.57	甲醇	7.76
194	苯线磷砜	fenamiphos sulfone	0.45	甲醇	0.04

表 A.1（续）

序号	中文名称	英文名称	检出限/(μg/kg)	溶剂	混合标准溶液浓度/(mg/L)
195	腈苯唑	fenbuconazole	1.65	甲醇	0.16
196	异柳磷	isofenphos	218.67	甲醇	21.87
197	苯醚菊酯	phenothrin	339.20	甲醇	33.92
198	哌草磷	piperophos	9.24	甲醇	0.92
199	增效醚	piperonyl butoxide	1.13	甲醇	0.11
200	乙氧氟草醚	oxyflurofen	58.55	甲醇	5.85
201	蝇毒磷	coumaphos	2.10	甲醇	0.21
202	氟噻草胺	flufenacet	5.30	甲醇	0.53
203	伏杀硫磷	phosalone	48.04	甲醇	4.80
204	甲氧虫酰肼	methoxyfenozide	3.70	甲醇	0.37
205	咪鲜胺	prochloraz	2.07	甲醇	0.21
206	丙硫特普	aspon	1.73	甲醇	0.17
207	乙硫磷	ethion	2.96	甲醇	0.30
208	丁醚脲	diafenthiuron	0.28	甲醇	0.03
209	氟硫草定	dithiopyr	10.40	甲醇	1.04
210	唑螨酯	fenpyroximate	1.36	甲醇	0.14
211	胺氟草酯	flumiclorac-pentyl	10.61	甲醇	1.06
212	双硫磷	temephos	1.22	甲醇	0.12
213	氟丙嘧草酯	butafenacil	9.50	甲醇	0.95
D组					
214	噻菌灵	thiabendazole	0.49	甲醇	0.05
215	苯嗪草酮	metamitron	6.36	甲醇	0.64
216	异丙隆	isoproturon	0.14	甲醇	0.01
217	莠去通	atratone	0.18	甲醇	0.02
218	敌草净	oesmetryn	0.17	甲醇	0.02
219	赛克津	metribuzin	0.54	甲苯	0.05
220	—	DMST	40.00	甲醇	4.00
221	环草敌	cycloate	4.44	甲醇	0.44
222	莠去津	atrazine	0.36	甲醇	0.04
223	丁草敌	butylate	302.00	甲醇	30.20
224	吡蚜酮	pymetrozin	34.28	甲醇	3.43
225	氯草敏	chloridazon	2.33	甲醇	0.23
226	菜草畏	sulfallate	207.20	甲苯	20.72
227	乙硫苯威	ethiofencarb	4.92	甲醇	0.49

表 A.1（续）

序号	中文名称	英文名称	检出限/(μg/kg)	溶剂	混合标准溶液浓度/(mg/L)
228	特丁通	terbumeton	0.10	甲醇	0.01
229	环丙津	cyprazine	0.04	甲醇	0.40
230	莠灭津	ametryn	0.96	甲醇	0.10
231	木草隆	tebuthiuron	0.22	甲醇	0.02
232	草达津	trietazine	0.60	甲醇	0.06
233	另丁津	sebutylazine	0.31	甲醇	0.03
234	畜虫避	dibutyl succinate	222.40	甲醇	22.24
235	牧草胺	tebutam	0.14	甲醇	0.01
236	久效威亚砜	thiofanox-sulfoxide	8.29	甲醇	0.83
237	虫螨畏	methacrifos	242.37	甲醇	242.37
238	特丁净	terbutryn	0.02	甲醇	0.002
239	虫线磷	thionazin	22.68	甲醇	2.27
240	利谷隆	linuron	11.63	甲醇	1.16
241	庚虫磷	heptanophos	5.84	甲醇	0.58
242	苄草丹	prosulfocarb	0.37	甲醇	0.04
243	杀草净	dipropetryn	6.96	甲醇	0.70
244	禾草丹	thiobencarb	0.27	甲醇	0.03
245	三正丁基磷酸盐	tri-*n*-butyl phosphate	0.37	甲醇	0.04
246	乙霉威	diethofencarb	2.00	甲醇	0.20
247	甲草胺	alachlor	7.40	甲醇	0.74
248	硫线磷	cadusafos	1.15	甲醇	0.12
249	吡唑草胺	metazachlor	0.98	甲醇	0.10
250	胺丙畏	propetamphos	54.00	甲醇	5.40
251	硅氟唑	simeconazole	2.94	甲醇	0.29
252	三唑酮	triadimefon	7.88	甲醇	0.79
253	甲拌磷砜	phorate sulfone	42.00	甲醇	4.20
254	十三吗啉	tridemorph	2.60	甲醇	0.26
255	苯噻酰草胺	mefenacet	2.21	甲醇	0.22
256	丁苯吗琳	fenpropimorph	0.18	甲醇	0.02
257	戊唑醇	tebuconazole	2.23	甲醇	0.22
258	异丙乐灵	isopropalin	30.00	甲醇	3.00
259	氟苯嘧啶醇	nuarimol	1.00	甲醇	0.10
260	乙嘧酚磺酸酯	bupirimate	0.70	甲醇	0.07
261	保棉磷	azinphos-methyl	110.433	甲醇	110.43

表 A.1（续）

序号	中文名称	英文名称	检出限/(μg/kg)	溶剂	混合标准溶液浓度/(mg/L)
262	丁基嘧啶磷	tebupirimfos	0.13	甲醇	0.01
263	稻丰散	phenthoate	92.35	甲醇	9.24
264	治螟磷	sulfotep	2.60	甲醇	0.26
265	硫丙磷	sulprofos	5.84	甲苯	0.58
266	苯硫磷	EPN	33.00	甲醇	3.30
267	烯唑醇	diniconazole	1.34	甲醇	0.13
268	纹枯脲	pencycuron	0.27	甲醇	0.03
269	灭蚜磷	mecarbam	19.60	甲醇	1.96
270	苯草酮	tralkoxydim	0.32	甲醇	0.03
271	马拉硫磷	malathion	5.64	甲醇	0.56
272	稗草畏	pyributicarb	0.34	甲醇	0.03
273	哒嗪硫磷	pyridaphenthion	0.87	甲醇	0.09
274	嘧啶磷	pirimiphos-ethyl	0.05	甲醇	0.50
275	吡唑硫磷	pyraclofos	1.00	甲醇	0.10
276	啶氧菌酯	picoxystrobin	8.44	甲醇	0.84
277	四氟醚唑	tetraconazole	1.72	甲醇	0.17
278	吡唑解草酯	mefenpyr-diethyl	12.56	甲醇	1.26
279	丙溴磷	profenefos	2.02	甲醇	0.20
280	百克敏	pyraclostrobin	0.51	甲醇	0.05
281	噻唑烟酸	thiazopyr	1.96	甲醇	0.20
		E组			
282	4-氨基吡啶[a]	4-aminopyridine	0.87	甲醇	0.09
283	灭多威	methomyl	9.56	甲醇	0.96
284	咯喹酮	pyroquilon	3.48	甲醇	0.35
285	麦穗灵	fuberidazole	1.89	甲醇	0.19
286	丁脒酰胺	isocarbamid	1.70	甲醇	0.17
287	丁酮威	butocarboxim	1.57	甲醇	0.16
288	杀虫脒	chlordimeform	1.33	甲醇	0.13
289	霜脲氰[a]	cymoxanil	55.60	甲醇	5.56
290	灭草敌	vernolate	0.26	甲醇	0.03
291	氯硫酰草胺	chlorthiamid	8.82	甲醇	0.88
292	灭害威	aminocarb	16.42	甲醇	1.64
293	甲菌定	dimethirimol	0.12	甲醇	0.01
294	氧乐果	omethoate	9.65	甲醇	0.97

表 A.1（续）

序号	中文名称	英文名称	检出限/(μg/kg)	溶剂	混合标准溶液浓度/(mg/L)
295	乙氧呋啉	ethoxyquin	3.52	甲醇	0.35
296	敌敌畏	dichlorvos	0.55	甲醇	0.05
297	涕灭威砜	aldicarb sulfone	21.40	甲醇	2.14
298	二氧威	dioxacarb	3.36	甲醇	0.34
299	乙硫苯威亚砜	ethiofencarb-sulfoxide	224.00	甲醇	22.40
300	杀螟腈[a]	cyanophos	10.12	甲醇	1.01
301	甲基乙拌磷	thiometon	578.00	甲醇	57.80
302	灭菌丹	folpet	138.60	甲醇	13.86
303	砜吸磷	demeton-*s*-methyl sulfone	19.76	甲醇	1.98
304	哌草丹	dimepiperate	1260.00	甲醇	126.00
305	苯锈定	fenpropidin	0.18	甲醇	0.02
306	赛硫磷	amidithion	658.00	甲醇	65.80
307	乙基对氧磷	paraoxon-ethyl	0.47	甲醇	0.05
308	4-十二烷基-2,6-二甲基吗啉	aldimorph	3.16	甲醇	0.32
309	乙烯菌核利	vinclozolin	2.54	甲醇	0.25
310	烯效唑	uniconazole	2.40	甲醇	0.24
311	啶斑肟	pyrifenox	0.27	甲醇	0.03
312	异氯磷	dicapthon	0.24	甲醇	0.02
313	四螨嗪	clofentezine	0.76	甲醇	0.08
314	氟草敏	norflurazon	0.26	甲醇	0.03
315	野麦畏	triallate	46.20	甲醇	4.62
316	苯氧喹啉	quinoxyphen	153.40	甲醇	15.34
317	倍硫磷砜	fenthion sulfone	17.46	甲醇	1.75
318	氟咯草酮	flurochloridone	1.29	甲醇	0.13
319	酞酸苯甲基丁酯	phthalic acid,benzyl butyl ester	632.00	甲醇	63.20
320	氯唑磷	isazofos	0.18	甲醇	0.02
321	除线磷	dichlofenthion	30.20	甲醇	3.02
322	蚜灭多砜	vamidothion sulfone	476.00	甲醇	47.60
323	特丁硫磷砜	terbufos sulfone	88.60	甲醇	8.86
324	敌乐胺	dinitramine	1.79	甲苯	0.18
325	毒壤磷	trichloronate	66.80	甲醇	6.68
326	苄呋菊酯-2	resmethrin-2	0.30	甲醇	0.03
327	啶酰菌胺	boscalid	4.76	甲醇	0.48

表 A.1（续）

序号	中文名称	英文名称	检出限/(μg/kg)	溶剂	混合标准溶液浓度/(mg/L)
328	甲磺乐灵	nitralin	34.40	甲醇	3.44
329	甲氰菊酯	fenpropathrin	245.00	甲醇	24.50
330	噻螨酮	hexythiazox	23.60	甲醇	2.36
331	苯螨特[a]	benzoximate	19.66	甲醇	1.97
332	新燕灵	benzoylprop-ethyl	308.00	甲醇	30.80
333	嘧螨醚	pyrimidifen	14.00	甲醇	1.40
334	呋线威	furathiocarb	1.92	甲醇	0.19
335	反式氯菊酯	*trans*-permethin	4.80	甲醇	0.48
336	醚菊酯	etofenprox	228.00	甲醇	228.00
337	呋草唑	pyrazoxyfen	0.33	甲醇	0.03
338	己体氯氰菊酯	*zeta* cypermethrin	0.68	甲醇	0.07
339	精氟吡乙禾灵	haloxyfop-2-ethoxyethyl	2.50	甲醇	0.25
340	氟胺氰菊酯	*tau*-fluvalinate	230.00	甲醇	23.00
		F组			
341	丙烯酰胺	acrylamide	17.80	甲醇	1.78
342	叔丁基胺	*tert*-butylamine	38.95	甲醇	3.90
343	邻苯二甲酰亚胺	phthalimide	43.00	甲醇	4.30
344	甲氟磷	dimefox	68.20	甲醇	6.82
345	速灭威	metolcarb	25.40	甲醇	2.54
346	二苯胺	diphenylamin	0.41	甲醇	0.04
347	萘乙酸基乙酰亚胺	1-naphthy acetamide	0.81	甲醇	0.08
348	脱乙基莠去津	atrazine-desethyl	0.62	甲醇	0.06
349	2,6-二氯苯甲酰胺	2,6-dichlorobenzamide	4.50	甲醇	0.45
350	涕灭威	aldicarb	261.00	甲醇	26.10
351	酞酸二甲酯	dimethyl phthalate	13.20	甲醇	1.32
352	杀虫脒盐酸盐[a]	chlordimeform hydrochloride	2.64	甲醇	0.26
353	西玛通	simeton	1.10	甲醇	0.11
354	呋虫胺	dinotefuram	10.18	甲醇	1.02
355	克草敌	pebulate	3.40	甲醇	0.34
356	活化酯	acibenzolar-*s*-methyl	3.08	甲醇	0.31
357	蔬果磷	dioxabenzofos	13.84	甲醇	1.38
358	杀线威肟	oxamyl-oxime	548.06	甲醇	54.81
359	甲基苯噻隆	methabenzthiazuron	0.07	甲醇	0.01
360	丁酮砜威	butoxycarboxim	26.60	甲醇	2.66

表 A.1（续）

序号	中文名称	英文名称	检出限/(μg/kg)	溶剂	混合标准溶液浓度/(mg/L)
361	砜吸磷亚砜	demeton-*s*-methyl sulfoxide	3.92	甲醇	0.39
362	久效威砜	thiofanox sulfone	24.08	甲醇	2.41
363	硫环磷	phosfolan	0.49	环己烷	0.05
364	硫赶内吸磷	demeton-*s*	80.00	甲醇	8.00
365	氧倍硫磷	fenthion oxon	1.19	甲醇	0.12
366	萘丙胺	napropamide	1.27	甲醇	0.13
367	杀螟硫磷	fenitrothion	26.80	甲醇	2.68
368	酞酸二丁酯	phthalic acid,dibutyl ester	39.60	甲醇	3.96
369	丙草胺	metolachlor	0.39	甲醇	0.04
370	腐霉利	procymidone	86.60	甲醇	8.66
371	蚜灭多	vamidothion	4.56	甲醇	0.46
372	威菌磷	triamiphos	0.01	甲醇	0.10
373	苄草隆	cumyluron	1.32	甲醇	0.13
374	亚胺硫磷	phosmet	17.72	甲醇	1.77
375	皮蝇磷	ronnel (fenchlorphos)	13.13	甲醇	1.31
376	除虫菊素	pyrethrin	35.80	甲醇	3.58
377	酞酸二环已酯	phthalic acid,biscyclohexyl ester	0.68	甲醇	0.07
378	环丙酰胺	carpropamid	5.20	甲醇	0.52
379	吡螨胺	tebufenpyrad	0.25	甲醇	0.03
380	虫酰肼	tebufenozide	27.80	甲醇	2.78
381	虫螨磷	chlorthiophos	31.80	甲醇	3.18
382	氯亚磷	dialifos	157.00	甲醇	15.70
383	吲哚酮草酯	cinidon-ethyl	14.58	甲醇	1.46
384	鱼滕酮	rotenone	2.32	甲醇	0.23
385	亚胺唑	imibenconazole	10.26	甲醇	1.03
386	噁草酸	propaquiafop	1.24	甲醇	0.12
387	乳氟禾草灵	lactofen	62.00	甲醇	6.20
388	吡草酮	benzofenap	0.08	甲醇	0.01
389	地乐酯	dinoseb acetate	41.28	甲醇	4.13
390	甲基咪草烟	imazapic	1.68	甲醇	0.17
391	异丙草胺	propisochlor	0.80	甲醇	0.08
392	氟硅菊酯	silafluofen	608.00	甲醇	60.80
393	四唑酰草胺	fentrazamide	12.40	甲醇	1.24
394	五氯苯胺	pentachloroaniline	3.74	甲醇	0.37

表 A.1（续）

序号	中文名称	英文名称	检出限/(μg/kg)	溶剂	混合标准溶液浓度/(mg/L)
395	苯醚氰菊酯	cyphenothrin	16.80	甲醇	1.68
396	噁唑隆[a]	dimefuron	4.00	甲醇	0.40
397	马拉氧磷	malaoxon	4.69	甲醇	0.47
G组					
398	茅草枯	dalapon	230.74	甲醇	23.07
399	2-苯基苯酚	2-phenylphenol	169.88	甲醇	16.99
400	3-苯基苯酚	3-phenylphenol	4.00	甲醇	0.40
401	氯硝胺	dicloran	48.56	甲醇	4.86
402	氯苯胺灵	chlorpropham	15.77	甲醇	1.58
403	特草定	terbacil	0.88	甲醇	0.09
404	杀螨醇	chlorfenethol	164.30	甲醇	16.43
405	灭幼脲	chlorobenzuron	20.40	甲醇	2.04
406	氯霉素	chloramphenicolum	3.88	甲醇	0.39
407	安磺灵	oryzalin	4.91	甲醇	0.49
408	噁唑菌酮	famoxadone	45.29	甲醇	4.53
409	吡氟酰草胺	diflufenican	28.27	甲醇	2.83
410	乙虫清	ethiprole	39.85	甲醇	3.99
411	氟啶胺	fluazinam	70.60	甲醇	7.06
412	克来范	kelevan	964.282	甲醇	964.28
413	氟丙菊酯	acrinathrin	8.08	甲醇	0.81

a 为定性鉴别的农药及相关化学品品种。

附 录 B
（资料性附录）
413 种农药及相关化学品监测离子对、碰撞气能量、源内碎裂电压和保留时间

413 种农药及相关化学品监测离子对、碰撞气能量、源内碎裂电压和保留时间见表 B.1。

表 B.1 413 种农药及相关化学品监测离子对、碰撞气能量、源内碎裂电压和保留时间

序号	中文名称	英文名称	保留时间/min	定量离子	定性离子	源内碎裂电压/V	碰撞气能量/V
A 组							
1	苯胺灵	propham	8.80	180.1/138.0	180.1/138.0;180.1/120.0	80	5;15
2	异丙威	isoprocarb	8.38	194.1/95.0	194.1/95.0;194.1/137.1	80	20;5
3	3,4,5-混杀威	3,4,5-trimethacarb	8.38	194.2/137.2	194.2/137.2;194.2/122.2	80	5;20
4	环莠隆	cycluron	7.73	199.4/72.0	199.4/72.0;199.4/89.0	120	25;15
5	甲萘威	carbaryl	7.45	202.1/145.1	202.1/145.1;202.1/127.1	80	10;5
6	毒草胺	propachlor	8.75	212.1/170.1	212.1/170.1;212.1/94.1	100	10;30
7	吡咪唑	rabenzazole	7.54	213.2/172.0	213.2/172.0;213.2/118.0	120	25;25
8	西草净	simetryn	5.32	214.2/124.1	214.2/124.1;214.2/96.1	120	20;25
9	绿谷隆	monolinuron	7.82	215.1/126.0	215.1/126.0;215.1/148.1	100	15;10
10	速灭磷	mevinphos	5.17	225.0/127.0	225.0/127.0;225.0/193.0	80	15;1
11	叠氮津	aziprotryne	10.40	226.1/156.1	226.1/156.1;226.1/198.1	100	10;10
12	密草通	secbumeton	5.56	226.2/170.1	226.2/170.1;226.2/142.1	120	20;25
13	嘧菌磺胺	cyprodinil	9.24	226.0/93.0	226.0/93.0;226.0/108.0	120	40;30
14	播土隆	buturon	9.38	237.1/84.1	237.1/84.1;237.1/126.1	120	30;15
15	双酰草胺	carbetamide	5.80	237.1/192.1	237.1/192.1;237.1/118.1	80	5;10
16	抗蚜威	pirimicarb	4.20	239.2/72.0	239.2/72.0;239.2/182.2	120	20;15
17	异噁草松	clomazone dimethazone	9.36	240.1/125.0	240.1/125.0;240.1/89.1	100	20;50
18	氰草津	cyanazine	6.38	241.1/214.1	241.1/214.1;241.1/174.0	120	15;15
19	扑草净	prometryne	7.66	242.2/158.1	242.2/158.1;242.2/200.2	120	20;20
20	甲基对氧磷	paraoxon-methyl	6.20	248.0/202.1	248.0/202.1;248.0/90.0	120	20;30
21	噻虫啉	thiacloprid	5.65	253.1/126.1	253.1/126.1;253.1/186.1	120	20;10
22	吡虫啉	imidacloprid	4.73	256.1/209.1	256.1/209.1;256.1/175.1	80	10;10
23	磺噻隆	ethidimuron	4.62	265.1/208.1	265.1/208.1;265.1/162.1	80	10;25
24	丁嗪草酮	isomethiozin	14.20	269.1/200.0	269.1/200.0;269.1/172.1	120	15;25

表 B.1（续）

序号	中文名称	英文名称	保留时间/min	定量离子	定性离子	源内碎裂电压/V	碰撞气能量/V
25	燕麦敌	diallate	17.40	270.0/86.0	270.0/86.0;270.0/109.0	100	15;35
26	乙草胺	acetochlor	13.70	270.2/224.0	270.2/224.0;270.2/148.2	80	5;20
27	烯啶虫胺	nitenpyram	3.87	271.1/224.1	271.1/224.1;271.1/237.1	100	15;15
28	盖草津	methoprotryne	6.47	272.2/198.2	272.2/198.2;272.2/170.1	140	25;30
29	二甲酚草胺	dimethenamid	10.50	276.1/244.1	276.1/244.1;276.1/168.1	120	10;15
30	特草灵	terbucarb	16.50	278.2/166.1	278.2/166.1;278.2/109.0	80	15;30
31	戊菌唑	penconazole	13.70	284.1/70.0	284.1/70.0;284.1/159.0	120	15;20
32	腈菌唑	myclobutanil	12.10	289.1/125.0	289.1/125.0;289.1/70.0	120	20;15
33	多效唑	paclobutrazol	10.32	294.2/70.0	294.2/70.0;294.2/125.0	100	15;25
34	倍硫磷亚砜	fenthionsulfoxide	7.31	295.1/109.0	295.1/109.0;295.1/280.0	140	35;20
35	三唑醇	triadimenol	10.15	296.1/70.0	296.1/70.0;296.1/99.1	80	10;10
36	仲丁灵	butralin	18.60	296.1/240.1	296.1/240.1;296.1/222.1	100	10;20
37	螺噁茂胺	spiroxamine	9.90	298.2/144.2	298.2/144.2;298.2/100.1	120	20;35
38	甲基立枯磷	tolclofosmethyl	16.60	301.2/269.0	301.2/269.0;301.2/125.2	120	15;20
39	甜菜胺	desmedipham	10.65	301.2/182.1	301.2/182.1;301.2/136.1	80	5;20
40	杀扑磷	methidathion	10.69	303.0/145.1	303.0/145.1;303.0/85.0	80	5;10
41	烯丙菊酯	allethrin	18.10	303.2/135.1	303.2/135.1;303.2/123.2	60	10;20
42	二嗪磷	diazinon	15.95	305.0/169.1	305.0/169.1;305.0/153.2	160	20;20
43	敌瘟磷	edifenphos	3.00	311.1/283.0	311.1/283.0;311.1/109.0	100	10;35
44	氟硅唑	flusilazole	13.60	316.1/247.1	316.1/247.1;316.1/165.1	120	15;20
45	丙森锌	iprovalicarb	12.00	321.1/119.0	321.1/119.0;321.1/203.2	100	25;5
46	麦锈灵	benodanil	9.80	324.1/203.0	324.1/203.0;324.1/231.0	120	25;40
47	氟酰胺	flutolanil	14.00	324.2/262.1	324.2/262.1;324.2/282.1	120	20;10
48	氨磺磷	famphur	10.30	326.0/217.0	326.0/217.0;326.0/281.0	100	20;10
49	苯霜灵	benalyxyl	15.19	326.2/148.1	326.2/148.1;326.2/294.0	120	1;5
50	苄氯三唑醇	diclobutrazole	12.20	328.0/159.0	328.0/159.0;328.0/70.0	120	35;30
51	乙环唑	etaconazole	11.75	328.1/159.1	328.1/159.1;328.1/205.1	80	25;20
52	氯苯嘧啶醇	fenarimol	12.20	331.0/268.1	331.0/268.1;331.0/81.0	120	25;30
53	胺菊酯	tetramethirn	17.85	332.2/164.1	332.2/164.1;332.2/135.1	100	15;15
54	解草酯	cloquintocetmexyl	17.36	336.1/238.1	336.1/238.1;336.1/192.1	120	15;20
55	联苯三唑醇	bitertanol	13.90	338.2/70.0	338.2/70.0;338.2/269.2	60	5;1
56	甲基毒死蜱	chlorprifosmethyl	16.72	322.0/125.0	322/125.0;322.0/290.0	80	15;15
57	益棉磷	azinphosethyl	14.00	346.0/233.0	346.0/233.0;346.0/261.1	120	10;5

表 B.1（续）

序号	中文名称	英文名称	保留时间/min	定量离子	定性离子	源内碎裂电压/V	碰撞气能量/V
58	炔草酸	clodinafoppropargyl	16.09	350.1/266.1	350.1/266.1;350.1/238.1	120	15;20
59	杀铃脲	triflumuron	15.59	359.0/156.1	359.0/156.1;359.0/139.0	120	15;30
60	异噁氟草	isoxaflutole	12.00	360.0/251.1	360.0/251.1;360.0/220.1	120	10;45
61	喹禾灵	quizalofop-ethyl	17.40	373.0/299.1	373.0/299.1;373.0/91.0	140	15;30
62	精氟吡甲禾灵	haloxyfop-methyl	17.11	376.0/316.0	376.0/316.0;376.0/288.0	120	15;20
63	吡氟禾草灵	fluazifopbutyl	18.24	384.1/282.1	384.1/282.1;384.1/328.1	120	20;15
64	乙基溴硫磷	bromophos-ethyl	19.15	393.0/337.0	393.0/337.0;393.0/162.1	100	20;30
65	地散磷	bensulide	16.18	398.0/158.1	398.0/158.1;398.0/314.0	80	20;5
66	溴苯烯磷	bromfenvinfos	15.22	402.9/170.0	402.9/170.0;402.9/127.0	100	35;20
67	嘧菌酯	azoxystrobin	12.50	404.0/372.0	404.0/372.0;404.0/344.1	120	10;15
68	吡菌磷	pyrazophos	16.20	374.0/222.0	374.0/222.0;374.0/194.0	120	20;30
69	氟虫脲	flufenoxuron	18.30	489.0/158.1	489.0/158.1;489.0/141.1	80	10;15
70	茚虫威	indoxacarb	17.43	528.0/150.0	528.0/150.0;528.0/218.0	120	20;20
				B组			
71	乙撑硫脲	ethylenethiourea	0.74	103.0/60.0	103.0/60.0;103.0/86.0	100	35;10
72	棉隆	dazomet	3.80	163.1/120.0	163.1/120.0;163.1/77.0	80	10;35
73	烟碱	nicotine	0.74	163.2/130.1	163.2/130.1;163.2/117.1	100	25;30
74	非草隆	fenuron	4.50	165.1/72.0	165.1/72.0;165.1/120.0	120	15;15
75	鼠立克	crimidine	4.47	172.1/107.1	172.1/107.1;172.1/136.2	120	30;25
76	禾草敌	molinate	11.30	188.1/126.1	188.1/126.1;188.1/83.0	120	10;15
77	6-氯-4-羟基-3-苯基哒嗪	6-chloro-4-hydroxy-3-phenyl-pyridazin	12.86	207.1/77.0	207.1/77.0;207.1/104.0	120	25;35
78	残杀威	propoxur	6.79	210.1/111.0	210.1/111.0;210.1/168.1	80	10;5
79	异唑隆	isouron	6.11	212.2/167.1	212.2/167.1;212.2/72.0	120	15;25
80	绿麦隆	chlorotoluron	7.23	213.1/72.0	213.1/72.0;213.1/140.1	80	25;25
81	久效威	thiofanox	1.00	241.0/184.0	241.0/184.0;241.0/57.1	120	15;5
82	氯草灵	chlorbufam	11.67	224.1/172.1	224.1/172.1;224.1/154.1	120	5;15
83	噁虫威	bendiocarb	6.87	224.1/109.0	224.1/109.0;224.1/167.1	80	5;10
84	扑灭津	propazine	9.37	229.9/146.1	229.9/146.1;229.9/188.1	120	20;15
85	特丁津	terbuthylazine	10.15	230.1/174.1	230.1/174.1;230.1/132.0	120	15;20
86	敌草隆	diuron	7.82	233.1/72.0	233.1/72.0;233.1/160.1	120	20;20
87	氯甲硫磷	chlormephos	13.70	235.0/125.0	235.0/125.0;235.0/75.0	100	10;10
88	萎锈灵	carboxin	7.67	236.1/143.1	236.1/143.1;236.1/87.0	120	15;20

表 B.1（续）

序号	中文名称	英文名称	保留时间/min	定量离子	定性离子	源内碎裂电压/V	碰撞气能量/V
89	噻虫胺	clothianidin	4.40	250.2/169.1	250.2/169.1;250.2/132.0	80	10;15
90	拿草特	pronamide	11.81	256.1/190.1	256.1/190.1;256.1/173.0	80	10;20
91	二甲草胺	dimethachloro	8.96	256.1/224.2	256.1/224.2;256.1/148.2	120	10;20
92	溴谷隆	methobromuron	8.25	259.0/170.1	259.0/170.1;259.0/148.0	80	15;15
93	甲拌磷	phorate	16.55	261.0/75.0	261.0/75.0;261.0/199.0	80	10;5
94	苯草醚	aclonifen	14.70	265.1/248.0	265.1/248.0;265.1/193.0	120	15;15
95	地安磷	mephosfolan	5.97	270.1/140.1	270.1/140.1;270.1/168.1	100	25;15
96	脱苯甲基亚胺唑	imibenzonazole-des-benzyl	5.96	271.0/174.0	271.0/174.0;271/70.0	120	25;25
97	草不隆	neburon	14.17	275.1/57.0	275.1/57.0;275.1/88.1	120	20;15
98	精甲霜灵	mefenoxam	7.92	280.1/192.1	280.1/192.1;280.1/220.0	100	15;10
99	乙氧呋草黄	ethofumesate	12.86	287.0/121.0	287.0/121.0;287.0/161.0	80	10;20
100	异稻瘟净	iprobenfos	13.50	289.1/91.0	289.1/91.0;289.1/205.1	80	25;5
101	环丙唑醇	cyproconazole	10.59	292.1/70.0	292.1/70.0;292.1/125.0	120	15;15
102	噻虫嗪	thiamethoxam	4.05	292.1/211.2	292.1/211.2;292.1/181.1	80	10;20
103	育畜磷	crufomate	11.56	292.1/236.0	292.1/236.0;292.1/108.1	120	20;30
104	乙嘧硫磷	etrimfos	6.16	293.1/125.0	293.1/125.0;293.1/265.1	80	20;15
105	赛灭磷	cythioate	6.59	298.0/217.1	298.0/217.1;298.0/125.0	100	15;25
106	磷胺	phosphamidon	5.77	300.1/174.1	300.1/174.1;300.1/127.0	120	10;20
107	甜菜宁	phenmedipham	10.69	301.1/168.1	301.1/168.1;301.1/136.0	80	5;20
108	环酰菌胺	fenhexamid	12.33	302.0/97.1	302.0/97.1;302.0/55.0	80	30;25
109	粉唑醇	flutriafol	7.55	302.1/70.0	302.1/70.0;302.1/123.0	120	15;20
110	抑菌丙胺酯	furalaxyl	10.77	302.2/242.2	302.2/242.2;302.2/270.2	100	15;5
111	生物丙烯菊酯	bioallethrin	18.00	303.1/135.1	303.1/135.1;303.1/107.0	80	10;20
112	苯腈磷	cyanofenphos	16.44	304.0/157.0	304.0/157.0;304.0/276.0	100	20;10
113	甲基嘧啶磷	pirimiphosmethyl	15.50	306.2/164.0	306.2/164.0;306.2/108.1	120	20;30
114	噻嗪酮	buprofezin	13.34	306.2/201.0	306.2/201.0;306.2/116.1	120	15;10
115	乙拌磷砜	disulfotonsulfone	9.79	307.0/97.0	307.0/97.0;307.0/125.0	100	30;10
116	喹螨醚	fenazaquin	18.80	307.2/57.1	307.2/57.1;307.2/161.2	120	20;15
117	三唑磷	triazophos	13.80	314.1/162.1	314.1/162.1;314.1/286.0	120	20;10
118	脱叶磷	DEF	19.21	315.1/169.0	315.1/169.0;315.1/113.0	100	10;20
119	环酯草醚	pyriftalid	12.00	319.0/139.1	319.0/139.1;319.0/179.0	140	35;35
120	叶菌唑	metconazole	13.77	320.2/70.0	320.2/70.0;320.2/125.0	140	35;55

表 B.1（续）

序号	中文名称	英文名称	保留时间/min	定量离子	定性离子	源内碎裂电压/V	碰撞气能量/V
121	蚊蝇醚	pyriproxyfen	18.00	322.1/96.0	322.1/96.0;322.1/227.1	120	15;10
122	异噁酰草胺	isoxaben	13.21	333.1/165.0	333.1/165.0;333.1/150.1	120	15;50
123	呋草酮	flurtamone	11.25	334.1/247.1	334.1/247.1;334.1/303.0	120	30;20
124	氟乐灵	trifluralin	12.86	336.0/138.9	336.0/138.9;336.0/103.0	120	20;45
125	甲基麦草氟异丙酯	flampropmethyl	13.20	336.1/105.1	336.1/105.1;336.1/304.0	80	20;5
126	丙环唑	propiconazole	14.29	342.1/159.1	342.1/159.1;342.1/69.0	120	20;20
127	毒死蜱	chlorpyrifos	18.29	350.0/198.0	350.0/198.0;350.0/79.0	100	20;35
128	氯乙氟灵	fluchloralin	17.68	356.0/186.0	356.0/314.1;356.0/63.0	80	15;30
129	麦草氟异丙酯	flampropisopropyl	16.00	364.1/105.1	364.1/105.1;364.1/304.1	80	20;5
130	杀虫畏	tetrachlorvinphos	13.70	365.0/127.0	365.0/127.0;365.0/239.0	120	15;15
131	炔螨特	propargite	18.77	368.1/231.0	368.1/231.0;368.1/175.1	100	5;15
132	糠菌唑	bromuconazole	12.70	376.0/159.0	376.0/159.0;376.0/70.0	80	20;20
133	氟吡酰草胺	picolinafen	17.74	377.0/238.0	377.0/238.0;377.0/359.0	120	20;20
134	氟噻乙草酯	fluthiacetmethyl	14.80	404.0/215.0	404.0/215.0;404.0/274.0	180	50;10
135	肟菌酯	trifloxystrobin	17.44	409.3/186.1	409.3/186.1;409.3/206.2	120	15;10
136	氟铃脲	hexaflumuron	16.90	461.0/141.1	461.0/141.1;461.0/158.1	120	35;35
137	氟酰脲	novaluron	17.39	493.0/158.0	493.0/158.0;493.0/141.1	80	15;55
138	—	flurazuron	18.10	506.0/158.1	506.0/158.1;506.0/141.1	120	15;50
C组							
139	抑芽丹	maleichydrazide	0.73	113.1/67.1	113.1/67.1;113.1/85.0	100	20;20
140	甲胺磷	methamidophos	0.74	142.1/94.0	142.1/94.0;142.1/125.0	80	15;10
141	茵草敌	EPTC	14.00	190.2/86.0	190.2/86.0;190.2/128.1	100	10;10
142	避蚊胺	diethyltoluamide	7.70	192.2/119.0	192.2/119.0;192.2/91.0	100	15;30
143	灭草隆	monuron	5.94	199.0/72.0	199.0/72.0;199.0/126.0	120	15;15
144	嘧霉胺	pyrimethanil	6.70	200.2/107.0	200.2/107.0;200.2/183.1	120	25;25
145	黑穗胺	fenfuram	7.48	202.1/109.0	202.1/109.0;202.1/83.0	120	20;20
146	灭藻醌	quinoclamine	6.09	208.1/105.0	208.1/105.0;208.1/154.1	120	30;20
147	仲丁威	fenobucarb	9.92	208.2/95.0	208.2/95.0;208.2/152.1	80	10;5
148	敌稗	propanil	9.09	218.0/162.1	218.0/162.1;218.0/127.0	120	15;20
149	克百威	carbofuran	6.81	222.3/165.1	222.3/165.1;222.3/123.1	120	5;20
150	啶虫脒	acetamiprid	4.86	223.2/126.0	223.2/126.0;223.2/56.0	120	15;15
151	嘧菌胺	mepanipyrim	12.23	224.2/77.0	224.2/77.0;224.2/106.0	120	30;25

表 B.1(续)

序号	中文名称	英文名称	保留时间/min	定量离子	定性离子	源内碎裂电压/V	碰撞气能量/V
152	扑灭通	prometon	5.40	226.2/142.0	226.2/142.0;226.2/184.1	120	20;20
153	甲硫威	methiocarb	4.51	226.2/121.1	226.2/121.1;226.2/169.1	80	10;5
154	甲氧隆	metoxuron	5.59	229.1/72.0	229.1/72.0;229.1/156.1	120	20;20
155	乐果	dimethoate	4.88	230.0/199.0	230.0/199.0;230.0/171.0	80	5;10
156	伏草隆	fluometuron	7.27	233.1/72.0	233.1/72.0;233.1/160.0	120	20;20
157	百治磷	dicrotophos	3.97	238.1/112.1	238.1/112.1;238.1/193.0	80	10;5
158	庚酰草胺	monalide	14.50	240.1/85.1	240.1/85.1;240.1/57.0	120	15;35
159	双苯酰草胺	diphenamid	9.00	240.1/134.1	240.1/134.1;240.1/167.1	120	20;25
160	灭线磷	ethoprophos	11.98	243.1/173.0	243.1/173.0;243.1/215.0	120	10;10
161	地虫硫磷	fonofos	16.10	247.1/109.0	247.1/109.0;247.1/137.1	80	15;5
162	土菌灵	etridiazol	17.20	247.1/183.1	247.1/183.1;247.1/132.0	120	15;15
163	环嗪酮	hexazinone	5.66	253.2/171.1	253.2/171.1;253.2/71.0	120	15;20
164	阔草净	dimethametryn	8.79	256.2/186.1	256.2/186.1;256.2/96.1	140	20;35
165	内吸磷	demeton(*o*+*s*)	8.59	259.1/89.0	259.1/89.0;259.1/61.0	60	10;35
166	解草酮	benoxacor	10.83	260.0/149.2	260.0/149.2;260/134.1	120	15;20
167	除草定	bromacil	5.78	261.0/205.0	261.0/205.0;261.0/188.0	80	10;20
168	甲拌磷亚砜	phoratesulfoxide	7.34	277.0/143.0	277.0/143.0;277.0/199.0	100	15;5
169	溴莠敏	brompyrazon	4.69	266.0/92.0	266.0/92.0;266.0/104.0	120	30;30
170	灭锈胺	mepronil	13.15	270.2/119.1	270.2/119.1;270.2/228.2	100	30;15
171	乙拌磷	disulfoton	16.80	275.0/89.0	275.0/89.0;275.0/61.0	80	5;20
172	倍硫磷	fenthion	15.54	279.0/169.1	279.0/169.1;279.0/247.0	120	15;10
173	甲霜灵	metalaxyl	7.75	280.1/192.2	280.1/192.2;280.1/220.2	120	15;20
174	甲呋酰胺	ofurace	7.65	282.1/160.2	282.1/160.2;282.1/254.2	120	20.1
175	吗菌灵	dodemorph	8.45	282.3/116.1	282.3/116.1;282.3/98.1	120	20;30
176	噻唑硫磷	imazamethabenz-methyl	4.38	284.1/228.1	284.1/228.1;284.1/104.0	80	5;20
177	稻瘟灵	isoprothiolane	13.17	291.1/189.1	291.1/189.1;291.1/231.1	80	20;5
178	抑霉唑	imazalil	6.86	297.0/159.0	297.0/159.0;297/255.0	120	20;20
179	辛硫磷	phoxim	16.80	299.0/77.0	299.0/77.0;299.0/129.0	80	20;10
180	喹硫磷	quinalphos	14.80	299.1/147.1	299.1/147.1;299.1/163.1	120	20;20
181	苯氧威	fenoxycarb	18.10	362.1/288.0	362.1/288.0;362.1/244.0	120	20;20
182	嘧啶磷	pyrimitate	14.00	306.1/170.2	306.1/170.2;306.1/154.2	120	20;20
183	丰索磷	fensulfothin	8.55	309.0/157.1	309.0/157.1;309.0/253.0	120	25;15

表 B.1（续）

序号	中文名称	英文名称	保留时间/min	定量离子	定性离子	源内碎裂电压/V	碰撞气能量/V
184	氯咯草酮	fluorochloridone	13.80	312.1/292.1	312.1/292.1;312.1/89.0	100	25;25
185	丁草胺	butachlor	18.00	312.2/238.1	312.2/238.1;312.2/162.0	80	10;20
186	亚胺菌	kresoxim-methyl	15.20	314.1/267.0	314.1/267.0;314.1/206.0	80	5;5
187	戊叉菌唑	triticonazole	10.55	318.2/70.0	318.2/70.0;318.2/125.1	120	15;35
188	苯线磷亚砜	fenamiphossulfoxide	5.87	320.1/171.1	320.1/171.1;320.1/292.1	140	25;15
189	噻吩草胺	thenylchlor	14.00	324.1/127.0	324.1/127.0;324.1/59.0	80	10;45
190	氰菌胺	fenoxanil	18.81	329.1/302.0	329.1/302.0;329.1/189.1	80	5;30
191	杀草吡啶	fluridone	10.30	330.1/309.1	330.1/309.1;330.1/259.2	160	40;55
192	氟环唑	epoxiconazole	18.81	330.1/141.1	330.1/141.1;330.1/121.1	120	20;20
193	氯辛硫磷	chlorphoxim	17.15	333.0/125.0	333.0/125.0;333/163.1	80	5;5
194	苯线磷砜	fenamiphossulfone	6.63	336.1/188.2	336.1/188.2;336.1/266.2	120	30;20
195	腈苯唑	fenbuconazole	13.40	337.1/70.0	337.1/70.0;337.1/125.0	120	20;20
196	异柳磷	isofenphos	17.25	346.1/217.0	346.1/217.0;346.1/245.0	80	20;10
197	苯醚菊酯	phenothrin	19.70	351.1/183.2	351.1/183.2;351.1/237.0	100	15;5
198	哌草磷	piperophos	17.00	354.1/171.0	354.1/171.0;354.1/143.0	100	20;30
199	增效醚	piperonylbutoxide	17.75	356.2/177.1	356.2/177.1;356.2/119.0	100	10;35
200	乙氧氟草醚	oxyflurofen	18.00	362.0/316.1	362.0/316.1;362/237.1	120	10;25
201	蝇毒磷	coumaphos	16.42	363.1/227.2	363.1/227.2;363.1/307.1	120	20;15
202	氟噻草胺	flufenacet	14.00	364.0/194.0	364.0/194.0;364.0/152.0	80	5;10
203	伏杀硫磷	phosalone	16.79	368.1/182.0	368.1/182.0;368.1/322.0	80	10;5
204	甲氧虫酰肼	methoxyfenozide	13.41	313.0/149.0	313.0/149.0;313.0/91.0	100	10;35
205	咪鲜胺	prochloraz	11.79	376.1/308.0	376.1/308.0;376.1/266.0	80	10;10
206	丙硫特普	aspon	19.22	379.1/115.0	379.1/115.0;379.1/210.0	80	30;15
207	乙硫磷	ethion	18.46	385.0/199.1	385.0/199.1;385.0/171.0	80	5;15
208	丁醚脲	diafenthiuron	6.40	388.1/167.0	388.1/167.0;388.1/141.1	120	10;10
209	氟硫草定	dithiopyr	17.81	402.0/354.0	402.0/354.0;402.0/272.0	120	20;30
210	唑螨酯	fenpyroximate	18.66	422.2/366.2	422.2/366.2;422.2/135.0	120	10;35
211	胺氟草酯	flumiclorac-pentyl	18.00	441.1/308.0	441.1/308.0;441.1/354.0	100	25;10
212	双硫磷	temephos	18.30	467.0/125.0	467.0/125.0;467.0/155.0	100	30;30
213	氟丙嘧草酯	butafenacil	15.00	492.0/180.0	492.0/180.0;492.0/331.0	120	35;25
D组							
214	噻菌灵	thiabendazole	3.32	202.1/175.1	202.1/175.1;202.1/131.1	120	30;30
215	苯嗪草酮	metamitron	4.18	203.1/175.1	203.1/175.1;203.1/104.0	120	15;20

表 B.1（续）

序号	中文名称	英文名称	保留时间/min	定量离子	定性离子	源内碎裂电压/V	碰撞气能量/V
216	异丙隆	isoproturon	7.44	207.2/72.0	207.2/72.0;207.2/165.1	120	15;15
217	莠去通	atratone	4.46	212.2/170.2	212.2/170.2;212.2/100.1	120	15;30
218	敌草净	oesmetryn	4.92	214.1/172.1	214.1/172.1;214.1/82.1	120	15;25
219	赛克津	metribuzin	7.16	215.1/187.2	215.1/187.2;215.1/131.1	120	15;20
220	—	DMST	7.06	215.3/106.1	215.3/106.1;215.3/151.2	80	10;5
221	环草敌	cycloate	15.95	216.2/83.0	216.2/83.0;216.2/154.1	120	15;10
222	莠去津	atrazine	7.20	216.0/174.2	216.0/174.2;216.0/132	120	15;20
223	丁草敌	butylate	17.20	218.1/57.0	218.1/57.0;218.1/156.2	80	10;5
224	吡蚜酮	pymetrozin	0.73	218.1/105.1	218.1/105.1;218.1/78.0	100	20;40
225	氯草敏	chloridazon	4.35	222.1/104.0	222.1/104.0;222.1/92.0	120	25;35
226	菜草畏	sulfallate	15.25	224.1/116.1	224.1/116.1;224.1/88.2	100	10;20
227	乙硫苯威	ethiofencarb	4.48	227.0/107.0	227.0/107.0;227.0/164.0	80	5;5
228	特丁通	terbumeton	5.25	226.2/170.1	226.2/170.1;226.2/114.0	120	15;20
229	环丙津	cyprazine	7.15	228.2/186.1	228.2/186.1;228.2/108.1	120	15;25
230	莠灭津	ametryn	5.85	228.2/186.0	228.2/186.0;228.2/68.0	120	20;35
231	木草隆	tebuthiuron	5.30	229.2/172.2	229.2/172.2;229.2/116.0	120	15;20
232	草达津	trietazine	12.00	230.1/202.0	230.1/202.0;230.1/132.1	160	20;20
233	另丁津	sebutylazine	8.65	230.1/174.1	230.1/174.1;230.1/104.0	12	15;30
234	畜虫避	dibutylsuccinate	14.80	231.1/101.0	231.1/101.0;231.1/157.1	60	1;10
235	牧草胺	tebutam	13.04	234.2/91.1	234.2/91.1;234.2/192.2	120	20;15
236	久效威亚砜	thiofanox-sulfoxide	4.08	235.1/104.0	235.1/104.0;235.1/57.0	60	5;20
237	虫螨畏	methacrifos	10.03	241.0/209.0	241.0/209;241.0/125.0	60	5;20
238	特丁净	terbutryn	7.44	242.2/186.1	242.2/186.1;242.2/71.0	120	15;20
239	虫线磷	thionazin	8.84	249.1/97.0	249.1/97.0;249.1/193.0	80	30;10
240	利谷隆	linuron	9.84	249.0/160.1	249.0/160.1;249.0/182.1	100	15;15
241	庚虫磷	heptanophos	7.85	251.0/127.0	251.0/127.0;251.0/109.0	80	10;30
242	苄草丹	prosulfocarb	17.10	252.1/91.0	252.1/91.0;252.1/128.1	120	15;10
243	杀草净	dipropetryn	8.58	256.1/144.1	256.1/144.1;256.1/214.0	140	30;20
244	禾草丹	thiobencarb	15.80	258.1/125.0	258.1/125.0;258.1/89.0	80	20;55
245	三正丁基磷酸盐	tri-*n*-butylphosphate	15.45	267.2/99.0	267.2/99.0;267.2/155.1	80	5;15
246	乙霉威	diethofencarb	10.40	268.1/226.2	268.1/226.2;268.1/152.1	80	5;20
247	甲草胺	alachlor	13.15	270.2/238.2	270.2/238.2;270.2/162.2	80	10;20

表 B.1（续）

序号	中文名称	英文名称	保留时间/min	定量离子	定性离子	源内碎裂电压/V	碰撞气能量/V
248	硫线磷	cadusafos	15.27	271.1/159.1	271.1/159.1;271.1/131.0	80	10;20
249	吡唑草胺	metazachlor	8.36	278.1/134.1	278.1/134.1;278.1/210.1	80	20;5
250	胺丙畏	propetamphos	13.60	282.1/138.0	282.1/138;282.1/156.1	80	15;10
251	硅氟唑	simeconazole	11.00	294.2/70.1	294.2/70.1;294.2/135.1	120	15;15
252	三唑酮	triadimefon	11.88	294.2/69.0	294.2/69.0;294.2/197.1	100	20;15
253	甲拌磷砜	phoratesulfone	9.34	293.0/171.0	293.0/171.0;293.0/143.1	60	5;15
254	十三吗啉	tridemorph	14.00	298.3/130.1	298.3/130.1;298.3/57.1	160	25;35
255	苯噻酰草胺	mefenacet	11.60	299.1/148.1	299.1/148.1;299.1/120.1	100	15;25
256	丁苯吗琳	fenpropimorph	9.10	304.0/147.2	304.0/147.2;304.0/130.0	120	30;30
257	戊唑醇	tebuconazole	12.44	308.2/70.0	308.2/70.0;308.2/125.0	100	25;25
258	异丙乐灵	isopropalin	19.05	310.2/225.7	310.2/225.7;310.2/207.7	120	15;20
259	氟苯嘧啶醇	nuarimol	9.20	315.1/252.1	315.1/252.1;315.1/81.0	120	25;30
260	乙嘧酚磺酸酯	bupirimate	9.52	317.2/166.0	317.2/166.0;317.2/272.0	120	25;20
261	保棉磷	azinphos-methyl	10.45	318.1/125.0	318.1/125.0;318.1/160.0	80	15;10
262	丁基嘧啶磷	tebupirimfos	18.15	319.1/277.1	319.1/277.1;319.1/153.2	120	10;30
263	稻丰散	phenthoate	15.57	321.1/247.0	321.1/247.0;321.1/163.1	80	5;10
264	治螟磷	sulfotep	16.35	323.0/171.1	323.0/171.1;323.0/143.0	120	10;20
265	硫丙磷	sulprofos	18.40	323.0/219.1	323.0/219.1;323.0/247.0	120	15;10
266	苯硫磷	EPN	17.10	324.0/296.0	324.0/296.0;324.0/157.1	120	10;20
267	烯唑醇	diniconazole	13.67	326.1/70.0	326.1/70.0;326.1/159.0	120	25;30
268	纹枯脲	pencycuron	16.33	329.2/125.0	329.2/125.0;329.2/218.1	120	20;15
269	灭蚜磷	mecarbam	14.46	330.0/227.0	330.0/227.0;330.0/199.0	80	5;10
270	苯草酮	tralkoxydim	18.09	330.2/284.2	330.2/284.2;330.2/138.1	100	10;20
271	马拉硫磷	malathion	13.20	331.0/127.1	331.0/127.1;331.0/99.0	80	5;10
272	稗草畏	pyributicarb	18.26	331.1/181.1	331.1/181.1;331.1/108.0	120	10;20
273	哒嗪硫磷	pyridaphenthion	12.32	341.1/189.2	341.1/189.2;341.1/205.2	120	20;20
274	嘧啶磷	pirimiphos-ethyl	17.75	334.2/198.2	334.2/198.2;334.2/182.2	120	20;25
275	吡唑硫磷	pyraclofos	15.34	361.1/257.0	361.1/257.0;361.1/138.0	120	25;35
276	啶氧菌酯	picoxystrobin	15.40	368.1/145.0	368.1/145.0;368.1/205.0	80	20;5
277	四氟醚唑	tetraconazole	12.54	372.0/159.0	372.0/159.0;372.0/70.0	120	35;35
278	吡唑解草酯	mefenpyr-diethyl	16.80	373.0/327.0	373.0/327.0;373.0/160.0	80	15;35
279	丙溴磷	profenefos	16.74	373.0/302.9	373.0/302.9;373.0/345.0	120	15;10
280	百克敏	pyraclostrobin	16.04	388.0/163.0	388.0/163.0;388.0/194.0	120	20;10

表 B.1(续)

序号	中文名称	英文名称	保留时间/min	定量离子	定性离子	源内碎裂电压/V	碰撞气能量/V
281	噻唑烟酸	thiazopyr	16.15	397.1/377.0	397.1/377.0;397.1/335.1	140	20;30
E组							
282	4-氨基吡啶	4-aminopyridine	0.72	95.1/52.1	95.1/52.1;95.1/78.1	120	25;5
283	灭多威	methomyl	3.76	163.2/88.1	163.2/88.1;163.2/106.1	80	5;10
284	咯喹酮	pyroquilon	5.87	174.1/117.1	174.1/117.1;174.1/132.2	140	35;25
285	麦穗灵	fuberidazole	3.66	185.2/157.2	185.2/157.2;185.2/92.1	120	20;25
286	丁脒酰胺	isocarbamid	4.35	186.2/87.1	186.2/87.1;186.2/130.1	80	20;5
287	丁酮威	butocarboxim	5.30	213.0/75.1	213.0/75.1;213.0/156.1	100	15;5
288	杀虫脒	chlordimeform	4.13	197.2/117.1	197.2/117.1;197.2/89.1	120	25;50
289	霜脲氰	cymoxanil	4.95	199.1/111.1	199.1/111.1;199.1/128.1	80	20;15
290	灭草敌	vernolate	3.47	204.2/128.2	204.2/128.2;204.2/175.5	100	10;10
291	氯硫酰草胺	chlorthiamid	5.80	206.0/189.0	206.0/189.0;206.0/119.0	80	15;50
292	灭害威	aminocarb	0.75	209.3/137.1	209.3/137.1;209.3/152.1	100	20;10
293	甲菌定	dimethirimol	4.20	210.2/71.1	210.2/71.1;210.2/140.0	120	25;20
294	氧乐果	omethoate	0.75	214.1/125.0	214.1/125.0;214.1/183.0	80	20;5
295	乙氧呋啉	ethoxyquin	7.19	218.2/174.2	218.2/174.2;218.2/160.1	120	30;35
296	敌敌畏	dichlorvos	4.20	222.9/109.0	222.9.0/109.0;222.9/79.0	120	15;30
297	涕灭威砜	aldicarbsulfone	3.50	223.1/76.0	223.1/76.0;223.1/148.0	80	5;5
298	二氧威	dioxacarb	4.70	224.1/123.1	224.1/123.1;224.1/167.1	80	15;5
299	乙硫苯威亚砜	ethiofencarb-sulfoxide	3.95	242.2/107.1	242.2/107.1;242.2/185.1	80	15;5
300	杀螟腈	cyanophos	6.89	244.2/180.0	244.2/180.0;244.2/125.0	120	20;15
301	甲基乙拌磷	thiometon	7.16	247.1/171.0	247.1/171.0;247.1/89.1	100	10;10
302	灭菌丹	folpet	12.82	260.0/130.0	260.0/130.0;260.0/102.3	100	10;40
303	砜吸磷	demeton-*s*-methyl-sulfone	3.96	263.1/169.1	263.1/169.1;263.1/125.0	80	15;20
304	哌草丹	dimepiperate	16.82	286.1/168.0	286.1/168.0;286.1/119.1	80	10;10
305	苯锈定	fenpropidin	8.96	274.0/147.1	274.0/147.1;274.0/86.1	160	25;25
306	甲咪唑烟酸	amidithion	4.80	276.2/163.2	276.2/163.2;276.2/216.2;276.2/86.1	120	20;20;25
307	乙基对氧磷	paraoxon-ethyl	8.00	276.2/220.1	276.2/220.1;276.2/94.1	100	10;40
308	4-十二烷基-2,6-二甲基吗啉	aldimorph	14.10	284.4/57.2	284.4/57.2;284.4/98.1	160	30;30

表 B.1（续）

序号	中文名称	英文名称	保留时间/min	定量离子	定性离子	源内碎裂电压/V	碰撞气能量/V
309	乙烯菌核利	vinclozolin	14.66	286.1/242.0	286.1/242.0;286.1/145.1	100	5;45
310	烯效唑	uniconazole	11.69	292.1/70.1	292.1/70.1;292.1/125.1	120	30;30
311	啶斑肟	pyrifenox	7.42	295.0/93.1	295.0/93.1;295.0/163.0	120	15;15
312	异氯磷	dicapthon	14.47	298.0/125.0	298.0/125.0;298.0/266.1	80	10;10
313	四螨嗪	clofentezine	16.18	303.0/138.0	303.0/138.0;303.0/156.0	100	25;25
314	氟草敏	norflurazon	8.08	304.0/284.0	304.0/284.0;304.0/160.1	140	25;35
315	野麦畏	triallate	18.52	304.0/143.0	304.0/143.0;304.0/86.1	120	25;15
316	苯氧喹啉	quinoxyphen	17.05	308.0/197.0	308.0/197.0;308.0/272.0	180	35;35
317	倍硫磷砜	fenthion sulfone	8.71	311.1/125.0	311.1/125.0;311.1/109.0	140	15;20
318	氟咯草酮	flurochloridone	13.34	312.2/292.2	312.2/292.2;312.2/53.1	140	25;30
319	酞酸苯甲基丁酯	phthalic acid, benzyl butyl ester	17.34	313.2/91.1	313.2/91.1;313.2/149.0;313.2/205.1	80	10;10;5
320	氯唑磷	isazofos	13.67	314.1/162.1	314.1/162.1;314.1/120.0	100	10;35
321	除线磷	dichlofenthion	18.15	315.0/259.0	315.0/259.0;315.0/287.0	100	10;5
322	蚜灭多砜	vamidothion sulfone	2.45	178.0/87.0	178.0/87.0;178.0/60.0	100	15;10
323	特丁硫磷砜	terbufos sulfone	12.57	321.2/171.1	321.2/171.1;321.2/143.0	80	5;15
324	敌乐胺	dinitramine	15.80	323.1/305.0	323.1/305.0;323.1/247.0	120	10;15
325	毒壤磷	trichloronate	5.10	325.2/261.3	325.2/261.3;325.2/108.0	80	5;15
326	苄呋菊酯-2	resmethrin-2	12.35	339.2/171.1	339.2/171.1;339.2/143.1	80	10;25
327	啶酰菌胺	boscalid	12.20	343.2/307.2	343.2/307.2;343.2/271.0	140	20;35
328	甲磺乐灵	nitralin	15.15	346.1/304.1	346.1/304.1;346.1/262.1	100	10;20
329	甲氰菊酯	fenpropathrin	19.00	350.2/125.2	350.2/125.2;350.2/97.0	120	5;20
330	噻螨酮	hexythiazox	18.23	353.1/168.1	353.1/168.1;353.1/228.1	120	20;10
331	苯螨特	benzoximate	17.00	386.1/197.0	386.1/197.0;386.1/199.2	140	30;30
332	新燕灵	benzoylprop-ethyl	16.00	366.1/105.0	366.1/105.0;366.1/77.0	80	15;35
333	嘧螨醚	pyrimidifen	13.69	378.2/184.1	378.2/184.1;378.2/150.2	140	15;40
334	呋线威	furathiocarb	17.85	383.3/195.1	383.3/195.1;383.3/252.1;383.3/167.0	100	10;5;25
335	反式氯菊酯	*trans*-permethin	21.00	391.3/149.1	391.3/149.1;391.3/167.1	100	10;10
336	醚菊酯	etofenprox	19.73	394.0/177.0	394.0/177.0;394.0/359.0	100	15;5
337	呋草唑	pyrazoxyfen	14.30	403.2/91.1	403.2/91.1;403.2/105.1;403.2/139.1	140	25;20;20
338	己体氯氰菊酯	*zeta* cypermethrin	20.45	433.3/416.2	433.3/416.2;433.3/191.2	100	5;10

表 B.1（续）

序号	中文名称	英文名称	保留时间/min	定量离子	定性离子	源内碎裂电压/V	碰撞气能量/V
339	精氟吡乙禾灵	haloxyfop-2-ethoxy-ethyl	17.65	434.1/316.0	434.1/316.0;434.1/288.0;434.1/91.2	120	15;20;45
340	氟胺氰菊酯	*tau*-fluvalinate	19.58	503.2/181.2	503.2/181.2;503.2/208.1	80	25;15
F组							
341	丙烯酰胺	acrylamide	0.73	72.0/55.0	72.0/55.0;72.0/27.0	100	10;10
342	叔丁基胺	*tert*-butylamine	0.65	74.1/46.0	74.1/46.0;74.1/56.8	120	5;5
343	邻苯二甲酰亚胺	phthalimide	0.74	148.0/130.1	148.0/130.1;148.0/102.0	100	10;25
344	甲氟磷	dimefox	3.88	155.1/110.1	155.1/110.1;155.1/135.0	120	20;10
345	速灭威	metolcarb	6.50	166.2/109.0	166.2/109.0;166.2/97.1	80	15;50
346	二苯胺	diphenylamin	13.06	170.2/93.1	170.2/93.1;170.2/152.0	120	30;30
347	萘乙酸基乙酰亚胺	1-naphthy acetamide	5.30	186.2/141.1	186.2/141.1;186.2/115.1	100	15;45
348	脱乙基莠去津	atrazine-desethyl	4.43	188.2/146.1	188.2/146.1;188.2/104.1	120	10;20
349	2;6-二氯苯甲酰胺	2,6-dichlorobenza-mide	3.85	190.1/173.0	190.1/173.0;190.1/145.0	100	20;30
350	涕灭威	aldicarb	5.42	213.0/89.0	213.0/89.0;213.0/116.0	100	30;10
351	酞酸二甲酯	dimethyl phthalate	3.50	217.0/86.0	217.0/86.0;217.0/156.0	100	15;20
352	杀虫脒盐酸盐	chlordimeform hyd-rochloride	4.00	197.2/117.1	197.2/117.1;197.2/89.1	120	25;50
353	西玛通	simeton	3.94	198.2/100.1	198.2/100.1;198.2/128.2	120	25;20
354	呋虫胺	dinotefuram	3.06	203.3/129.2	203.3/129.2;203.3/87.1	80	5;10
355	克草敌	pebulate	16.05	204.2/72.1	204.2/72.1;204.2/128.0	100	10;10
356	活化酯	acibenzolar-*s*-methyl	10.00	211.1/91.0	211.1/91.0;211.1/136.0	120	20;30
357	蔬果磷	dioxabenzofos	10.15	217.0/77.1	217.0/77.1;217.0/107.1	100	40;30
358	杀线威肟	oxamyl-oxime	3.46	241.0/72.0	241.0/72.0;242.0/121.0	120	15;10
359	甲基苯噻隆	methabenzthiazuron	6.80	222.2/165.1	222.2/165.1;222.2/149.9	100	15;35
360	丁酮砜威	butoxycarboxim	3.30	223.2/63.0	223.2/63.0;223.2/106.1	80	10;5
361	砜吸磷亚砜	demeton-*s*-methyl-sulfoxide	3.42	247.1/109.0	247.1/109.0;247.1/169.1	80	20;10
362	久效威砜	thiofanox sulfone	7.30	251.1/57.2	251.1/57.2;251.1/76.1	80	5;5
363	硫环磷	phosfolan	4.95	256.2/140.0	256.2/140.0;256.2/228.0	100	25;10

表 B.1(续)

序号	中文名称	英文名称	保留时间/min	定量离子	定性离子	源内碎裂电压/V	碰撞气能量/V
364	硫赶内吸磷	demeton-*s*	5.44	259.1/89.1	259.1/89.1;259.1/61.0	60	10;35
365	氧倍硫磷	fenthionoxon	8.15	263.2/230.0	263.2/230.0;263.2/216.0	100	10;20
366	萘丙胺	napropamide	12.45	272.2/171.1	272.2/171.1;272.2/129.2	120	15;15
367	杀螟硫磷	fenitrothion	13.60	278.1/125.0	278.1/125.0;278.1/246.0	140	15;15
368	酞酸二丁酯	phthalic acid, dibutyl ester	17.50	279.2/149.0	279.2/149.0;279.2/121.1	80	10;45
369	丙草胺	metolachlor	13.15	284.1/252.2	284.1/252.2;284.1/176.2	120	10;15
370	腐霉利	procymidone	13.33	284.0/256.0	284.0/256.0;284.0/145.0	140	10;45
371	蚜灭多	vamidothion	4.18	288.2/146.1	288.2/146.1;288.2/118.1	80	10;20
372	威菌磷	triamiphos	6.58	295.2/135.1	295.2/135.1;295.2/92.0	100	25;35
373	苄草隆	cumyluron	11.70	303.3/185.1	303.3/185.1;303.3/125.0	100	5;45
374	亚胺硫磷	phosmet	11.14	318.0/160.1	318.0/160.1;318.0/133.0	80	10;35
375	皮蝇磷	ronnel (fenchlorphos)	17.70	320.9/125.0	320.9/125.0;320.9/288.8	120	10;10
376	除虫菊素	pyrethrin	18.78	329.2/161.1	329.2/161.1;329.2/133.1	100	5;15
377	酞酸二环己酯	phthalic acid, biscyclohexyl ester	19.10	331.3/149.1	331.3/149.1;331.3/167.1;331.3/249.0	80	10;5;5
378	环丙酰胺	carpropamid	15.36	334.2/196.1	334.2/196.1;334.2/139.1	120	10;15
379	吡螨胺	tebufenpyrad	17.32	334.3/147.0	334.3/147.0;334.3/117.1	160	25;40
380	虫酰肼	tebufenozide	14.70	297.0/133.0	297.0/133.0;297.0/105.0	80	15;35
381	虫螨磷	chlorthiophos	18.58	361.0/305.0	361.0/305.0;361.0/225.0	100	10;15
382	氯亚磷	dialifos	17.15	394.0/208.0	394.0/208.0;394.0/187.0	100	5;20
383	吲哚酮草酯	cinidon-ethyl	17.63	394.2/348.1	394.2/348.1;394.2/107.1	120	15;45
384	鱼滕酮	rotenone	14.00	395.3/213.2	395.3/213.2;395.3/192.2	160	20;20
385	亚胺唑	imibenconazole	17.16	411.0/125.1	411.0/125.1;411.0/171.1;411.0/342.0	120	25;15;10
386	噁草酸	propaquiafop	17.56	444.2/100.1	444.2/100.1;444.2/299.1	140	15;25
387	乳氟禾草灵	lactofen	18.23	479.1/344.0	479.1/344.0;479.1/223.0	120	15;35
388	吡草酮	benzofenap	16.95	431.0/105.0	431.0/105.0;431.0/119.0	140	30;20
389	地乐酯	dinosebacetate	0.75	283.1/89.2	283.1/89.2;283.1/133.1;283.1/177.2	120	10;10;10
390	甲基咪草烟	imazapic	4.76	276.1/163.2	276.1/163.2;276.1/86.1;276.1/216.0	120	20;25;20

表 B.1（续）

序号	中文名称	英文名称	保留时间/min	定量离子	定性离子	源内碎裂电压/V	碰撞气能量/V
391	异丙草胺	propisochlor	15.00	284.0/224.0	284.0/224.0;284.0/212.0	80	5;15
392	氟硅菊酯	silafluofen	20.80	412.0/91.0	412.0/91.0;412.0/72.1	100	40;30
393	四唑酰草胺	fentrazamide	16.00	372.1/219.0	372.1/219.0;372.1/83.2	200	5;35
394	五氯苯胺	pentachloroaniline	14.30	285.0/99.1	285.0/99.1;285.0/127.0	100	15;5
395	苯醚氰菊酯	cyphenothrin	19.40	376.2/151.2	376.2/151.2;376.2/123.2	100	5;15
396	噁唑隆	dimefuron	13.00	339.1/167.0	339.1/167.0;339.1/72.1	140	20;30
397	马拉氧磷	malaoxon	13.80	331.0/99.0	331.0/99.0;331.0/127.0	120	20;5
G组							
398	茅草枯	dalapon	0.60	140.8/58.8	140.8/58.8;140.8/62.9	100	10;15
399	2-苯基苯酚	2-phenylphenol	9.78	169.0/115.0	169.0/115.0;169.0/93.0	140	35;20
400	3-苯基苯酚	3-phenylphenol	9.78	169.0/115.0	169.0/115.0;169.0/141.1	140	35;35
401	氯硝胺	dicloran	8.82	205.1/169.3	205.1/169.3;205.1/123.2	120	15;30
402	氯苯胺灵	chlorpropham	12.55	212.0/152.0	212.0/152.0;212.0/57.0	80	5;20
403	特草定	terbacil	5.94	215.1/159.0	215.1/159.0;215.1/73.0	120	10;40
404	杀螨醇	chlorfenethol	11.81	265.0/96.7	265.0/96.7;265.0/152.7	120	15;5
405	灭幼脲	chlorobenzuron	14.05	306.9/154.0	306.9/154.0;306.9/125.9	100	5;20
406	氯霉素	chloramphenicolum	5.07	321.0/152.0	321.0/152.0;321.0/257.0	100	15;10
407	安磺灵	oryzalin	14.04	345.0/281.1	345.0/281.1;345.0/146.9;345.0/78.1	120	10;10;5
408	噁唑菌酮	famoxadone	16.52	373.0/282.0	373.0/282.0;373.0/328.9	120	20;15
409	吡氟酰草胺	diflufenican	17.30	393.1/329.1	393.1/329.1;393.1/272.0	100	10;10
410	乙虫清	ethiprole	10.74	394.9/331.0	394.9/331.0;394.9/250.0	100	5;25
411	氟啶胺	fluazinam	17.25	462.9/415.9	462.9/415.9;462.9/398.0	120	20;15
412	克来范	kelevan	19.50	628.1/169.0	628.1/169.0;628.1/422.6	120	24;22
413	氟丙菊酯	acrinathrin	19.60	540.0/345.0	540.0/345.0;540.0/372.0	120	15;5

附 录 C
（资料性附录）
413 种农药及相关化学品多反应监测（MRM）色谱图

A、B、C、D、E、F 和 G 七组农药及相关化学品多反应监测（MRM）色谱图如下：

A 组

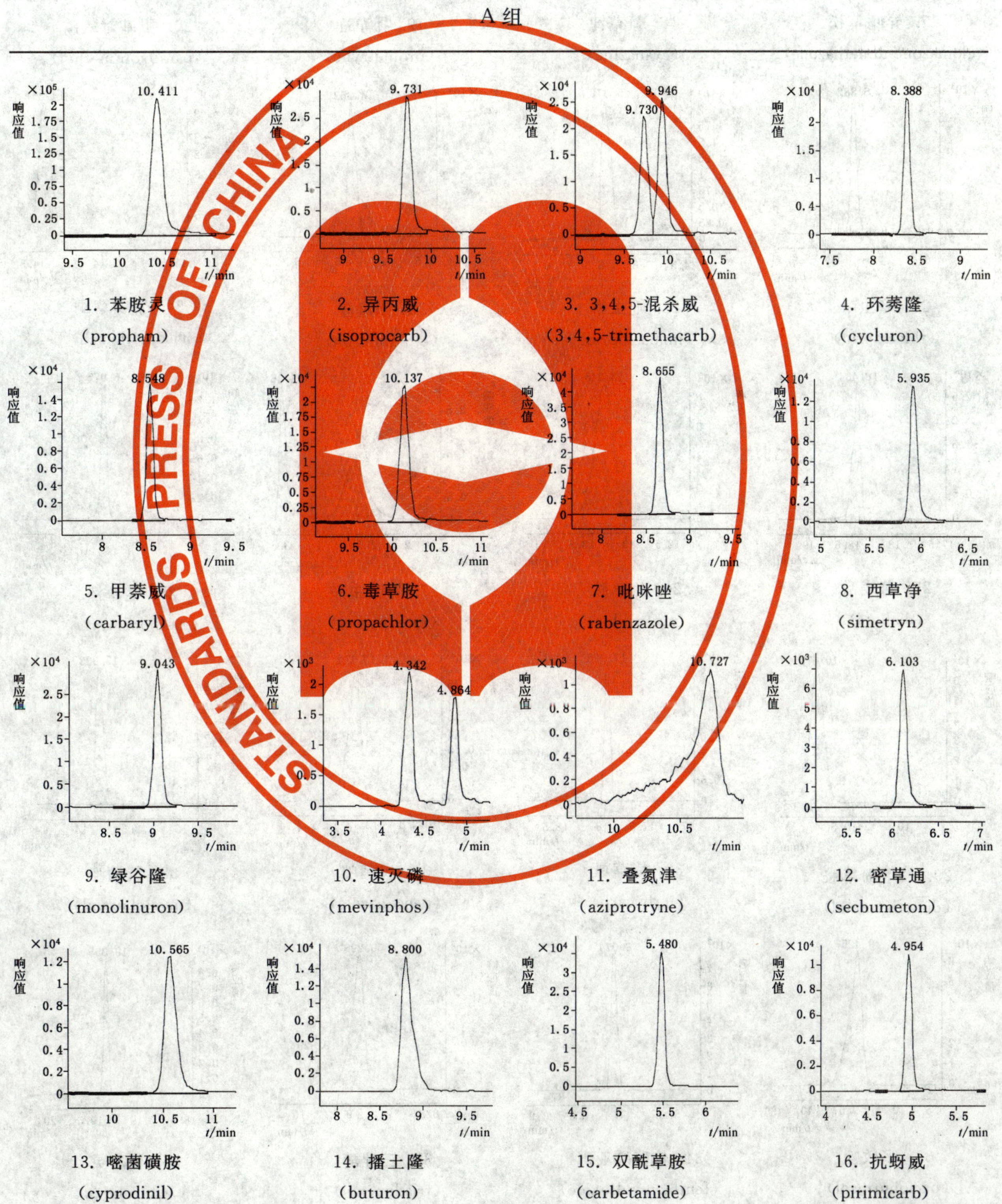

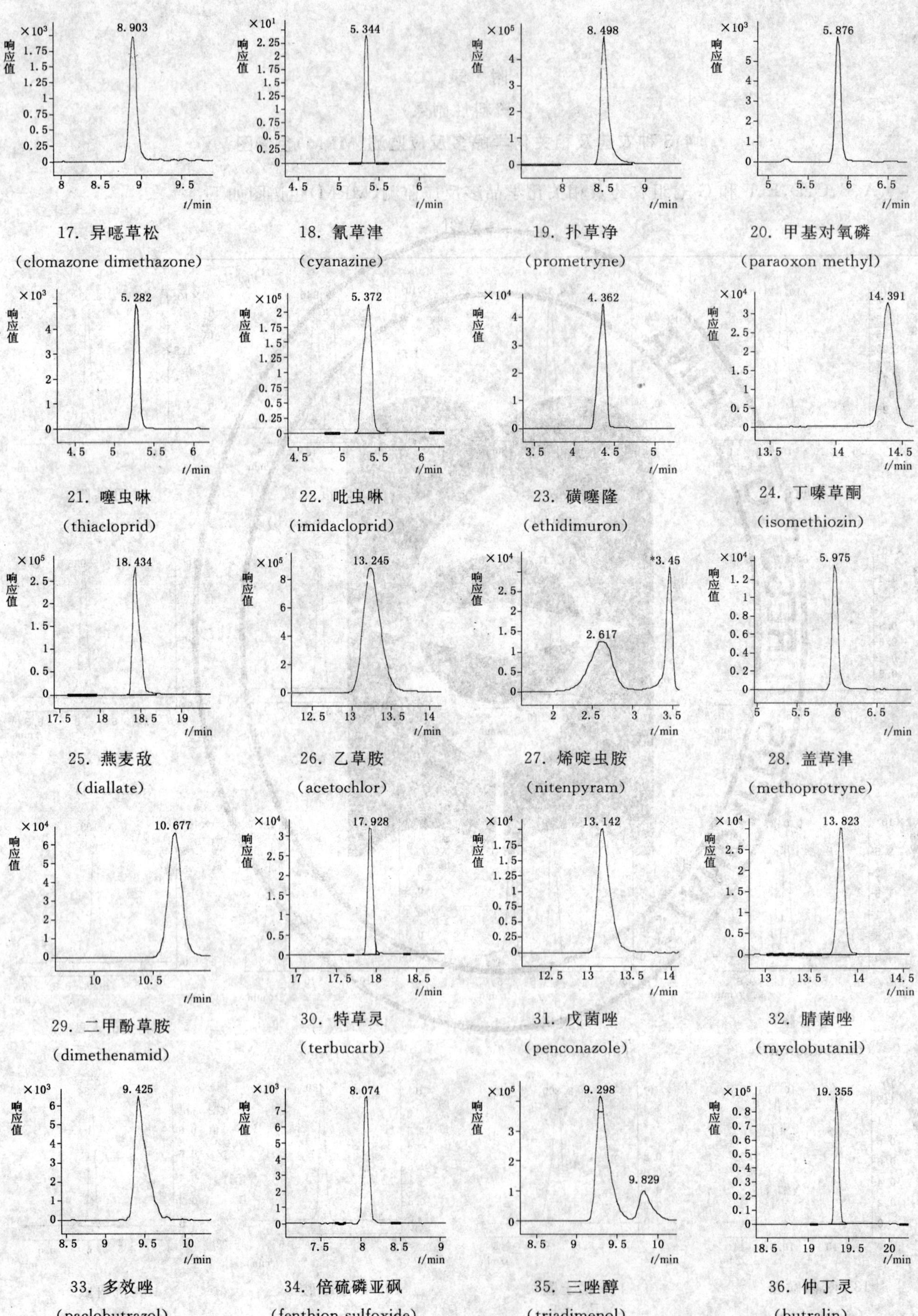

17. 异噁草松 (clomazone dimethazone)

18. 氰草津 (cyanazine)

19. 扑草净 (prometryne)

20. 甲基对氧磷 (paraoxon methyl)

21. 噻虫啉 (thiacloprid)

22. 吡虫啉 (imidacloprid)

23. 磺噻隆 (ethidimuron)

24. 丁嗪草酮 (isomethiozin)

25. 燕麦敌 (diallate)

26. 乙草胺 (acetochlor)

27. 烯啶虫胺 (nitenpyram)

28. 盖草津 (methoprotryne)

29. 二甲酚草胺 (dimethenamid)

30. 特草灵 (terbucarb)

31. 戊菌唑 (penconazole)

32. 腈菌唑 (myclobutanil)

33. 多效唑 (paclobutrazol)

34. 倍硫磷亚砜 (fenthion sulfoxide)

35. 三唑醇 (triadimenol)

36. 仲丁灵 (butralin)

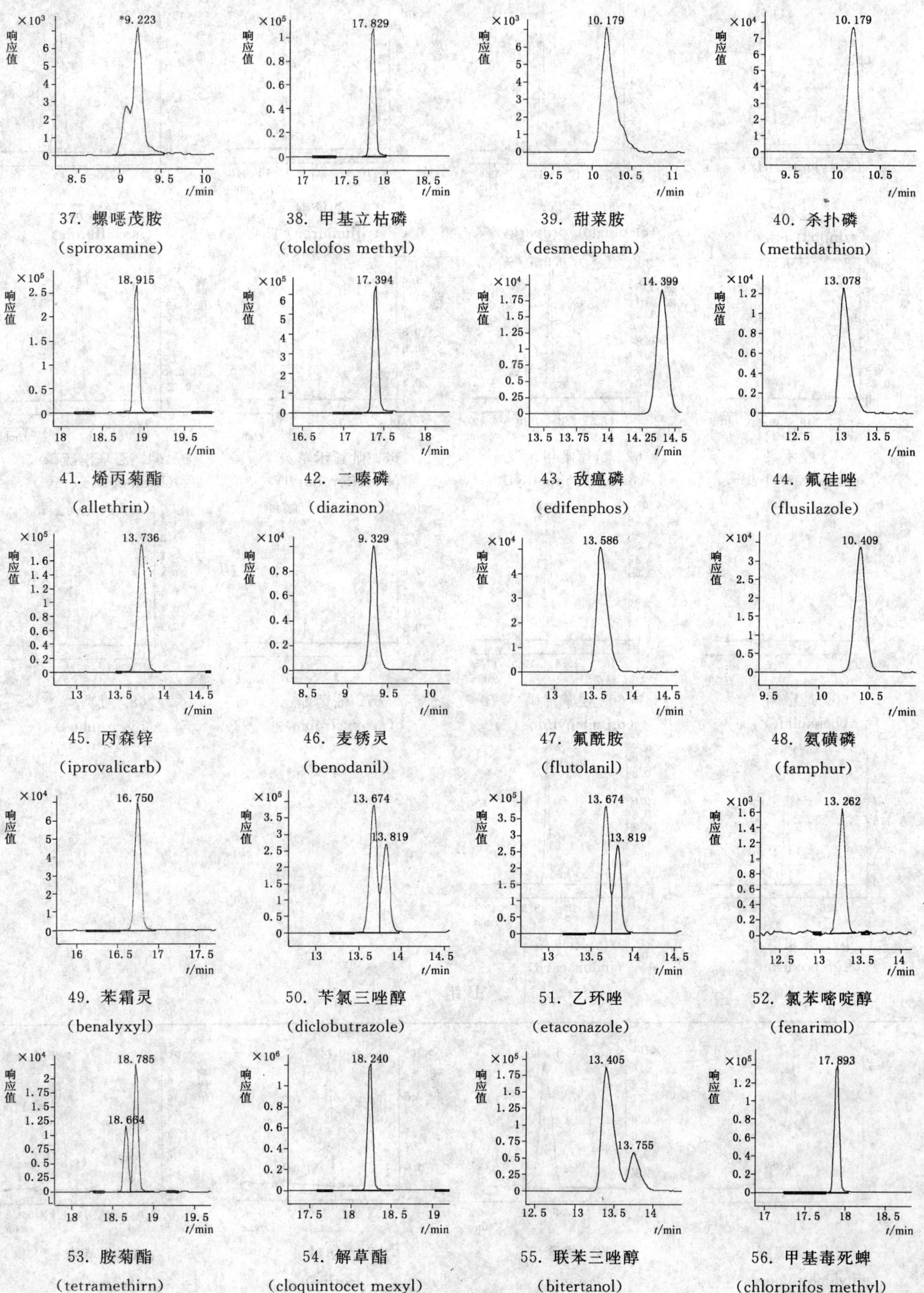

37. 螺噁茂胺 (spiroxamine)

38. 甲基立枯磷 (tolclofos methyl)

39. 甜菜胺 (desmedipham)

40. 杀扑磷 (methidathion)

41. 烯丙菊酯 (allethrin)

42. 二嗪磷 (diazinon)

43. 敌瘟磷 (edifenphos)

44. 氟硅唑 (flusilazole)

45. 丙森锌 (iprovalicarb)

46. 麦锈灵 (benodanil)

47. 氟酰胺 (flutolanil)

48. 氨磺磷 (famphur)

49. 苯霜灵 (benalyxyl)

50. 苄氯三唑醇 (diclobutrazole)

51. 乙环唑 (etaconazole)

52. 氯苯嘧啶醇 (fenarimol)

53. 胺菊酯 (tetramethirn)

54. 解草酯 (cloquintocet mexyl)

55. 联苯三唑醇 (bitertanol)

56. 甲基毒死蜱 (chlorprifos methyl)

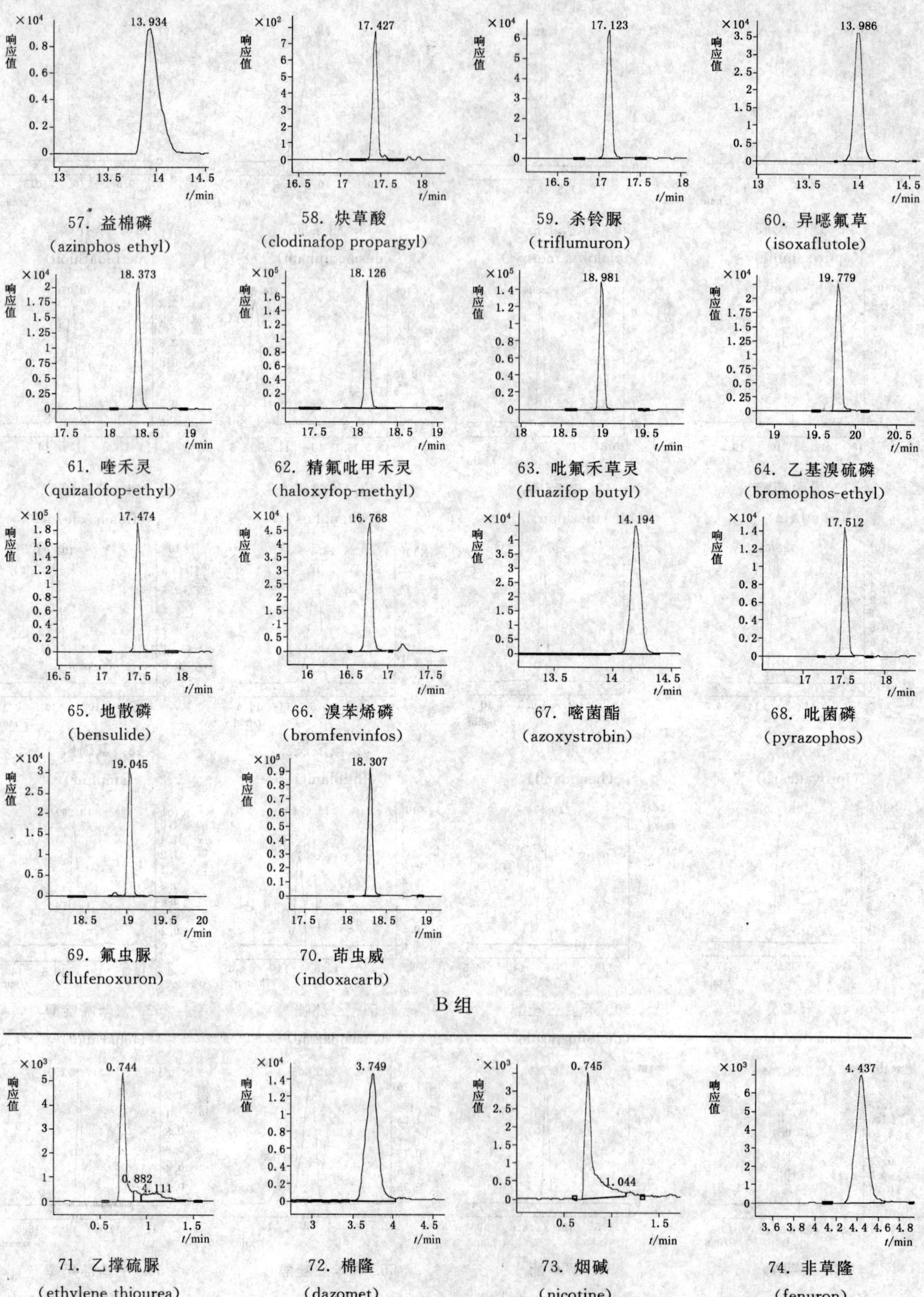

57. 益棉磷 (azinphos ethyl)

58. 炔草酸 (clodinafop propargyl)

59. 杀铃脲 (triflumuron)

60. 异噁氟草 (isoxaflutole)

61. 喹禾灵 (quizalofop-ethyl)

62. 精氟吡甲禾灵 (haloxyfop-methyl)

63. 吡氟禾草灵 (fluazifop butyl)

64. 乙基溴硫磷 (bromophos-ethyl)

65. 地散磷 (bensulide)

66. 溴苯烯磷 (bromfenvinfos)

67. 嘧菌酯 (azoxystrobin)

68. 吡菌磷 (pyrazophos)

69. 氟虫脲 (flufenoxuron)

70. 茚虫威 (indoxacarb)

B组

71. 乙撑硫脲 (ethylene thiourea)

72. 棉隆 (dazomet)

73. 烟碱 (nicotine)

74. 非草隆 (fenuron)

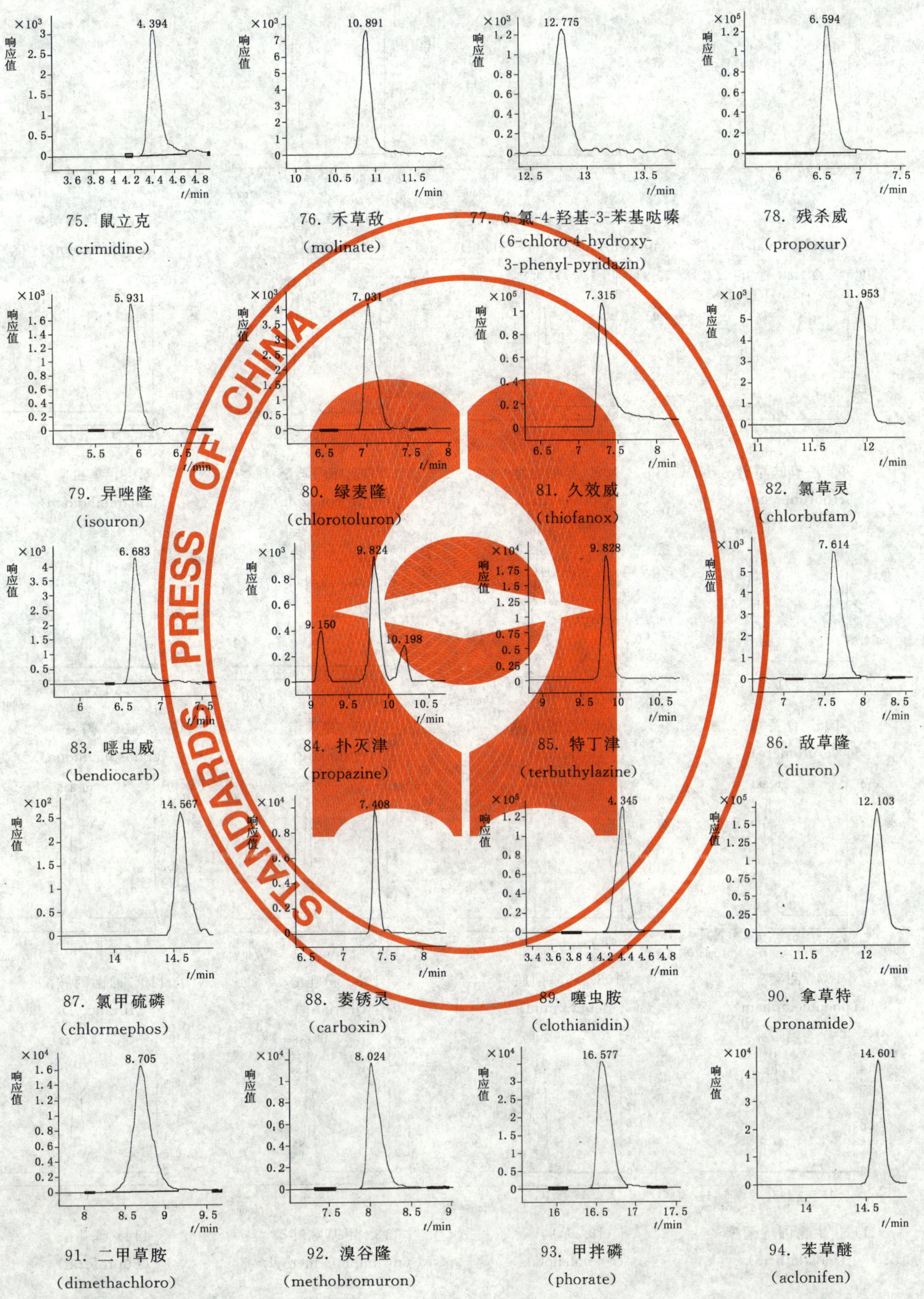

75. 鼠立克 (crimidine)

76. 禾草敌 (molinate)

77. 6-氯-4-羟基-3-苯基哒嗪 (6-chloro-4-hydroxy-3-phenyl-pyridazin)

78. 残杀威 (propoxur)

79. 异唑隆 (isouron)

80. 绿麦隆 (chlorotoluron)

81. 久效威 (thiofanox)

82. 氯草灵 (chlorbufam)

83. 噁虫威 (bendiocarb)

84. 扑灭津 (propazine)

85. 特丁津 (terbuthylazine)

86. 敌草隆 (diuron)

87. 氯甲硫磷 (chlormephos)

88. 萎锈灵 (carboxin)

89. 噻虫胺 (clothianidin)

90. 拿草特 (pronamide)

91. 二甲草胺 (dimethachloro)

92. 溴谷隆 (methobromuron)

93. 甲拌磷 (phorate)

94. 苯草醚 (aclonifen)

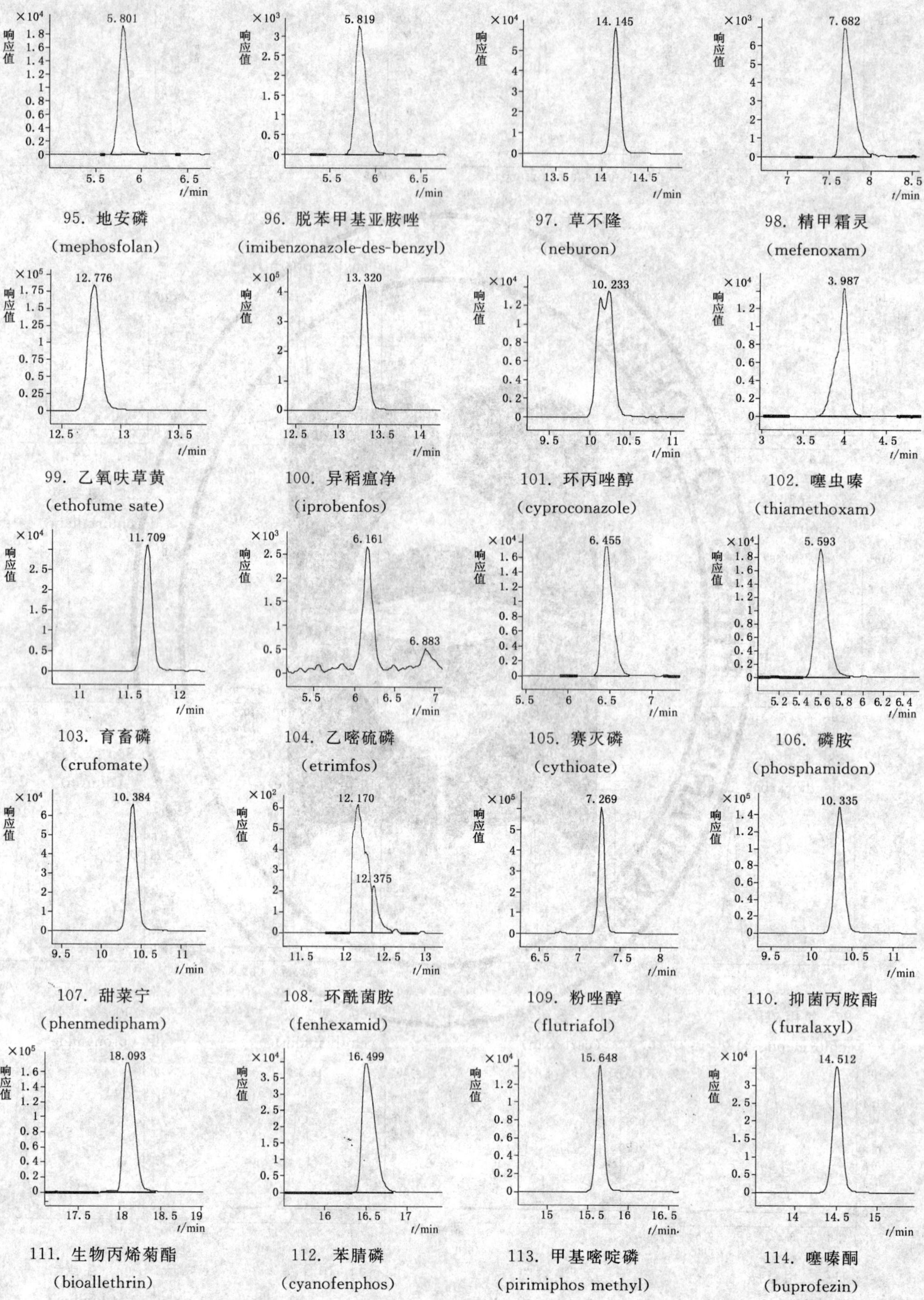

95. 地安磷 (mephosfolan)

96. 脱苯甲基亚胺唑 (imibenzonazole-des-benzyl)

97. 草不隆 (neburon)

98. 精甲霜灵 (mefenoxam)

99. 乙氧呋草黄 (ethofume sate)

100. 异稻瘟净 (iprobenfos)

101. 环丙唑醇 (cyproconazole)

102. 噻虫嗪 (thiamethoxam)

103. 育畜磷 (crufomate)

104. 乙嘧硫磷 (etrimfos)

105. 赛灭磷 (cythioate)

106. 磷胺 (phosphamidon)

107. 甜菜宁 (phenmedipham)

108. 环酰菌胺 (fenhexamid)

109. 粉唑醇 (flutriafol)

110. 抑菌丙胺酯 (furalaxyl)

111. 生物丙烯菊酯 (bioallethrin)

112. 苯腈磷 (cyanofenphos)

113. 甲基嘧啶磷 (pirimiphos methyl)

114. 噻嗪酮 (buprofezin)

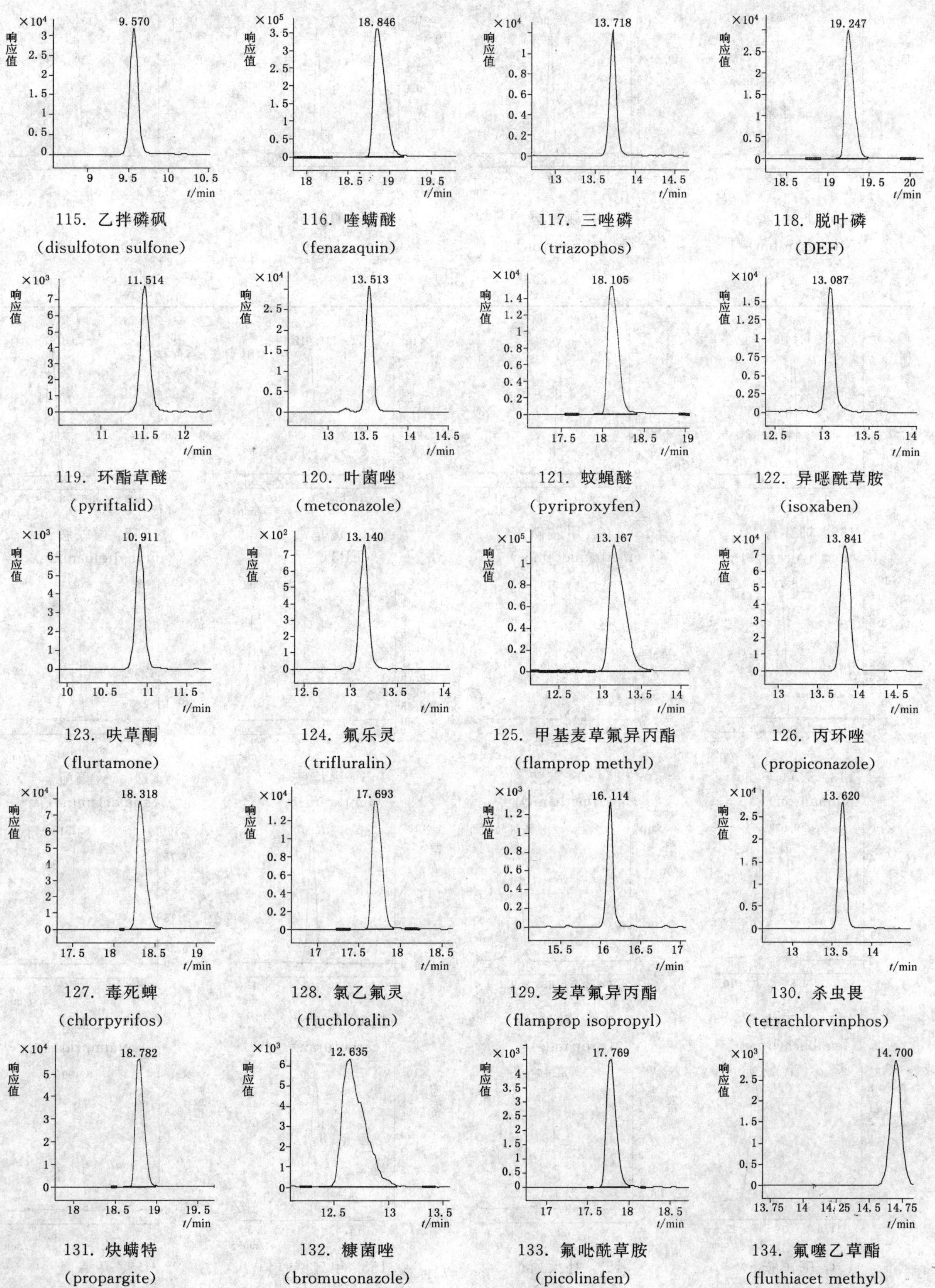

115. 乙拌磷砜 (disulfoton sulfone)

116. 喹螨醚 (fenazaquin)

117. 三唑磷 (triazophos)

118. 脱叶磷 (DEF)

119. 环酯草醚 (pyriftalid)

120. 叶菌唑 (metconazole)

121. 蚊蝇醚 (pyriproxyfen)

122. 异噁酰草胺 (isoxaben)

123. 呋草酮 (flurtamone)

124. 氟乐灵 (trifluralin)

125. 甲基麦草氟异丙酯 (flamprop methyl)

126. 丙环唑 (propiconazole)

127. 毒死蜱 (chlorpyrifos)

128. 氯乙氟灵 (fluchloralin)

129. 麦草氟异丙酯 (flamprop isopropyl)

130. 杀虫畏 (tetrachlorvinphos)

131. 炔螨特 (propargite)

132. 糠菌唑 (bromuconazole)

133. 氟吡酰草胺 (picolinafen)

134. 氟噻乙草酯 (fluthiacet methyl)

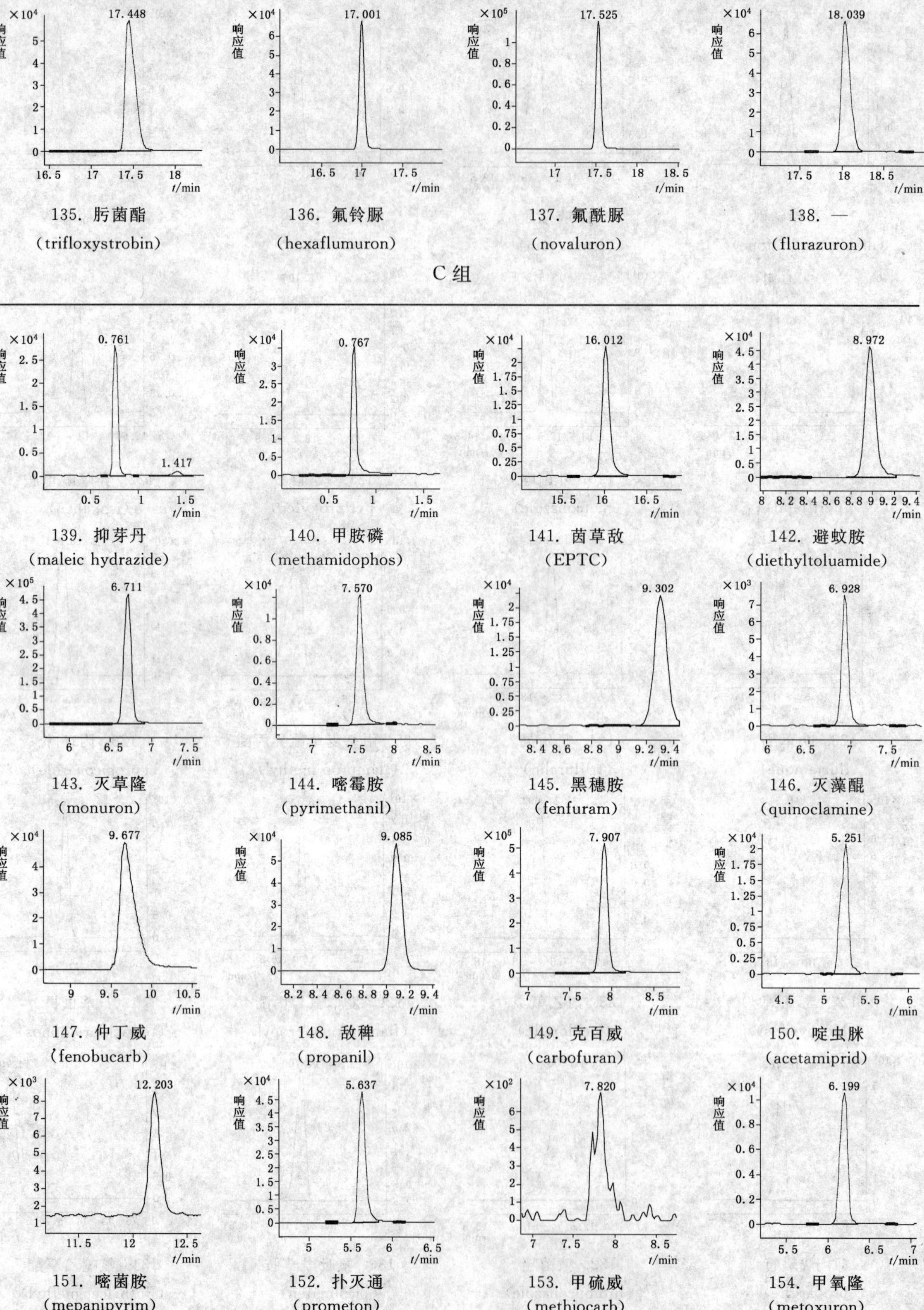

135. 肟菌酯
(trifloxystrobin)

136. 氟铃脲
(hexaflumuron)

137. 氟酰脲
(novaluron)

138. —
(flurazuron)

C 组

139. 抑芽丹
(maleic hydrazide)

140. 甲胺磷
(methamidophos)

141. 茵草敌
(EPTC)

142. 避蚊胺
(diethyltoluamide)

143. 灭草隆
(monuron)

144. 嘧霉胺
(pyrimethanil)

145. 黑穗胺
(fenfuram)

146. 灭藻醌
(quinoclamine)

147. 仲丁威
(fenobucarb)

148. 敌稗
(propanil)

149. 克百威
(carbofuran)

150. 啶虫脒
(acetamiprid)

151. 嘧菌胺
(mepanipyrim)

152. 扑灭通
(prometon)

153. 甲硫威
(methiocarb)

154. 甲氧隆
(metoxuron)

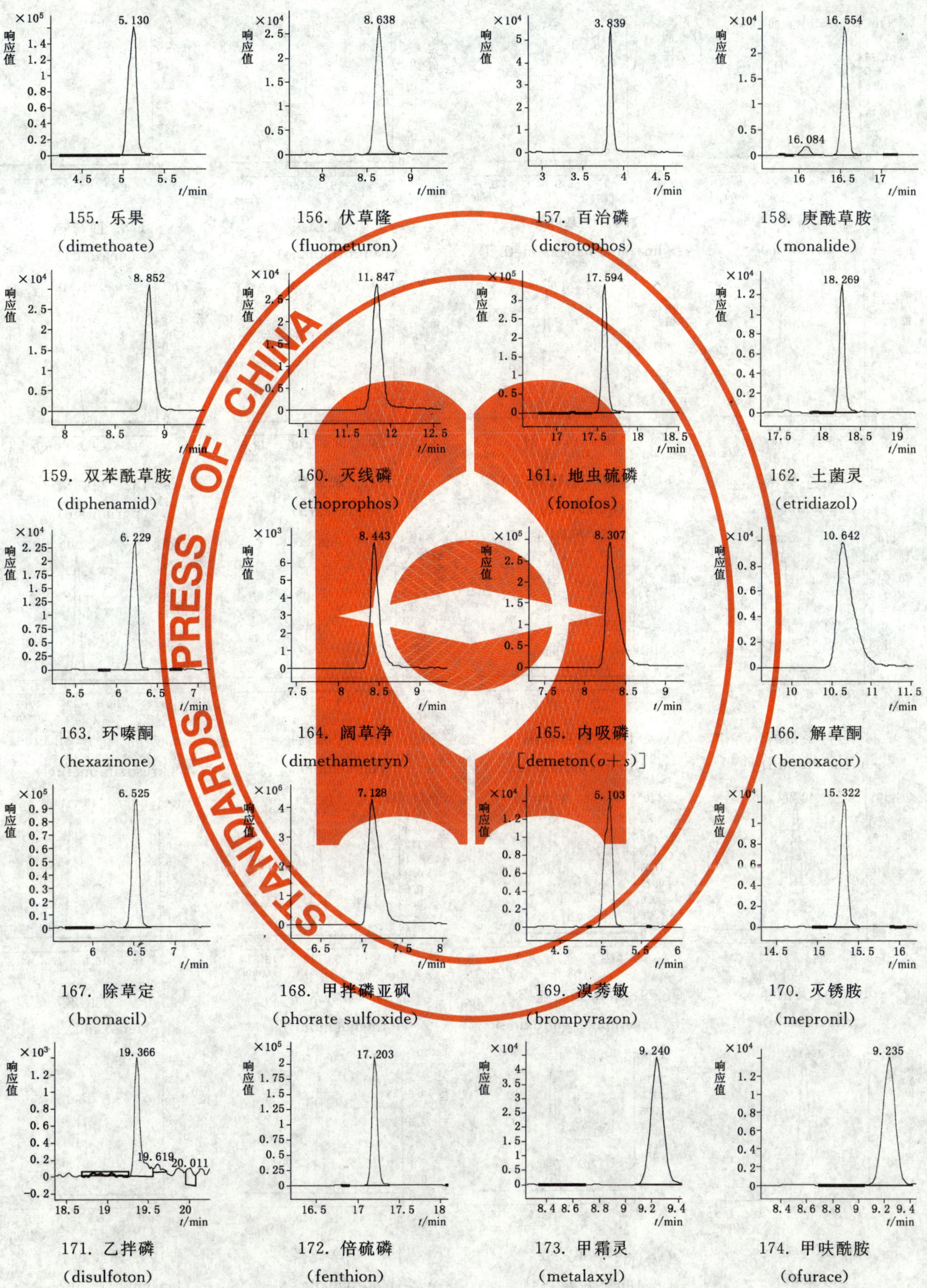

155. 乐果
(dimethoate)
156. 伏草隆
(fluometuron)
157. 百治磷
(dicrotophos)
158. 庚酰草胺
(monalide)
159. 双苯酰草胺
(diphenamid)
160. 灭线磷
(ethoprophos)
161. 地虫硫磷
(fonofos)
162. 土菌灵
(etridiazol)
163. 环嗪酮
(hexazinone)
164. 阔草净
(dimethametryn)
165. 内吸磷
[demeton(o+s)]
166. 解草酮
(benoxacor)
167. 除草定
(bromacil)
168. 甲拌磷亚砜
(phorate sulfoxide)
169. 溴莠敏
(brompyrazon)
170. 灭锈胺
(mepronil)
171. 乙拌磷
(disulfoton)
172. 倍硫磷
(fenthion)
173. 甲霜灵
(metalaxyl)
174. 甲呋酰胺
(ofurace)

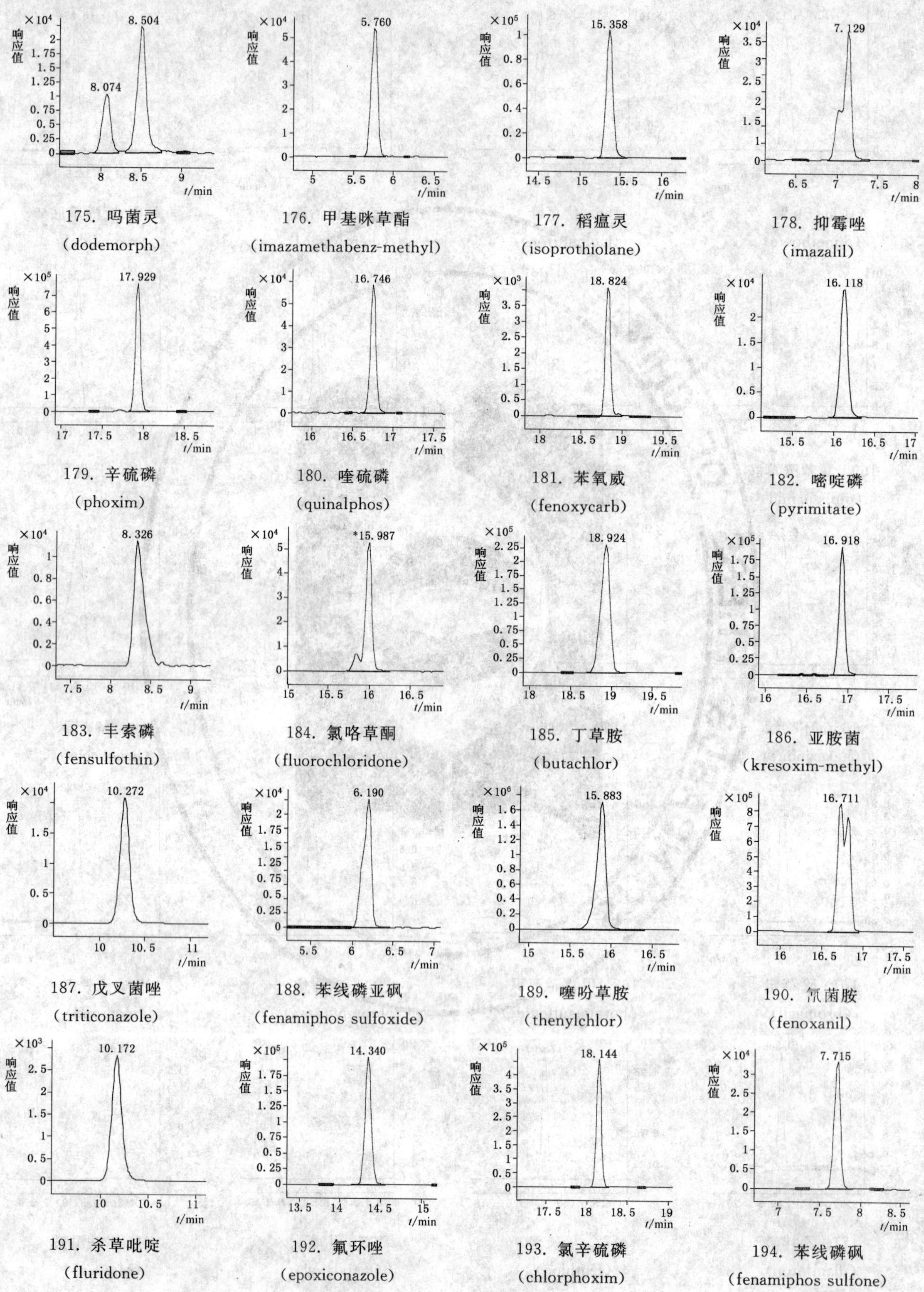

175. 吗菌灵 (dodemorph)

176. 甲基咪草酯 (imazamethabenz-methyl)

177. 稻瘟灵 (isoprothiolane)

178. 抑霉唑 (imazalil)

179. 辛硫磷 (phoxim)

180. 喹硫磷 (quinalphos)

181. 苯氧威 (fenoxycarb)

182. 嘧啶磷 (pyrimitate)

183. 丰索磷 (fensulfothin)

184. 氯咯草酮 (fluorochloridone)

185. 丁草胺 (butachlor)

186. 亚胺菌 (kresoxim-methyl)

187. 戊叉菌唑 (triticonazole)

188. 苯线磷亚砜 (fenamiphos sulfoxide)

189. 噻吩草胺 (thenylchlor)

190. 氰菌胺 (fenoxanil)

191. 杀草吡啶 (fluridone)

192. 氟环唑 (epoxiconazole)

193. 氯辛硫磷 (chlorphoxim)

194. 苯线磷砜 (fenamiphos sulfone)

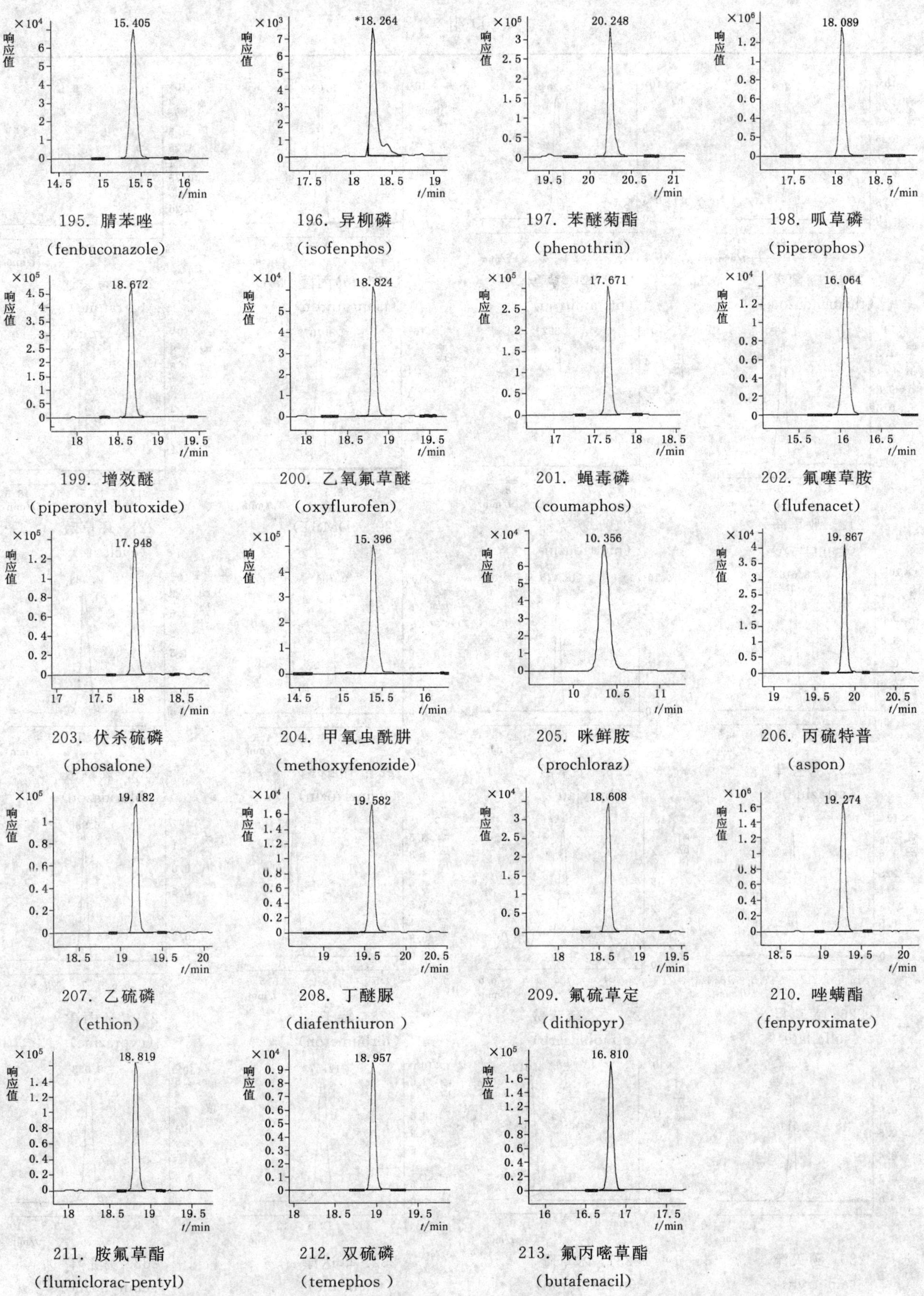

195. 腈苯唑 (fenbuconazole)

196. 异柳磷 (isofenphos)

197. 苯醚菊酯 (phenothrin)

198. 哌草磷 (piperophos)

199. 增效醚 (piperonyl butoxide)

200. 乙氧氟草醚 (oxyflurofen)

201. 蝇毒磷 (coumaphos)

202. 氟噻草胺 (flufenacet)

203. 伏杀硫磷 (phosalone)

204. 甲氧虫酰肼 (methoxyfenozide)

205. 咪鲜胺 (prochloraz)

206. 丙硫特普 (aspon)

207. 乙硫磷 (ethion)

208. 丁醚脲 (diafenthiuron)

209. 氟硫草定 (dithiopyr)

210. 唑螨酯 (fenpyroximate)

211. 胺氟草酯 (flumiclorac-pentyl)

212. 双硫磷 (temephos)

213. 氟丙嘧草酯 (butafenacil)

D 组

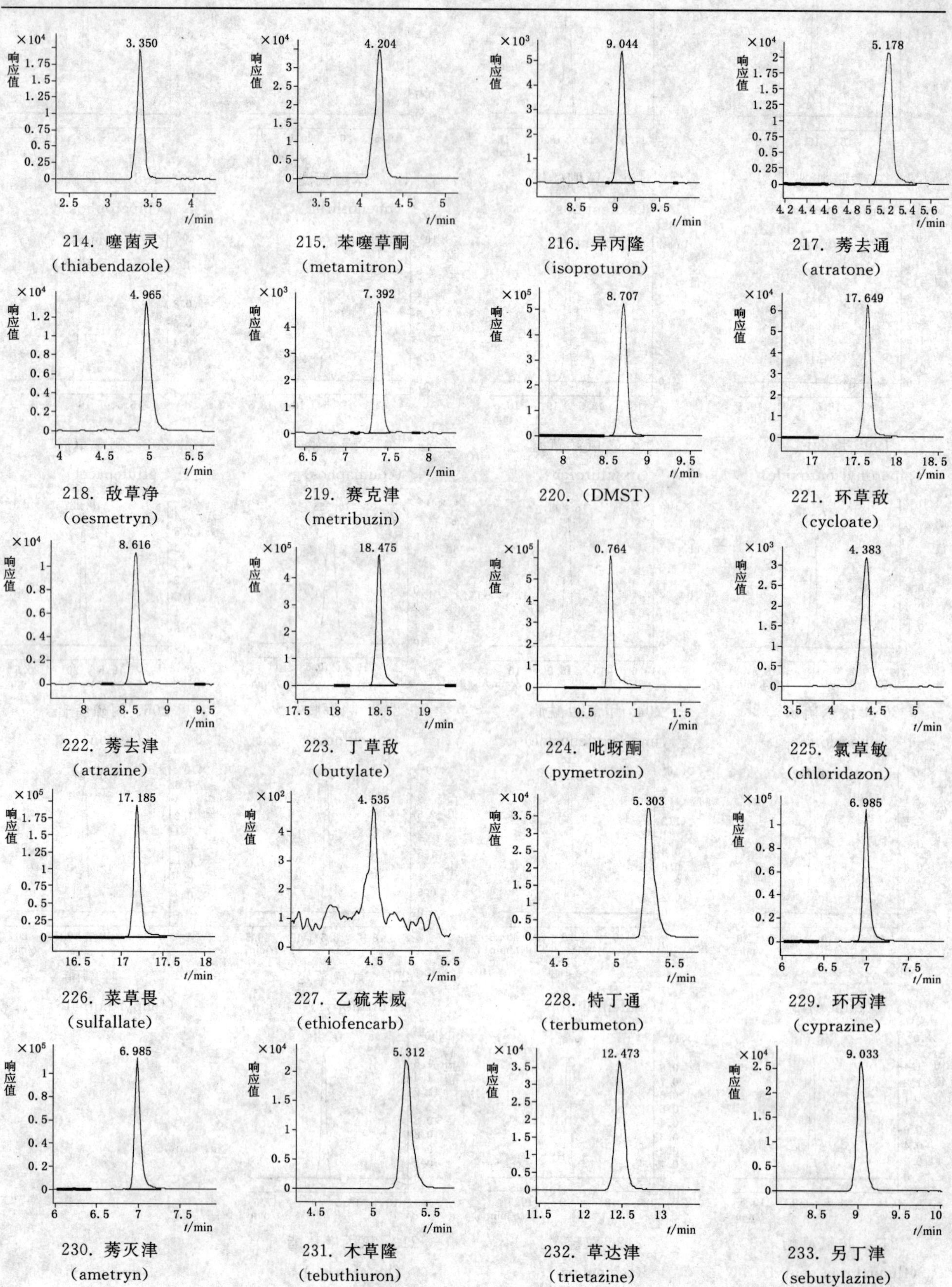

214. 噻菌灵 (thiabendazole)
215. 苯嗪草酮 (metamitron)
216. 异丙隆 (isoproturon)
217. 莠去通 (atratone)
218. 敌草净 (oesmetryn)
219. 赛克津 (metribuzin)
220. (DMST)
221. 环草敌 (cycloate)
222. 莠去津 (atrazine)
223. 丁草敌 (butylate)
224. 吡蚜酮 (pymetrozin)
225. 氯草敏 (chloridazon)
226. 菜草畏 (sulfallate)
227. 乙硫苯威 (ethiofencarb)
228. 特丁通 (terbumeton)
229. 环丙津 (cyprazine)
230. 莠灭津 (ametryn)
231. 木草隆 (tebuthiuron)
232. 草达津 (trietazine)
233. 另丁津 (sebutylazine)

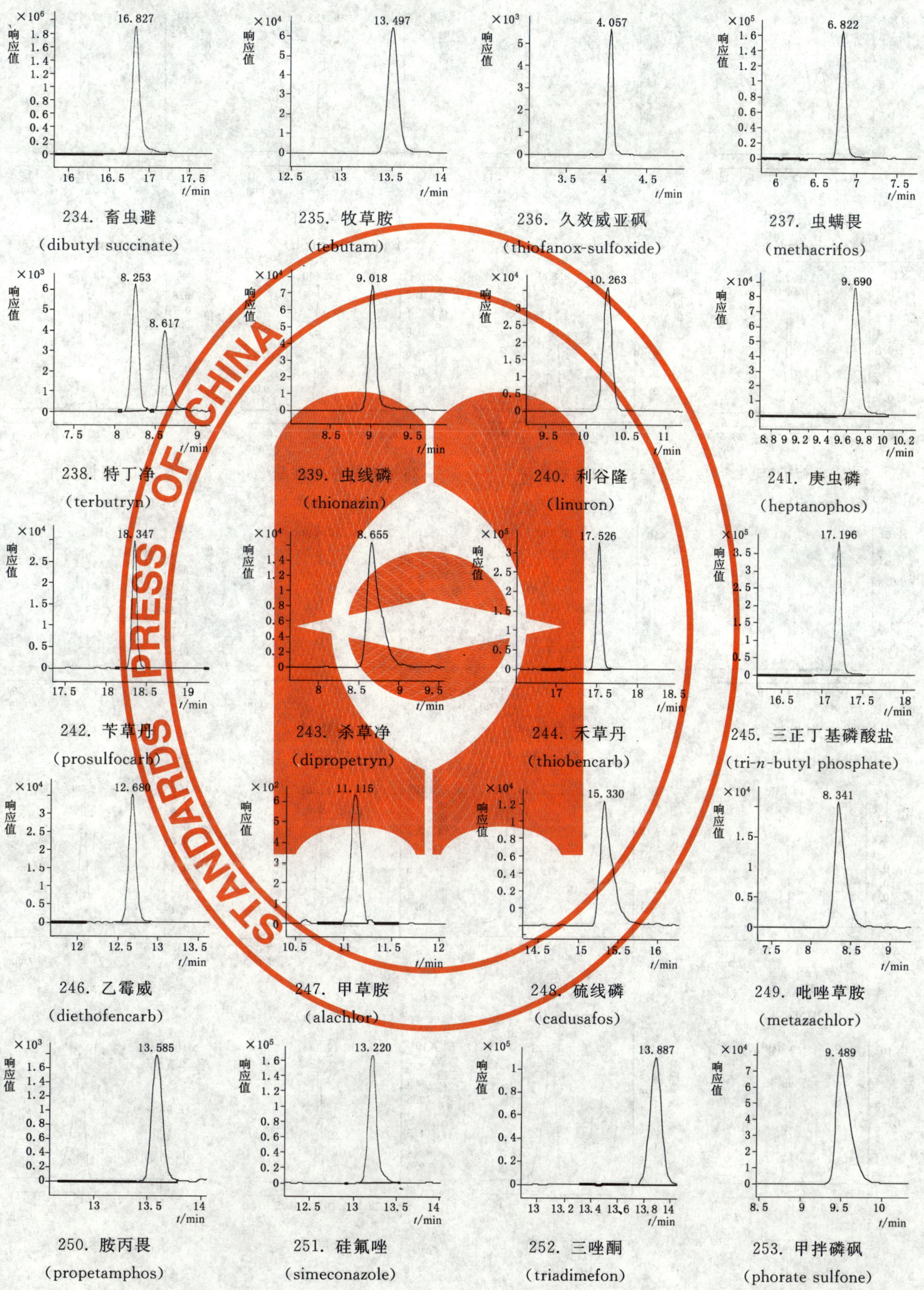

234. 畜虫避 (dibutyl succinate)

235. 牧草胺 (tebutam)

236. 久效威亚砜 (thiofanox-sulfoxide)

237. 虫螨畏 (methacrifos)

238. 特丁净 (terbutryn)

239. 虫线磷 (thionazin)

240. 利谷隆 (linuron)

241. 庚虫磷 (heptanophos)

242. 苄草丹 (prosulfocarb)

243. 杀草净 (dipropetryn)

244. 禾草丹 (thiobencarb)

245. 三正丁基磷酸盐 (tri-*n*-butyl phosphate)

246. 乙霉威 (diethofencarb)

247. 甲草胺 (alachlor)

248. 硫线磷 (cadusafos)

249. 吡唑草胺 (metazachlor)

250. 胺丙畏 (propetamphos)

251. 硅氟唑 (simeconazole)

252. 三唑酮 (triadimefon)

253. 甲拌磷砜 (phorate sulfone)

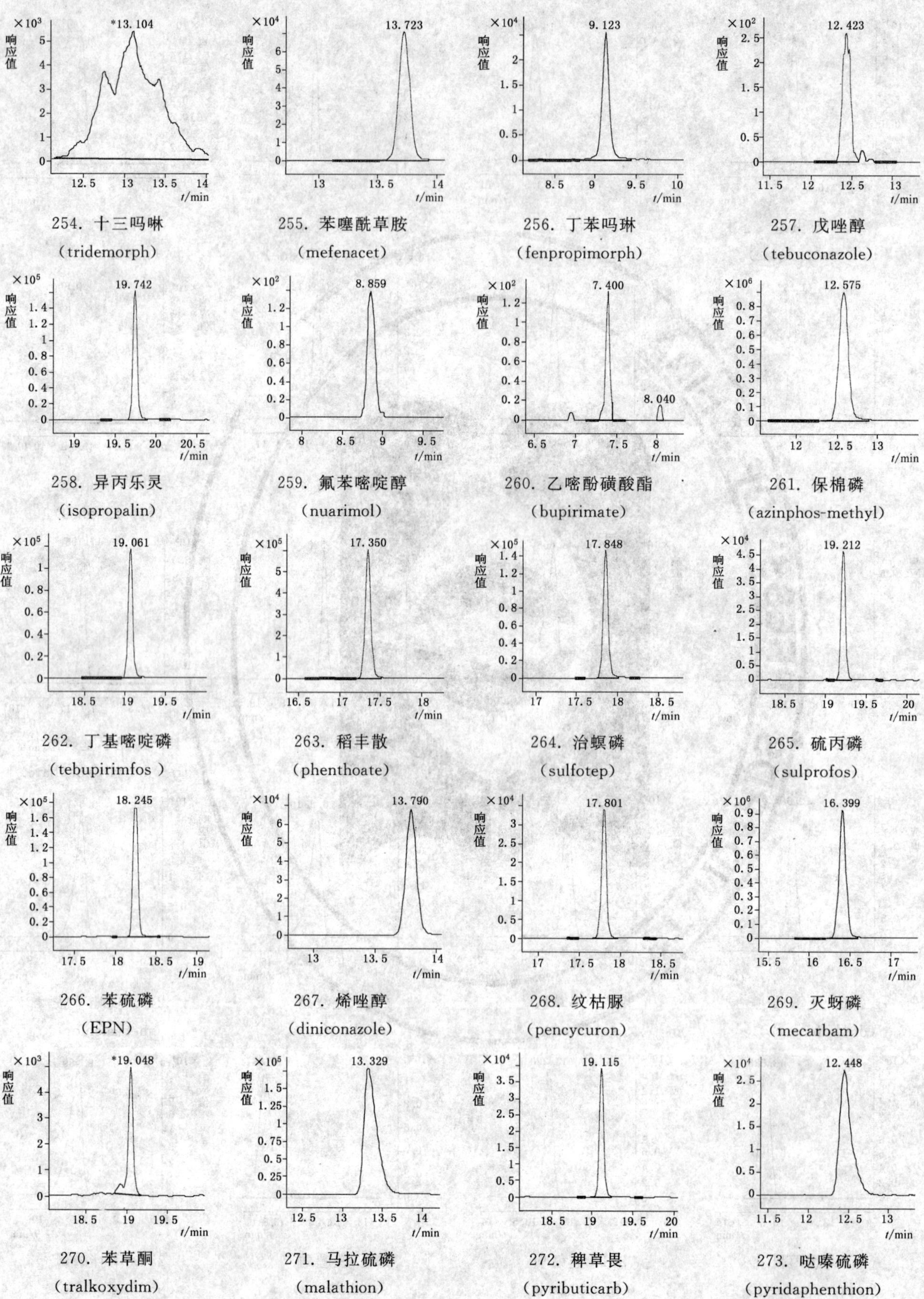

254. 十三吗啉 (tridemorph)

255. 苯噻酰草胺 (mefenacet)

256. 丁苯吗琳 (fenpropimorph)

257. 戊唑醇 (tebuconazole)

258. 异丙乐灵 (isopropalin)

259. 氟苯嘧啶醇 (nuarimol)

260. 乙嘧酚磺酸酯 (bupirimate)

261. 保棉磷 (azinphos-methyl)

262. 丁基嘧啶磷 (tebupirimfos)

263. 稻丰散 (phenthoate)

264. 治螟磷 (sulfotep)

265. 硫丙磷 (sulprofos)

266. 苯硫磷 (EPN)

267. 烯唑醇 (diniconazole)

268. 纹枯脲 (pencycuron)

269. 灭蚜磷 (mecarbam)

270. 苯草酮 (tralkoxydim)

271. 马拉硫磷 (malathion)

272. 稗草畏 (pyributicarb)

273. 哒嗪硫磷 (pyridaphenthion)

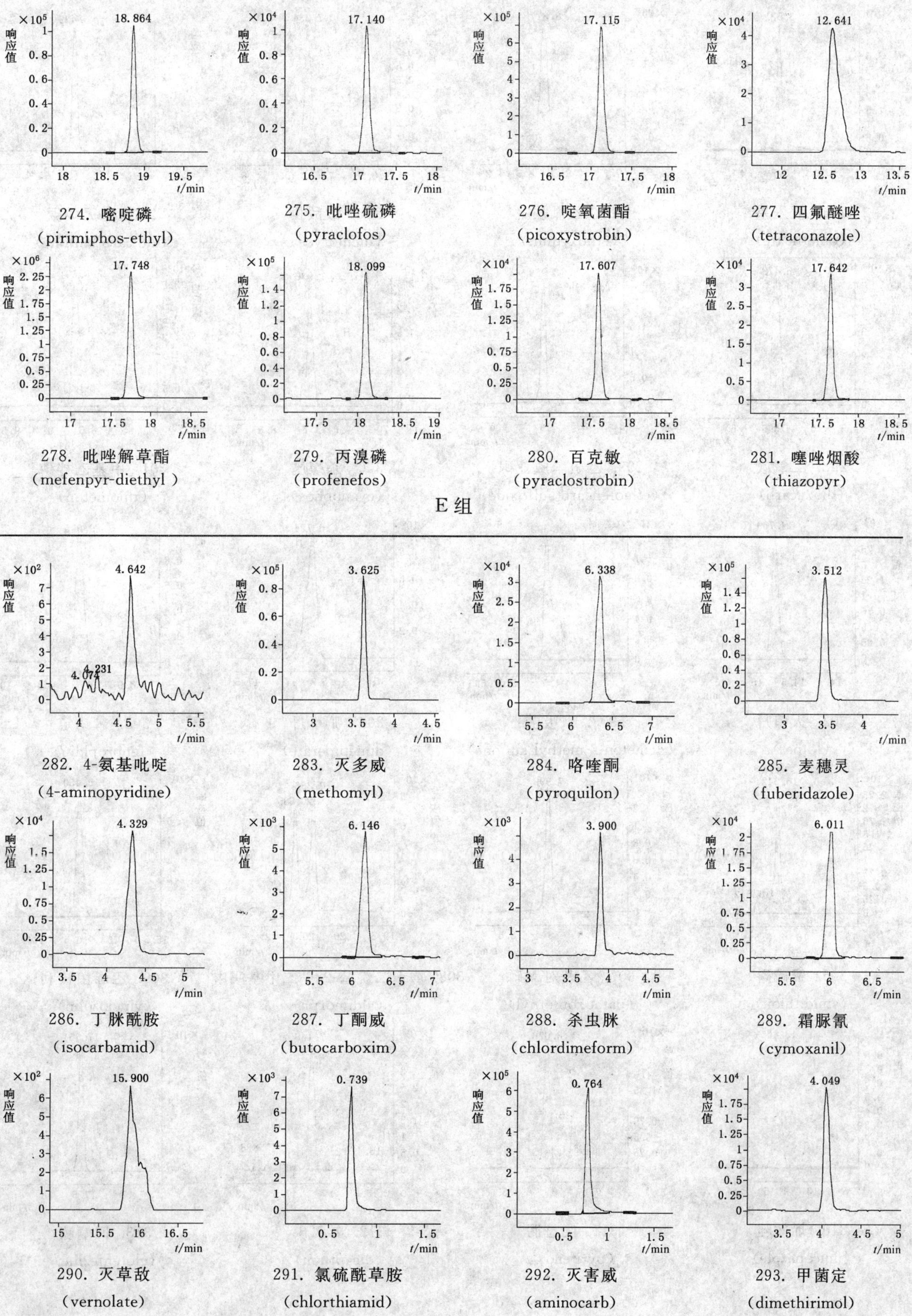

274. 嘧啶磷 (pirimiphos-ethyl)

275. 吡唑硫磷 (pyraclofos)

276. 啶氧菌酯 (picoxystrobin)

277. 四氟醚唑 (tetraconazole)

278. 吡唑解草酯 (mefenpyr-diethyl)

279. 丙溴磷 (profenefos)

280. 百克敏 (pyraclostrobin)

281. 噻唑烟酸 (thiazopyr)

E组

282. 4-氨基吡啶 (4-aminopyridine)

283. 灭多威 (methomyl)

284. 咯喹酮 (pyroquilon)

285. 麦穗灵 (fuberidazole)

286. 丁脒酰胺 (isocarbamid)

287. 丁酮威 (butocarboxim)

288. 杀虫脒 (chlordimeform)

289. 霜脲氰 (cymoxanil)

290. 灭草敌 (vernolate)

291. 氯硫酰草胺 (chlorthiamid)

292. 灭害威 (aminocarb)

293. 甲菌定 (dimethirimol)

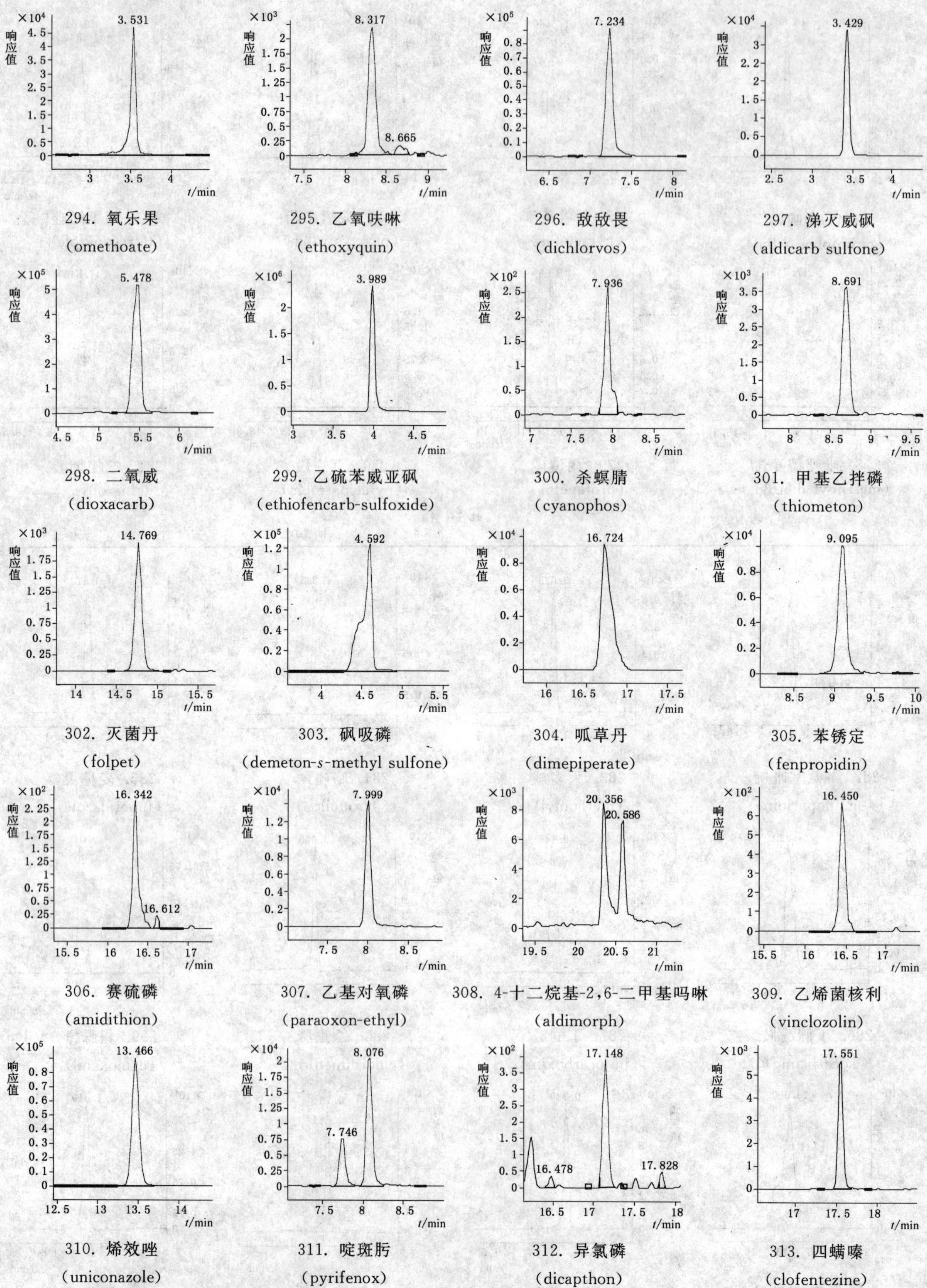

294. 氧乐果 (omethoate)

295. 乙氧呋啉 (ethoxyquin)

296. 敌敌畏 (dichlorvos)

297. 涕灭威砜 (aldicarb sulfone)

298. 二氧威 (dioxacarb)

299. 乙硫苯威亚砜 (ethiofencarb-sulfoxide)

300. 杀螟腈 (cyanophos)

301. 甲基乙拌磷 (thiometon)

302. 灭菌丹 (folpet)

303. 砜吸磷 (demeton-*s*-methyl sulfone)

304. 哌草丹 (dimepiperate)

305. 苯锈定 (fenpropidin)

306. 赛硫磷 (amidithion)

307. 乙基对氧磷 (paraoxon-ethyl)

308. 4-十二烷基-2,6-二甲基吗啉 (aldimorph)

309. 乙烯菌核利 (vinclozolin)

310. 烯效唑 (uniconazole)

311. 啶斑肟 (pyrifenox)

312. 异氯磷 (dicapthon)

313. 四螨嗪 (clofentezine)

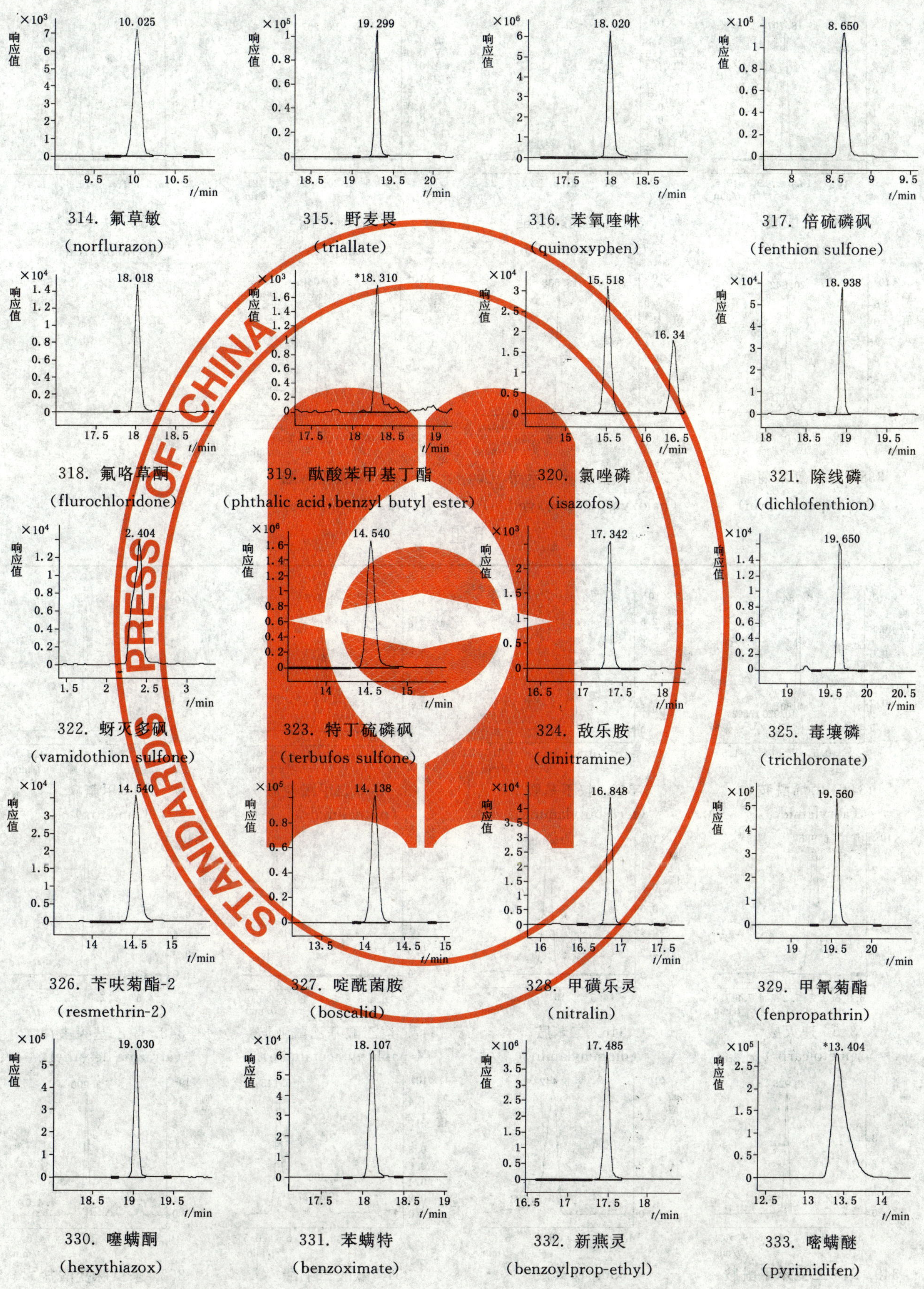

314. 氟草敏 (norflurazon)

315. 野麦畏 (triallate)

316. 苯氧喹啉 (quinoxyphen)

317. 倍硫磷砜 (fenthion sulfone)

318. 氟咯草酮 (flurochloridone)

319. 酞酸苯甲基丁酯 (phthalic acid, benzyl butyl ester)

320. 氯唑磷 (isazofos)

321. 除线磷 (dichlofenthion)

322. 蚜灭多砜 (vamidothion sulfone)

323. 特丁硫磷砜 (terbufos sulfone)

324. 敌乐胺 (dinitramine)

325. 毒壤磷 (trichloronate)

326. 苄呋菊酯-2 (resmethrin-2)

327. 啶酰菌胺 (boscalid)

328. 甲磺乐灵 (nitralin)

329. 甲氰菊酯 (fenpropathrin)

330. 噻螨酮 (hexythiazox)

331. 苯螨特 (benzoximate)

332. 新燕灵 (benzoylprop-ethyl)

333. 嘧螨醚 (pyrimidifen)

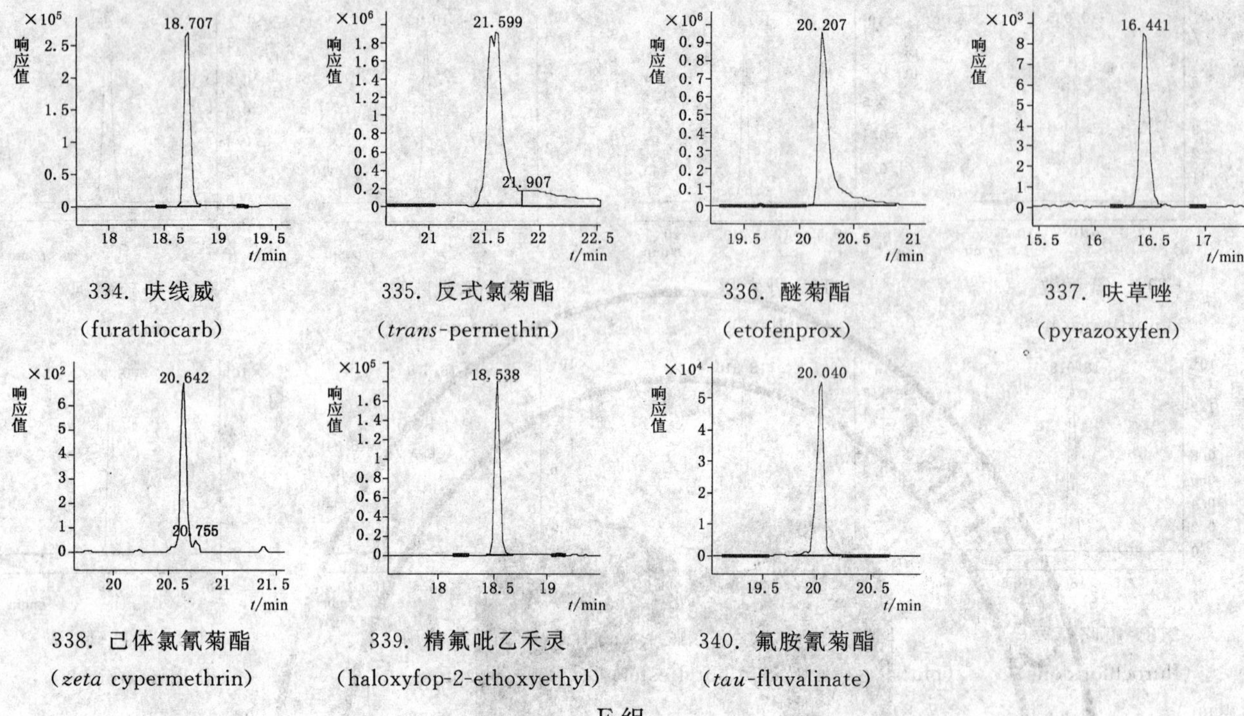

334. 呋线威 (furathiocarb)

335. 反式氯菊酯 (*trans*-permethin)

336. 醚菊酯 (etofenprox)

337. 呋草唑 (pyrazoxyfen)

338. 己体氯氰菊酯 (*zeta* cypermethrin)

339. 精氟吡乙禾灵 (haloxyfop-2-ethoxyethyl)

340. 氟胺氰菊酯 (*tau*-fluvalinate)

F 组

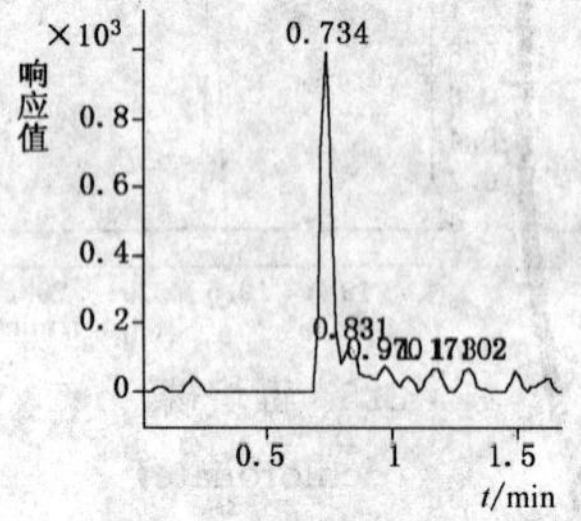

341. 丙烯酰胺 (acrylamide)

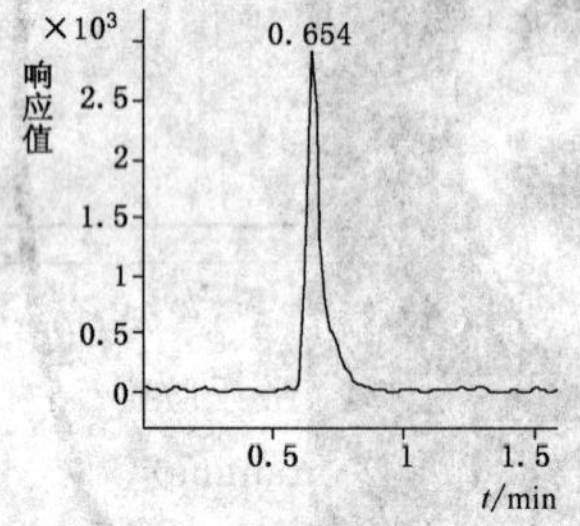

342. 叔丁基胺 (*tert*-butylamine)

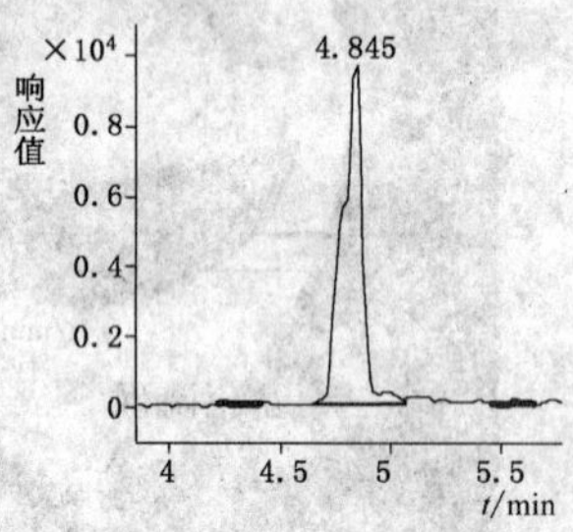

343. 邻苯二甲酰亚胺 (phthalimide)

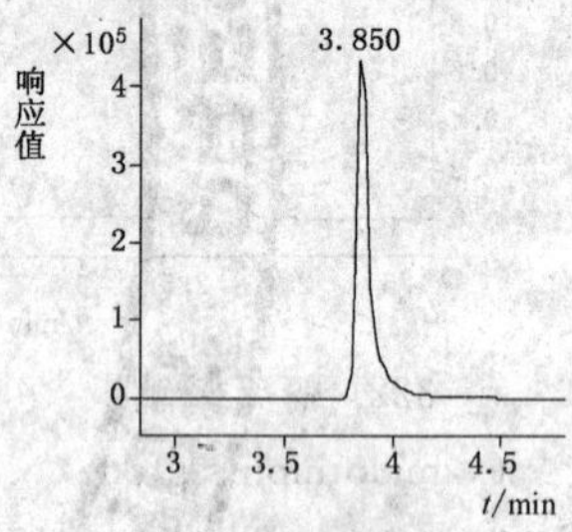

344. 甲氟磷 (dimefox)

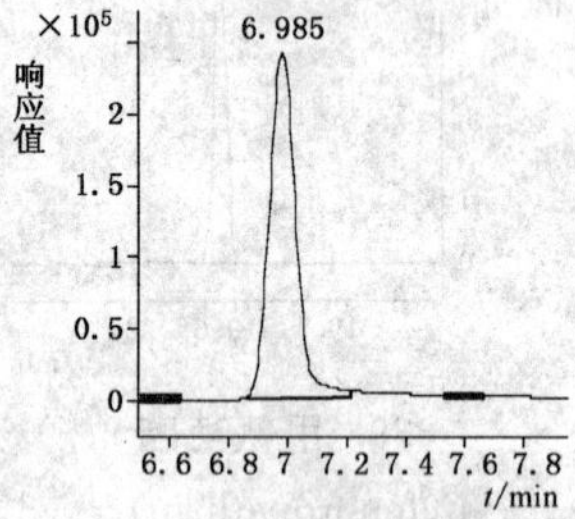

345. 速灭威 (metolcarb)

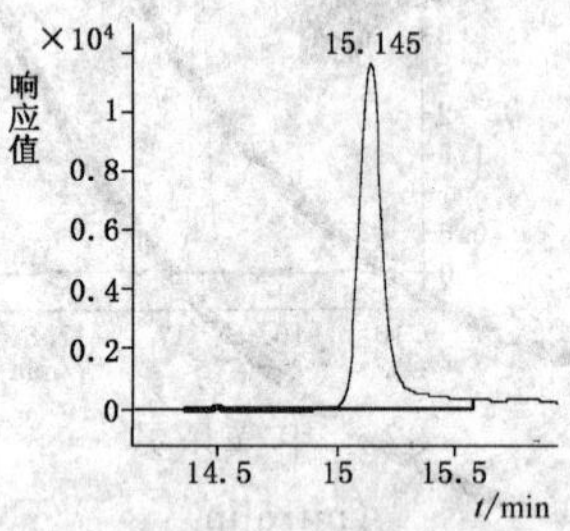

346. 二苯胺 (diphenylamin)

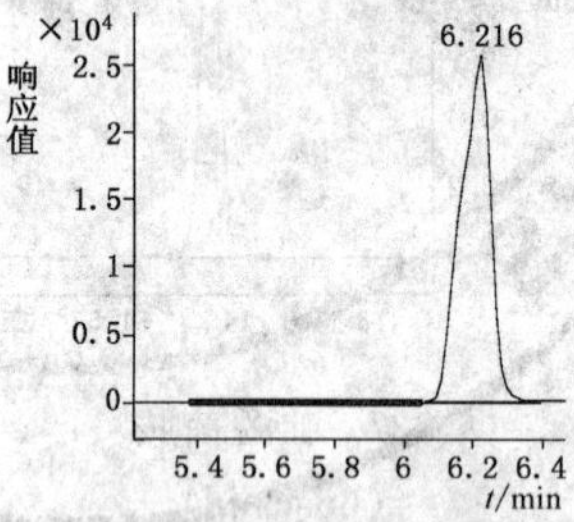

347. 萘乙酸基乙酰亚胺 (1-naphthy acetamide)

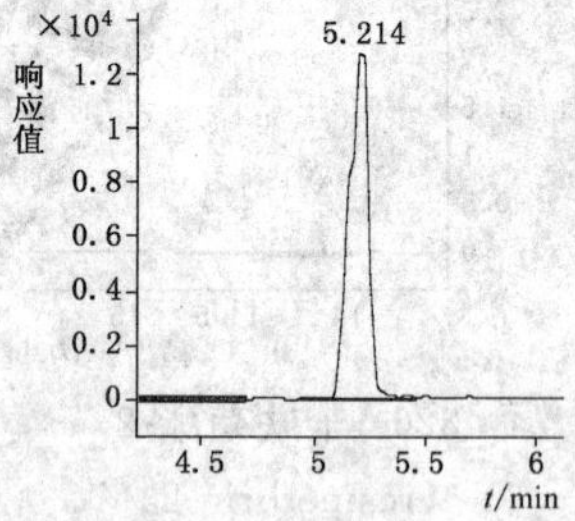

348. 脱乙基莠去津 (atrazine-desethyl)

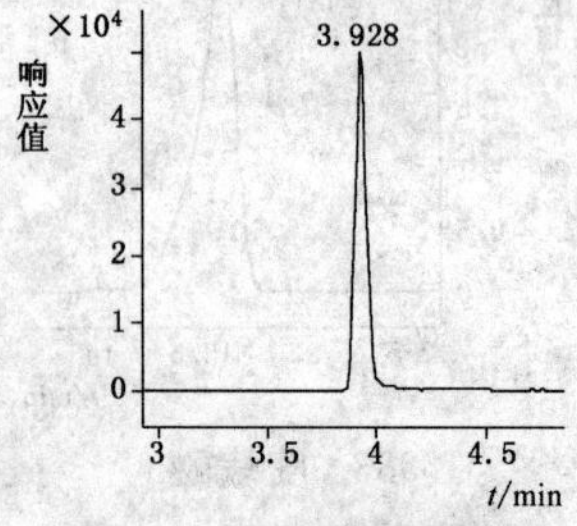

349. 2,6-二氯苯甲酰胺 (2,6-dichlorobenzamide)

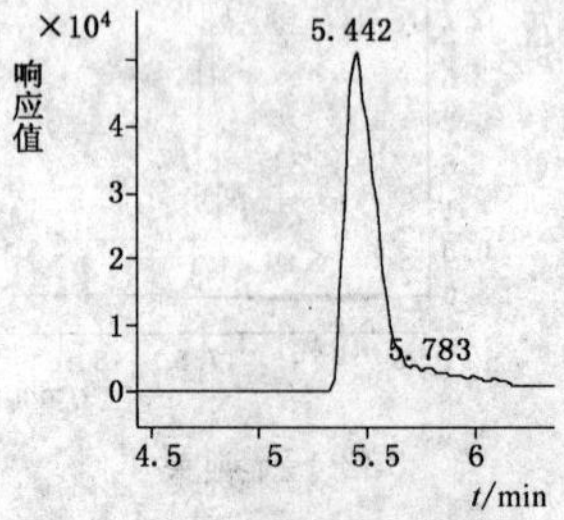

350. 涕灭威 (aldicarb)

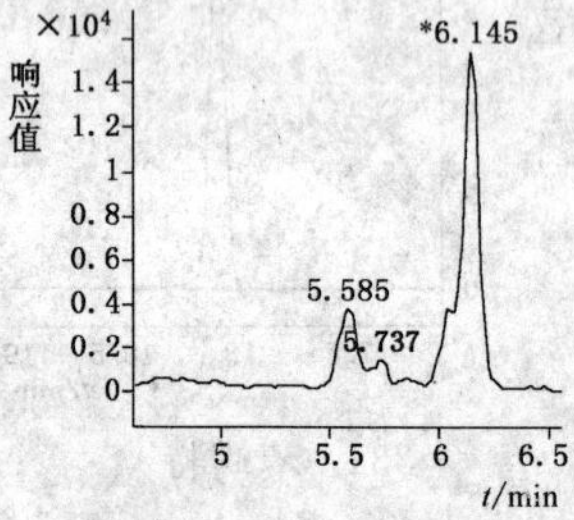

351. 酞酸二甲酯 (dimethyl phthalate)

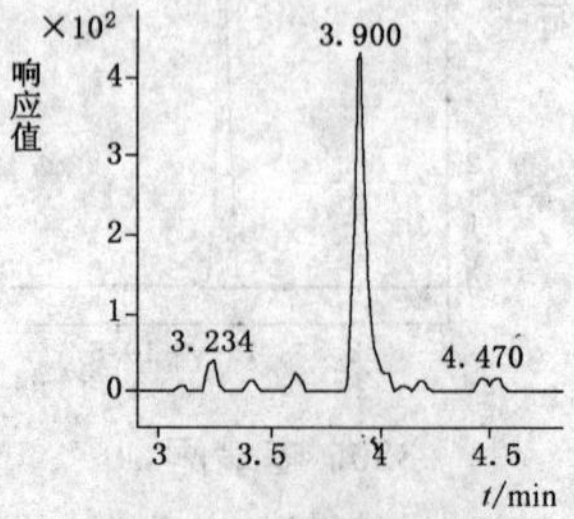

352. 杀虫脒盐酸盐 (chlordimeform hydrochloride)

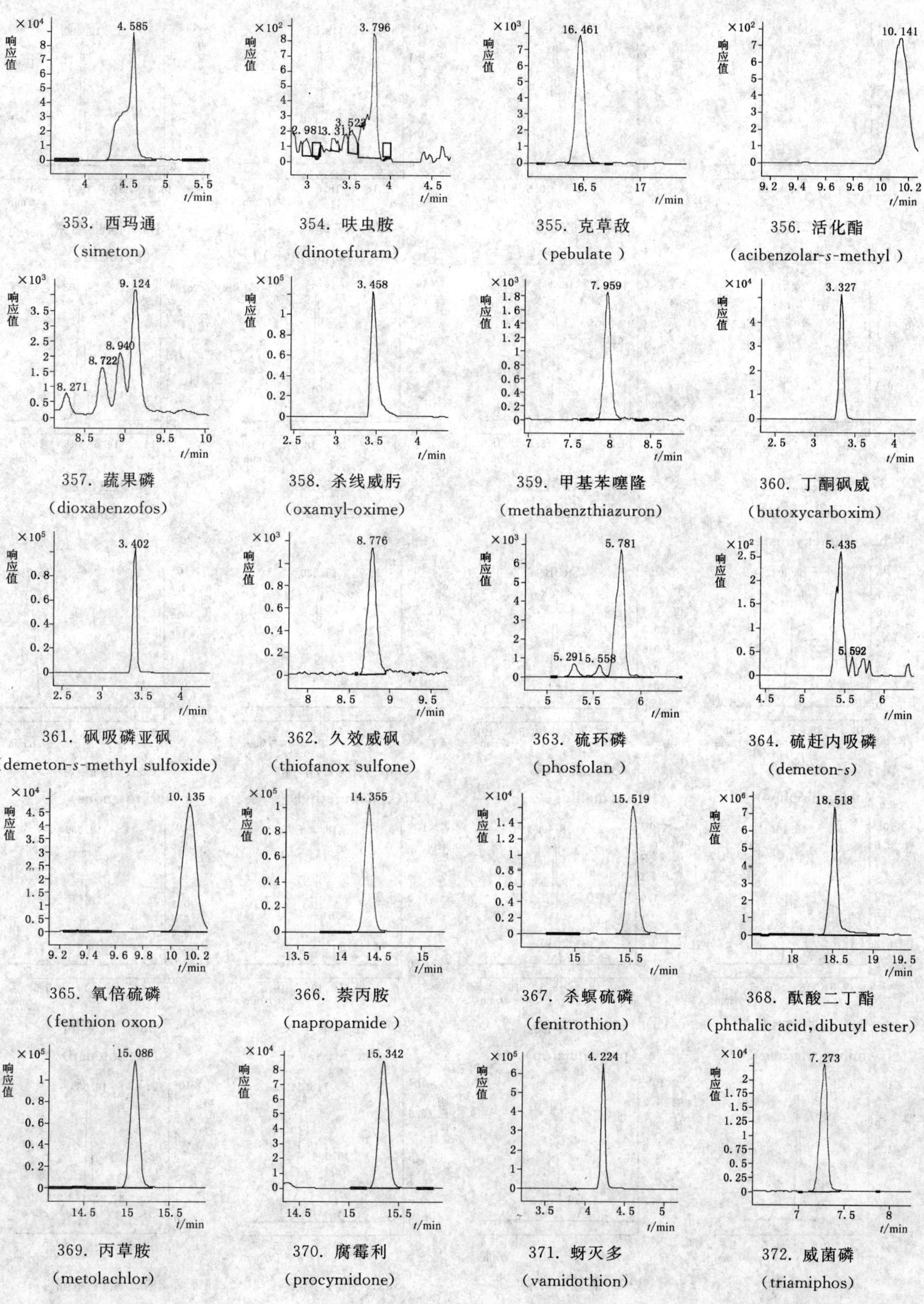

353. 西玛通 (simeton)

354. 呋虫胺 (dinotefuram)

355. 克草敌 (pebulate)

356. 活化酯 (acibenzolar-*s*-methyl)

357. 蔬果磷 (dioxabenzofos)

358. 杀线威肟 (oxamyl-oxime)

359. 甲基苯噻隆 (methabenzthiazuron)

360. 丁酮砜威 (butoxycarboxim)

361. 砜吸磷亚砜 (demeton-*s*-methyl sulfoxide)

362. 久效威砜 (thiofanox sulfone)

363. 硫环磷 (phosfolan)

364. 硫赶内吸磷 (demeton-*s*)

365. 氧倍硫磷 (fenthion oxon)

366. 萘丙胺 (napropamide)

367. 杀螟硫磷 (fenitrothion)

368. 酞酸二丁酯 (phthalic acid, dibutyl ester)

369. 丙草胺 (metolachlor)

370. 腐霉利 (procymidone)

371. 蚜灭多 (vamidothion)

372. 威菌磷 (triamiphos)

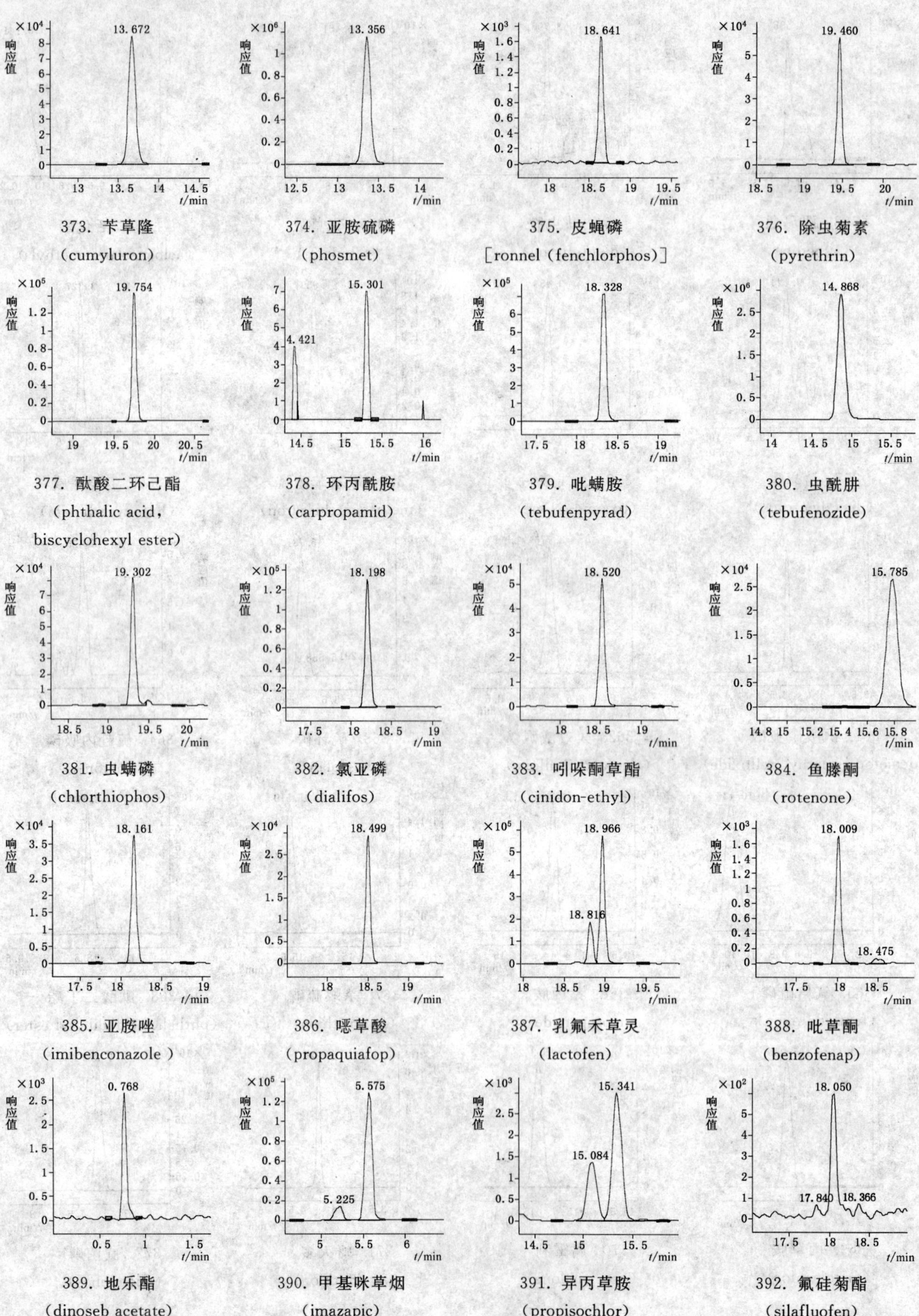

373. 苄草隆 (cumyluron)

374. 亚胺硫磷 (phosmet)

375. 皮蝇磷 [ronnel (fenchlorphos)]

376. 除虫菊素 (pyrethrin)

377. 酞酸二环己酯 (phthalic acid, biscyclohexyl ester)

378. 环丙酰胺 (carpropamid)

379. 吡螨胺 (tebufenpyrad)

380. 虫酰肼 (tebufenozide)

381. 虫螨磷 (chlorthiophos)

382. 氯亚磷 (dialifos)

383. 吲哚酮草酯 (cinidon-ethyl)

384. 鱼滕酮 (rotenone)

385. 亚胺唑 (imibenconazole)

386. 噁草酸 (propaquiafop)

387. 乳氟禾草灵 (lactofen)

388. 吡草酮 (benzofenap)

389. 地乐酯 (dinoseb acetate)

390. 甲基咪草烟 (imazapic)

391. 异丙草胺 (propisochlor)

392. 氟硅菊酯 (silafluofen)

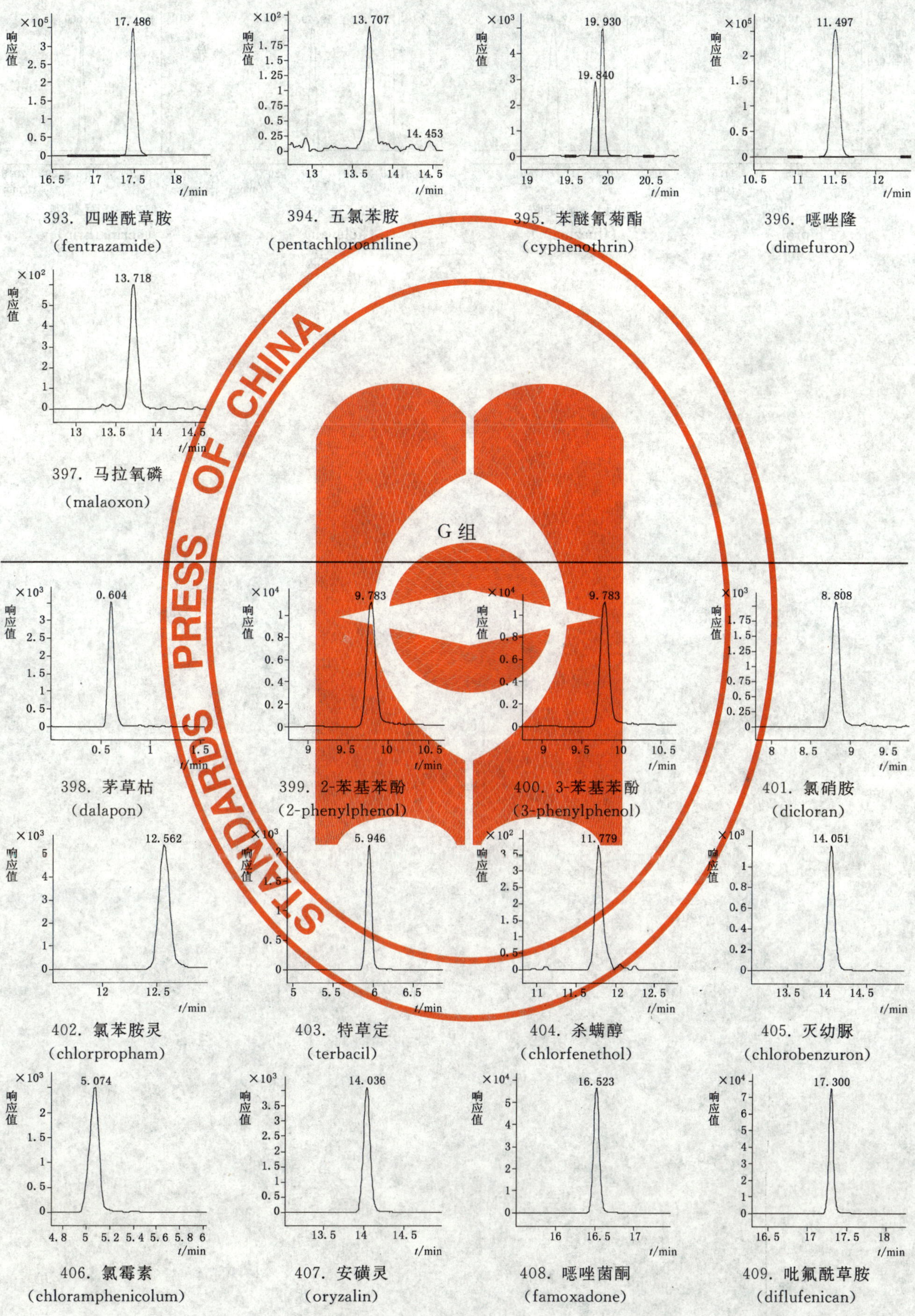

393. 四唑酰草胺（fentrazamide）

394. 五氯苯胺（pentachloroaniline）

395. 苯醚氰菊酯（cyphenothrin）

396. 噁唑隆（dimefuron）

397. 马拉氧磷（malaoxon）

G组

398. 茅草枯（dalapon）

399. 2-苯基苯酚（2-phenylphenol）

400. 3-苯基苯酚（3-phenylphenol）

401. 氯硝胺（dicloran）

402. 氯苯胺灵（chlorpropham）

403. 特草定（terbacil）

404. 杀螨醇（chlorfenethol）

405. 灭幼脲（chlorobenzuron）

406. 氯霉素（chloramphenicolum）

407. 安磺灵（oryzalin）

408. 噁唑菌酮（famoxadone）

409. 吡氟酰草胺（diflufenican）

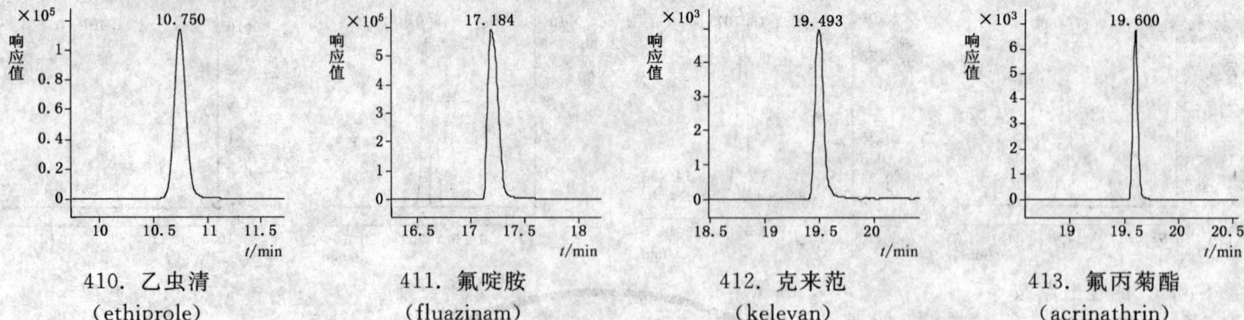

410. 乙虫清
(ethiprole)

411. 氟啶胺
(fluazinam)

412. 克来范
(kelevan)

413. 氟丙菊酯
(acrinathrin)

附　录　D
（资料性附录）
413种农药及相关化学品精密度数据表

413种农药及相关化学品精密度数据表见表D.1。

表D.1　413种农药及相关化学品精密度数据表

序号	中文名称	英文名称	含量/(μg/kg)	重复性限 r	再现性限 R	含量/(μg/kg)	重复性限 r	再现性限 R
A组								
1	苯胺灵	propham	110.00	8.50	15.74	440.00	11.48	216.66
2	异丙威	isoprocarb	2.30	0.29	0.53	9.20	0.15	4.71
3	3,4,5-混杀威	3,4,5-trimethacarb	0.34	0.05	0.07	1.38	0.17	0.40
4	环莠隆	cycluron	0.21	0.04	0.03	0.82	0.04	0.24
5	甲萘威	carbaryl	10.32	0.83	2.98	41.28	11.37	19.33
6	毒草胺	propachlor	0.27	0.05	0.29	1.10	0.11	0.30
7	吡咪唑	rabenzazole	1.33	0.22	0.67	5.33	0.32	1.93
8	西草净	simetryn	0.14	0.02	0.16	0.54	0.04	0.18
9	绿谷隆	monolinuron	3.56	0.35	0.39	14.24	0.38	2.61
10	速灭磷	mevinphos	1.57	0.17	0.36	6.26	0.22	2.02
11	叠氮津	aziprotryne	1.38	0.85	1.45	5.53	0.42	1.78
12	密草通	secbumeton	0.07	0.01	0.02	0.29	0.01	0.11
13	嘧菌磺胺	cyprodinil	0.74	0.52	0.68	2.96	0.59	1.75
14	播土隆	buturon	8.96	0.61	3.72	35.84	1.03	14.56
15	双酰草胺	carbetamide	3.64	0.24	0.81	14.56	0.66	2.89
16	抗蚜威	pirimicarb	0.15	0.02	0.09	0.61	0.05	0.28
17	异噁草松	clomazone dimethazone	0.42	0.02	0.07	1.69	0.00	0.30
18	氰草津	cyanazine	0.16	0.05	0.05	0.66	0.08	0.19
19	扑草净	prometryne	0.16	0.01	0.07	0.65	0.01	0.12
20	甲基对氧磷	paraoxon methyl	0.76	0.10	0.30	3.05	0.24	1.37
21	噻虫啉	thiacloprid	0.37	0.13	0.08	1.48	0.07	0.12
22	吡虫啉	imidacloprid	22.00	1.57	31.93	88.00	2.09	6.92
23	磺噻隆	ethidimuron	1.50	0.08	0.30	6.00	0.40	0.84
24	丁嗪草酮	isomethiozin	1.07	0.38	3.40	4.26	0.70	1.14
25	燕麦敌	diallate	89.20	132.85	170.66	356.80	88.38	211.92
26	乙草胺	acetochlor	47.40	2.41	7.81	189.60	35.31	58.29

表 D.1(续)

序号	中文名称	英文名称	含量/(μg/kg)	重复性限 r	再现性限 R	含量/(μg/kg)	重复性限 r	再现性限 R
27	烯啶虫胺	nitenpyram	17.12	0.18	1.60	68.48	15.45	18.18
28	盖草津	methoprotryne	0.24	0.05	0.49	0.97	0.06	0.35
29	二甲酚草胺	dimethenamid	4.30	0.80	0.71	17.20	7.06	11.71
30	特草灵	terbucarb	2.10	—	—	8.40	3.56	7.21
31	戊菌唑	penconazole	2.00	0.11	0.22	8.00	0.54	3.56
32	腈菌唑	myclobutanil	1.00	0.12	0.11	3.98	0.27	2.26
33	多效唑	paclobutrazol	0.57	0.07	0.31	2.30	0.03	1.24
34	倍硫磷亚砜	fenthion sulfoxide	0.31	0.08	0.10	1.25	0.16	0.20
35	三唑醇	triadimenol	10.55	1.14	0.68	42.21	1.79	21.06
36	仲丁灵	butralin	1.90	0.17	0.30	7.60	0.60	4.46
37	螺噁茂胺	spiroxamine	0.05	0.01	0.01	0.21	0.03	0.08
38	甲基立枯磷	tolclofos methyl	66.56	2.65	9.24	266.24	16.48	45.15
39	甜菜胺	desmedipham	4.03	0.14	0.49	16.12	2.49	6.49
40	杀扑磷	methidathion	10.66	0.87	0.92	42.64	4.67	22.18
41	烯丙菊酯	allethrin	60.40	7.90	14.06	241.60	25.16	114.21
42	二嗪磷	diazinon	0.71	0.03	0.11	2.85	0.18	0.34
43	敌瘟磷	edifenphos	0.75	0.16	0.35	3.01	0.74	1.03
44	氟硅唑	flusilazole	0.58	0.03	0.15	2.33	0.04	1.15
45	丙森锌	iprovalicarb	2.32	0.15	0.40	9.28	1.26	5.55
46	麦锈灵	benodanil	3.48	0.45	0.85	13.92	2.59	9.31
47	氟酰胺	flutolanil	1.15	0.15	0.20	4.58	0.44	2.84
48	氨磺磷	famphur	3.60	0.03	0.09	14.40	1.38	0.94
49	苯霜灵	benalyxyl	1.24	0.19	0.44	4.97	0.55	2.31
50	苄氯三唑醇	diclobutrazole	0.47	0.43	0.62	1.87	3.22	2.04
51	乙环唑	etaconazole	1.78	0.03	0.22	7.13	0.45	0.84
52	氯苯嘧啶醇	fenarimol	0.61	0.04	0.12	2.43	0.84	2.42
53	胺菊酯	tetramethirn	1.82	0.12	0.58	7.28	0.70	3.02
54	解草酯	cloquintocet mexyl	1.88	1.01	0.86	7.54	0.19	3.36
55	联苯三唑醇	bitertanol	33.40	1.72	4.63	133.60	28.74	71.08
56	甲基毒死蜱	chlorprifos methyl	16.00	0.26	3.10	64.00	6.24	41.69
57	益棉磷	azinphos ethyl	108.93	70.08	42.65	435.71	5.89	162.00
58	炔草酸	clodinafop propargyl	2.44	0.44	0.54	9.76	0.46	2.45
59	杀铃脲	triflumuron	3.92	0.39	0.67	15.68	0.59	5.69
60	异噁氟草	isoxaflutole	3.90	0.15	1.77	15.60	5.98	13.91

表 D.1(续)

序号	中文名称	英文名称	含量/(μg/kg)	重复性限 r	再现性限 R	含量/(μg/kg)	重复性限 r	再现性限 R
61	喹禾灵	quizalofop-ethyl	0.68	0.13	0.18	2.73	0.22	0.71
62	精氟吡甲禾灵	haloxyfop-methyl	2.64	0.18	0.46	10.56	0.29	3.65
63	吡氟禾草灵	fluazifop butyl	0.26	0.02	0.17	1.05	0.06	0.52
64	乙基溴硫磷	bromophos-ethyl	567.69	35.34	108.11	2270.76	100.83	675.00
65	地散磷	bensulide	34.20	2.09	10.15	136.80	9.43	55.71
66	溴苯烯磷	bromfenvinfos	3.02	0.49	0.69	12.08	1.58	2.13
67	嘧菌酯	azoxystrobin	0.45	0.02	0.03	1.80	0.13	1.14
68	吡菌磷	pyrazophos	1.62	0.25	0.80	6.50	1.23	3.61
69	氟虫脲	flufenoxuron	3.17	0.38	6.20	12.67	1.86	5.76
70	茚虫威	indoxacarb	7.54	0.51	1.45	30.16	1.54	4.55
			B组					
71	乙撑硫脲	ethylene thiourea	52.20	10.55	67.09	208.80	20.14	43.96
72	棉隆	dazomet	127.00	16.07	33.66	508.00	75.58	87.63
73	烟碱	nicotine	2.20	0.26	0.48	8.80	0.52	1.71
74	非草隆	fenuron	1.03	0.27	0.11	4.12	1.58	1.34
75	鼠立克	crimidine	1.56	0.22	0.66	6.23	0.77	2.72
76	禾草敌	molinate	2.10	0.39	0.44	8.40	0.87	2.70
77	6-氯-4-羟基-3-苯基哒嗪	6-chloro-4-hydroxy-3-phenyl-pyridazin	1.65	0.52	0.42	6.62	0.90	1.92
78	残杀威	propoxur	24.40	4.26	4.67	97.60	2.93	13.36
79	异唑隆	isouron	0.41	0.12	0.13	1.63	0.17	0.41
80	绿麦隆	chlorotoluron	0.62	0.06	0.07	2.50	0.09	0.75
81	久效威	thiofanox	157.00	28.14	24.08	628.00	26.78	77.79
82	氯草灵	chlorbufam	183.00	17.32	37.68	732.00	7.59	208.98
83	噁虫威	bendiocarb	3.18	0.17	0.41	12.72	3.46	1.96
84	扑灭津	propazine	0.32	0.09	0.11	1.28	0.05	0.24
85	特丁津	terbuthylazine	0.47	0.03	0.15	1.87	0.02	0.50
86	敌草隆	diuron	1.56	0.34	0.30	6.24	0.35	0.91
87	氯甲硫磷	chlormephos	19540.00	4298.59	3385.91	78160.00	7736.20	39297.86
88	萎锈灵	carboxin	0.56	0.15	0.10	2.22	0.24	0.27
89	噻虫胺	clothianidin	63.00	0.15	0.18	252.00	2.55	1.93
90	拿草特	pronamide	15.38	1.35	2.91	61.52	0.65	29.54
91	二甲草胺	dimethachloro	1.90	0.25	0.45	7.61	0.14	1.11

表 D.1(续)

序号	中文名称	英文名称	含量/(μg/kg)	重复性限 r	再现性限 R	含量/(μg/kg)	重复性限 r	再现性限 R
92	溴谷隆	methobromuron	16.84	1.04	2.26	67.36	0.57	13.60
93	甲拌磷	phorate	314.00	51.83	56.80	1256.00	22.86	374.93
94	苯草醚	aclonifen	24.20	3.81	4.99	96.80	2.42	34.25
95	地安磷	mephosfolan	2.32	0.36	0.66	9.28	0.08	1.49
96	脱苯甲基亚胺唑	imibenzonazole-des-benzyl	6.22	1.44	1.08	24.88	0.12	4.50
97	草不隆	neburon	7.10	0.71	1.35	28.40	0.93	7.46
98	精甲霜灵	mefenoxam	1.54	0.24	0.27	6.15	0.50	1.21
99	乙氧呋草黄	ethofume sate	372.00	42.88	84.60	1488.00	12.38	243.76
100	异稻瘟净	iprobenfos	8.28	1.22	1.51	33.12	1.82	4.68
101	环丙唑醇	cyproconazole	0.73	0.12	0.23	2.93	0.02	0.56
102	噻虫嗪	thiamethoxam	33.00	7.57	11.83	132.00	15.03	28.82
103	育畜磷	crufomate	0.52	0.07	0.08	2.07	0.07	0.48
104	乙嘧硫磷	etrimfos	18.76	3.12	6.95	75.04	9.44	35.12
105	赛灭磷	cythioate	80.00	13.60	22.14	320.00	11.33	49.37
106	磷胺	phosphamidon	3.88	0.73	1.05	15.52	0.19	2.82
107	甜菜宁	phenmedipham	8.96	1.68	1.08	35.84	14.50	3.70
108	环酰菌胺	fenhexamid	0.95	0.07	0.29	3.78	0.76	0.75
109	粉唑醇	flutriafol	8.58	1.48	2.61	34.32	1.36	5.82
110	抑菌丙胺酯	furalaxyl	0.77	0.16	0.22	3.08	0.02	0.41
111	生物丙烯菊酯	bioallethrin	198.00	17.93	33.91	792.00	34.95	95.96
112	苯腈磷	cyanofenphos	20.80	1.41	7.53	83.20	0.22	19.19
113	甲基嘧啶磷	pirimiphos methyl	0.20	0.03	0.03	0.81	0.08	0.20
114	噻嗪酮	buprofezin	0.88	0.09	0.20	3.51	0.14	1.27
115	乙拌磷砜	disulfoton sulfone	2.46	0.20	0.60	9.84	0.31	1.64
116	喹螨醚	fenazaquin	0.32	0.02	0.06	1.30	0.08	0.60
117	三唑磷	triazophos	0.68	0.00	0.10	2.72	0.05	0.63
118	脱叶磷	DEF	1.61	0.19	0.17	6.46	0.13	2.93
119	环酯草醚	pyriftalid	0.62	0.09	0.18	2.50	0.22	0.45
120	叶菌唑	metconazole	1.32	0.19	0.30	5.27	0.26	1.17
121	蚊蝇醚	pyriproxyfen	0.43	0.06	0.08	1.72	0.09	0.65
122	异噁酰草胺	isoxaben	0.19	0.04	0.03	0.74	0.01	0.11
123	呋草酮	flurtamone	0.44	0.08	0.12	1.78	0.08	0.31

表 D.1（续）

序号	中文名称	英文名称	含量/(μg/kg)	重复性限 r	再现性限 R	含量/(μg/kg)	重复性限 r	再现性限 R
124	氟乐灵	trifluralin	1674.00	119.28	542.19	6696.00	187.94	2054.22
125	甲基麦草氟异丙酯	flamprop methyl	20.20	0.04	0.03	80.80	0.01	0.11
126	丙环唑	propiconazole	1.76	0.29	0.44	7.03	0.12	1.95
127	毒死蜱	chlorpyrifos	53.80	8.85	4.00	215.20	15.84	35.50
128	氯乙氟灵	fluchloralin	488.00	122.84	102.13	1952.00	44.71	316.45
129	麦草氟异丙酯	flamprop isopropyl	0.43	0.01	0.05	1.74	0.27	0.47
130	杀虫畏	tetrachlorvinphos	2.22	0.20	0.57	8.88	0.36	1.53
131	炔螨特	propargite	68.60	15.31	6.66	274.40	1.14	58.62
132	糠菌唑	bromuconazole	3.14	0.75	1.52	12.56	6.92	5.08
133	氟吡酰草胺	picolinafen	0.73	0.09	0.15	2.90	0.11	0.84
134	氟噻乙草酯	fluthiacet methyl	5.30	0.67	1.86	21.20	4.11	12.39
135	肟菌酯	trifloxystrobin	2.00	0.26	0.49	8.00	0.86	1.44
136	氟铃脲	hexaflumuron	25.20	3.18	3.95	100.80	0.87	10.01
137	氟酰脲	novaluron	8.04	0.97	1.70	32.16	5.77	5.05
138	—	flurazuron	26.80	2.77	4.81	107.20	3.85	22.67
C组								
139	抑芽丹	maleic hydrazide	80.00	25.73	110.11	320.00	50.69	94.31
140	甲胺磷	methamidophos	4.93	0.40	0.51	19.72	1.80	3.80
141	茵草敌	EPTC	37.34	15.52	21.63	149.35	31.45	27.05
142	避蚊胺	diethyltoluamide	0.55	0.15	0.16	2.20	0.07	0.93
143	灭草隆	monuron	34.74	6.71	4.52	138.94	1.60	12.69
144	嘧霉胺	pyrimethanil	0.68	0.02	0.22	2.72	0.13	0.64
145	黑穗胺	fenfuram	0.78	0.04	0.04	3.12	0.13	0.65
146	灭藻醌	quinoclamine	7.92	2.04	2.17	31.68	5.36	8.38
147	仲丁威	fenobucarb	5.90	1.21	0.84	23.60	0.30	2.72
148	敌稗	propanil	21.59	1.88	4.23	86.36	1.29	4.74
149	克百威	carbofuran	13.06	2.84	1.94	52.24	0.27	5.35
150	啶虫脒	acetamiprid	1.44	0.52	0.36	5.76	0.60	0.93
151	嘧菌胺	mepanipyrim	0.32	0.06	0.07	1.28	0.14	0.29
152	扑灭通	prometon	0.13	0.04	0.01	0.52	0.03	0.08
153	甲硫威	methiocarb	41.20	44.39	61.85	164.80	20.27	130.86
154	甲氧隆	metoxuron	0.64	0.22	0.14	2.55	0.50	0.49

表 D.1（续）

序号	中文名称	英文名称	含量/(μg/kg)	重复性限 r	再现性限 R	含量/(μg/kg)	重复性限 r	再现性限 R
155	乐果	dimethoate	7.60	1.66	1.33	30.40	0.79	2.27
156	伏草隆	fluometuron	0.92	0.12	0.34	3.68	0.06	0.44
157	百治磷	dicrotophos	1.14	0.44	0.34	4.58	0.45	1.73
158	庚酰草胺	monalide	1.20	0.34	0.15	4.80	0.12	0.45
159	双苯酰草胺	diphenamid	0.14	0.05	0.02	0.57	0.05	0.06
160	灭线磷	ethoprophos	2.76	0.41	0.24	11.06	0.19	1.52
161	地虫硫磷	fonofos	7.46	1.57	1.01	29.83	0.77	3.49
162	土菌灵	etridiazol	100.42	17.21	19.12	401.68	36.32	75.92
163	环嗪酮	hexazinone	0.12	0.01	0.04	0.48	0.01	0.05
164	阔草净	dimethametryn	0.11	0.02	0.01	0.44	0.02	0.04
165	内吸磷	demeton($o+s$)	6.77	0.68	1.45	27.08	0.58	4.12
166	解草酮	benoxacor	6.90	1.97	1.29	27.60	0.39	2.87
167	除草定	bromacil	23.60	4.06	3.91	94.40	6.92	5.90
168	甲拌磷亚砜	phorate sulfoxide	368.28	169.78	130.99	1 473.12	338.50	253.41
169	溴莠敏	brompyrazon	3.60	0.46	0.80	14.40	14.40	60.30
170	灭锈胺	mepronil	0.38	0.06	0.10	1.51	0.10	0.30
171	乙拌磷	disulfoton	469.70	165.37	265.18	1 878.78	685.43	480.29
172	倍硫磷	fenthion	52.00	11.07	3.72	208.00	15.97	12.33
173	甲霜灵	metalaxyl	0.50	0.25	0.13	2.00	0.37	0.31
174	甲呋酰胺	ofurace	1.00	0.36	0.11	4.00	0.24	0.72
175	吗菌灵	dodemorph	0.40	0.04	0.10	1.60	0.35	0.41
176	甲基咪草酯	imazamethabenz-methyl	0.16	0.01	0.05	0.66	0.07	0.11
177	稻瘟灵	isoprothiolane	1.85	0.43	0.34	7.39	0.41	1.08
178	抑霉唑	imazalil	2.00	0.30	0.24	8.00	0.09	0.97
179	辛硫磷	phoxim	82.80	8.74	14.15	331.20	41.46	57.10
180	喹硫磷	quinalphos	2.00	0.79	0.33	7.99	0.22	0.31
181	苯氧威	fenoxycarb	18.27	12.99	9.45	73.08	5.68	26.99
182	嘧啶磷	pyrimitate	0.17	0.06	0.03	0.70	0.04	0.10
183	丰索磷	fensulfothin	2.00	0.19	0.11	8.01	1.05	0.55
184	氯咯草酮	fluorochloridone	13.78	2.79	2.85	55.12	0.38	3.65
185	丁草胺	butachlor	20.07	1.53	3.06	80.26	6.19	6.43
186	亚胺菌	kresoxim-methyl	100.58	23.94	4.60	402.32	49.52	24.87
187	戊叉菌唑	triticonazole	3.02	0.90	0.51	12.08	0.17	1.44

表 D.1(续)

序号	中文名称	英文名称	含量/(μg/kg)	重复性限 r	再现性限 R	含量/(μg/kg)	重复性限 r	再现性限 R
188	苯线磷亚砜	fenamiphos sulfoxide	0.74	0.25	0.21	2.96	0.06	0.80
189	噻吩草胺	thenylchlor	24.14	5.82	3.11	96.56	3.97	16.42
190	氰菌胺	fenoxanil	39.40	9.32	4.40	157.60	5.05	10.81
191	杀草吡啶	fluridone	0.18	0.04	0.01	0.72	0.05	0.08
192	氟环唑	epoxiconazole	4.06	0.75	0.62	16.22	2.67	2.12
193	氯辛硫磷	chlorphoxim	77.57	11.02	18.01	310.30	44.78	46.58
194	苯线磷砜	fenamiphos sulfone	0.45	0.15	0.07	1.78	0.07	0.18
195	腈苯唑	fenbuconazole	1.65	0.54	0.23	6.60	0.46	0.45
196	异柳磷	isofenphos	218.67	34.53	36.84	874.69	91.58	423.83
197	苯醚菊酯	phenothrin	339.20	65.33	257.60	1 356.80	70.41	240.65
198	哌草磷	piperophos	9.24	2.10	1.57	36.96	0.85	2.83
199	增效醚	piperonyl butoxide	1.13	0.17	0.26	4.53	0.29	0.32
200	乙氧氟草醚	oxyflurofen	58.55	17.45	19.42	234.19	14.56	33.45
201	蝇毒磷	coumaphos	2.10	0.27	0.34	8.40	1.59	1.59
202	氟噻草胺	flufenacet	5.30	1.67	1.86	21.20	2.27	4.40
203	伏杀硫磷	phosalone	48.04	11.37	9.60	192.16	9.71	11.09
204	甲氧虫酰肼	methoxyfenozide	3.70	1.04	0.36	14.80	0.45	2.18
205	咪鲜胺	prochloraz	2.07	0.41	0.30	8.28	0.27	0.78
206	丙硫特普	aspon	1.73	0.44	0.54	6.92	0.84	0.99
207	乙硫磷	ethion	2.96	0.10	0.60	11.82	0.75	1.70
208	丁醚脲	diafenthiuron	0.28	0.03	0.12	1.12	0.17	0.46
209	氟硫草定	dithiopyr	10.40	0.51	3.65	41.60	5.67	6.21
210	唑螨酯	fenpyroximate	1.36	0.19	0.32	5.44	0.35	0.90
211	胺氟草酯	flumiclorac-pentyl	10.61	1.22	2.53	42.43	3.86	4.39
212	双硫磷	temephos	1.22	0.06	0.63	4.86	0.47	0.48
213	氟丙嘧草酯	butafenacil	9.50	3.14	0.47	38.00	1.01	3.88
D组								
214	噻菌灵	thiabendazole	0.49	0.17	0.28	1.95	0.20	0.68
215	苯嗪草酮	metamitron	6.36	0.97	1.72	25.44	1.78	4.78
216	异丙隆	isoproturon	0.14	0.03	0.06	0.54	0.03	0.15
217	莠去通	atratone	0.18	0.02	0.03	0.73	0.09	0.09
218	敌草净	oesmetryn	0.17	0.03	0.06	0.68	0.03	0.04
219	赛克津	metribuzin	0.54	0.05	0.10	2.16	0.15	0.75
220	—	DMST	40.00	5.02	10.89	160.00	6.95	12.55

表 D.1（续）

序号	中文名称	英文名称	含量/(μg/kg)	重复性限 r	再现性限 R	含量/(μg/kg)	重复性限 r	再现性限 R
221	环草敌	cycloate	4.44	0.34	0.44	17.76	1.72	0.88
222	莠去津	atrazine	0.36	0.06	0.10	1.44	0.12	0.22
223	丁草敌	butylate	302.00	12.15	18.93	1208.00	72.04	50.56
224	吡蚜酮	pymetrozin	34.28	4.49	14.46	137.12	4.35	12.71
225	氯草敏	chloridazon	2.33	0.27	0.57	9.31	0.79	12.99
226	菜草畏	sulfallate	207.20	13.30	22.14	828.80	41.70	45.21
227	乙硫苯威	ethiofencarb	4.92	0.81	0.74	19.68	3.24	10.33
228	特丁通	terbumeton	0.10	0.01	0.02	0.38	0.05	0.07
229	环丙津	cyprazine	0.04	0.00	0.01	0.17	0.00	0.01
230	莠灭津	ametryn	0.96	0.10	0.18	3.84	0.09	0.18
231	木草隆	tebuthiuron	0.22	0.03	0.07	0.87	0.01	0.18
232	草达津	trietazine	0.60	0.04	0.11	2.42	0.10	0.11
233	另丁津	sebutylazine	0.31	0.03	0.04	1.26	0.00	0.08
234	畜虫避	dibutyl succinate	222.40	16.90	34.67	889.60	16.25	68.27
235	牧草胺	tebutam	0.14	0.01	0.02	0.54	0.02	0.04
236	久效威亚砜	thiofanox-sulfoxide	8.29	3.69	5.91	33.18	5.63	29.68
237	虫螨畏	methacrifos	2 423.70	106.17	155.06	9 694.78	243.73	801.00
238	特丁净	terbutryn	0.02	0.01	0.01	0.08	0.01	0.02
239	虫线磷	thionazin	22.68	1.73	2.92	90.72	0.65	9.03
240	利谷隆	linuron	11.63	1.65	2.98	46.54	0.51	4.13
241	庚虫磷	heptanophos	5.84	0.31	1.16	23.36	0.42	1.81
242	苄草丹	prosulfocarb	0.37	0.10	0.13	1.47	0.13	0.08
243	杀草净	dipropetryn	6.96	0.02	0.05	27.84	0.02	0.09
244	禾草丹	thiobencarb	0.27	0.02	0.05	1.08	0.02	0.09
245	三正丁基磷酸盐	tri-*n*-butyl phosphate	0.37	0.04	0.08	1.50	0.03	0.07
246	乙霉威	diethofencarb	2.00	0.25	0.48	8.00	0.24	0.29
247	甲草胺	alachlor	7.40	0.86	1.84	29.60	0.03	1.41
248	硫线磷	cadusafos	1.15	0.12	0.28	4.61	0.67	1.21
249	吡唑草胺	metazachlor	0.98	0.14	0.28	3.92	0.10	0.55
250	胺丙畏	propetamphos	54.00	12.72	17.01	216.00	12.65	44.24
251	硅氟唑	simeconazole	2.94	0.41	0.92	11.76	0.28	0.93
252	三唑酮	triadimefon	7.88	0.94	1.93	31.52	0.02	2.70
253	甲拌磷砜	phorate sulfone	42.00	6.63	7.66	168.00	4.82	12.54

表 D.1（续）

序号	中文名称	英文名称	含量/(μg/kg)	重复性限 r	再现性限 R	含量/(μg/kg)	重复性限 r	再现性限 R
254	十三吗啉	tridemorph	2.60	0.41	0.99	10.42	0.87	4.13
255	苯噻酰草胺	mefenacet	2.21	0.27	0.51	8.83	0.03	0.83
256	丁苯吗琳	fenpropimorph	0.18	0.04	0.05	0.74	0.29	0.10
257	戊唑醇	tebuconazole	2.23	0.27	0.48	8.93	0.13	0.71
258	异丙乐灵	isopropalin	30.00	3.21	6.67	120.00	6.68	35.96
259	氟苯嘧啶醇	nuarimol	1.00	0.99	0.88	3.98	0.23	1.22
260	乙嘧酚磺酸酯	bupirimate	0.70	0.13	0.23	2.80	0.43	0.68
261	保棉磷	azinphos-methyl	1 104.33	136.52	238.37	4 417.34	68.57	479.92
262	丁基嘧啶磷	tebupirimfos	0.13	0.01	0.02	0.52	0.05	0.04
263	稻丰散	phenthoate	92.35	10.10	14.42	369.41	4.26	12.35
264	治螟磷	sulfotep	2.60	0.25	0.32	10.40	0.39	0.66
265	硫丙磷	sulprofos	5.84	0.76	0.92	23.36	0.04	2.29
266	苯硫磷	EPN	33.00	4.71	6.26	132.00	6.05	13.81
267	烯唑醇	diniconazole	1.34	0.18	0.33	5.38	0.08	0.43
268	纹枯脲	pencycuron	0.27	0.04	0.06	1.09	0.02	0.09
269	灭蚜磷	mecarbam	19.60	2.92	4.05	78.40	0.80	3.04
270	苯草酮	tralkoxydim	0.32	0.07	0.35	1.28	0.17	0.25
271	马拉硫磷	malathion	5.64	0.81	1.35	22.58	0.26	1.46
272	稗草畏	pyributicarb	0.34	0.07	0.07	1.36	0.10	0.19
273	哒嗪硫磷	pyridaphenthion	0.87	0.12	0.19	3.49	0.19	0.29
274	嘧啶磷	pirimiphos-ethyl	0.05	0.01	0.01	0.19	0.14	0.03
275	吡唑硫磷	pyraclofos	1.00	0.28	0.30	4.02	0.05	0.93
276	啶氧菌酯	picoxystrobin	8.44	1.16	2.00	33.76	0.72	1.87
277	四氟醚唑	tetraconazole	1.72	0.32	0.50	6.88	0.13	0.39
278	吡唑解草酯	mefenpyr-diethyl	12.56	1.78	2.84	50.24	1.07	3.02
279	丙溴磷	profenefos	2.02	0.13	0.23	8.06	0.69	0.46
280	百克敏	pyraclostrobin	0.51	0.12	0.17	2.02	0.03	0.40
281	噻唑烟酸	thiazopyr	1.96	0.28	0.62	7.84	0.31	1.39
E组								
282	4-氨基吡啶	4-aminopyridine	0.87	0.37	0.71	3.47	11.99	15.49
283	灭多威	methomyl	9.56	0.53	3.93	38.24	6.60	13.63
284	咯喹酮	pyroquilon	3.48	0.39	1.58	13.92	2.43	6.12
285	麦穗灵	fuberidazole	1.89	0.13	0.20	7.56	0.55	4.16

表 D.1(续)

序号	中文名称	英文名称	含量/(μg/kg)	重复性限 r	再现性限 R	含量/(μg/kg)	重复性限 r	再现性限 R
286	丁脒酰胺	isocarbamid	1.70	0.12	0.54	6.79	3.00	1.47
287	丁酮威	butocarboxim	1.57	0.49	0.83	6.28	2.02	1.37
288	杀虫脒	chlordimeform	1.33	0.39	0.23	5.33	1.08	4.38
289	霜脲氰	cymoxanil	55.60	1.70	4.08	222.40	13.48	115.47
290	灭草敌	vernolate	0.26	0.36	0.51	1.03	0.33	1.01
291	氯硫酰草胺	chlorthiamid	8.82	7.07	8.89	35.28	10.74	48.72
292	灭害威	aminocarb	16.42	0.50	5.83	65.68	10.40	92.68
293	甲菌定	dimethirimol	0.12	0.03	0.05	0.50	0.02	0.20
294	氧乐果	omethoate	9.65	1.97	5.96	38.60	12.00	14.55
295	乙氧呋啉	ethoxyquin	3.52	1.35	12.69	14.08	1.36	6.01
296	敌敌畏	dichlorvos	0.55	0.04	0.06	2.19	0.64	1.09
297	涕灭威砜	aldicarb sulfone	21.40	3.55	8.90	85.60	9.86	13.44
298	二氧威	dioxacarb	3.36	0.20	1.49	13.44	2.43	1.64
299	乙硫苯威亚砜	ethiofencarb-sulfoxide	224.00	9.41	124.76	896.00	207.70	168.95
300	杀螟腈	cyanophos	10.12	1.15	7.26	40.48	22.04	14.42
301	甲基乙拌磷	thiometon	578.00	134.10	123.28	2 312.00	528.96	989.85
302	灭菌丹	folpet	138.60	9.73	40.83	554.40	181.93	103.04
303	砜吸磷	demeton-*s*-methyl sulfone	19.76	1.14	15.99	79.04	13.40	15.58
304	哌草丹	dimepiperate	3 780.00	961.63	3 769.08	15 120.00	2 355.93	6 035.99
305	苯锈定	fenpropidin	0.18	0.02	0.29	0.73	0.18	0.76
306	赛硫磷	amidithion	658.00	225.85	432.24	2632.00	310.02	460.05
307	乙基对氧磷	paraoxon-ethyl	0.47	0.03	0.09	1.90	0.26	0.64
308	4-十二烷基-2,6-二甲基吗啉	aldimorph	3.16	0.10	1.81	12.64	6.02	23.75
309	乙烯菌核利	vinclozolin	2.54	0.43	1.62	10.16	5.98	10.42
310	烯效唑	uniconazole	2.40	0.25	0.72	9.60	0.27	4.36
311	啶斑肟	pyrifenox	0.27	0.04	0.25	1.06	0.17	0.44
312	异氯磷	dicapthon	0.24	0.16	0.21	0.95	0.29	0.47
313	四螨嗪	clofentezine	0.76	0.40	0.43	3.06	0.68	1.05
314	氟草敏	norflurazon	0.26	0.03	0.08	1.03	0.33	0.44
315	野麦畏	triallate	46.20	6.58	14.17	184.80	64.19	80.80

表 D.1（续）

序号	中文名称	英文名称	含量/(μg/kg)	重复性限 r	再现性限 R	含量/(μg/kg)	重复性限 r	再现性限 R
316	苯氧喹啉	quinoxyphen	153.40	2.38	36.57	613.60	75.78	251.08
317	倍硫磷砜	fenthion sulfone	17.46	0.61	3.24	69.84	11.45	13.30
318	氟咯草酮	flurochloridone	1.29	0.23	0.29	5.16	0.27	1.15
319	酞酸苯甲基丁酯	phthalic acid, benzyl butyl ester	632.00	46.23	186.62	2 528.00	888.55	745.55
320	氯唑磷	isazofos	0.18	0.01	0.04	0.71	0.07	0.09
321	除线磷	dichlofenthion	30.20	7.96	11.77	120.80	20.40	22.26
322	蚜灭多砜	vamidothion sulfone	476.00	92.57	289.97	1 904.00	400.70	1 106.90
323	特丁硫磷砜	terbufos sulfone	88.60	2.18	22.37	354.40	27.25	98.60
324	敌乐胺	dinitramine	1.79	0.40	0.42	7.17	0.94	2.92
325	毒壤磷	trichloronate	66.80	5.69	24.17	267.20	27.11	112.45
326	苄呋菊酯-2	resmethrin-2	0.30	0.02	0.12	1.20	0.10	0.40
327	啶酰菌胺	boscalid	4.76	0.21	1.37	19.04	0.89	9.26
328	甲磺乐灵	nitralin	34.40	1.27	8.01	137.60	21.12	45.65
329	甲氰菊酯	fenpropathrin	245.00	8.44	76.55	980.00	95.35	181.81
330	噻螨酮	hexythiazox	23.60	1.78	5.92	94.40	14.19	22.78
331	苯螨特	benzoximate	19.66	1.37	11.75	78.64	17.04	71.65
332	新燕灵	benzoylprop-ethyl	308.00	6.60	70.44	1 232.00	178.90	244.66
333	嘧螨醚	pyrimidifen	14.00	2.87	8.39	56.00	12.65	38.01
334	呋线威	furathiocarb	1.92	0.13	0.42	7.67	0.59	2.06
335	反式氯菊酯	*trans*-permethin	4.80	0.28	2.23	19.20	4.61	10.45
336	醚菊酯	etofenprox	2 280.00	118.20	511.14	9 120.00	1 152.08	1 436.28
337	呋草唑	pyrazoxyfen	0.33	0.06	0.10	1.30	0.43	1.06
338	己体氯氰菊酯	*zeta* cypermethrin	0.68	0.17	0.39	2.71	6.12	12.14
339	精氟吡乙禾灵	haloxyfop-2-ethoxyethyl	2.50	0.22	0.59	10.00	0.87	2.66
340	氟胺氰菊酯	*tau*-fluvalinate	230.00	31.78	39.02	920.00	47.49	384.69
F组								
341	丙烯酰胺	acrylamide	17.80	5.25	7.23	71.20	10.13	33.23
342	叔丁基胺	*tert*-butylamine	38.95	8.50	9.74	155.80	41.48	69.29
343	邻苯二甲酰亚胺	phthalimide	43.00	1.33	24.01	172.00	17.87	50.38
344	甲氟磷	dimefox	68.20	14.45	7.21	272.80	6.76	43.87

表 D.1（续）

序号	中文名称	英文名称	含量/(μg/kg)	重复性限 r	再现性限 R	含量/(μg/kg)	重复性限 r	再现性限 R
345	速灭威	metolcarb	25.40	5.78	8.17	101.60	6.01	30.13
346	二苯胺	diphenylamin	0.41	0.03	0.19	1.66	0.56	0.38
347	萘乙酸基乙酰亚胺	1-naphthy acetamide	0.81	0.09	0.23	3.24	0.44	0.72
348	脱乙基莠去津	atrazine-desethyl	0.62	0.11	0.41	2.48	0.43	1.25
349	2,6-二氯苯甲酰胺	2,6-dichlorobenzamide	4.50	0.25	0.93	18.00	0.71	3.40
350	涕灭威	aldicarb	261.00	3.26	70.53	1 044.00	18.45	240.09
351	酞酸二甲酯	dimethyl phthalate	13.20	10.21	19.12	52.80	6.07	11.58
352	杀虫脒盐酸盐	chlordimeform hydrochloride	2.64	0.12	0.92	10.56	0.90	2.29
353	西玛通	simeton	1.10	1.02	0.53	4.42	0.01	0.72
354	呋虫胺	dinotefuram	10.18	3.05	4.69	40.72	6.47	21.38
355	克草敌	pebulate	3.40	0.17	0.63	13.60	1.61	1.31
356	活化酯	acibenzolar-*s*-methyl	3.08	0.44	1.31	12.32	3.12	4.25
357	蔬果磷	dioxabenzofos	13.84	4.42	3.48	55.36	5.19	19.21
358	杀线威肟	oxamyl-oxime	548.06	74.03	281.44	2 192.24	111.67	590.65
359	甲基苯噻隆	methabenzthiazuron	0.07	1.35	1.41	0.29	0.02	0.04
360	丁酮砜威	butoxycarboxim	26.60	4.10	4.98	106.40	14.35	35.15
361	砜吸磷亚砜	demeton-*s*-methyl sulfoxide	3.92	0.39	1.45	15.68	2.03	23.46
362	久效威砜	thiofanox sulfone	24.08	4.16	10.50	96.32	9.12	35.48
363	硫环磷	phosfolan	0.49	0.06	0.13	1.94	0.14	0.32
364	硫赶内吸磷	demeton-*s*	80.00	9.53	67.01	320.00	30.88	194.31
365	氧倍硫磷	fenthion oxon	1.19	0.04	0.24	4.75	0.28	0.70
366	萘丙胺	napropamide	1.27	0.21	0.35	5.10	0.05	0.49
367	杀螟硫磷	fenitrothion	26.80	0.65	9.68	107.20	10.05	21.18
368	酞酸二丁酯	phthalic acid, dibutyl ester	39.60	2.59	1.96	158.40	0.27	21.71
369	丙草胺	metolachlor	0.39	0.06	0.12	1.56	0.03	0.28
370	腐霉利	procymidone	86.60	0.47	16.28	346.40	9.31	42.84
371	蚜灭多	vamidothion	4.56	0.37	1.16	18.24	1.19	3.24
372	威菌磷	triamiphos	0.01	0.00	0.01	0.05	0.00	0.01

表 D.1（续）

序号	中文名称	英文名称	含量/(μg/kg)	重复性限 r	再现性限 R	含量/(μg/kg)	重复性限 r	再现性限 R
373	苄草隆	cumyluron	1.32	0.13	0.31	5.27	0.03	0.60
374	亚胺硫磷	phosmet	17.72	0.81	3.42	70.88	2.70	9.19
375	皮蝇磷	ronnel	13.13	1.34	5.65	52.52	14.04	11.91
376	除虫菊素	pyrethrin	35.80	3.72	11.60	143.20	1.78	18.30
377	酞酸二环己酯	phthalic acid, biscyclohexyl ester	0.68	0.04	0.15	2.71	0.13	0.63
378	环丙酰胺	carpropamid	5.20	1.35	1.52	20.80	0.04	2.72
379	吡螨胺	tebufenpyrad	0.25	0.02	0.07	1.02	0.03	0.18
380	虫酰肼	tebufenozide	27.80	4.06	6.79	111.20	0.34	12.32
381	虫螨磷	chlorthiophos	31.80	6.75	3.23	127.20	10.13	30.09
382	氯亚磷	dialifos	157.00	25.19	21.34	628.00	56.44	83.55
383	吲哚酮草酯	cinidon-ethyl	14.58	1.92	3.34	58.32	5.73	28.10
384	鱼滕酮	rotenone	2.32	0.10	0.54	9.28	0.23	0.57
385	亚胺唑	imibenconazole	10.26	4.70	8.59	41.04	0.49	10.00
386	噁草酸	propaquiafop	1.24	0.06	0.27	4.94	0.50	0.13
387	乳氟禾草灵	lactofen	62.00	2.32	10.78	248.00	26.14	15.38
388	吡草酮	benzofenap	0.08	0.06	0.09	0.32	0.06	0.13
389	地乐酯	dinoseb acetate	41.28	37.63	28.01	165.12	31.60	68.63
390	甲基咪草烟	imazapic	1.68	0.18	0.35	6.72	0.27	0.64
391	异丙草胺	propisochlor	0.80	0.22	0.27	3.20	0.74	0.51
392	氟硅菊酯	silafluofen	608.00	389.92	382.11	2 432.00	681.16	1 257.05
393	四唑酰草胺	fentrazamide	12.40	2.50	0.83	49.60	5.71	4.69
394	五氯苯胺	pentachloroaniline	3.74	0.86	2.28	14.98	16.93	86.30
395	苯醚氰菊酯	cyphenothrin	16.80	2.23	17.02	67.20	8.90	22.27
396	噁唑隆	dimefuron	4.00	1.02	3.36	16.00	1.70	31.00
397	马拉氧磷	malaoxon	4.69	1.98	3.54	18.75	0.27	2.84
				G组				
398	茅草枯	dalapon	230.74	22.71	32.05	922.96	335.61	403.24
399	2-苯基苯酚	2-phenylphenol	169.88	18.87	24.86	679.52	82.52	86.12
400	3-苯基苯酚	3-phenylphenol	4.00	0.44	0.58	16.01	1.95	2.02
401	氯硝胺	dicloran	48.56	3.90	13.59	194.22	37.61	77.56
402	氯苯胺灵	chlorpropham	15.77	3.73	3.67	63.07	—	—
403	特草定	terbacil	0.88	0.21	0.16	3.51	0.44	1.03
404	杀螨醇	chlorfenethol	164.30	38.96	42.10	657.2	340.94	383.36

表 D.1（续）

序号	中文名称	英文名称	含量/(μg/kg)	重复性限 r	再现性限 R	含量/(μg/kg)	重复性限 r	再现性限 R
405	灭幼脲	chlorobenzuron	20.40	6.69	9.74	81.6	24.10	20.05
406	氯霉素	chloramphenicolum	3.88	0.23	0.43	15.52	1.54	2.80
407	安磺灵	oryzalin	4.91	0.58	1.73	19.656	2.18	1.86
408	噁唑菌酮	famoxadone	45.29	5.43	7.43	181.15	11.12	29.69
409	吡氟酰草胺	diflufenican	28.27	2.98	4.68	113.08	8.90	13.69
410	乙虫清	ethiprole	39.85	4.52	4.28	159.41	8.59	31.72
411	氟啶胺	fluazinam	70.60	5.48	6.79	282.40	22.32	31.05
412	克来范	kelevan	9 642.82	3 113.48	3 409.34	38 571.28	5 342.47	9 629.16
413	氟丙菊酯	acrinathrin	8.08	2.13	1.70	32.32	3.65	3.68

附 录 E

（资料性附录）

413 种农药及相关化学品英文中文名称对照索引

（按英文字母顺序）

413 种农药及相关化学品英文中文名称对照索引(按英文字母顺序)见表 E.1。

表 E.1 413 种农药及相关化学品英文中文名称对照索引(按英文字母顺序)

序号	英文名称	中文名称	附录 A 中序号	序号	英文名称	中文名称	附录 A 中序号
1	1-naphthy acetamide	萘乙酸基乙酰亚胺	347	25	atrazine-desethyl	脱乙基莠去津	348
				26	azinphos ethyl	益棉磷	57
2	2,6-dichlorobenzamide	2,6-二氯苯甲酰胺	349	27	azinphos-methyl	保棉磷	261
				28	aziprotryne	叠氮津	11
3	2-phenylphenol	2-苯基苯酚	399	29	azoxystrobin	嘧菌酯	67
4	3,4,5-trimethacarb	3,4,5-混杀威	3	30	benalyxyl	苯霜灵	49
5	3-phenylphenol	3-苯基苯酚	400	31	bendiocarb	噁虫威	83
6	4-aminopyridine	4-氨基吡啶	282	32	benodanil	麦锈灵	46
7	6-chloro-4-hydroxy-3-phenyl-pyridazin	6-氯-4-羟基-3-苯基哒嗪	77	33	benoxacor	解草酮	166
				34	bensulide	地散磷	65
8	acetamiprid	啶虫脒	150	35	benzofenap	吡草酮	388
9	acetochlor	乙草胺	26	36	benzoximate	苯螨特	331
10	acibenzolar-*s*-methyl	活化酯	356	37	benzoylprop-ethyl	新燕灵	332
11	aclonifen	苯草醚	94	38	bioallethrin	生物丙烯菊酯	111
12	acrinathrin	氟丙菊酯	413	39	bitertanol	联苯三唑醇	55
13	acrylamide	丙烯酰胺	341	40	boscalid	啶酰菌胺	327
14	alachlor	甲草胺	247	41	bromacil	除草定	167
15	aldicarb	涕灭威	350	42	bromfenvinfos	溴苯烯磷	66
16	aldicarb sulfone	涕灭威砜	297	43	bromophos-ethyl	乙基溴硫磷	64
17	aldimorph	4-十二烷基-2,6-二甲基吗啉	308	44	brompyrazon	溴莠敏	169
				45	bromuconazole	糠菌唑	132
18	allethrin	烯丙菊酯	41	46	bupirimate	乙嘧酚磺酸酯	260
19	ametryn	莠灭津	230	47	buprofezin	噻嗪酮	114
20	amidithion	赛硫磷	306	48	butachlor	丁草胺	185
21	aminocarb	灭害威	292	49	butafenacil	氟丙嘧草酯	213
22	aspon	丙硫特普	206	50	butocarboxim	丁酮威	287
23	atratone	莠去通	217	51	butoxycarboxim	丁酮砜威	360
24	atrazine	莠去津	222	52	butralin	仲丁灵	36

表 E.1（续）

序号	英文名称	中文名称	附录 A 中序号	序号	英文名称	中文名称	附录 A 中序号
53	buturon	播土隆	14	86	cyanazine	氰草津	18
54	butylate	丁草敌	223	87	cyanofenphos	苯腈磷	112
55	cadusafos	硫线磷	248	88	cyanophos	杀螟腈	300
56	carbaryl	甲萘威	5	89	cycloate	环草敌	221
57	carbetamide	双酰草胺	15	90	cycluron	环莠隆	4
58	carbofuran	克百威	149	91	cymoxanil	霜脲氰	289
59	carboxin	萎锈灵	88	92	cyphenothrin	苯醚氰菊酯	395
60	carpropamid	环丙酰胺	378	93	cyprazine	环丙津	229
61	chloramphenicolum	氯霉素	406	94	cyproconazole	环丙唑醇	101
62	chlorbufam	氯草灵	82	95	cyprodinil	嘧菌磺胺	13
63	chlordimeform	杀虫脒	288	96	cythioate	赛灭磷	105
64	chlordimeform hydrochloride	杀虫脒盐酸盐	352	97	dalapon	茅草枯	398
				98	dazomet	棉隆	72
65	chlorfenethol	杀螨醇	404	99	DEF	脱叶磷	118
66	chloridazon	氯草敏	225	100	demeton(*o*+*s*)	内吸磷	165
67	chlormephos	氯甲硫磷	87	101	demeton-*s*	硫赶内吸磷	364
68	chlorobenzuron	灭幼脲	405	102	demeton-*s*-methyl sulfone	砜吸磷	303
69	chlorotoluron	绿麦隆	80				
70	chlorphoxim	氯辛硫磷	193	103	demeton-*s*-methyl sulfoxide	砜吸磷亚砜	361
71	chlorprifos methyl	甲基毒死蜱	56				
72	chlorpropham	氯苯胺灵	402	104	desmedipham	甜菜胺	39
73	chlorpyrifos	毒死蜱	127	105	diafenthiuron	丁醚脲	208
74	chlorthiamid	氯硫酰草胺	291	106	dialifos	氯亚磷	382
75	chlorthiophos	虫螨磷	381	107	diallate	燕麦敌	25
76	cinidon-ethyl	吲哚酮草酯	383	108	diazinon	二嗪磷	42
77	clodinafop propargyl	炔草酸	58	109	dibutyl succinate	畜虫避	234
78	clofentezine	四螨嗪	313	110	dicapthon	异氯磷	312
79	clomazone dimethazone	异噁草松	17	111	dichlofenthion	除线磷	321
80	cloquintocet mexyl	解草酯	54	112	dichlorvos	敌敌畏	296
81	clothianidin	噻虫胺	89	113	diclobutrazole	苄氯三唑醇	50
82	coumaphos	蝇毒磷	201	114	dicloran	氯硝胺	401
83	crimidine	鼠立克	75	115	dicrotophos	百治磷	157
84	crufomate	育畜磷	103	116	diethofencarb	乙霉威	246
85	cumyluron	苄草隆	373	117	diethyltoluamide	避蚊胺	142

表 E.1（续）

序号	英文名称	中文名称	附录 A 中序号	序号	英文名称	中文名称	附录 A 中序号
118	diflufenican	吡氟酰草胺	409	152	ethiprole	乙虫清	410
119	dimefox	甲氟磷	344	153	ethofume sate	乙氧呋草黄	99
120	dimefuron	噁唑隆	396	154	ethoprophos	灭线磷	160
121	dimepiperate	哌草丹	304	155	ethoxyquin	乙氧呋啉	295
122	dimethachloro	二甲草胺	91	156	ethylene thiourea	乙撑硫脲	71
123	dimethametryn	阔草净	164	157	etofenprox	醚菊酯	336
124	dimethenamid	二甲酚草胺	29	158	etridiazole	土菌灵	162
125	dimethirimol	甲菌定	293	159	etrimfos	乙嘧硫磷	104
126	dimethoate	乐果	155	160	famoxadone	噁唑菌酮	408
127	dimethyl phthalate	酞酸二甲酯	351	161	famphur	氨磺磷	48
128	diniconazole	烯唑醇	267	162	fenamiphos sulfone	苯线磷砜	194
129	dinitramine	敌乐胺	324	163	fenamiphos sulfoxide	苯线磷亚砜	188
130	dinoseb acetate	地乐酯	389	164	fenarimol	氯苯嘧啶醇	52
131	dinotefuram	呋虫胺	354	165	fenazaquin	喹螨醚	116
132	dioxabenzofos	蔬果磷	357	166	fenbuconazole	腈苯唑	195
133	dioxacarb	二氧威	298	167	fenfuram	黑穗胺	145
134	diphenamid	双苯酰草胺	159	168	fenhexamid	环酰菌胺	108
135	diphenylamin	二苯胺	346	169	fenitrothion	杀螟硫磷	367
136	dipropetryn	杀草净	243	170	fenobucarb	仲丁威	147
137	disulfoton	乙拌磷	171	171	fenoxanil	氰菌胺	190
138	disulfoton sulfone	乙拌磷砜	115	172	fenoxycarb	苯氧威	181
139	dithiopyr	氟硫草定	209	173	fenpropathrin	甲氰菊酯	329
140	diuron	敌草隆	86	174	fenpropidin	苯锈定	305
141	DMST	—	220	175	fenpropimorph	丁苯吗啉	256
142	dodemorph	吗菌灵	175	176	fenpyroximate	唑螨酯	210
143	edifenphos	敌瘟磷	43	177	fensulfothin	丰索磷	183
144	EPN	苯硫磷	266	178	fenthion	倍硫磷	172
145	epoxiconazole	氟环唑	192	179	fenthion oxon	氧倍硫磷	365
146	EPTC	茵草敌	141	180	fenthion sulfone	倍硫磷砜	317
147	etaconazole	乙环唑	51	181	fenthion sulfoxide	倍硫磷亚砜	34
148	ethidimuron	磺噻隆	23	182	fentrazamide	四唑酰草胺	393
149	ethiofencarb	乙硫苯威	227	183	fenuron	非草隆	74
150	ethiofencarb-sulfoxide	乙硫苯威亚砜	299	184	flamprop isopropyl	麦草氟异丙酯	129
151	ethion	乙硫磷	207	185	flamprop methyl	甲基麦草氟异丙酯	125

表 E.1（续）

序号	英文名称	中文名称	附录 A 中序号	序号	英文名称	中文名称	附录 A 中序号
186	fluazifop butyl	吡氟禾草灵	63	219	indoxacarb	茚虫威	70
187	fluazinam	氟啶胺	411	220	iprobenfos	异稻瘟净	100
188	fluchloralin	氯乙氟灵	128	221	iprovalicarb	丙森锌	45
189	flufenacet	氟噻草胺	202	222	isazofos	氯唑磷	320
190	flufenoxuron	氟虫脲	69	223	isocarbamid	丁脒酰胺	286
191	flumiclorac-pentyl	胺氟草酯	211	224	isofenphos	异柳磷	196
192	fluometuron	伏草隆	156	225	isomethiozin	丁嗪草酮	24
193	fluorochloridone	氯咯草酮	184	226	isoprocarb	异丙威	2
194	flurazuron	—	138	227	isopropalin	异丙乐灵	258
195	fluridone	杀草吡啶	191	228	isoprothiolane	稻瘟灵	177
196	flurochloridone	氟咯草酮	318	229	isoproturon	异丙隆	216
197	flurtamone	呋草酮	123	230	isouron	异唑隆	79
198	flusilazole	氟硅唑	44	231	isoxaben	异噁酰草胺	122
199	fluthiacet methyl	氟噻乙草酯	134	232	isoxaflutole	异噁氟草	60
200	flutolanil	氟酰胺	47	233	kelevan	克来范	412
201	flutriafol	粉唑醇	109	234	kresoxim-methyl	亚胺菌	186
202	folpet	灭菌丹	302	235	lactofen	乳氟禾草灵	387
203	fonofos	地虫硫磷	161	236	linuron	利谷隆	240
204	fuberidazole	麦穗灵	285	237	malaoxon	马拉氧磷	397
205	furalaxyl	抑菌丙胺酯	110	238	malathion	马拉硫磷	271
206	furathiocarb	呋线威	334	239	maleic hydrazide	抑芽丹	139
207	haloxyfop-2-ethoxyethyl	精氟吡乙禾灵	339	240	mecarbam	灭蚜磷	269
208	haloxyfop-methyl	精氟吡甲禾灵	62	241	mefenacet	苯噻酰草胺	255
209	heptanophos	庚虫磷	241	242	mefenoxam	精甲霜灵	98
210	hexaflumuron	氟铃脲	136	243	mefenpyr-diethyl	吡唑解草酯	278
211	hexazinone	环嗪酮	163	244	mepanipyrim	嘧菌胺	151
212	hexythiazox	噻螨酮	330	245	mephosfolan	地安磷	95
213	imazalil	抑霉唑	178	246	mepronil	灭锈胺	170
214	imazamethabenz-methyl	甲基咪草酯	176	247	metalaxyl	甲霜灵	173
215	imazapic	甲基咪草烟	390	248	metamitron	苯嗪草酮	215
216	imibenconazole	亚胺唑	385	249	metazachlor	吡唑草胺	249
217	imibenzonazole-des-benzyl	脱苯甲基亚胺唑	96	250	metconazole	叶菌唑	120
				251	methabenzthiazuron	甲基苯噻隆	359
218	imidacloprid	吡虫啉	22	252	methacrifos	虫螨畏	237

表 E.1（续）

序号	英文名称	中文名称	附录A中序号	序号	英文名称	中文名称	附录A中序号
253	methamidophos	甲胺磷	140	287	pebulate	克草敌	355
254	methidathion	杀扑磷	40	288	penconazole	戊菌唑	31
255	methiocarb	甲硫威	153	289	pencycuron	纹枯脲	268
256	methobromuron	溴谷隆	92	290	pentachloroaniline	五氯苯胺	394
257	methomyl	灭多威	283	291	phenmedipham	甜菜宁	107
258	methoprotryne	盖草津	28	292	phenothrin	苯醚菊酯	197
259	methoxyfenozide	甲氧虫酰肼	204	293	phenthoate	稻丰散	263
260	metolachlor	丙草胺	369	294	phorate	甲拌磷	93
261	metolcarb	速灭威	345	295	phorate sulfone	甲拌磷砜	253
262	metoxuron	甲氧隆	154	296	phorate sulfoxide	甲拌磷亚砜	168
263	metribuzin	赛克津	219	297	phosalone	伏杀硫磷	203
264	mevinphos	速灭磷	10	298	phosfolan	硫环磷	363
265	molinate	禾草敌	76	299	phosmet	亚胺硫磷	374
266	monalide	庚酰草胺	158	300	phosphamidon	磷胺	106
267	monolinuron	绿谷隆	9	301	phoxim	辛硫磷	179
268	monuron	灭草隆	143	302	phthalic acid, biscyclohexylester	酞酸二环已酯	377
269	myclobutanil	腈菌唑	32				
270	napropamide	萘丙胺	366	303	phthalic acid, dibutyl ester	酞酸二丁酯	368
271	neburon	草不隆	97				
272	nicotine	烟碱	73	304	phthalic acid, benzyl butyl ester	酞酸苯甲基丁酯	319
273	nitenpyram	烯啶虫胺	27				
274	nitralin	甲磺乐灵	328	305	phthalimide	邻苯二甲酰亚胺	343
275	norflurazon	氟草敏	314	306	picolinafen	氟吡酰草胺	133
276	novaluron	氟酰脲	137	307	picoxystrobin	啶氧菌酯	276
277	nuarimol	氟苯嘧啶醇	259	308	piperonyl butoxide	增效醚	199
278	oesmetryn	敌草净	218	309	piperophos	哌草磷	198
279	ofurace	甲呋酰胺	174	310	pirimicarb	抗蚜威	16
280	omethoate	氧乐果	294	311	pirimiphos methyl	甲基嘧啶磷	113
281	oryzalin	安磺灵	407	312	pirimiphos-ethyl	嘧啶磷	274
282	oxamyl-oxime	杀线威肟	358	313	prochloraz	咪鲜胺	205
283	oxyflurofen	乙氧氟草醚	200	314	procymidone	腐霉利	370
284	paclobutrazol	多效唑	33	315	profenefos	丙溴磷	279
285	paraoxon methyl	甲基对氧磷	20	316	prometon	扑灭通	152
286	paraoxon-ethyl	乙基对氧磷	307	317	prometryne	扑草净	19

表 E.1（续）

序号	英文名称	中文名称	附录 A 中序号	序号	英文名称	中文名称	附录 A 中序号
318	pronamide	拿草特	90	352	rotenone	鱼滕酮	384
319	propachlor	毒草胺	6	353	sebutylazine	另丁津	233
320	propanil	敌稗	148	354	secbumeton	密草通	12
321	propaquiafop	噁草酸	386	355	silafluofen	氟硅菊酯	392
322	propargite	炔螨特	131	356	simeconazole	硅氟唑	251
323	propazine	扑灭津	84	357	simeton	西玛通	353
324	propetamphos	胺丙畏	250	358	simetryn	西草净	8
325	propham	苯胺灵	1	359	spiroxamine	螺噁茂胺	37
326	propiconazole	丙环唑	126	360	sulfallate	菜草畏	226
327	propisochlor	异丙草胺	391	361	sulfotep	治螟磷	264
328	propoxur	残杀威	78	362	sulprofos	硫丙磷	265
329	prosulfocarb	苄草丹	242	363	*tau*-fluvalinate	氟胺氰菊酯	340
330	pymetrozin	吡蚜酮	224	364	tebuconazole	戊唑醇	257
331	pyraclofos	吡唑硫磷	275	365	tebufenozide	虫酰肼	380
332	pyraclostrobin	百克敏	280	366	tebufenpyrad	吡螨胺	379
333	pyrazophos	吡菌磷	68	367	tebupirimfos	丁基嘧啶磷	262
334	pyrazoxyfen	吠草唑	337	368	tebutam	牧草胺	235
335	pyrethrin	除虫菊素	376	369	tebuthiuron	木草隆	231
336	pyributicarb	稗草畏	272.	370	temephos	双硫磷	212
337	pyridaphenthion	哒嗪硫磷	273	371	terbacil	特草定	403
338	pyrifenox	啶斑肟	311	372	terbufos sulfone	特丁硫磷砜	323
339	pyriftalid	环酯草醚	119	373	terbumeton	特丁通	228
340	pyrimethanil	嘧霉胺	144	374	terbuthylazine	特丁津	85
341	pyrimidifen	嘧螨醚	333	375	terbutryn	特丁净	238
342	pyrimitate	嘧啶磷	182	376	terbucarb	特草灵	30
343	pyriproxyfen	蚊蝇醚	121	377	*tert*-butylamine	叔丁基胺	342
344	pyroquilon	咯喹酮	284	378	tetrachlorvinphos	杀虫畏	130
345	quinalphos	喹硫磷	180	379	tetraconazole	四氟醚唑	277
346	quinoclamine	灭藻醌	146	380	tetramethirn	胺菊酯	53
347	quinoxyphen	苯氧喹啉	316	381	thenylchlor	噻吩草胺	189
348	quizalofop-ethyl	喹禾灵	61	382	thiabendazole	噻菌灵	214
349	rabenzazole	吡咪唑	7	383	thiacloprid	噻虫啉	21
350	resmethrin-2	苄呋菊酯-2	326	384	thiamethoxam	噻虫嗪	102
351	ronnel	皮蝇磷	375	385	thiazopyr	噻唑烟酸	281

表 E.1（续）

序号	英文名称	中文名称	附录 A 中序号	序号	英文名称	中文名称	附录 A 中序号
386	thiobencarb	禾草丹	244	400	trichloronate	毒壤磷	325
387	thiofanox	久效威	81	401	tridemorph	十三吗啉	254
388	thiofanox sulfone	久效威砜	362	402	trietazine	草达津	232
389	thiofanox-sulfoxide	久效威亚砜	236	403	trifloxystrobin	肟菌酯	135
390	thiometon	甲基乙拌磷	301	404	triflumuron	杀铃脲	59
391	thionazin	虫线磷	239	405	trifluralin	氟乐灵	124
392	tolclofos methyl	甲基立枯磷	38	406	tri-*n*-butyl phosphate	三正丁基磷酸盐	245
393	tralkoxydim	苯草酮	270	407	triticonazole	戊叉菌唑	187
394	*trans*-permethin	反式氯菊酯	335	408	uniconazole	烯效唑	310
395	triadimefon	三唑酮	252	409	vamidothion	蚜灭多	371
396	triadimenol	三唑醇	35	410	vamidothion sulfone	蚜灭多砜	322
397	triallate	野麦畏	315	411	vernolate	灭草敌	290
398	triamiphos	威菌磷	372	412	vinclozolin	乙烯菌核利	309
399	triazophos	三唑磷	117	413	*zeta* cypermethrin	己体氯氰菊酯	338